U0643133

电力行业职业能力培训教材

《带电作业人员培训考核规范》（T/CEC 529-2021）辅导教材

变电分册

中国电力企业联合会人才评价与教育培训中心
中电联人才测评中心有限公司 　组编
郝旭东　王昆林　主编

中国电力出版社
CHINA ELECTRIC POWER PRESS

内 容 提 要

为了加强带电作业运维人才队伍建设，全面提升技术技能水平，中国电力企业联合会组织编写了《带电作业人员培训考核规范》（T/CEC 529—2021），旨在明确带电作业运维岗位人员需要达到的技术技能要求。本书为标准的配套教材，分为《输电分册》《变电分册》《配电分册》。

本分册为《变电分册》，内容涵盖变电带电作业概述、变电站基本知识及变电带电作业原理、方法，变电带电作业安全技术、工器具、标准解读及作业项目介绍等。本书可供从事输电带电作业相关技能专业人员、管理人员和高校相关专业师生使用。

图书在版编目（CIP）数据

《带电作业人员培训考核规范》（T/CEC 529—2021）辅导教材.2，变电分册 / 郝旭东，王昆林主编；中国电力企业联合会人才评价与教育培训中心，中电联人才测评中心有限公司组编. —北京：中国电力出版社，2022.3

ISBN 978-7-5198-6076-9

Ⅰ．①带⋯　Ⅱ．①郝⋯②王⋯③中⋯④中⋯　Ⅲ．①变电–带电作业–技术培训–教材　Ⅳ．①TM72

中国版本图书馆 CIP 数据核字（2021）第 207499 号

出版发行：中国电力出版社
地　　址：北京市东城区北京站西街 19 号（邮政编码 100005）
网　　址：http://www.cepp.sgcc.com.cn
责任编辑：罗　艳（010-63412315）　高　芬（010-63412717）
责任校对：黄　蓓　朱丽芳
装帧设计：张俊霞
责任印制：石　雷

印　　刷：三河市万龙印装有限公司
版　　次：2022 年 3 月第一版
印　　次：2022 年 3 月北京第一次印刷
开　　本：787 毫米×1092 毫米　16 开本
印　　张：31.25
字　　数：654 千字
印　　数：0001—3000 册
定　　价：198.00 元（全 3 册）

《电力行业职业能力培训教材》

编审委员会

主　　任　张志锋

副 主 任　张慧翔

委　　员　董双武　苏　萍　王成海　徐纯毅　曹爱民　周　岩
　　　　　李　林　孙振权　苏庆民　邵瑰玮　马长洁　敬　勇
　　　　　何新洲　庄哲寅　江晓林　郭　燕　马永光　孟大博
　　　　　蔡义清　刘晓玲

本书编写组

组编单位　中国电力企业联合会人才评价与教育培训中心
　　　　　中电联人才测评中心有限公司

主编单位　云南电网有限责任公司
　　　　　国网冀北电力有限公司电力科学研究院
　　　　　中能国研（北京）电力科学研究院

成员单位　国网浙江省电力有限公司衢州供电公司
　　　　　国网四川省电力公司技能培训中心
　　　　　国网辽宁省电力有限公司电力科学研究院
　　　　　国网新疆电力有限公司乌鲁木齐供电公司
　　　　　广东电网有限责任公司佛山供电局
　　　　　国网福建省电力有限公司福州供电公司
　　　　　广西电网有限责任公司桂林供电局
　　　　　国网甘肃省电力公司培训中心

本书编写人员名单

主　　编　　郝旭东　王昆林

副 主 编　　沈　志　郑和平　马　宁　陆益民

编写人员　　叶　青　陈　强　呼笑笑　刘桁宇　蔡　巍　许　鹏

　　　　　　刘　亮　王　岩　冯振波　王　康　姚　建　刘玉龙

　　　　　　胡　聪　郑孝干　胡海斌　杨　亮　崔　傲　张翰森

　　　　　　李俊鹏

　　为进一步推动电力行业职业技能等级评价体系建设，促进电力从业人员职业能力的提升，中国电力企业联合会技能鉴定与教育培训中心、中电联人才测评中心有限公司在发布专业技术技能人员职业等级评价规范的基础上，组织行业专家编写《电力行业职业能力培训教材》(简称《教材》)，满足电力教育培训的实际需求。

　　《教材》的出版是一项系统工程，涵盖电力行业多个专业，对开展技术技能培训和评价工作起着重要的指导作用。《教材》以各专业职业技能等级评价规范规定的内容为依据，以实际操作技能为主线，按照能力等级要求，汇集了运维、管理人员实际工作中具有代表性和典型性的理论知识与实操技能，构成了各专业的培训与评价的知识点，《教材》的深度、广度力求涵盖技能等级评价所要求的内容。

　　本套培训教材是规范电力行业职业培训、完善技能等级评价方面的探索和尝试，凝聚了全行业专家的经验和智慧，具有实用性、针对性、可操作性等特点，旨在开启技能等级评价规范配套教材的新篇章，实现全行业教育培训资源的共建共享。

　　当前社会，科学技术飞速发展，本套培训教材虽然经过认真编写、校订和审核，仍然难免有疏漏和不足之处，需要不断地补充、修订和完善。欢迎使用本套培训教材的读者提出宝贵意见和建议。

中国电力企业联合会技能鉴定与教育培训中心

2020 年 1 月

前　言

变电站是电力系统的重要组成部分，它直接影响整个电力系统的安全与经济运行，是联系发电厂和用户的中间环节，起着变换和分配电能的作用。由于变电站空间环境复杂，设备繁多且布置紧凑，不仅给带电作业人员的操作和安全防护增加了很大难度，同时，带电作业人员的专业素质和技能水平也面临巨大挑战。因此，提升变电带电作业从业人员技能水平，规范变电带电作业技能培训与考核评价要求，提升变电站运行可靠性迫在眉睫。为了加强带电作业运维人才队伍建设，全面提升技术技能水平，中国电力企业联合会组织编写了《带电作业人员培训考核规范》（T/CEC 529—2021），旨在明确带电作业运维岗位人员需要达到的技术技能要求。

本书是《带电作业人员培训考核规范》（T/CEC 529—2021）的配套教材，按照"规范－教材－课件－题库"计划写就，旨在更好地配合标准开展培训和考评工作，针对标准所列技能点做出具体的说明。本书在介绍变电站、变电带电作业原理及方法等基本知识的基础上，对变电带电作业技能安全、工器具使用、标准解读和作业管理等技能点做了全面讲解，基本覆盖了变电带电作业技能培训和考核的全部知识点。本书图文并茂、通俗易懂、用语标准统一，采用了大量的变电带电作业相关结构图和实物图，尽量减少复杂的理论阐述，注重从业人员技能水平快速提升和行业标准化发展。

本书共分八章，第一章～第三章为基本知识、原理及方法，分别是变电带电作业概述、变电站基础知识和变电带电作业原理及方法；第四章～第六章为变电带电作业技能规范讲解，分别是变电带电作业安全技术、工器具及标准等；第七章和第八章为变电带电作业项目开展及作业管理等规范性内容。

本书的编写得到了国家电网有限公司、中国南方电网有限责任公司及相关企业领导和专家的大力支持。同时，也参考了一些业内专家的著述和相关厂家的实图与数据，在此一并致谢。

由于编写时间紧迫，且变电带电作业技术发展迅速，书中难免有疏漏或不妥之处，恳请广大读者及同行专家赐教指正。

编　者

2021 年 12 月

目 录

序
前言

第一章

变电带电作业概述

电力系统的特点是生产、输送、分配和用户消费都在同一时间完成，随着电网的建设和社会经济的不断发展，电力用户对供电可靠性的要求也在不断提高。带电作业是保障供电设备安全可靠运行、提高电网经济效益和服务质量的一个重要手段，为电力系统的安全可靠运行发挥了重要的作用。

变电站是电网的重要组成部分，承担着电网安全运行和负荷分配的重要任务。由于变电站内带电作业空间环境相对于输电线路更为复杂，设备繁多且布置紧凑，给带电作业人员的操作和安全防护增加了很大难度，一直以来都受到了电力公司和研究机构的重视。

第一节 变电带电作业发展

国外变电带电作业有近 100 个国家开展过，以美国、日本及欧洲各国发展较好，在作业工具、作业项目以及科研方面都已经形成了完善的体系。美国是带电作业开展最早的国家，目前主要开展变电站带电水冲洗作业；日本主要开展变电站固定式带电水冲洗作业；法国开展的变电带电作业项目比较多，包括更换断路器，更换隔离开关支柱绝缘子、检修母线、处理接头发热等。

中国变电带电作业始于 1952 年。当时供电网架单薄、设备陈旧，同时输变电设备污闪停电事故频发，需要经常停电维护检修，为解决输变电设备停电检修与工农业生产持续用电之间的矛盾，部分地区电力部门的工人和技术人员率先开展了输变电设备不停电检修的探索和研究，通过带电水冲洗和带电机械清扫设备表面污秽的作业方法，解决了一次设备积污严重的问题，有效降低了污秽闪络事故的发生次数，为减少停电检修时间、多发电、多供电起到一定的作用。

带电水冲洗主要采用固定式和移动式两大类带电水冲洗装置。1952 年 8 月鞍山电业局在解决了水冲加压喷嘴等一系列关键问题后开始实际应用；1958 年 11 月，鞍山电业局郑代雨同志编著了中国带电作业最早的科技专著《带电冲洗绝缘瓷瓶》，分别从瓷瓶的污秽和消除、通过水柱的漏泄电流对人身安全的影响、水冲洗中瓷瓶表面漏泄电流对设备安全的影响、各种参数的决定、用水冲洗带电瓷瓶的方法、注意事项和组织分工等6个方面介绍了带电水冲洗的安全技术问题。

1978 年 1 月，在水电部武汉高压研究所主持的国际电工委员会第 78 技术委员会国内第一次会议上确定了"变电站水冲洗安全性研究"的课题；1980～1983 年，水电部生产司连续三次召开全国输变电设备带电水冲洗作业工作会议，组织有关单位开展带电水冲洗的科学试验研究工作，编制、修订带电水冲洗作业的相关标准。1984 年 12 月，电力科学研究院王如璋主要起草的《电气设备带电水冲洗导则（试行）》及《电气设备带电水冲洗导则编制说明》由水利电力出版社出版发行，并被列入水电部标准（标准号为SD129—84）。1985 年起组织编写的《电业安全工作规程（带电作业部分）》（DL 408—1991）于 1987 年 9 月下旬下发试行；1990 年 8 月全国带电作业标准化技术委员会讨论通过的《带电作业用小水量冲洗工具》（GB 14545—1993）、1991 年能源部正式颁发的《电业安全工作规程（线路部分）》（DL 409—1991）和《电业安全工作规程（发电厂和变电所电气部分）》（DL 408—1991）、1992 年 2 月 10 日国家技术监督局发布的《电力设备带电水冲洗规程》（GB 13395—92）、1993 年 7 月 31 日国家技术监督局发布的《带电作业用小水量冲洗工具（长水柱短水枪）》（GB 1446—93）等技术标准地制定，对带电水冲洗作业的理论、冲洗设备、冲洗条件、冲洗操作方法等进行了详细的论述，使带电水冲洗作业有了统一的指导性准则。

带电机械清扫主要有气吹作业和机械作业两种作业方式。1952 年，鞍山电业局研制出鬃刷清扫机具进行带电清扫配电设备表面污秽；1983 年，河南洛阳供电局利用绝缘传动部件带动毛刷旋转的原理，成功研制出带动力的电力旋转式带电清扫刷，并应用于部分省市 110kV 刀闸支柱绝缘子带电清扫作业。20 世纪 80 年代末～90 年代初，我国电网连续几年发生大面积污秽闪络停电事故，加之超高压变电设备对防污闪的更高要求，成功研究开发出新颖的带电清扫机械作业机具，出现了自动清扫装置和便携式清扫机具。

1983 年，武汉供电局与湖南电力中试所、长沙电业局和湘潭电厂合作，成功研制出带电气吹的作业方法，采用压缩空气吹打绝缘子表面污秽达到清扫的目的；此后武汉供电局又研究带电气吹Ⅱ型清扫装置，采用锯末作为清扫介质，作业过程中，锯末介质经喷嘴连续喷射到绝缘子表面从而实现带电清扫的目的。1987 年 9 月下旬，水电部生产司下发试行的《电业安全工作规程（带电作业部分）》中首次新增了带电气吹清扫内容，并正式纳入 1991 年 3 月能源部新颁发的《电业安全工作规程（线路部分）》（DL 409—91）和《电业安全工作规程（发电厂和变电所电气部分）》（DL 408—91）中。

变电设备本体带电检修作业的发展相对滞后于带电水冲洗和机械清扫作业，而电力先驱们在研究处理设备污秽的同时，同样关注设备本身。这是由于变电设备在运行中受高电压、环境因素和本身缺陷的影响同样会导致事故的发生，这就需要对设备进行相应的检测、维修和更换。从 20 世纪 60 年代中期开始，各地电力部门通过举办现场会、经验交流会、现场表演会等形式,演示和推广了一批变电带电作业项目。如 1966 年 5 月 4～13 日,水电部生产司召开了全国带电作业现场观摩表演大会,这是全国第一次有广泛地区参与表演检阅的现场会,其中切换大型电力变压器带电作业项目首次在观众面前展示,引起了轰动。

通过开展变电设备带电作业的研究和实践,逐步完善了悬式绝缘子劣化、支柱绝缘子泄漏电流、红外测温、充油设备取油样等带电检测手段,开展了带电水冲洗和带电清扫设备、带电更换悬式绝缘子、带电断(接)设备引线、支柱绝缘子机械清扫、阻波器更换等带电检修工作,有效解决高压隔离开关运行中触头易锈蚀、动静触头不能有效接触造成发热等实际问题。同时研制出移动式绝缘升降平台等作业工器具,解决了在管型母线、开关和隔离开关等设备上进行带电作业过程中间隙不足的问题,提高了变电带电作业的安全性。

第二节　变电带电作业现状

我国在变电带电作业的工具、作业项目及科研方面的体系还不够完善,与多年来输电线路带电作业取得的丰硕成果相比,变电带电作业开展的研究和作业项目都远远落后于输电线路。

国内变电站的设计有多种形式,分别为户外变电站、户内变电站、半户内变电站、地下变电站和移动变电站;一次电气主接线基本类型又分为有母线(单母线、双母线和一个半断路器)接线和无母线(单元、桥形和角形)接线,变电站设备带电作业受变电站形式和主接线形式的影响较大。目前一般户内变电站、半户内变电站、地下变电站和移动变电站的设备均采用 GIS,基本上不具备带电作业条件,变电带电作业目前仅限于户外变电站。

变电站内的设备类型较多,由于电力部门专业分工原因,变电站内的设备均归属变电运维检修单位管理,内部专业分工也较细,一般情况下变电站内设备如红外测温、支柱绝缘子泄漏电流检测、充油设备带电取油样等带电检测及套管补油工作均由变电运维检修单位完成。同时,变电运维检修单位均未设置带电作业班组,对于户外变电站绝缘子的劣化检测、清扫和更换,载流或非载流设备、耦合电容器、电压互感器和避雷器断接引线,阻波器更换、喷涂硅油,隔离开关、油断路器旁路短接等带电作业一般由线路运维检修单位的带电作业班组配合完成。

户外变电站悬式绝缘子一般采用瓷绝缘子或合成绝缘子,这就需要按周期进行瓷绝缘子的劣化和合成绝缘子的憎水性检测。经多年来的不断改进,瓷绝缘子劣化检测虽有提高但还存在一些问题,目前检测方法主要有接触式和非接触式,且都有其局限性,如使用单位对绝缘子劣化检测仪器的研究成果和检测仪器的有效性不清楚,没有权威机构对检测仪器的检定结论,造成目前没有较为可行的检测方法和检测仪器,影响绝缘子劣化检测工作的开展。

户外变电站悬式和支柱绝缘子清扫的主要方法是带电水冲洗和机械清扫，该方法从20世纪50年代发展至今已逐步形成较为完善的体系，但从全国范围来看，带电清扫工作开展很不平衡。主要原因是受气候环境影响，南方和北方地区有很大差异，降雨量不同造成沉积污秽的程度有轻有重，设备外绝缘清扫工作有多有少，但随着防污闪涂料的广泛应用及喷涂，使得外绝缘清扫工作逐步减少。带电水冲洗作业目前已有一系列的标准和规范，并在全国部分地区广泛开展，一般采用固定式和移动式带电水冲洗装置进行作业，但在实际执行环节上，受到地区环境、气候、水质条件、人员技术水平、安全因素等条件限制和制约，并未得到广泛开展，大部分作业均由社会化的专业公司进行，普及度较低。带电机械清扫作业由于作业方法相对简单，操作的规范性要求和装置的购置成本也比带电水冲洗作业低，对解决设备积污问题不失为一种好方法，但在推广应用方面还很不够。

户外变电站电气主接线形式有母线的又分为软母线（早期）和管母线（近期），设备检修的内容有所不同，造成带电检修作业所使用的工器具和作业方法也各不相同。目前比较常见的带电检修工作主要有两类：① 带电更换或检修设备；② 断（接）设备引线。其操作方法与变电站的接线形式、工作习惯、工器具的配置等密切相关。虽然在变电设备带电检修方面开展了大量的研究和实践，但是与输电线路相比较，开展作业的范围、作业的内容都相对较少。其原因：① 出于对作业安全的压力和对带电作业认识的不足，一般情况下都尽可能安排停电检修或消缺；② 由于变电站的接线方式要比输电线路复杂得多，电气设备布置紧凑，周围存在较多的带电设备，作业过程对安全距离和组合间隙等安全性方面的要求比较严格，限制了作业的方法和程序，作业过程的控制难度相对较大；③ 开展变电带电作业对作业人员的素质和技术要求较高，而从事变电带电作业的人员大多数是从事输电线路带电作业的，对变电设备不熟悉，造成当前未开展或较少开展的局面。

2007年，国家电网公司分别从总则、机构及其职责、资质和培训管理、作业及项目管理、工器具管理、技术管理和附则作出规定，制定了《国家电网公司带电作业工作管理规定（试行）》，取代了原有的《带电作业技术管理制度》，为分析带电作业工作现状、掌握带电作业工作的发展理清了工作思路。2011年6月，国家电公司组织编写并由中国电力出版社出版了《带电作业操作方法　第3分册　变电站》，分别按交流和直流共8个电压等级、从带电检测、带电检修、带电断（接）引线和带电清扫（洗）四个部分进行介绍，集成了近60年来全国变电站带电作业的研究和实践成果，对指导变电站带电作业工作的开展有着重要意义，为作业人员的学习培训提供便利。

2007年，辽宁带电作业基地建成220、66kV变电站各一座，两变电站均采用典型设计，双母线接线，软母线连接普通中型布置，一个标准出线间隔及一个母线隔离开关间隔。可满足带电中型水冲洗、带电断接设备母线，处理设备节点发热等项目的培训要求，是国内第一个变电站带电作业培训专用实训场，目前已完成三千余人次培训取证。

　　2015～2018 年，国网冀北电力有限公司电力科学研究院和冀北检修公司开展了"110～220kV 变电站带电作业关键技术研究"课题研究，系统地对 110～220kV 典型变电站内的过电水平、最小安全距离、组合间隙进行了仿真计算，对小间隙硬管母线放电特性进行了试验验证，确定了带电作业各种安全距离，并对带电处理隔离开关等连接件发热故障，垂直开分隔离开关处于断开冷备用状态下检修，软母线引线带电断、接引线，硬（管）母线带电断、接引线等变电站典型带电作业项目进行了研究，研制出了相应的发热短接装置、绝缘限位伞、万向导线卡线连接钳、履带式自行走垂直升降绝缘平台等相关设备和工具，完成了所有作业项目的工程应用，"110～220kV 变电站带电作业关键技术研究"获 2018 年国家电网公司科技成果二等奖。此项目的完成标志着我国变电站设备检修作业进入全面带电作业的时代。

第二章

变电站基础知识

第一节 变电站概述

变电站是联系发电厂和用户的中间环节，起变换和分配电能的作用。从发电厂送出的电能一般经过升压远距离输送，再经过多次降压后用户才能使用，所以电力系统中变电站的数量多于发电厂，据大约统计，系统变压器的容量约是发电机组容量的7～10倍。

根据变电站在电力系统中的地位、作用与供电范围，可以将其分为以下几类：

（1）枢纽变电站：位于电力系统的枢纽点，汇集电力系统中多个大电源和多回大容量的联络线，连接电力系统的多个大电厂和大区域系统。这类变电站的电压等级一般为330kV以上。枢纽变电站在系统中在地位非常重要，若发生全站停电事故，将引起系统解列，甚至系统崩溃的灾难局面。

（2）中间变电站：电压等级多为220～330kV，高压侧与枢纽变电站连接，以穿越功率为主，在系统中起交换功率的作用，或使高压长距离输电线路分段。一般汇集2～3个电源，中压侧一般为110～220kV，供给所在地区的用电并接入一些中小型电厂。这样的变电站主要起中间环节作用，当全站停电时，将引起区域电网解列，影响面也比较大。

（3）地区变电站：主要任务是给地区的用户供电，它是一个地区或城市的主要变电站，电压等级一般为110～220kV。全站停电只影响本地区或城市的用电。

（4）终端变电站：位于输电线路的末端，接近负荷点，高压侧电压多为110kV或者更低（如35kV），经过变压器降压为6～10kV电压后直接向用户送电，其全站停电的影响只是所供电的用户，影响面较小。

开关站：在超高压远距离输电线路的中间，用断路器将线路分段和增加分支线路的工程设施称开关站。开关站与变电站的主要区别在于：① 没有主变压器；② 进出线属同一电压等级；③ 站用电的电源引自站外其他高压或中压线路。开关站的主要功能是：① 将长距离输电线路分段，以降低工频过电压水平和操作过电压水平；② 当线路发生故障时，由于在开关站的两侧都装设了断路器，所以仅使一段线路被切除，系统阻抗增加不多，既提高了系统的稳定性，又缩小了事故范围；③ 超/特高压远距离交流输电，空载时线路电压随线路长度增加而增高，为了保证电压质量，全线需分段并设开关站安装无功补偿装置（电抗器）来吸收容性充电无功功率；④ 开关站可增设主变压器扩建为变电站。

变电站的主要电气设备分为电气一次设备和电气二次设备。

（1）电气一次设备是指用于直接生产、转换和输配电能的设备。主要在以下几种：

1）生产和转换电能的设备：如发电机、电动机、变压器等，它们是直接生产和转换电能的最主要的电气设备。

2）接通或断开电路的开关设备：为满足运行、操作或事故处理的需要，将电路接通或断开的设备，如断路器、隔离开关、接触器、熔断器等。

3）限制故障电流和防御过电压的电器：如用于限制短路电流的电抗器和防御过电压的避雷器、避雷针、避雷线等。

4）接地装置：用来保证电力系统正常工作的工作接地或保护人身安全的保护接地，均与埋入地中的金属接地体或连成接地网的接地装置连接。

5）载流导体：电气设备必须通过载流导体按照生产和分配电能的顺序或者说按照设计要求连接起来，常见的载流导体有裸导体、绝缘导线和电力电缆等。

6）补偿装置：如调相机、电力电容器、消弧线圈、并联电抗器等，分别用来补偿系统无功功率，补偿小电流接地系统中的单相接地电容电流，吸收系统过剩的无功功率。

7）仪用互感器：如电压互感器和电流互感器，将一次回路中的高电压和大电流变成二次回路中的低电压和小电流，供给测量仪表和继电保护装置使用。

（2）电气二次设备是指对电气一次设备进行测量、控制、监视和保护用的设备。主要有：

1）测量仪表：如电压表、电流表、功率表、电能表等，用以测量一次回路的运行参数。

2）继电保护及自动装置：用以迅速反应电气故障或不正常运行情况，并根据要求切除故障、发出信号或做出相应的调节。

3）直流设备：主要用于供给继电保护、操作、信号以及事故照明等设备的直流供电，如直流发电机组、蓄电池、硅整流装置等。

4）控制信号、信号设备及其控制电缆：控制设备是指对断路器进行手动或自动的开、合操作控制的设备；信号设备有光字牌信号、反映断路器和隔离开关位置的信号、主控制室的中央信号等；控制电缆用于某些二次设备之间的连接。

5）绝缘监督装置：用以监视交流和直流系统的绝缘状况。

变电站中电气接线分为电气一次接线和电气二次接线。电气一次设备根据工作要求和作用，按照一定顺序连接起来而构成的电路称为电气主接线，又叫一次回路、一次接线或电气主系统，它表示出电能的生产、汇集、转换、分配关系和运行方式，是运行操作、切换电路的依据；电气二次设备相互连接而成的电路称为二次回路、二次接线或二次系统，二次接线表示出继电保护、控制与信号回路和自动装置的电气连接以及它们动作后作用于一次设备的关系。

配电装置是以电气主接线为主要依据，由开关设备、继电保护设备、测量设备、母线以及必要的辅助设备组成的接收和分配电能的电气装置。如果说电气主接线反映的是电气一次设备的连接关系，那么配电装置是具体实现电气主接线功能的重要电气装置。

第二节　变电站主要设备概述

变电站主要设备包括变压器、断路器、隔离开关、电流互感器、电压互感器、母线、支柱绝缘子（穿墙套管）、避雷器、耦合电容器、站用电系统等。

一、变压器

变压器是一种按电磁感应原理工作的电气设备，当一次绕组加上电压、流过交流电流时，在铁芯中就产生交变磁通。这些磁通中的大部分交链着二次绕组，称之为主磁通。在主磁通的作用下，两侧的绕组分别产生感应电势，电势的大小与匝数成正比。变压器的主、副绕组匝数不同，这样就起到了变压作用。通过电磁感应，在两个电路之间实现能量的传递。

变压器主要由铁芯、绕组、绝缘油及辅助设备组成。

变压器在电力系统中的主要作用是变换电压，以利于功率的传输。电压经升压变压器升压后，可以减少线路损耗，提高送电的经济性，达到远距离送电的目的；而降压变压器则能把高电压变为用户所需要的各级使用电压，满足用户需要。

用来向电力系统或用户输送功率的变压器，称为主变压器（见图 2-1）；用于两种电压等级之间交换功率的变压器，称为联络变压器；只供本厂（站）用电的变压器，称为厂（站）用变压器或称自用变压器。

图 2-1　220kV 主变压器示例

二、断路器

断路器是指能开断、关合和承载运行线路的正常电流，并能在规定时间内承载、关合和开断规定的异常电流（如短路电流）的电气设备，如图2-2所示。按照IEC标准的定义是指：所设计的分、合装置应能关合、导通和开断正常状态电流，并能在规定的短路等异常状态下，在一定时间内进行关合、导通和开断。

图2-2 110、220V断路器示例

断路器根据不同的灭弧介质可分为以下几类：

（1）油断路器：以变压器油作为灭弧和绝缘介质的断路器。通常可分为少油断路器和多油断路器两类，油断路器是最早出现且使用最多的一种断路器。

（2）压缩空气断路器：以压缩空气作为灭弧和绝缘介质的断路器，吹弧所用的空气压力一般在1013～4052kPa（10～40atm）的范围内。

（3）SF_6断路器：以SF_6气体作为灭弧介质或兼作绝缘介质的断路器。SF_6断路器开断能力强，开断性能好，电气寿命长，单断口电压高，结构简单，维护少，因此在各个电压等级（尤其是在高电压领域）得到了越来越广泛的使用。

（4）真空断路器：触头在真空中开断，利用真空作为绝缘介质和灭弧介质的断路器，真空断路器需求的真空度在10^{-4}Pa以上。真空断路器具有很多的优点，如开距短、体积小、重量轻、电气和机械寿命长、维护少、无火灾和爆炸危险等，因此近年来发展很快，特别在中等电压领域内使用很广泛，是配电开关无油化的最好换代产品。

（5）磁吹断路器：利用磁场对电弧的作用，使电弧吹进灭弧栅内，电弧在固体电介质灭弧栅的窄沟内加快冷却和复合而熄灭的断路器。由于电弧在灭弧栅内是被逐渐拉长的，所以灭弧过电压不会太高，这是磁吹断路器的特点之一。

三、隔离开关

隔离开关是一种没有专门灭弧装置的开关设备，在分闸状态有明显可见的断口，在合闸状态能可靠地通过正常工作电流，并能在规定的时间内承载故障短路电流和承受相应电动力的冲击。当回路电流"很小"或者当隔离开关每极两接线端之间的电压在关合和开断前后无显著变化时，隔离开关具有关合和开断回路电流的能力。

隔离开关的品种很多，由开断元件、支撑绝缘件、传动元件、基座及操作机构五个基本部分组成。

（1）隔离开关型号表示方法及含义。隔离开关和接地开关型号表示方法如图 2-3 所示。

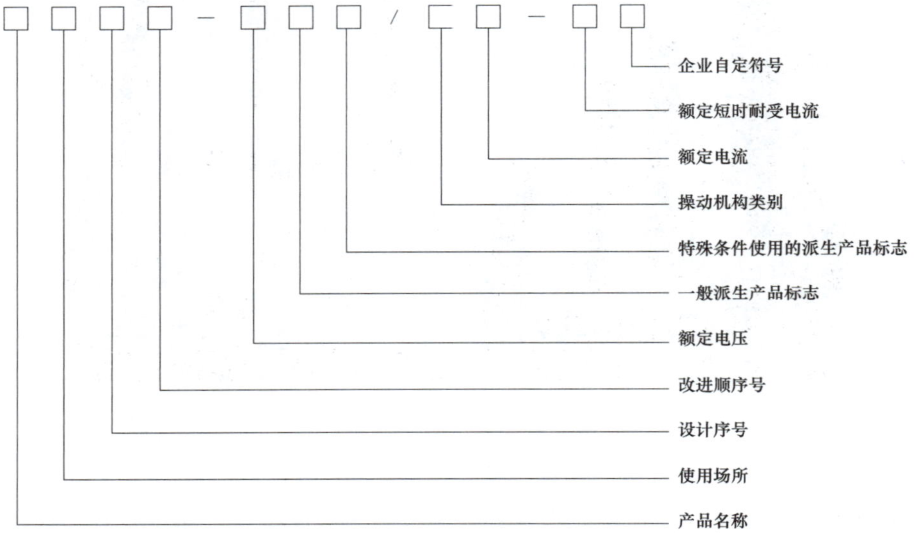

图 2-3 隔离开关和接地开关型号表示方法

1）产品名称：隔离开关用第一个汉字汉语拼音的第一个字母，即"G"表示。接地开关用第一个汉字汉语拼音的第一个字母，即"J"表示。

2）使用场所：对于户内场所，用"N"表示；对于户外场所，用"W"表示。

3）设计序号：由行业管理部门根据鉴定及申领型号的先后顺序确定，用阿拉伯数字"1、2、3"等表示。

4）改进顺序号：产品有重大改动时，由行业管理部门确认后，用拉丁字母"A、B、C"表示。

5）额定电压：按照 GB 1985—2014 中确定的设备最高电压的千伏（kV）数表示。

6）一般派生产品标志：一般派生产品标志的规定符号见 JB/T 8754—2018《高压开关设备型号编制办法》。

7）特殊条件使用的派生产品标志：特殊条件使用的派生产品标志的规定符号见 JB/T

8754—2018。

8）操作机构类别："S"为手动操作机构；"T"为弹簧操作机构；"J"为电动操作机构。

9）额定电流：以额定电流的安培（A）数表示。

10）额定短时耐受电流：以额定短时耐受的电流千安（kA）数表示。

11）企业自定符号：根据需要，由企业自定，如无，则不标注。

（2）隔离开关分类。隔离开关分类见表 2-1，隔离开关结构形式及特点见表 2-2。

表 2-1　　　　　　　　　　　隔 离 开 关 分 类

序号	分类方式	类别	
1	按安装场所	户内、户外	
2	按有无接地开关	不接地、单接地、双接地	
3	按用途	一般输配电用、快速分闸用、变压器中性点接地用、大电流母线用	
4	按结构形式（具体见表 2-2）	按照支柱绝缘子数量划分	单柱式隔离开关、双柱式隔离开关、三柱式隔离开关
		按照支柱绝缘子的数量和导电活动臂开启方式划分	单柱垂直伸缩式、双柱水平旋转式、双柱水平伸缩式、三柱水平旋转式四种型式
5	按机构	手动式、电动式、气动式和液压式	
6	按使用环境	普通型和防污型	

表 2-2　　　　　　　　　　　隔离开关结构形式及特点

序号	结构形式		特点			代表产品
			相间距离	分闸后情况	其他	
1	水平断口	双柱式	平开式（中间开断）	大	不占上部空间	支持绝缘子兼受较大扭矩	G4、GW5 型
2		三柱式（双断口）	平开式（水平回转）	较小	不占上部空间	纵向长度大，绝缘子分别受弯或扭矩	GW7 型
3		三柱式（双断口）	立开式（垂直伸缩）	小	占上部空间	纵向长度大，隔离开关传动复杂	瑞士产品
4		直臂式		小	占上部空间大	适合较低电压	GW8、GN9、GN13 型
5		伸缩插入式	绝缘子传动（或拉动）	小		适用于较高电压或户内	GW11、GW12、GW17、GN21 型
6	垂直断口	直臂式		小	一侧占空间大	隔离开关运动轨迹大	GW3 型
7		单柱式	偏折式	小	一侧占空间大	适用于架空硬、软母线	GW10、GW16 型
8			对折式	小	两侧占空间	触头钳夹范围大	GW6 型、瑞士 TFP

（3）隔离开关的作用如下：

1）将电气设备与运行中电网隔离，以保证被隔离的电气设备能安全地进行检修维护。

2）改变运行方式。在双母线运行的电路中，利用隔离开关可将电气设备或线路从一组母线切换到另一组母线上运行。

3）接通和断开小电流电路。

（4）各类隔离开关结构形式及结构特点如下。

1）单柱式隔离开关结构形式及结构特点。单柱式隔离开关的支持绝缘子只有一个，其瓷柱结构因厂家不同而各有不同。支持绝缘子起绝缘作用，使动触头能与悬挂在母线上的静触头接触或分开，完成分合闸动作。隔离开关的动作方式可分为双臂对折式（见图2-4）、单臂偏折式（见图2-5）和伸缩式。

图2-4　单柱双臂对折式隔离开关
（a）示意图；（b）合闸位置；（c）分闸位置

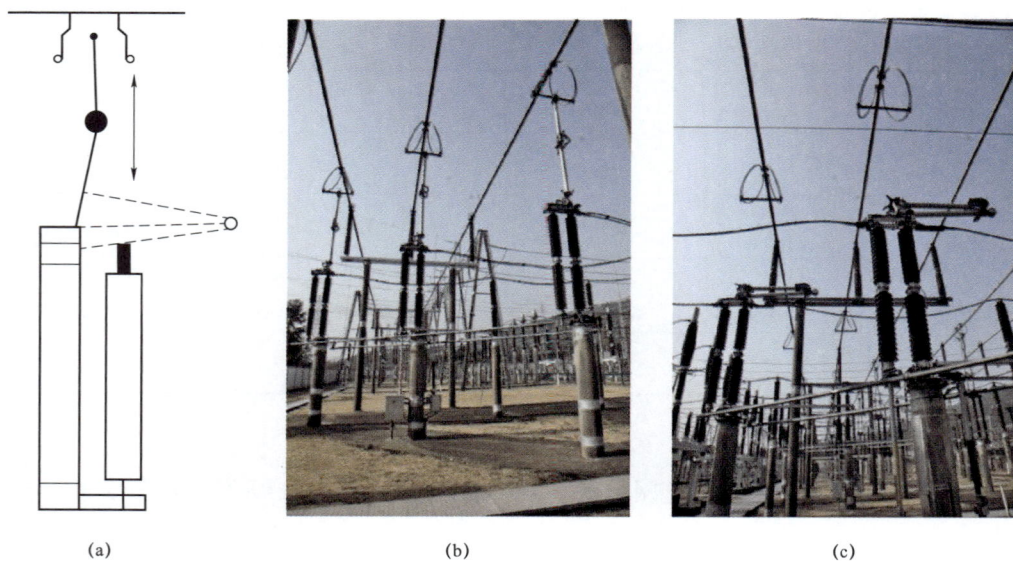

图2-5　单柱单臂偏折式隔离开关
（a）示意图；（b）合闸位置；（c）分闸位置

单柱式隔离开关的结构特点：① 单柱式不需要笨重而庞大的底座，因而满足电力建设中占地面积小的要求，能有效地利用变电站的安装面积，对变电站设计易于做出满意的布置方案，有较好的经济效果；② 用于架空母线，可在架空母线下面直接将垂直空间用作电气隔离断口，作为母线隔离开关，除节省占地面积外，还可减少引接导线，分合状态特别清晰；③ 节省有色金属；④ 分合闸时折架上部受力较大，另外在半折架中，由于重心偏移、分闸位置对支柱产生附加弯距，因此必须提高绝缘支柱强度。

2）双柱式隔离开关结构形式及特点。双柱式隔离开关由两个支持绝缘子组成，一个断口。按导电系统隔离开关的动作方式分为水平回转式（也称中心断路式）（见图2-6）、单刀垂直回转式（也称垂直断路式）（见图2-7）和双刀垂直回转式和水平伸缩式。

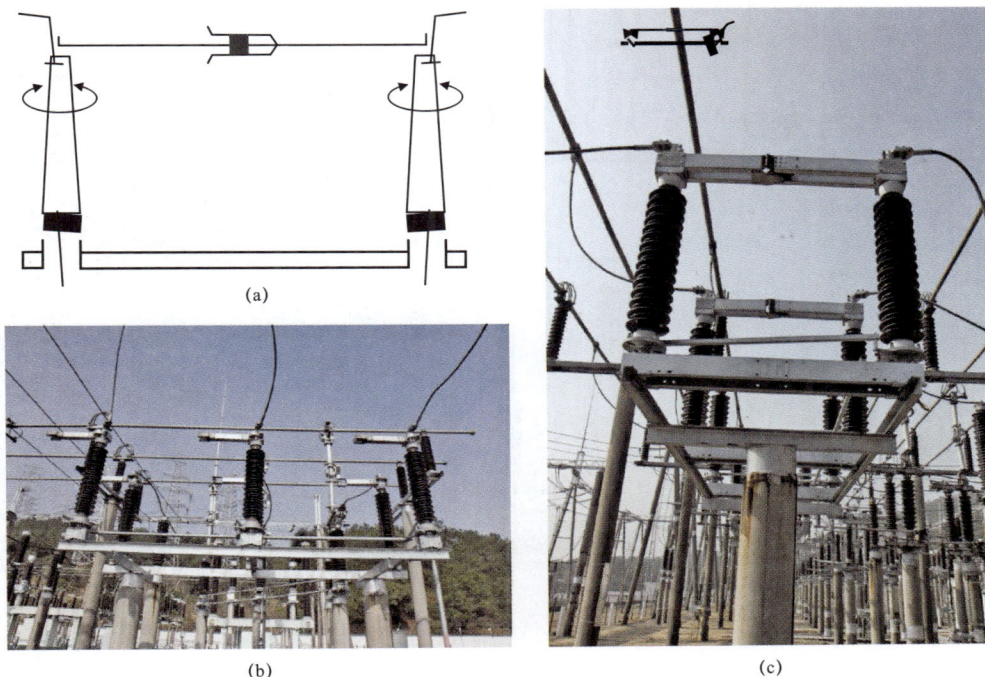

(a)

(b)

(c)

图2-6　双柱水平回转式隔离开关
（a）示意图；（b）分闸位置；（c）合闸位置

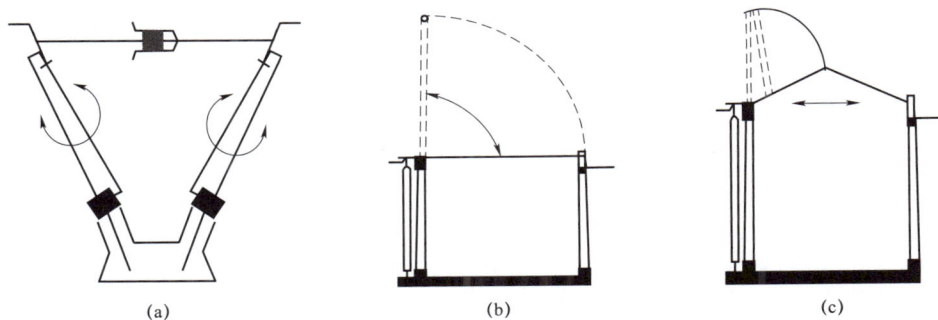

(a)　　　　　　　　　(b)　　　　　　　　　(c)

图2-7　双柱单力垂直回转式隔离开关示意图
（a）水平回转式；（b）垂直回转式；（c）水平伸缩式

双柱式隔离开关的结构特点：① 结构简单、动作可靠，垂直回转式、双柱伸缩式相间距离小，易于向高电压发展；② 适宜用作变电站的出线隔离开关；③ 单刀垂直回转式及伸缩式在整个操作范围内，电流通路均受到严格导向，可达到极高的开关安全性。

3）三柱式隔离开关结构形式及特点。共同特点是两端支柱都是静止的，转动的中间支柱单独做传动用。

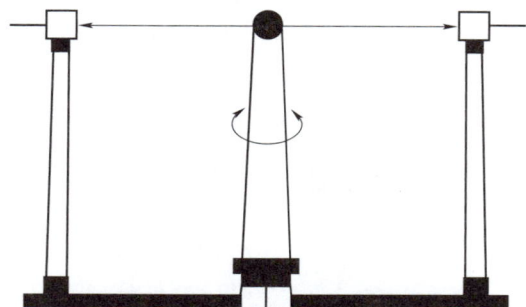

(a)

(b)

(c)

图 2-8　三柱水平回转式隔离开关

（a）示意图；（b）分闸位置；（c）合闸位置

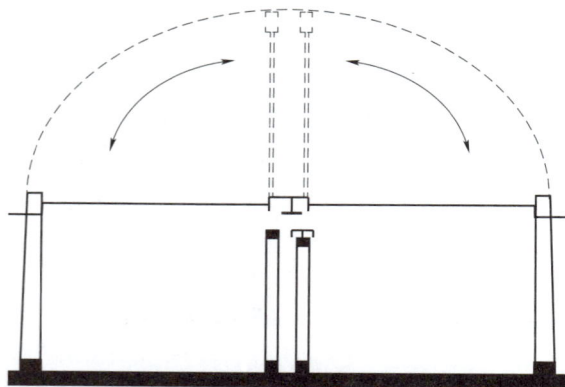

图 2-9　三柱垂直回转式隔离开关示意图

三柱水平回转式隔离开关（见图 2-8）由中间绝缘支柱带动隔离开关回转，隔离开关对称地装在中间支柱顶部，分合闸时，隔离开关在水平方向回转，分闸后形成两个串联断口。

垂直回转式隔离开关（见图 2-9）的结构特点：① 适合用作变电站出线隔离开关；② 双断口；③ 纵向尺寸较大；④ 可以展敞开式组合电器。

（5）隔离开关的基本要求如下：

1）隔离开关应具有明显断开点，便于确定被检修的设备或线路是否与电网断开。

2）隔离开关断开点之间应有可靠的绝缘，以保证在恶劣的气候条件下也能可靠工作，并在过电压及相间闪络的情况下，不致从断开点击穿而危及人身安全。

3）隔离开关应具有足够的热稳定性和动稳定性，尤其不能因电动力的作用而自动断开，否则将引起严重事故。

4）隔离开关的结构应简单，动作应可靠。

5）带有接地开关的隔离开关必须有联锁机构，以保证先断开隔离开关后，再合上接地开关的操作顺序。

6）隔离开关要装有和断路器之间的联锁机构，以保证正确的操作顺序，杜绝隔离开关带负荷操作的事故发生。

（6）对带电作业的影响。高压隔离开关是电力系统中使用量最大、应用范围最广的高压电气设备。由于高压隔离开关的主要功能是起隔离作用，不开合负载电流和故障电流，长期处于合闸状态而较少进行操作。高压隔离开关易发生支持绝缘子和传动绝缘子断裂、操作失灵和部件损坏变形、导电回路过热等问题，经常会涉及带电作业进行处理。由于高压隔离开关的品种繁多，在进行带电作业处理时，需根据实际情况而采用不同的作业方法，确保作业的安全进行。

四、电流互感器

把大电流按规定比例转换为小电流的电气设备称为电流互感器（见图 2-10），用 TA 表示。电流互感器有两个或者多个相互绝缘的绕组，套在一个闭合的铁芯上。一次绕组匝数较少，二次绕组匝数较多。

图 2-10 电流互感器

电流互感器的作用是把大电流按一定比例变为小电流，提供给各种仪表、继电保护及自动装置，并将二次系统与高电压隔离。电流互感器的二次侧电流为 1A 或 5A，这不仅保证了人身和设备的安全，也使仪表和继电器的制造简单化、标准化，降低了成本，提高了经济效益。

电流互感器的特点如下：

（1）电流互感器二次回路所串的负荷是电流表、继电器等器件的电流绕组，阻抗很小；因此，电流互感器的正常运行情况相当于二次侧短路的变压器的状态。

（2）电流互感器的一次电流由主电路负荷决定而不是由二次电流决定。

（3）电流互感器当二次回路阻抗变化时，会影响二次电动势。

（4）电流互感器之所以能用来测量电流，是因为它是一个恒流源，且电流表的电流绕组阻抗小，串进回路对回路电流影响不大。

五、电压互感器

一次设备的高电压不容易直接测量，将高电压按比例转换成较低的电压后，再连接到仪表或继电器中，实现这种转换的设备称为电压互感器（见图 2-11），用 TV 表示。

图 2-11　110、220kV 电压互感器示例

电压互感器实际就是一种降压变压器，它的两个绕组在一个闭合的铁芯上，一次绕组匝数很多，二次绕组匝数很少。一次侧并联在电力系统中，额定电压与所接系统的母线额定电压相同；二次侧并联接仪表、继电保护及自动装置的电压绕组等负荷，由于这些负荷的阻抗很大，通过的电流很小，因此，电压互感的工作状态相当于变压器的空载情况。

电压互感器和普通变压器在原理上的主要区别是，电压互感器一次侧作用于一个恒压源，它不受互感器二次负荷的影响，不像变压器通过大负荷时会影响电压，这和电压互感器吸取功率很小有关。由于电压互感器二次侧的负荷阻抗很大，使互感器总是处于类似变压器的空载状态，二次电压基本上等于二次电动势值，且取决于恒定的一次电压值。

注意：在电压互感器进行带电作业时，母线上的电压互感器运行方式必须改为检修状态，否则会发生高压侧引线断开时，造成带负荷拉闸情况；线路侧电压互感在高压侧引线未接地前，二次电压会返回到一次侧，当作业人员误碰高压侧引线时，易发生高压触电危险。

六、母线

在进出线很多的情况下，为便于电能的汇集和分配，应设置母线；这是由于施工安装时，不可能将很多回进出线安装在一点上，而是将每回进出线分别在母线的不同地点连接引出。一般具有四个分支以上时，就应设置母线。母线分硬母线和软母线两种。

（1）硬母线：目前变电站大多采用硬质管形母线，管形母线通常和隔离开关配合使用。由于管形母线具有载流量大、机械强度高、散热好温升低、抗电气震动能力强、架构简明布置清晰等特点，同时还因导线间距相对较小，减少了变电站的占地面积。管形母线的相间距离一般为：110kV，1.5m；220kV，3m。

管形母线又分为支撑式管形母线（见图2-12）和悬吊式管形母线（见图2-13），支撑式管形母线主要用于110kV和220kV电压等级，而悬吊式管形母线主要用于500kV及以上电压等级。

图2-12　110、220kV支撑式管形母线示例

（2）软母线（见图2-14）：多用于室外。室外空间大，导线间距宽，而其散热效果好，施工方便，造价也较低。软母线相间距离一般为：110kV，2.2m；220kV，4.5m（门型）~5.5m（π型）。

图 2-13　500kV 悬吊式管形母线示例

图 2-14　220kV 软母线示例

七、支柱绝缘子（穿墙套管）

支柱绝缘子与穿墙套管用作裸导体的对地绝缘和支撑固定。

支柱绝缘子（见图 2-15）只承受导体的电压、电动力和正常机械荷载，不载流，没有发热问题。支柱绝缘子分屋内型和屋外型，屋外型支柱绝缘子采用棒式绝缘子，在变电站户外设备中使用量很大。

图 2-15　110、220kV 支柱绝缘子示例

穿墙套管（见图 2-16）根据装设地点可选屋内型和屋外型，根据用途可选择带导

体的穿墙套管和不带导体的母线型穿墙套管。屋内配电装置一般选用铝导体穿墙套管。

图 2-16 110kV 穿墙套管示例

八、避雷器

避雷器（见图 2-17）是一种释放过电压能量、限制过电压幅值的保护设备。使用时将避雷器安装在被保护设备附近，与被保护设备并联。在正常情况下，避雷器不导通（最多只流过微安级的泄漏电流）；当作用在避雷器上的电压达到避雷器的动作电压时，避雷器导通，通过大电流，释放过电压能量并将过电压限制在一定水平，以保护设备的绝缘。在释放过电压能量后，避雷器恢复到原状态。

图 2-17 避雷器

根据发展的先后，目前使用的避雷器有五种，即保护间隙、管型避雷器（包括一般管型和新型）、阀型避雷器、磁吹阀式避雷器和氧化锌避雷器。其中保护间隙、管型避雷器和阀型避雷器只能限制雷电过电压；而磁吹阀式避雷器和氧化锌避雷器既可限制雷电过电压，也可限制内部过电压。

（1）保护间隙是最简单的避雷器。

（2）管型避雷器也是一个保护间隙，但它在放电后能自动灭弧。

（3）阀型避雷器是为了进一步改善避雷器的放电特性和保护效果，将原来的单个放电间隙分成许多短的串联间隙，同时增加了非线性电阻（碳化硅片）发展而成。

（4）磁吹阀式避雷器因利用磁吹式火花间隙，间隙的去游离作用增强，提高了灭弧能力，从而改进了它的保护作用。

（5）氧化锌避雷器是在 20 世纪 70 年代出现的一种新型避雷器，它具有无间隙、无续流、残压低等优点，已经成为取代阀型避雷器、磁吹阀式避雷器的新一代产品，在电力系统广泛使用。

九、耦合电容器

耦合电容器（见图 2-18）是电力系统高频通道中的重要设备，是用来在电力网络中传递信号的电容器，主要用于工频高压及超高压交流输电线路中，以实现载波、通信、测量、控制、保护及抽取电能等目的。它使得强电和弱电两个系统通过电容器耦合并隔离，提供高频信号通路，阻止工频电流进入弱电系统，保证人身安全。

图 2-18　耦合电容器

带有电能抽取装置的耦合电容器，除了以上用途外，还可抽取 50Hz 的功率和电压供继电保护及重合闸用，起到电压互感器的作用。

耦合电容器容性电流较大，在带电断、接引线时，要做好防电弧灼伤的措施，并在可靠接地后方可碰触引线。

十、站用电系统

站用电系统的作用是供给变电站主变压器冷却器系统电源、断路器储能电源、开关机构加热器电源、开关、闸刀端子箱加热器电源、检修电源、照明电源以及用于变电站生产、生活等用电。

第三章

变电带电作业原理及方法

第一节　高电压绝缘材料电气特性

本节通过对高电压绝缘材料电气特性的概念描述和性能分析，掌握高压绝缘材料的绝缘电阻、介质损耗、绝缘强度等电气特性的概念。

一、均匀电场与不均匀电场

只要有电荷存在，其周围就一定存在电场，通过电磁感应就可能使人体或设备带电。因此，带电作业必须了解电场基本知识，加强防护措施。

根据电场强度的均匀程度，电场可分为均匀电场与不均匀电场，图 3-1 列出了常见均匀电场与不均匀电场示意图。在均匀电场中，各点的电场强度的大小，方向都相同，如图 3-1（a）所示，平板电容器中间部分的电场即为均匀电场。按不均匀程度的差别，不均匀电场又可分为稍不均匀电场和极不均匀电场。稍不均匀电场如球距不大于球的直径的球间隙电场，如图 3-1（b）所示；极不均匀电场如棒—板间隙电场及棒—棒间隙电场，如图 3-1（c）和图 3-1（d）所示。棒—棒间隙电场属于对称的稍不均匀电场，棒—板间隙电场则属于不对称的不均匀电场，前者比后者稍均匀些。

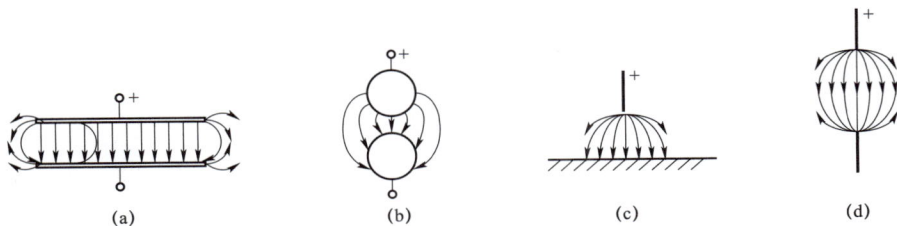

図 3-1　常见均匀电场与不均匀电场示意图
（a）均匀电场（中间部分）；（b）球间隙电场；
（c）棒—板间隙电场；（d）棒—棒间隙电场

分析绝缘结构的击穿时，不仅要考虑绝缘距离，还要考虑电场不均匀程度的影响。对于同样距离的间隙，电场越不均匀，通常击穿电压越低。电气设备中的电场大多为不均匀电场，为了提高绝缘结构的击穿电压，必须设法减小电场的不均匀程度。

电极表面的电场强度与其表面的电荷密度成正比。在电极的尖端或边缘，由于曲率半径小，表面电荷密度大，电力线密集，电场强度高，容易发生局部放电。这种现象称为尖端效应或边缘效应。电极的边缘或尖端是造成极不均匀电场的重要原因，所以工程上常需要改善电极形状，避免电极表面曲率半径过小或出现尖角。

二、空气放电

空气中流过电流的各种形式统称空气放电。

处于正常状态并隔绝各种外电离因素作用的空气是完全不导电的。由于来自空中的紫外线、宇宙射线及来自地球内部辐射线的作用，通常空气中总有少量带电质点。如大气中就总存在少量的正、负离子（气体分子带电后称为离子，根据带正电或负电而相应称为正离子或负离子）。在电场作用下，这些带电质点沿电场力方向运动造成电导电流，所以空气通常并不是理想绝缘介质。由于带电质点极少，空气的电导极小，仍为优良的绝缘体。

当提高空气间隙上的电压达到一定数值后，电流突然剧增，绝缘性能下降，气体这种由绝缘状态突变为良导电状态的过程，称为击穿，当击穿过程发生在气体与液体或气体与固体的交界面上时，称为沿面闪络（击穿和闪络有时笼统地称为放电）。空气中发生击穿和闪络时，除电导突增外，通常还伴随有发光及发声等现象。发生击穿或闪络的最低临界电压称为击穿电压 U_b 或闪络电压 U_f（击穿电压或闪络电压有时也笼统地称为放电电压）。均匀电场中击穿电压与间隙距离之比称为击穿场强 E_b，它反映了气体耐受电场作用的能力，即空气的电气强度。不均匀电场中击穿电压与间隙距离之比称为平均击穿场强。

常见的气体放电有架空线路上金具、导线和绝缘子等的电晕放电以及各种空气间隙的击穿放电等。

带电作业中，作业人员往往要在高压设备或高压线路的高电位体附近工作，甚至直接接触高电位。作业人员周围环境就是一个空气绝缘的电场。为了保证作业人员的人身安全，《电力安全工作规程》对带电作业最小安全距离、组合间隙等有详细规定，目的就是为了防止发生对作业人员不利的空气放电。

影响空气放电的因素很多，如电场的均匀程度（由电极形状和间隙距离决定）、间隙上所加电压的波形、湿度、温度等。

同一空气间隙的放电电压大小顺序是：雷电波放电电压最高，操作波放电电压其次，而工频正弦波放电电压往往比较低。

三、绝缘材料放电

1. 电介质的极化与电导

电介质极化现象如图 3-2 所示，将平行板电容器放在密闭容器内，并将极间抽真空，在极板上施加直流电压 U，这时极板上积聚有正、负电荷，其电荷量为 Q_0。然后把一块固体电介质（厚度与极间距离相等）放在极板之间，施加同样的电压，就可发现极板上的电荷量增加到 Q_0+Q'。这是由电介质极化现象所造成的，即在外加电场作用下，固体电介质中原来彼此中和的正、负电荷产生了位移，形成电矩，使电介质表面出现了束缚电荷，相应地便在极板上另外吸住了一部分电荷 Q'，所以极板上电荷增多，并造成电容量也增大。

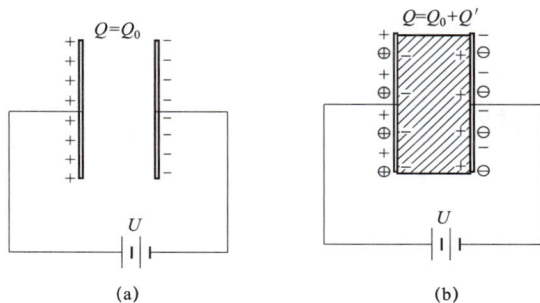

图 3-2　电介质极化现象
（a）电极间无电介质；（b）电极间有电介质

平行板电容器在真空中的电容量为

$$C_0 = \frac{Q_0}{U} = \frac{\varepsilon_0 A}{d}$$

式中：A 为极板面积，cm^2；d 为极间距离，cm；ε_0 为真空的介电常数，$8.86 \times 10^{-14} F/cm$。

极板间插入固体电介质后，电容量增为

$$C = \frac{Q_0 + Q'}{U} = \frac{\varepsilon A}{d}$$

式中：ε 为电介质的介电常数。

ε 与 ε_0 之比就是相对介电常数 ε_r

$$\varepsilon_r = \frac{\varepsilon}{\varepsilon_0} = \frac{C}{C_0} = \frac{Q_0 + Q'}{Q_0}$$

各种气体的 ε_r 均接近于 1，而常用液体、固体电介质的 ε_r 则各不相同，大多数为 2～6。ε_r 与温度、电源频率有关，其关系特性决定于电介质的种类。根据电介质的种类，极化可以分为电子式极化（见图 3-3）、离子式极化（见图 3-4）和偶极子极化（见图 3-5）三种主要形式。另外还有夹层界面极化和空间电荷极化。

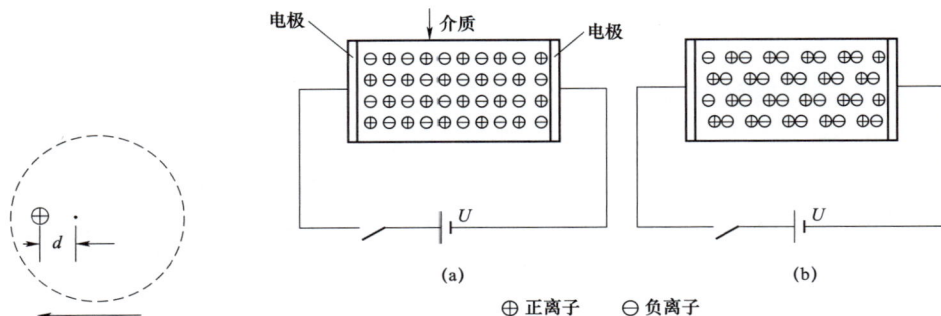

图 3-3　电子式极化示意图

图 3-4　离子式极化示意图
(a) 无外电场时；(b) 有外电场时

⊕ 正离子　⊖ 负离子

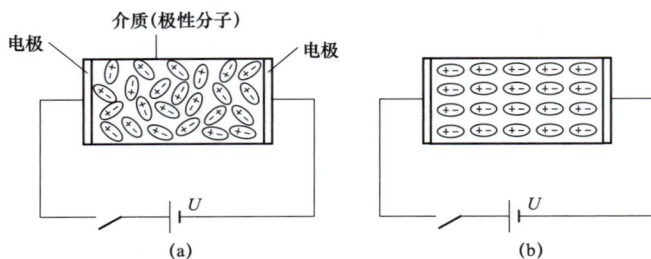

图 3-5　偶极子极化示意图
(a) 无外电场时；(b) 有外电场时

2. 固体电介质的击穿

常见的固体电介质击穿有电击穿、热击穿和电化学击穿三种形式。固体电介质击穿场强与电压作用时间的关系如图 3-6 所示。

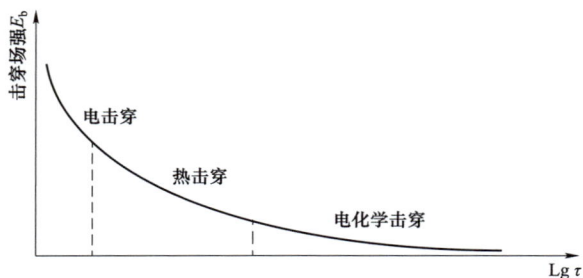

图 3-6　固体电介质击穿场强与电压作用时间的关系

固体电介质击穿后，出现烧焦或熔化的通道裂缝等，即使去掉外施电压，也不像气体、液体电介质那样，能自行恢复绝缘性能（指气体或液体绝缘在电弧作用下还没有发生强烈的化学变化之前）。

固体电介质电击穿的理论是以在电介质中发生碰撞电离为基础的，它不包括由边缘效应，电介质劣化等因素引起的击穿。

　　固体电介质的中间存在少量处于导电能量状态的电子（传导电子）。它在电场加速下将与晶格点上的原子碰撞，但因固体电介质中的原子相互联系十分紧密，所以必须考虑传导电子与晶格碰撞。

　　由碰撞电离引起击穿有下述两种解释：① 固体击穿理论是考虑单位时间传导电子从电场中获得的能量与单位时间内由于碰撞而失去的能量之间，因不平衡而引起击穿；② 传导电子由电场作用得到了可使晶格原子电离的能量，产生了电子崩，当电子崩发展到足够强时，引起固体电介质击穿。

　　电击穿的特点包括电压作用时间短、击穿电压高、电介质温度不高，击穿场强与电场均匀程度有密切关系，而与周围环境温度的高低关系不大。

　　固体电介质热击穿的主要概念是：电介质在电场作用下，固体电介质分子极化、电导过程中产生电介质损耗，引起发热，使电介质温度升高，而电介质的电阻具有负的温度系数，即温度上升时电阻将变小，这又会使电流进一步增大，损耗发热也随之增大；因此，如果电介质中发生的热量比散发的热量大时，电介质温度将不断上升，进而引起电介质分解、碳化，使其绝缘特性完全丧失即发生了热击穿；热量传递给周围固体电介质分子，这些分子受热加快运动，并在电场作用下电导加快，加快击穿；若在电介质所能耐受的温度下，建立了平衡，则热击穿就不会发生。

　　热击穿特点如下：

　　（1）击穿电压随周围媒质温度增加而降低。

　　（2）材料厚度增加，由于散热条件变坏而击穿场强降低。

　　（3）电源频率越高，电介质损耗越大，击穿电压降低。

　　（4）击穿一般发生于材料最难于向周围媒质散热的部分，如材料的中心。而击穿处有烧坏或熔化的痕迹。

　　固体电介质电化学击穿的主要概念是：在电场作用下，由于电极和电介质接触处的空气隙或由于在电介质中存在的气孔，气孔中还有空气和水分子，这些气孔电场集中、电场强度高，电场强度先在气隙或气孔上击穿，将其中的水分子、空气分子先行击穿电离，形成臭氧 O_3^-、碱性 OH^-、二氧化氮 NO_2，这些极具腐蚀性的不稳定离子很快与周围固体电介质分子发生化学反应，致使其性能发生变化，增大了局部的电导或电介质损耗，从而降低了电介质的绝缘性能；在足够长时间的作用下，绝缘性能完全丧失，也就是发生了电化学击穿。

　　电化学击穿的过程是：首先，电介质在电场作用下发生化学反应，引起电介质的老化；然后再发生具有热击穿特点的电化学击穿。

　　固体电介质的电击穿、热击穿和电化学击穿是不能截然分开的，往往同时存在，如带电作业工具 1min 工频耐压试验的击穿应有电和热的联合作用。

　　影响固体电介质击穿电压的主要因素有电压种类（交流、直流、冲击）、电压作用时间、周围电场的均匀程度、累积效应、温度、受潮和机械负荷等。

　　常用固体电介质在较长期电压作用下击穿场强的下降情况如图 3-7 所示。由图 3-7

可知，聚四氟乙烯可以耐受很高的温度，短时击穿场强也高，但是由于耐受局部放电的性能比较差，在长期的局部放电作用下绝缘性能会迅速劣化，在长期工作电压下，击穿电压仅为工频 1min 耐压时的几分之一。这说明，由于局部放电对电介质的损害，使其中出现了电化学击穿。很多有机绝缘材料都有这种缺点。

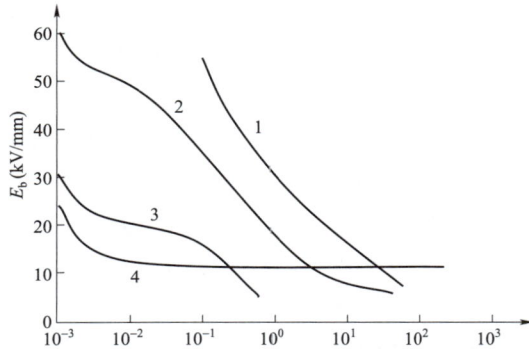

图 3-7　常用固体电介质在较长期电压作用下击穿场强的下降情况
1—聚乙烯；2—聚四氟乙烯；3—黄蜡布；4—有机玻璃云母带

1mm 厚的玻璃在工频下的击穿电压 U_b 与绝对温度 T 的关系如图 3-8 所示，温度为某一数值 t_0℃以下时，固体电介质的击穿场强很高，而且与温度几乎无关，属于电击穿；温度在 t_0℃以上时，周围温度越高，散热条件越差，热击穿电压越低。对于不同材料，此转折温度 t_0℃是不同的；即使同一材料，如果尺寸越大，散热越困难，t_0℃就可能出现在更低的温度范围，即在周围温度较低时，就出现了热击穿。

均匀致密的固体电介质如处于均匀电场中，其击穿电压往往较高，而且与固体电介质的厚度近似成直线关系，如图 3-9 所示的聚酯薄膜在室温下击穿电压与厚度的关系；如果在不均匀电场中，则随着电介质厚度的增加，电场更不均匀，击穿电压已不随厚度的增加而直线上升，这时击穿电压和电场分布的不均匀程度有关。

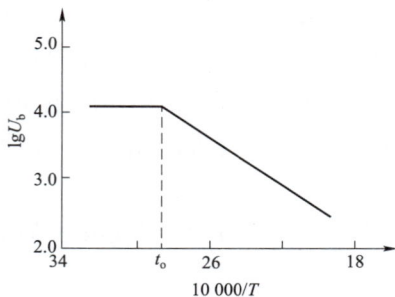

图 3-8　1mm 厚的玻璃在工频下的击穿电压 U_b 与绝对温度 T 的关系

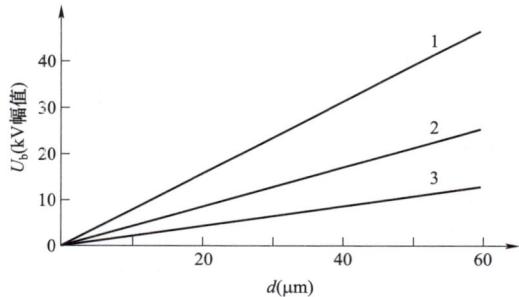

图 3-9　聚酯薄膜在室温下击穿电压与厚度的关系
1—直流电压、均匀电场；2—工频电压、均匀电场；3—工频电压、不均匀电场

常用的固体电介质往往不是均匀致密的，即使处于均匀电场中，由于气孔或其他缺

陷都将使电场畸变，最高场强常是集中在缺陷处，使气体中先产生局部放电，也会逐渐损害到固体电介质。经过干燥、浸油等工艺过程让矿物油充满空气隙，则允许工作场强可明显提高。

电介质的冲击击穿电压常大于其工频击穿电压，而且其直流击穿电压也常比工频击穿电压（幅值）要高得多，其原因是直流电压下固体电介质的损耗小并且局部放电也较弱。相反，高频电压会使局部放电加强，电介质损耗增大，引起严重发热，容易导致电介质发生热击穿；另一方面，局部放电引起的绝缘劣化则容易过早引发电介质内部电化学击穿。

在不均匀电场中，强烈的局部放电常使固体电介质受到损伤。因为固体电介质不能自行恢复局部放电等因素造成的损伤。而且被损伤的部位将作为绝缘薄弱之处在下次的电压作用下进一步受到放电损伤，如此不断积累，最终使电介质击穿，这就是累积效应。

材料受潮或开裂等都将使绝缘电介质的击穿电压显著下降。

四、沿面放电

带电作业工具和空气的交界面上出现放电现象称为沿面放电。沿面放电发展成贯穿性的空气击穿称为闪络。沿面放电是一种气体放电现象，由于电介质分界面上的电场强度分布不均匀，沿面闪络电压比气体或固体单独存在时的击穿电压都低。

沿面放电和固体电介质表面的电场分布有很大关系。一般说来，固体电介质处于电极间电场中的形式有以下三种典型情况（见图3-10）：

（1）固体电介质处于均匀电场中，它与气体的分界面和电力线的方向平行，如图3-10（a）所示。这种情况在工程上较少遇到，但实际绝缘结构中常会出现电介质处于稍不均匀电场中的情况，它的放电现象与上述均匀电场中的情况有很多相似之处。

（2）固体电介质处于极不均匀电场中，且电场强度垂直于电介质表面的分量（简称垂直分量）要比平行于表面的分量大得多，如图3-10（b）所示。

（3）固体电介质处于极不均匀电场中，但在电介质表面大部分地方（除紧靠电极的很小区域外）电场强度平行于表面的分量要比垂直分量大，如图3-10（c）所示。

以上三种情况下的沿面放电现象有很大差别。带电作业中，常见的是第3种情况。下面对第3种情况的放电现象原理作详细介绍：由于这种情况下电极本身的形状和布置已经使电场很不均匀，电介质表面积聚电荷使电压重新分布所造成的电场畸变不会显著降低沿面放电电压；另外，电场垂直分量较小，沿表面也没有较大的电容电流流过，放电过程中不会出现热电离现象，故没有明显的滑闪放电，垂直于放电发展方向的电介质厚度对放电电压实际上没有影响；同其他两种情况相比，闪络电压数值更接近于空气击穿电压；在这种情况下，提高沿面放电电压的手段，一般是改进电极形状，以改善电极附近的电场，从而达到提高闪络电压的目的。

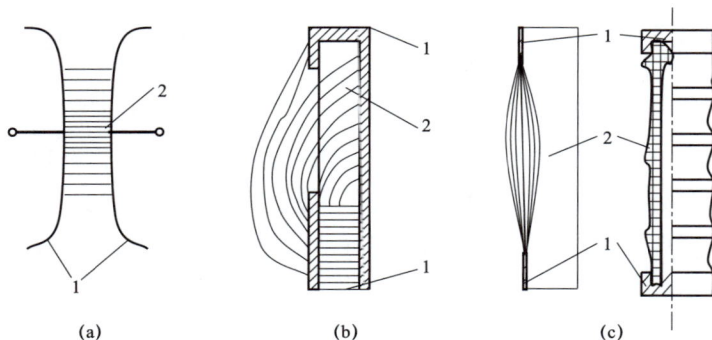

图 3-10　介质在电场中的典型布置方式

（a）均匀电场；（b）有强垂直分量的极不均匀电场；（c）有弱垂直分量的极不均匀电场

1—电极；2—固体介质

五、绝缘电阻

绝缘材料在恒定电压的作用下，总有微小的泄漏电流通过，泄漏电流的大小与材料的电导率成正比，与其绝缘电阻成反比。

将一块固体绝缘材料两端加上直流电压，则流过其内部（而非表面）的电流会随时间变化，固体电介质中电流与时间的关系如图 3-11 所示。

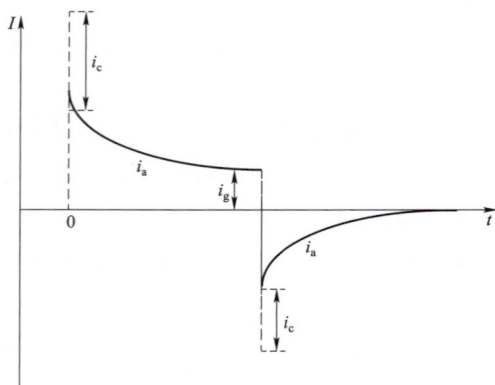

图 3-11　固体电介质中电流与时间的关系

在接通电源的瞬间，充电电流 i_c 可达到很高值，但迅速进入吸收电流阶段。i_a 是由于电介质内分子、离子等粒子的极化造成的，其大小随时间变化，也受电极形状、电介质的种类以及温度等的影响。吸收电流完全衰减至一恒定电流值 i_g 往往需要数分钟以上的时间，有的材料甚至需要几小时至几天的时间，i_g 称为泄漏电流，它由电介质的绝缘电阻所决定。i_a 与 i_g 的比值达数倍至数十倍。因此，如果在施加电压后马上测电流，并依此来计算绝缘电阻，则此电阻值显著偏小。通常测绝缘电阻时应以施加电压 1min 或 10min 后的电流来求出。

泄漏电流对温度的高低也有反映。温度越高、泄漏电流越大，相应的绝缘电阻也越小。固体材料的绝缘电阻随温度的增加而下降。

绝缘电阻（或电介质电导）的数值与电压有关，通常在电介质接近击穿时，有显著的、快速增加的自由电子导电现象，这时阻值将剧烈下降。

固体电介质中电流与外加电压的关系如图 3-12 所示。在阶段 a，电压与电流的关系服从欧姆定律；在阶段 b，电流与电压几乎成指数关系；在阶段 c，电流将随电压更急剧增加直至击穿。

当固体电介质中存在杂质时，将使绝缘电阻下降，如水分的渗入使电介质受潮等，引起绝缘电阻减小，绝缘强度降低。所以，带电作业工具防潮是一个不容忽视的问题。

上面讨论的是固体电介质内部的电阻（或电导）。实际上固体电介质表面因表面脏污和受潮还存在不小的表面电导。表面电导同脏污和受潮的程度成正比。所以带电作业工具表面应保持清洁，并且注意不能使之受潮。

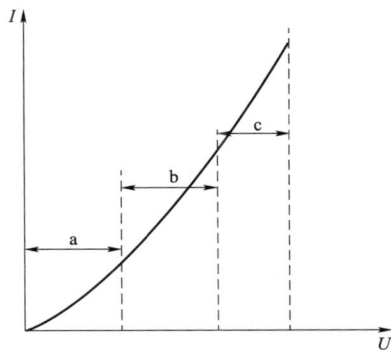

图 3-12　固体电介质中的电流与外加电压的关系

六、介质损耗

从电介质的极化和电导可以看出，电介质在电压作用下有能量损耗：一种是由电导引起的损耗；另一种是由某种极化引起的损耗，如极性电介质中偶极子转向极化等。电介质在电压作用下的能量损耗简称介质损耗。

在直流电压下，由于电介质中没有周期性的极化过程，因此，当外施电压低于发生局部放电的电压时，电介质中的损耗仅由电导引起，这时用体积电导率和表面电导率两个物理量已能够表达，所以直流电压下不需要再引入介质损耗这个概念。

在交流电压下，除电导损耗外，还由于周期性的极化而引起能量损耗。

设有交流电压 $\dot{U}$ 作用于某电介质。由于电介质中有损耗，所以电流 $\dot{I}$ 不是纯粹的电容电流，而是包含有功和无功两个分量 $\dot{I}_r$ 和 $\dot{I}_c$，即

$$\dot{I} = \dot{I}_r + \dot{I}_c$$

所以电源供给的视在功率为

$$W = P + jQ = U(I_r + jI_c) = UI_r + jUI_c$$

于是介质损耗 $P = Q\mathrm{tg}\delta$，δ 为介质损失角，它是功率因数角 Φ 的余角。

有损介质的等值电路和相量图见图 3-13。其中等值电路只有计算上的意义，因为它不能确切地反映物理过程。

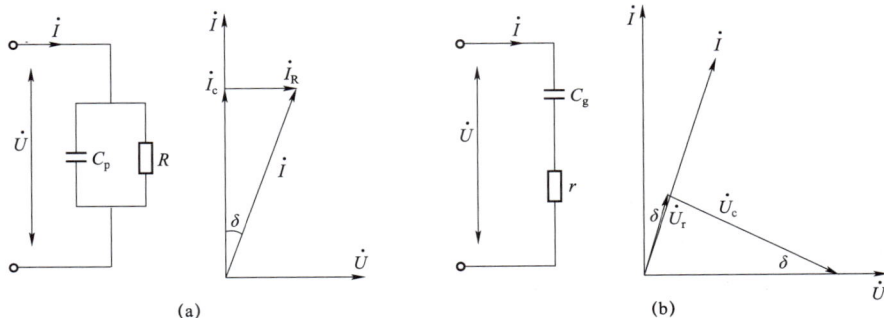

图 3-13　有损介质的等值电路及相量图
（a）并联等值电路；（b）串联等值电路

在电压很高或频率很高的场合，介质损耗将显著增大，引起电介质的温度上升，绝缘的电气性能下降。介质损耗的程度可以用介质损失角正切 $tg\delta$ 来表示。它是一个只与材料特性有关，而与材料尺寸或所加电压无关的物理量。

七、绝缘强度

绝缘材料在电场中，由于老化、泄漏电流及高场强区局部放电所产生的热损耗等的作用，当电场强度超过某数值时，就会在绝缘中形成导电通道而使绝缘破坏，这种现象称为绝缘的击穿。绝缘被击穿的瞬间所施加的最高电压称为绝缘的击穿电压，绝缘材料抵抗电击穿的能力称为击穿强度或绝缘强度。

绝缘材料在电场作用下尚未发生绝缘结构的击穿，而在其表面与电极接触的空气（离子化气体）中，发生了放电的现象称为绝缘的闪络。此时的电压称为表面放电电压或闪络电压。

绝缘材料在一定的电压作用下和规定的试验时间内，未发生击穿现象的电压值，称为耐受电压。

带电作业工具所用的绝缘材料应满足绝缘电阻大，介质损耗小，绝缘强度高。

八、其他性能

带电作业绝缘材料除上述主要性能外，还有机械性能、耐热性能、比重、吸水性、对臭氧的抵抗力、工艺性能等，在此不再赘述，但在工作时应按照现场实际情况加以注意。

第二节　变电带电作业方法

本节介绍变电带电作业的分类及其作业原理。通过概念介绍、原理讲解，掌握地电位作业、中间电位作业、等电位作业等带电作业方法的原理。

一、变电带电作业方法分类

在带电作业中，电对人体的作用有两种：① 在人体的不同部位同时接触了有电位差（如相与相之间或相与地之间）的带电体时而产生的电流危害；② 人在带电体附近工作时，尽管人体没有接触带电体，但人体仍然会由于空间电场的静电感应而产生的风吹、针刺等不舒适之感。经测试证明，为了保证带电作业人员不受到触电伤害的危险，并且在作业中没有任何不舒适之感的安全地进行带电作业，就必须具备三个技术条件：① 流经人体的电流不超过人体的感知水平 1mA（1000μA）；② 人体体表局部场强不超过人体的感知水平 240kV/m（2.4kV/cm）；③ 人体与带电体（或接地体）保持规定的安全距离。能够满足上述三个带电作业技术条件的作业方法有多种，其主要的分类方法有以下几种：

（1）按人体与带电体的相对位置来划分。带电作业方式根据作业人员与带电体的位置，分为间接作业与直接作业两种方式。

1）间接作业。间接作业是指作业人员不直接接触带电体，保持一定的安全距离，利用绝缘工具操作高压带电部件的作业。从操作方法来看，地电位作业、中间电位作业、带电水冲洗和带电气吹清扫绝缘子等都属于间接作业。间接作业也称为距离作业，输变配电带电作业工作中都可采用。

2）直接作业。直接作业是指作业人员直接接触带电体进行的作业，在输电线路带电作业中，直接作业也称为等电位作业，在国外也称为徒手作业或自由作业。作业人员穿戴全套屏蔽防护用具，借助绝缘工具进入带电体，人体与带电设备处于同一电位的作业，它对防护用具的要求是越导电越好。这种作业主要应用于输变电带电作业中。

（2）按作业人员的自身电位，可分为地电位作业、中间电位作业、等电位作业三种方式，如图 3-14 所示。

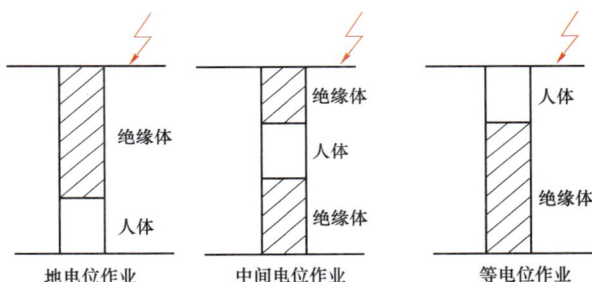

图 3-14　三种作业方式的区别及特点

二、地电位作业

地电位作业是指人体处于地（零）电位状态下，使用绝缘工具间接接触带电设备，来达到检修目的的方法。其特点是：人体处于地电位时，不占据带电设备对地的空间尺寸。

作业人员位于地面或杆塔上，人体电位与大地（杆塔）保持同一电位。此时通过人体的电流有两条通道：① 带电体→绝缘操作杆（或其他工具）→人体→大地，构成电阻通道；② 带电体→空气间隙→人体→大地，构成电容电流回路。这两个回路电流都经过人体流入大地（杆塔）。严格地说，不仅在工作相导线与人体之间存在电容电流，另两相导线与人体之间也存在电容电流。但电容电流与空气间隙的大小有关，距离越远，电容电流越小，所以在分析中可以忽略另两相导线的作用，或者把电容电流作为一个等效的参数来考虑。

1. 地电位作业的技术条件

只要人体与带电体保持足够的安全距离，有足够的空气间隙，且采用绝缘性能良好的工具，则通过人体的泄漏电流和电容电流都非常小（微安级），这样小的电流对人体毫无影响，因此，足以保证作业人员的安全。地电位作业法的相对位置为接地体→人体→绝缘体→带电体，人体与接地体基本处于同一电位上，如带电测绝缘子零值、带电挑异物、带电水冲洗、带电机械清扫等都属于地电位作业项目。

但是必须指出的是，绝缘工具的性能直接关系到作业人员的安全，如果绝缘工具表面脏污或者内外表面受潮，泄漏电流将急剧增加。当增加到人体的感知电流以上时，就会出现麻电甚至触电事故。因此，在使用时应保持工具表面干燥清洁，并注意妥当保管防止受潮。另外对于较高电压等级的作业时，由于电场强度高、静电感应严重，还应采取防护电场的措施。如在 330kV 及以上电压等级的带电线路杆塔上及变电站架构上作业时，地电位作业也须穿静电感应防护服、导电鞋等防静电感应措施，220kV 电压等级的带电线路杆塔上及变电站架构上作业时宜穿导电鞋。

2. 地电位作业的等值电路

地电位作业位置示意图及等值电路见图 3-15。

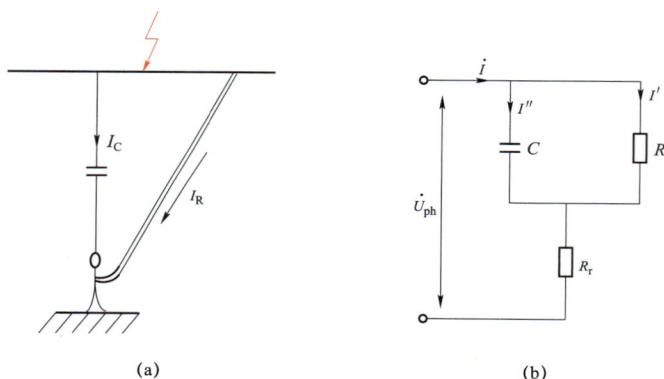

图 3-15　地电位作业位置示意图及等值电路
（a）地电位作业位置示意图；（b）等值电路
C、I_C—人体与带电体的电容及电容电流；U_{ph}—相电压；R、I_R—绝缘工具的电阻及流过它的绝缘电流；R_r—人体电阻

由于人体电阻远小于绝缘工具的电阻，即 $R_r \ll R$，人体电阻 R_r 也远远小于人体与导线之间的容抗，即 $R_r \ll X_c$，因此在分析流入人体的电流时，人体电阻可忽略不计。设 I' 为流过绝缘杆的泄漏电流，I'' 为电容电流，那么流过人体总电流是上述两个电流分量的矢量和，即

$$\dot{I} = \dot{I}' + \dot{I}''$$

带电作业所用的环氧树脂类绝缘材料的电阻率很高，如绝缘管材的体积电阻率在常态下均大于 $10^{12}\Omega \cdot cm$，制作成的工具的绝缘电阻为 $10^{10} \sim 10^{12}\Omega$。由于绝缘材料的绝缘电阻非常大，流经其泄漏电流也只有微安级。

间接作业时，当人体与带电体保持安全距离时，人与带电体之间的电容为 $2.2 \times 10^{-12} \sim 4.4 \times 10^{-12}$F，表达式为

$$X_{\mathrm{C}} = \frac{1}{\omega C} = \frac{1}{2\pi f C} \approx (0.72 \sim 1.44) \times 10^{9}\,\Omega$$

只要人体与带电体保持安全距离，人与带电体之间空间容抗 X_{C} 也就很大，其空间电容电流也就只有微安级。间接作业时，$I' + I''$ 的矢量和也是微安级，远远小于人体电流的感知值 1mA，所以带电作业是安全的。电位作业图如图 3-16 所示。

图 3-16　地电位作业图

三、中间电位作业

中间电位作业法是指人体处于接地体和带电体之间的电位状态，使用绝缘工具间接接触带电设备，来达到其检修目的的方法。其特点是：人体处于中间电位，占据了带电体与接地体之间一定空间距离，既要对接地体保持一定的安全距离，又要对带电体保持一定的安全距离。

当作业人员站在绝缘梯或绝缘平台上，用绝缘杆进行的作业即属中间电位作业，此时人体电位是低于带电体电位、高于地电位的某一悬浮的中间电位。

作业人员通过绝缘平台和绝缘杆两部分绝缘体分别与接地体和带电体隔开，这两部分绝缘体共同起着限制流经人体电流的作用，同时人体还要通过组合间隙来防止带电体通过对人体和接地体发生放电。组合间隙由两段空气间隙组成。

需要指出的是，在采用中间电位法作业时，带电体对地电压由组合间隙共同承受，人体电位是一悬浮电位，与带电体和接地体是有电位差的，在作业过程中要求：

（1）地面作业人员不允许直接用手向中间电位作业人员传递物品。若直接接触或传递金属工具，由于二者之间的电位差，将可能出现静电电击现象；若地面作业人员直接接触中间电位人员，相当于短接了绝缘平台，不仅可能使泄漏电流急剧增大，而且因组合间隙变为单间隙，有可能发生空气间隙击穿，导致作业人员电击伤亡。

（2）由于空间场强较高，中间电位作业人员需穿屏蔽服，避免因场强过大引起人体的不适感。

（3）绝缘平台和绝缘杆应定期试验，使用时保持表面清洁、干燥，保证其良好的绝缘性能，有效绝缘长度应满足相应电压等级规定的要求，其组合间隙一般应比相应电压等级的单间隙大 20% 左右。

1. 中间电位作业的技术条件

当地电位和等电位作业均不宜或不能满足作业要求时，可采用中间电位作业法进行作业，中间电位作业法是介于两者之间的一种方法。它要求人体既要与带电体保持一定距离，也要和大地（接地体）保持一定距离。此时人体的电位是介于地电位与带电体的高电位之间的某一个悬浮电位。

中间电位作业法的相对位置为接地体→绝缘体→人体→绝缘体→带电体，人体通过两部分绝缘体分别与接地体和带电体隔开，由两部分绝缘体限制流经人体的电流，所以只要绝缘操作工具和绝缘平台的绝缘水平满足规定，由绝缘操作工具的绝缘电阻和绝缘平台的绝缘电阻组成的绝缘体，其绝缘电阻值 R_1、R_2 非常大即可将泄漏电流限制到微安级水平。同时，中间电位人员前后两段空气间隙必须达到规定的作业间隙，由两段空气间隙组成的电容回路容抗 X_{C1}、X_{C2} 也就非常大，即可将通过人体的电容电流限制到微安级水平。中间电位作业就可以安全地进行。由于人体电位高于地电位，体表场强也相对较高，应采取相应的电场防护措施，以防止人体产生不适。

2. 中间电位作业的等值电路

中间电位作业位置示意图及等值电路见图 3–17。

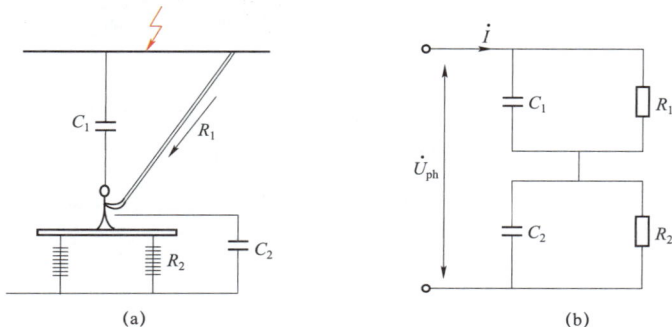

图 3–17　中间电位作业位置示意图及等值电路

（a）位置示意图；（b）等值电路

U_{ph}—相电压；C_1—人体与导线之间的电容；C_2—人体与地（杆塔）之间的电容；R_1—绝缘杆的电阻；R_2—绝缘平台的电阻

由等值电路可以计算出人体的电位为

$$\dot{U} = \dot{U}_{ph} \frac{\mathrm{j}\omega C_2 \, / / R_2}{\mathrm{j}\omega C_1 \, / / R_1 + \mathrm{j}\omega C_2 \, / / R_2}$$

人体处于地点位与带电体之间的一个悬浮电位，人体只要与带电体和地之间保持足够的绝缘，工作就是安全的。中间电位作业图如图 3–18 所示。

图 3–18　中间电位作业图

四、等电位作业

由电造成人体有麻电感甚至死亡的原因，不在于人体所处电位的高低，而取决于流经人体电流的大小。根据欧姆定律，当人体不同时接触有电位差的物体时，人体中就没有电流通过，所以等电位作业是安全的。

当人体与带电体等电位后，假如两手（或两足）同时接触带电导线，且两手间的距离为1.0m，那么作用在人体上的电位差即该段导线上的电压降。如LGJ—150型号的导线，该段电阻为0.000 21Ω，当负荷电流为200A时，那么该电位差为0.042V。设人体电阻为1000Ω，那么通过人体的电流为42μA，远小于人的感知电流1000μA，人体无任何不适感。如果作业人员是穿屏蔽服作业，屏蔽服有旁路分流的作用，那么，流过人体的电流将更小。

从作业原理的分析来看，等电位作业是安全的，但在等电位的过程中，应注意以下几点：

（1）作业人员借助某一绝缘工具（硬梯、软梯、吊篮等）进入高电位时，该绝缘工具性能应良好且保持与相应电压等级相适应的有效绝缘长度，使通过人体的泄漏电流控制在微安级的水平。

（2）组合间隙的长度必须满足相关规程及标准的规定，使放电概率控制在10^{-5}以下。

（3）在进入或脱离等电位时，要防止暂态冲击电流对人体的影响。因此，在等电位作业中，作业人员必须穿戴全套屏蔽服，实施安全防护。

1. 等电位作业的技术条件

等电位作业是指借助于绝缘工具使作业人员与带电体处于同一个电位上的作业。作业时人员必须时刻与带电体保持接触。

等电位作业法的相对位置为接地体→绝缘体→人体和带电体，即人体通过绝缘体（工具）与接地体绝缘以后，只要保持足够的安全距离和一定的绝缘强度，就能直接接触带电体进行工作，绝缘工具的绝缘电阻、安全距离的容抗仍起限制流经人体电流的作用。在电路中，当一个导电体各点的电位相等时，导体中就没有电流流过，在等电位作业中，人体与带电体的电位相等，人和带电体可以近似为一个导体，人体各部位没有电位差因此就没有电流流过，人体也就不会发生触电事故，所以等电位作业是安全的。但是带电体上及周围的空间电场强度十分强烈，等电位作业人员必须采用可靠的电场防护措施，使体表场强不超过人体的感知水平。

2. 等电位作业的等值电路

等电位作业在实现等电位的过程中，将发生较大的暂态电容放电电流，等电位过程中等值电路及放电回路见图3-19。

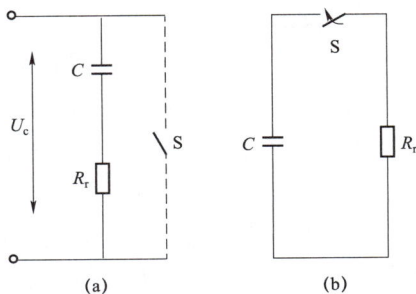

图3-19　等电位过程中等值电路及放电回路
(a) 等值电路；(b) 过渡过程中的放电回路

图 3–19 中，U_C 为人体与带电体之间的电位差，这一电位差作用在人体与带电体所形成的电容 C 上，在等电位的过渡过程中，形成一个放电回路，放电瞬间相当于开关 S 接通瞬间，此时限制电流的只有人体电阻 R_r，冲击电流初始值可由欧姆定律求得

$$I_{ch} = U_c/R_r$$

在等电位作业中，最重要的是进入或脱离等电位过程中的安全防护。在带电导线周围的空间中存在着电场，一般来说，距带电导线的距离越近，空间场强越高。当把一个导电体置于电场之中时，在靠近高压带电体的一面将感应出与带电体极性相反的电荷。当作业人员沿绝缘体进入等电位时，由于绝缘体本身的绝缘电阻足够大，通过人体的泄漏电流将很小。但随着人与带电体的逐步靠近，静电感应作用越来越强烈，人体与导线之间的局部电场越来越高。

当人体与带电体之间距离减小到场强足以使空气发生游离时，带电体与人体之间将发生放电。当人手接近带电导线时，就会看见电弧发生并产生"啪啪"的放电声，这是正负电荷中和过程中电能转化成声、光、热能的缘故。当人体完全接触带电体后，中和过程完成，人体与带电体达到同一电位。

对于 110kV 或更高电压等级的带电体，冲击电流初始值一般约为十几安至数十安。由此可见，冲击电流的初始值较大，因此作业人员必须身穿全套屏蔽服，通过导电手套或等电位转移线（棒）接触导线。如果直接徒手接触导线，则会对人体产生强烈的刺激，有可能引发二次事故或导致电气烧伤。当然，由于冲击电流是一种脉冲放电电流，持续时间短，衰减快，通过屏蔽服可起到良好的旁路效果，使直接流入人体的冲击电流非常小，而且屏蔽服的持续通流容量较大，暂态冲击电流也不会对屏蔽服造成任何损坏。一般来说，采用导电手套接触带电导线，由于身穿屏蔽服的人体相对距带电导线较近，相当于电容器的两个极板较近，感应电荷增多，因此其冲击电流也较大。如果作业人员用电位转移线（棒）搭接，人体可以对导线保持较大的距离，使感应电荷减小，冲击电流也减小，从而避免等电位瞬间冲击电流对人体的影响。

在作业人员脱离高电位时，即人与带电体分开并有一空气间隙时，相当于出现了电容器的两个极板，静电感应现象同时出现，电容器反复被充电。当这一间隙小到使场强高到足以使空气发生游离击穿时，带电体与人体之间又将发生放电，就会出现电弧并发出"啪啪"的放电声。所以每次移动作业位置时，若人体没有与带电体保持等电位，都会出现充电和放电的过程。当等电位作业人员靠近导线时，如果动作迟缓并与导线保持在空气间隙易被击穿的临界距离，那么空气绝缘时而击穿，时而恢复，就会发生电容与系统之间的能量反复交换。这些能量部分转化为热能，有可能使导电手套的部分金属丝烧断，因此，进入等电位和脱离等电位都应动作迅速。等电位过渡的时间是非常短的，当人手与导线握紧之后，大约经过零点几微秒，冲击电流就衰减到最大值的 1% 以下，等电位进入稳态阶段。当人体与带电体等电位后，就好像鸟儿停落在单根导线上一样，即使人体有两点与该带电导线接触，由于两点之间的电压降很小，流过人体的电流是微安级的水平，人体无任何不适感。如在断、接引线等电位作业中，等电位作业人员身处

绝缘梯上，时常由于导线与带电体时断时连，出现接触不良，发生火花放电现象。建议使用等电位安全带，确保作业人员与导线始终处于同电位状态，进入电场后稳态等电位作业位置示意图及等值电路如图 3-20 所示。

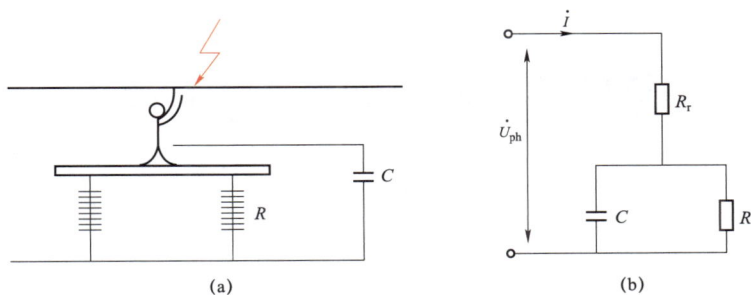

图 3-20　稳态等电位作业位置示意图及等值电路

（a）位置示意图；（b）等值电路图

C、I_C—人体与带电体的电容及电容电流；U_{ph}—相电压；

R、I_R—绝缘工具的电阻及流过它的绝缘电流；R_r—人体电阻

与地电位分析一样，只要绝缘工具良好，空气间隙足够，其流经人体电流也就极小，远远小于人体感知电流值，作业是安全的。等电位作业图如图 3-21 所示。

图 3-21　等电位作业图

第四章

变电带电作业安全技术

第一节　电力系统过电压

一、过电压分类

电力系统由于外部（如雷电放电）和内部（如故障跳闸或正常操作）的原因，会出现对绝缘有危害的、持续时间较短的电压升高，这种电压升高（或电位差升高）称为过电压。由雷电活动引起的过电压称为外部过电压（简称外过电压），包括直击雷过电压和感应雷过电压；由电力系统内部操作和故障引起的过电压称为内部过电压（简称内过电压），包括操作过电压和暂时过电压，其中暂时过电压又分为工频过电压和谐振过电压。过电压不仅对电力系统的正常运行造成威胁，而且对带电作业的安全也很重要。因此，在设备绝缘配合、带电作业安全距离选择、绝缘工具最短有效长度以及绝缘工具电气试验标准中都必须考虑这一重要因素。

在带电作业过程中，作业人员除了受到正常工作电压的作用外，还可能遇到内部过电压和外部过电压。《电力安全工作规程　变电部分》（Q/GDW 1799.1—2013）规定，如遇雷电（听见雷声、看见闪电）、雪、雹、雨、雾等，禁止进行带电作业。因此，带电作业中一般只考虑工作电压和内部过电压的作用，即正常运行时的工频电压、工频过电压、谐振过电压以及操作过电压。

二、内部过电压

当电力系统内进行开关操作或者发生事故使系统内部参数发生变化时，电力系统将由一种稳定状态过渡到另一种稳定状态，在这个过程中，系统由于内部参数变化而引发电磁能量的振荡、传递和积累，并导致在某些设备上或系统中出现很高的过电压，称为内部过电压。

内部过电压的大小与电网结构、系统容量及参数、中性点接地方式、故障性质、断路器性能、母线出线回路数以及操作方式等因素有关。内部过电压具有明显的统计性，研究各种内部过电压出现的概率及其幅值的分布不仅对于确定电力系统的绝缘水平具有非常重要的意义，而且是决定带电作业绝缘配合的主要依据。

工频过电压的主要原因有空载长线路的电容效应、不对称短路引起的工频电压升高、甩负荷引起的工频电压升高等。

谐振过电压的产生是由于电力系统中有许多电感、电容元件，其组合可以构成一系列不同自振频率的振荡回路，因此，在开关操作或故障时，只要某部分电路的自振频率与电源基波或某一谐波频率相等或接近，这部分电路就会出现谐振现象。串联谐振通常会在系统内某一部分造成过电压。而且谐振过电压持续时间比较长，往往造成严重后果，因此在设计时必须进行计算，防止产生谐振或降低谐波幅值、缩短其存在时间。

操作过电压发生在由于断路器操作而引起的过渡过程中。由于开关操作使电力系统的运行状态发生突然变化，导致系统内电感元件和电容元件之间的电磁能量互相转换，这个过程具有高幅值、高频振荡、强阻尼和持续时间短等特点，与暂时过电压的特性不同。

操作过电压可分为以下四种：

（1）空载线路或电容性负载的分闸过电压。

（2）电感性负载的分闸过电压。

（3）中性点不接地系统的电弧接地（弧光间歇接地）过电压。

（4）空载线路合闸和重合闸时的过电压。

一般操作过电压可达到电力系统最高相地运行电压峰值的 2～4 倍。对于 220kV 及以下系统，电气设备绝缘主要根据外部过电压确定，通常可以承受操作过电压的作用；而对于 330kV 及以上的超高压系统，如仍按 $K=3～4$ 进行绝缘配合设计，必然使设备的绝缘费用迅速增加，而且设备体积大，影响造价和工程投资。因此在超高压系统必须综合采取有效技术措施，以限制过电压倍数，如采用电抗器、带有并联电阻的断路器及磁吹阀型或氧化锌避雷器。

《交流电气装置的过电压保护和绝缘配合》（DL/T 620—2016）对各种电压等级电网的操作过电压倍数 K 做如下规定：

（1）35～66kV 及以下系统（中性点经消弧线圈接地或不接地），$K=4$。

（2）110～154kV 系统（中性点经消弧线圈接地），$K=3.5$。

（3）110～220kV 系统（中性点直接接地），$K=3.0$。

（4）330kV（中性点直接接地），$K=2.5$。

（5）500kV（中性点直接接地），$K=2.18$。

随着电网电压等级的提高以对外部过电压的防护措施和避雷器保护性能的不断提高，操作过电压已成为超高压电网绝缘设计的主要依据，对带电作业的安全距离及绝缘工具的绝缘水平起着决定性的作用。

三、外部过电压

外部过电压又称大气过电压，通常是指大气中的雷电活动引起的异常电压。其中，因直击雷而产生的过电压的幅值与雷电流的幅值、陡度和被击杆塔的波阻抗有关；因感应雷出现的过电压幅值则取决于雷云放电电流值、感应雷电压线路的对地高度和距落雷点的距离。

雷电行波的陡度很高，在导线上传播时会有明显的衰减，因而沿线各点的过电压幅值是有差异的。一般来说，落雷点附近的起始雷电压很高。

第二节　变电带电作业安全距离

一、安全距离定义

带电作业中遇到最大过电压不发生放电，并有足够裕度的最小空气间隙，称为安全距离。安全距离是一个尺度，是用以判断带电作业是否安全可靠的技术标准。根据作业方法和作业人员所处位置不同，安全距离可细分为人体对带电体最小安全距离、等电位作业时人体对地安全距离、最小相间安全距离、最小组合间隙等。在规定的安全距离下，带电作业中即使产生了最高过电压，该间隙可能发生击穿的概率总是低于预先规定的可接受值。

二、变电带电作业安全距离确定方法

变电带电作业安全距离的确定属于绝缘配合的计算方法。绝缘配合就是按设备所在系统可能出现的各种过电压和设备的耐压强度来选择设备的绝缘水平，以便把作用于设备上引起损坏或影响连续运行的可能性降低到经济上和运行上能接受的水平。常用的绝缘配合方法有惯用法和统计法两种。惯用法是早期绝缘配合的习惯用法，主要适用于 220kV 及以下电压等级中，在超高压系统（330、500kV 及以上系统中），如果利用惯用法来确定绝缘间隙的最小安全距离，会将绝缘间隙的尺寸取得过大，从技术、经济上都是行不通的。在超高压系统中对自恢复绝缘应使用统计法来进行绝缘配合，确定安全距离。

1. 惯用法

惯用法以作用于绝缘上的最大过电压和绝缘本身的最低耐受强度为依据，使二者之间满足预期的裕度，这个裕度的确定要考虑估计最大过电压和最低耐受强度时产生的偏差。

按惯用法做绝缘配合时，若裕度考虑过大，绝缘经济性差，且不仅操作距离远，手持绝缘工具过长，人为增加了作业难度，还会因设备条件的限制，影响带电作业的开展；

若裕度考虑过小，则人身安全得不到保证。

应用惯用法时，最大过电压应考虑到操作过电压和远方传来的雷电压。绝缘最低耐受强度则按有关手册的空气间隙和绝缘子串的放电特性来求得。在以前，一般用典型间隙（如棒—棒间隙）放电曲线来确定带电作业间隙的耐压水平。近些年来，人们开始采用典型间隙的操作波放电试验来确定带电作业间隙的耐压强度。在空气间隙中，在波头接近 250μs 的操作冲击试验中，耐压强度最低，因而在确定带电作业间隙耐压强度的试验中，一般采用标准操作波（250/2500μs）。

应用惯用法确定带电作业安全距离的步骤如下：

（1）确定系统最大过电压 $U_{0\max}$

$$U_{0\max} = K_0 K_r \cdot \frac{\sqrt{2}}{\sqrt{3}} \cdot U_H \quad (kV) \tag{4-1}$$

式中：U_H 为系统额定电压（有效值）；K_0 为最大过电压倍数；K_r 为电压升高系数。

（2）确定所需安全裕度系数 A，自 20 世纪 50 年代开始，安全裕度的预期值为 1.2。

（3）确定绝缘最低耐受强度 U_w

$$U_w = A \cdot U_{0\max} \tag{4-2}$$

（4）确定安全距离。考虑到绝缘间隙的放电电压的偏差，一般取 $\delta = 6\%$，则间隙的 50% 放电电压应满足

$$U_{50\%} \geqslant \frac{U_w}{1 - 3\sigma} \tag{4-3}$$

再查曲线或与真型试验数据比较来确定最小安全距离。

2. 统计法

在超高压（330、500kV 以上）系统中，对于自恢复绝缘，应用统计法来进行绝缘配合，也同样应用统计法来确定带电作业的安全距离。

统计法的基本原理是，承认系统中的过电压和绝缘的耐压强度都是随机变量，不同的绝缘、不同尺寸的空气间隙在发生过电压时都有发生放电的可能性，只不过它们发生的概率随绝缘尺寸、绝缘种类等不同。在带电作业时，如果发生了过电压，并由此发生放电的概率，称为危险率。定量地确定某种具体的绝缘下的危险率，只要其值在某个合适的范围之内，就可认为是安全的。统计法以正态分布的随机变量的模型来对危险率进行定量计算。按统计法确定的带电作业安全距离，不仅不会造成"绝对安全"的错觉，还能避免不必要的（过大的）裕度，这是其优点所在。但统计法只能应用于自恢复绝缘。

统计法计算危险率的数学原理是，电力系统过电压的幅值、波形、绝缘间隙的放电电压都是随机变量，它们基本遵循正态分布的统计规律。在确定了其分布的均值和偏差这两个基本参数之后，就可以据此计算危险率。

正态分布的随机变量，其概率密度函数为

$$f(x) = \frac{1}{\sigma\sqrt{2\pi}} e^{-\frac{1}{2}\left(\frac{x-\mu}{\sigma}\right)^2} \tag{4-4}$$

式中：μ 为随机变量 x 的均值；σ 为标准偏差。

该函数图在水平 X 轴上的位置由 μ 来确定，其形状"胖瘦"由 σ 来确定，见图 4-1。对式（4-4）式进行积分，可以得到正态概率分布函数

$$F(Z) = \int_0^Z f(x)\mathrm{d}x = \int_0^Z \frac{1}{\sigma\sqrt{2\pi}} e^{-\frac{1}{2}\left(\frac{x-\mu}{\sigma}\right)^2} \mathrm{d}x \tag{4-5}$$

由式（4-5）可见，$F(X)$ 的含义是随机变量 x 出现在 $x \leqslant X$ 的区间的概率，即图 4-1 中阴影部分的面积。正态概率分布函数见图 4-2。

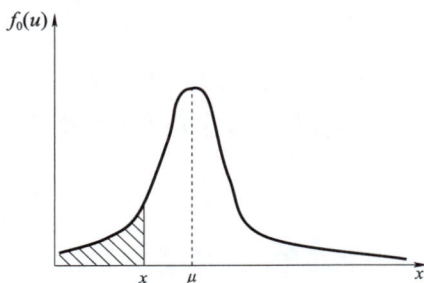

图 4-1　正态分布概率密度函数　　　　图 4-2　正态概率分布函数

空气间隙的放电电压符合正态分布，因而其概率密度函数为

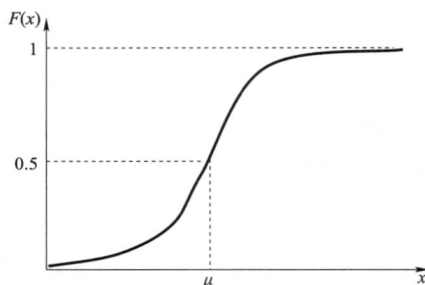

$$f_{\mathrm{d}}(U) = \frac{1}{\sigma_{\mathrm{d}}\sqrt{2\pi}} e^{-\frac{1}{2}\left(\frac{u-U_{50\%}}{\sigma_{\mathrm{d}}}\right)^2} \tag{4-6}$$

式中：$U_{50\%}$ 为绝缘 50% 放电电压；σ_{d} 为标准偏差。

其概率分布函数为

$$F_{\mathrm{d}}(u) = \int_0^u f_{\mathrm{d}}(u)\mathrm{d}u \tag{4-7}$$

系统过电压幅值出现的概率也基本符合正态分布，其概率密度函数为

$$f_0(u) = \frac{1}{\sigma_0\sqrt{2\pi}} \cdot e^{-\frac{1}{2}\left(\frac{u-U_{\mathrm{n}}}{\sigma_0}\right)^2} \tag{4-8}$$

式中：U_{n} 为系统过电压幅值的均值（数学期望）；σ_0 为其标准偏差。

则危险率 R 为

$$R = \int_0^{+\infty} f_0(u)F_{\mathrm{d}}(u)d_u \tag{4-9}$$

其几何意义如图 4-3 所示，U_{m} 与 $U_{50\%}$ 的相对位置决定了绝缘配合的裕度，阴影部分的面积就是危险率。此外，σ_{d} 与 σ_0 决定了 f_0 和 f_{d} 两个函数的形状，也对危险率的值有影响。

计算式（4-9）需编制计算机程序迅速得到答案，或按 SD119—84 附件中的绝缘配合的方法来计算，在计算中，一般认为空气间隙放电电压的相对标准偏差小于 0.06，即 σ_d 取 $0.06U_{50\%}$。而将系统过电压的相对标准偏差取为 0.12，即 $\sigma_0 = 0.12U_m$。

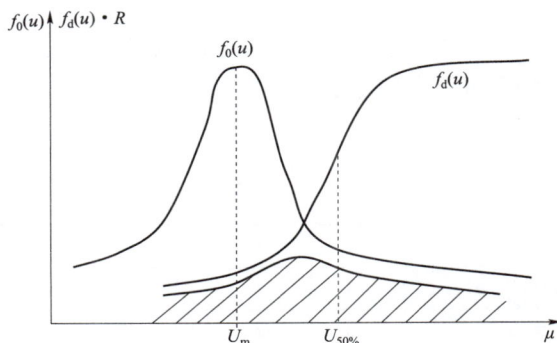

图 4-3 危险率的几何意义

$U_{50\%}$ 由绝缘的种类、尺寸、形状决定，对于空气间隙，可查经验曲线，有条件的话也可以做模拟试验进行确认。近些年来，一般都采用带电作业的典型试验来确定 $U_{50\%}$。系统过电压均值 U_m 则由系统设计决定，一般来说，对于确定的线路，U_m 的取值是一定的，U_m 与系统的统计过电压有如下关系

$$U_m = \frac{u_{2\%}}{1 + 2.05(\sigma_0 / U_m)} = \frac{U_{0.13\%}}{1 + 3(\sigma_0 / U_m)} \qquad (4-10)$$

而统计过电压 $U_{2\%}$ 通常用过电压倍数 K 乘以系统最高运行相电压来得到

$$U_{2\%} = K \cdot K_r \cdot \frac{\sqrt{2}}{\sqrt{3}} \cdot U_H \quad (\text{kV}) \qquad (4-11)$$

式（4-11）与式（4-1）的区别在于式（4-11）中的 K 为统计过电压倍数，式（4-1）中的 K_0 为最大过电压倍数，这二者之间满足

$$K_0 = K \frac{1 + 3\dfrac{\sigma_0}{U_m}}{1 + 2.05\dfrac{\sigma_0}{U_m}} \qquad (4-12)$$

以往的经验证明，当危险率小于 10^{-5} 时，是非常安全的。即带电作业时，遇上系统中操作过电压十万次，其中发生了放电的概率小于一次。一般的设计考虑都将带电作业危险率考虑为 10^{-5}，这显然是非常安全的。

上述计算中还存在各种潜在的安全裕度，假设带电作业时遇到了过电压，而实际上带电作业时很可能不会遇上过电压；确定绝缘的放电电压时，采用严格的正极性操作冲击时的 50%放电电压，而实际上系统中出现正、负极性操作波的概率是相同的；而且 $U_{50\%}$ 的确定一般采用 250/2500μs 的操作波下的值，这也是与实际操作波形出现的概率下

相符合的。考虑到这些因素，可将危险率的安全范围适当放宽，取（1～5）×10^{-5} 也是合适的，这由各系统的具体情况决定。

三、各电压等级变电带电作业安全距离

《电力安全工作规程》中对带电作业的安全距离做出了规定，其确定的原则就是惯用法或统计法，以及各种条件下的试验数据。常用电压等级变电带电作业的各种安全距离见表 4−1。

表 4−1　　　　　　常用电压等级变电带电作业的安全距离

电压等级（kV）		10	35	63（66）	110	220	330	500
人体对带电体最小安全距离（m）		0.4	0.6	0.7	1.0	1.8	2.6	3.2*
等电位作业时人体对地安全距离（m）		0.4	0.6	0.7	1.0	1.8	2.6	3.2*
最小相间安全距离（m）		0.6	0.8	0.9	1.4	2.5	3.5	5.0
最小组合间隙（m）		—	0.7	0.8	1.2	2.1	3.1	4.0
最短绝缘有效长度（m）	操作杆	0.7	0.9	1.0	1.3	2.1	3.1	4.0
	承力杆、绝缘绳	0.4	0.6	0.7	1.0	1.8	2.8	3.7

* 海拔为 500m 以下时，取 3.2m；海拔为 500～1000m 时，取 3.4m。

第三节　强电场的防护措施

一、变电带电作业中的高压电场

变电带电作业中所遇到的电场几乎都是不对称分布的极不均匀电场。作业人员在攀登变电站构架，由地电位进入强电场的过程中，构成了各种各样的电场。

运行中的导线表面及周围空间存在着电场，且属于不均匀电场，表面的电场强度高于周围空间的电场强度。影响导线表面及周围空间电场强度的因素是多方面的，主要包括线路运行电压、相间距离与分布、导线对地高度、导线表面状况、当地气象条件等。

在带电作业的全过程中人体处于空间电场的不同位置，对空间电场的影响是不一样的，人体各部位体表的场强也是不一样的。将人体看成导体，当人体处于地面时，整个人体处于地电位，相较周围环境人体相对突出，由于静电感应，一般来说头部体表场强最高；当人体离开地面处于悬浮电位（相当于中间电位作业）时，沿着电场的纵方向的人体突出部位（头、脚）体表场强最高；当人体与导线电位相等后，人体的突出部分的体表场强最高；在操作人员进行电位转移的瞬间，手接触导线时手与导线之间的气隙处的场强非常大，会导致手指与导线之间发生放电，直到手指握住导线后，放电才会停止。

经实际检测，在 500kV 线路上，未等电位前头顶场强（屏蔽服外）达 400kV/m，在

等电位后，脚尖部分场强可达 700kV/m。而在电位转移过程中，手指—导线电极间场强很高，手指体表场强可达 1800～2100kV/m（有效值），因为只有达到这个场强值，空气才会击穿导致火花放电。这里需要强调的是，不论在哪个电压等级上，在转移电位前手指尖的体表场强都会达到这个值，否则间隙不会被击穿。因而，等电位作业时，不论电压等级高低，都必须采取防护措施。但是，在各电压等级中，电位转移时的放电间隙是不相同的。经实际检测，500kV 线路上电位转移时的火花放电间隙为 300mm，220kV 线路上电位转移时的火花放电间隙则为 130mm，66kV 线路上电位转移时的火花放电间隙则为 40mm。

　　为了防止火花放电发生在等电位作业人员的裸露部分与导线之间，《电力安全工作规程　变电部分》（Q/GDW 1799.1—2013）规定，等电位人员在进行电位转移前，应得到工作负责人的许可，转移电位时人体裸露部位与带电体最小安全距离见表 4-2。

表 4-2　　　等电位作业转移电位时人体裸露部位与带电体最小安全距离

电压等级（kV）	35、66	110、220	330、500	±400、±500	750、1000
距离（m）	0.2	0.3	0.4	0.4	0.5

　　工频强电场对人体的影响可以分为短时效应和长期效应。工频强电场对人体的长期效应的严重性，是带电作业人员非常关心的问题，国际上也曾经争论多年。1972 年，苏联在国际大电网会议上提出，经常暴露在高电场的工作人员出现了神经上及心血管功能性病症。这一报告引起了国际上的极大不安，随后一些国家（包括中国）都对高压电场对人身生理影响进行了广泛的研究。

　　20 世纪 70 年代末，电力部、卫生部联合下达任务，由东北电力试验研究院与沈阳职业病研究院合作进行工频高压电场对肌体影响的研究。在 5～6 年的研究里，他们主要进行了以下三方面工作：

　　（1）对 900 余名工作人员进行卫生学调查。

　　（2）对 120 余名带电作业人员进行跟踪体检，在带电作业中进行心电图观测。

　　（3）对动物（家兔等）长期暴露在强电场下的病理观察等。

　　前两项研究，没有得出明显致病结论。但对动物心、脑计算机分析，阳性率与电场强度的增高关系很明显，1988 年该课题鉴定时，最终研究报告结论：一定强度工频高压电场对肌体可以引起局部刺激和全身（主要是心、脑）功能性不良影响。

　　1982 年，世界健康组织的关于输变电系统产生的电磁场对人体健康影响的工作组织发表了如下声明：

　　（1）试验研究表明，场强至 20kV/m 不会有害于健康。

　　（2）对高压变电站及输电线路工作人员的长期观察未发现对健康不利影响。

　　武高所、武汉同济医科大学、湖北超高压局研究结论是：

　　（1）在试验装置场强为 40kV/m 时（相当于现有输变电站下工作人员所受到的场强

值）未发现对动物的生理学带来影响。

（2）如果场强提高到100kV/m，会出现场强对动物生理学带来影响。

（3）从超高压电场作业人员健康状况的动态观察和 500kV 输电线路走廊内卫生学调查结果，也未发现有条件下的生态影响。

二、人体在强电场中的感觉

1. 电风感觉

人体在强电场中有风吹的感觉，是因为强电场中的人体会带上感应电荷，而电荷会堆积在表面的尖端部位（如指尖、鼻尖等），使这些尖端部分周围的局部场强得到加强，从而使这里的空气产生游离，出现离子移动所引起的风，这种电风拂过皮肤时人体就会有一种特有的"风吹感"。

人体风吹感的大小与电场的强弱有关。经测试证明，人体在良好的绝缘装置上，裸露的皮肤上开始感觉到有微风拂过时的电场强度大约为 240kV/m。电场强度低于240kV/m 时，人体不会感到电场的存在。因此，现在已普遍把 240kV/m 作为人体对电场的感知水平。

2. 异声感

在交流电场中，当电场强度达到某一数值后，许多人的耳中就会产生"嗡嗡"声。初步分析认为，这是由于交流电场周期变化，对耳膜产生某种机械振动所引起的。

3. 蛛网感

在强电场中，如果人的面部不加屏蔽，也会产生一种特有的"蛛网感"，其感觉是好像面部沾上了蜘蛛网一样的难受。究其原因是尖端效应，使面部的电荷集中到汗毛上，汗毛上的同性电荷所产生的斥力使一根根的汗毛竖起，在交流电场中，汗毛的反复竖立，牵动了皮肤，从而产生了一种特有的异样感。

4. 针刺感

当人穿着塑料凉鞋在强电场下的草地上行走时，只要脚下的裸露部分碰到附近的草尖，就会产生明显的刺痛感。这是由于人体与大地绝缘，与草尖有电位差，造成草尖与人体放电。

三、高压电场的防护

高压电场中的防护，其目的在于抑制强电场对人体产生的不适感觉，减小工频电场对人体的长、短期生态效应。

1. 控制流经人体的电流

电击对人体的危害程度，主要取决于通过人体电流的大小和通电时间长短，电流强度越大，致命危险越大；持续时间越长，死亡的可能性越大。能引起人体感觉到的最小电流值称为感知电流，交流为 1mA，直流为 5mA。人触电后能自己摆脱的最大电流称为摆脱电流，交流为 10mA，直流为 50mA。在较短的时间内危及生命的电流称为致命电流，一般认为致命电流为 50mA，即 50mA 的电流通过人体 1s，可足以使人致命。各国的试验结果表明，流经人体的长期允许交流电流值为 80～120μA，平均为 100μA，为安全起见，各国在制定带电作业安全规程时，所规定得流经人体的持续交流电流值都小于 100μA，我国规定屏蔽服内流经人体的电流不得大于 50μA。

2. 控制人体表的电场强度

如前所述，人体皮肤对表面局部场强的电场感知水平为 240kV/m。据研究，当 220kV 导线对地高度为 10m 时，在人未进入电场前，离地面 1.8m 高度处场强为 3.54kV/m，人体进入后，头部场强可达 63～77kV/m，这个场强比人体进入前增高 18～22 倍，但是依然小于电场感知水平，是安全的。带电作业中，在中间电位、等电位或电位转移时，体表场强会远远超过这个值，因此需要采取防护措施。《带电作业用屏蔽服装》（GB/T 6568—2008）中规定，测量人体外露部位（如面部）的体表局部场强不得大于 240kV/m。

四、屏蔽服的原理

根据法拉第笼原理，在封闭导体内部，电场强度为零。屏蔽服是法拉第笼原理的具体应用，它是用细铜丝或合金丝（如蒙代尔丝和不锈钢丝）在蚕丝上包绕后编织成布，再用这样的布做成的服装，相当于一个柔软的法拉第笼。但是屏蔽服实际为金属网状结构，不可能是全封闭导体，会有部分电场穿透到屏蔽服内部，因此，存在着屏蔽效率的问题。屏蔽服主要作用如下：

1. 屏蔽作用

屏蔽效率是衡量屏蔽服装衣料屏蔽性能的一项指标，用 S·E 表示。屏蔽效率定义为屏蔽服外部场强 E_1 和内部场强 E_2 比值的分贝值

$$屏蔽效率 S \cdot E = 20 \lg \frac{E_1}{E_2} (dB) \tag{4-13}$$

屏蔽效率越高，屏蔽效果越好。《带电作业用屏蔽服装》（GB/T 6568—2008）标准规定，Ⅰ、Ⅱ 型屏蔽服屏蔽效率不得小于 40dB。具有 40dB 屏蔽效率的屏蔽服，相当于 99% 被屏蔽，即穿透率为 1%。如果屏蔽效率为 60dB，则穿透率为 0.1%。

2. 均压作用

如果作业人员不穿屏蔽服直接接触带电体，由于人体存在一定电阻，人体接触带电体的部位（如手指）与未接触带电体的部位（如脚趾）之间就存在电位差，使人体产生电击感。穿上电阻很小的屏蔽服后，相当于人体外表面各部位形成一个等电位屏蔽面，各部位电位近似相同，起到均压作用。因此要求屏蔽服装各部件应经过两个可卸的连接头进行可靠的电气连接，并保证连接头在工作过程中不得脱开。

3. 分流作用

作业人员穿着屏蔽服后，相当于人体与屏蔽服并联，由于人体电阻（一般 1000Ω 左右）远大于屏蔽服电阻（要求不大于 20Ω），因而等电位时的暂态电容电流和等电位以后的稳态电容电流绝大部分流经屏蔽服，起到了分流作用，从而使屏蔽服内流经人体的

电流不大于 50μA。

五、屏蔽服的技术要求

带电作业用屏蔽服装是用在强电场下作业的一种特殊工作服，由金属材料和阻燃纤维做成，应有较好的屏蔽性能、较低的电阻、适当的通流容量、一定的阻燃性及较好的服用性能，各部件应经过两个可卸的连接头进行可靠的电气连接，应保证连接头在工作过程中不得脱开。

在等电位作业时必须穿着屏蔽服，控制屏蔽服装内人体表面电场强度不超过 15kV/m，防止电磁波对人体的伤害。屏蔽服装除了应做定期预防性试验外，在带电作业前、穿戴完毕后，对分件屏蔽服装应目视检查各连接头是否连接可靠，使用万用表现场测量整套服装电阻，检验合格后方可使用。另外，帽子的保护盖舌和外伸边沿必须确保人体外露部位不产生不舒适感，并应确保在最高使用电压的情况下，人体外露部分的表面场强不大于 240kV/m。对有孔洞和破损的屏蔽服装，应进行屏蔽效率检测，不符合标准要求时，禁止使用。屏蔽服装应妥善保管，一般专人专用。使用完毕后整理平整，放置在专用箱内，存放在带电作业库房。

第四节　有关电流的防护措施

一、电流对人体的作用

1. 人体对电流的生理反应

人体如被串入闭合的电路中，就会有电流通过。人体电阻 R_r 一般按 1000Ω 计算。人体对工频稳态电流的生理反应可分为感知、震惊、摆脱、呼吸痉挛和心室纤维性颤动。其相应的电流阈值如表 4-3 所示。

表 4-3　　　　人体对工频稳态电流产生生理反应的电流阀值　　　　　（mA）

生理效应	感知	震惊	摆脱	呼吸痉挛	心室纤维性颤动
男性	1.1	3.2	16.0	23.0	100
女性	0.8	2.2	10.5	15.0	100

心室纤维性颤动被认为是电击引起死亡的主要原因。但超过摆脱阈值的电流，也可能致命，因为此时人手已不能松开，使电流继续流过人体，引起呼吸痉挛甚至窒息死亡。上述各阈值并非一成不变，与接触面积、接触条件（湿度、压力、温度）和每个人的生理特性有关；心室纤维性颤动电流阈值与电流的持续时间有密切关系。

电流对人体的伤害主要有电击和电伤两种。

（1）电击指的是电流对人体内组织的伤害，工频电场中的电击可分为暂态电击与稳态电击两种。

1）暂态电击：在人体接触电场中对地绝缘的导体的瞬间，聚集在导体上的电荷以火花放电的形式通过人体对地突然放电。流过人体的电流是一种频率很高的电流，当电流超过某一值时，即对人体造成电击。这种放电电流成分复杂，通常以火花放电的能量来衡量其对人体危害性的程度。人体对暂态电击产生生理反应时的能量阈值见表4-4。

表4-4　　　　　　　人体对暂态电击产生生理反应时的能量阈值　　　　　（mJ）

生理效应	感知	烦恼	损伤或死亡
能量阈值	0.1	0.5~1.5	25 000

2）稳态电击：在等电位作业和间接带电作业中，由于人体对地有电容，人体也会受到稳态电容电流的电击，电击对人体造成损伤的主要因素是流经人体电流值的大小。

（2）电伤主要有灼伤、电烙伤和皮肤金属化三种形式。

1）灼伤：灼伤是电流热效应引起的，可以在电流直接经过人体或不经过人体两种情况下发生，前者是人体和电源之间产生电弧的烧伤，后者是强电弧溅起的灼热金属粉末或液滴对人体的烫伤。

2）电烙印：电烙印是在人体与带电体接触良好时，在皮肤上形成一种特有的圆形或圆形红肿，电烙印并非热效应，而是化学效应和机械效应引起的，它常常不使人感到痛苦，但却会造成皮肤或肌肉僵化，而不得不截肢的严重后果。

3）皮肤金属化：皮肤金属化是一种轻微的伤害，往往是由于电流熔化金属所蒸发的金属微粒渗入表层所引起的，造成皮肤表面粗糙坚硬，使人有绷紧感。

2. 人体对电流的耐受能力

电击和电伤均是在流经人体的电流超过一定阈值后出现的。研究表明：流经人体的电流只要低于某一个水平，如交流电不超过 0.5mA 时，人体不会感到电流的存在（见表4-5）。因此可以认为，人体对电流有一定的耐受能力。目前，普遍认为 1mA 交流电是人体对电流的感知水平，并把它作为人体耐受电流的安全极限。

表 4-5 内的 0.5mA 是指一般人对交流电的感知水平。实际上，由于性别、电流频率以及流入人体时电流密度不同，感知水平也不完全相同。如有些文献资料认为，男子和女子对工频电流的感知水平分别为 1.1mA 和 0.7mA，而对直流电的感知水平却分别为 5.2mA 和 3.5mA。还有的资料表明，流入人体的电流密度达到 0.127mA/mm^2 时，就会有麻电的感觉。

表 4-5　　　　　　　　　　工频电流对人体的作用

电流（mA）	通电时间	人体生理反应
0.5	连续通过	没有感觉
0.5~5	连续通过	开始有感觉，于指手腕某处有痛感，可以摆脱电极

续表

电流（mA）	通电时间	人体生理反应
5～30	数分钟以内	痉挛，不能摆脱电极，血压升高，是可以忍受的极限
30～50	数秒到数分钟	心跳动不规则，昏迷，血压升高，强烈痉挛，时间过长即引起心室纤维性颤动
50～数百	低于心脏搏动周期	受强烈冲击，但未发生心室纤维性颤动
	超过心脏搏动周期	昏迷，心室纤维性颤动，接触部位有电流流过的痕迹
超过数百	低于心脏搏动周期	在心脏搏动周期特定的部位触电时，发生心室颤动、昏迷，接触部位有电流通过痕迹
	超过心脏搏动周期	心脏停止跳动，昏迷，可能致命的电灼伤

　　总之，带电作业中，应采取措施，使在各种操作方式下通过人体的电流小于引起人体伤害电流的最小值，确保人身安全。由于绝缘工具的电阻远远大于人体电阻，将绝缘工具串联在回路中，利用绝缘工具阻断通过人体的电流，绝缘工具的绝缘好坏直接影响人体的安全。

二、绝缘通道中的泄漏电流

1. 绝缘工具的泄漏电流

　　带电作业中，由各种绝缘杆、绳或者水柱等组成了带电体和接地体之间的各种通道。绝缘材料在内、外因素影响下，也会使通道流过一定的电流，习惯上把这种电流称之为泄漏电流。泄漏电流也是一种对人体伤害比较严重的电流，尤其是经绝缘体表面通过的沿面电流。可以通过对绝缘工具表面进行擦拭，使其表面光滑、干燥、洁净，以尽量减少沿面电流。

　　有泄漏电流时的地电位作业位置示意图及等值电路如图4-4所示。

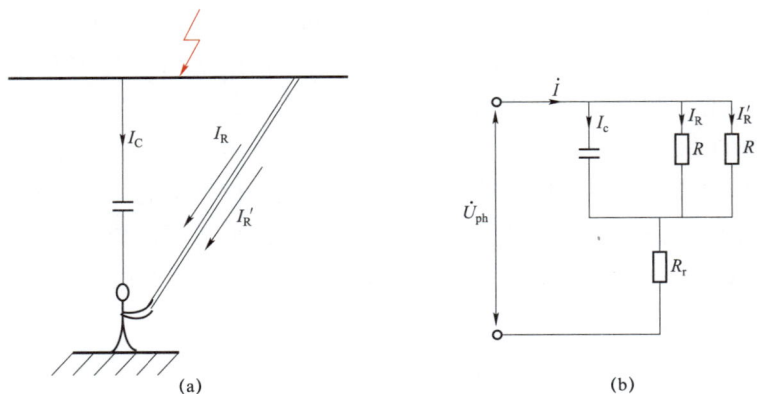

图4-4　有泄漏电流时的地电位作业
（a）地电位作业位置示意图；（b）等值电路

C、I_c—人体与带电体间的电容及电容电流；U_{ph}—一相电压；R、I_R—绝缘工具的电阻及流过它的绝缘泄漏电流；R_r—人体电阻；R'、I_R'—绝缘工具的表面电阻及流过表面泄漏电流；I_R'、R'—绝缘工具的表面电阻及流过它的表面电流

由于 R 与 R' 并联，使绝缘电阻减小，而带电体电压不变，所以通过人体的电流增大为 $I_R+I'_R$，可能使人体受到伤害。

绝缘工具上的泄漏电流主要指沿绝缘材料表面流过的电流，它是由附着于其表面的杂质（水分、酸及其他物质）的离子或绝缘介质自身的离子移动所引起的。

在间接作业中，作业人员使用绝缘杆操作或安装某种绝缘工具时，人体与绝缘工具一般呈串联状态，因此从绝缘工具流过来的泄漏电流将全部通过人体流入大地。

绝缘工具的电阻远远大于人体电阻，因而流过人体的电流由绝缘工具的电阻决定。

作业使用的环氧树脂类材料的电阻率很高，体积电阻率一般都在 $10^{13}\Omega\cdot\text{cm}$ 以上，表面电阻率也高达 $10^{13}\Omega$。因此，绝缘工具在满足《国家电网公司电力安全工作规程》要求的长度下，泄漏电流只有几个微安，远远低于人体对工频交流电流的感知水平。

若绝缘工具受潮，其体积电阻率及表面电阻率将可能下降两个数量级，则泄漏电流将上升两个数量级，达到毫安级水平，会危及人身安全。因此，保持工具不受潮是非常重要的。

普通绝缘工具在湿度超过 80% 以上的环境中不宜使用，如需带电作业，则必须使用防潮型绝缘工具（防潮绝缘杆、防潮绳、防潮绝缘毯、防潮绝缘服等）。防潮工具内部、表面经过特殊处理，具有在潮湿气候下仍能保持很小的泄漏电流的特性。

普通绝缘工具在雨天是禁止使用的。特殊的雨天操作杆，由于加装了一定数量的防雨罩，使绝缘杆有效长度内的爬电距离增大，并保持少数区段的绝缘不被雨淋湿，所以，整个工具的泄漏电流得到有效控制，一般工作状态下的泄漏电流不会超过几百微安。

2. 绝缘子串的泄漏电流

干燥洁净的绝缘子串，其电阻很高，单片绝缘子的绝缘电阻在 500MΩ 以上，其电容很小，单片约为 50pF，故其阻抗值很高，绝缘子串的泄漏电流不会超过几十微安。但当绝缘子受到一定程度的污秽且空气相对湿度较大时，泄漏电流可能达到毫安级。当塔上电工在横担一侧摘除绝缘子挂点时，而此时绝缘子另一端尚未脱离带电体，如图 4-5 所示，那么人体就串入泄漏回路中，泄漏电流将流过人体。

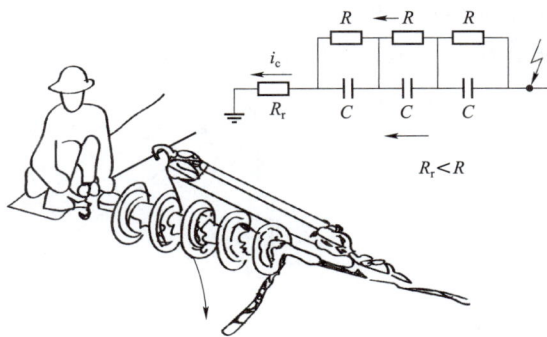

图 4-5　摘除绝缘子串时泄漏电流路径

防范措施是在绝缘子串未脱离导线前，拆、装靠近横担的第一片绝缘子时，应采用专用短接线或穿屏蔽服方可直接进行操作。

三、在载流设备上工作的旁路电流

在等电位作业中，等电位电工经常接触载流导体或设备，所谓载流设备是指载有负荷电流的设备。如线路上的各种导线及其接点、阻波器等。

1. 徒手作业时的旁路电流

载有负荷电流的导体上任意两点间，均有一定的电位差。如在 LGJ－150 导线通过 200A 负荷电流时，其 1m 长导线的电阻为 0.000 21Ω，那么导线上相距 1m 远的两点的电位差为 $\Delta U = 0.000\ 21 \times 200 = 0.042\text{V}$。如果人体徒手接触这两点，设人体电阻为 1500Ω，那么将有电流 $I = \dfrac{\Delta U}{R} = \dfrac{0.042}{1500} = 28\mu\text{A}$ 流过人体，这种微安级的电流人体是感觉不到的。如果人体穿着屏蔽服接触这两点，假定从左手到右手的屏蔽服的电阻为 5Ω，那么将有电流 $I' = \dfrac{0.042}{5} = 8.4\text{mA}$ 流过屏蔽服，不会构成对屏蔽服任何威胁。上述这种在载流导体上等电位作业自然产生的电流，称为旁路电流。在绝大多数情况下是无需加以防护。

在阻抗较大的载流设备上（如阻波器）工作，情况有所不同。因为阻波器感抗一般在数欧以上，所以阻波器两端的电压降很大，如果等电位人员同时接阻波器两端，将会有较大旁路电流从屏蔽服通过，以致烧损屏蔽服，这种情况曾有发生，存在一定危险性。因此，凡是在阻抗较大的载流设备附近进行等电位作业，都要采取防护过大旁路电流流经屏蔽服的措施。其办法是采用足够大截面积（按负荷电流选择）的短路线，将阻抗器件短接起来，就可以保证等电位作业的安全。

2. 使用消弧绳和消弧滑车时的旁路电流

消弧绳和消弧滑车除了在拉断电弧时起到消弧作用外，另一个重要作用是旁路分流。在开断空载电流的等电位工作中，采用消弧绳做导流，也是防止旁路电流通过屏蔽服的措施之一。开断空载电流的导流措施如图 4-6 所示，等电位电工在把载有空载电流的接点打开的过程中，接点从导通状态变为断开状态，如果此时不通过消弧绳分流，空载电流将从等电位电工的双手通过，这是非常危险的。因此，我们应该重视消弧绳的分流作用，在减少消弧滑轮、消弧绳的接触电阻方面多做改进。

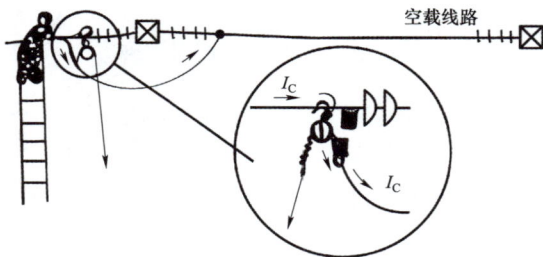

图 4-6　开断空载电流的导流措施

3. 安装分流线时的旁路电流

变电站设备的引线连接点和隔离开关触头等部位，在长期运行的过程中常因为连接螺栓松动、接触面氧化等原因，出现接触电阻增大而发热。常规带电处理接点发热的方法有地电位作业法对发热点的连接螺栓进行带电紧固、等电位作业法对发热点的连接螺栓进行带电紧固、等电位作业法带电安装分流线三种方式。其中，等电位作业法带电安装分流线是旁路分流原理的一种典型应用，在安装分流线过程中可能出现等电位人员串入分流回路，如在分流线一端连接好后，在连接另一端时等电位人员同时接触分流线和主导线，导致有旁路电流从人体及屏蔽服通过，造成人体伤害及屏蔽服烧损。因此，在安装分流线过程，要严防此种情况发生。

四、断接空载电流、环流的安全措施

带电断接空载电流、环流时，在断开点上会产生电弧。电弧是灼热的气体放电通道，具有较强的导电性，并伴随发光、发热，是一种比较危险的物理过程。

1. 空载电流估算

带电作业断接引时所遇到的空载电流，一般泛指电气设备在接入电路时，由其本身对地电容所引起的充电电流。架空导线的空载电流，多是由导线经对地电容流过的电流（包括线路上所有绝缘子的泄漏电流在内）构成。即 $I = \sum i_c + \sum I_r$，如图 4-7 所示。

对于接入空载的电气设备，如图 4-8 的结合电容器，其空载电流 I 则包括电容器的充电电流 I_c 和与电容器联结的那段引线的对地电容的充电电流 I_c' 两部分。

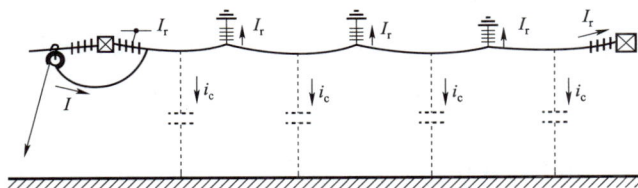

图 4-7　架空导线空载电流的构成

I—空载电流；I_r—泄漏电流；i_c—对地电容电流

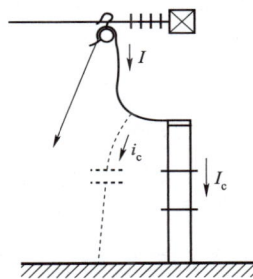

图 4-8　结合电流器空载电流的构成

一条空载导线的电容电流可按式（4-14）计算

$$I_c = \omega C_0 L U_\phi \tag{4-14}$$

式中：ω 为角频率，对工频 $\omega = 2\pi f = 314$；C_0 为相导线平均对地电容 F/km；L 为线路长度，km；U_ϕ 为导线对地电压，V。

由于 C_0 的计算较为繁杂，且计算值与实际值出入较大，因此不提倡做精密计算。根据 66～220kV 线路的正序电容电流的实测值，推荐采用简便易行的估算法，即按 66kV线路 0.2A/km，220kV 线路 0.5A/km 来估算。这一估算值较计算值大一些，其中包括了绝缘子泄漏电流 I_r 部分，因而比较可靠。

2. 环流估算

环流通常指一个并联的回路中，断开（或接通）其中某一支路所切断（或接通）的

电流。如图 4-9 所示。一个并联的回路中，两个支路阻抗分别为 Z_1 和 Z_2，电流分别为 I_1 和 I_2。欲在支路的 a、b 形成断开点，则应切断电流 I_2，迫使 I_2 与 I_1 在同一支路上通过，此时该支路上通过电流 $I_1+I_2=I$，于是在断开点 a、b 间出现一个电位差 ΔU，有 $\Delta U=IZ_1=U_1-U_2'$。

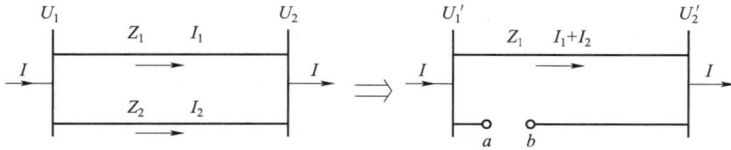

图 4-9　环流的定义

在带电作业的许多项目中，如给发热的压接管加分流线工作、短接隔离开关或油开关引线工作、备用相变压器带电切换工作以及两条线路在某点解环或合环工作，都属于断接环流的工作。不同的是有些环路很小，有些环路很大，环路的大小决定了电位差 ΔU 的大小。由于环流和电位差的大小直接影响断开点电弧的大小，因此断接环流的工作决不能仅仅考虑环流的大小，更重要的是要验算电位差的大小，才能保证断接工作的安全。此外，由于两电源并列或解列也存在电位差，因此《国家电网公司电力安全工作规程》规定禁止用断、接空载线路的方法使两电源解列或并列。

3. 断开空载电流时的操作过电压

断开空载电流的过程，就是切断电容电流的过程。切断电弧时的电压变化如图 4-10 所示，因电容电流 i_c 超前于工频电源电压 90°，当 $t=t_1$ 时，设 i_c 过零，将线路与电源断开，由于导线上的电荷无处可流，将使导线维持在电位 $+U_{\phi m}$ 不变。当电源电压变到 $-U_{\phi m}$ 时，断口上电压达到 $2U_{\phi m}$，此时断口距离如果不够大，将可能重燃电弧。重燃后，导线上电压将从起始值 $+U_{\phi m}$ 朝新的稳态值 $-U_{\phi m}$ 变化，而其瞬时最大值将达到 $-3U_{\phi m}$。伴随瞬态过程的高频振荡电流 i_n 若在 $t=t_s$ 时过零而熄弧，导线上就获得 $-3U_{\phi m}$ 的电压，如果断口的距离还未足够大，这种过程还可能重复下去，以至于出现 $+5U_{\phi m}$ 或更高的电压。所以断空载电流时，如果断口延伸的速度过慢，电弧将会被拉得很长，常导致相对地或相间短路，应当尽量避免。

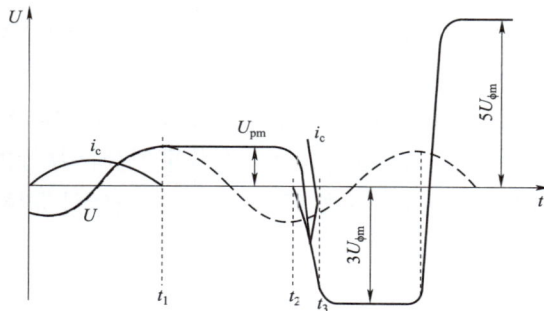

图 4-10　切断电弧时的电压变化

4. 使用消弧绳灭弧

消弧绳是在绝缘绳一端缠绕 0.6～1.2m 软铜线，穿过金属滑轮与控制绳相连，相当于一种以一定速度扩展断口距离的简单开关。目前，使用消弧绳断空载电流的断开速度主要由引线的重力加速度获得，不计消弧绳的摩擦力时，其最高断开速度为

$$V = gt \qquad\qquad (4-15)$$

式中：g 为重力加速度，$g=9.81\text{m/s}^2$，t 为时间，s。

断口延伸距离为

$$S = \frac{1}{2}gt^2 \qquad\qquad (4-16)$$

现以工频正弦波的半个周期（即 1/100s）为单位，来计算断口距离，断口点距离的变化情况见表 4-6。由此可断言，即使对 66kV 而言，消弧绳也绝不可能在 25 个半周内使电弧熄火，因为按 $4U_\phi$ 计算的放电距离达到 0.37m。由此可见，使用消弧绳时如果仅依靠重力加速度实现消弧，效果是非常差的。

表 4-6　　　　　　　　　　　　　断开点距离的变化情况

t (s)	$\frac{1}{100}$	$\frac{2}{100}$	$\frac{3}{100}$	$\frac{4}{100}$	$\frac{5}{100}$	$\frac{10}{100}$	$\frac{25}{100}$	$\frac{30}{100}$
S (cm)	0.04	0.196	0.44	0.785	1.22	4.9	30.6	44.1
t (s)	$\frac{50}{100}$	$\frac{60}{100}$	$\frac{70}{100}$	$\frac{80}{100}$	$\frac{90}{100}$			
S (cm)	122	176.6	240	313	490			

为了提高消弧绳消弧能力，通常在消弧绳的引线绑点一侧，加装一条助拉绳（见图 4-11），两个人一松一拉配合得好，可加快断口延伸的速度，估计速度能提高 2～3 倍。尽管如此消弧绳能稳妥断开电容电流的能力也是有限的。

消弧绳允许断接的电容电流如表 4-7 所示。允许用消弧绳接通的电流要比断开的大些。因为接通时没有延伸电弧造成接地或短路的危险存在，但也要考虑在接通前的某一距离（一般为工频相电压下的放电距离）下仍然会发生电弧，若该电弧的热量过大，将会烧损消弧绳。所以，接通的电流也不可过大。

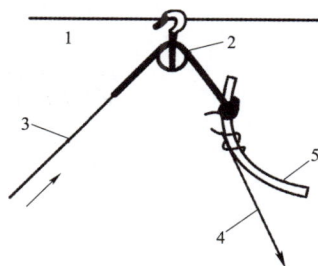

图 4-11　消弧绳加助拉绳
1—带电导线；2—金属滑车；3—消弧绳；
4—助拉绳；5—被断开的引线

表 4-7　　　　　　　　　　　　消弧绳允许断接的电容电流

电压等级（kV）	断开电容电流（A）	接通电容电流（A）
66	5	12
110	3	7
220	2	5

5. 避开电弧区

断开空载线路时，应选择离接地设备较远的地方设置断开点，目的是防止断开过程中电弧延伸，造成接地短路。同时，等电位作业人员应避开电弧区 2m 以外，以防受到电弧伤害，特别是空载线路有接地点或因其他原因使断开电流超过预先的计算值，不致威胁人身安全。

6. 断接环流

一般做开关短接等较小的环并工作时，由于回路的阻抗值变化范围很小，电位差可不做详细验算，但接通环流的消弧绳装置，应注意其载流能力。其中应特别注意滑轮与导线间的接触电阻不要过大，可在滑轮轴与导线间增加短路线，消弧绳的金属段用 $25mm^2$ 空心编织软铜线制作，此种消弧绳系统可接入 200A 以内的环流。

在做两条同一母线配出的分支线在某点并联的环并工作时接入环流的负荷滑车如图 4-12 所示，应做有关电位差的计算，因为断开点的电位差与环流的乘积决定着电弧的大与小。

在带电切换大型电力变压器时，由于变压器的阻抗较大，环并与切环时的

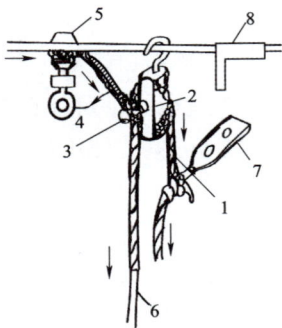

图 4-12　接入环流的负荷滑车

1—$25mm^2$铜编织线；2—铜滑轮；3—导电轴；4—软铜线；
5—接导线夹；6—绝缘绳；7—引流线夹；8—T 型线夹

电位差也较大。此时切不可轻易地使用消弧绳，而必须使用具有一定灭弧能力的消弧器切换。消弧器断环流时，事先都必须做模拟开断试验，合格后方可使用。

第五节　有关安全的其他问题

一、气象条件

带电作业的安全与气象条件有一定的关系。从国内多年的带电作业实践来看，公认对带电作业安全有影响的因素有气温、风力、湿度、雨、雪、雾及雷电等。

1. 气温的影响

气温与安全的关系主要从气温对绝缘工具绝缘性能影响和人体机能影响两方面考虑。高温天气时，绝缘工具的闪络强度会下降，尤其当绝缘工具表面有干态带状污染物的情况下，温度升高，其操作波强度可能降低 50%；另外高温作业易使作业人员疲劳，出汗影响绝缘工器具性能。低温天气时，绝缘工器具的机械强度将会下降，并且低温环境直接影响人体的体力发挥和操作的灵活性与准确性。考虑到我国幅员辽阔，温差太大，不可能用一个温度满足全国不同地区，故以往的规程均未作统一规定，各地可

根据当地实际情况确定进行带电作业的具体温度范围。一般规定温度高于 35℃ 不宜开展带电作业。

2. 风力的影响

风力对安全的影响比气温要大一些。当风力过大时，带电作业上下指挥呼叫困难，绳索等工器具难以控制，杆塔、引线的净空尺寸和荷重发生变化。此外，在特定带电作业项目中，风力对安全性也存在不同程度的影响。如在带电水冲洗项目中，风力大于 3 级时水柱易发生散花，影响水冲洗的效果和安全；在断接引线项目中，风力可能影响断接时电弧延伸范围。因此，《电力安全工作规程　变电部分》（Q/GDW 1799.1—2013）规定，风力大于 5 级，不宜进行带电作业。

3. 湿度的影响

空气湿度大于 80% 时不宜进行带电作业。因为空气湿度会影响到绝缘工器具的沿面闪络电压、性能和空气间隙的击穿强度。如绝缘绳，在干燥、清洁条件下，蚕丝、锦纶（丙纶）绳电气性能基本等同，但在淋雨后，其击穿电压会大大下降。受潮后的绝缘绳泄漏电流比干燥时的泄漏电流增大 10～14 倍，对蚕丝绳和锦纶绳而言，湿闪电压分别下降到其原有击穿电压的 26% 和 33.5%。受潮的绝缘绳因泄漏电流增大，会导致绝缘绳发热，甚至产生明火，易导致人造纤维合成的锦纶、锦纶绳熔断。

4. 雨、雪、雾的影响

雨水淋湿绝缘工具时电流会增大，并引发绝缘闪络（如绝缘杆闪络）、烧损、烧断（如绝缘绳熔断），发生人身或设备事故。所以，不仅应严禁在雨天进行带电作业，而且还应要求工作负责人对作业现场是否会突发降雨有足够的预见性，以便及时采取果断措施中断带电作业。

降雪不及时融化的季节，一般对绝缘工具的影响比较小，因为雪是晶体不导电，所以带电作业过程中发生降雪是可以将绝缘工具撤除带电体的；降雪及时融化的季节，雪会很快融化成水，它与空气中的杂质混合在一起，降低绝缘的效果甚至比雨水还要严重。所以，作业途中遭遇降雪融化较快的情况，工作负责人应按降雨的情况应急处理。

雾的成分主要是小水珠，对绝缘工具的影响与雨相似，只不过是绝缘工具受潮的速度稍慢一些，所以雾天禁止带电作业。

5. 雷电的影响

带电作业最小安全距离和绝缘工具最低耐压水平是按浮士德—孟善经验公式设定 5km 外雷电落在线路上后沿导线传播的电压波最大值计算的。也就是说即使远方（5km 外）雷电击中导线，由于导线电阻、线间或对地间电容、导线集肤效应、空气介质极化、电晕等影响，雷电波在导线传播中发生变形和衰减，当传输到工作地点，已衰减到安全值以下，但现场作业时是无法判断落雷点到作业点的距离的，所以为防止雷电对带电作业的安全造成影响，规定听见雷声、看见闪电时不得进行带电作业。

二、停用重合闸问题

1. 重合闸的作用

重合闸是继电保护的一种，可以防止系统故障点扩大，消除瞬时故障，是运行中常采用的自恢复供电方法之一。当系统发生短路故障时，断路器跳闸，并在规定的时间内（一般为0.3s）自动合闸，如短路故障为永久性故障，重合闸不成功则再次跳闸；如故障为瞬时性故障，则重合成功。由于线路上的短路故障绝大多数为瞬时性故障，重合闸成功的概率很高，从而可提高线路运行的可靠性。

2. 带电作业停用重合闸的由来及目的

重合闸动作时可能产生操作过电压。虽然确定带电作业的安全距离的依据是操作过电压，但是由于作业中绝缘防护措施的实效性以及带电作业人员的作业习惯对安全距离的控制能力等因素，重合闸装置在重合过程中产生的过电压对带电作业人员的安全还是具有一定的威胁。停用重合闸不仅可以提高带电作业的安全性，还可以避免对带电作业人员的二次伤害。

3. 带电作业需停用重合闸的情况

带电作业有下列情况之一者，应停用重合闸或直流再启动保护，并不得强送电：

（1）中性点有效接地的系统中有可能引起单相接地的作业。

（2）中性点非有效接地的系统中可能引起相间短路的作业。

（3）直流线路中有可能引起单极接地或极间短路的作业。

（4）工作票签发人或工作负责人认为需要停用重合闸或直流再启动保护的作业。禁止约时停用或恢复重合闸及直流再启动保护。

带电作业工作负责人在带电作业工作开始前，应与值班调度员联系。需要停用重合闸或直流再起动保护的作业和带电断、接引线应由值班调度员履行许可手续。带电作业结束后应及时向调度值班员汇报。

在带电作业过程中如设备突然停电，作业人员应视设备仍然带电。工作负责人应尽快与调度联系，值班调度员未与工作负责人取得联系前不准强送电。

三、停用继电保护的问题

变电站内带电作业，有些项目涉及继电保护停用问题。

（1）在短接开关回路的过程中，回路中的电流互感器被短接，将使电流监测系统发生变化，很可能导致开关误跳闸。因此开关的继电保护应暂停运行。特别是在短接开关的操作中，如果短接线的一端已接好，另一端尚处在待连接状态时，发生了开关跳闸，那么系统相电压将加在尚未接好的端口上，整个负荷电压将在端口产生强烈电弧，其后果如同带负荷拉刀闸；如果是等电位操作，后果则更为严重。因此，凡是开关短接项目，应当将开关跳闸机构锁死。

（2）在带电断接电压互感器以前，应停用有关无电压跳闸的继电保护，以防止开关误动作。

（3）在带电切换主变压器时，应停用变压器一、二次侧开关的过电流速断保护及差动保护，以防一、二次侧潮流变化引起开关跳闸。

（4）在同一母线上两个分支线开关外侧环并作业时，电源侧的两分支线开关的跳闸机构均需顶死。

第六节 水冲洗技术及作业方法

一、人身安全技术

1. 水柱绝缘概述

目前，国内外普遍推荐采用的带电水冲洗形式主要为长水柱短水枪作业方式，其按水枪喷口直径的大小可分为大、中、小三种形式。一般说来，喷口直径小于 3mm 的称为小水冲，喷口直径为 4~8mm 的称为中水冲，喷口直径大于 9mm 的称为大水冲，水枪喷口是接地的，水柱则是全部绝缘，承受全部电压。至于组合绝缘的小水冲工具，即由水柱、水枪、水管组成绝缘的水冲工具（长水枪、短水柱的冲洗形式），将不在此表述。

由上述可知，除使用组合绝缘的小水冲工具外，其他工具均以水柱为主要绝缘，全部电压均加在水柱上。因此，水柱绝缘是保证带电水冲洗人身安全的关键，特别是在手持工具进行冲洗时，人身安全主要靠水柱来保证。水柱的绝缘强度取决于水电阻率、水柱长度、水柱直径以及水柱压强等因素，其中水柱的长度是决定性因素。

目前国内外应用的主要是连续性水柱，也有些国家应用间断性水柱，两种水柱各有优缺点。间断性水柱几乎没有泄漏电流，绝缘强度很高，因此是安全的，耗水量也较小；但是，冲洗装置的制造和维护比较复杂。产生连续性水柱的装置简单，且冲洗速度快，但低水压连续水柱的泄漏电流可能大些，因此必须加大水柱长度或提高水电阻率；而高水压连续水柱实际上已分成肉眼看不清的单个水珠，它的绝缘强度可以与间断水柱相比。

2. 最小水柱长度

工作时水柱所承受的电压主要是加在水柱上的工频电压及由于系统操作而产生的操作过电压。从人身安全角度出发，要求水柱绝缘能满足以下条件：① 在最大工作电压下，流经人体的泄漏电流应小于 1mA；② 当系统发生操作过电压时，水柱不应闪络。在中性点有效接地系统中，操作过电压幅值按 3 倍最大运行相电压考虑；在中性点绝缘或经消弧线圈接地系统中，操作过电压幅值按 4 倍最大运行相电压考虑。

从相关试验分析得出，喷嘴到带电导体的距离即水柱有效长度是影响泄漏电流、操作波放电电压以及工频放电电压的最关键因素，随着水柱有效长度的增加，泄漏电流明显下降，而放电电压显著上升。实际上，水柱的有效长度还极大影响冲洗的有效性（冲洗效果）和冲洗效率。在满足水柱的操作波放电电压要求的最小有效长度条件下，综合考虑泄漏电流和达到最佳冲洗效果等因素，结合《绝缘子清洗指南》（Guide for Cleaning Insulators）（IEEE957）及国内多年的试验研究及实践经验，《电力设备带电水冲洗导则》（GB 13395—2008）及《500kV 交流输电设备带电水冲洗作业技术规范》（DL/T 1467—2015）给出了 10～500kV 带电水冲洗的安全距离即最小水柱长度，见表4-8。

表4-8　　　　　　　　10～500kV 带电水冲洗最小水柱长度　　　　　　　（m）

喷口直径（mm）		≤3	4～7	8～12
额定电压（kV）	10～35	1.0	2.0	4.0
	63（66）	1.3	2.5	4.5
	110	1.5	3.5	5
	220	2.1	4	6
	500	≥5		

3. 工频电压下水柱的泄漏电流特性

带电作业规程规定流过人体的工频泄漏电流不得大于 1mA。水柱的泄漏电流在一定水柱长度下随着施加电压的增大而增大，水柱的泄漏电流随着水柱长度的增加而减少，因此增大水柱长度可以减小泄漏电流，泄漏电流与水柱长度的关系见图4-13和图4-14。

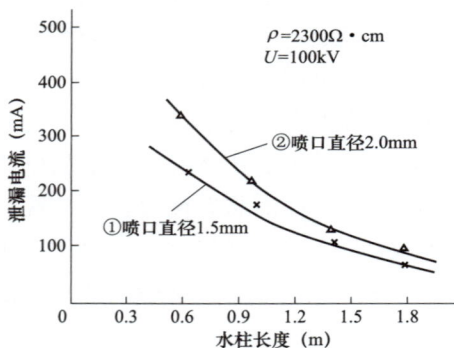

图4-13　泄漏电流与水柱长度的关系（小水冲）

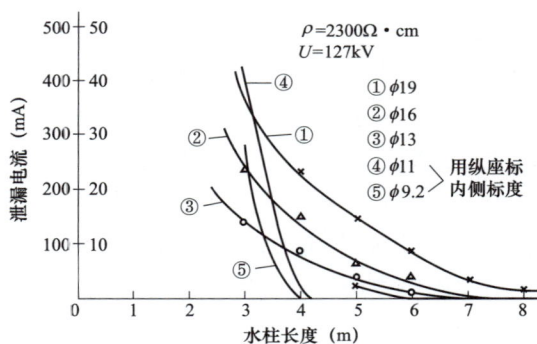

图4-14　泄漏电流与水柱长度的关系（大水冲）

水枪喷口直径越大，水柱截面越大，泄漏电流则越大。泄漏电流与喷口直径的关系见图4-15和图4-16。

泄漏电流与施加的电压几乎呈线性关系，特别是喷口直径较大、水柱较长时更是如此；喷口直径较小且水柱较短时，随着电压的增大，泄漏电流增长的更快些，泄漏电流与施加电压的关系见图4-17。

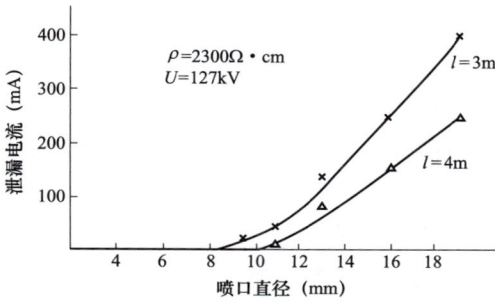

图 4-15　泄漏电流与喷口直径的
　　　　关系（小水冲）

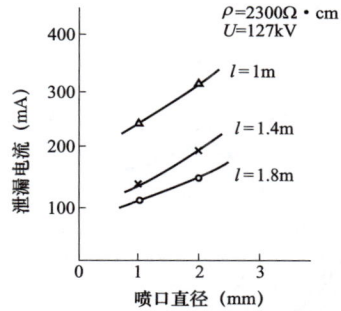

图 4-16　泄漏电流与喷口直径的
　　　　关系（大水冲）

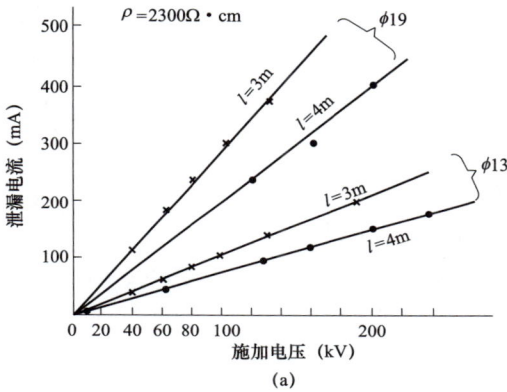

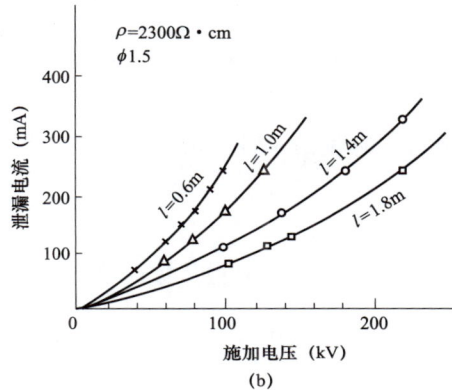

图 4-17　泄漏电流与施加电压的关系
（a）大水冲；（b）小水冲

水电阻率对泄漏电流的影响不太明显，如图 4-18 所示。由图 4-18 可知，当水电阻率大于 $2500\Omega\cdot cm$ 时，曲线几乎不再变化，主要原因是：当水柱较长时，水柱中有很多空气间隙，它的绝缘强度较高，因此水电阻率的影响就小了。

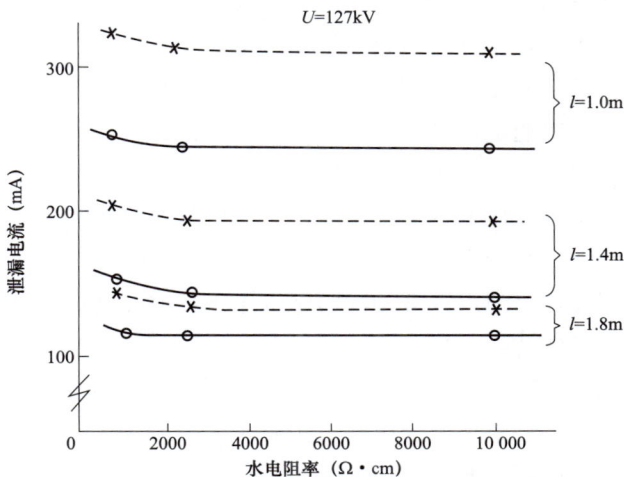

图 4-18　水电阻率对泄漏电流的影响

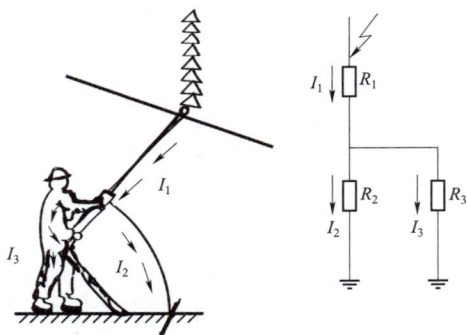

图 4-19　喷嘴接地时的等值电路

R_1一水柱电阻；R_2一接地线的接地电阻；R_3一人体电阻；
I_1一水柱泄漏电流；I_3一流经人体的电流

4. 防护水柱泄漏电流过大的措施

水柱的电性能比绝缘材料要差很多。在保持一定冲洗效果和效率的前提下，水柱不可能拉得很长。因此除了小型水冲洗以外，大、中型水冲洗中，沿水柱流过的泄漏电流可能超过 1mA，有时可能会达到数十毫安。为此，大、中型水冲洗必须采取限制流经人体电流的防护措施。

最简单最可靠的措施是在喷枪握手部分前面加一条接地线。它与人体组成并联电路，达到旁路分流的目的。喷嘴接地时的等值电路见图 4-19，其中 I_3 是流经人体的泄漏电流，它仅是水柱上流下电流的一部分。

$$I_3 = \frac{R_2}{R_2 + R_3} I_1$$

若人体电阻为 1kΩ，接地电阻一般为 10～15Ω，因为 $R_2 \ll R_3$，所以

$$I_3 \approx \frac{R_2}{R_3} I_1 = (0.01 \sim 0.05) I_1$$

由此可见，大型水冲洗喷嘴接地后，流经人体的泄漏电流只是水柱泄漏电流的 1%～5%，那么等值电路中的 R_2 几乎等于零，整个泄漏电流将完全经地线流入大地，人体得到了更加充分的保护。

二、设备安全技术

1. 带电冲洗设备外绝缘的基本过程

带电水冲洗是为了让设备外绝缘获得恢复，从而防止污闪。但是在冲洗过程中，绝缘子的脏污溶于水中，从而使其表面绝缘降低，因污水导电，在它沿绝缘子表面连贯地向下流淌时，形成了导电通道，加剧了绝缘的降低。因此，绝缘子在冲洗过程中，有可能因绝缘降低而发生闪络。带电水冲洗绝缘子发生闪络与否，取决于被冲洗的绝缘子表面从污秽被润湿（外绝缘降低）到被冲洗干净（外绝缘得到恢复）期间，其外绝缘在变化过程中是否能耐受得住系统电压。

观察水冲洗过程发现，当水柱开始冲湿绝缘子下部时，使附着在绝缘子表面的污秽物潮解，从而降低了绝缘电阻。由于电压按绝缘子表面阻抗分布，所以受潮部分承担的电压很低，大部分电压降落在干燥区。此时沿绝缘子表面的泄漏电流变化不大。随着水柱向上移动，干燥区越来越小，直至干燥区只占绝缘子全长的 1/3 左右时，泄漏电流大大增加。当电压较高时，在干燥区开始建立局部电弧。随着水柱继续上移，干燥区越来越短，

干燥区内的电场强度越来越大，容易造成局部电弧的延伸。此时应用水柱迅速将干燥区冲湿，以使电压分布趋于均匀。在水柱上移过程中两种因素同时发生作用。一方面由于污秽受潮后泄漏电流大大增加，当超过 500mA 时就会导致绝缘子闪络；另一方面由于清洁水的冲洗作用，将污物冲走，使绝缘恢复，从而使泄漏电流逐渐减小直至绝缘子冲洗完毕。在冲洗过程中，控制好水电阻率、盐密等条件，正确地掌握冲洗方式及实施有关的安全措施，是可以安全地进行带电水冲洗的。

2. 影响冲洗设备闪络的主要因素

水冲洗绝缘子表面，其外绝缘强度随着冲洗的过程而改变，在系统运行电压下是否发生闪络受下列各种因素的影响：

（1）被冲洗绝缘子脏污程度。由前面分析可知，最危险的情况是已被冲洗部分的绝缘尚未恢复，往下淌的污水流使绝缘继续下降，而尚未冲洗的部分又被同时受潮，这时绝缘子的表面绝缘下降到最低的状态，所以发生闪络与否和积污程度有关。脏污程度以盐密表示，其临界盐密值可从污闪试验的污秽耐受值求得。因此，当该绝缘子表面的积污量小于其污秽耐受值，绝缘子将不发生冲闪。

同理，邻近的设备被冲洗时的水雾所溅湿时，若该绝缘子的污秽程度已超过其污闪的污秽耐受值，也会引起污闪。

防止带电水冲洗发生设备闪络的方法，首先是不应等到绝缘子太脏时才冲洗。冲洗绝缘子的安全临界盐密值实际是该绝缘子的污秽耐受值。各种爬距的绝缘子的临界盐密值参考 GB 13395 确定。

（2）被冲洗绝缘子污耐受性能。绝缘子的污耐受性能高的，在相同的污秽程度下，其被冲闪的可能性就小；反之亦然。如普通棒式支柱绝缘子由于其爬距比防污型小，所以容易被冲闪；大直径套管由于直径增大，其污耐受电压降低，所以在爬电比距相同的情况下容易被冲闪；伞间距过小（密裙型）及螺旋型等特殊结构绝缘子容易被冲闪等。

（3）冲洗工具。

1）冲洗用水的影响。若冲洗用水的电阻率偏低，它不仅达不到增加绝缘的作用，反而起降低绝缘的作用，即使清洁的绝缘子用电阻率低于 3000Ω·cm 的水去冲洗，也会发生闪络。水阻率越高，则沿绝缘子表面往下流的污水的导电率越低，闪络的可能性越小，水稀释污垢的能力也越强。试验证明采用高电阻率 100 000Ω·cm 以上蒸馏水或去离子水，其冲闪电压可比用水阻率 3000Ω·cm 的水冲洗提高 10%。

2）水泵压力的影响。水柱是指从水枪喷射出来的水流密集、笔直、坚挺有力的部分。用这部分冲刷绝缘子表面，方能把污垢冲刷掉，使绝缘获得恢复。而压力不足、松散的水流，不仅不能使绝缘恢复，反而把绝缘子淋湿、溶解污垢而降低绝缘。水柱的压强越高，冲刷污垢的能力越强，从瓷裙切线方向飞溅出的污水量就越多，沿瓷裙表面流下的污水量则越少；闪络的可能性就越小；反之，水柱压强不足，沿绝缘子表面流下的污水量就越多，污水的含污量也越多，而污水量越集中，污水的电导率越高，则闪络的可能性越大。

3）喷嘴结构的影响。喷嘴的结构、形状、光洁度和锥度应能满足喷出的水柱在有效的长度（大于喷嘴与带电体间的最短距离）内密集而不散花。散花的水柱会造成在冲洗绝缘子时，其下半截尚未冲净而上半截已受潮。采用散花的喷嘴冲洗，在积污比较严重的情况下很容易引起闪络。

（4）自然条件。雨天、雪天、雾天和湿度大于80%的天气，均会使绝缘子部分受潮并绝缘下降，此时不宜进行带电水冲洗。风力大于3级时水柱易发生散花，绝缘子上半截容易被溅湿，邻近设备也容易被溅湿，这些都有可能发生绝缘闪络，因此都不宜进行带电水冲洗。

（5）冲洗操作方法、水平。被冲洗设备是否会发生闪络还与操作方法，操作者掌握水冲洗的技术、技巧、理性认识、操作熟练程度以及工作态度都有关系。

三、水质的选择及处理

水电阻率对保证作业人员的人身安全及被冲洗设备的安全关系极大。过去由于认识问题和缺乏净化水方面的技术和设备，对水电阻率一直不太重视，随意取自来水甚至江河、湖水、塘水进行带电水冲洗，也多次发生了由于水电阻率过低而造成的冲洗事故。

水电阻率的数值直接影响水柱的绝缘强度。有研究表明，当水柱长4m时，泄漏电流主要受水的电阻率影响；当水柱长6m时，在水的电阻率变化较显著时，对泄漏电流影响达到30%；当水柱长10m时，水的电阻率变化影响降低到20%。已经明确，当使用电阻率不小于 $7000\Omega\cdot cm$ 的水时，才基本不会影响泄漏电流的变化。

理论实践表明，水电阻率随着温度的升高而下降，在某些情况下下降的还特别显著。早晨低温时测得合格的水电阻率，到中午经过太阳暴晒后水电阻率可能下降很多而不合格。对于本身纯净度很高的纯净水来说，如早晨10℃测得水电阻率为 $50\,000\Omega\cdot cm$ 或更高的数值，当午后日照水温升到30～40℃时，水电阻率基本没有多少变化，仍然保持在很高范围内。但若水本身不纯，含有许多杂质、盐类，早晨低温10℃时，由于水里面的盐类物质以固体不溶物的形式存在，这时测得电阻率为 $3000\Omega\cdot cm$ 合格，当午后温度升高到30～40℃时，水里面的盐类、杂质开始大量溶解，以活性离子存在，电阻率迅速下降到 $2000\Omega\cdot cm$ 以下，因此一般的自来水并不可靠。

另外，自来水经过消毒后含有大量氯离子，且自来水烧开后很容易结垢（$CaSO_4$、$MgSO_4$、$CaCO_3$ 等沉淀物），说明自来水还含有大量 Ca^{2+}、Mg^{2+}、SO_4^{2+}等，如果长期使用自来水直接冲洗，对整个冲洗装置管路系统危害非常大，水箱、引水管、水枪、压力表、释放阀，特别是对主水泵造成极大危害。因此，从冲洗装置本身来说，也必须采用净化水或去离子水。

水净化原理框图如图4-20所示。

水净化工艺主要分两个阶段：第一阶段是原水预处理，第二阶段是二级反渗透。原水预处理包括砂过滤器、活性碳过滤器以及超滤系统，对市政自来水进行预处理，主要去除其中的杂质、大型颗粒，藻类、悬浮物、金属氧化物、胶体、大分子有机物、细菌类以及水中余氯。这是因为反渗透装置对预处理水质要求比较严格，淤泥密度指数（Silt Density Index，SDI）是反渗透进水控制的一个主要指标，卷式反渗透膜一般要求 SDI 值小于 4。经过预处理后，可以使 SDI 值降至 2 以下，最好甚至 1 以下。预处理的水将进入一套最终出力为 $5m^3/h$ 的二级反渗透系统，此系统采用先进的复合膜，单膜脱盐率不小于 99.5%，系统脱盐率达到 97%以上。

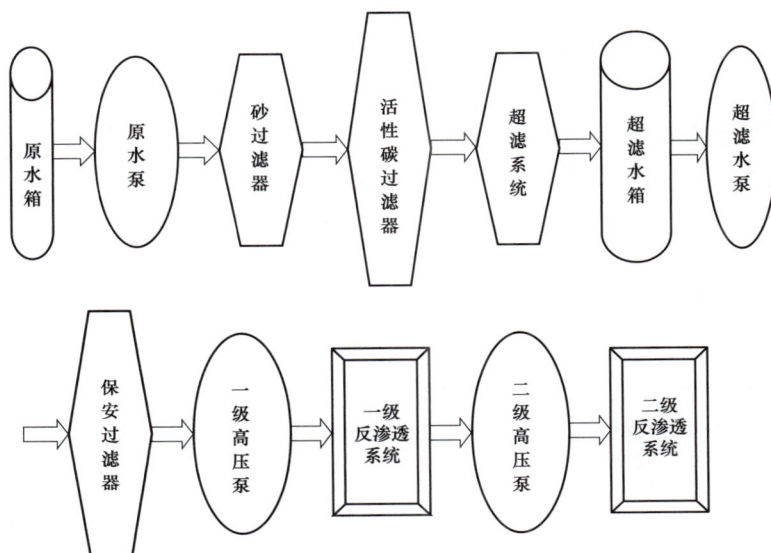

原水箱 → 原水泵 → 砂过滤器 → 活性碳过滤器 → 超滤系统 → 超滤水箱 → 超滤水泵

→ 保安过滤器 → 一级高压泵 → 一级反渗透系统 → 二级高压泵 → 二级反渗透系统

图 4-20　水净化原理框图

为了在较高回收率情况下防止反渗透膜出现 Ca^{2+}、Mg^{2+}离子的化学结垢，还需要加入阻垢剂等添加剂回路。为防止膜元件在运行过程中被固体颗粒损害，在进入反渗透之前还设有一台 $5\mu m$ 的保安过滤器，其作用是截留来自预处理水中大于 $5\mu m$ 的颗粒进入反渗透系统。这种颗粒经高压泵加压后可能击穿反渗透膜组件，造成大量漏盐情况。

反渗透系统还配有低压自动冲洗系统和膜的清洗装置以及设有高、低压泵的保护系统。整个制水装置采用中央控制柜集中控制，可以方便地看到反渗透的相关工艺参数如压力、流量与电导率等。

四、水冲洗方法

1. 冲洗前准备

带电水冲洗作业前，应做好以下工作准备：

（1）作业车辆进入变电站时，必须要有工作负责人带领并做好监护工作。特别注意车道两侧和横跨道路的带电设备不同电压等级的安全距离，按规定车辆行驶速度进入站内生产场地。

（2）带电水冲洗作业人员冲洗前，需与变电站运行人员确认有关安全技术措施的落实情况，包括设备及继电保护是否处于正常运行状态，设备绝缘是否良好，是否有严重漏油或裂纹设备，是否有零值或低值的绝缘子，是否有断路器处于热备用状态，设备的端子箱是否密封良好等，不符合冲洗条件的不进行带电水冲洗。任何一方有疑问的应了解清楚，经双方确认后方可冲洗。

（3）准备好足够的净化水，每车水冲洗前应测量水枪出口处的水电阻率，并做好记录。

（4）测量风速风向，确定冲洗设备顺序。

（5）冲洗用水泵电源应采取防触电、相间短路的措施。冲洗用水泵应可靠接地。冲洗时应密切注意水泵压强和水位，不得在冲洗中断水或失压。

（6）调整好水泵压强，使水柱射程远且水流密集；每次开水泵时应紧握水枪，枪口向下，避免出水射偏；当水压不足时，不得将水枪对准被冲洗的带电设备。

（7）冲洗前应准备好大、中水枪，作为小水枪的后备，以防止小水枪冲洗过程中突然断水而不能及时灭弧。

2. 一般冲洗方法

（1）冲洗时应注意监视储水车水位，不得在冲洗时对储水车换水或加水，以免引起设备冲洗过程突然断水，引发设备起弧乃至闪络。

（2）冲洗时严禁水枪对准设备端子箱、二次接线盒、操作机构箱、变压器压力阀、气体继电器等，防止进水。

（3）带电水冲洗应选择合适的冲洗方法，根据冲洗设备类型、现场布置、污秽类型及积污程度等现场实际情况，选择合适的冲洗方法，包括双枪跟踪法、三枪组合冲洗、四枪组合冲洗、四枪交叉组合冲洗，其中500kV变电设备建议采用四枪冲洗法。冲洗时应进行回扫，防止被冲洗设备表面出现污水线，尽量避免冲洗过程中出现起弧或减少起弧的程度。冲洗中注意垂直、水平冲洗角度，冲洗到顶部时要注意灭弧、扫污。

（4）对于上下层布置的设备应先冲下层，后冲上层，并要注意冲洗角度，垂直冲洗角度应小于45°，水平冲洗角度应大于45°，严禁0°冲洗，冲洗时尽量避免将水溅到邻近设备上，以防邻近绝缘子在溅射的水雾中发生闪络。

（5）垂直安装的设备应自下而上冲洗，水平安装的设备应自导线向接地侧冲洗，倾斜安装的设备，与地面夹角大于45°时，其冲洗方法与垂直安装的设备相同；与地面夹角小于45°时，其冲洗方法与水平安装的设备相同。

（6）冲洗时应注意风向，必须先冲下风侧设备，后冲上风侧设备，并在冲洗过程中注意风向及风速的变化，及时进行调整或暂停冲洗。

（7）冲洗单个设备过程中不得换人、换水枪，冲洗完毕，换人、换水枪时要关闭水枪，以防水柱冲到或溅到邻近设备上，以防邻近设备发生溅闪。

（8）冲洗时应注意水流冲到设备锈蚀金属部位，特别是在设备瓷套的顶部，造成含有大量金属碎末形成的污水，要特别注意迅速回扫，截断污水。

（9）当已冲洗部分占被冲洗瓷件2/3（高度）以上，被冲瓷件顶部出现局部电弧时，水柱应迅速指向局部电弧，迫使电弧熄灭。当开始冲洗时在设备瓷件顶部即产生局部电弧，应立即停止冲洗。

（10）当冲洗过程突然断水时，并出现局部电弧时，应立即启动备用电源及备用水枪，迅速灭弧。

3. 具体设备冲洗方法

一般情况下 110～220kV 设备冲洗方法可参考表 4-9，500kV 设备的冲洗方法可参考表 4-10，但具体冲洗方法应根据现场的实际情况，包括周围设备布置情况、设备高度、设备结构、设备积污的类型及程度等因素进行适当调整。

表 4-9　　　　　　　　　　110～220kV 设备冲洗方法

参考污秽等级	b 级	c 级	d、e 级
典型污秽特征	附近无明显污染源，且积尘较少	附件无严重的污染源，但积尘较严重	靠近海边或化工、燃煤等污染源，或有严重积尘
220kV 断路器	一冲两回，双枪或多枪冲洗，绝缘支柱冲洗干净后才断口瓷柱	一冲三回，双枪或多枪冲洗，绝缘支柱冲洗干净后才冲断口瓷柱	一冲多回，双枪或多枪冲洗，绝缘支柱冲洗干净后才冲断口瓷柱
220kV 隔离开关	一冲两回，双枪或多枪冲洗（有并立式支柱绝缘子的必须四枪交叉冲洗）	一冲三回，双枪或多枪冲洗（有并立式支柱绝缘子的必须四枪交叉冲洗）	一冲多回，四枪交叉冲洗
220kV CVT、OY	一冲两回，四枪组合冲洗	一冲三回，四枪组合冲洗	一冲多回，四枪组合冲洗
220kV TV、TA	一冲三回，四枪组合冲洗	一冲多回，四枪组合冲洗	一冲多回，四枪组合冲洗
220kV 悬式绝缘子、管母支柱绝缘子	一冲两回，双枪大水或中水冲洗	一冲三回，双枪大水或中水冲洗	一冲两回，双枪大水或中水冲洗
220kV 支柱绝缘子	一冲两回，双枪或多枪冲洗	一冲三回，四枪或多枪冲洗	一冲多回，四枪交叉冲洗
220kV 主变压器	多枪交叉同时配合冲洗，220kV 套管用中水冲	多枪交叉同时配合冲洗，220kV 套管用中水冲	多枪交叉同时配合冲洗，220kV 套管用中水冲
220kV 穿墙套管	一冲两回，双枪大水或中水冲洗	一冲三回，双枪大水或中水冲洗	一冲多回，双枪大水或中水冲洗
220kV 金属氧化物避雷器	一冲两回，四枪组合冲洗	一冲三回，四枪组合冲洗	一冲多回，四枪组合冲洗
110kV 断路器	一冲两回，四枪组合冲洗	一冲三回，四枪组合冲洗	一冲多回，四枪组合冲洗
110kV 隔离开关	一冲两回，四枪组合冲洗	一冲三回，四枪组合冲洗	一冲多回，四枪组合冲洗
110kV CVT、OY	一冲两回，四枪组合冲洗	一冲三回，四枪组合冲洗	一冲多回，四枪组合冲洗
110kV TV、TA	一冲三回，四枪组合冲洗	一冲多回，四枪组合冲洗	一冲多回，四枪组合冲洗
110kV 悬式绝缘子	一冲两回，双枪大水或中水冲洗	一冲三回，双枪大水或中水冲洗	一冲多回，双枪大水或中水冲洗
110kV 支柱绝缘子	一冲两回，四枪组合冲洗	一冲三回，四枪组合冲洗	一冲多回，四枪组合冲洗
110kV 主变压器	多枪交叉同时配合冲洗	多枪交叉同时配合冲洗	多枪交叉同时配合冲洗
110kV 穿墙套管	一冲两回，双枪大水或中水冲洗	一冲三回，双枪大水或中水冲洗	一冲多回，双枪大水或中水冲洗
110kV 金属氧化物避雷器	一冲两回，四枪组合冲洗	一冲三回，四枪组合冲洗	一冲多回，四枪组合冲洗

注　如无特别说明，双枪冲洗是指大、中水冲，四枪或多枪是指小水冲。

表 4-10　　　　　　　　　　　500kV 变电设备冲洗方法

被冲洗设备	冲洗方法	冲洗时长
500kV 单柱设备（支柱绝缘子、电容式电压互感器、避雷器）	四枪、一冲三回	≥21s
500kV 并列双柱设备（隔离开关）支柱绝缘子	四枪、一冲三回冲洗方式，每个支柱绝缘子配两支水枪	≥21s
500kV 三柱设备（阻波器）支柱绝缘子	六枪、一冲三回冲洗方式，每个支柱绝缘子两支水枪	≥21s
500kV 大直径套管（电流互感器、GIS 套管）	四枪、一冲三回	≥21s
500kV 断路器	按冲洗顺序包括支柱绝缘子冲洗、横向套管冲洗、支柱绝缘子回扫三个阶段。其中，支柱绝缘子冲洗可采用四枪、一冲三回方式；横向套管冲洗采用四枪交叉；支柱绝缘子回扫可采用四枪、反向一冲三回冲洗	支柱绝缘子冲洗：≥17s；横向套管冲洗：≥6s；支柱绝缘子回扫：≥7s

全部设备冲洗完毕后，冲洗人员至少监视设备 15min，没有出现污水滴落、局部起弧现象，方可收拾冲洗工具，撤离现场。冲洗后运行人员应检查可能溅射到的、具备检查条件的端子箱内部是否有进水现象。

4. 安全措施

（1）带电水冲洗作业人员必须经专门培训，持证上岗，熟悉《电力设备带电水冲洗导则》（GB 13395—2008）及《电力工作安全规程》，并经考试合格后才可进行操作。

（2）带电作业施工单位进站作业前应编写施工方案，并经施工所在地的运行部门审核通过，需按施工所在地的单位规定办理相关手续，各方做好安全技术交底，明确施工现场应注意安全事项。

（3）带电作业施工单位进入现场工作前，应严格履行现场工作程序，正确认真填写第二种工作票。工作票发出前值班运行人员应上报当值调度。

（4）冲洗前应详细了解将要冲洗的变电站设备的运行情况和设备布置状况，结合变电站实际情况，找出工作中的危险因素，做好危险因素控制方案和有效的控制措施，并制定现场紧急措施，防止意外情况的发生。

（5）建立冲洗现场以工作负责人全面组织，各作业点分部实施的现场工作体系。现场作业点不宜超过两个，每个工作小组只在一个作业点工作，工作小组一般配置 6 人，其中监护人 1 人，冲洗操作员 4 人，水泵操作员 1 人。由于冲洗操作员工作强度较大，为防疲劳工作，冲洗操作员与水泵操作员可以进行轮换。

（6）工作负责人：工作负责人是现场工作的直接责任人，负责组织带电水冲洗全过程工作。确认现场安全技术交底，对工作人员交待设备运行状况、安全措施和注意事项，督促、监护工作小组及工作人员遵守有关规程，并对现场安全全面负责。

（7）监护人：监护人由具备一定实践经验和应变能力的技术人员担任，不参加具体带电水冲洗操作，并服从工作负责人的指挥。监护人应了解现场的接线方式，了解冲洗时各种现象的起因及处理方法，冲洗前清楚限制冲洗设备及有关注意事项，冲洗过程中随时观察被冲洗设备及已冲洗过设备的情况，并及时发出准确、清晰的操作指令。监护人应时刻注意冲洗人员的站位、安全距离及冲洗姿势，发现不当应立即制止并纠正。

（8）冲洗操作人员：冲洗操作人员必须服从工作负责人和监护人的指挥，严格按照冲洗方法进行操作。冲洗操作人员疲劳时应及时向监护人提出，进行人员轮换或暂停休息。带电水冲洗操作人员应穿工作服和防水服，穿绝缘鞋，戴绝缘手套，戴防水安全帽等辅助安全措施。

（9）水泵操作员：水泵操作员必须服从工作负责人和监护人的指挥，严格按照监护人的命令进行水泵操作，并负责在紧急状态时按照监护人的命令迅速启动备用水泵。

第五章

变电站带电作业工器具

变电站内空间环境复杂，设备繁多且布置紧凑，变电站内带电作业工器具应结合现场具体条件和实际作业需求进行设计制造，满足相关技术规范明确的技术参数要求，并经检验、试验合格后方可现场使用。本章主要介绍了 35kV 及以上变电站带电作业工器具。

带电作业主要通过遵守严苛的技术标准条件、规范的标准作业流程以及高标准的工器具材料、灵活的作业方式方法、多样的工器具组合来实现。带电作业工器具难以按照标准和规则，全面统一地进行明确分类，本章旨在为带电作业实操人员培训提供现场服务，因此以带电作业工器具在现场作业时的具体功能和用途为侧重点进行分类、说明。

变电站带电作业工器具按其在各作业阶段的功能及用途进行划分，主要有七类：登高类工器具（辅助工器具）、操作类工器具、绳索类工器具、金属类工器具、滑车类工器具、防护类工器具及带电作业检测类工器具。

第一节　变电站常用及典型专用工具介绍

从事带电作业的工作人员，应当熟悉制造带电作业工器具的专用材料性能、加工工艺以及不同电压等级带电作业的技术要求，熟练掌握工器具的运用技能；还要结合在运设备的结构特点以及具体带电作业项目研究拓展新型带电作业工器具，对提高带电作业可靠性、安全性有着十分重要的意义。

一、登高类工器具

登高类工器具（辅助工器具）主要用于作业人员在作业过程中转移作业位置，为高处作业人员提供安全可靠的作业工位，实施具体带电作业操作。如绝缘梯架（平梯、人字梯、蜈蚣梯等）、固定绝缘平台、升降作业绝缘平台等，若具备条件也可使用绝缘斗臂车。登高类工器具（辅助工器具）根据不同功能，采用绝缘板材、绝缘管材、绝缘棒材进行设计、组合、加工，其关键受力及连接部位可选择金属材料，但应根据不同的电压等级计算金属部件的尺寸，使用时注意其电气空间组合间隙。

1. 绝缘人字梯

（1）功能介绍。绝缘人字梯用于 35～220kV 断路器、隔离开关等变电设备的停电检修和带电作业，提供与带电作业设备高度匹配的等电位作业或中间电位的作业的工位或作为检修工作平台等。分为单节和多节两种，大多采用插接连接方式。

1）适用电压等级：35～220kV。

2）特点：运输方便、安装快捷、场地适应性强、可随时移动、安全可靠。优点是适用范围比较广，可在断路器、隔离开关、母线使用；缺点是随着高度增加需要打拉线以增加稳定性、需要较大地面空间。

（2）使用方法和注意事项。

1）使用前应进行外观检查，并用干净的毛巾对其表面进行擦拭，确定外观良好后，用 2500V 及以上绝缘电阻测试仪分段检测其表面电阻，阻值应不低于 700MΩ。

图 5-1　常规绝缘人字梯

2）进入现场应将其放置在防潮的苫布或绝缘垫上，以防受潮或表面损伤、脏污。

3）根据现场电压等级和长度要求组装合适长度的绝缘人字梯，绝缘人字梯各部件应连接可靠。

4）摆放时应充分考虑变电站设备密集区域的空间距离，选择人员攀爬通道。

5）作业人员作业高度超过 2m 时，必须可靠系挂安全带。

6）使用人字梯时必须保证人字梯平稳，作业高度超过 3m 需要打拉线。

7）人员攀登前应安排地面人员辅助扶稳平台，人员上下梯时应尽可能缩短手脚之间距离，以减少短接空气间隙。

8）使用中应设置人字梯张开角度限位绳，并检查牢固可靠。

常规绝缘人字梯见图 5-1，可调式平台绝缘人字梯见图 5-2，母线作业绝缘人字梯（用于 66kV 绝缘管母断接引）见图 5-3。

2. 绝缘挂梯

（1）功能介绍。绝缘挂梯（见图 5-4）是用于变电带电作业工作中进出电场的登高工具，主要由搭接挂架（梯头）和绝缘梯主体组成，搭接挂架分为带轮和无轮，绝缘梯主体分为双绝缘管和单绝缘管（蜈蚣梯），并根据电压等级和长度要求由多节插接形式组合而成。

1）适用电压等级：66～220kV。

2）特点：优点是可以控制进入电场途径，地面电工可以调整绝缘梯改变角度、位置，增大等电位电工作业中组合间隙；缺点是仅适用于可承重的母线（如软母线）。

图 5-2　可调式平台绝缘人字梯

图 5-3　管母线作业绝缘人字梯（用于 66kV 绝缘管母断接引）

（2）使用方法和注意事项。

1）使用前应进行外观检查，并用干净的毛巾对其表面进行擦拭，确定外观良好后，用 2500V 及以上绝缘电阻测试仪分段检测其表面电阻，阻值应不低于 700MΩ。

2）进入现场应将其放置在防潮的苫布或绝缘垫上，以防受潮或表面损伤、脏污。

3）绝缘挂梯长度不宜超过母线对地距离，防止绝缘挂梯尾部接触地面。

4）搭接挂架要有自锁功能，防止绝缘挂梯脱离母线造成人身事故的发生。

5）登梯人员登梯前必须系好后备保护绳。

图 5-4　绝缘挂梯

3. 绝缘软梯

（1）功能介绍。绝缘软梯（见图 5-5）是用于带电作业人员高处作业时进入电场的攀登工具。绝缘软梯由绝缘软梯头架与绝缘软梯组成，软梯头架一般分为单导线用和双分裂导线用。

1）适用电压等级：35～500kV。

2）特点：优点是重量轻、携带方便；缺点是进入电场通道固定、不可调整，如果使用金属梯头会减少安全作业距离。

（2）使用方法和注意事项。

1）使用前应进行外观检查，确定外观良好后，用 2500V 及以上绝缘电阻测试仪分段检测其表面电阻，阻值应不低于 700MΩ。

2）进入现场应将其放置在防潮的苫布或绝缘垫上，以防受潮或表面损伤、脏污。

3）软梯头架与绝缘软梯各部件应可靠连接。

4）悬挂时应充分考虑变电站设备密集区域的空间距离，选择人员攀爬通道。

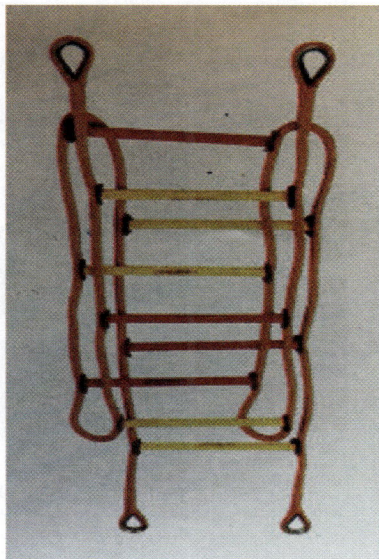

图 5-5　绝缘软梯

5）绝缘软梯应牢固悬挂，梯头架要有自锁功能，防止绝缘软梯头架脱离母线造成人身事故的发生。

6）作业人员登梯前应做好后备保护，到达作业位置后应将软梯头闭锁。

4. 绝缘自行走升降平台

（1）功能介绍。绝缘自行走升降平台用于变电站带电作业人员升高作业，分为全地形橡胶履带自行走带电作业升降平台（见图 5-6）和轻型（电瓶）车载式带电作业用升降绝缘平台（见图 5-7）等。

1）适用电压等级：35～220kV。

2）特点：优点是降低等电位电工作业劳动强度，缺点需要空间较大。

（2）使用方法及注意事项。

1）使用前应进行外观检查，并用干净的毛巾对其表面进行擦拭，确定外观良好。

2）作业时，平台应摆放在合适位置，支腿伸出方式正确，整体水平，并可靠接地。

3）底盘的行走和支腿的操作部分及上面的操作平台均可使用发动机或电机提供动力，如果在行走时最好选用发动机作为动力源。

4）平台整体高度超过 6m 时，如有必要可设置绝缘拉线；平台整体高度超过 10m 时应分层设置绝缘拉线。

5）升降过程中需要保证上方移动平台在中心位置。

6）平台升起后不能进行行走操作。

图 5-6 变电站全地形橡胶履带自行
走带电作业升降平台

图 5-7 轻型（电瓶）车载式带电作业
用升降绝缘平台

二、操作类工器具

操作类工器具用于地电位作业和中间电位作业的带电作业操作，也是有电位差作业人员相互配合的有效工器具。如带电作业操作杆、带电水冲洗喷枪、带电清扫刷等。操作类工器具使用环氧树脂玻璃纤维复合材料制成，具有一定的机械抗弯、抗扭特性以及耐径向挤压、轴向挤压和耐机械老化性能，可采用金属扣件分段连接使用，对人员手持操作部分进行限位警示标志。

绝缘管、棒材根据其制作材料及外形的不同，主要有三类，见表 5-1，选择时可结合不同电压等级的作业需求，考虑不同长度、外径、重量等因素多段组合。

表 5-1　　　　　　　　　　　　　　　绝缘管、棒材分类表

类　别	名　称	标准外径系列（mm）
Ⅰ	实心棒	10，16，24，30
Ⅱ	空心管	18，20，22，24，26，28，30，32，36，40，44，50，60，70
Ⅲ	泡沫填充管	18，20，22，24，26，28，30，32，36，40，44，50，60，70

注　填充绝缘管其标称外径与空心管系列相同。

操作类工器具在使用过程中还需要根据现场实际作业需求，配置相应辅助小工具，如取销器、扳手、割刀等，用于进一步拓展此类带电作业的具体实用性功能，解决现场的实际问题。

1. 绝缘操作杆

（1）功能介绍。绝缘操作杆（见图 5-8）是带电作业人员地电位作业的或中间电位作业的辅助操作工具，包括绝缘操作挑杆（见图 5-9）、绝缘叉杆（见图 5-10）、清除接点氧化层操作杆（见图 5-11）、隔离开关触头打磨操作杆（见图 5-12）等，可用于地电位作业电工进行绝缘绳过障，螺栓紧固，夹持导线，接点氧化层清除，工器具传递，线夹安装、拆除等带电检修作业。

1）适用电压等级：10～500kV。

2）特点：重量轻、携带方便、连接快速、可调节、可与多种工具头配套使用。

（2）使用方法和注意事项。

1）使用前应进行外观检查，并用干净的毛巾对其表面进行擦拭，确定外观良好后，用 2500V 及以上绝缘电阻测试仪分段检测其表面电阻，阻值应不低于 700MΩ。

2）作业时，人体与带电体的安全距离、绝缘杆的有效绝缘长度应满足《国家电网公司电力安全工作规程》要求。

3）进入现场应将绝缘操作杆放置在防潮的苫布或绝缘垫上，以防受潮或表面损伤、脏污。

图 5-8　绝缘操作杆（套装）

图 5-9　绝缘操作挑杆

图 5-10　绝缘叉杆

图 5-11　清除接点氧化层操作杆

图 5-12　隔离开关触头打磨操作杆

2. 绝缘清扫操作工具

（1）功能介绍。绝缘清扫操作工具（见图 5-13）适用于地电位作业电工对绝缘子、瓷柱等进行带电清扫。

图 5-13　绝缘清扫操作工具

（2）使用方法和注意事项。

1）使用前应进行外观检查，并用干净的毛巾对其表面进行擦拭，确定外观良好后，用 2500V 及以上绝缘电阻测试仪分段检测其表面电阻，阻值应不低于 700MΩ。

2）作业时，人体与带电体的安全距离、绝缘杆的有效绝缘长度应满足安规要求。

3）进入现场应将绝缘清扫操作工具放置在防潮的苫布或绝缘垫上，以防受潮或表面损伤、脏污。

3. 220kV 可调式三角抱杆

（1）功能介绍。220kV 可调式三角抱杆（见图 5-14）用于上方有带电设备的区域内进行设备吊装时，提供承重安全吊点。由不少于三根的立杆组成框架，立杆上端与连接盘固定连接，连接盘上端面与顶盘面活络连接，各立杆下端固定有法兰，法兰下端固定有过渡法兰，过渡法兰下端固定有防滑支脚。在三脚抱杆顶盘增设了一个中心吊点，便于挂滑车小绳。最大作业高度 9m，高度可调。

图 5-14　220kV 可调式三角抱杆

（2）使用方法和注意事项。

1）使用前应进行外观检查，并用干净的毛巾对其表面进行擦拭，确定外观良好后，用 2500V 及以上绝缘电阻测试仪分段检测其表面电阻，阻值应不低于 700MΩ。

2）作业时，人体与带电体的安全距离、绝缘杆的有效绝缘长度应满足安规要求。

3）进入现场应将三角抱杆放置在防潮的苫布或绝缘垫上，以防受潮或表面损伤、脏污。

4）根据变电设备的实际布置方式，选择吊装作业的最佳吊点，方便地面调整抱杆位置。

5）保证三脚抱杆的整个吊装作业构架的着力点由地面承载，抱杆底部由连杆连接形成稳定三角形。

4. 绝缘遥控加油装置

（1）功能介绍。绝缘遥控加油装置（见图 5−15）用于润滑变电站旋转机构。设备由注油装置、绝缘杆、控制器等组成。

适用电压等级：35～500kV。

（2）使用方法和注意事项。

1）使用前应进行外观检查，并用干净的毛巾对其表面进行擦拭，确定外观良好后，用 2500V 及以上绝缘电阻测试仪分段检测其表面电阻，阻值应不低于 700MΩ。

2）作业时，人体与带电体的安全距离、绝缘遥控加油装置中绝缘杆的有效绝缘长度应满足要求。

3）进入现场应将绝缘遥控加油装置放置在防潮的苫布或绝缘垫上，以防受潮或表面损伤、脏污。

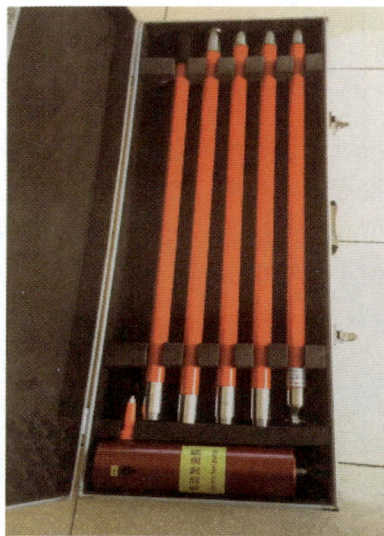

图 5−15　绝缘遥控加油装置

三、绳索类工器具

绳索类工器具主要用于带电作业过程中各类工器具和材料安全出入强电场的传递，轻小材料和设备及受力结构的临时固定等，是带电作业过程中运用最为广泛的导引、传递及承力工具。如无极绝缘绳、软梯、消弧绳、绝缘绳套、带电跨越绳等。带电作业所使用绳索主要有蚕丝绳（又分生蚕丝绳和熟蚕丝绳）和尼龙绳（又分尼龙丝绳和尼龙线绳），还有绵纶绳和聚氧乙烯绳。从绳索结构可分为绞制圆绳、编织圆绳、编织扁带、环形绳及塔扣带。使用时应根据其使用环境及主要实现功能，充分考虑其电气性能要求、机械载荷要求、受力蠕变伸长特点等，选择正确的材料、编织工艺和规格尺寸，同时要注意对绳索工具的现场防护，防止绳索碾压、受潮。天然纤维绝缘绳索、合成纤维绝缘绳索、高强度防潮型高机械绝缘绳索机械性能分别见表5−2～表 5−4。

表 5-2　　　　　　　　　　　天然纤维绝缘绳索机械性能

规格	直径（mm）	伸长率（不大于）（%）	断裂强度（不小于）（kN）
TJS-4	4±0.2	20	2.0
TJS-6	6±0.3	20	4.0
TJS-8	8±0.3	20	6.2
TJS-10	10±0.3	35	8.3
TJS-12	12±0.4	35	11.2
TJS-14	14±0.4	35	14.4
TJS-16	16±0.4	35	18.0
TJS-18	18±0.5	44	22.5
TJS-20	20±0.5	44	27.0
TJS-22	22±0.5	44	32.4
TJS-24	24±0.5	44	37.3

注　1. 符号的含义：T—天然纤维；J—绝缘；S—绳索。

　　2. 不论编织工艺及防潮性的区别，同规格的绝缘绳的机械性能要求相同。

表 5-3　　　　　　　　　　　合成纤维绝缘绳索机械性能

规格	直径（mm）	伸长率（不大于）（%）	断裂强度（不小于）（kN）
HJS-4	4±0.2	40	3.1
HJS-6	6±0.3	40	5.4
HJS-8	8±0.3	40	8.0
HJS-10	10±0.3	48	11.0
HJS-12	12±0.4	48	15.0
HJS-14	14±0.4	48	20.0
HJS-16	16±0.4	48	26.0
HJS-18	18±0.5	58	32.0
HJS-20	20±0.5	58	38.0
HJS-22	22±0.5	58	44.0
HJS-24	24±0.5	58	50.0

注　1. 符号的含义：H—合成纤维；J—绝缘；S—绳索。

　　2. 不论编织工艺及防潮性的区别，同规格的绝缘绳的机械性能要求相同。

表5-4　　　　　　　　　　高强度防潮型高机械强度绝缘绳索机械性能

规格	直径（mm）	伸长率（不大于）（%）	断裂强度（不小于）（kN）
GJS-4	4±0.2	20	6.2
GJS-6	6±0.3	20	10.8
GJS-8	8±0.3	20	16.0
GJS-10	10±0.3	20	22.0
GJS-12	12±0.4	20	30.0
GJS-14	14±0.4	20	40.0
GJS-16	16±0.4	20	52.0
GJS-18	18±0.5	20	64.0
GJS-20	20±0.5	20	75.0
GJS-22	22±0.5	20	88.0
GJS-24	24±0.5	20	100.0

注　1. 符号的含义：G—高机械强度；J—绝缘；S—绳索。
　　2. 不论编织工艺及防潮性的区别，同规格的绝缘绳的机械性能要求相同。

1. 绝缘绳

（1）功能介绍。绝缘绳（见图5-16）用于变电站带电作业中，工具传递、绝缘梯控制、后备保护等。

适用电压等级：10～500kV。

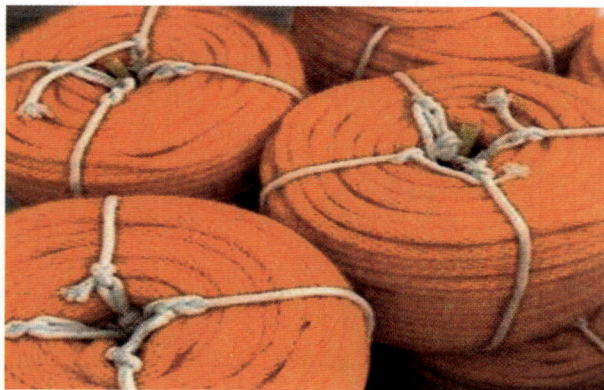

图5-16　绝缘绳

（2）使用方法和注意事项。

1）使用前应进行外观检查，每股绝缘绳索及每股线均应紧密绞合，不得有松散、分股的现象。绝缘绳索表面应无油渍、污迹等，确定外观良好后，用 2500V 及以上绝缘电阻测试仪分段检测其表面电阻，阻值应不低于 700MΩ。

2）进入现场应将其放置在防潮的苫布或绝缘垫上，以防受潮或表面损伤、脏污。

3）绝缘绳索应避免长期阳光直射，避免接触油脂、乙醇、强酸、强碱。

4）潮湿的绝缘绳索要进行干燥处理，禁止储存在热源附近。

5）不能超负荷使用绝缘绳。

6）在传递工具过程中，避免绝缘绳与硬物、尖锐物碰撞刮蹭。

2. 消弧绳

（1）功能介绍。消弧绳（见图 5-17）在变电站带电断、接空载线路时，起灭弧、分流作用。

消弧绳由蚕丝线分两层编织而成，里层为直径 6~8mm 的芯索，外层用 15 股 ϕ2mm 的股绳编织至端部 1~1.2m 处，由多股铜丝股绳接续编织而成，铜丝股绳的总截面不得小于 25mm^2。

消弧绳端部软铜线与绝缘绳的结合部分长度应不大于 200mm，绝缘部分与导线部分的分界处要有明显标志。消弧绳的端部要有防止铜线散股措施。

适用电压等级：110~500kV。

（2）使用方法和注意事项。

1）使用前应进行外观检查，消弧绳端部软铜线与绝缘绳的结合部分应紧密绞合，不得有松散、分股的现象。绝缘绳部分表面应无油渍、污迹等确定外观良好后，用 2500V 及以上绝缘电阻测试仪分段检测其表面电阻，阻值应不低于 700MΩ。

2）进入现场应将其放置在防潮的苫布或绝缘垫上，以防受潮或表面损伤、脏污。

图 5-17　消弧绳

3）应用万用表表笔插入消弧绳内部，寻找绝缘部分与导线部分的分界处，并做出明显标志。

4）消弧绳与消弧滑车应可靠连接。

5）应避免长期阳光直射，避免接触油脂、乙醇、强酸、强碱。

6）潮湿的消弧绳要进行干燥处理，禁止储存在热源附近。

四、处理接点发热分流装置

1. 母线与引流线接点发热分流装置

（1）功能介绍。母线与引流线接点发热分流装置用于母线或引流线的接点发热处理。在设备接点发热时，用绝缘引流线将设备短接分流。接点发热分流装置由接引线夹，带护套软铜线组成。软母线接点发热分流装置见图 5-18，管母线接点发热短接装置见

图 5-19。

适用电压等级：35～500kV。

（2）使用方法和注意事项。

1）使用前应进行外观检查，检查线夹有无损坏、卡滞，软铜线有无断股等，确定外观良好后，用万用表检测软铜线导通良好，若使用绝缘操作杆安装，需要用 2500V 及以上绝缘电阻测试仪分段检测其表面电阻，阻值应不低于 700MΩ。

图 5-18　软母线接点发热分流装置

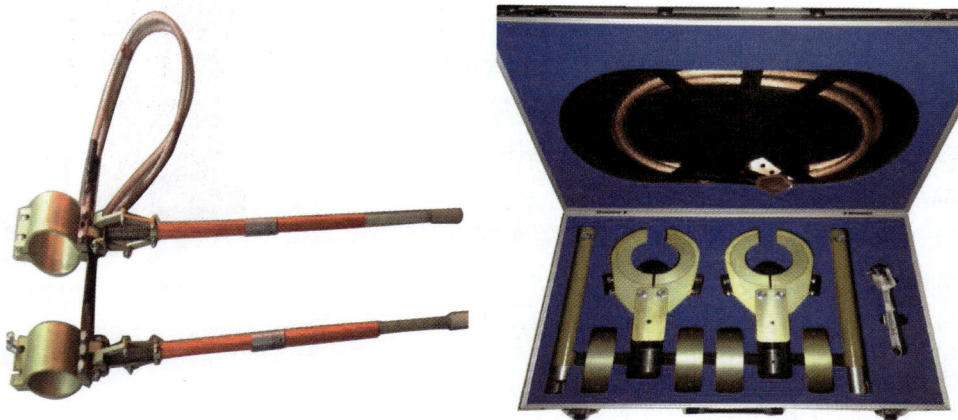

图 5-19　管母线接点发热短接装置

2）进入现场应将其放置在防潮的苫布或绝缘垫上，以防受潮或表面损伤、脏污。

3）根据现场接点发热的位置，选择合适长度的软铜线，根据作业点采用适当方式（如等电位作业人员在人字梯上或地电位作业人员在地面）将接引线夹与发热位置两侧软母线、引流线连接牢靠。连接前，应去除连接部分氧化层。

4）传递过程中，引线不宜过长，应将其盘成圈，放入工具袋内。

5）若使用绝缘操作杆安装分流装置，应选择相应电压等级的绝缘操作杆。

2. 隔离开关接点发热带电短接装置

（1）功能介绍。采用等电位作业或间接作业时，隔离开关接点发热带电短接装置（见图 5-20）用于隔离开关或引流线的接点发热处理，由软母线接引线夹、收紧绝缘手柄或绝缘操作杆、伸缩绝缘保护管、带护套软铜线组成。

适用电压等级：35～220kV。

（2）使用方法及注意事项。

1）使用前应进行外观检查，检查线夹有无损坏、卡滞，软铜线有无断股等，确定外观良好后，用万用表检测软铜线导通良好，若使用绝缘操作杆安装，需要用 2500V 及以上绝缘电阻测试仪分段检测其表面电阻，阻值应不低于 700MΩ。

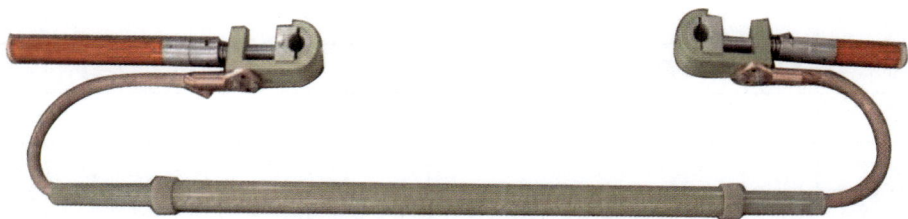

图 5-20　隔离开关接点发热带电短接装置

2）进入现场应将其放置在防潮的苫布或绝缘垫上，以防受潮或表面损伤、脏污。

3）根据现场接点发热的位置，连接点位置距离，选择合适长度的软铜线及绝缘保护管，确认线夹与发热位置两侧引流线连接可靠。连接前，清除连接点氧化层。

4）作业过程中，应确保装置水平传递，保持装置与地面间的安全距离。

5）若使用绝缘操作杆安装分流装置，应选择相应电压等级的绝缘操作杆。

五、滑车类工器具

滑车类工器具主要起到传递工器具材料的导向控制作用，并承担一定的机械垂直荷载。

1. 绝缘滑车

（1）功能介绍。绝缘滑车（见图 5-21）是变电带电作业工作中用于传递工器具及材料，分为单轮绝缘滑车，多轮绝缘滑车，单轮绝缘滑车又分开口、闭口两种。

1）适用电压等级：10～1000kV

2）规格型号：绝缘滑车主要包括 16 种型号，各类绝缘滑车名称及性能见表 5-5。

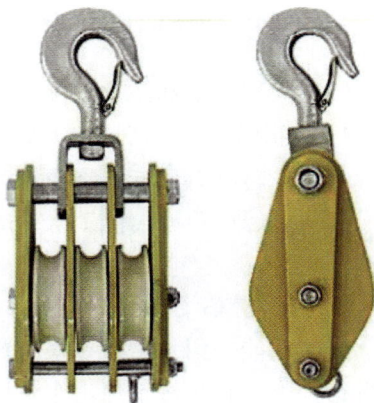

图 5-21　绝缘滑车

表 5-5　　　　　　　　　　　　　　各类绝缘滑车名称及性能

型号	名称	额定负荷（kN）	滑轮个数
JH5-1B	单轮闭口型绝缘滑车	5	1
JH5-1K	单轮开口型绝缘滑车	5	1
JH5-1DY	单轮多用钩型绝缘滑车	5	1
JH5-2D	双轮短钩型绝缘滑车	5	2
JH5-2X	双轮导线钩型绝缘滑车	5	2
JH5-2J	双轮绝缘钩型绝缘滑车	5	2
JH5-3D	三轮短钩型绝缘滑车	5	3
JH5-3X	三轮导线钩型绝缘滑车	5	3
JH10-2D	双轮短钩型绝缘滑车	10	2
JH10-2C	双轮长钩型绝缘滑车	10	2
JH10-3D	三轮短钩型绝缘滑车	10	3
JH10-3C	三轮长钩型绝缘滑车	10	3
JH15-4D	四轮短钩型绝缘滑车	15	4
JH15-4C	四轮长钩型绝缘滑车	15	4
JH20-4D	四轮短钩型绝缘滑车	20	4
JH20-4C	四轮长钩型绝缘滑车	20	4

注　1. 型号编制采用汉语拼音第一个字母与阿拉伯数字相结合表示的方法：JH 表示绝缘滑车；JH 之后的数字表示额定负荷；短横线后的数字表示滑轮的个数；最后的字母表示结构特点。

2. 汉语拼音首字母表示的结构特点及类型：B—侧板闭口型；K—侧板开口型；D—短钩型；C—长钩型；J—绝缘钩型；X—导线钩型；DY—多用钩型。

（2）使用方法和注意事项。

1）使用前应进行外观检查，检查绝缘滑车与绝缘绳是否相匹配，绝缘滑车有无损坏，绝缘轮转动有无卡滞现象，吊钩封口是否完好等。

2）进入现场应将绝缘滑车放置在防潮的苫布或绝缘垫上，以防受潮或表面损伤、脏污。

2. 消弧滑车

（1）功能介绍。采用等电位作业法，用于变电站断、接引线时，消弧滑车对电容电流进行消弧。软母线消弧滑车见图 5-22，管母线消弧滑车见图 5-23。

适用电压等级：10～1000kV。

图 5-22　软母线消弧滑车

图 5-23　管母线消弧滑车

（2）使用方法和注意事项。

1）使用前应进行外观检查，检查消弧滑车与消弧绳是否相匹配，消弧滑车有无损坏，轮转动有无卡滞现象，吊钩封口是否完好等。

2）进入现场应将消弧滑车放置在防潮的苫布或绝缘垫上，以防受潮或表面损伤、脏污。

3）根据作业点选择合适位置将消弧滑车与母线连接，确保连接牢固可靠。

六、防护类工器具

1. 屏蔽服

（1）功能介绍。带电作业用屏蔽服（见图 5-24）用于在 110（66）～750kV、直流±500kV 及以下电压等级的电气设备上进行带电作业时，作业人员穿带的屏蔽服装具有屏蔽、均压、分流作用。整套屏蔽服装包括上衣、裤子、手套、短袜、鞋子和面罩。

带电作业屏蔽服分为两种类型：用于交流 110（66）～500kV、直流±500kV 及以下电压等级的为Ⅰ型屏蔽服装；用于交流 750kV 电压等级的为Ⅱ型屏蔽服装，Ⅱ型屏蔽服装必须配置面罩，整套服装为连体衣裤帽。

屏蔽服应有较好的屏蔽性能、较低的电阻、适当的通流容量、一定的阻燃性及较好的服用性能。屏蔽服装各部件应经过两个可拆卸的连接头进行可靠的电气连接，并应保证连接头在工作过程中不得脱开。

适用电压等级：35～1000kV。

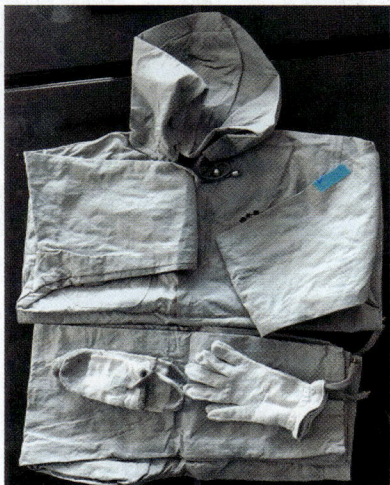

图 5-24　屏蔽服

（2）使用方法和注意事项。

1）屏蔽服装在使用前应进行外观检查，当发现破损和毛刺状时应进行整套衣服电阻测量，符合要求后才能使用，整套屏蔽服装各最远端点之间的电阻值均不得大于20Ω。

2）等电位电工必须穿全套屏蔽服装（包括帽、衣、裤、手套、袜或导电鞋），且各部连接可靠，才能进入电场。

3）等电位电工穿好屏蔽服装后，外面不得再穿其他服装，必要时里面应穿阻燃内衣。

4）屏蔽服装主要作用是屏蔽电场，故严禁将其作载流体使用。如果换阻波器时，不得用屏蔽服装短接阻波器；在中性点非有效接地系统的电气设备上进行带电作业时，不得将其作为单相接地的后备保护。

5）屏蔽服装应存放在带电作业用工器具库房，避免堆积压放，可用专用包装箱，一套屏蔽服一个箱子保管。

2. 绝缘安全带（蚕丝安全带）

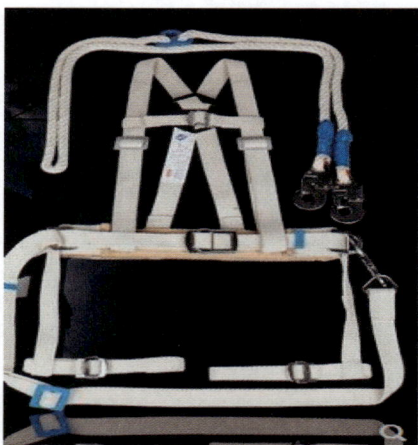

图 5-25　绝缘安全带

（1）功能介绍。绝缘安全带（见图5-25）是变电站带电作业人员高空作业的必备用具，起人身保护的作用。

适用电压等级：10～500kV。

（2）使用方法和注意事项。

1）安全带在使用前应进行检查，握住安全带背部衬垫的 D 型环扣，保证织带没有环绕在一起。

2）穿戴安全带时，要保证所有织带没有缠结，自由悬挂。肩带必须保持垂直，不要靠近身体中心；腿部织带要与臀部两边的搭扣连接。将多余的织带传入调整环中；胸部织带要通过穿套式搭扣连接在一起，胸带必须在肩部以下 15cm 的地方，多余的长度织带穿入调整环中。

3. 等电位安全带

（1）功能介绍。等电位安全带（见图 5-26）用于输电和变电的等电位带电作业时的安全防护，由导电安全板带、导电安全绳、铝合金挂钩组成。等电位安全带具有良好的导电性能，能使屏蔽服与导电体有紧密的连接；等电位人员可以放开双手进行操作。

适用电压等级：35～500kV。

（2）使用方法和注意事项。

1）等电位安全带在使用前应进行外观检查，当发现破损和毛刺状时应进行电阻测量，符合要求后才能使用，电阻值均不得大于 20Ω。

图 5-26　等电位安全带

2）等电位电工必须穿全套屏蔽服装（包括帽、衣、裤、手套、袜或导电鞋），且各部连接可靠，作业人员要将等电位安全带扎在屏蔽服外面，等电位安全带要与作业人员穿戴屏蔽服有效完全连接，铝合金挂钩与导电体良好接触才能进入电场。

3）等电位安全带应存放在带电作业用工器具库房，整齐摆放。

七、带电作业检测类工器具

带电作业检测类工器具（仪器仪表）是变电站带电作业现场必备的装备，主要用于对作业现场环境、带电作业性能检测以及作业关键流程结果判定等，为变电带电作业安全实施提供基础保障。变电带电作业检测工具（仪器仪表）配置表见表 5-6。

表 5-6　　　　　　　变电站带电作业检测工具（仪器仪表）配置表

序号	名称	用途
1	负荷电流检测仪	110～1000kV 交、直流漏电流和负荷电流的测量
2	绝缘电阻检测仪	各种绝缘工具及绝缘材料的绝缘电阻测量
3	零值绝缘子检测仪	110～1000kV 在运绝缘子零值缺陷在线检测
4	风速检测仪	检测带电作业现场作业环境风速
5	温湿度检测仪	检测带电作业现场作业环境的温度和温度

注　上述仪器仪表的主要型式、规格及技术参数均可查阅《带电作业工器具手册（2016 年版）》相关内容。

第二节　带电作业工器具管理

依据《带电作业用工具库房》（DL/T 974）、《带电作业工具、装置和设备预防性试验规程》（DL/T 976）、《1000kV 交流输电线路带电作业技术导则》（DL/T 392）、《±800kV 直流线路带电作业技术规范》（DL/T 1242）、《1000kV 带电作业工具、装置和设备预防性试验规程》（DL/T 1240）等规程规范要求，从事带电作业的生产运行单位，应当做好带电作业工器具全过程管理，为带电作业安全的开展提供基础保证。

带电作业工器具的全过程管理，主要有带电作业工器具配置、带电作业工器具试验、带电作业工器具管理等重要环节。

一、带电作业工器具配置

1. 基本配置

带电作业工器具的配置是带电作业能力的基础，设备运行管理单位应当结合本单位管理设备的基本情况，确定需要开展的带电作业项目，按照项目实施的标准流程，结合带电作业工器具试验、开展带电作业频次、日常作业过程中正常损耗等因素，进行带电作业工器具不同类别、不同数量的最低标准配置。

2. 补充配置

带电作业工器具的后续补充主要考虑以下几个方面的因素：

（1）带电作业开展过程中正常的损耗，如屏蔽手套、袜子、鞋子、绳索等。

（2）新开展带电作业项目所需配备的新工具。

（3）现场作业人员根据现场实际需求，为提高安全可靠性和现场工作效率新设计的、新改进的工器具。此类工器具的补充需委托有设计及试验能力的制造企业进行合作，经检验检测合格后方可购入使用，纳入带电作业工器具统一管理。

二、带电作业工器具试验

带电作业安全工器具定期试验是检验其是否合格的可靠手段，试验合格证是带电作业工器具能够进入带电作业工器具库房和带入工作现场的"通行证"。带电作业工作人员应当掌握预防性试验和检查性试验标准，熟悉带电作业工器具的试验周期，了解试验方法和原理，明确试验结果的运用。

1. 试验周期

（1）带电作业工器具的设计应符合《带电作业工具基本技术要求与设计导则》（GB/T 18037）的要求，屏蔽服装、绝缘绳索、绝缘杆、绝缘子卡具等应按照《带电作业用屏蔽服装》（GB/T 6568）、《带电作业用绝缘绳索》GB/T 13035、《带电作业用空心绝缘管、泡沫填充绝缘管和实心绝缘棒》（GB 13398）、《带电作业用绝缘子卡具》（DL/T 463）、《带电作业用绝缘工具试验导则》（DL/T 878）等标准要求，通过型式试验及出厂试验。

（2）带电作业工器具型式试验报告有效期不超过 5 年。

（3）带电作业工器具应定期进行电气试验及机械试验，其试验周期为：

1）电气试验：预防性试验每年一次，检查性试验每年一次，两次试验间隔半年。

2）机械试验：绝缘工具两年一次，金属工具两年一次。

2. 绝缘工具的电气预防性试验项目及标准

绝缘工具的电气预防性试验项目及标准见表 5-7。

表 5-7 绝缘工具的电气预防性试验项目及标准

额定电压（kV）	试验长度（m）	1min 工频耐压（kV）		3min 工频耐压（kV）		15 次操作冲击耐压（kV）	
		出厂及型式试验	预防性试验	出厂及型式试验	预防性试验	出厂及型式试验	预防性试验
10	0.4	100	45	—	—	—	—
35	0.6	150	95	—	—	—	—
110	1.0	250	220	—	—	—	—
220	1.8	450	440	—	—	—	—
330	2.8	—	—	420	380	900	800
500	3.7	—	—	640	580	1175	1050
750	4.7	—	—	—	780	—	1300
1000	6.3	—	—	1270	1150	1865	1695
±500	3.2	—	—	—	565	—	970
±660	4.8	—	—	820	745	1480	1345
±800	6.6	—	—	985	895	1685	1530

注 ±500、±660、±800kV 预防性试验采用 3min 直流耐压。

（1）操作冲击耐压试验宜采用 250/2500μs 的标准波，以无一次击穿、闪络为合格。

（2）工频耐压试验以无击穿、无闪络及过热为合格。

（3）高压电极应使用直径不小于 30mm 的金属管，被试品应垂直悬挂，接地极的对地距离为 1.0～1.2m。接地极及接高压的电极（无金具时）处，以 50mm 宽金属铂缠绕。试品间距不小于 500mm，单导线两侧均压球直径不小于 200mm，均压球距试品不小于 1.5m。

（4）试品应整根进行试验，不准分段。

（5）绝缘工具的检查性试验条件是：将绝缘工具分成若干段进行工频耐压试验，每段 75kV，时间为 1min，以无击穿、闪络及过热为合格。整套屏蔽服装各最远端点之间的电阻值均不得大于 20Ω。

3. 带电作业工器具的机械预防性试验标准。

（1）静荷重试验：1.2 倍额定工作负荷下持续 1min，工具无变形及损伤者为合格。

（2）动荷重试验：1.0 倍额定工作负荷下操作 3 次，工具灵活、轻便、无卡住现象为合格。

三、带电作业工器具管理

（1）带电作业工器具应放置于专用的带电作业工具库房内，库房应符合《带电作业用工具库房》（DL/T 974—2018）的要求，带电作业工具库房温度宜为 10～28℃，湿度不应大于 60%。

（2）带电作业工器具应按电压等级及工具类别分区存放。存放在库房的工具可包括金属工器具、硬质绝缘工具、软质绝缘工具、滑车、屏蔽用具、检测仪器等。

1）金属工器具。金属工器具的存放设施应符合承重要求，并便于存取，可采用多层式存放架。

2）硬质绝缘工具。硬梯、挂梯、升降梯等可采用水平式存放架存放，每层宜间隔 30cm 以上，最低层对地面高度不宜小于 20cm，并应符合承重要求，应便于存取。绝缘操作杆等可采用垂直吊挂的排列架，排个杆件间距宜为 10～15cm，每排间距宜为 30～50cm，杆件较长、不便于垂直吊挂时，可采用水平式存放架存放。大吨位绝缘杆可采用水平式存放架存放。

3）软质绝缘工具。绝缘绳索、软梯的存放设施可采用垂直吊挂的构架，绝缘绳索挂钩间距宜为 20～25cm，绳索下端距地面不宜小于 20cm。

4）滑车。滑车和滑车组可采用垂直吊挂构架存放，可根据滑车尺寸、重量、类别分组整齐吊挂。

5）屏蔽服。屏蔽服应放在专用的工具包内，防止导电丝折断。

（3）不应使用损坏、受潮、变形、失灵的带电作业工具。

（4）带电绝缘工具在运输过程中，应装在专用工具袋、工具箱或专用工具车内。

（5）作业现场使用的带电作业工具应放置在防潮的帆布或绝缘物上。

（6）使用绝缘工具前，应用 2500V 绝缘电阻测试仪测量绝缘电阻，绝缘电阻不低于 700MΩ（极间距离 2cm，电极宽 2cm）。

（7）屏蔽服使用前应检查其有无断丝、破损。必要时，用电阻表检查其电阻，分别测量衣、裤、手套、袜子任意两个最远端之间的电阻不得大于 15Ω；整套屏蔽服（衣、裤、手套、子和鞋）各最远端之间的电阻不得大于 20Ω，鞋电阻不得大于 500Ω。测量方法见《带电作业用屏蔽服装》（GB 6568—2008）。绝缘衣、裤、帽、手套、靴使用前，应检查其有无破（磨）损或网孔等影响绝缘性能的其他异常情况。

（8）带电作业工器具应按规定定期进行试验。

第六章

变电带电作业标准解读

第一节　变电带电作业引用标准

本节主要针对相关变电站带电作业涉及相关标准进行陈列，其中有部分关于输电线路带电作业相关标准也进行了陈列，可供变电站带电作业进行参考。

（1）国家标准（见表 6-1）。

表6-1　　　　　　　　　国　家　标　准

序号	标准编号	标准名称
1	GB/T 34569—2017	带电作业仿真训练系统
2	GB/T 2900.55—2016	电工术语　带电作业
3	GB/T 25725—2010	带电作业工具专用车
4	GB/T 25726—2010	1000kV 交流带电作业用屏蔽服装
5	GB/T 25097—2010	绝缘体带电清洗剂
6	GB/T 25098—2010	绝缘体带电清洗剂使用导则
7	GB/T 19185—2008	交流线路带电作业安全距离计算方法
8	GB/T 14545—2008	带电作业用小水量冲洗工具（长水柱短水枪型）
9	GB/T 13034—2008	带电作业用绝缘滑车
10	GB/T 13035—2008	带电作业用绝缘绳索
11	GB 13398—2008	带电作业用空心绝缘管、泡沫填充绝缘管和实心绝缘棒
12	GB/T 14286—2008	带电作业工具设备术语
13	GB/T 6568—2008	带电作业用屏蔽服装
14	GB/T 18136—2008	交流高压静电防护服装及试验方法

续表

序号	标准编号	标准名称
15	GB/T 18037—2008	带电作业工具基本技术要求与设计导则
16	GB/T 17620—2008	带电作业用绝缘硬梯
17	GB/T 15632—2008	带电作业用提线工具通用技术条件
18	GB/T 13395—2008	电力设备带电水冲洗导则
19	GB/T 12167—2006	带电作业用铝合金卡线器
20	GB/T 30841—2014	高压并联电容器装置的通用技术要求

（2）行业标准（见表6-2）。

表6-2　　　　　　　　　行　业　标　准

序号	标准编号	标准名称
1	DL/T 1995—2019	变电站换流站带电作业用绝缘平台
2	DL/T 974—2018	带电作业用工具库房
3	DL/T 1838—2018	电力用圆形及异形绝缘管
4	DL/T 976—2017	带电作业工具、装置和设备预防性试验规程
5	DL/T 1634—2016	高海拔地区输电线路带电作业技术导则
6	DL/T 1467—2015	500kV交流输变电设备带电水冲洗作业技术规范
7	DL/T 1468—2015	电力用车载式带电水冲洗装置
8	DL/T 1060—2007	750kV交流输电线路带电作业技术导则
9	DL/T 699—2007	带电作业用绝缘托瓶架通用技术条件
10	DL/T 1007—2006	架空输电线路带电安装导则及作业工具设备
11	DL/T 463—2020	带电作业用绝缘子卡具
12	DL/T 972—2005	带电作业工具、装置和设备的质量保证导则
13	DL/T 966—2005	送电线路带电作业技术导则
14	DL/T 876—2004	带电作业用绝缘配合导则
15	DL/T 877—2004	带电作业用工具、装置和设备使用的一般要求
16	DL/T 878—2021	带电作业用绝缘工具试验导则
17	DL/T 881—2019	±500kV直流输电线路带电作业技术导则
18	DL 778—2014	带电作业用绝缘袖套
19	DL 779—2001	带电作业用绝缘绳索类工具
20	DL/T 676—2012	带电作业用绝缘鞋（靴）通用技术条件
21	DL/T 415—2009	带电作业用火花间隙检测装置

（3）企业标准（见表6-3）。

表6-3　　　　　　　　　　　　　企 业 标 准

1	Q/GDW 1799.1—2013	电力安全工作规程　变电部分
2	Q/CSG 510001—2015	中国南方电网有限责任公司电力安全工作规程

第二节　《电力安全工作规程　变电部分》
（带电作业标准）解读

本节重点介绍变电站涉及的安全距离和绝缘配合等相关条文，以便在变电站狭小空间和设备上进行带电作业时确保作业安全。

（1）等电位作业：指作业人员对大地绝缘后，人体与带电体处于同一电位时进行的作业。变电站进行等电位作业应重点考虑作业人员沿绝缘工具进入等电位作业过程中的最小组合间隙、对地距离，最小组合间隙要考虑人体各部位与带电体和接地体间的最小距离，作业人员进入电场的过程中选好进入的路径，可蜷伏身体尽量减小人体短接的空气间隙。

（2）中间电位作业：指作业人员对接地构件绝缘，并与带电体保持一定的距离对带电体开展的作业，作业人员的人体电位为悬浮的中间电位。变电站采用中间电位作业一般在设备距离地面作业位置较远且设备间距狭小，作业人员通过绝缘工具与接地体保持绝缘，并与带电体保持便于操作的最小安全距离，通过绝缘工具对狭小空间的带电体进行作业，主要用于在变压器、开关等导管间的作业，重点控制作业人员作业中的活动范围，增加组合间隙。

（3）地电位作业：指作业人员在接地构件上采用绝缘工具对带电体开展的作业，作业人员的人体电位为地电位。在变电站采用地电位带电作业时，由于间距较小，人身与带电体间的安全距离要重点防范作业时因肢体动作短接的空气间隙，故作业人员在作业时的肢体动作尽量不要超出躯干。变电站地电位作业一般适用于距离地面或接地体较近，且设备间距较小的作业。

（4）比较复杂、难度较大的带电作业新项目：指首次开展、作业方法和操作流程较为复杂、需控制的各类安全距离较多或需较为复杂的计算校验的带电作业项目。

（5）自行研制的新工具：在投入使用、实施前，经有关专家进行技术论证和鉴定，通过在模拟设备上实际操作，确认切实可行，并制定出相应的操作程序和安全技术措施，新研制的工具需经有相应资质的权威试验机构进行电气和机械性能等方面的试验。在确认安全可靠，经本单位批准后，方可实施。

（6）带电作业应设专责监护人：监护人不准直接操作，监护的范围不准超过一个作业点，复杂或高杆塔作业必要时应增设（塔上）监护人，带电作业过程中需严格控制各类安全距离，作业人员要集中精力去完成某项任务，而其作业的上、下、左、右都可能存在着带电设备，考虑到工作负责人和操作人员可能兼顾不全面，为避免发生意外，应设专责监护人。在复杂区域及杆塔作业时，因需控制的环节较多，且在地面很难准确判断塔上的安全距离，特别是比较紧凑的杆塔或需顾及较多项安全距离的作业，需增设监护人。带电作业是否设专责监护人主要看工作负责人对作业现场所监护的对象和范围，如工作负责人对作业现场所监护的对象和范围能做到全程实时不间断监护可不增设专责监护人，避免造成同一个工作点，工作负责人和专责监护人指挥混乱。

（7）在带电作业过程中如设备突然停电：因设备随时有来电的可能，故作业人员应视设备仍然带电。作业人员仍应按照带电作业方法和流程进行作业，并将该情况及时报告工作负责人。工作负责人应尽快与值班调控人员联系，值班调控人员未与工作负责人取得联系前不准强送电。注意防范设备来电时操作过电压对作业现场绝缘工器具、安全距离、作业人员造成的影响，故应加强防范措施（严格保证安全距离和绝缘工器具有效绝缘长度）或使作业人员快速脱离作业点。

（8）带电作业中良好绝缘子最少片数：带电作业中良好绝缘子最少片数适用于悬式瓷绝缘子，作业人员在开始作业前，应先对绝缘子串进行逐片检测，确认良好绝缘子片数满足《国家电网公司电力安全工作规程〔变电部分）》规定的相应电压等级的最少片数，方可开始工作。

（9）导线脱落时的后备保护措施：更换采用单吊（拉）线装置的绝缘子串或移动导线时，应采用增设高强度绝缘绳套（带）等后备保护措施以防导线意外脱落。且其长度应与现场实际匹配，不宜过长，其额定使用荷载不得小于现场最大荷载，并留有防止冲击的裕度。

（10）组合间隙：指由两个及以上绝缘（空气）间隙串联组合的总间隙，其作用是计算人体与带电体、接地体之间的绝缘（空气）距离，以确保其各项要求满足相应规定，避免发生对人体及地的闪络。组合间隙指人体对接地体与带电体两者应保持的距离之和。计算作业现场组合间隙时，应减除作业人员动态活动的距离。

（11）等电位作业人员电位转移：等电位作业人员在电位转移前应得到工作负责人的许可。转移电位时，人体裸露部分与带电体的距离不应小于《国家电网公司电力安全工作规程（变电部分）》规定。作业人员身体在绝缘工具上，通过手或上身身体与带电体接触实现等电位并进行作业，为防止在作业过程中作业人员不经意间使手或上身身体与带电体反复脱离造成反复放电，应使用等电位短接线使作业人员始终处于等电位。

（12）带电断、接引线：变电站带电断、接空载线路引线，除应遵守《国家电网公司电力安全工作规程（变电部分）》规定外，在进行 110kV 及以上带电断、接空载线路引线时应使用消弧绳。

（13）禁止用断、接空载线路的方法使两电源解列或并列：采用断空载线路方法使两电源解列，会在断口处产生电弧，造成作业人员被电弧伤害。采用接空载线路使两电源并列，会引起电流分布改变，并列瞬间同样会在连接处产生电弧，造成作业人员被电弧伤害。

（14）带电断、接耦合电容器前，应合上其接地刀闸，防止反送电。断、接引线过程中应采取相应措施，防止容性电流伤人。被断开后的电容器储有电荷，具有电位，因此应立即对地放电。

（15）带电断、接空载线路、耦合电容器、避雷器、阻波器等设备引线时，应采取防止引流线摆动的措施：变电站进行这类作业时，应使用绝缘绳或绝缘支撑杆等将引流线可靠固定，以防止其摆动而造成接地、相间短路或人身触电。

（16）带电短接设备：变电站用分流线短接断路器（开关）、隔离开关（刀闸）、跌落式熔断器等载流设备时组装分流线的导线处应清除氧化层，且线夹接触应牢固可靠，清除氧化层后线夹接触牢固可以减小接触电阻，避免线夹发热，分流线应支撑好，以防摆动造成接地或短路，分流线截面和两端线夹的载流容量，应满足最大负荷电流的要求。

（17）带电清扫机械作业：在变电站带电清扫机械作业除《国家电网公司电力安全工作规程（变电部分）》规定外还应特别注意作业过程中，清扫下来的大量灰尘会堆积在绝缘部件上，降低绝缘性能，作业人员应及时对绝缘部件进行清扫，确保其清洁和干燥。

（18）高架绝缘斗臂车作业：在变电站使用高架绝缘斗臂车作业除满足《国家电网公司电力安全工作规程（变电部分）》规定外还应注意绝缘斗的绝缘强度，特别注意作业过程中绝缘斗短接带电体附件的空气间隙，或转动过程中金属体靠近其他带电体造成绝缘击穿。故在变电站较狭小的空间一般不建议直接采用斗臂车进行等电位作业。

（19）带电作业工具使用前检查：使用 2500V 及以上绝缘电阻表或绝缘检测仪进行分段绝缘检测时，检测的电极宽为 2cm、极间宽为 2cm。如果电极与绝缘工具接触面积小，将影响绝缘电阻的测量结果，可能会将绝缘电阻不符合要求的工具判断为合格，故不得采用电极宽和极间宽小于上述规定的电极进行测试。操作绝缘工具时，操作人员应戴清洁、干燥的手套，以免绝缘工具脏污、受潮。检测时为避免电极的铜片划伤被检测的绝缘工器表面或电极的铜片在划过时导电的粒子附着在被检测的绝缘工器表面，在检测一般不使用滑测方式而尽量采用多点检测方式进行检测。在选用绝缘电阻表或绝缘检测仪时考虑到更换绝缘子项目对绝缘子绝缘电阻的检测和手摇式绝缘电阻表使用的复杂性等因数，故在采购相关仪时尽量选用 5000V 及以上绝缘电阻表或绝缘检测仪，提高仪表的利用率，避免错拿不符合要求的仪表，测量也更准确。

第七章

变电带电作业项目介绍

第一节 普通消缺及发热处理

一、地电位作业消缺

（一）220kV 设备带电清除鸟巢

1. 项目简介

某 220kV 变电站的主变压器间隔构架上发现有一处鸟巢，因要保证供电可靠性，为了不耽误设备的正常运行，故选择以带电方式对鸟巢进行清除，主要注重点是变电站内带电作业特点、技术要点、作业面布置和清除鸟巢的过程管控。

2. 人员分工

工作负责人 1 名，专责监护人 1 名，地电位电工 1 名，共计 3 名。

3. 工器具材料

工器具材料见表 7-1。

表 7-1 　　　　　　　　　　 工 器 具 材 料

序号	名称	规格	单位	数量	备注
1	绝缘传递绳	φ16mm	根	1	长短视构架高度而定
2	屏蔽服	I 型	套	1	
3	绝缘绳套	φ16mm	条	1	
4	安全帽		顶	3	
5	绝缘操作杆	220kV	根	1	
6	人身绝缘保险绳	φ14mm	根	1	
7	安全带		条	1	配人身后备保护

序号	名称	规格	单位	数量	备注
8	工具包		个	1	
9	风速仪		块	1	
10	万用表		块	1	
11	防潮帆布		块	1	
12	湿度计		个	1	

4. 作业步骤

（1）工作负责人办理工作票和许可手续。

（2）工作负责人召开班前会，向工作小组进行安全交底、工作任务分工，开始安全监护。

（3）地电位电工检查、测量屏蔽服电阻，测量作业现场风速、湿度等。

（4）地电位电工穿戴全套合格的屏蔽服且各部位连接良好，携带滑车、绝缘传递绳，沿有爬梯构架爬至构架上，在作业位置系好安全带。

（5）拆除鸟窝。

（6）检查杆上无遗留物，报告工作负责人同意后，再携带滑车、绝缘传递绳，沿构架爬梯返回地面。

（7）地面电工整理工具材料、撤离现场、终结工作票，作业结束。

5. 安全措施及事项

（1）作业前，应向调度告知，若遇跳闸，不经联系不得强送电。

（2）作业过程中，如遇设备突然停电，作业人员应视设备仍然带电。

（3）作业前，应认真校核作业安全距离是否满足要求。作业过程中，地电位电工与带电体的距离不得小于 1.8m。

（4）作业应在良好天气下进行。如遇雷电、雪、冰雹、雨雾时，不得进行带电作业。风力大于 5 级时，不宜进行作业。

（5）现场相对湿度大于 80% 时，不宜进行带电作业。必要时，采取相应的安全技术措施后，经本单位分管生产领导批准后方可进行作业。

（6）使用工具前，应仔细检查确认没有损坏、受潮、变形、失灵，若有应禁止使用。

（7）作业前，应对绝缘工具进行分段绝缘检测，其电阻值不得低于 $700M\Omega$，否则禁止使用。

（8）作业前，应根据工作负荷校核确认工器具机械强度满足规定的安全系数要求，否则禁止使用。

（9）作业前，应仔细检查屏蔽服有无破损和孔洞。穿戴完毕后，应自己检查确认各连接头连接可靠，并测量确认整套屏蔽服电阻满足要求，否则禁止使用。

（10）绝缘传递绳的有效绝缘长度不小于 1.8m，绝缘操作杆的有效绝缘长度不小于 2.1m。

（11）构架上电工登构架前，应对登高工具和安全带等进行检查和冲击试验，全体作业人员必须戴安全帽。

（12）上、下构架，在构架上移动或转位时，作业人员必须攀抓牢固构件，且双手不得携带器材。

（13）高空作业时，不得失去安全带的保护。

（14）工作过程中，作业人员在转移受力之前，必须仔细检查各承力部件连接及受力情况，确认无异后方可继续作业。

（15）地面人严禁在作业点垂直下方逗留，高空作业人员应防止落物伤人，使用的工具、材料应用绝缘绳索传递。

（16）作业人员应在围栏内作业，不得随意跨越围栏，不得触碰、操作其他变电设备。

（17）作业人员在构架上作业期间，工作监护人应对作业人员进行不间断监护，且不得从事其他工作。

6. 关键点

（1）若鸟巢有垂草，需小心处理，确保垂草与带电体的距离符合作业要求。

（2）清除的鸟巢应放入工具袋随作业人员带下，严禁高空扔抛鸟巢。

220kV 设备带电清除鸟巢现场图片见图 7−1。

图 7−1　220kV 设备带电清除鸟巢现场图片

（二）220kV 变电站构架光缆引下线固定线夹脱落临近带电作业

1. 项目简介

变电站光缆引下线固定线夹在长期运行的过程中常因为胶垫老化、螺栓锈断等原因，出现损坏脱落的情况，线夹损坏脱落导致光缆引下线松脱，需要采用临近带电作业方式进行处理。根据线夹脱落位置和高度，可选择人字梯、挂梯和软梯等作业方法。某 220kV 变电站构架光缆引下线固定线夹损坏，采用软梯作业法临近带电（地电位）作业处理。

2. 人员分工

工作负责人 1 名，负责作业过程组织指挥、现场安全监护；地电位电工 1 名，负责安装软梯、更换线夹；地面电工 2 名，负责坠梯、传递工具材料。

3. 工器具材料

工器具材料见表 7-2。

表 7-2　　　　　　　　　　工 器 具 材 料

序号	名称	规格	单位	数量	用途
1	绝缘软梯	15m	副	1	等电位通道
2	绝缘传递绳	ϕ12mm	根	1	传递工器具材料
3	绝缘绳	ϕ14mm	根	1	地电位电工后备保护
4	绝缘绳套	ϕ10	根	3	传递工具材料、后备保护
5	单轮滑车	0.5T	个	2	传递工具材料、后备保护
6	八字扣		个	1	后备保护
7	屏蔽服	I 型	套	1	防感应电防护
8	绝缘安全带		副	1	防高处坠落
9	安全帽		顶	4	个人安全防护
10	绝缘检测仪	RST2008	台	1	绝缘工具检测
11	风湿度仪		块	1	风速、湿度测量
12	个人工具		套	1	安装线夹
13	线夹		个	若干	固定光缆引下线
14	不锈钢扎带		个	若干	固定线夹

4. 作业步骤

（1）工作负责人办理工作票和许可手续。

（2）工作负责人召开班前会，向工作小组进行安全交底、工作任务分工，开始安全监护。

（3）地面电工检查、测量绝缘工具绝缘性能及屏蔽服电阻，测量作业现场风速、湿度等。

（4）地电位电工穿戴全套合格的屏蔽服且各部位连接良好，携带单轮滑车、绝缘传递绳、绝缘绳（地电位电工后备保护）沿有爬梯构架爬至构架上，在作业位置安装好吊物滑车、后背保护用滑车。

（5）地面电工将绝缘软梯传递绳至构架，地电位电工在适当位置安装好软梯。

（6）地电位电工打好防坠落后备保护，沿绝缘软梯下至光缆引下线脱落点。

（7）地电位电工将旧线夹拆除，安装新线夹，固定好光缆引下线。

（8）地电位电工沿绝缘软梯上至构架，将绝缘软梯传递至地面。

（9）检查杆上无遗留物，报告工作负责人同意后，再携带传递绳、绝缘绳（地电位电工后备保护）沿构架爬梯返回地面。

（10）地面电工整理工具材料、撤离现场、终结工作票，作业结束。

5. 安全措施及注意事项

（1）工作负责人办理工作票及许可手续后，应召集全体工作班人员进行现场交代，明确工作任务、设备带电部分、安全措施及注意事项。

（2）作业过程中应对工作班成员进行认真监护，及时纠正不安全动作。

（3）绝缘软梯应安装牢靠，地电位电工登绝缘软梯前，地面电工应先对软梯进行冲击试验，并两人坠梯控制软梯晃动幅度，必要时可采用临时地锚固定软梯下端。

（4）上、下登软梯时动作幅度不宜过大。

（5）不锈钢扎带若过长应将其盘成圈，安装不锈钢扎带时应要注意控制其摆动。

（6）地电位电工作业过程应注意与带电体保持 1.8m 以上的安全距离。

（7）绝缘绳索最小有效绝缘长度不小于 1.8m。

（8）电位人员必须穿全套合格的屏蔽服，连接可靠最远端之间的电阻不得大于 20Ω。

（9）高处作业应绑好安全带，地面人员不得在作业点正下方逗留。

6. 关键点

（1）变电站构架光缆引下线沿构架 A 柱布置，若 A 柱两侧均有出线间隔，工作班现场勘察时确认地电位电工在 A 柱的侧面上、下登梯和作业时是否能保证就够的安全距离，如不能满足，作业侧的间隔需配合停电才能进行。

（2）光缆引下线布置的 A 柱无固定爬梯，登高工具通常有绝缘挂梯、绝缘人字梯、绝缘软梯等，选择合适的登高工具将提升作业现场的工作效率和安全性，工作班现场勘察时应根据光缆松脱点选择合适的进电场工具。

（3）绝缘软梯（或其他进登高工具）的安装位置是保证作业安全的关键，安装时应充分考虑地电位电工上、下登梯和作业的便捷性，同时确保全过程能够保证各个方向的安全距离。

（4）当作业的构架较高时，可以在软梯中部设置控制绳，用于控制软梯的晃动。

（5）地电位电工在作业过程中应注意与带电体始终保持 1.8m 以上的安全距离，绝缘绳索最小有效绝缘长度不小于 1.8m。

220kV 变电站构架光缆引下线固定线夹脱落临近带电作业现场图片见图 7–2。

图 7–2　220kV 变电站构架光缆引下线固定线夹脱落临近带电作业现场图片

二、地电位作业发热处理（短接设备或发热点）

（一）35kV 设备连接点发热带电紧固

1. 项目简介

变电站母线、变压器、断路器、隔离开关等设备的引线连接点，在长期运行过程中常因为连接螺栓松动、接触面氧化等原因，出现发热的情况，需要进行带电处理。常规带电处理的方法有地电位作业法对发热点的连接螺栓进行带电紧固、等电位作业法对发热点的连接螺栓进行带电紧固、等电位作业法带电安装分流引线等。以 35kV 隔离开关至电缆头引线连接点发热地电位紧固螺栓为例进行介绍。

2. 人员分工

工作负责人 1 名，负责作业过程组织指挥、现场安全监护；地电位电工 2 名，负责紧固发热线夹螺栓、发热点温度测量等工作。

3. 工器具材料

工器具材料见表 7–3。

表 7–3　　　　　　　　　　工 器 具 材 料

序号	名称	规格	单位	数量	用途
1	绝缘操作杆	3m	副	3	连接扳手、除锈剂工具
2	棘轮扳手（操纵杆专用）		把	1	紧固螺栓
3	套筒扳手（操纵杆专用）		把	1	紧固螺栓

续表

序号	名称	规格	单位	数量	用途
4	梅花扳手（操纵杆专用）		把	1	紧固螺栓
5	除锈剂喷涂工具		把	1	螺栓除锈
6	安全帽		顶	3	工作班成员佩戴
7	绝缘检测仪	RST2008	台	1	绝缘工具检测
8	风湿度仪		部	1	风速、湿度测量
9	红外测温仪	DL700	台	1	测量发热点温度
10	除锈剂		罐	1	螺栓除锈

4. 作业步骤

（1）工作负责人办理工作票并履行许可手续，召开班前会进行安全交底、工作任务分工，开始安全监护。

（2）工作负责人确认作业设备，并根据现场设备情况，确定安全、便捷的操作位置。

（3）工作班成员打开红外测温仪测量发热点温度，确认发热点位置。检查、测量绝缘工具绝缘性能，测量作业现场风速、湿度等。

（4）地电位电工将除锈剂罐体固定在喷涂工具上，并安装至绝缘操作杆上，同时测试喷涂效果。

（5）地电位电工使用除锈剂喷涂工具对发热点线夹连接螺栓喷涂除锈剂，以便起到除锈或润滑的作用，便于螺栓紧固。

（6）水平穿向螺栓的紧固：一名地电位电工将安装在绝缘操作杆端部的梅花扳手套在发热点螺栓头六角部位，止住螺栓转动；另一名地电位电工将安装在绝缘操作杆端部的棘轮扳手的套筒对准同一个螺栓的螺帽套入，转动棘轮扳手的手柄进行紧固。

（7）竖直由下向上穿的螺栓紧固：一名地电位电工将与绝缘操作杆呈90°夹角安装的梅花扳手，套住发热点螺栓上端螺帽，止住螺帽转动；另一名地电位电工将安装在绝缘操作杆端部的套筒扳手的套筒对准同一个螺栓的螺栓头六角部位，用扳手转动绝缘操作杆的地面端进行紧固。

（8）采用以上方法，紧完一个螺栓再转换到另一个螺栓，紧完所有螺栓后复紧一遍，紧固操作结束约15min后，再用红外测温仪测量发热点温度，确认温度是否恢复正常。

（9）若节点温度恢复正常，则紧固有效，地面电工整理工具材料、撤离现场、终结工作票，作业结束。

5. 安全措施及注意事项

（1）工作负责人办理工作票及许可手续后，应召集全体工作班人员进行现场交代，明确工作任务、设备带电部分、安全措施及注意事项。

（2）作业过程中应对工作班成员进行认真监护，及时纠正不安全动作。

（3）作业前应注意测量发热点温度，若温度过高，应申请适当降低负荷，防止作业过程发热点金属因高温而突然断裂。

（4）紧固操作过程中，应尽量控制操作幅度，避免冲击力造成连接点螺栓断裂或螺帽滑牙。

（5）除锈剂喷洒应在上风侧，避免喷洒到绝缘操作杆上。同时应注意除锈剂金属罐体短接空气间隙。

（6）地电位电工作业过程应注意与带电体保持 0.6m 及以上的安全距离，绝缘操作杆应保持 0.9m 及以上的有效绝缘长度。

6. 关键点

（1）变电站内 35kV 设备间距较小，在操作过程中应注意金属扳手、除锈剂罐体等短接空气间隙。部分设备带电体离地较近，注意操作人员手部举起高度不得超过设备绝缘底部位置。

（2）设备线夹发热处理前应先测量其温度，同时还应仔细观察是否有熔化迹象，避免紧固过程中造成线夹烧熔断裂。

（3）除锈剂喷洒过程应注意风向，避免污染绝缘操作杆。

（4）地电位处理节点发热一般只适用于节点螺栓松动且线夹接触面未严重氧化、电蚀的情况，否则应考虑其他处理方法，如采取等电位作业安装分流引线等方式进行处理。

（二）35～110kV 带电安装分流引线处理隔离开关（水平开分隔离开关）发热故障

1. 项目简介

以 35～110kV 带电安装分流引线处理隔离开关（水平开分隔离开关）发热故障为例进行介绍。

2. 人员分工

本作业项目工作人员共计 6 名。其中，工作负责人（监护人）1 名，专责监护人 1 名，地面电工 4 名。

3. 工器具材料

工器具材料见表 7-4。

表 7-4　　　　　　　　　工器具材料

序号	名称	规格	单位	数量	用途
1	带绝缘护管短接线	150mm²（5m）	套	1	旁路水平开分隔离开关电流
2	万向接线夹		只	2	固定短接线
3	绝缘操作杆	（3m）×2 节	根	4	撑举（带绝缘护管短接线及万向接线夹）
4	安全帽		顶	6	个人防护
5	线手套		副	6	个人防护
6	护目镜		副	4	个人防护

续表

序号	名称	规格	单位	数量	用途
7	湿度计		块	1	测量环境湿度
8	风速仪		台	1	测量环境风速
9	开口钳形电流表	带绝缘杆	块	1	测量刀闸的通流情况
10	绝缘电阻表	2500V（或 5000V）	块	1	检测绝缘工具电阻

4. 作业步骤

（1）工作负责人办理工作票并履行许可手续，召开班前会进行安全交底、工作任务分工，开始安全监护。

（2）工作负责人确认作业设备，并根据现场设备情况，确定安全、便捷的操作位置。

（3）工作班成员打开红外测温仪测量发热点温度，确认发热点位置。检查、测量绝缘工具绝缘性能，测量作业现场风速、湿度等。

（4）检查短接引流线长度是否符合现场要求，调整伸缩式引流线绝缘管长度，调节连接钳口的方向，使之适应需要连接的导线或连接杆的方向。

（5）连接引流线与连接钳口，安装绝缘保险钩，将绝缘杆与连接钳口和绝缘保险钩连接（中相作业时，由于架构间有连接杆，绝缘杆与连接钳口和绝缘保险钩的连接需要在架构上完成，这时特别注意与隔离开关带电导体的距离）。

（6）在工作负责人的指挥下，两名电工操作绝缘保险钩连接的绝缘杆，另两名电工操作连接钳口连接的绝缘杆，互相配合，同时操作，把短接线平稳升至需要短接部位。

（7）在引流线上举过程中，注意短接引流线的倾斜角度，使其尽量与地面水平，保证安全距离。

（8）在引流线与母线接近后，两名地电位电工用操作杆举起绝缘保险钩将其挂在隔离开关连接杆上，防止引接线脱落导致放电。

（9）另两地电位电工再将连杆两端的万向导线连接钳用操作杆操作旋转夹紧导线，退出绝缘杆。

（10）利用远程绝缘杆钳形电流表测试短接线电流，确认分流状况良好，否则需要重新进行万向导线连接钳与连接的导线连接操作。

（11）操作结束约 15min 后，再用红外测温仪测量发热点温度，确认温度是否恢复正常。

（12）若节点温度恢复正常，则处理有效，地面电工整理工具材料、撤离现场、终结工作票，作业结束。

5. 安全措施及注意事项

（1）本次作业应经现场勘察并编制 35～110kV 变电站××隔离开关发热故障处理作业指导书，经本单位技术负责人或主管生产领导批准后执行。

（2）作业前应向调度告知：若遇跳闸，不经联系不得强送电。

（3）作业过程中如遇设备突然停电，作业人员应视设备仍然带电。

（4）作业应在良好天气下进行。如遇雷电（听见雷声、看见闪电）、雪、雹、雨雾时不得进行带电作业。风力大于 5 级（10m/s）时，不宜进行作业。

（5）现场相对湿度大于 80%时，不宜进行作业。必要时，经采取相应安全技术措施，并由本单位分管生产领导批准后，方可进行作业。

（6）使用工具前，应仔细检查确认没有损坏、受潮、变形，失灵，否则禁止使用。

（7）作业前应对绝缘工具进行分段绝缘检测，其阻值不得低于 700MΩ，否则禁止使用。

（8）全体作业人员必须戴安全帽。

（9）地面人员严禁在作业点垂直下方逗留，高处人员应防止落物伤人。

（10）作业人员应在围栏内作业，不得随意跨越围栏，不得碰触、操作其他变电设备。

（11）作业人员在构架上作业期间，工作监护人应对作业人员进行不间断监护，且不得从事其他工作。

6. 关键点

（1）短接线升降操作时，四名电工必须同时操作升降，保持短接线在一条水平线上，防止其升降的过程中，出现一端已连接带电，另一端出现倾斜接近地电位。同时注意相间的安全距离，尽量保持短接线与母线同一垂直面。

（2）地电位电工人身与带电体的安全距离为大于 1.0m；绝缘操作杆的有效绝缘长度为 1.3m；短接的短接线与地电位点安全距离大于为大于 1.0m；相间安全距离为 1.4m。

（3）地电位作业处理节点发热一般只适用于节点螺栓松动且线夹接触面未严重氧化、电蚀的情况，否则应考虑其他处理方法，如采取等电位作业安装分流引线等方式进行处理。

地电位作业短接处理隔离开关发热故障现场图见图 7-3。

图 7-3　地电位作业短接处理隔离开关发热故障（一）

图 7-3　地电位作业短接处理隔离开关发热故障（二）

三、等电位作业发热处理（短接设备或发热点）

（一）110kV 变电设备引线连接点发热处理

1. 项目简介

某 110kV 变电站引线连接点在长期运行的过程中常因为连接螺栓松动、接触面氧化等原因，出现发热的情况，采用等电位作业法带电安装分流引线进行处理。

2. 人员分工

工作负责人 1 名，负责作业过程组织指挥、现场安全监护；等电位电工 1 名，负责等电位安装分流引线操作；地电位电工 5 名，负责安装绝缘平台、传递工具材料、发热点温度测量。

3. 工器具材料

工器具材料见表 7-5。

表 7-5　　　　　　　　　　　工 器 具 材 料

序号	名称	规格	单位	数量	用途
1	绝缘平台	12m	架	1	等电位通道
2	绝缘绳	ϕ12	条	4	固定绝缘平台
3	屏蔽服	I 型	套	1	等电位防护

续表

序号	名称	规格	单位	数量	用途
4	绝缘绳套	$\phi 10$	条	1	传递工具材料
5	绝缘滑车	0.5T	个	1	传递工具材料
6	断线钳		把	1	剪裁分流引线
7	绝缘安全带		条	1	防高坠
8	安全帽		顶	7	个人安全防护
9	绝缘检测仪	RST2008	台	1	绝缘工具检测
10	风湿度仪		部	1	风速、湿度测量
11	个人工具		套	1	安装分流引线
12	红外测温仪	DL700	台	1	测量发热点温度
13	钳形电流表		台	1	测量分流线导通
14	钢芯铝绞线	LGJ－240/25	m	1	分流
15	并沟线夹	JB－4	个	2	连接分流引线
16	砂纸	#0	张	2	清除氧化层

4. 作业步骤

（1）工作负责人办理工作票并履行许可手续，召开班前会进行安全交底、工作任务分工，开始安全监护。

（2）工作班成员打开红外测温仪测量发热点温度，并进行全程监控。进行工器具外观检查，测量绝缘工具绝缘性能，测量作业现场风速、湿度等。

（3）地电位电工相互配合沿地面组装绝缘平台。

（4）地电位电工相互配合利用绝缘拉绳立起绝缘平台，移动至引线发热点下方，上下调节好绝缘平台高度，固定好四方绝缘拉绳。

（5）工作负责人检查确认绝缘平台牢固可靠后，等电位电工携带传递绳，攀登绝缘平台并移引线发热点位置，报告工作负责人同意后，快速进入电场，绑好安全带挂好传递绳。

（6）等电位电工观察发热点情况，确认安全后要求地面电工利用传递绳将分流引线及并沟线夹传递至作业点位置。

（7）等电位电工用砂纸清除发热点前后引线表面氧化层，将分流引线用并沟线夹并联安装在发热点的前后两侧，并用钳形电流表检测分流引线导通情况。

（8）待发热点温度降低后等电位电工上紧发热点引流板连接螺栓。

（9）等电位电工将安装工具传递至地面，报告工作负责人同意后，再携带传递绳退出电场，沿绝缘平台返回地面。

（10）地面电工拆除绝缘平台、整理工具材料、撤离现场、终结工作票，作业结束。

5. 安全措施及注意事项

（1）工作负责人办理工作票及许可手续后，应召集全体工作班人员进行现场交代，明确工作任务、设备带电部分、安全措施及注意事项。

（2）作业过程中应对工作班成员进行认真监护，及时纠正不安全动作。

（3）作业前应注意测量发热点温度，若温度过高，应申请适当降低负荷，防止作业过程发热点金属因高温而突然断裂，等电位电工进电场作业时应防止被高温金属烫伤。

（4）绝缘平梯应安装牢靠，等电位电工登绝缘平台前，工作负责人检查确认绝缘平台牢固可靠。

（5）绝缘平台立起和拆除过程应控制好四方拉绳，防止失控倾倒。

（6）应保证等电位电工作业过程组合间隙能大于 1.2m，与邻相的安全距离大于 1.4m，与接地体的安全距离大于 1.0m。

（7）地电位电工作业过程应注意与带电体保持 1.0m 以上的安全距离。

（8）等电位人员必须穿全套合格的屏蔽服，连接可靠最远端之间的电阻不得大于 20Ω。

（9）地电位电工传递分流引线时应注意控制引线长度，若过长应将其盘成圈。

（10）等电位安装分流引线时，应注意引线与接地体及邻相导线保持足够的安全距离。

（11）高处作业应绑好安全带，地面人员不得在作业点正下方逗留。

6. 关键点

（1）变电站引线发热点带电处理的进电场工具通常有绝缘立梯、绝缘平梯、绝缘软梯、绝缘平台等，选择合适的进电场工具将提升作业现场的工作效率和安全性，工作班现场勘察时应根据发热点选择合适的进电场工具。

（2）绝缘平台（或其他进电场工具）的安装位置是保证作业安全的关键，安装时应充分考虑等电位电工进出电场通道，全过程能够保证组合间隙，在平台上操作过程活动范围，能够保证各个方向的安全距离。

（3）作业前应认真观察发热点的情况，以确定处理的方法，若是螺栓有松动迹象明显，可考虑采取地电位作业紧固等方式；若是螺栓没有明显松动，就需要考虑采取等电位作业安装分流引线的方式进行处理。

（4）等电位作业安装分流引线的过程安全风险较大，作业时应注意首先控制引线长度能短则短，若引线长度较长时，可采用铝股或铁丝盘成圆盘状，等电位安装时先解开引线的一个端头，固定一个并沟线夹后，再逐段展开安装线夹，以确保安全。

（5）分流线一端安装好后，安装另一端时应防止人体串入电路。

（二）短接处理 220kV 水平开分隔离开关发热故障

1. 项目简介

某 220kV 变电站隔离开关引线连接点在长期运行的过程中因为连接螺栓松动、

接触面氧化等原因，出现发热的情况，需要进行带电处理。采用等电位作业法带电安装分流引线进行处理。

2. 人员分工

本作业项目工作人员共计 8 名。其中，工作负责人 1 名，专责监护人 1 名，等电位电工 2 名，地面电工 4 名。

3. 工器具材料

工器具材料见表 7-6。

表 7-6　　　　　　　　　　　　工 器 具 材 料

序号	名称	规格	单位	数量	用途
1	绝缘人字梯（2 节）	（3m×2 节+2m×1 节）	组	2	等电位电工用
2	绝缘人字梯控制绳	绝缘绳（φ14×200m）	条	10	控制人字梯
3	分流装置（短接线）	150mm²（5m）	套	1	短接刀闸引流用
4	带闭锁装置小滑车		个	2	传递工具
5	分流线提升及控制绳	绝缘绳（φ14×200m）	条	2	控制短接线
6	蚕丝绝缘安全带（配 3m 人身绝缘保险绳）		根	2	个人防护
7	线手套		副	8	个人防护
8	护目镜		副	2	个人防护
9	安全帽		顶	8	个人防护
10	屏蔽服	Ⅰ型	套	2	个人防护
11	苫布	6×6m	块	3	放置地面工具
12	湿度计		块	1	测量环境湿度
13	风速仪		台	1	测量环境风速
14	钳形电流表		块	1	检测分流装置电流
15	绝缘电阻表	2500V（或 5000V）	块	1	测量绝缘工具电阻
16	地锚		根	8	固定人字梯控制绳
17	大锤		把	1	配合地锚使用

4. 作业步骤

（1）工作负责人办理工作票并履行许可手续，召开班前会进行安全交底、工作任务分工，开始安全监护。

（2）工作负责人确认作业设备，并根据现场设备情况，确定安全、便捷的操作位置。

（3）工作班成员打开红外测温仪测量发热点温度，确认发热点位置。检查、测量绝缘工具绝缘性能，测量作业现场风速、湿度等。

（4）根据前述安全距离分析，选择在作业点适当位置组装、安放并稳固两组绝缘人字梯（绝缘梯在立起前，系好控制绳，安装闭锁滑车、短接线传递及控制绳），注意人字梯要与架构有一定的距离。

（5）在中相作业时，绝缘人字梯安放在母线纵向和隔离开关后侧，注意与前后架构（隔离开关的架构和上下引线架构）的距离：在边相作业时，绝缘人字梯可安放在母线外侧，等电位作业人员攀爬绝缘人字梯进入等电位时，要保持上导线人体与架构的组合间隙和相地间隙。

（6）等电位电工穿好全套屏蔽服（帽、衣裤、手套、袜和鞋），且检查各分流线连接良好，携带短毛钢丝刷、绑扎线，沿指定的通道，平稳地攀至作业位置后，挂好安全带。

（7）用短毛钢丝刷处理隔离开关两端短接处的接触面，测量流过的负荷电流大小。

（8）处理完毕后，等电位电工退出强电场，等待短接线提升。

（9）在等电位电工退出强电场后，地面电工检查短接引流线长度是否符合现场要求，调整伸缩式引流线绝缘管长度，连接引流线与连接钳口，安装绝缘保险钩，将绝缘杆与绝缘保险钩连接（中相作业时，由于架构间的有连接杆，绝缘杆绝缘保险钩的连接需要在架构上完成，这时特别注意与隔离开关带电导体的距离）。

（10）在工作负责人的指挥下，两名地面电工互相配合，同时操作，通过牵引绳和绝缘滑车把分流装置（短接线）平稳提升至需要短接部位。在引流线上举过程中，注意短接引流线的倾斜角度，尽量与地面保持水平，保证安全距离。

（11）在引流线与母线接近后，作业人员用操作杆举起绝缘保险钩将其挂在隔离开关连接杆上，防止引接线脱落导致放电。

（12）在确定引流线与母线相近，各部位的安全间隙符合要求后，等电位电工攀爬绝缘人字梯进入等电位。

（13）第一名等电位电工双手持短接线端部的线夹手柄，连接短接引流线。第二名等电位电工（必须在第一等电位电工直连完成后）双手持短接线另一端部的线夹手柄（必须双手持，防止让人串接在回路当中），连接短接引流线。

（14）确保将短接线固定牢固。等电位电工使用钳形电流表测量短接引流线的电流和隔离开关流过的负荷电流，确认分流状况良好后，两名等电位电工用绑扎线把短接线缠绕在隔离开关两端的引流线上。两名等电位电工退出强电场，摘除安全带，返回地面。

（15）操作结束约 15min 后，再用红外测温仪测量发热点温度，确认温度是否恢复正常。

（16）若接点温度恢复正常，则处理有效，地面电工整理工具材料、撤离现场、终结工作票，作业结束。

连接短接线示意图见图 7-4，等电位作业法带电处理隔离开关发热故障现场图见图 7-5。

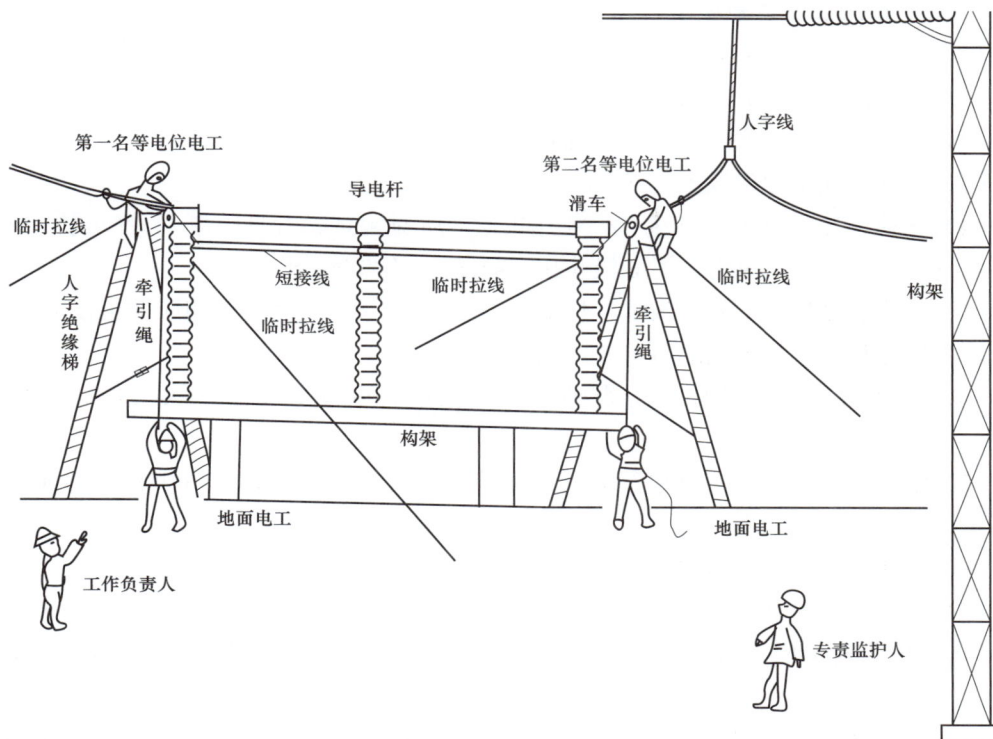

图 7-4 连接短接线示意图

图 7-5 等电位作业法带电处理隔离开关发热故障现场图

5. 安全措施及注意事项

（1）本次作业应经现场勘察并编制 220kV 变电站××隔离开关发热故障处理作业指导书，经本单位技术负责人或主管生产领导批准后执行。

（2）作业前应向调度告知：若遇跳闸，不经联系不得强送电。

（3）作业过程中如遇设备突然停电，作业人员应视设备仍然带电。

（4）作业应在良好天气下进行。如遇雷电（听见雷声、看见闪电）、雪、雹、雨雾时不得进行带电作业。风力大于 5 级（10m/s）时，不宜进行作业。

（5）现场相对湿度大于 80%时，不宜进行作业。必要时，经采取相应安全技术措施，并由本单位分管生产领导批准后，方可进行作业。

（6）使用工具前，应仔细检查确认没有损坏、受潮、变形，失灵，否则禁止使用。

（7）作业前应对绝缘工具进行分段绝缘检测，其阻值不得低于 700MΩ，否则禁止使用。

（8）全体作业人员必须戴安全帽。

（9）地面人员严禁在作业点垂直下方逗留，高处人员应防止落物伤人。

（10）作业人员应在围栏内作业，不得随意跨越围栏，不得碰触、操作其他变电设备。

（11）作业人员在构架上作业期间，工作监护人应对作业人员进行不间断监护，且不得从事其他工作。

6. 关键点

（1）考虑到中相作业安全距离较为紧张，为了减少不确定性，在三相都需要短接作业时，应先操作中相，后操作边相，避免边相已挂上旁路引流线后引起电场的更大畸变和空气间隙减少。

（2）短接线升降操作时，两名地面电工保持同时操作升降，保持短接线在一条水平线上，防止其升降的过程中，出现一端已连接带电，另一端出现倾斜接近地电位。

（3）等电位电工，在作业时，注意对相邻导线的最小距离为 2.5m；对人身与带电体的安全距离为 1.8m；绝缘操作杆的有效绝缘长度为 2.1m。

（4）等电位电工在进入电场过程中，应尽量蜷缩身体以保证登梯全过程最小组合间隙满足规程要求；在接近强电场时，要确保脸部裸露部分与带电体的最小距离保持 0.3m 以上，用手进行电位转移，迅速抓住导线，完成电位转移，进入等电位状态。

（5）严禁一侧已连接短接线，而另一名等电位电工将人体串接短接线与隔离开关引流线等带电体间，导致电流流过人体。

四、中间电位作业

以 220kV 垂直开分隔离开关处于断开冷备用状态检修为例进行说明。

1. 项目简介

中间电位作业进行 220kV 垂直开分隔离开关处于断开冷备用状态检修，采用了绝缘限位伞，不但使作业人员对自己安全范围更加明确，而且减少了工作人员的工作强度，提高了工作效率，节约了人力物力。

2. 人员分工

本作业项目工作人员共计 4 名。其中，工作负责人 1 名，工作监护人 1 名，中间电位电工 1 名，地面电工 1 名。

3. 工器具材料

工器具材料见表 7-7。

表 7-7　　　　　　　　　　工 器 具 材 料

序号	名称	规格	单位	数量	用途
1	绝缘平台	12m	架	1	等电位通道
2	绝缘绳	$\phi12$	条	4	固定绝缘平台
3	屏蔽服	Ⅰ型	套	1	等电位防护
4	绝缘绳套	$\phi10$	条	1	传递工具材料
5	绝缘滑车	0.5T	个	1	传递工具材料
6	断线钳		把	1	剪裁分流引线
7	绝缘安全带		条	1	防高处坠落
8	安全帽		顶	7	个人安全防护
9	绝缘检测仪	RST2008	台	1	绝缘工具检测
10	风湿度仪		部	1	风速、湿度测量
11	个人工具		套	1	安装分流引线
12	红外测温仪	DL700	台	1	测量发热点温度
13	钳形电流表		台	1	测量分流线导通

4. 作业步骤

（1）选取适当作业位置，作业人员在地面组装限位伞，根据现场挂点位置，调整绝缘挂钩侧的绝缘杆长度，绝缘杆有效绝缘长度最小应为 2.1m。

（2）连接限位伞下端连接绝缘杆，作业人员在地电位，手握绝缘杆下端手持部分，将限位伞提升，把绝缘挂钩挂在上导线上，做好限位伞固定，摘除下端连接绝缘杆。

（3）安装绝缘平台。

（4）中间点电位电工穿屏蔽服，进入绝缘平台作业。

（5）作业人员必须在绝缘限位伞伞面下方作业，作业工具和人体不能超过绝缘限位伞伞面。

（6）隔离开关检修作业完成后，拆除绝缘平台，作业人员在地电位，利用绝缘杆将绝缘限位伞摘除。

（7）整理工器具，清理现场，作业完毕。

220kV垂直开分隔离开关处于断开冷备用状态检修现场图见图7-6。

图7-6　220kV垂直开分隔离开关处于断开冷备用状态检修现场图

5. 安全措施及注意事项

（1）本次作业应经现场勘察并编制220kV变电站等垂直开分隔离开关处于断开冷备用状态检修指导书，经本单位技术负责人或主管生产领导批准后执行。

（2）作业前应向调度告知：若遇跳闸，不经联系不得强送电。

（3）作业过程中如遇设备突然停电，作业人员应视设备仍然带电。

（4）作业应在良好天气下进行。如遇雷电（听见雷声、看见闪电）、雪、雹、雨雾时不得进行带电作业。风力大于 5 级（10m/s）时，不宜进行作业。

（5）现场相对湿度大于 80%时，不宜进行作业。必要时，经采取相应安全技术措施，并由本单位分管生产领导批准后，方可进行作业。

（6）使用工具前，应仔细检查确认没有损坏、受潮、变形，失灵，否则禁止使用。

（7）作业前应对绝缘工具进行分段绝缘检测，其阻值不得低于 700MΩ，否则禁止使用。

（8）全体作业人员必须戴安全帽。

（9）地面人员严禁在作业点垂直下方逗留，高空人员应防止落物伤人。

（10）作业人员应在围栏内作业，不得随意跨越围栏，不得碰触、操作其他变电设备。

（11）作业人员在构架上作业期间，工作监护人应对作业人员进行不间断监护，且不得从事其他工作。

（12）绝缘平台必须耐受 220kV 带电作业工具需要承受的耐压。

6. 关键点

工作负责人、带电专责人应严格控制绝缘工具使用长度和空气间隙，其安全距离应满足以下要求：

（1）对相邻导线的最小距离为 2.5m。

（2）对地的组合安全距离为 2.1m。

（3）绝缘操作杆的有效绝缘长度为 2.1m。

（4）对人身与带电体的安全距离为 1.8m。

（5）绝缘承力工具、绝缘绳索的有效绝缘长度为 1.8m。

第二节 绝缘子类作业

一、绝缘子检测

以变电站构架悬式绝缘子带电检测（地电位作业火花间隙法）为例进行介绍。

1. 项目简介

本项目适用于 66～220kV 变电站内对悬式不良绝缘子的检测。

2. 人员分工

工作负责人 1 名，专责监护人 1 名，地电位电工 2 名，共计 4 名。当地电位电工超过 2 名时，应根据现场的安全条件、作业范围、工作需要等具体情况，增设专责监护人，并明确分工，分别监护对应的构架上的作业人员。

3. 工器具材料

工器具材料见表 7-8。

表 7-8   工 器 具 材 料

序号	名称	型号	单位	数量	用途
1	可调火花间隙检测器（含绝缘操作杆）		个	1～6	每组一个
2	绝缘电阻表	2500V	块	1	
3	毛巾		条	1	擦拭绝缘工具用
4	个人防护用品			1～6	全套工作服或静电防护服、安全带等
5	检测器专用工具袋（有背带）			1～6	每组一个

4. 作业步骤

（1）地电位电工穿好静电防护服（根据实际经验确定，66kV 可穿普通工作服；220kV 须穿导电鞋，建议穿全套静电屏蔽服）。

（2）地电位电工身背装有检测器的专用工具袋（检测叉向上，不得歪向两侧）攀登至构架适当位置，系好安全带。

（3）地电位电工拉伸检测绝缘杆，绝缘杆的有效长度 66kV 不得小于 1.0m，220kV 不得小于 2.1m，进行绝缘子检测。

（4）上下构架及在构架上移动时要保证足够的安全距离，66kV 不得小于 0.7m，220kV 不得小于 1.8m。

（5）检测顺序应先从导线侧向横担侧逐片检测（66kV 应该从接地侧开始检测）。

（6）根据检测设备的电压等级和绝缘子的型号，调整检测器的放电间隙和触角。在良好的绝缘子上进行测试，保证操作灵活，测量准确。

（7）检测时主要根据间隙发出的放电声，当听不到放电声，怀疑是零值绝缘子时，为了避免探针与绝缘子钢帽接触不良，或者风大听不清放电声等，要复测几次，以保证判断正确。

（8）当出现的零值绝缘子较多，同一串绝缘子所剩片数 66kV 降为 3 片，220kV 降为 8 片时，应立即停止检测，并不得更换检测器继续进行，如怀疑检测器不准，可对检测器进行校验后再做判断。

（9）对检测出的不良绝缘子向地面报告，并由地面人员做好记录，绝缘子编号从横担侧算起。

（10）工作结束后，地电位电工身背装有检测器的专用工具袋，下构架返回地面，撤离现场，结束工作。

5. 安全措施及注意事项

（1）本次作业应经现场勘察并编制变电站构架悬式绝缘子带电检测（地电位作业火花间隙法）。作业指导书，经本单位技术负责人或主管生产领导批准后执行。

（2）作业前应向调度告知：若遇跳闸，不经联系不得强送电。

（3）作业过程中如遇设备突然停电，作业人员应视设备仍然带电。

（4）作业应在良好天气下进行。如遇雷电（听见雷声、看见闪电）、雪、雹、雨雾时不得进行带电作业。风力大于 5 级（10m/s）时，不宜进行作业。

（5）现场相对湿度大于 80%时，不宜进行作业。必要时，经采取相应安全技术措施，并由本单位分管生产领导批准后，方可进行作业。

（6）使用工具前，应仔细检查确认没有损坏、受潮、变形，失灵，否则禁止使用。

（7）作业前应对绝缘工具进行分段绝缘检测，其阻值不得低于 700MΩ，否则禁止使用。

（8）全体作业人员必须戴安全帽，构架上电工穿导电鞋或全套静电防护服。

6. 关键点

（1）构架上电工转移工作地点时，不准在构架上站立行走。

（2）作业前确定绝缘子表面不潮湿，无结露。

（3）检测 66kV 设备绝缘子作业中，移动作业地点时，不得肩扛已拉伸开绝缘杆的检测器行走。防止误碰邻近带电设备。

（4）同一串中零值绝缘子片数达到规定时，应立即停止检测。

（5）根据绝缘子的型号和高度（如普通型、防尘型等），调整检测器电极的宽度，防止同时插入两片绝缘子。

（6）检测作业时保持人身与带电体的安全距离：220kV，大于 1.8m；66kV，大于 0.7m。

（7）检测作业时保持检测器绝缘杆的有效绝缘长度：220kV，大于 2.1m；66kV，大于 1.0m。

二、绝缘子清洗

以绝缘清洗剂带电清洗 110kV 变电设备为例进行介绍。

1. 项目简介

以绝缘清洗剂带电清洗 110kV 变电设备为例进行介绍。

2. 人员分工

工作负责人 1 名，负责作业过程组织指挥、现场安全监护；地电位操作电工 1 名，负责清洗操作；地电位辅助电工 1 名，负责协助地电位操作电工开闭电源、移动清洗泵。

3. 工器具材料

工器具材料见表 7-9。

表7-9　　　　　　　　　　　工 器 具 材 料

序号	名　称	规　格	单位	数量	用途
1	清洗泵		台	1	输出高压液流
2	绝缘清洗枪	3m	根	1	喷射清洗剂
3	电源线		根	1	清洗泵电源
4	储液桶		个	1	储存清洗剂
5	绝缘手套		副	2	安全防护
6	绝缘靴		双	2	安全防护
7	安全帽		顶	3	安全防护
8	护目眼镜		副	2	安全防护
9	口罩		个	2	安全防护
10	电导仪		台	1	清洗剂电阻测量
11	绝缘检测仪	RST2008	台	1	绝缘工具检测
12	风湿度仪		部	1	风速、湿度测量
13	绝缘清洗剂		桶	根据需要	清除污秽

4. 作业步骤

（1）工作负责人办理工作票并履行许可手续，召开班前会进行安全交底、工作任务分工，开始安全监护。

（2）地电位操作电工测量作业现场风速风向、湿度，确定清洗设备顺序，观察现场安全条件是否有严重电弧放电的设备或其他明火作业等。进行工器具外观检查，检测绝缘工具绝缘性能。

（3）地电位辅助电工连接清洗泵与清洗枪的软管接头，将清洗泵的进液管放入储液桶中，连接清洗泵电源。

（4）地电位操作电工与辅助电工配合，在清洗前启动清洗泵收集绝缘清洗枪出口处的绝缘清洗剂，进行绝缘电阻率测量并做好记录。

（5）地电位操作电工调整好清洗泵压强，使清洗枪出口液流密集压力达到要求。

（6）地电位操作电工将清洗枪对准变电设备瓷柱的底层伞裙进行清洗，洗完一裙再往上升一裙。对于直径较大的瓷柱可洗完一面再洗另一面，转换几次位置进行清洗，也可采用双枪配合清洗，注意清洗面应相互重叠，不得出现漏洗的空白点。

（7）清洗瓷柱时，应逐层冲洗，清洗枪上升要缓慢，来回摆动清洗不留死角，冲洗完瓷柱顶部，再从上至下快速冲一遍，以防污液滞留。

（8）清洗完一个瓷柱再转移至另一个瓷柱从下至上继续清洗。

5. 安全措施及注意事项

（1）工作负责人办理工作票及许可手续后，应召集全体工作班人员进行现场交代，明确工作任务、设备带电部分、安全措施及注意事项。

（2）作业过程中应对工作班成员进行认真监护，及时纠正不安全动作。

（3）使用的绝缘清洗剂的绝缘电阻率应大于 $1 \times 10^{10} \Omega \cdot cm$。

（4）应使用电气试验合格的绝缘清洗枪，清洗过程绝缘清洗枪的绝缘有效长度应始终保持在 1.3m 以上。清洗过程作业人员与带电体应保持 1.0m 以上的安全距离。

（5）清洗时应进行回扫，防止被清洗设备表面出现污液连线，尽量避免冲洗过程中出现局部电弧，出现微弱电弧应立即将其冲灭。

（6）绝缘清洗剂虽不易燃烧但也属于可燃物，清洗作业过程现场应禁止明火，清洗时液柱不得对着电弧放电的导体处进行喷射，地面若有大量积液应进行回收处理。

（7）为防止触电，清洗过程清洗泵应可靠接地，清洗泵电源应带有漏电保护装置。

（8）清洗过程应做好个人防护，佩戴好安全帽、绝缘手套、绝缘靴并使用护目眼镜和口罩。

6. 关键点

（1）带电清洗应选择经过权威机构检测合格的绝缘清洗剂，清洗剂的绝缘电阻率应满足相关标准要求。

（2）密封不良的电气设备禁止进行带电清洗，有裂纹的绝缘子或瓷柱禁止进行带电冲洗。

（3）电力系统异常运行时禁止进行带电清洗。

（4）对于直径较大的瓷柱，可采用双枪配合清洗，若采用清洗剂与绝缘清扫刷配合清洗的方式，则清洗效果更为彻底。

三、绝缘子清扫

1. 项目简介

以 220kV 变电设备外绝缘瓷件带电清扫为例进行介绍。

2. 人员分工

工作负责人 1 名，负责作业过程组织指挥、现场安全监护；地电位电工 2 名，负责清扫机的组装与设备清扫；地面电工（辅助）2 名，负责开关清扫机与位移辅助。

3. 工器具材料

工器具材料见表 7-10。

表 7-10　　　　　　　　　　　　　工 器 具 材 料

序号	名称	规格	单位	数量	用途
1	清扫电机		台	2	输出动力
2	绝缘清扫杆		跟	2	传动及清扫控制
3	清扫刷盘		个	2	清扫
4	传动软轴		条	2	传动
5	四芯电源线盘		个	2	清扫机电源
6	安全帽		顶	5	个人防护
7	护目眼镜		副	5	个人防护
8	口罩		只	5	个人防护
9	风湿度仪		块	1	检测现场风湿度
10	绝缘检测仪	RST2008	台	1	绝缘工具检测

4. 作业步骤

（1）工作负责人办理工作票并履行许可手续，召开班前会进行安全交底、工作任务分工，开始安全监护。

（2）地电位电工进行工器具外观检查、测量绝缘工具绝缘性能，测量作业现场风速、湿度等。

（3）地电位电工移动清扫机至清扫设备的下方，将清扫电机、传动软轴、绝缘清扫杆、清扫刷盘分别连接好。

（4）将四芯电源线盘接至变电站检修电源箱（或其他三相 380V 电源），将清扫电机的电源与电源线盘连接好并通电。

（5）地电位电工手持清扫机的绝缘清扫杆，地电位电工（辅助）启动电机，调整好毛刷转向（双刷头有转向要求，单刷头无转向要求）。

（6）地电位电工手持绝缘清扫杆，将清扫刷盘搭靠在清扫设备上端瓷裙上，地电位电工（辅助）启动电机，毛刷高速旋转即可开始清扫。

（7）为保证清扫工效和清扫质量 220kV 设备宜采用双机清扫，长杆扫瓷柱上半部，短杆扫下半部。

（8）地电位电工手持绝缘清扫杆保持毛刷处于水平位置左右轻轻摆动，顺着瓷裙下方凹槽进行清扫，扫完一裙移下一裙。自上而下逐裙清扫。

（9）对于直径较大的瓷柱可扫完一面再扫另一面，转换几次位置进行清扫。此时要注意清扫面应相互重叠，不得出现漏刷的空白点。地电位电工（辅助）应根据清扫电工站立位置移动清扫电机，使传动软轴保持顺畅不扭曲。

（10）一组设备清扫作业完成后，辅助电工停止清扫机，移至下一组设备继续进行清扫作业。

（11）清扫工作全部完成后，停止清扫机，拆除电源线，作业结束。

5. 安全措施及注意事项

（1）清扫作业全过程应有专人监护，保证作业人员与带电体保持 1.8m 以上的安全距离。

（2）使用试验合格的绝缘清扫杆，其有效绝缘长度应保持在 2.1m 以上。

（3）清扫作业时人员应站在上风侧，所有人员应戴护目眼镜及口罩。

（4）对于接线端位于瓷柱中段的断路器，在清扫上部瓷裙时。应特别注意与中段的带电体保持足够的安全距离并保持绝缘杆的有效绝缘长度。

（5）使用 5m 以上长绝缘清扫杆进行高处清扫时，应由两人持杆。若在绝缘梯上进行清扫时梯子应竖立稳固。

（6）绝缘清扫杆，由绝缘管和管内的传动轴组成，在运输和使用过程中应注意绝缘管内壁及绝缘传动轴的防潮和清洁。

（7）在接通和断开带电清扫机电源时，应有专人监护并断开电源箱开关防止触电。

（8）带电清扫机的电源线，应使用四芯电源线，带电清扫机在工作过程中应有可靠接地。

（9）在牵拉带电清扫机的电源线过程中，应注意电源线与带电体保持足够的安全距离，电源线较长时应加以固定。

6. 关键点

（1）清扫作业全过程应保证作业人员与带电体保持 1.8m 以上的安全距离。其有效绝缘长度应保持在 2.1m 以上。

（2）清扫作业全过程作业人员均应做好个人防护，戴好护目眼镜和口罩。

（3）清扫大直径的瓷柱时，要注意清扫面应相互重叠，不得出现漏刷的空白点。

第三节　引　线　类　作　业

一、软母线断、接空载引线作业

1. 项目简介

采用等电位作业进行220kV带电断、接引作业同时也适用于220kV隔离开关带电断、接线和母线避雷器的带电断、接引作业。

2. 人员分工

工作负责人（监护人）1 人，等电位人员 1 人，地面电工 4 人，根据现场的安全条件、作业范围、工作需要等可适当增减作业人员。

3. 工器具材料

工器具材料见表 7-11。

表 7-11 工 器 具 材 料

序号	名称	型号	单位	数量	用途
1	绝缘挂梯	220kV	套	1	等电位通道
2	消弧绳	220kV	根	1	带电断、接空载线路的防护绳，起到消弧和引流线控制作用
3	绝缘操作杆	220kV	根	2	挂接滑车
4	绝缘绳		根	2	
5	绝缘无极绳		根	2	
6	消弧滑车	JH1-1K	只	1	传递所需用具
7	屏蔽服	220kV	套	1	等电位防护
8	温湿仪		块	1	湿度、湿度测量
9	风力仪（选用）		台	1	风力测量
10	绝缘电阻表（绝缘检测仪）	5000V	块	1	绝缘工具检测
11	万用表		块	1	
12	防潮垫布		块	1	放置工器具及材料
13	干燥毛巾		条	2	擦拭工器具及材料
14	绝缘安全带		付	2	防止高空坠落
15	安全标志牌		块	1	变电站设置
16	安全围栏		米	若干	变电站设置
17	护目镜		个	1	
18	安全帽		顶	6	

注　绝缘工器具机械及电气强度均应满足规定要求，周期预防性及检查性试验合格

4. 作业步骤

（1）工作负责人根据变电值班员现场交待情况并得到许可后，向所有工作班成员宣读工作票，介绍现场情况，交代作业范围、带电部位、危险点及控制措施、安全注意事项，布置工作任务。

（2）工作班成员根据任务分工，将工器具及仪表摆放在防潮苫布上，检查使用的工器具是否良好。等电位电工穿着全套合格屏蔽服，工作负责人或设专人检查屏蔽服各部连接是否良好。

（3）在适当位置安装绝缘挂梯，挂梯安装示意图见图 7-7。等电位电工携带绝缘绳、消弧滑车、消弧绳沿绝缘挂梯进入电场，见图 7-8；等电位电工将消弧滑车悬挂于母线

合适位置，消弧绳经过消弧滑车系在引线接头处，另外将绝缘绳（消弧控制绳）固定在消弧绳上。

（4）地面电工拉紧消弧控制绳后，等电位电工拆除引流线与母线间的联板连接螺丝。等电位电工将面部转向背对接点方向，地面电工利用消弧滑车和消弧控制绳把引流线放置地面，见图7-9。

（5）带电断引时，从远离隔离开关的一相依次向较近的另两相进行。带电接引时，从靠近隔离开关的一相依次向较远的另两相进行。

（6）安装引线时与上述程序相反。

（7）工作结束后清理现场，检查现场无任何遗留物后，撤离现场，汇报工作结束。

5. 安全措施及注意事项

（1）带电作业应在良好天气下进行。如遇雷电、雪、雹、雨、雾不得进行带电作业。风力大于5级、湿度大于80%时，一般不宜进行带电作业。

（2）带电作业应设专人监护。监护人不得直接操作。监护的范围不得超过一个作业点，必要时应增设监护人。

（3）地面电工与带电体保持足够的安全距离（220kV：1.8m），绝缘工具的有效长度（220kV：操作杆有效长度2.1m；绝缘绳索有效长度1.8m）符合规程要求。

（4）等电位电工进入电位前，应满足组合间隙的要求（220kV：组合间隙2.1m），应始终对地（220kV：1.8m）、对邻相导线或引线（220kV：2.5m）保持足够的安全距离。

（5）等电位电工作业过程中始终保持与带电体同一电位，保证面部裸露部分与带电体不小于300mm。

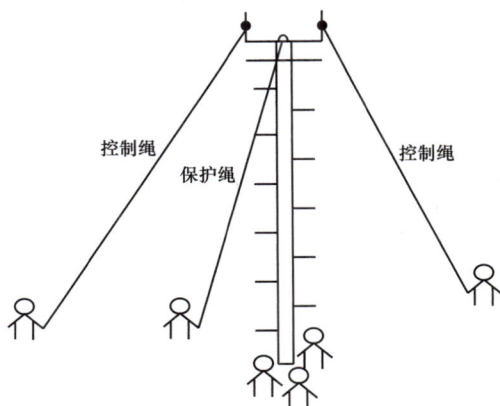

图7-7　挂梯安装示意图

注：三条绳索之间夹角为120°，三角牵拉，防止倒梯。

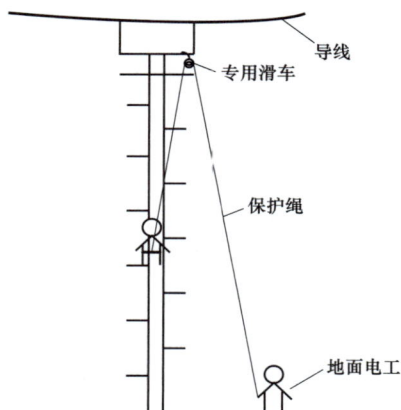

图 7-8　等电位电工腰系保护绳登梯示意图

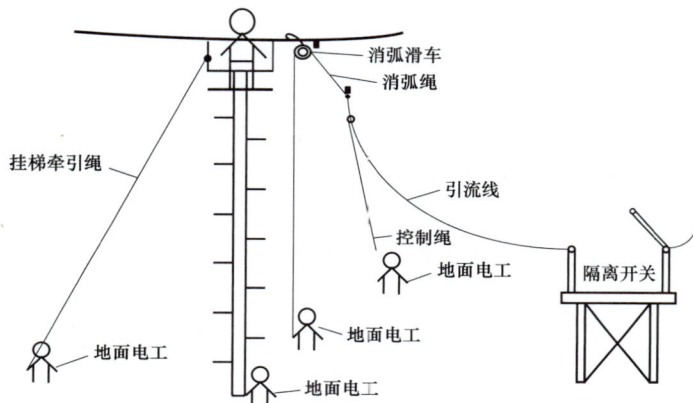

图 7-9　220kV 隔离开关带电断、接引线示意图

6. 关键点

（1）安装最短根引线时，刀闸端引线接头连接好后，另一端接头应使用操作杆进行支撑，防止引线端头下垂，伤及刀闸端设备线夹。

（2）变电站线下方有设备较多，注意选择合适的工具传递路线，避免工器具材料掉落或磕碰造成下方其他设备受损。

（3）对弛度较大的引流线，应用绝缘绳索或绝缘操作杆控制引流线，然后才能上、下移动引流线，以保持引流线在未彻底脱离电位时与刀闸的安全距离。

（4）地面电工拆除、连接刀闸端引线接头时，严禁作业人员将安全带直接系在刀闸支柱上，防止瓷质支柱断裂伤人。

（5）带电接引线时未接通相的导线及带电断引线时，已断开相的导线将因感应而带电。为防止电击，应采取措施后才能触及。

（6）挂梯底部不得触及地面，与地面保持 0.3~0.5m 的距离，防止等电位电工在上梯的过程中挂梯弯折或脱离母线。

二、小间隙硬管母线断、接空载引线作业

1. 项目简介

等电位作业断、接硬管母线空载隔离开关引线（220kV 水平开分隔离开关）利用新研制的绝缘升降平台，将作业人员从地面上升至母线正下方作业位置，平台护栏宽度只有 0.6m，从中相母线正中向边相母线只有 0.3m，并保持与边相的距离，该平台将作业人员限制在规定的安全范围内作业。在此空间里作业人员足可以完成断、接引线作业工作。硬管母线带电断、接引示意图见图 7-10，升降平台示意图见图 7-11。

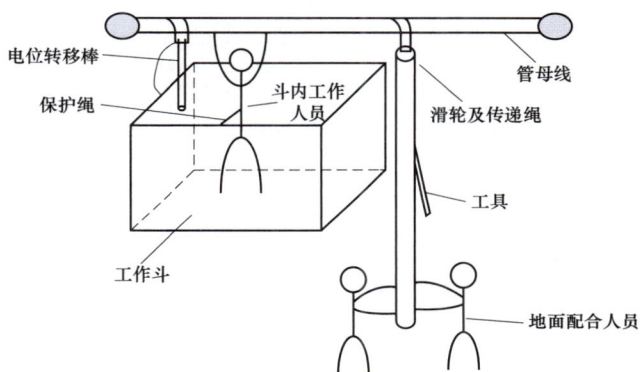

图 7-10　硬管母线带电断接、引示意图

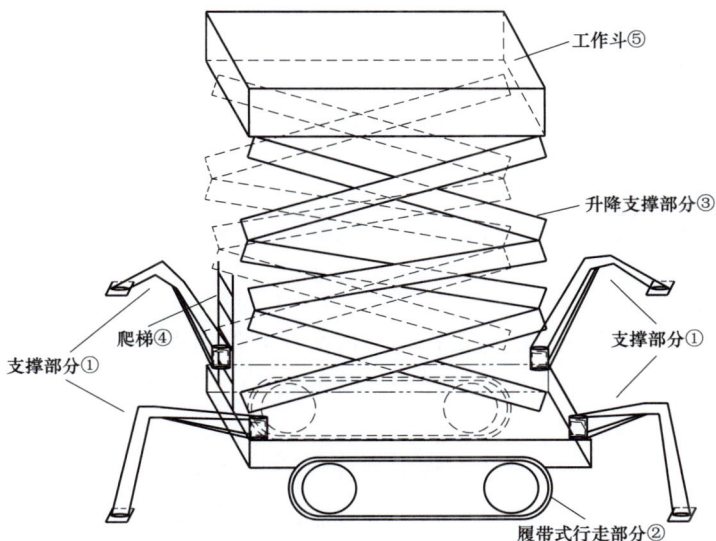

图 7-11　升降平台示意图

2. 人员分工

本作业项目工作人员共计 6 名。其中，工作负责人 1 名，工作监护人 1 名，等电位

电工 1 名，地面电工 3 名。

3. 工器具材料

工器具材料见表 7-12。

表 7-12　　　　　　　　　　　工 器 具 材 料

序号	名称	型号	单位	数量	用途
1	升降绝缘平台	220kV	台	1	等电位通道
2	消弧绳	220kV	根	1	带电断、接空载线路的防护绳，起到消弧和引流线控制作用
3	绝缘操作杆	220kV	根	2	挂接滑车
4	绝缘绳		根	2	
5	绝缘无极绳		根	2	
6	消弧滑车	JH1-1K	只	1	传递所需用具
7	屏蔽服	220kV	套	1	等电位防护
8	温湿仪		块	1	湿度、湿度测量
9	风力仪（选用）		台	1	风力测量
10	绝缘电阻表（绝缘检测仪）	5000V	块	1	绝缘工具检测
11	万用表		块	1	
12	防潮垫布		块	1	放置工器具及材料
13	干燥毛巾		条	2	擦拭工器具及材料
14	绝缘安全带		副	2	防止高空坠落
15	安全标志牌		块	1	变电站设置
16	安全围栏		m	若干	变电站设置
17	护目镜		个	1	
18	安全帽		顶	6	

注　绝缘工器具机械及电气强度均应满足安规要求，周期预防性及检查性试验合格

4. 作业步骤

（1）工作负责人根据变电值班员现场交待情况并得到许可后，向所有工作班成员宣读工作票，介绍现场情况，交代作业范围、带电部位、危险点及控制措施、安全注意事项，布置工作任务。

（2）工作班成员根据任务分工，将工器具及仪表摆放在防潮苫布上，检查使用的工器具是否良好。等电位电工穿着全套合格屏蔽服，工作负责人或设专人检查屏蔽服各部连接是否良好。

（3）作业人员在地面选择合适的位置，停好变电站用电动履带式自行走带电作业升降平台，等电位电工穿好屏蔽服。

（4）等电位电工携控制滑车和控制绳登上绝缘升降平台，操控绝缘升降平台升至离

母线 40cm 处，用手转移电位进入强电场，把安全带挂在母线上，适当位置上安装控制滑车，利用控制滑车和控制绳，将消弧滑车和消弧绳传递上来。

（5）等电位电工在母线适当位置上安装消弧滑车，把消弧绳金属导流线的一端绑扎在需断引的引流线线夹上，另一端由地面电工拉紧。

（6）在需断引的引流线上绑扎控制绳。

（7）检查隔离开关在开位，且无接地后。等电位电工拆除引流线连接螺丝。

（8）等电位电工下降绝缘升降平台退出强电场或远离断引点 4m 以上。

（9）两名地面电工互相配合，利用控制绳下放断开引流线，一名地面电工迅速下放控制绳，另一名地面电工迅速拉下断开引流线，尽快灭弧。同样方法，两名地面电工配合，利用消弧绳放下引流线。

（10）等电位电工通过绝缘升降平台进入等电位，把安全带挂在母线上，拆除消弧滑车和消弧绳，利用控制滑车和控制绳，将消弧滑车、消弧绳传递到地面。

（11）拆除控制滑车和控制绳，摘下安全带，携控制滑车和控制绳退出强电场返回地面。

（12）其余两相带电断接引工作按照上述步骤进行。

（13）工作结束后清理现场，检查现场无任何遗留物后，撤离现场，汇报工作结束。

5. 安全措施及注意事项

（1）本次作业应经现场勘察并编制 220kV 变电站等电位断、接母线空载隔离开关引线作业指导书，经本单位技术负责人或主管生产领导批准后执行。

（2）作业前应向调度告知：若遇跳闸，不经联系不得强送电。

（3）作业过程中如遇设备突然停电，作业人员应视设备仍然带电。

（4）作业应在良好天气下进行。如遇雷电（听见雷声、看见闪电）、雪、雹、雨雾时不得进行带电作业。风力大于 5 级（10m/s）时，不宜进行作业。

（5）现场相对湿度大于 80%时，不宜进行作业。必要时，经采取相应安全技术措施，并由本单位分管生产领导批准后，方可进行作业。

（6）使用工具前，应仔细检查确认没有损坏、受潮、变形，失灵，否则禁止使用。

（7）作业前应对绝缘工具进行分段绝缘检测，其阻值不得低于 700MΩ，否则禁止使用。

（8）全体作业人员必须戴安全帽。

（9）地面人员严禁在作业点垂直下方逗留，高空人员应防止落物伤人。

（10）作业人员应在围栏内作业，不得随意跨越围栏，不得碰触、操作其他变电设备。

（11）作业人员在构架上作业期间，工作监护人应对作业人员进行不间断监护，且不得从事其他工作。

6. 关键点

（1）相间安全距离不小于 2.46m；地电位电工人身与带电体的安全距离为 1.8m。

（2）放下引流线时，要平稳，注意与其他两相安全距离。

（3）绝缘升降平台必须先支脚，后升降。

（4）下放断引流线时，地面电工迅速拉下断开引流线，尽快灭弧；提升接引流线时，当引流线接近带电体时，地面电工迅速提升引流线，减少电弧时间。

（5）带电接引时未接通相的导线，和带电断引时已断开相的导线因感应而带电，应采取措施后才能触及，防止电击。带电断引时，从远离隔离开关的一相依次向较近的另两相进行。

（6）当在中相作业时，绝缘升降平台应处于母线中央位置，等电位电工进入和退出强电场，保持两边相有足够安全距离。

等电位断、接中相硬管母线空载隔离开关引线见图7-12。

图7-12　等电位断、接中相硬管母线空载隔离开关引线

第八章

变电带电作业管理

第一节 现 场 勘 察

现场勘察结果是判定工作必要性和现场装置是否具备带电作业条件的主要依据。带电作业班组在接受变电站带电作业任务后，应根据任务难易和对作业设备熟悉程度，决定是否需要查阅资料和勘察现场，现场勘察应填写现场勘察记录。

查阅资料是指从图纸、运维记录等了解作业设备的情况。如导（母）线型式、导（母）线规格、设计所取的安全系数及荷载；一次设备结构、间距；相位和运行方式；设备状况及作业环境状况等，必要时还应验算导（母）线应力，或计算导（母）线张力；计算空载电流、环流和电位差；计算悬重后的弧垂，并校核对地或被跨越物的安全距离。

现场勘察应查看变电站作业设备的各种间距、邻近间隔、交叉跨越、需要停电的范围（配合部分停电已满足临近带电作业要求）、缺陷部位及其严重程度和作业现场的条件、环境、地形状况及其他影响作业的危险点。并结合查阅资料情况确定作业方法、所需工（器）具及做出是否需要停用重合闸的决定。根据勘察结果，做出能否进行带电作业、采用何种作业方法及必要的安全措施等决定。

作业开工前，工作负责人或工作许可人若认为现场实际情况与原勘察结果可能发生变化时，应重新核实，必要时应修正、完善相应的安全措施，或重新办理工作票。

针对常规变电带电作业项目现场勘察主要内容如下所示：

（1）断接引勘察内容。

1）勘察导线截面，是否适合挂梯作业。

2）勘察断、接点距离地面的高度和位置。

3）勘察作业点对接地体的距离、组合间隙和相邻导线的距离。

4）勘察作业点的上、下方有无跨越导线。

5）勘察本次作业的断、接点有否与其他设备的引流线同时连接在同一个设备线夹上。

6）根据勘察结果绘制勘察记录并附照片，标明危险点位置。

（2）带电短接勘察内容。

1）勘察带电短接设备的相位，是否与调度所发指令一致。

2）勘察导线截面，准备与导线截面相符合的短接线作业卡具。

3）勘察作业点距离地面的高度和位置，是否适合人字梯作业。

4）勘察作业点对接地体的距离、组合间隙和相邻导线的距离。

5）勘察作业点的上、下方有无跨越导线以及有无侧方导线。

现场　勘察　记录（供参考）

记录人		勘察日期	2019 年 07 月 08 日
勘察单位	变电带电班		
勘察负责人及人员			
工作任务	220kV 某站 220kV 某Ⅱ线间隔 OPGW 光缆引下线脱落现场勘察		
重点勘察注意事项 【查看检修（施工）作业需要停电的范围、保留的带电部位、装设接地线的位置、邻近线路、交叉跨越、多电源、自备电源、地下管线设施和作业现场的条件、环境及其他影响作业的危险点】	现场情况： （1）220kV 某Ⅱ线 OPGW 光缆引下线构架 A 柱左侧是 220kV 某线间隔，右侧是 220kV 某Ⅱ线间隔。 （2）220kV 某Ⅱ线靠近 A 柱相有阻波器，目测距离 2.5m；220kV 某线靠近 A 柱相无阻波器目测 3m。 （3）220kV 某Ⅱ线 OPGW 光缆引下线与 220kV 某线 OPGW 光缆引下线在同一 A 柱两侧，220kV 某Ⅱ线 OPGW 光缆引下线在变电站围墙侧（外侧）。 （4）220kV 某Ⅱ线 OPGW 光缆构架上方为两点接地。 （5）220kV 某Ⅱ线 OPGW 光缆引下线 7 个线夹全部脱落。 结论：经现场勘察分析，220kV 某Ⅱ线 OPGW 光缆引下线脱落满足带电作业距离条件。可采用挂绝缘软梯作业的方法进行处理，工作人员 4 人。 		

填表说明：

1. 工作任务：填写即将开展的作业任务。

2. 勘察记录：查看检修（施工）作业需要停电的范围、保留的带电部位、装设接地线的位置、邻近线路、交叉跨越、多电源、自备电源、地下管线设施和作业现场的条件、环境及其他影响作业的危险点等。

第二节　作业危险点分析

变电带电作业危险点分析的主要目的是对作业进行危害辨识和风险评估，系统地识别作业过程中潜在的风险和指导作业风险的有效控制。

由于变电站设备紧凑，带电作业人员作业安全距离小，进行危险点分析过程中要提前进行周密、细致现场勘测，合理摆放作业工具，科学规划作业人员作业路径等，对每个步骤涉及的危险点进行分析，并对应存在的风险制定控制措施。

变电站带电断、接引作业危险点分析重点应从安全距离不足、是否带负荷断引（带电断引时，检查隔离开关确已断开，检查手柄闭锁可靠）、是否带地线接引（带电接引时，检查隔离开关在开位，并确无接地）、消弧绳及消弧滑车与连接处接触电阻是否过大、绝缘工具是否受潮、有无高处坠落等进行分析。

变电站带电处理接点发热作业危险点分析重点应从短接线提升过程是否发生短路、人体是否串入电路（分流线一端安装好后，安装另一端时应防止人体串入电路）、绝缘工具是否受潮、有无高处坠落等进行分析。

第三节　工作票办理

一、工作票的选用

根据现场勘察结果、作业方法判断作业过程中人员、工具及材料与设备带电部分的安全距离来选用工作票。人员、工具及材料与设备带电部分的安全距离见表8-1，邻近或交叉其他线路工作的安全距离见表8-2，带电作业时人身与带电体间的安全距离见表8-3。

在变电站内与邻近或交叉其他带电设备最小距离大于表8-1规定的作业安全距离且小于表8-2规定距离的工作，选用第二种工作票。

在变电站内的高压设备带电作业，人员作业时与邻近带电设备距离大于表8-3规定距离，且小于表8-1规定的作业安全距离范围内的作业，需选用带电作业工作票。

表8-1　　　　　　　人员、工具及材料与设备带电部分的安全距离

电压等级（kV）	非作业安全距离（m）	作业安全距离（m）
10及以下	0.7	0.7（0.35）
20、35	1.0	1.0（0.6）
66、110	1.5	1.5

续表

电压等级（kV）	非作业安全距离（m）	作业安全距离（m）
220	3.0	3.0
500	5.0	5.0
±50 及以下	1.5	1.5
±500	6.0	6.8
±800	9.3	10.1

注　1."非作业安全距离"是指人员在带电设备附近进行巡视、参观等非作业活动时的安全距离（引自 GB 26860—2011 中的表 1"设备不停电的安全距离"）；"作业安全距离"是指在厂站内或线路上进行检修、试验、施工等作业时的安全距离（引自 GB 26860—2011 中的表 2"人员工作中与设备带电部分的安全距离"和 GB 26859—2011 中的表 1"在带电线路杆塔上工作与带电导线最小安全距离"）。
　　2. 括号内数据仅用于作业中人员与带电体之间设置隔离措施的情况。
　　3. 未列出的电压等级，按高一档电压等级安全距离执行。
　　4. 13.8kV 执行 10kV 的安全距离。
　　5. 数据按海拔 1000m 校正。

表 8-2　　　　　　　　邻近或交叉其他电力线路工作的安全距离

电压等级（kV）	10 及以下	20、35	66、110	220	500	±50	±500	±660	±800
安全距离（m）	1	2.5	3	4	6	3	7.8	10	11.1

注　1. 表中未列电压等级按高一档电压等级安全距离。
　　2. 表中数据是按海拔 1000m 校正的。

表 8-3　　　　　　　　带电作业时人身与带电体间的安全距离

电压等级（kV）	10	35	63（66）	110	220	500	±500	±800
距离（m）	0.4	0.6	0.7	1.0	1.8（1.6）*	3.4（3.2）**	3.4	6.8***

注　表中数据是根据设备带电作业安全要求提出的。
*　　220kV 带电作业安全距离因受设备限制达不到 1.8m 时，经单位分管生产负责人或总工程师批准，并采取必要的措施后，可采用括号内 1.6m 的数值。
**　　海拔 500m 以下，取 3.2m，但不适用 500kV 紧凑型线路；海拔在 500～1000m 时，取 3.4m。
***　　不包括人体占位间隙。

在同一厂站内，依次进行的同一电压等级、同类型采取相同安全措施的带电作业可共用同一张带电作业工作票。

二、工作票启用

1. 工作票填写

（1）若一张工作票下设多个分组工作，每个分组应分别指定分组工作负责人（监护人），并使用分组工作派工单。分组工作负责人（监护人）宜具备工作负责人资格。

（2）填写工作班人员，不分组时应填写除工作负责人以外的所有工作人员姓名。工作班分组时，填写工作小组负责人姓名，并注明包括该小组负责人在内的小组总人数；工作负责人兼任一个分组负责人时，应重复填写工作负责人姓名。

（3）同一工作人员在同一段时间内被列为多张工作票的工作人员时，应经各工作负责人同意，并在每张工作票的备注栏注明人员变动情况。

（4）工作票总人数包括工作负责人及工作班所有人员。

（5）工作要求的安全措施应符合现场勘察的安全技术要求和现场实际情况，并充分考虑其他必要的安全措施和注意事项。

2. 办理工作票时应注意

（1）带电作业工作票签发人和工作负责人、专责监护人应由具有带电作业实践经验的人员担任。工作负责人、专责监护人应具备带电作业资格。

（2）带电作业应设专责监护人。监护人不应直接操作，其监护的范围不应超过一个作业点。复杂的带电作业应增设监护人。

（3）工作许可人和工作负责人不得相互兼任。

三、工作票签发

（1）工作票由工作票签发人审核无误后签发。

（2）不直接管理本设备的外单位办理需签发的工作票时，应实行"双签发"，先由工作负责人所在单位签发，再由本设备运维单位会签。

四、工作票接收

需停用线路重合闸或退出再启动功能的带电作业工作票，应在工作前一日送达许可部门。

五、工作许可

（1）厂站内的检修工作，工作许可人在完成施工作业现场的安全措施后，应与工作负责人手持工作票共同到作业现场进行安全交代，完成以下许可手续后，工作班组方可开始工作。

1）工作许可人会同工作负责人到现场再次检查所做的安全措施与工作要求的安全措施相符。

2）工作许可人对工作负责人指明工作地点保留的带电设备部位和其他安全注意事项，确认安全措施满足要求后，会同工作负责人在工作票上分别确认、签名。

（2）已许可的工作票，一份应保存在工作地点并由工作负责人收执，另一份由工作许可人收执和按值移交。

第四节　作业指导书编制

作业指导书是对涉及现场作业的作业人员进行标准化作业提供正确指导的作业活动程序文件，一般应包括基本信息、作业前准备、风险评估、作业过程、作业记录、作业终结等要求，根据作业内容的需要指导书中还可包含记录表格。现以变电站带电拆、接母线引流线作业为例进行介绍。

变电站带电拆、接母线引流线作业指导书

编号：＿＿＿＿＿＿＿＿＿

班组名称	带电班		专业名称	变电带电	作业类型	检修类
一、作业要求						
作业人员标准	人员数量（最低标准）		6人			
	人员技能等级（最低标准）		初级工及以上并持有相关有效证件			
作业环境标准	作业时段（最佳标准）		日间开展			
	作业环境包括多项，应结合实际作业列出对作业环境的要求。如：作业地形、相邻空间、密闭空间、交通作业安全、作业天气等		作业地形：除水田等大面积湿地外的平原、山地、丘陵均可开展。相邻空间：作业区域满足带电作业最小组合间隙及最小作业安全距离要求。交通作业安全：交通密集区应设安全围栏等警示标识。作业天气：雷、雨、雪、雾等天气或湿度大于80%，风速大于10m/s，不宜开展带电作业，根据季节特点，夏季应尽量避开35℃以上的高温天气时段或在此温度下连续工作不超过2小时。			
二、作业流程及标准						

（一）作业前准备

序号	准备项	准备次项	准备项内容
1	生产用具	安全工器具及个人防护用品	安全帽（按人数选用）、全身式安全带、防坠器、屏蔽服、脚扣（按工作需要选用）、绝缘传递绳、绝缘绳套、绝缘滑车、绝缘软梯（按工作需要选用）、个人后备保护装置（含绳套、滑车、八字扣）、绝缘操作杆、消弧绳、绝缘独脚梯（按工作需要选用）、绝缘人字梯（按工作需要选用）、绝缘挂梯（按工作需要选用）、急救药包（箱）
2		工器具	个人工具（按工作需要选用）、套筒板书、活动扳手、防潮垫布、翻转滑车、梯头（飞车）、消弧滑车
3		材料	0号砂纸、干净的毛巾
4		仪器仪表	温湿度仪、风速仪、绝缘检测仪、万用表

（二）作业过程

序号	作业内容	作业标准
1	工作许可	执行变电站带电作业工作票许可手续，宣读工作票、安全交代、人员分工并签字确认

续表

序号	作业内容	作业标准
2	核实作业现场	（1）核对间隔双重名称。 （2）检查仪器仪表性能、试验标签在有效期内。 （3）生产用具（包含安全工器具及个人防护用品、工器具）外观检查、性能、试验标签检查。 （4）绝缘工具使用 2500V 绝缘电阻表或绝缘检测仪进行分段绝缘检测（电极宽 2cm，极间宽 2cm），阻值应不低于 700MΩ。 （5）屏蔽服使用万用表测量最远端两点电阻不大于 20Ω。 （6）核实现场作业环境、天气条件（湿度小于 80%，风速小于 10m/s）满足现场作业要求。 （7）刀闸在断开位置，母线至刀闸之间的引线无接地。 （8）核实刀闸二次控制电源回路空开在分闸位置
3	进入作业位置	（1）绝缘操作杆最小有效绝缘长度：110kV，1.3m；220kV，2.1m；500kV，4.0m。绝缘承力工具、绝缘绳索最小有效绝缘长度：110kV，1.0m；220kV，1.8m；500kV，3.7m。 （2）使用软梯应遵守有下列情况之一者，应经验算合格，并经厂（局）主管生产领导（总工程师）批准后才能进行：① 在孤立档距的导、地线上的作业；② 在有断股的导、地线上的作业。 （3）使用硬梯应做好风绳控制，防止硬梯倾倒。 （4）登高前，安全带、软梯、防坠落装置分别冲击试验。 （5）高处作业全过程不得失去安全带保护，无打滑、踏空；吊物绳、安全带无缠绕、勾卡现象。 （6）转移电位前必须得到工作负责人许可，转移电位时电位转移时人体裸露部位与带电体的距离不小于：110～220kV，0.3m；330～500kV，0.4m。进入等电位动作正确迅速果断。 （7）组合间隙不小于：110kV，1.2m；220kV，2.1m；500kV，3.9m
4	带电拆、接引流线	（1）带电断、接空载线路，应遵守以下规定： 1）带电断、接空载线路时，应确认需断、接线路的另一端断路器和隔离开关确已断开，接入线路侧的变压器、电压互感器确已退出运行后，方可进行。禁止带负荷断、接引线。 2）带电断、接空载线路时，作业人员应戴护目镜，并应采取消弧措施。消弧工具的断流能力应与被断、接的空载线路电压等级及电容电流相适应。 3）在查明线路确无接地、绝缘良好、线路上无人工作且相位确定无误后，方可进行带电断、接引线。 4）带电接引线时未接通相的导线及带电断引线时已断开相的导线，将因感应而带电。为防止电击，应采取措施后方可触及。 5）不应同时接触未接通的或已断开的导线两个断头。 （2）绝缘操作杆有效绝缘长度不小于：110kV，1.2m；220kV，2.1m。 （3）绝缘承力工具有效绝缘长度不小于：110kV，1.0m；220kV，1.8m。 （4）等电位作业全过程人体与接地体的安全距离不得小于：110kV，1.0m；220kV，1.8m。组合间隙不小于：110kV，1.2m；220kV，2.1m。与邻相导线保持安全距离不小于：110kV，1.4m；220kV，2.5m。 （5）引线上、下用控制绳或绝缘操作杆控制其摆动幅度。 （6）拆除的引线用绳索拴牢固定。 （7）母线侧引流线线夹安装前应清除导线表面氧化层
5	退出作业位置	（1）检查导线上有无遗留物。 （2）高处作业全过程不得失去安全带保护，无打滑、踏空；吊物绳、安全带无缠绕、勾卡现象。 （3）转移电位前必须得到工作负责人许可，转移电位时电位转移时人体裸露部位与带电体的距离不小于：110～220kV，0.3m；330～500kV，0.4m。退出等电位动作正确迅速果断。 （4）组合间隙不小于：110kV，1.2m；220kV，2.1m；500kV，3.9m
6	工作终结	核实作业已完成，安全措施已拆除并恢复作业前状态，现场已清理，人员已撤离，办理工作终结手续

第五节　施 工 方 案 编 制

工作方案应根据现场勘察结果，依据作业的危险性、复杂性和困难程度，制定有针对性的组织措施、安全措施和技术措施。主要包括编制依据、工程概况、组织措施、技术措施、安全措施、环境保护及控制措施、事故应急措施，现以某110kV站带电断、接引流线工作方案为例进行介绍。

一、编制依据

（1）110kV 某站 110kV 某线 1151 刀闸母线侧刀闸绝缘子需要开展探伤的设备处理任务单。

（2）GB 26859—2011《电力安全工作规程（发电厂和变电所电气部分）》。

（3）DL/T 966—2005《送电线路带电作业技术导则》。

（4）本方案适用于 110kV 某站带电断、接引流线工作。

二、工作概况

（1）工作说明。由于某站母线侧 110kV 某线 1151 刀闸刀绝缘子需要开展探伤，站内母线又不允许停电，因此母线之间引流线需带电断、接来完成母线侧刀闸绝缘子的探伤工作。

（2）工作任务。带电断、接 110kV 某站 110kV 某线 1151 刀闸与母线之间引流线。

（3）计划工作时间。2020 年 10 月 29 日 9:30 至 2020 年 10 月 30 日 18:00。

（4）工作进度。

1）2020 年 10 月 29 日带电断开 110kV 某线 1151 刀闸三相引流线。

2）2020 年 10 月 30 日带电接回 110kV 某线 1151 刀闸三相引流线。

（5）车辆安排。带电作业工程车一辆：运送作业人员及工器具。

三、组织措施

（1）组织机构。

序号	人员分工	姓名	职责	备注
1	工作负责人	王某	负责正确安全的组织工作，结合实际进行安全思想教育，对工作班人员交代安全措施及技术措施，严格执行安全票所列安全措施，督促、监护工作人员遵守安全规程，指挥工作班人员完成带电断接引工作	
2	安全负责人	胡某	负责检查审核正确完备的工作所需的安全措施，并督促全体工作人员严格遵守各项规定	

序号	人员分工	姓名	职责	备注
3	技术负责人	谢某	负责完善和指导本次作业技术规范标准	
4	工作班人员	张某、李某、陈某、阳某	服从工作安排互相关心工作安全，对本次安排检修任务的安全、质量负责，工作中严格执行各项安全工作规程	

（2）组织分工。

序号	人员	工作任务	备注
1	李某、陈某、阳某	负责软梯的挂拆、控制及工器具的传递工作	工作班人员在工作中应相互配合，服从工作负责人的统一调配
2	张某	负责消弧绳的控制工作	

四、技术措施

（1）工作方法。采用沿绝缘软梯方法进入等电位开展工作。

（2）工作步骤及质量要求。

序号	项目或流程	方法及步骤	风险说明
1	工作前准备	现场勘察，准备工具材料，办理相关工作票，开工前会	
2	挂软梯	地电位电工用操作杆将翻转滑车挂在母线上，将软梯头与绝缘软梯连接并将梯头挂至导线合适位置并作冲击试验	
3	进入等电位	等电位电工携带绝缘工作绳、消弧滑车、消弧绳铜丝端、方向绳沿绝缘梯进入强电场，到达工作位置时应立即系好安全带	
4	断接引流线	断开引流线时，等电位电工把消弧滑车安装在导线合适位置，断开引流线时，等电位电工用有铜丝端的消弧绳及另一根方向绳绑牢在要拆除的引线线夹处适当位置，然后拆除引线连板螺栓；等电位电工转移至安全位置后由地电位电工配合快速将引流线从母线位置分离。 连接引流线时，等电位电工把消弧滑车安装在导线合适位置，并将消弧绳尾绳穿过消弧滑车放至地面；地电位电工用有铜丝端的消弧绳绑牢要连接的引线，在等电位电工转移至安全位置后地电位电工配合快速将引流线拉至母线引流板位置，等电位电工安装引线连板螺栓	
5	退出等电位	等电位电工拆除消弧滑车放入工具袋，沿绝缘软梯退出强电场	
6	工作终结	工作负责人检查现场无遗留安全隐患后办理工作终结	

（3）工器具表。

序号	工具名称	规格型号	数量	单位	备注
1	绝缘检测仪	JY—Ⅱ型	1	台	
2	绝缘软梯	10m	1	副	

续表

序号	工具名称	规格型号	数量	单位	备注
3	翻转滑车		1	个	
4	软梯头		1	个	
5	消弧滑车		1	个	
6	消弧绳	$\phi 12 \times 30$	1	条	
5	绝缘绳	$\phi 12 \times 30$	3	条	
6	屏蔽服	C 型	2	套	
7	防潮帆布	2m×2m	2	块	
8	操作杆	3m	3	节	
9	操作杆挂钩		1	个	
10	安全帽		6	顶	
11	绝缘安全带		1	副	

注　工器具的强度及性能应满足带电作业要求。

（4）完工验收。工业班组自检：按照《电气装置安装工程　母线装置施工及验收规范》（GB 40149—2016）有关要求进行。

五、安全措施

（1）办理带电作业工作票，得到变电站值班负责人许可工作后，工作负责人核对设备名称、编号确认工作位置。

（2）110kV 某站某线 1151 刀闸断接引前，断开 110kV 某站某线 115 开关、1151 刀闸。

（3）断开 1151 刀闸二次回路空开。

（4）在 110kV 某站 110kV 某线 1151 刀闸与 110kV 母线之间引流线下方设置"在此工作"标示牌。

（5）危险点分析及预控措施。

序号	危险点	预控措施	风险等级
1	人身触电	等电位电工必须穿合格的全套屏蔽服，且各部连接良好，衣裤最远端点之间的电阻值均不得大于 20Ω	可接受
		严禁同时接触未接通或已断开的导线两个接头，以防人体串入电路	可接受
		等电位电工转移电位时，要取得工作负责人的同意。人体裸露部分与带电体的距离不小于：0.3m，严禁等电位电工用头部充放电	可接受

续表

序号	危险点	预控措施	风险等级
1	人身触电	人体对带电体的安全距离不得小于 1.0m，操作杆的绝缘有效长度不得小于 1.3m，承力绝缘工具绝缘有效长度不得小于 1.0m 等电位人员对邻相的最小距离不小于 1.4m，组合间隙不小于 1.2m	可接受
		等电位电工未落地前，地面电工不能接触等电位电工	可接受
2	高空坠落	等电位作业人员应打好后备保护绳后才能登梯工作，进入工作位置后打好安全带	可接受
		绝缘软梯梯挂好并做冲击试验合格后，方可登上软梯工作	可接受
3	高空落物	工具、材料必须使用绝缘绳传递或装进工具包里面，不得随意乱丢	可接受
		作业点的正下方不得有人逗留	可接受

六、环境保护及控制措施

（1）保持环境整洁，生活垃圾统一收集处理避免污染环境。

（2）文明施工，合理安排施工工序，避免损伤站内设备。

（3）余料及废旧物资统一收集运回处理，做到工完场清。

七、事故应急措施

（1）事故发生后，工作负责人或安全员应立即启动应急救援预案，正确、全力开展事故抢险救援工作。

（2）迅速将情况报告单位领导和报局应急领导小组（必要时）。

（3）立即电话拨打"120"请求支援，医护人员到来前，现场工作人员不能停止救护工作。

（4）应急状态终止后，班组应及时作出书面报告。

第六节　作业现场组织

作业现场组织包括组织、指挥和协调等内容，是工作负责人的主要职责，是确保工作班成员能遵守安全规程并按照作业方案的要求具体实施的重要保障。如组织工作班全体成员召开班前会，对全体工作班成员进行安全交代，交代清楚作业任务及作业过程涉及的风险和控制措施，并逐一签字确认。指挥各工作小组负责人或施工作业人员按分工要求开展作业，根据施工安全及工艺要求指挥作业施工器具、设备（绝缘平台、绝缘操作杆、控制绳、消弧绳等）操作人员操控作业施工器具、设备。协调作业所需相关资源（人员、设备、工具、材料等），作业过程中协调各工作小组之间相互配合。

　　根据现场施工难易程度和复杂程度，一些大型带电作业，涉及多个班组的配合，需制定详细的工作方案，建立相应的组织保障机构，明确相关人员的具体职责。按照现场安全管控的要求，涉及多个班组的大型带电作业，部门领导或专职管理人员要到作业现场监督、指导工作，帮助协调在工作负责人职权范围之外的作业所需相关资源。

参 考 文 献

[1] 张全元. 变电运行现场技术问答（第二版）. 北京：中国电力出版社，2010.

[2] 范锡普. 发电厂电气部分（第二版）. 北京：中国电力出版社，2004.

[3] 国网河北省电力公司. 高压隔离开关检修. 北京：中国电力出版社，2016.

[4] 河南电力技师学院. 高压线路带电作业工/电力行业高技能人才培训系列教材. 北京：中国电力出版社，2008.

[5] 国家电网公司. 带电作业操作方法. 第 3 分册. 变电站. 北京：中国电力出版社，2011.

[6] 国家电网公司. 电力安全工作规程（变电部分. 北京：中国电力出版社，2013.

[7] 中国南方电网有限责任公司. 电力安全工作规程. 北京：中国电力出版社，2015 .

[8] 国家电网公司人力资源部. 《带电作业基础知识》. 北京：中国电力出版社，2010.

[9] 河南电力技师学院. 电力行业高技能人才培训系列教材：高压线路带电作业工，北京：中国电力出版社，2008.

[10] 中国电力企业联合会. 回顾与发展——中国带电作业六十年. 北京：中国水利水电出版社，2014.

电力行业职业能力培训教材

《带电作业人员培训考核规范》
（T/CEC 529-2021）辅导教材
配电分册

中国电力企业联合会人才评价与教育培训中心
中电联人才测评中心有限公司 组编

牛 捷 刘 博 主编

中国电力出版社
CHINA ELECTRIC POWER PRESS

内 容 提 要

为了加强带电作业运维人才队伍建设，全面提升技术技能水平，中国电力企业联合会组织编写了《带电作业人员培训考核规范》（T/CEC 529—2021），旨在明确带电作业运维岗位人员需要达到的技术技能要求。本书为标准的配套教材，分为《输电分册》《变电分册》《配电分册》。

本分册为《配电分册》，内容涵盖配电带电作业概述、配电线路及设备基础知识、配电带电作业方法及原理，配电带电作业安全技术、配电带电作业工器具、配电带电作业规程和标准及配电带电作业项目介绍、班组管理等。本书可供从事输电带电作业相关技能专业人员、管理人员和高校相关专业师生使用。

图书在版编目（CIP）数据

《带电作业人员培训考核规范》（T/CEC 529—2021）辅导教材.3，配电分册 / 牛捷，刘博主编；中国电力企业联合会人才评价与教育培训中心，中电联人才测评中心有限公司组编. —北京：中国电力出版社，2022.3
ISBN 978-7-5198-6076-9

Ⅰ.①带… Ⅱ.①牛…②刘…③中…④中… Ⅲ.①配电线路–带电作业–技术培训–教材 Ⅳ.①TM72

中国版本图书馆 CIP 数据核字（2021）第 207500 号

出版发行：中国电力出版社
地　　址：北京市东城区北京站西街 19 号（邮政编码 100005）
网　　址：http://www.cepp.sgcc.com.cn
责任编辑：罗　艳（010-63412315）　高　芬（010-63412717）
责任校对：黄　蓓　王海南
装帧设计：张俊霞
责任印制：石　雷

印　　刷：三河市万龙印装有限公司
版　　次：2022 年 3 月第一版
印　　次：2022 年 3 月北京第一次印刷
开　　本：787 毫米×1092 毫米　16 开本
印　　张：31.25
字　　数：654 千字
印　　数：0001—3000 册
定　　价：198.00 元（全 3 册）

《电力行业职业能力培训教材》
编审委员会

本书编写组

本书编写人员名单

主　　编　　牛　捷　刘　博

副主编　　郝　宁　周　伟　郭海云　邵　九

编写人员　　汤　文　张捷华　雷　宁　周　兴　刘　亮　庞　博
　　　　　　刘　坤　高自力　曾国忠　龙　飞　宁博扬　王新娜
　　　　　　胥　莹　王传旭　杨　尧　原慧斌　何永昌　蒋建平
　　　　　　樊伟成　叶国庆　高举明　李明浩　姚沛全　顾衍璋
　　　　　　陈义忠　赵维谚　庞　峰　肖庆初

为进一步推动电力行业职业技能等级评价体系建设，促进电力从业人员职业能力的提升，中国电力企业联合会技能鉴定与教育培训中心、中电联人才测评中心有限公司在发布专业技术技能人员职业等级评价规范的基础上，组织行业专家编写《电力行业职业能力培训教材》（简称《教材》），满足电力教育培训的实际需求。

《教材》的出版是一项系统工程，涵盖电力行业多个专业，对开展技术技能培训和评价工作起着重要的指导作用。《教材》以各专业职业技能等级评价规范规定的内容为依据，以实际操作技能为主线，按照能力等级要求，汇集了运维、管理人员实际工作中具有代表性和典型性的理论知识与实操技能，构成了各专业的培训与评价的知识点，《教材》的深度、广度力求涵盖技能等级评价所要求的内容。

本套培训教材是规范电力行业职业培训、完善技能等级评价方面的探索和尝试，凝聚了全行业专家的经验和智慧，具有实用性、针对性、可操作性等特点，旨在开启技能等级评价规范配套教材的新篇章，实现全行业教育培训资源的共建共享。

当前社会，科学技术飞速发展，本套培训教材虽然经过认真编写、校订和审核，仍然难免有疏漏和不足之处，需要不断地补充、修订和完善。欢迎使用本套培训教材的读者提出宝贵意见和建议。

中国电力企业联合会技能鉴定与教育培训中心

2020 年 1 月

随着经济发展方式转变、城市化进程加快、能源结构优化升级，配电网作为电网的重要组成部分，也在不断更新升级。分布式能源的逐渐接入，对传统模式的配电网规划和运行提出了新的挑战和要求。新的形势下，配电网正向安全可靠、绿色智能、友好互动、经济高效的智慧配电网不断进化。

新技术、新工具的发展和应用，推动了带电作业的发展，同时也对作业人员的技能水平提出了更高要求。为了加强带电作业运维人才队伍建设，明确作业要求，中国电力企业联合会组织编写了《带电作业人员培训考核规范》（T/CEC 529—2021）。为配合标准开展培训和行业技能等级评价工作，按照"规范－教材－课件－题库"计划，中电联人才评价与教育培训中心组织编写了本书作为标准的配套教材。

本书在介绍配电线路及设备、配电带电作业方法及原理等基本知识的基础上，对配电带电作业技能安全、工器具使用、标准解读和作业管理等技能点做了全面讲解，基本覆盖了配电带电作业技能培训和考核的全部知识点。本书图文并茂、通俗易懂、用语标准统一，采用了大量的配电带电作业相关结构图和实物图，尽量减少复杂的理论阐述，注重从业人员技能水平快速提升和行业标准化发展。

本书共分八章，第一章～第三章为基础知识、原理及方法，分别是配电带电作业概述、配电线路及设备基础知识、配电带电作业方法及原理；第四章～第六章为配电带电作业技能规范讲解，分别是配电带电作业安全技术、配电带电作业工器具及配电带电作业规程和标准等；第七章～第八章为配电带电作业项目开展及作业管理等规范性内容。

本书的编写得到了国家电网有限公司、中国南方电网有限责任公司及相关企业领导和专家的大力支持。同时，也参考了一些业内专家的著述和相关厂家的实图与数据，在此一并致谢。

由于编写时间紧迫，且配电带电作业技术发展迅速，书中难免有疏漏或不妥之处，恳请广大读者及同行专家赐教指正。

编　者
2021 年 12 月

平台·培训·智库　　电力行业人才发展服务平台

目　录

第一章

配电带电作业概述

第一节 国外带电作业发展状况

目前，世界上已有 80 多个国家开展了配电带电作业的研究与应用，其中，美国、日本、法国、德国、中国、意大利等 40 多个国家已广泛应用带电作业技术。各国带电作业对象基本都从配电架空线路开始，逐步发展到输电线路、特高压线路、配电电缆线路，再向低压配电柜（房）、变电站等延伸。

一、美国的带电作业

美国是世界上最早开展配电带电作业的国家，其作业方法和作业工具也最为先进。早从 1918 年开始，美国就使用木制杆和简易工具，采用地电位作业方式，在 22、34kV 等电压等级线路上开展带电作业。1920 年，美国生产出第一副绝缘手套。1950 年，第一辆绝缘斗臂车问世。1964 年，玻璃纤维操作杆在美国广泛使用。随着配电带电作业技术的日益成熟以及用户对供电质量要求的不断提高，美国从 20 世纪 60 年代开始，逐步取消配电网计划性停电检修，所有的检修作业均通过不停电作业来完成。目前，美国从事配电线路检修、建设作业人员约 40 万人，均具备带电作业资质和能力，共有各类检修作业车辆 10 万余辆。配电架空线路不停电作业中，绝缘手套作业法约占 70%，绝缘杆作业法约占 30%。美国配电带电作业工器具十分丰富齐全，针对每一类配电设备，均有相对应的不停电作业工器具。美国十分重视配电带电作业人员培训工作，培训体系非常完善，新从业人员只能承担简单辅助工作，在接受为期 4 年、4000 小时的培训后，才可以作为主要作业手开展带电作业；同时，企业每三年或四年会对从业人员开展职业能力测试，未通过测试的人员必须进入培训机构或企业培训中心重新培训。

二、日本的带电作业

日本配电带电作业起步于 20 世纪 40 年代初期，通过积极引进美国带电作业技术，在此基础上消化吸收，逐渐形成自己的特色。日本开发的配电带电作业工具种类繁多，而且系列和规格齐全，尤其是绝缘防护用具和绝缘遮蔽用具，适用于各个配电电压等级。初期日本带电作业使用绝缘手套作业较多。现阶段，日本普遍采用了绝缘斗臂车或绝缘平台+绝缘短杆作业法，作业过程中，作业人员一般不穿戴个人绝缘防护用具，此方法在进一步保证作业人员的安全同时也降低作业人员劳动强度。

近几年，日本的配电带电作业及维护检修工作已逐渐实现机械化、自动化，并对机器人带电作业进行了广泛研究，处于技术领先地位。

三、苏联的带电作业

苏联于 20 世纪 50 年代开展配电带电作业的实验研究。1955 年，开始在 35kV 架空线路上开展更换直线木杆、耐张杆木横担等带电作业项目。1980 年，苏联建成世界上第一条 1150kV 特高压交流输电线路后，逐步将配电带电作业向 110、330、500、750kV 等电压等级输电线路和 1150kV 特高压输电线路上发展应用。目前，俄罗斯开展的带电作业项目非常多，几乎涵盖了 6～1150kV 的所有电压等级线路，形成了一整套完善的带电作业体系。

四、欧洲国家的带电作业

欧洲国家的带电作业以法国为代表，法国的带电作业始于 1960 年，并于 1975 年开始进行技术出口。在近六十年里，技术、队伍、装备和管理都在不断完善。法国设有专门的标准制定机构、研究机构以及培训机构，实现全国统一管理，其规范化、专业化的管理和科研发展，对我国有很强的借鉴意义。

法国中压带电作业（架空）由电网维护工程师调派，通常是提供电网维护服务和部分设备的接入工作。作业过程可能结合 3 种方法：操作杆法、徒手法和绝缘手套法。典型示例分别有拆引线和接引线，为电网安装临时设备，绝缘子的更换，中压和低压设备的安装、更换和保养，在导线上的工作，电线杆的安装。

法国低压带电作业始于 20 世纪 80 年代初。此项方法已于 1982 年写入准则，在配电设施作业中大量应用，低压电网（架空和地下电缆）与用户维护、电网控制或维修有关的设备操作通常都以带电作业形式完成。

德国从 1971 年开始采用带电作业，目前从配电线路到超高压送电线路都开展带电作业项目。在意大利和丹麦等国也有专门的带电作业培训机构进行专门的带电作业培训。

第二节　国内带电作业发展状况

一、国内带电作业发展历程

我国从 1952 年开始对配电带电作业进行研究尝试。1953 年对带电清扫、更换和拆装配电设备及引线工具进行了研究制造。1954 年鞍山电业局采用地电位作业方式，完成了带电更换 3.3kV 配电架空线路横担、瓷瓶等作业项目，尽管作业工具十分粗糙笨重，但第一次实现了配电带电作业，标志着我国配电带电作业正式开展。1956 年，我国第一个带电作业专业组在鞍山电业局成立。1958 年，我国第一期全国带电作业培训班在鞍山举办。

因受工器具材料、性能等方面的限制，加上早期配电网设计建设时未充分考虑带电作业开展需要，我国在很长一段时间里配电带电作业项目主要为一些较简单的地电位操作项目。20 世纪 90 年代起，我国逐步引进吸收国外先进绝缘斗臂车、绝缘操作杆、绝缘防护用具等，并根据我国电网特点，开展创新研究，作业装备与器具不断丰富，配电带电作业项目、人员队伍、作业次数得到长足发展。

为加强配电线路带电作业管理，规范作业流程，推动带电作业广泛应用，2002 年，武汉高压研究所、福建省电力公司、厦门电业局、江苏省电力公司等单位联合编制了《配电线路带电作业技术导则》（GB/T 18857—2002），规定了 10kV 电压等级配电线路带电作业的作业方式、绝缘工具、防护用具、操作要领及安全措施等（3、6kV 配电线路的带电作业可参照）。该导则的出台有效指导并推动了各单位配电线路带电作业项目的开展。

2008 年，国家电网公司出台了《带电作业实训基地认证办法》（国家电网人资〔2008〕1318 号），开始组织对带电作业实训基地进行统一认证评审。2010 年，国家电网公司首次认证了首批国家电网公司级和省公司级培训基地。

2009 年，国家电网公司颁布了《10kV 旁路作业设备技术条件》（Q/GDW 249—2009）。在此基础上，结合我国配电线路特点，逐步试点开展旁路作业检修架空线路、旁路作业检修电缆线路以及临时取电作业等配电网不停电作业项目。2012 年，国家电网公司将配电带电作业概念进一步扩展为"以用户不停电为中心"的配电网不停电作业概念。

2014 年，我国对高海拔地区配电网架空线路带电作业技术进行研究。2016 年，国家西藏拉萨供电公司在海拔近 4000m 的高原上，成功实施了高海拔 10kV 配电线路带电作业，填补了西藏高海拔地区配电网带电检修作业的空白。2019 年，《配电线路带电作业技术导则》（GB/T 18857—2019）进行了第二次修编，增加了海拔 1000～4500m 地区 10kV 带电作业技术要求。

2018 年，国家电网公司、南方电网公司等单位对 0.4kV 低压不停电作业技术进行研究，并组织多家生产单位进行试点应用。编写了项目标准化作业指导书和培训教材，并把作业对象由传统的架空、电缆线路延伸至低压配电柜（房）和用户终端等以往不停电运维不涉及的设备。

我国配电带电作业经过近 70 余年的不断发展与提高，特别从 20 世纪 90 年代开始，作业方式从"点"发展到"面"，从技术上已基本满足取消配电网"计划停电"，全面实现"用户不停电"的检修方式，2020 年初，国内部分省市核心区取消"计划停电"检修方式。

二、国内带电作业现状

1. 配电网不停电作业规模

截至 2021 年 7 月，全国共有配电网不停电作业班组近 3800 个，作业人员约 38 980 人作业专用车 6700 余辆，全面开展配电网不停电作业项目，覆盖管辖区域内全部城市，真正实现了"用电更有保障，接电更加快速，服务更有品质"。

2020 年全年共开展配电网不停电作业 150.50 余万次，同比增加 3.6%，主要开展的作业项目为 10kV 架空线路和电缆线路检修。在城市配电网不停电作业中，目前以绝缘手套法为主；在县域配电网不停电作业中，受到线路结构参数、车辆配置、环境制约等因素影响，简单绝缘杆作业法开展次数占比较大。

2. 配电网不停电作业技术现状

我国带电作业技术经过六十多年的发展，已广泛应用于电力设备的检修工作，成为保证电网安全运行和提高配电网供电可靠性的重要技术手段。2012 年，国家电网公司提出配电网检修作业应遵循"能带不停"的原则，从实现用户不停电的角度定义电网检修工作，"带电作业"的内涵扩展至"不停电作业"。在技术创新方面，一是研究电力不停电作业关键技术，大力推广旁路作业；二是研究 0.4kV 低压配电网不停电作业关键技术，试点并推广低压不停电作业；三是进行西藏、青海等高海拔地区现场试验，实现城市配电网不停电作业全覆盖；四是研制新型绝缘杆作业法套装工具，推进县域不停电作业稳步开展；五是研制自动化、智能化、个性化的工器具，如带电断接引机器人、绝缘杆自动化剥皮器、小型轻巧绝缘杆工器具等；六是将虚拟现实技术（Virtual Reality，VR）运用在技能人员培训中，丰富培训手段。

随着城市高速发展和线路电缆化率的提高，以及物联网、5G 及人工智能的新技术发展，配电网不停电作业技术发展趋势将呈现 7 个转变：① 旁路作业向着"微网发电、隔离停电"的方向发展，即供电部门对管辖的线路和设备进行检修作业时，尽力做到对用户不间断供电、不减供负荷；② 架空线路类作业向电缆类作业扩展；③ 10kV 配电网不停电作业向 0.4kV 低压不停电作业扩展；④ 不停电工程类作业向故障应急类作业扩展；⑤ 作业工具向自动化、智能化、个性化转变；⑥ 传统类作业向智能化、机械化及个性化作业扩展；⑦ 运营组织方式逐渐向市场化、产业化转变。

第二章

配电线路及设备基础知识

第一节　配电网概述

一、配电网的组成、分类和特点

配电网是指从输电网或地区发电厂接收电能，通过配电设施就地分配或按电压逐级分配给各类用户的电力网。配电网由架空线路、电缆、杆塔、配电变压器、隔离开关、无功补偿器及一些附属设施等组成，在电力网中起重要分配电能作用的网络，见图2-1。

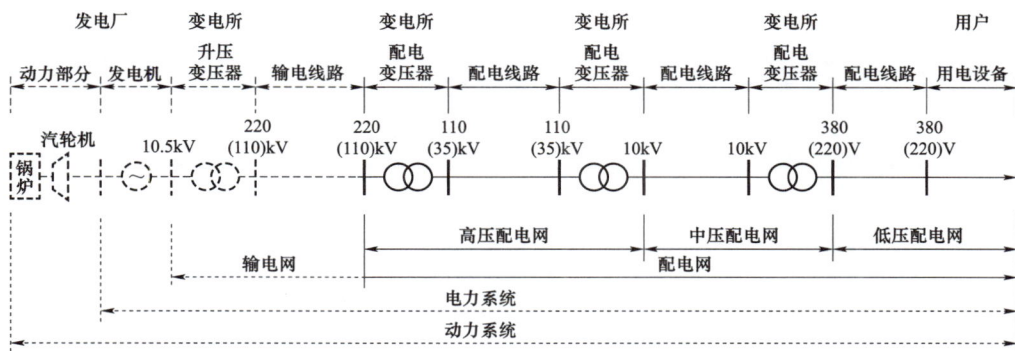

图 2-1　配电网组成

配电网按电压等级的不同，可分为高压配电网（110、35kV）、中压配电网（20、10、6、3kV）和低压配电网（220V/380V）；按供电地域特点不同或服务对象不同，可分为城市配电网和农村配电网；按配电线路的不同，可分为架空配电网、电缆配电网以及架空电缆混合配电网。

我国配电网分为城市配电网和农村配电网，服务覆盖工业、商业、农业和居民用电等用户。城市配电网特点：① 深入城市中心地区和居民密集点，负载相对集中；② 发展速度快，用户对供电质量要求高；③ 线路和变电站要考虑占地面积小、容量大、安全可靠、维护量小及城市景观等诸多因素。农村配电网特点：① 供电线路长，分布面积广，负载小而分散；② 用电季节性强，设备利用率低。

二、配电网的结构和发展趋势

1. 配电网的结构

配电网中各主要电气元件的电气连接形式就是配电网的结构，可以分为放射式、多回路式和环式三类，如图 2-2 所示。三种结构各有优劣，适用于不同的电压等级及线路环境。

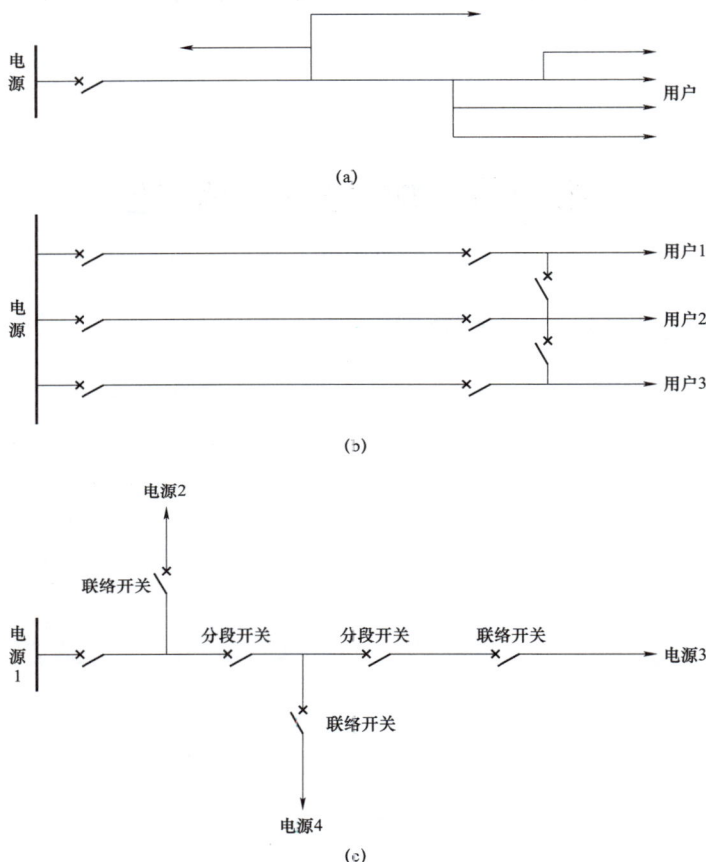

(a)

(b)

(c)

图 2-2　配电网的三种典型结构
(a) 放射式；(b) 多回路式；(c) 环式

放射式配电网的线路结构简单、设备少、运行维护方便，适用于负荷密度低、供电可靠性要求低的一般用户。但当线路中一点发生故障时，后段线路甚至整条线路都会受到影响而停电。

多回路式配电网具有两回及以上的配电线路，一回线路有故障时，非故障区域的负荷可以转移到其他线路承担。但是其继电保护等自动化配置要复杂得多，对于运维人员的技术要求也更高。电缆线路比较适合这样的线路结构。

在环式配电网中，正常运行时处于开环运行方式，当发生故障时，可以利用分段开关切除故障，故障前段区域正常供电，故障后段区域可以通过联络开关转移负荷。这样的结构供电灵活、可靠性高。但是线路复杂、设备较多，自动化配置的难度很高。城市中的中压配电网一般采用这种供电方式。

2. 配电网的发展趋势

随着经济社会的快速发展，配电网也在不断地更新、升级，其主要发展趋势有：

（1）简化电压等级。目前广泛采用和发展的是 110、35kV 和 10kV 系统，20kV 系统在特定条件下发挥了一定的历史使命，目前已不再大力发展。未来，110kV/10kV/380（220）V 的配电电压等级将是主流。

（2）减少线路占地面积。市区能供配电线路敷设的空间十分有限，因此，城市架空线路多采用窄基塔、钢杆、多回敷设。同时，配电线路向着地下成套化的方向在发展，电缆隧道和城市综合管廊将进一步推广。

（3）架空线路绝缘化。目前城市地区架空线路基本实现了绝缘化，有效解决了树线矛盾，减少了接地、短路事故。但绝缘导线受到雷击时容易断线，因此需要对架空线路做好避雷防雷措施。

（4）配电网自动化。配电自动化对配电线路和设备进行监测、控制和保护，并为优化线路结构等提供分析支撑。配电自动化能够有效提高供电可靠性、减少停电时间、降低配电线路对运维人员的依赖。

（5）分布式能源和配电网的交叉。目前，越来越多的分布式能源并入配电网，使得配电网原来的单向潮流变成多向潮流，从"无源网络"变成"有源网络"，分布式能源的不确定性和不可靠性对配电网提出了更高的要求，需要更高水平的规划设计和安全管理。

第二节　配电线路结构

一、配电线路杆塔

杆塔的作用是支撑导线和避雷线，使其对大地、树木、建筑物以及被跨越的电力线路、通信线路等保持足够的安全距离要求，并在各种气象条件下，保证配电线路能够安全可靠地运行。杆塔按其在架空线路中的用途可分为直线杆、耐张杆、转角杆、终端杆、分支杆、跨越杆和其他特殊杆等。10kV 架空配电线路导线的排列方式采用水平、垂直、三角三种基本型式。下面对配电带电作业中经常遇到的杆头形式做简单介绍。

1. 单回 10kV 线路

单回 10kV 线路采用三角和水平两种杆头布置型式，杆头布置示意图如图 2-3 所示。

2. 双回 10kV 线路

同杆架设的双回 10kV 线路常采用左右对称的双水平、双三角、双垂直三种杆头布置型式，杆头布置示意图如图 2-4 所示。

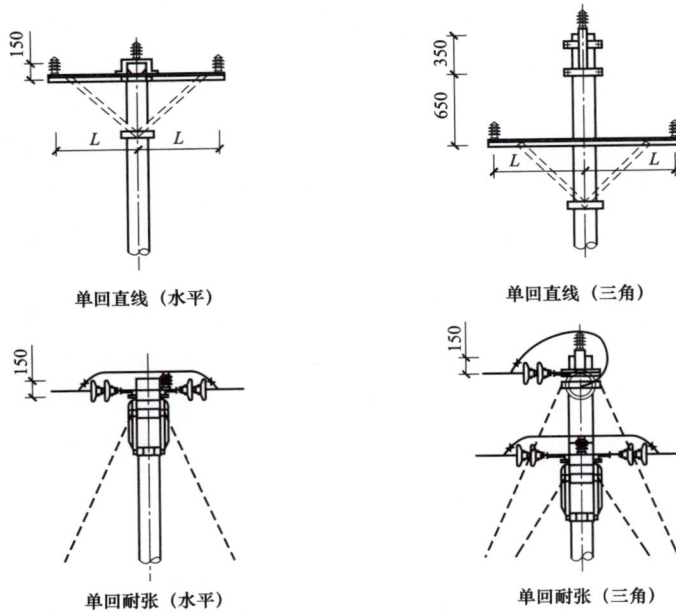

图 2-3 单回 10kV 线路杆头布置示意图

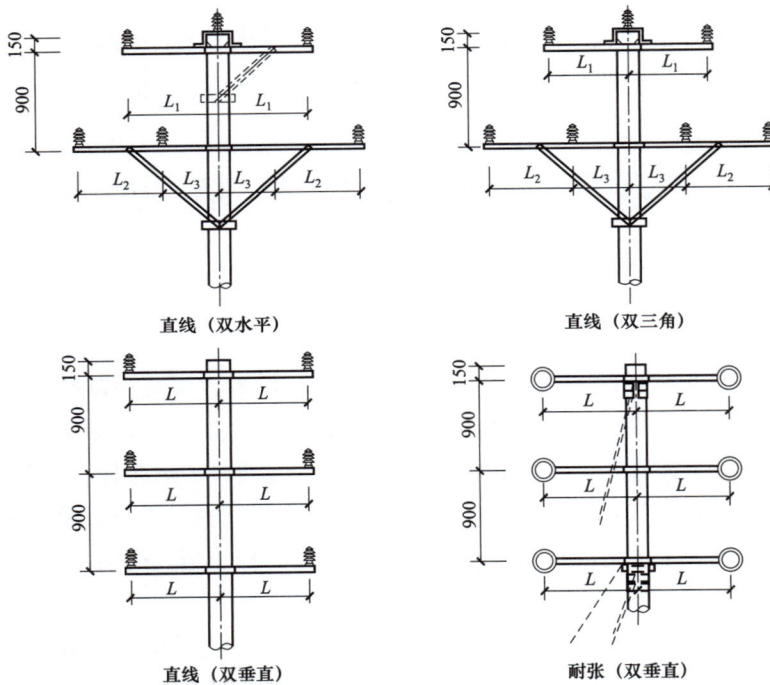

图 2-4 双回 10kV 线路杆头布置示意图（一）

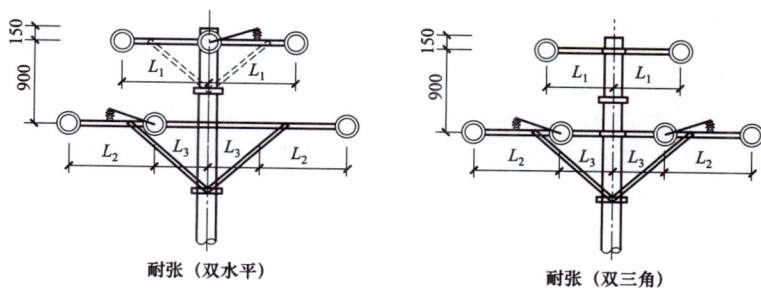

耐张（双水平）　　　　耐张（双三角）

图 2-4　双回 10kV 线路杆头布置示意图（二）

3. 高低压同杆架设线路

高低压同杆架设线路，低压横担各地区应根据工程实际情况自行安装，低压横担距 10kV 最下层横担 1.5～2.0m 安装，杆头布置示意图如图 2-5 所示。

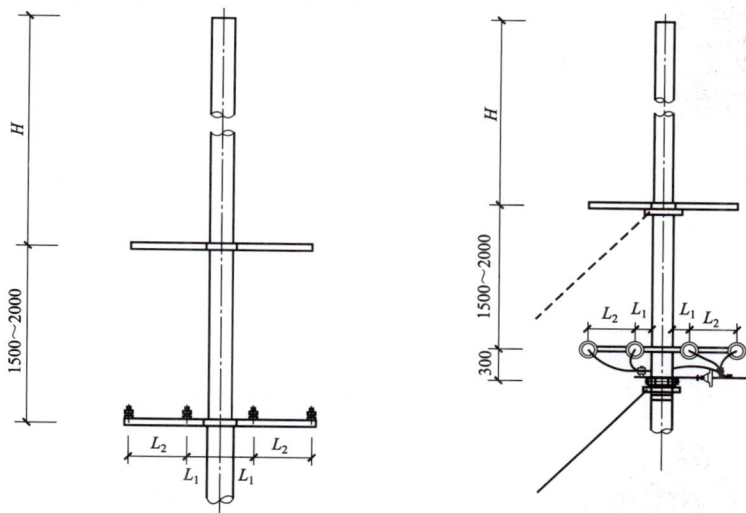

图 2-5　高低压同杆架设线路杆头布置示意图

二、导线、绝缘子和横担

（一）导线

导线用以传导电流、输送电能，它通过绝缘子串长期悬挂在杆塔上。配电线路常用导线分为裸导线和绝缘导线。

1. 裸导线

配电线路中裸导线多为钢芯铝绞线。钢芯铝绞线是充分利用钢绞线的机械强度高和铝的导电性能好的特点，把这两种金属导线结合起来而形成。其结构特点是外部几层铝绞线包裹着内芯的 1 股或 7 股的钢丝或钢绞线。钢芯铝绞线由钢芯承担主要的机械应力，由铝线承担输送电能的任务，而且因铝绞线分布在导线的外层可减小交流电流产生的集肤效应，提高铝绞线的利用率。常用钢芯铝绞线型号为 LGJ50、LGJ70、LGJ95、LGJ120、

LGJ150、LGJ185、LGJ240 等。

2. 绝缘导线

架空绝缘配电线路适用于城市人口密集地区，线路走廊狭窄，架设裸导线线路与建筑物的间距不能满足安全要求的地区，以及风景绿化区、林带区和污秽严重的地区等。随着城市的发展，实施架空配电线路绝缘化是配电网发展的必然趋势。常用型号包括 JKLYJ35-240、JKLGYJ50-240 等。

（二）绝缘子

架空配电线路常用的绝缘子有针式瓷绝缘子、柱式瓷绝缘子、悬式瓷绝缘子、棒式瓷绝缘子、陶瓷横担绝缘子等。

1. 针式瓷绝缘子

针式瓷绝缘子主要用于直线杆和角度较小的转角杆支持导线，分为高压、低压两种，高压针式瓷绝缘子见图2-6。针式绝缘子的支持钢脚用混凝土浇装在瓷件内，形成"瓷包铁"内浇装结构。

2. 柱式瓷绝缘子

柱式绝缘子的用途与针式绝缘子基本相同。柱式绝缘子的绝缘瓷件浇装在底座铁靴内，形成"铁包瓷"外浇装结构，柱式瓷绝缘子见图2-7。

图2-6　高压针式瓷绝缘子

3. 悬式瓷绝缘子

悬式绝缘子俗称吊瓶，见图2-8，主要用于架空配电线路耐张杆，10kV 线路采用两片组成绝缘子串悬挂导线。悬式绝缘子金属附件的连接方式，分球窝型和槽型两种。

图2-7　柱式瓷绝缘子　　　　图2-8　悬式瓷绝缘子

4. 棒式瓷绝缘子

棒式瓷绝缘子又称瓷拉棒，是一端或两端外浇装钢帽的实心瓷体，或纯瓷拉棒，见图2-9。

图2-9　棒式瓷绝缘子

（三）横担

横担用于支持绝缘子、导线及柱上配电设备，保护导线间有足够的安全距离。因此，横担要有一定的强度和长度。横担按材质的不同，可分为铁横担、木横担和陶瓷横担三种。近几年又出现了玻璃纤维环氧树脂材料的绝缘横担。

1. 铁横担

10kV 架空线路上常用铁横担规格为 75mm×8mm 和 80mm×8mm 等规格的角钢。根据受力情况横担可分为直线型、耐张型和终端型等。

2. 绝缘横担

绝缘横担是利用玻璃纤维环氧树脂（玻璃钢）材料制作的横担，代替传统的铁横担，安装在中压配电线路上的一种新型横担，具有重量轻、强度高、电气性能好、延伸率小、抗疲劳性好等优点。

三、线路常用金具

在架空配电线路中，用于连接、紧固导线的金属器具，具备导电、承载、固定的金属构件，统称为金具。金具按其性能和用途可分为线夹类金具、连接金具、接续金具、拉线金具和防护金具等。

1. 线夹类金具

（1）悬垂线夹。悬吊金具的用途是把导线悬挂、固定在直线杆悬式绝缘子串上，其型号为 XGU 型，如图 2-10 所示。其外挂板采用热镀锌钢板或不锈钢板制造。

（2）耐张金具（耐张线夹）。耐张金具的用途是把导线固定在耐张、转角、终端杆的悬式绝缘子串上，按其结构和安装条件可分为楔型、螺栓型、预绞丝（无螺栓）型等。

1）开口楔型耐张金具，安装导线时较为便利，适用于绝缘线剥除绝缘层后安装（可防止雷击断线），并外加绝缘罩，见图 2-11。用于铜绞线、或绝缘铜绞线

图 2-10　悬垂线夹

时，线夹一般采用可锻铸铁，楔子采用黄铜制造；用于铝绞线或绝缘铝绞线时，线夹及楔子采用高强度铝合金制造。

2）螺栓型耐张金具的本体和压板由可锻铸铁制造，见图 2-12，由于其造价较低，被广泛应用，适用于线路终端或电流不流经线夹的场合。

（3）设备线夹。

1）压缩型设备端子。压缩型设备端子一般采用液压施工，应有良好的电气接触性能，适用于永久性接续，适用导线为常规导线。端子板一般在制造厂不钻孔，而安装时现场配钻，如果接续设备有明确统一的规定，可要求在工厂配钻，还可以根据需要将端子板配置成双孔板。压缩型铜铝过渡设备端子见图 2-13。

2）螺栓型铜铝设备线夹。螺栓型铜铝设备线夹见图 2-14。

图 2-11　开口楔型耐张线夹

图 2-12　螺栓型耐张线夹

图 2-13　压缩型铝或铜、铜铝过渡设备端子

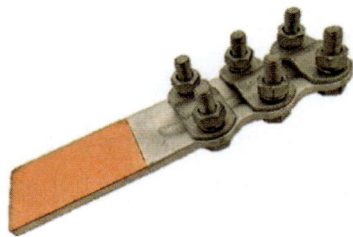

图 2-14　螺栓型铜和铜铝过渡设备线夹

2. 连接金具

连接金具主要用于耐张线夹、悬式绝缘子（槽型和球窝型）、横担等之间的连接。与槽型悬式绝缘子配套的连接金具可由 U 型挂环、平行挂板等组合；与球窝型悬式绝缘子配套的连接金具可由直角挂板、球头挂环、碗头挂板等组合。

（1）球头挂环。球头挂环的钢脚侧用来与球窝型悬式绝缘子上端钢帽的窝连接，球头挂环侧根据使用条件分为圆环接触和螺栓平面接触两种，与横担连接。

（2）碗头挂板。碗头侧用来连接球窝型悬式绝缘子下端的钢脚（又称球头），挂板侧一般用来连接耐张线夹等。

（3）直角挂板。直角挂板的连接方向互成直角，一般采用中厚度钢板经冲压弯曲而成，常用为 Z 型挂板。

3. 接续金具

导线接续金具按承力可分为非承力接续金具和承力接续金具两类。在配电带电作业中经常使用的为非承力接续金具，主要包括以下几种。

（1）C 形楔型线夹见图 2-15。C 形线夹的弹性可使导线与楔块间产生恒定的压力，保证电气接触良好。一般采用铝合金制造，可用于主线为铝绞线、分支线为铝绞线或铜绞线的接续。该类型线夹可预制引流环作为中压架空绝缘线接地环用，除引流环裸露外，线夹其他部分可用绝缘自粘带包封。

（2）接续液压 H 形线夹见图 2-16。一般采用 L3 热挤压型材制造，用作永久性接续等径或不等径的铝绞线，也可用于主线为铝绞线、分支线为铜绞线的接续，接触面预先进行金属过渡处理。安装时使用液压机及专用配套模具，压缩成椭圆形。

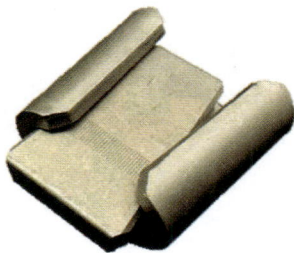

图 2-15　C 形楔型线夹

图 2-16　接续液压 H 形线夹

（3）铝绞线、钢芯铝绞线用铝异径并沟线夹见图 2-17。适用于中小截面的铝绞线、钢芯铝绞线在不承受全张力的位置上的连接，可接续等径或异径导线。线夹、压板、垫瓦均采用热挤压型材制成，紧固螺栓、弹簧垫圈等应热镀锌。根据材料的性能，铝压板应有足够的厚度，以保证压板的刚性。压板应单独配置螺栓。

图 2-17　异型并沟线夹

图 2-18　中压穿刺线夹

（4）穿刺线夹，线夹适用于绝缘导线采用带电作业施工，并有利于绝缘防护。中压穿刺线夹见图 2-18。一般配置扭力螺母，设计扭断螺母则紧固到位。

（5）其他线夹。在配电带电作业中，还有其他几种典型的接续金具。如 T 型线夹，多用于导线与分支线相连接，如图 2-19 所示；螺栓 J 型线夹，由 2 块具有楔块的 J 元件和 1 根螺栓组成，常用于搭接引流线，如图 2-20 所示；猴头线夹，也常用于搭接引流线，如遇到绝缘导线搭接引流线，常使用猴头穿刺线夹。如图 2-21 所示。

图 2-19　T 型线夹

图 2-20　螺栓 J 型线夹

图 2-21　猴头线夹

<h1 style="text-align:center">第三节　配　电　设　备</h1>

一、配电变压器

变压器是用来变换交流电压、电流而传输交流电能的一种静止的电气设备，根据电磁感应原理实现电能的传递。变压器就其用途可分为电力变压器、试验变压器、仪用变压器及特殊用途的变压器。电力变压器是电力输配电、电力用户配电的必要设备；试验变压器对电气设备进行耐压（升压）试验的设备；仪用变压器作为配电系统的电气测量、继电保护之用（TV、TA）；特殊用途的变压器有冶炼用电炉变压器、电焊变压器、电解用整流变压器、小型调压变压器等。本书主要介绍配电网常用的配电变压器，见图 2-22。

图 2-22　常用的配电变压器
（a）单相变压器；（b）三相油浸式变压器；（c）三相干式变压器

1. 基本结构

变压器主要由绕组和铁芯组成，称为变压器器身。为了能配合变压器更好地完成能量的转换与传输，变压器增加了附属结构部分，即变压器油箱、冷却装置、高低压绝缘套管、调压装置（分接开关）、保护装置等。

2. 性能指标

在配电网线路中，常见的电力变压器为降压变压器，即将配电网电压 10.5kV 或 35kV 降压到民用电压 0.4kV，以及将输电电压 220kV 或 110kV 降压到配电网电压 10.5kV 或 35kV。

在配电网线路中，常见的电力变压器为双绕组变压器。因配电网线路采用的运行方式为三相三线制中性点不接地系统，而用户供电的运行方式大多采用中性点直接接地系统，所以配电网线路的变压器连接组别一般为 DYn11（一次绕组为三角形接线，二次绕组为星形接线，二次测绕组的相位角滞后一次绕组330°）或者 YYn0（一次绕组为星形接线，二次绕组为星形接线，二次测绕组的相位角滞后一次绕组0°），见图 2-23。

线圈连接图		相量图		连接组别号
一次绕组	二次绕组	一次绕组	二次绕组	
				DYn11
				YYn0

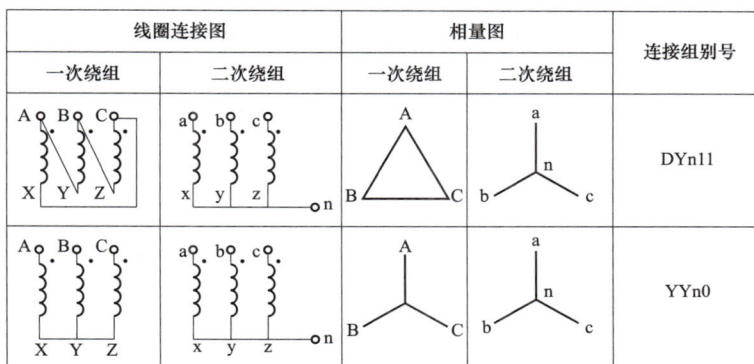

图 2−23　变压器绕组连接及相量图

当进行不停电检修变压器时，需要在检修变压器旁并列运行一台变压器，运行正常后退出检修变压器，从而实现不停电检修变压器。电力变压器并列运行条件有四个：① 连接组别相同；② 电压比相等（允许有±0.5%的误差）；③ 阻抗电压应相等（允许有±10%的差别）；④ 容量比不应大于3:1。

3. 变压器的铭牌参数

变压器铭牌安装在变压器外壳比较显眼的位置上，方便运维人员检查观看，指引配电运检人员正确使用变压器，变压器按照铭牌技术参数要求及技术条件允许下运行，其经济性、安全性、可靠性以及使用寿命都会是最好的状态。变压器铭牌上具体技术参数如下：

（1）额定容量：变压器长时间所能连续输出的最大功率，单位是 kVA。

（2）额定电压：变压器长时间运行时所能承受的工作电压（铭牌值为中间分接头的值），单位是 kV。

（3）额定电流：变压器在额定电压下允许长期通过的电流，单位是 A。

（4）容量比：变压器各侧额定容量之比（各侧的额定容量不一定相同）。

（5）电压比：变压器各侧额定电压之比。

（6）阻抗（或短路）电压：把变压器二次绕组短路，在一次绕组上逐渐升压到二次绕组短路电流达额定值时一次绕组所施加的电压值，常用额定电压的百分数来表示，即 $U_K\% = (U_K/U_N) \times 100\%$。

（7）接线（或联结）组别：用于标明变压器各侧三相绕组的连接顺序、绕向和极性以及各侧线电压相互关系的时钟表示方法。

10kV 干式配电变压器铭牌见图 2−24。

二、熔断器

熔断器是 10kV 配电线路分支线和配电变压器最常用的一种短路保护开关，它具有经济、操作方便、适应户外环境性强等特点，被广泛应用于 10kV 配电线路和配电变压器一次侧作为保护和进行设备投、切操作之用。熔断器可缩小停电范围，有明显断开点，具备了隔离开关的功能，给检修段线路和设备创造了一个安全作业环境。配电线路和配电变压器常用的熔断器又称为跌落式熔断器，安装在配电变压器上，可以作为配电变压器的主保护，见图 2-25。

图 2-24　10kV 干式配电变压器铭牌

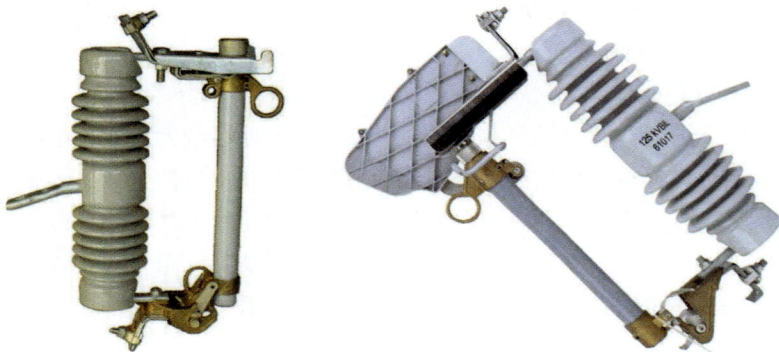

图 2-25　跌落式熔断器

操作熔管是一项频繁的项目，如熔管动触头与熔断器静触头接触不良，运行中触头过热，导致弹簧退火，弹簧失去弹性形变后，降低了动静触头之间的接触压力，促使触头接触电阻进一步上升，形成恶性循环。所以，拉、合熔管时要用力适度，合好后，要仔细检查鸭嘴舌头能紧紧扣住舌头长度三分之二以上，可用拉闸杆钩住上鸭嘴向下压几下，再轻轻试拉，检查是否合好。合闸未到位，熔断器上静触头压力不足，极易造成触头烧伤或者熔管自行跌落。

三、避雷器

避雷器是连接在导线和大地之间的一种防止雷击的电气设备，通常与被保护设备并联。避雷器可以有效地保护电气设备，一旦出现不正常电压，避雷器产生作用，起到保护作用。当被保护设备在正常工作电压下运行时，避雷器不会产生作用，对地面来说视为断路。一旦出现高电压，且危及被保护设备绝缘时，避雷器立即动作，将高电压冲击电流导向大地，从而限制电压幅值，保护电气设备绝缘。当过电压消失后，避雷器迅速恢复原状，使系统能够正常供电。保护间隙、管式避雷器、阀式避雷器是通过并联放电间隙或非线性电阻的作用，对入侵流动波进行削幅，降低被保护设备所受过电压值，从而达到保护电气设备的作用。

避雷器不仅可用来防护大气过电压，也可用来防护操作过电压对电网及设备绝缘的不良影响。

避雷器按结构分为保护间隙、管式避雷器、阀式避雷器（配电型 FS、变电所型 FZ）、磁吹阀式避雷器和金属氧化物避雷器。目前常用金属氧化物避雷器作为线路和配电设备的保护器件，见图 2-26。

图 2-26 金属氧化物避雷器

四、互感器

互感器分为电流互感器和电压互感器，统称为仪用变压器。线路中的电流和电压都比较高，直接测量既危险又造价贵。为便于二次仪表测量，互感器将高电压或大电流按比例变换成标准低电压（100V）或标准小电流（5A 或 1A，均指额定值），以便实现测量仪表、保护设备及自动控制设备的标准化、小型化。同时互感器还可用来隔开高电压系统，以保证人身和设备的安全，常用的互感器见图 2-27。

(a) (b) (c)

图 2-27 常用的互感器
（a）单相电压互感器；（b）三相电压互感器；（c）电流互感器

1. 电流互感器使用注意事项

（1）电流互感器一次绕组应与被测电路串联，二次绕组则与所有仪表负载串联。

（2）按被测电流大小，选择合适的变比，否则误差将增大。同时，二次侧一端必须接地，以防绝缘一旦损坏时，一次侧高压窜入二次低压侧，造成人身和设备事故。

（3）二次侧绝对不允许开路，因一旦开路，一次侧电流全部成为磁化电流，造成铁芯过度饱和磁化，发热严重乃至烧毁线圈。另外，二次侧开路使二次侧电压达几百伏，一旦触及将造成触电事故。因此，电流互感器二次侧都备有短路开关，防止二次侧开路。在使用过程中，二次侧一旦开路应马上撤掉电路负载，然后，再停电处理。一切处理好后方可再用。

（4）为了防止支柱式电流互感器套管闪络造成母线故障，电流互感器通常布置在断路器的出线侧或变压器侧。

2. 电压互感器使用注意事项

（1）电压互感器在投入运行前要按照规程规定的项目进行试验检查。如测极性、连接组别、测量绝缘电阻、核相序等。

（2）电压互感器的接线应保证其正确性，一次绕组和被测电路并联，二次绕组应和所接的测量仪表、继电保护装置或自动装置的电压线圈并联，同时要注意极性的正确性。

（3）接在电压互感器二次侧负荷的容量应合适，不应超过其额定容量，否则，会使互感器的误差增大，难以达到测量的正确性。

（4）电压互感器二次侧不允许短路。由于电压互感器内阻抗很小，若二次回路短路时，会出现很大的电流，将损坏二次设备甚至危及人身安全。

（5）为了确保人在接触测量仪表和继电器时的安全，电压互感器二次绕组必须有一点接地。因为接地后，当一次绕组和二次绕组间的绝缘损坏时，可以防止仪表和继电器出现高电压危及人身安全。

五、高压开关设备

配电网高压开关设备有断路器、负荷开关、隔离开关和跌落式熔断器等，在配电网自动化线路上有柱上智能断路器。断路器能接通和断开短路电流和负荷电流，一般装在线路首端或做多电源环网接线时的联络负荷开关。负荷开关能接通短路电流，但不能开断短路电流，可以正常分合负荷电流，主要作为线路分段用。隔离开关不能分合负荷电流，分断时具有明显断开点，一般和断路器或负荷开关串联使用，在线路或设备停电检修时隔离电源用。跌落式熔断器一般作为空载线路或设备的操作和过电流保护使用，跌落式熔断器不能分合负荷电流。柱上智能断路器在配网自动化系统中可以根据负荷侧电流大小自动判断故障性质并进行选择性隔离，并具有多次自动重合闸功能。配电电缆网络常用高压环网箱。环网箱是由断路器或负荷开关、互感器、电容器组等组成的成套设备。

1. 隔离开关

隔离开关是目前我国电力系统中用量最大、使用范围最广的高压开关设备。隔离开关有明显的断开点，并具备可靠的绝缘，因此主要用于隔离高压电源。由于隔离开关没有专门的灭弧装置，所以不能用来开断负荷电流和短路电流，否则会产生强烈的电弧，造成人员伤亡、设备损坏或引起相间短路故障，因此隔离开关的分、合操作通常与断路器配合使用。隔离开关见图2-28。

图2-28　隔离开关

隔离开关的作用是隔离电源、倒闸操作、分合小电流。

（1）隔离电源：在检修电气设备时，用断路器开断电流以后，再用隔离开关将被检修的设备与电源电压隔离，形成明显可见的断开点，以确保检修的安全。

（2）倒闸操作：投入备用母线或旁路母线以及改变运行方式时，常用隔离开关配合断路器协同操作来完成。

（3）分合小电流：因隔离开关具有一定分、合小电感电流和电容电流的能力，故一般可用来进行分、合避雷器、电压互感器和空载母线。

2. 柱上断路器

柱上断路器主要用于配电线路区间分段投切、控制、保护，能开断、关合短路电流。目前常用的柱上断路器按照绝缘灭弧介质分为真空断路器和 SF_6 断路器。额定电流常为 400、630A，额定开断短路电流有 12.5、16、20kA，额定电流开断 10 000 次以上，额定开断短路电流开断次数 30～50 次，能频繁操作。

为实现配网自动化，柱上断路器能检测线路电流、电压信号，并具有继电保护和自动重合闸功能，在线路或设备故障时能自动隔离故障点缩小故障停电影响范围，因此又称为柱上智能断路器，见图2-29和图2-30。

图2-29　柱上智能断路器

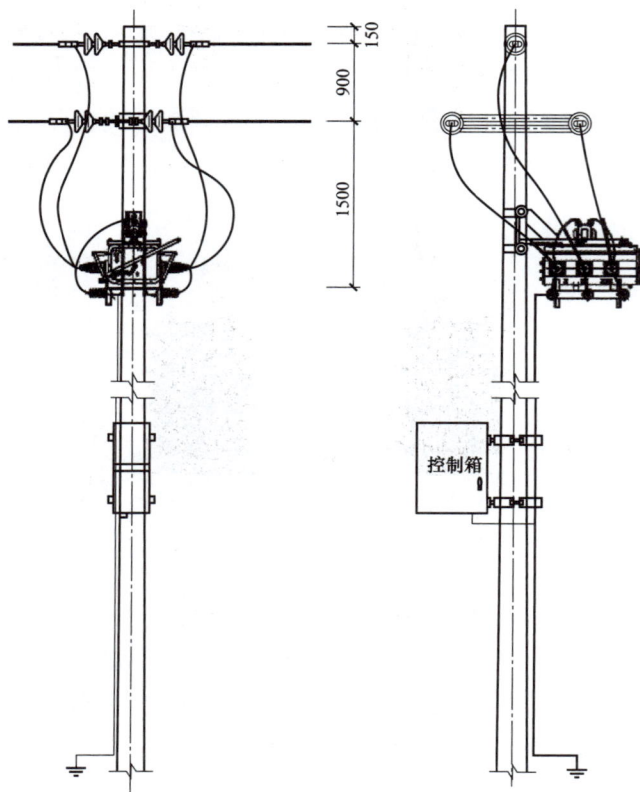

图 2-30　柱上智能断路器安装示意图

六、成套设备

1. 环网箱

环网箱是一组输配电气设备（高压开关设备）装在金属或非金属绝缘柜体内或做成拼装间隔式环网供电单元的电气设备，其核心部分采用负荷开关和熔断器，具有结构简单、体积小、价格低、可提高供电参数和性能以及供电安全等优点。它被广泛使用于城市住宅小区、高层建筑、大型公共建筑、工厂企业等负荷中心的配电站以及箱式变电站中，见图 2-31。

2. 箱式变压器

箱式变压器作为整套配电设备，它相当于一个小型变电站，由配电变压器、高低压电压控制设备、计量装置、避雷器等有机组合而成。箱式变压器具备占地空间较小，操作便捷，应用收益高，组合方式灵活，运行安全性高等诸多优势，被广泛应用在各个领域之中，并成为现如今电力工程施工中不可或缺的重要电力设备，见图 2-32。

图 2-31　环网箱

图 2-32　箱式变压器

第三章

配电带电作业方法及原理

第一节　带电作业基本方法

在带电作业中，电对人体的作用有两种：① 在人体的不同部位同时接触了有电位差（如相与相之间或相与地之间）的带电体时而产生的电流危害；② 人在带电体附近工作时，尽管人体没有接触带电体，但人体仍然会由于空间电场的静电感应而产生的风吹、针刺等不舒适之感。经测试证明，为了保证带电作业人员不致受到触电伤害的危险，并且在作业中没有任何不舒适之感的安全地进行带电作业，就必须具备三个技术条件：

（1）流经人体的电流不超过人体的感知水平 1mA（1000μA）。

（2）人体体表局部场强不超过人体的感知水平 240kV/m（2.4kV/cm）。

（3）人体与带电体（或接地体）保持规定的安全距离。

能够满足上述三个带电作业技术条件的作业方法有多种分类，其主要的分类方法有以下几种。

一、按作业人员所处的电位分类

按作业人员的自身电位来划分，带电作业可分为地电位作业、中间电位作业、等电位作业三种方式。由于配电线路电气结构距离较小，人员作业空间狭小，作业过程容易侵犯安全距离，所以在配电带电作业中禁止采用等电位作业方法，以下主要介绍地电位作业以及中间电位作业。

1. 地电位作业

地电位作业是指作业人员保持人体与大地（或杆塔）同一电位，通过绝缘工具接触带电体的作业，见图 3-1。这时人体与带电体的关系是：大地（杆塔）人→绝缘工具→带电体，如图 3-1（a）所示。

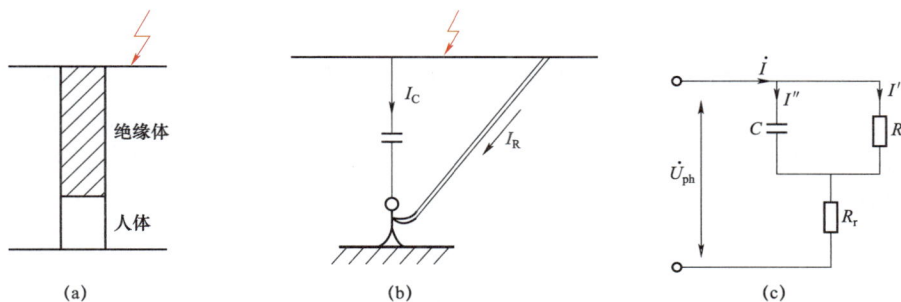

图 3-1 地电位作业示意图
(a) 地电位作业人体与带电体的关系; (b) 地电位作业布置示意图; (c) 等值电路

地电位作业是指人体处于地 (零) 电位状态下, 使用绝缘工具间接接触带电设备, 来达到检修目的的方法。其特点是: 人体处于地电位时, 不占据带电设备对地的空间尺寸。地电位作业的位置示意图如图 3-1 (b) 所示。作业人员位于地面或杆塔上, 人体电位与大地 (杆塔) 保持同一电位。此时通过人体的电流有两条通道: ① 带电体→绝缘操作杆 (或其他工具) →人体→大地, 构成电阻通道; ② 带电体→空气间隙→人体→大地, 构成电容电流回路。这两个回路电流都经过人体流入大地 (杆塔), 严格地说, 不仅在工作相导线与人体之间存在电容电流, 另两相导线与人体之间也存在电容电流。但电容电流与空气间隙的大小有关, 距离越远, 电容电流越小, 所以在分析中可以忽略另两相导线的作用, 或者把电容电流作为一个等效的参数来考虑。地电位作业的位置示意图及等值电路见图 3-1 (c)。

由于人体电阻远小于绝缘工具的电阻, 即 $R_r \ll R$, 人体电阻 R_r 也远远小于人体与导线之间的容抗, 即 $R_r \ll X_c$, 因此在分析流入人体的电流时, 人体电阻可忽略不计。设 i' 为流过绝缘杆的泄漏电流, i'' 为电容电流, 那么流过人体总电流是上述两个电流分量的矢量和, 即

$$i = i' + i'' \tag{3-1}$$

带电作业所用的环氧树脂类绝缘材料的电阻率很高, 如绝缘管材的体积电阻率在常态下均大于 $10^{12}\Omega \cdot cm$, 制作成的工具的绝缘电阻为 $10^{10} \sim 10^{12}\Omega$。由于绝缘材料的绝缘电阻非常大, 流经其泄漏电流也就只有微安级。

间接作业时, 当人体与带电体保持安全距离时, 人与带电体之间的电容为 $2.2 \times 10^{-12} \sim 4.4 \times 10^{-12} F$, 表达式为

$$X_C = \frac{1}{\omega C} = \frac{1}{2\pi f C} \approx (0.72 \sim 1.44) \times 10^9 \Omega \tag{3-2}$$

只要人体与带电体保持安全距离, 人与带电体之间空间容抗 X_C 也就很大, 其空间电容电流也就只有微安级。间接作业时, $i' + i''$ 的矢量和也是微安级, 远远小于人体电流的感知值 $1mA$, 所以带电作业是安全的。

2. 中间电位作业

中间电位作业是指人体的电位是介于地电位和带电体电位之间的某一悬浮电位的作业方法，见图 3-2。它要求作业人员既要保持对带电体有一定的距离，又要保持对地有一定的距离。这时，人体与带电体的关系是：大地（杆塔）→绝缘体→人体→绝缘工具→带电体，如图 3-2（a）所示。

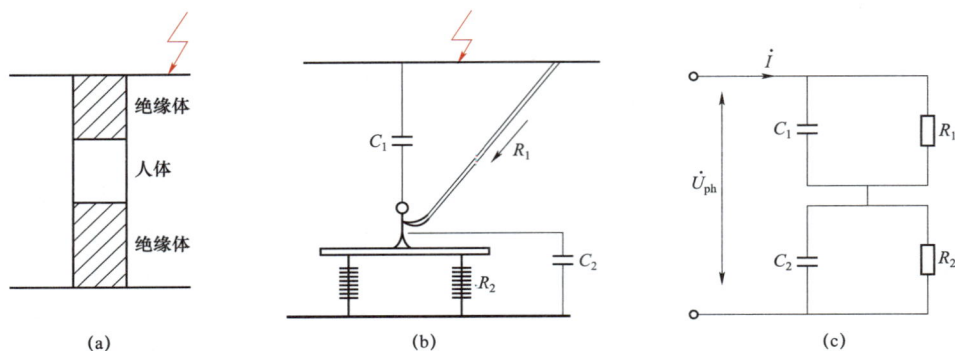

图 3-2　中间电位作业示意图
（a）中间电位作业人体与带电体的关系；（b）中间电位作业位置示意图；（c）等值电路

中间电位作业是人体处于接地体和带电体之间的电位状态，使用绝缘工具间接接触带电设备，来达到其检修目的。其特点是：人体处于中间电位，占据了带电体与接地体之间一定空间距离，既要对接地体保持一定的安全距离，又对带电体保持一定的安全距离。在配电线路带电作业中，往往是作业人员既对接地体保持一定的绝缘强度，又对带电体保持一定的绝缘强度，来进行中间电位作业。这是由于配电线路电压等级较低，可以通过绝缘材料包裹形成一定绝缘强度代替一定的空间距离，达到安全作业的目的，配电线路的绝缘手套法或者是作业人员在绝缘承载工具上利用操作杆作业都属于此种作业原理。而输变电带电作业中，电压等级较高，没有绝缘材料能包裹形成一定绝缘强度，所以必须需要一定的安全距离来保证带电作业安全。

中间电位作业位置示意图 3-2（b）所示。当作业人员站在绝缘梯或绝缘平台上，用绝缘杆进行的作业即属中间电位作业，此时人体电位是低于导电体电位、高于地电位的某一悬浮的中间电位。

采用中间电位法作业时，人体与导线之间构成一个电容 C_1，人体与地（杆塔）之间构成另一个电容 C_2，绝缘杆的电阻为 R_1，绝缘平台的绝缘电阻为 R_2。中间电位作业的位置示意图及等值电路见图 3-2（c）。

由等值电路可以计算出人体的电位为

$$\dot{U} = \dot{U}_{\mathrm{ph}} \frac{\mathrm{j}\omega C_2 // R_2}{\mathrm{j}\omega C_1 // R_1 + \mathrm{j}\omega C_2 // R_2}$$

人体处于地点位与带电体之间的一个悬浮电位，人体只要与带电体和地之间保持足够的绝缘，工作就是安全的。

二、按作业人员与带电体的位置分类

按作业人员与带电体的位置，配电带电作业分为间接作业与直接作业两种方式。

（1）间接作业。间接作业也称为距离作业，指作业人员不直接接触带电体，保持一定的安全距离，利用绝缘工具对带电体进行作业。

（2）直接作业。配电线路带电作业中，直接作业是指作业人员穿戴全套绝缘防护用具直接对带电体进行作业（全绝缘作业法）。这种配电带电作业中的直接作业不是等电位作业，属于中间电位作业。

第二节　配电带电作业方法及原理

配电带电作业方法的分类主要按相对地的主绝缘介质的不同和是否带负荷工作进行分类，将作业方法分为绝缘杆作业法、绝缘手套作业法、综合不停电作业法三大类。作业方法分类示意图见图3-3。

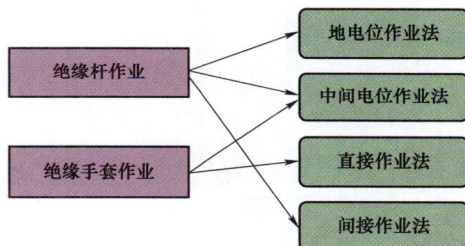

图 3-3　作业方法分类示意图

一、绝缘杆作业法

绝缘杆作业法是指作业人员与带电体保持规定的安全距离，穿戴绝缘防护用具，通过绝缘杆进行作业的方式。在绝缘杆作业法中，作业人员不直接接触带电体，因此属于间接作业。绝缘杆作业法既可在登杆作业中采用，也可在斗臂车的工作斗或其他绝缘平台上采用。因此绝缘杆作业法既可以是地电位作业，又可以中间电位作业。作业过程中有可能引起不同电位设备之间发生短路或接地故障时，应对设备设置绝缘遮蔽。在绝缘杆作业法中，绝缘杆为相地之间主绝缘，绝缘防护用具为辅助绝缘。

绝缘工具的性能直接关系到作业人员的安全，如果绝缘工具表面脏污，或者内外表面受潮，泄漏电流将急剧增加。当增加到人体的感知电流以上时，就会出现麻电甚至触电事故。因此在使用时应保持工具表面干燥清洁，并注意妥当保管防止受潮。

二、绝缘手套作业法

绝缘手套作业法是指作业人员使用绝缘斗臂车、绝缘梯、绝缘平台等绝缘承载工具与大地保持规定的安全距离，穿戴绝缘防护用具与周围物体保持绝缘隔离，通过绝缘手套对带电体直接作业的方式，属于直接作业法。采用绝缘手套作业法时，作业前均应对人体可能触及范围内的带电体和接地体进行绝缘遮蔽，属于全绝缘作业。绝缘手套作业法中，绝缘承载工具为相地主绝缘，空气间隙为相间主绝缘，绝缘遮蔽用具、绝缘防护用具为辅助绝缘。

三、综合不停电作业法

综合不停电作业法指以实现用户的不停电或短时停电为目的，采用多种方式对设备进行检修的作业。本书只介绍如下几种典型的作业方式。

1. 利用移动发电车（发电机）供电

当配电设备因故障或计划检修造成低压用户停电时，可以利用移动电源车直接给中压线路或低压用户临时供电，如图 3−4 所示，此外，对于重要用户的临时保电工作，可以将移动发电车作为用户的备用电源。

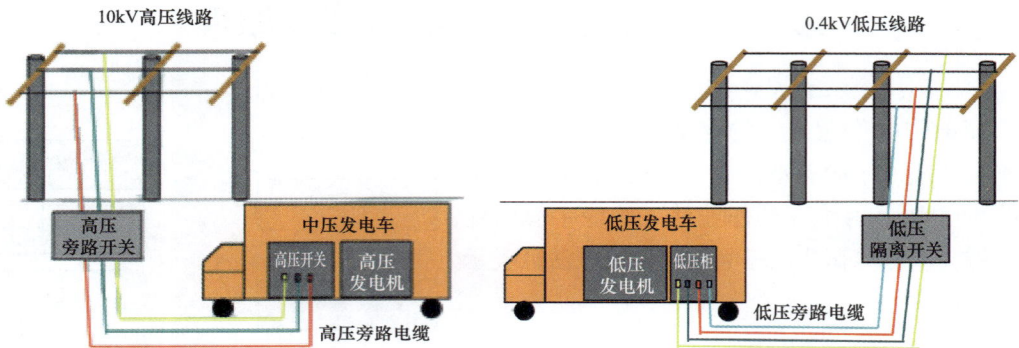

图 3−4　移动发电车供电示意图

2. 利用移动箱变车（变压器）供电

移动箱变车作业法是利用有箱式配电变压器的移动电源，通过负荷转移实现配电变压器的退出运行及停电检修，也可实现对低压用户的临时供电，如图 3−5 所示，其原理与利用移动发电车（发电机）供电方式相近。

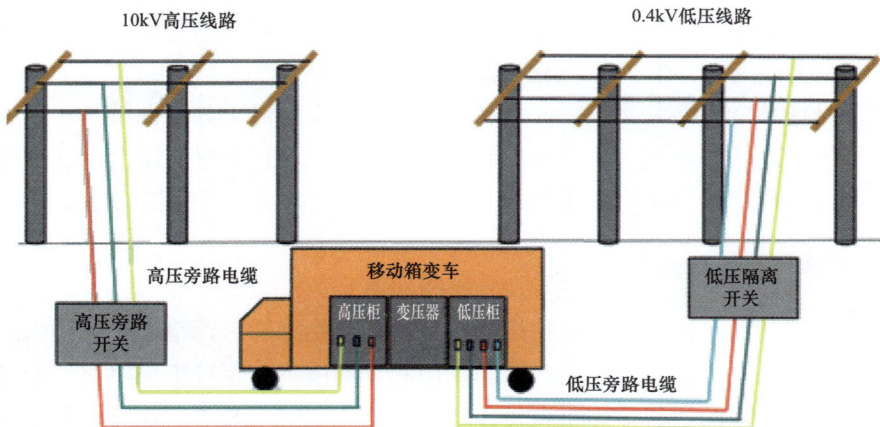

图 3−5　移动箱变车供电示意图

3. 利用旁路作业法供电

旁路作业法是采用专用设备将待检修或施工的设备进行旁路分流继续向用户供电的一种作业方法。旁路作业法的典型作业项目包括旁路检修架空线路、旁路检修电缆线路以及旁路检修环网柜等，如图 3-6 所示。旁路作业检修架空线路时，一般选择待检修线路的某一个或某几个耐张段进行旁路连接，首先将旁路设备接入线路，使之与待检修设备并行运行，然后将待检修设备从线路中脱离进行停电作业，此时由旁路设备继续向用户供电，检修完毕后将设备重新接入线路中，再将旁路设备撤除。

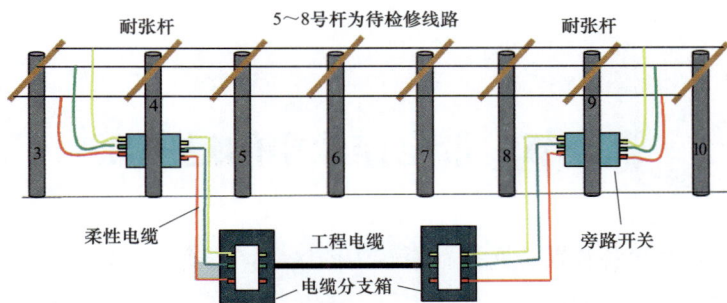

图 3-6 旁路作业检修架空线路示意图

第四章

配电带电作业安全技术

第一节 带电作业中的过电压

带电作业与电气设备长期挂网运行有较大的区别，一个是间歇性的工作条件，另一个则是长期承受各种电压的考验。尽管电气设备长期挂网运行其工作环境十分苛刻，而带电作业是间歇性的工作状态，但是带电作业却直接涉及人身安全，不仅要考虑一般工作状态，还需要将带电作业期间可能发生的各种不利状况，包括电力系统可能发生的过电压等，从而提高带电作业的安全性。

带电作业中应遵守的绝缘配合，应根据带电作业的实际工况和作业环境，充分考虑带电作业中可能遇到的各种过电压，根据过电压的类别，计算应满足的绝缘要求，同时留有足够的安全裕度。

一、过电压的类型

电力系统由于外部（如雷电放电）和内部（如故障跳闸或正常操作）的原因，会出现对绝缘有危害的、持续时间较短的电压升高，这种电压升高（或电位差升高）称为过电压。由雷电活动引起的过电压称为外部过电压（简称外过电压），包括直击雷过电压和感应雷过电压；由电力系统内部操作和故障引起的过电压称为内部过电压（简称内过电压），包括操作过电压和暂时过电压，其中暂时过电压又分为工频过电压和谐振过电压。一般将内部过电压幅值与系统最高运行相电压幅值之比，称为内部过电压倍数 K_0。过电压不仅对电力系统的正常运行造成威胁，而且对带电作业的安全也很重要。因此，在设备绝缘配合、带电作业安全距离选择、绝缘工具最短有效长度以及绝缘工具电气试验标准中都必须考虑这一重要因素。

1. 操作过电压

操作过电压的特点是幅值较高，持续时间短，衰减快。电力系统中常见的操作过电压有中性点绝缘电网中的间歇电弧接地过电压，开断电感性负载过电压、开断电容性负载过电压，空载线路合闸过电压以及系统解列过电压等。操作过电压的大小是确定带电作业安全距离的主要依据。

（1）间歇电弧接地过电压。单相电弧接地过电压只发生在中性点不直接接地系统，如发生单相接地故障时，流过中性点的电容电流就是单相短路接地电流。当电力线路的总长度足够长、电容电流很大时，单相接地弧光不容易自行熄灭，又不太稳定，出现熄弧和重燃交替进行的现象即间歇性电弧，这时过电压会较严重。一般不超过 3 倍的最高运行相电压，但个别情况下会达 3.5 倍的最高运行相电压及以上。

（2）开断电感性负载过电压。进行切断空载变压器、电抗器、电动机、消弧线圈等电感性负载的操作时，储存在电感元件上的磁能要转化为电场能量，系统中无足够的电容来吸收磁能，而且断路器灭弧性太强，在电流最大时进行灭弧，励磁电流变化率趋于无穷大，将在励磁电感上感应过电压。在中性点不直接接地系统中，过电压一般不大于 4 倍的最高运行相电压；中性点直接接地系统中，过电压一般不大于 3 倍的最高运行相电压。

（3）空载线路切合（包括重合闸）过电压。切合电容性负载，如空载长线路（包括电缆线路）和改善系统功率的电容器组，由于电容的反向充放电，使断路器触头断口间发生了电弧的重燃。这是因为纯电容电流在相位上超前电压 90°，过 1/4 周期电弧电流经零点时熄灭，但此时电压正好达到最大值，若断路器断口弧隙的绝缘尚未恢复正常，电容电荷充积断口，过电压等于最高运行相电压；再经过半周期电压反向达到最大值，过电压等于 2 倍的最高运行相电压，并伴随高频振荡过程。按每重燃一次增加 2 倍的最高运行相电压，理论上过电压将按 3、5、7、9 倍相电压增加，而实际上过电压只有 3~4 倍的最高运行相电压。

2. 暂时过电压

暂时过电压包括工频过电压和谐振过电压。

（1）工频过电压。电力系统在正常或故障时可能出现幅值超过最大工作相电压，频率为工频或接近工频的电压升高，统称为工频过电压。出现工频过电压的原因为不对称接地故障、发电机突然甩负荷、空载长线路的容升效应等。它直接或间接地决定了电力系统的绝缘水平，如决定线路绝缘子串中的绝缘子个数、决定避雷器灭弧电压等。不对称接地故障是线路常见的故障形式，其中以单相接地故障最多，引起的工频电压升高一般也最严重。在中性点不接地系统中，单相接地时非接地相的对地工频电压可升高到 1.9 倍相电压，甚至更高；因其持续时间较长，能量较大，所以通常作为带电作业绝缘工具泄漏距离的依据。

（2）谐振过电压。由于电力系统中电感与电容参数在特定配合下发生谐振引起的过电压，称为谐振过电压，如线性谐振过电压、非线性（铁磁）谐振过电压、参数谐振过电压等。谐振过电压幅值较高，持续的时间较长。

二、带电作业中的作用电压类型

电气设备在运行中可能受到的作用电压有正常运行条件下的工频电压、暂时过电压

（包括工频电压升高）、操作过电压与雷电过电压。

在《电力安全工作规程》中规定：雷电天气时不得进行带电作业。因此，带电作业时不必考虑雷电过电压，但正常运行条件下的工频电压、暂时过电压（包括工频电压升高）与操作过电压的作用均应考虑。

正常运行条件下，工频电压会有某些波动，且系统中各点的工频电压并不完全相等，即网络中不同的点各不相同，系统中由于"长线容升效应"会使得某些点的电压比系统的标称电压高，但所有相关标准都规定：系统中各点的工频电压不得超过设备最高电压。由于各个电压等级下的电压升高系数不完全一样，设备最高电压与系统标称电压之比一般在 1.03～1.15 之间。

在 10kV 电压等级下，作用在绝缘工具上的电压及倍数如下：最高工作相电压 11.5kV，工频过电压倍数为 1.3～1.4，操作过电压倍数为 4。《高压输变电设备的绝缘配合》（GB 311）明确了各电压等级下的过电压倍数 K_0，其中 10kV 非直接接地系统过电压倍数取 4，考虑 10%的电压升高，10kV 配电带电作业考虑的系统最高过电压为 44kV。

第二节　绝缘配合与安全距离的确定

一、带电作业中的绝缘配合

1. 带电作业中的绝缘类型

带电作业绝缘工器具、装置和设备的绝缘一般可分为两类：① 自恢复绝缘；② 非自恢复绝缘。严格来说，配电带电作业中，除作为相与相之间主绝缘的空气间隙为自恢复绝缘之外，其他带电作业绝缘工器具、装置和设备的绝缘均为非自恢复绝缘，如绝缘操作杆、绝缘支拉吊杆、绝缘硬梯、绝缘平台、绝缘脚手架、绝缘斗臂车的绝缘臂等。这类绝缘外表面为空气，当火花放电发生在固体绝缘的沿面时，火花放电过后，绝缘能自动恢复，即发生在自恢复绝缘中的破坏性放电能自恢复。而发生在固体绝缘内部的放电，则为不可逆的绝缘击穿。

2. 绝缘耐受能力

对绝缘操作杆、绝缘支拉吊杆、绝缘硬梯、绝缘平台、绝缘脚手架、绝缘斗臂车的绝缘臂等带电作业绝缘工器具、装置和设备进行绝缘试验时，在 50%放电电压下其绝缘可能是非自恢复的，因为进行 50%放电电压试验时所施加的电压值较高，而在额定耐受电压下其绝缘是自恢复的，不允许发生任何放电。所以对空气间隙、组合间隙的绝缘等自恢复绝缘进行 50%的破坏性放电试验；而带电作业用的工器具、装置和设备绝缘等自恢复与非自恢复的混合型复合绝缘则进行 15 次冲击耐压试验。

3. 作用电压与耐受电压之间的配合

3～220kV 电压的带电作业用工器具、装置和设备的基准绝缘水平是按额定雷电冲击耐受电压和额定短时工频耐受电压给出的，能满足正常运行电压和暂时过电压的要求。所以对 3～220kV 电压的带电作业用工器具、装置和设备，只需进行短时工频电压试验，时间为 1min，而不进行操作冲击耐受试验。

二、带电作业安全距离的确定

防止过电压伤害的根本手段为在不同电位的物体（包括人体）之间保持必要的距离，称为安全距离。安全距离是指为了保证人身安全，作业人员与带电体之间所保持各种最小空气间隙距离的总称。具体地说，安全距离包括最小安全距离、最小对地安全距离、最小相间安全距离、最小安全作业距离和最小组合间隙五种间隙距离。在配电带电作业中只考虑单间隙，不再考虑组合间隙。在规定的安全间距下，带电作业中即使产生了最高过电压，该间隙可能发生击穿的概率总是低于预先规定的可接受值。安全距离的确定，应根据系统所能出现的最大内过电压幅值和最大外过电压幅值求出其相应的危险距离，取其中最大的数再增加 20%的安全尺度而确定。配电带电作业中的安全距离规定见表 4−1。

表 4−1　　　　　　　　配电带电作业的安全距离的规定

额定电压（kV）	海拔 H（m）	最小安全距离（m）	绝缘承利工具最小有效绝缘长度（m）	绝缘操作工具最小有效绝缘长度（m）
10	$H \leqslant 3000$	0.4	0.4	0.7
	$3000 < H \leqslant 4500$	0.6	0.6	0.9
20	$H \leqslant 1000$	0.5	0.5	0.8
35	$H \leqslant 1000$	0.6	0.6	0.9

带电作业安全距离的确定属于绝缘配合的计算方法。绝缘配合就是按设备所在系统可能出现的各种过电压和设备的耐压强度来选择设备的绝缘水平，以便把作用于设备上引起损坏或影响连续运行的可能性，降低到经济上和运行上能接受的水平。常用的绝缘配合方法有惯用法和统计法两种。配电带电作业中通常用惯用法来计算绝缘配合。

惯用法以作用于绝缘上的最大过电压和绝缘本身的最低耐受强度为依据，使二者之间满足预期的裕度，这个裕度的确定要考虑估计最大过电压和最低耐受强度时产生的偏差。

应用惯用法时，最大过电压应考虑到操作过电压和远方传来的雷电压。绝缘最低耐受强度则按有关手册的空气间隙和绝缘子串的放电特性来求得。在配电带电作业中，不考虑雷电过电压，通常采用典型间隙的操作波放电试验来确定带电作业间隙的耐压强度。在空气间隙中，在波头接近 250μs 的操作冲击试验中，耐压强度最低，因而在确定带电作业间隙耐压强度的试验中，操作波一般采用标准操作波（250/2500μs）。

应用惯用法确定带电作业安全距离的步骤如下：

（1）确定系统最大过电压 U_{0max}。

$$U_{0\max} = K_0 K_r \cdot \frac{\sqrt{2}}{\sqrt{3}} \cdot U_H (\text{kV}) \qquad (4-1)$$

式中：U_H 为系统额定电压（有效值）；K_0 为最大过电压倍数；K_r 为电压升高系数。

（2）确定所需安全裕度系数 A，自 20 世纪 50 年代开始安全裕度的预期值为 1.2。

（3）确定绝缘最低耐受强度 U_W

$$U_W = A \cdot U_{0\max} \qquad (4-2)$$

（4）确定安全距离。考虑到绝缘间隙的放电电压的偏差，一般取 $\delta = 6\%$，则间隙的 50%放电电压应满足

$$U_{50\%} \geqslant \frac{U_W}{1 - 3\sigma} \qquad (4-3)$$

再查曲线或与真型试验数据比较来确定最小安全距离。

第三节　带电作业中的电流及防护

一、人体对电流的生理反应

如果人体被串接于闭合电路中，人体中就会流过电流，其大小按 $I_r = U/Z_r$ 计算。Z_r 为人体的阻抗，人体阻抗包括人体内阻抗和皮肤阻抗两部分。可以认为人体内阻抗基本上是电阻，仅有一小部分的电容分量。皮肤阻抗可看作是一阻容网络，随电压、频率、电流持续时间、接触面积、接触压力、皮肤湿度和温度的变化而变化。人体阻抗见表 4-2。

表 4-2　　　　　　　　　　　　　人　体　阻　抗　　　　　　　　　　　　　（Ω）

接触电压（V）	人体阻抗低于下列数值的人数百分比		
	总人数 5%	总人数 50%	总人数 95%
25	1750	3250	6100
50	1450	2625	4275
75	1250	2200	3500
100	1200	1875	3200
125	1125	1625	2875
220	1000	1350	2125
700	750	1100	1550
1000	750	1050	1500

从表 4-2 中数据可以看出：人体阻抗因人而异，在接触电压为 220V 时，有 5%的人阻抗小于 1000Ω，50%的人阻抗小于 1350Ω，95%的人阻抗均小于 2125Ω。从安全出发，人体阻抗一般可按 1000Ω 进行估算。

流经人体电流的大小和持续时间的长短，使得人体有不同的生理反应。电流很小时对人体无害，用于诊断和治病的某些医用设备在使用时人体通过微量电流，称为微电接触。当通过人体的电流较大，持续时间过长时，可使人受到伤害甚至死亡的电接触称为电击。

电击对人体造成损伤的主要因素是流经人体的电流大小。电击一般分为暂态电击和稳态电击。人体对工频稳态电流的生理反应可以分为感知、震惊、摆脱、呼吸痉挛和心室纤维性颤动，不仅与流经人体的电流大小有关，还与接触时间有关。

当人遭受电击后，其生理反应如表4-3所示。

表4-3　　　　　　　　　　　电击时电流大小与生理反应

电流（mA）	生理反应
0～0.9	无感觉
0.9～3.5	感到麻木，但并非病态
3.5～4.5	有些不适的麻和痛楚，轻微痉挛，反射性子指肌肉收缩
5.0～7.9	手感到有疼痛，表皮有痉挛
8.0～10.0	全手病态痉挛，收缩且麻木
10～12	肌肉痉挛并能致肩部强烈疼痛（接触带电体时间不能超过30s）
13～14	手全部自己抓紧，须用力才能放开带电体（接触带电体时间不能超过30s）
15	手全部自己抓紧，不能放开带电体

随着流经人体电流幅值的增大以及时间的延长，电击使得人体生理反应逐渐强烈，人体对工频稳态电流产生反应的电流阈值如表4-4所示。

表4-4　　　　　　人体对工频稳态电流产生反应的电流阈值　　　　　　（mA）

生理反应	感知	震惊	摆脱	呼吸痉挛	心室纤维性颤动
男性	1.1	3.2	16.0	23.0	100
女性	0.8	2.2	10.5	15.0	100

心室纤维性颤动被认为是电击引起死亡的主要原因，但超过摆脱电流阈值的电流，也可能致命。因为此时人手已不能松开，使得电流继续流过人体，引起呼吸痉挛甚至窒息而导致死亡。上述各阈值并非一成不变，与接触面积、接触条件（湿度、压力、温度）和每个人的生理特性有关；心室纤颤电流阈值与电流的持续时间有密切关系。

此外，人体对直流电流的感知阈值为5mA（男5.2mA，女3.5mA）；人体对高频电流的感知水平为0.24A。电流对人体的伤害主要是：① 电击，是电流对人体内组织的伤害；② 电伤，主要是灼伤、电烙伤、皮肤金属化等。所以必须采取各种措施限制通过人体的电流，使其小于引起人体伤害电流的最小值，确保人身安全。

国际电工委员会（IEC）对交流电流下人体生理效应的推荐值见表4-5。其中，感知电流阈值与接触面积、接触条件（湿度、压力、温度）和每个人的生理特征有关，心室纤维性颤动电流阈值与电流的持续时间有密切关系。

表 4-5　　　　　　　IEC 对交流电流下人体生理效应的推荐意见

人体生理效应		15～100Hz 交流电流（mA）
感知电流阈值		0.5
摆脱电流阈值		10
心室纤颤电流阈值	持续时间为 3s	40
	持续时间为 1s	50
	持续时间为 0.1s	400～500

暂态电击是人接触电场中对地绝缘的导体的瞬间，积累在导体上的电荷以火花放电的形式通过人体对地突然放电。这时，流过人体的电流是一频率很高的电流，由于这种放电电流变化复杂，通常都以火花放电的能量来衡量其对人体产生危害性的程度。表 4-6 是人体对暂态电击产生生理反应的能量阈值。

表 4-6　　　　　　　人体对暂态电击产生生理反应的能量阈值

生理效应	感知	烦恼	损伤或死亡
能量阈值（mJ）	0.1	0.5～1.5	25 000

二、电流防护

在带电作业中，电流对人体的伤害最为直接，也最为致命。尤其在配电线路带电作业中，由于线路和配电设备的相间距离和相对地距离都非常小，作业人员在开展工作时很容易同时触及不同电位，导致作业人员串入电路，发生人员伤亡事故。所以在带电作业中，对电流的防护是重中之重，但是完全杜绝电流从人体流过又无法实现，无数次触电事故的分析和在动物及人体上进行的真实试验表明：流经人体的电流只要低于某一个水平，人体根本不会感到有电流存在，即人体对电流有一定的耐受能力。因此，在带电作业中，对电流的防护主要是严格限制流经人体电流幅值，使流经人体的交流稳态电流不超过人体的感知水平 1mA（1000μA）、暂态电击不超过人体的感知水平 0.1mJ。

在配电线路带电作业中，一方面通过主绝缘（绝缘斗臂车、绝缘杆等）进行相与地的隔离，将流过人体的电流限制在人体感知水平（1mA）以下；另一方面利用辅助绝缘（绝缘遮蔽用具和绝缘防护用具）保证作业人员有充足的作业活动空间，不会因为误碰误触，而同时接触不同电位，串入电路。

还应特别注意的是，在带电作业中，绝缘材料中会有一定的电流流过，习惯上称之为泄漏电流。过大的泄漏电流可能造成的后果非常严重，尤其是经绝缘体表面通过的沿面电流，因容易受到外界因素的影响，更是带电作业安全的一大威胁。带电作业遇到泄漏电流，主要指沿绝缘工具表面流过的电流。泄漏电流过大主要出现在以下几种情况：① 雨天作业时；② 晴天作业而空气中湿度较大时；③ 绝缘工具材质差，表面加工粗糙，且保管不当，使其受潮时。

控制泄漏电流的主要措施有：① 选择电气性能优良的材质作为绝缘工具材料，避免选用吸水性大的材料；② 加强保管，严防绝缘工具受潮、脏污；③ 操作绝缘工具时应戴清洁、干燥的手套，并应防止绝缘工具在使用中脏污和受潮；④ 使用工具前，应仔细检查其是否损坏、变形、失灵，并使用 2500V 及以上绝缘电阻表或绝缘检测仪进行分段绝缘检测（电极宽 2cm，极间宽 2cm），阻值应不低于 700MΩ。

第四节　有关安全的其他问题

一、重合闸

重合闸是防止系统故障点扩大，消除瞬时故障，减少事故停电的一种后备措施。电力安全工作规程（GB 26859—2011）中规定，带电作业有下列情况之一者，应停用重合闸或直流再启动装置，并不应强送电：

（1）中性点有效接地系统中可能引起单相接地的作业。

（2）中性点非有效接地系统中可能引起相间短路的作业。

（3）直流线路中可能引起单极接地或极间短路的作业。

（4）不应约时停用或恢复重合闸及直流再启动装置。

退出重合闸的目的有以下几个方面：

（1）减少内过电压出现的概率。作业中遇到系统故障，断路器跳闸后不再重合，减少了过电压出现的机会。

（2）带电作业时发生事故，退出重合闸装置，可以保证事故不再扩大，保护作业人员免遭第二次电压的伤害。

（3）退出重合闸装置，可以避免因过电压而引起的对地放电严重后果。

需要停用重合闸时，最应该停的是距离作业点最近的、在发生故障时最可能跳闸并具有重合功能的配网开关，在配电自动化覆盖的区域，还应该考虑故障发生后网架重构时可能向作业地点合闸送电的配网开关。

二、温度对带电作业的影响

实际生产中温度对带电作业的安全有一定的影响，主要包括以下几个方面：

（1）对人员的影响。温度过高或者过低会影响人的体力和身体健康，包括中暑、脱水、低温伤害以及汗水影响作业人员视线、影响绝缘手套贴合度等。

（2）对工具、设备的影响。高温会加速橡胶等软性材质的绝缘防护用具老化、对带电作业人员绝缘防护带来不利因素。此外高温带来的间接影响主要会导致电网负荷上升，从而导致设备如引流线、旁路开关、移动变压器负载过高，甚至引起电力设备满负荷、过负荷运行，从而导致设备本身故障。低温对设备的影响主要是温度过低设备可能产生覆冰现象，此外低温会影响各类仪器仪表及其他使用锂电池等的带电作业设备正常运行。

（3）对线路的影响。高温对线路的主要影响是高温会导致负荷上升，从而引起线路满负荷、过负荷运行、导致线路跳闸、甚至发生导线绝缘层融化等现象。低温会导致导线、地线等覆冰过重，可能引发断线、倒杆（塔）等严重事故。此外极端低温会导致设备冻裂或脆化导致设备本体损毁。

三、应急抢修项目存在的安全风险

应急抢修中部分作业项目需要带电作业人员和停电作业人员相互配合，若未能将带电区域与停电区域做好充分隔离措施则会可能导致停电作业人员误触带电作业设备，引发事故。且部分停电作业采取的倒闸操作可能会引发线路操作冲击暂态过电压，对在线路上作业的带电作业人员产生不利因素。

此外应急抢修中可能会因为抢修时间紧迫导致工作票难以按照正常的工作流程办理，可能存在无票作业、安全措施不齐全、难落实，监护工作不到位；抢修单等所列安全措施针对性不强、不够详细、完备，导致作业风险产生。

夜间带电作业最大的风险是夜间照明不足，作业人员对安全距离难以把控，离带电体、接地体距离过近。夜间带电作业应在照明充足的条件下进行，对于照明灯具要求较高，斗内作业容易受到灯的晃眼，需要加强监护。

第五章

配电带电作业工器具

第一节　常用绝缘工器具

一、绝缘防护用具

进行直接接触 10kV 电压等级带电设备的作业时，应穿着合格的绝缘防护用具；使用的安全带、安全帽应有良好的绝缘性能，必要时戴护目镜；作业中禁止摘下绝缘防护用具。个人绝缘防护用具包括绝缘安全帽、绝缘服或披肩或袖套、绝缘裤、绝缘靴、绝缘手套等，见图 5–1。

（1）绝缘安全帽。绝缘安全帽采用高强度塑料或玻璃钢等绝缘材料制作，具有较轻的质量、较好的抗机械冲击特性、较强的电气性能，并有阻燃特性。

（2）绝缘手套。绝缘手套用合成橡胶或天然橡胶制成，其形状为分指式。绝缘手套被认为是保证配电线路带电作业安全的最后一道保障，在作业过程中必须使用绝缘手套。

（3）绝缘靴（绝缘套鞋）。绝缘靴用合成橡胶或天然橡胶制成。目前，有关标准最高使用的电压为 15kV，一般绝缘靴是作业人员在地面操作电气开关或配电开关柜内带电作业时穿着，且应站在绝缘垫上。

（4）绝缘服、披肩。绝缘服、披肩一般采用多层材料制作，其外表层为憎水性强、防潮性能好、沿面闪络电压高、泄漏电流小的材料；内衬为憎水性强、柔软性好、层向击穿电压高、服用性能好的材料制作。

（5）绝缘袖套。袖套采用橡胶或其他绝缘柔性材料制成，分为直筒式和曲肘式两种式样。

（6）防机械刺穿手套。防机械刺穿手套有连指式和分指式两种式样，其表面应能防止机械磨损、化学腐蚀，抗机械刺穿并具有一定的抗氧化能力和阻燃特性。采用加衬的合成橡胶材料制成。

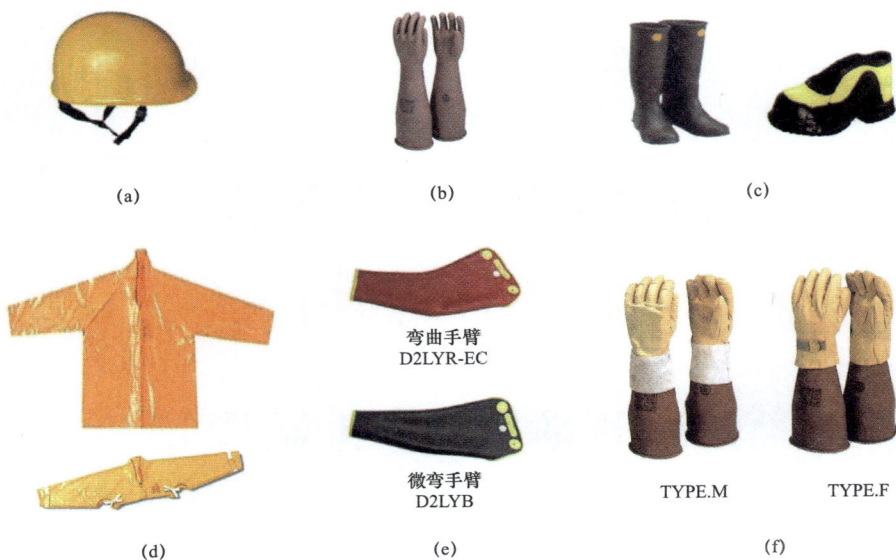

图 5-1　绝缘防护用具

（a）绝缘安全帽；（b）绝缘手套；（c）绝缘靴（绝缘套鞋）；
（d）绝缘服 披肩；（e）绝缘袖套；（f）防机械刺穿手套

国际 IEC 标准按电压等级划分，个人绝缘防护用具按电气性能分为 0、1、2、3 四级。我国 10kV 电压等级对于 2 级绝缘防护用具。

二、绝缘遮蔽用具

绝缘遮蔽用具包括各类硬质和软质绝缘遮蔽罩，见图 5-2。在配电线路带电作业安全距离不足时，可以由一组同一电压等级的不同类型遮蔽罩联结组合在一起，对带电导线或地电位的杆塔构件进行绝缘遮蔽隔离带，形成一个连续扩展的保护区域。绝缘遮蔽用具不起主绝缘保护的作用，只适用于在带电作业人员发生意外短暂碰触时起助绝缘保护作用。硬质绝缘遮蔽罩一般采用环氧树脂、塑料、橡胶及聚合物等绝缘材料制成。为便于使用合适的工具来安装和拆卸，硬质遮蔽罩上都安装有操作定位装置，保证遮蔽罩不会由于风吹、导线移动等原因从它的遮蔽对象上脱落下来。在同一遮蔽组合绝缘系统中，各个硬质绝缘遮蔽罩相互连接的端部具有通用性。软质遮蔽罩一般采用橡胶类和软质塑料类绝缘材料制成。根据遮蔽对象的不同，在结构上可以做成硬壳型、软型或变形型，也可以为定型的或平展型的。根据遮蔽罩的不同用途，可以分为不同的类型，主要有：

（1）导线绝缘遮蔽罩。用于对裸导体进行绝缘遮蔽的套管式护罩，带接头或不带接头，有直管式、下边缘延裙式、自锁式等类型。

（2）耐张装置绝缘遮蔽罩。用于对耐张绝缘子、线夹、拉板金具等进行绝缘遮蔽的护罩。

（3）针式绝缘子绝缘遮蔽罩。用于对针式绝缘子进行绝缘遮蔽的护罩，该遮蔽罩同样适用于棒式支持绝缘子。

（4）棒形绝缘子绝缘遮蔽罩。用于对绝缘横担进行绝缘遮蔽的护罩。

（5）横担绝缘遮蔽罩。用于对铁、木横担进行绝缘遮蔽的护罩。

（6）电杆绝缘遮蔽罩。用于对电杆或其头部进行绝缘遮蔽的护罩。

（7）套管绝缘遮蔽罩。用于对开关设备的套管进行绝缘遮蔽的护罩。

（8）跌落式熔断器绝缘遮蔽罩。用于对跌落式熔断器（包括其接线端子）进行绝缘遮蔽的护罩。

（9）绝缘隔离挡板（又称挡板）。用于隔离带电部件、限制带电作业人员活动范围的硬质绝缘平板护罩。

（10）绝缘布（又称绝缘遮蔽毯）。用于包缠各类带电或不带电导体部件的软形绝缘护罩。

（11）特殊绝缘遮蔽罩。用于某些特殊绝缘遮蔽用途而设计制作的护罩。

(a)　　　　　　　　　　(b)　　　　　　　　　　(c)

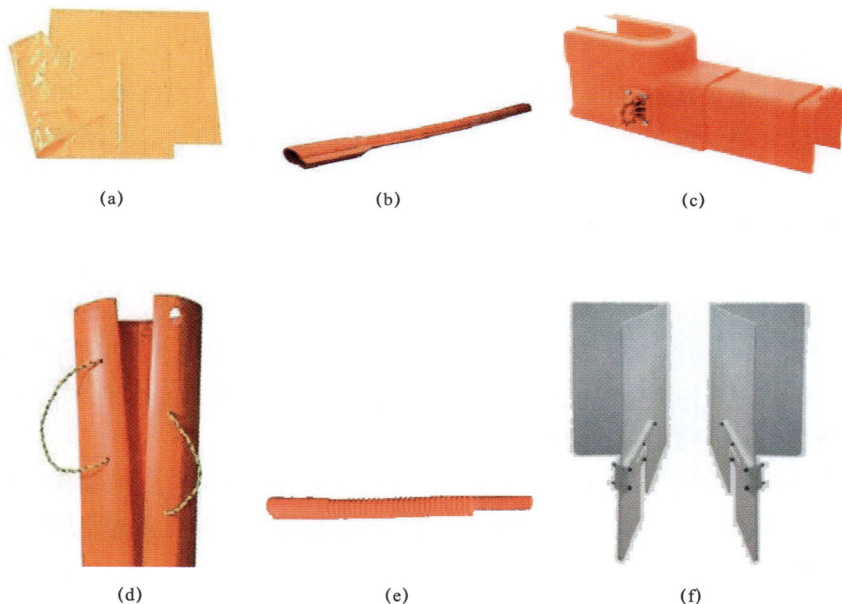

(d)　　　　　　　　　　(e)　　　　　　　　　　(f)

图 5-2　绝缘遮蔽工具

（a）绝缘遮蔽毯；（b）导线绝缘遮蔽罩；（c）横担绝缘遮蔽罩；
（d）电杆绝缘遮蔽罩；（e）引流线绝缘遮蔽罩；（f）绝缘隔离挡板

在配电线路上进行带电作业时，安全距离即空气间隙小是主要的制约因素，在人体和带电体或带电体与地电位物体间安装一层绝缘遮蔽罩或挡板，可以弥补空气间隙的不足。因为遮蔽罩或挡板与空气组合形成组合绝缘，延伸了气体的放电路径，因此可提高放电电压值。作业前应选择相应电压等级的遮蔽罩，并应与个人绝缘防护用具并用。国际电工委员会 IEC 标准按电压等级划分，目前常见的遮蔽用具可分为分为 0、1、2、3 四级，我国 10kV 电压等级对于 2 级绝缘遮蔽用具。

三、绝缘操作工具

1. 硬质绝缘操作工具

硬质绝缘操作工具主要指以环氧树脂玻璃纤维增强型绝缘管、板、棒为主绝缘材料制成的工具，见图 5-3。

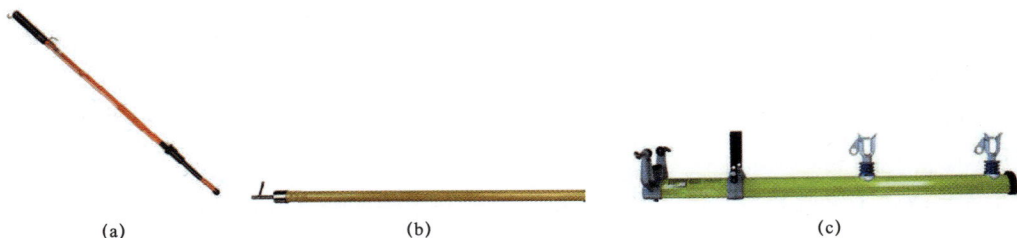

(a)　　　　　(b)　　　　　(c)

图 5-3　硬质绝缘操作工具
（a）绝缘射枪杆；（b）绝缘拉闸杆；（c）绝缘横担

硬质绝缘操作工具绝缘部分（绝缘杆）的主要成分包括玻璃纤维、环氧树脂和偶联剂。制造绝缘杆的主要工艺有湿卷法、干卷法、缠绕法和引拔法等。绝缘杆的老化有整体老化和部分老化两个方面。整体老化主要是指人为划伤绝缘工具表面绝缘层、受潮、长时间的整体材质老化；部分老化主要是指绝缘杆顶端长期在强电场作用下，因局部滑闪、漏电、放电而引起的材质老化。操作杆表面的污秽状态对操作杆的闪络性能影响很大，表面污秽后，特别是沉积物受潮并导电时，耐闪络强度会严重降低。

10kV 带电作业用绝缘操作工具的最小有效绝缘长度为 0.7m。在使用绝缘操作工具进行作业时，虽然有其作为主绝缘保护，还需戴绝缘手套作为辅助绝缘保护。10kV 带电作业用绝缘承力工具的最小有效绝缘长度为 0.4m。

带电作业硬质绝缘工具的材料的性能应满足《带电作业用空心绝缘管、泡沫填充绝缘管和实心绝缘棒》（GB 13398—2008）要求，10kV 硬质绝缘工具的整体电气性能应满足表 5-1 的要求。

表 5-1　　　　　　　　10kV 绝缘工具电气性能要求

电压等级 U_n（kV）		10
试验长度 L（m）		0.4
1 min 工频耐压 U_1（kV）	型式、出厂试验	100
	预防性试验	45

2. 软质绝缘操作工具

软质绝缘操作工具主要指以绝缘绳为主绝缘材料制成的工具，包括吊运工具、承力工具等。常见的有人身绝缘保险绳、导线绝缘保险绳、消弧绳、绝缘测距绳、绝缘绳套、绝缘软梯等，见图 5-4。

(a)　　　　　　　　　　　　　　　　(b)

图 5-4　软质绝缘工具
(a) 绝缘绳；(b) 绝缘绳套

绝缘绳索是广泛应用于带电作业的绝缘材料之一，可用作运载工具、攀登工具、吊拉绳、连接套及保安绳等。软质绝缘操作工具具有灵活、简便、便于携带、适于现场作业等特点。目前带电作业常用的绝缘绳主要有蚕丝绳、锦纶绳等，其中以蚕丝绳应用得最为普遍。在使用常规绝缘绳时，应特别注意避免受潮。除了普通的绝缘绳索，还有防潮型绝缘绳索，在环境湿度较大情况下进行带电作业，必须使用防潮型绝缘绳。

带电作业用绝缘绳索的材料性能应满足《带电作业用绝缘绳索》（GB/T 13035—2008）的要求，10kV 软质绝缘工具的整体电气性能应满足表 5-1 的要求。

3. 其他操作工具

（1）绝缘引流线。绝缘引流线也叫绝缘分流线，是指具有绝缘层、在带电作业实施时用于搭建临时旁路系统的电力线路。

绝缘引流线一般为多股软铜线，目前主要采用 200A 或 400A 两种载流等级线路，对应线径分别为 50mm² 及 120mm²，施工时根据施工线路运行电流值匹配选择，如施工线路容流大于 0.1A，搭建临时旁路系统时，需同步采用灭弧开关建立旁路。绝缘引流线使用时通过两端锁扣与临时旁路系统两端的电力线路或设备连接，确保带电作业实施时临时旁路系统稳固可靠。

引流线技术主要在设备或线路检修更换时运用，其技术原理就是运用引流线旁路带电作业技术，通过引流线将需检修的设备或线路两侧临时短接，在需更换的设备或线路外形成一个"电源侧—引流线—负荷侧"的并联电流回路，使得流经待检修更换设备或线路的电荷转移到引流线并联回路，实现设备或线路检修更换过程中不需要切除所带负荷，保证电网系统供电持续稳定。常用配电线路绝缘引流线见图 5-5，绝缘引流线施工图例见图 5-6。

图 5-5　常用配电线路绝缘引流线

图 5-6　绝缘引流线施工图例

（2）消弧开关。带电作业用消弧开关主要用于 10kV 带电作业，是具有断、接空载架空或电缆线路电容电流功能和一定灭弧能力的开关，又名线路跨接器，具有快合、快分式消弧功能，见图 5-7。它可以有效保证带电作业人员不受到空载线路充放电过程产生的电容电流的影响。

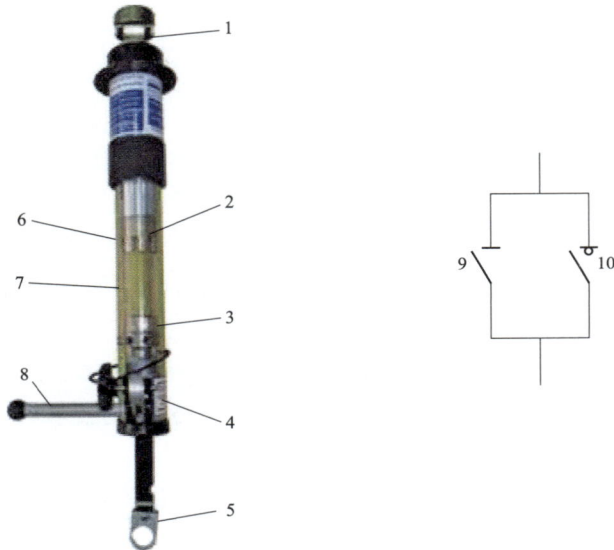

图 5-7　消弧开关

1—线夹；2—静触头；3—动触头；4—合闸拉环；5—分闸拉环；6—玻壳（灭弧室）；7—黄色内管（内有弧触头）；
8—导电杆（接绝缘分流线用）；9—外部黄铜触头；10—内部弧触头

消弧开关仅限于用于带电断接空载架空或电缆线路电容电流不小于 0.1A 引线的作业项目，并满足电容电流关合及开断能力应不小于 5A；操动机构操作寿命应不小于 1000 次操作循环等相关要求。消弧开关包括触头、灭弧室、操动机构等机构。其操作机构采用人（手）力储能操动机构，以实现开关快速的开断或关合。

在使用消弧开关进行断、接空载电缆引线作业之前，应通过测量电缆电流、检查线路开关断口等方式确认电缆线路处于空载状态。在现场使用消弧开关之前，应进行外观检查，并进行 1 次空载试操作，以确认开关外观符合要求且状态良好，并检查其是否在试验周期内。在将消弧开关与线路连接之前，应确认消弧开关处于断开状态。带电进行消弧开关的开断或关合操作时，作业人员应戴好护目镜与灭弧室等部件保持一定的安全距离，并采用绝缘操作杆操作。因此消弧开关一般带有绝缘操作杆，或带有方便绝缘杆操作的挂杆、挂环等部件。同时，为避免消弧开关在开断或关合不到位的情况下进行断、接空载电缆引线的工作，从而导致电容电流拉弧，消弧开关应采用透明的灭弧室，应可直接观察到开关触头的开合状态。

四、绝缘承载工具

绝缘承载工具除常见的绝缘斗臂车外，主要有绝缘平台、绝缘脚手架、绝缘蜈蚣梯等几种类型（见图5-8），可以弥补绝缘斗臂车无法到达的较为狭窄空间、山地及变电站等区域进行作业，占地空间小，可根据施工现场需求组合，采用可拆卸式，可随意拼装，便于运输，但对作业人员技能要求较高，作业时消耗体力较大。主体结构选用的是玻璃纤维和环氧树脂（EP）制作成的高强度绝缘管，满足工频耐受试验施加640kV交流电压

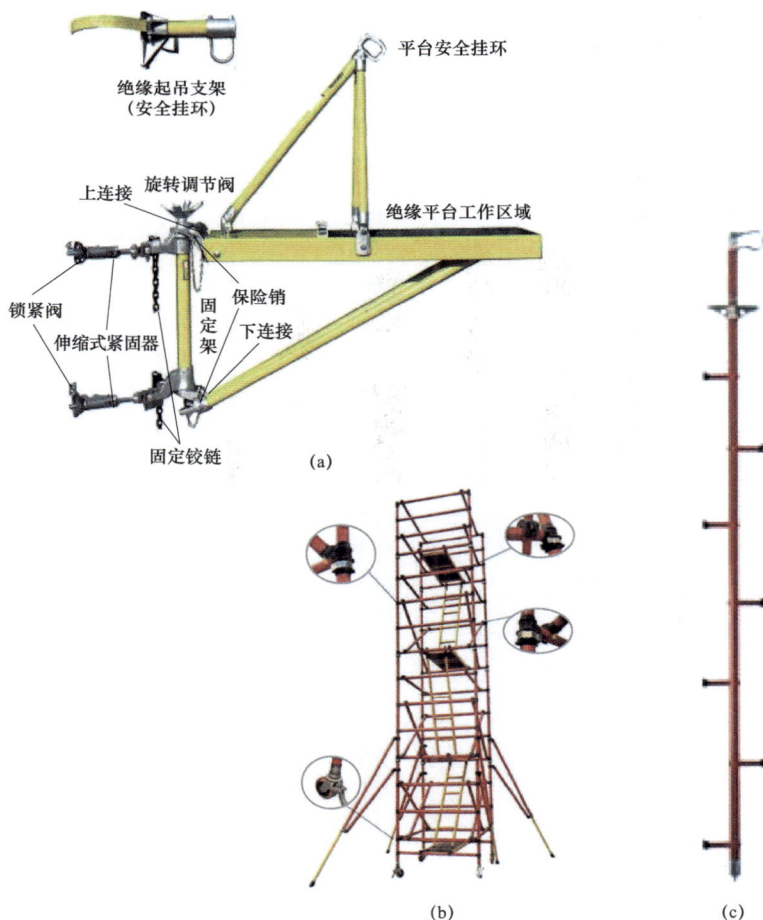

图5-8　常见绝缘承载工具
（a）绝缘平台；（b）绝缘脚手架；（c）绝缘蜈蚣梯

5min，未发生发热或闪络、击穿现象；机械试验持续加 1000kg 静负荷 30min，未发生永久形变和损伤，配套机构完好。一般最大质量不超过 360kg，安全工作负荷为 220kg/m²。

第二节　常用仪器仪表

一、验电器（笔）

验电器是一种检测物体是否带电，以及粗略估计带电量大小的仪器，主要用来检测高压架空线路、电缆线路、高压用电设备是否带电，一般都是由检测部分（指示器部分或风车）、绝缘部分、握手部分三大部分组成。绝缘部分是指自指示器下部金属衔接螺丝起，至罩护环止的部分；握手部分是指罩护环以下的部分。绝缘部分、握手部分根据电压等级的不同其长度也不相同。常用高压验电器见图 5-9。

图 5-9　常用高压验电器

验电器按照适用电压等级可分为 0.1～10kV 验电器，6、10kV 验电器，35、66kV 验电器，110、220kV 验电器，500kV 验电器。

按照型号可分为 GD 声光型高压验电器、YD 语言型高压验电器、GDY 声光型高压验电器、GDY-F 防雨型高压验电器、GDY-C 风车式高压验电器、QHL-Ⅱ全回路自检验电器（见图 5-10）。GSY 声光型高压验电器（见图 5-11）、GDY-S 绳式高压验电器（见图 5-12）等。

二、绝缘电阻测试仪

绝缘电阻测试仪又称绝缘电阻表、兆欧表、摇表、梅格表，可用于测量各种绝缘材料的电阻值和变压器、电机、电缆、电气设备等的绝缘电阻，见图 5-13。绝缘电阻测试仪主要由三部分组成：① 直流高压发生器，用以产生一直流高压；② 测量回路；③ 显示。

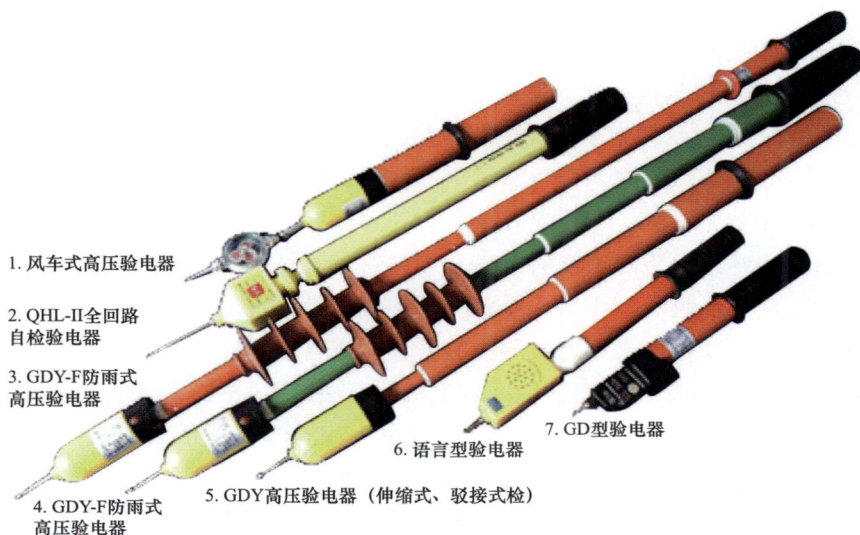

1. 风车式高压验电器

2. QHL-Ⅱ全回路自检验电器

3. GDY-F防雨式高压验电器

4. GDY-F防雨式高压验电器

5. GDY高压验电器（伸缩式、驳接式检）

6. 语言型验电器

7. GD型验电器

图 5-10　各型号验电器

图 5-11　GSY 声光型高压验电器

图 5-12　GDY-S 绳式高压验电器

（1）直流高压发生器。测量绝缘电阻必须在测量端施加一高压，此高压值在绝缘电阻表国标中规定为 50、100、250、500、1000、2500、5000V。

直流高压的产生一般有三种方法：① 手摇发电机式，目前我国生产的绝缘电阻表约 80%是采用这种方法（摇表名称来源）；② 通过市电变压器升压，整流得到直流高压，一般市电式绝缘电阻表采用这个方法；③ 利用晶体管振荡式或专用脉宽调制电路来产生直流高压，一般电池式和市电式的绝缘电阻表采用这个方法。

（2）测量回路。测量回路和显示部分一般合二为一。测量回路是由一个流比计表头来完成的，这个表头中有两个夹角为 60°（左右）的线圈组成，其中一个线圈是并在电压两端的，另一线圈是串在测量回路中的。表头指针的偏转角度决定于两个线圈中的电流比，不同的偏转角度代表不同的阻值，测量阻值越小串在测量回路中的线圈电流就越大，那么指针偏转的角度越大。

随着电子技术及计算机技术的发展，数显表逐步取代指针式仪表。绝缘电阻数字化测量技术也得到了发展，其中压比计电路就是其中一个较好测量电路，压比计电路是由电压桥路和测量桥路组成。这两个桥路输出的信号分别通过 A/D 转换再通过单片机处理直接转换成数字值显示。

（3）接线柱。绝缘电阻测试仪的接线柱共有三个：①"L"为线端；②"E"为地端；③"G"为屏蔽端（也叫保护环）。一般被测绝缘电阻都接在"L""E"端之间，但当被测绝缘体表面漏电严重时，必须将被测物的屏蔽环或不须测量的部分与"G"端相连接，这样漏电流就经由屏蔽端"G"直接流回发电机的负端形成回路，而不在流过绝缘电阻表的测量机构（动圈）。从而在根本上消除了表面漏电流的影响，特别应该注意的是测量电缆线芯和外表之间的绝缘电阻时，一定要接好屏蔽端钮"G"，因为当空气湿度大或电缆绝缘表面又不干净时，其表面的漏电流将很大，为防止被测物因漏电而对其内部绝缘测量所造成的影响，一般在电缆外表加一个金属屏蔽环，与绝缘电阻表的"G"端相连。

当用绝缘电阻表摇测电器设备的绝缘电阻时，一定要注意"L"端和"E"端不能接反，正确的接法是："L"线端钮接被测设备导体，"E"地端钮接地的设备外壳，"G"屏蔽端接被测设备的绝缘部分。如果将"L"和"E"接反了，流过绝缘体内及表面的漏电流经外壳汇集到地，由地经"L"流进测量线圈，使"G"失去屏蔽作用而给测量带来很大误差。另外，因为"E"端内部引线同外壳的绝缘程度比"L"端与外壳的绝缘程度要低，当兆欧表放在地上使用时，采用正确接线方式时，"E"端对仪表外壳和外壳对地的绝缘电阻，相当于短路，不会造成误差，而当"L"与"E"接反时，"E"对地的绝缘电阻同被测绝缘电阻并联，而使测量结果偏小，给测量带来较大误差。

绝缘电阻测试仪在工作时，自身产生高电压，而测量对象又是电气设备，所以必须正确使用，否则就会造成人身或设备事故。使用前，首先要做好以下各种准备：

（1）测量前必须将被测设备电源切断，并对地短路放电，决不允许设备带电进行测量，以保证人身和设备的安全。

（2）对可能感应出高压电的设备，必须消除这种可能性后，才能进行测量。

（3）被测物表面要清洁，减少接触电阻，确保测量结果的正确性。

（4）测量前要检查绝缘电阻表是否处于正常工作状态，主要检查其"0"和"∞"两点。即摇动手柄，使电机达到额定转速，绝缘电阻表在短路时应指在"0"位置，开路时应指在"∞"位置。

（5）绝缘电阻表使用时应放在平稳、牢固的地方，且远离大的外电流导体和外磁场。做好上述准备工作后就可以进行测量了，在测量时，还要注意绝缘电阻表的正确接线，否则将引起不必要的误差甚至错误。

（6）对于有输出电压、测量阻值调节的数字式绝缘电阻测试仪，在使用时应注意根据受检设备实际需求选择合适的输出电压档。在对表计进行自检时，宜选用与被测物品阻值要求匹配的较低阻值档位进行。

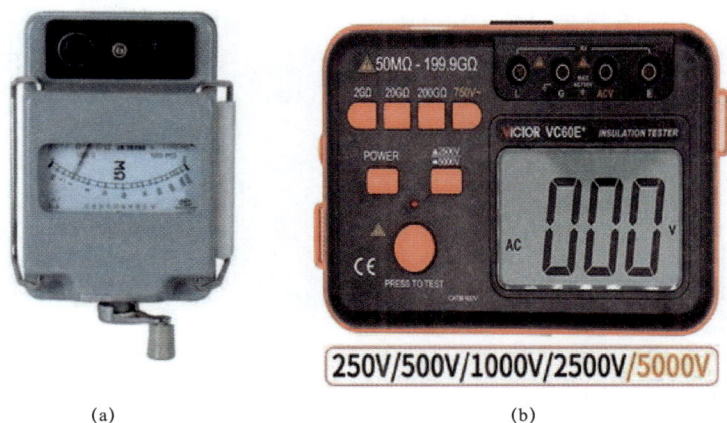

(a)　　　　　　　　　　　　(b)

图 5-13　绝缘电阻测试仪

(a) 手摇式绝缘电阻测试仪；(b) 数字式绝缘电阻测试仪

三、钳形电流表

钳形电流表就是一种用于测量正在运行的电气线路中电流大小的仪表，由电流互感器和电流表组合而成。

1. 常规闭口型电流表

电流互感器的铁芯在捏紧扳手时可以张开，被测电流所通过的导线可以不必切断就可穿过铁芯张开的缺口，当放开扳手后铁芯闭合。穿过铁芯的被测电路导线就成为电流互感器的一次线圈，其中通过电流便在二次线圈中感应出电流，从而使二次线圈相连接的电流表便有指示，测出被测线路的电流，见图 5-14。钳形电流表分为钳形交流电流表和钳形交直流表两大类，有的还可以测量交流电压。

钳形交流电流表实质上是由一只电流互感器和一只整流系仪表所组成，被测量的载流导线相当于电流互感器的原绕组，在铁芯上的是电流互感器的副边绕组，副边绕组与整流系仪表接通。根据电流互感器原、副边绕组间一定的变化比例关系，整流系仪表的便可以显示出被测量线路的电流值。

钳形电流表通常作为交流电流表使用，主要是由钳头、钳头扳机、保持按钮、功能旋钮、液晶显示屏、表笔插孔以及红、黑两支表笔等部分构成的。

（1）钳头主要用于在测量交流电流时钳住被测导线，利用电流互感器原理感应导线电流。

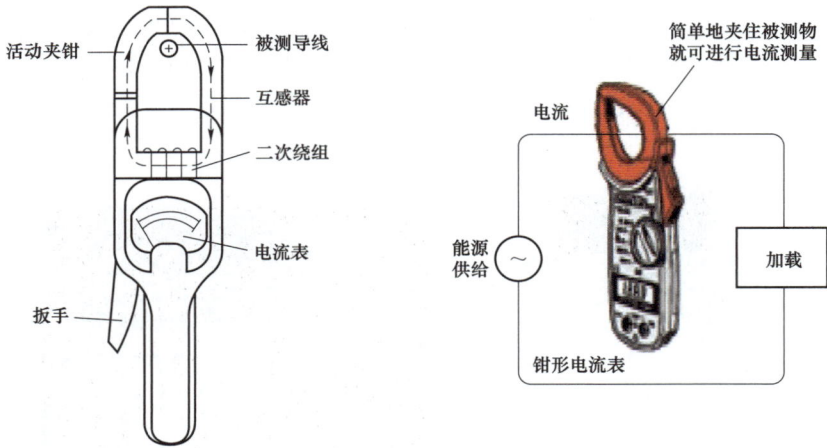

图5-14　钳形电流表示意图

（2）钳头扳机主要用于开闭钳头，按下时钳头张开，松开时钳头闭合。

（3）保持按钮主要用于检测电子电路时保持所测量的数据，以方便读取记录数据。

（4）功能旋钮主要针对钳形电流表一表多用的特点，为不同的检测设置相对应的量程。

（5）液晶显示屏主要用于显示检测数据、数据单位、选择量程等信息。

（6）表笔插孔主要用于连接表笔的引线插头和绝缘测试附件。

（7）红表笔和黑表笔主要用来连接钳形表测量电阻和电压，红表笔连接 VΩ 插孔，黑表笔连接接地端。

2. 新型开口式电流计

近年来，随着科学技术的不断发展又出现了 U 型开口式的电流计（见图5-15和图5-16），其采用的是非接触性 U 型 TA 的测试方式。

图5-15　钩形电流计示意图

图5-16　叉形电流计示意图

四、核相仪

核相仪又称核相器、核相装置、无线核相器、高压核相器、高压核相仪、语音核相器、语音核相仪、无线核相器、无线核相仪、数字核相器、数字核相仪、定相器、高压定相器等，具有核相、测相序、验电等功能，应用于电力系统的电力线路、变电所的相位校验和相序校验。

核相仪是一种带电测试工具，是在运行电压下，进行高压电力线路的核定相位工作，特别对直接接触高电压的核相棒进行了较高的工频耐压试验。

核相仪按照电压等级可以分为低压 380V 以及高压 6、10、35、110kV 核相仪；按照显示形式可分为指针式、数显式；按照设备形式可分为有线核相仪、无线核相仪，一般使用较多的为无线核相仪。与有线核相仪相比，无线核相仪主要优点是去掉了连接两个电网（电源）两端的引线，使用不受任何地形和设施构架的方式限制，提高了安全性，见图 5-17。

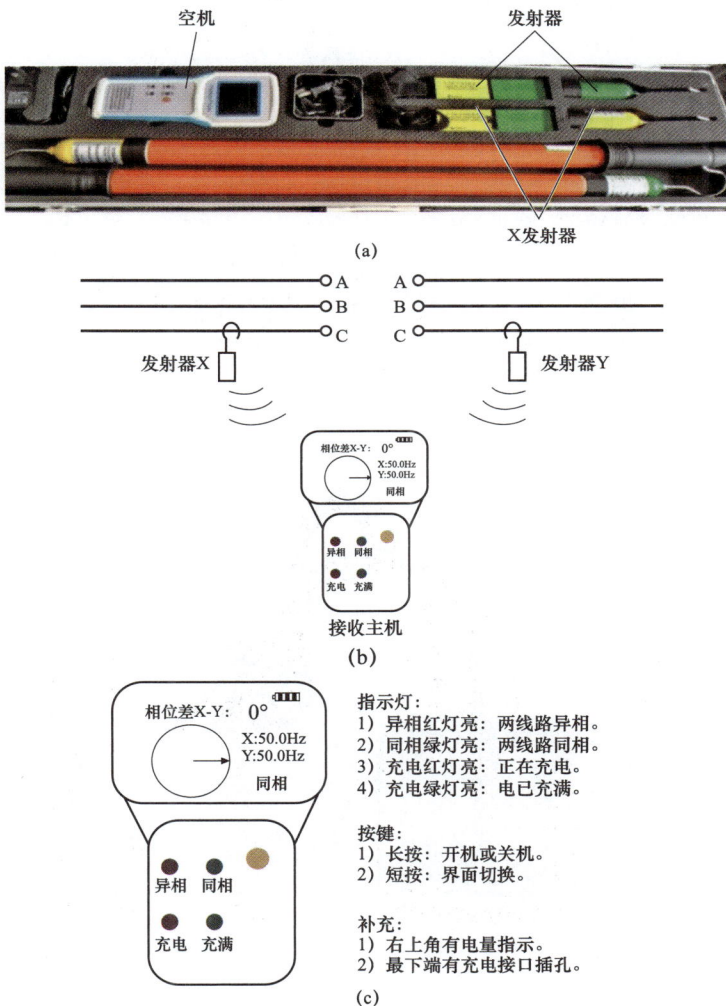

图 5-17 无线核相仪
（a）无线核相仪套件；（b）无线核相示意图；（c）无线核相结果显示示意图

五、低压相序仪

相序仪是一种的新型检测仪器，可检测 500V 以下（包括 100V 和 380V）和 3kV 及以上电压等级（包括 10、35、110kV 及 220kV）三相电压的相序，即检测三相电压 a、b、c 的相序。当仪表在使用时，用移动红灯或顺时针旋转代表顺相，反向移动绿灯或逆时针转代表逆相。当用于 3～10kV 电压时，需另加三根 1.5m 长绝缘管，内设有 10～50MΩ 的衰减电阻。相序仪种类及应用见图 5-18～图 5-20。

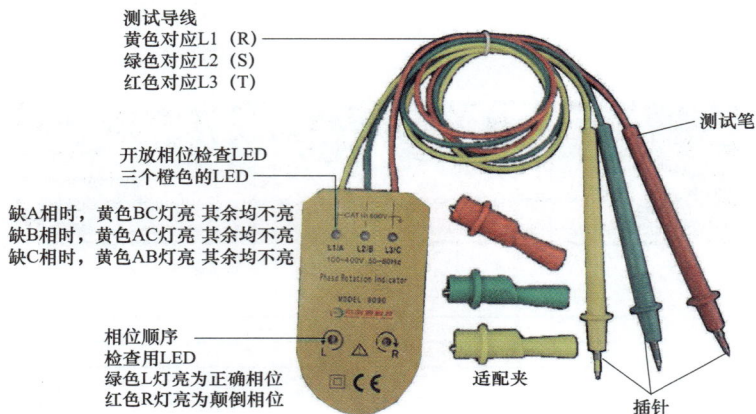

图 5-18　直接接触式低压相序仪

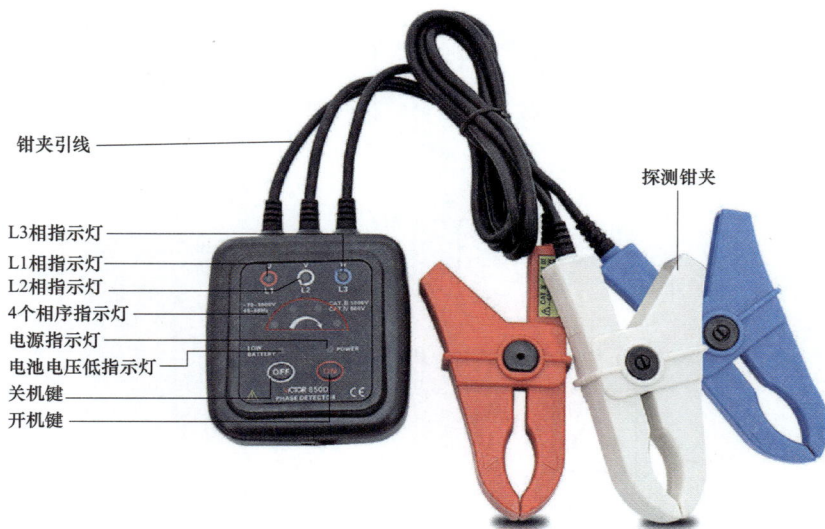

图 5-19　非直接接触式低压相序仪

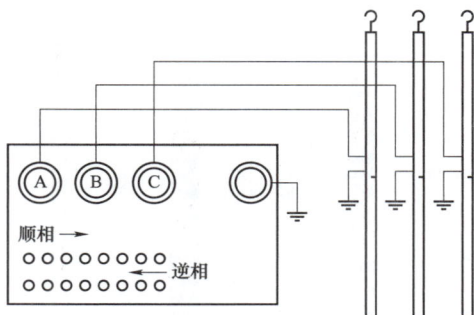

图 5-20　相序表 1～10kV 电压场合应用接线

六、风速仪、温湿度仪

风速仪由传感器和信号分析、处理与控制单元两部分构成。作业现场常用的便携式手持风速仪（见图 5-21），分为一体式和分体式两种。另外，根据传感器的不同又分为风轮传感器（见图 5-22）和热敏式传感器（见图 5-23）。对于热敏式传感的，其传感器一部分测量温度，另一部分用于加热，前者监控实际过程温度值；后者维持一恒定温度值，使其总是高于实际过程温度且与该过程温度保持恒定的温度差。气体的质量风量越大，冷却效应就越大，维持差分温度所需的能量也就越大，因此，通过测量加热器的能量便可得出被测气体的质量风量与风速。

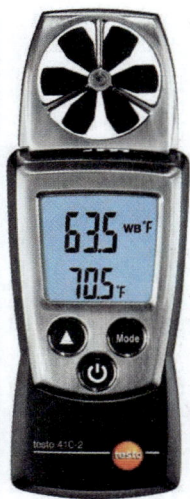

图 5-21　手持一体式风速仪　　　图 5-22　手持分体式风速仪（风轮传感器）

51

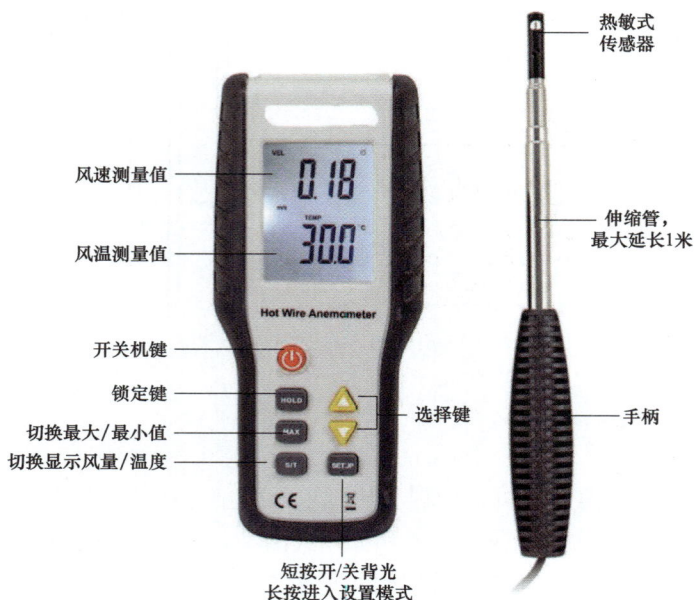

风速测量值

风温测量值

开关机键

锁定键

切换最大/最小值

切换显示风量/温度

选择键

热敏式传感器

伸缩管，最大延长1米

手柄

Hot Wire Anemometer

短按开/关背光
长按进入设置模式

图 5-23　手持分体式风速仪（热敏式传感器）

温湿度仪用于测量环境温度和湿度情况，其根据显示方式不同分为指针式（见图 5-24）和电子式（见图 5-25）两种。指针式仪表采用纯机械物理感温设计，通过通风口空气流通来取样检测，工作过程无需电源。电子式仪表采用电子集成芯片来作为温湿度的传感器，其显示精度更高但需要电源供电以支持其运行。

温度感应

湿度感应

图 5-24　指针式温湿度计

(a)   (b)

图 5-25 电子式温湿度计

（a）探头内置；（b）探头外延

第三节 常用特种作业车辆

一、绝缘斗臂车

采用绝缘斗臂车进行带电作业，具有升空便利、机动性强、作业范围大、机械强度高、电气绝缘性能高等优点。

带电作业绝缘斗臂车自 20 世纪 30 年代在美日国家开始研制，到 20 世纪 50 年代以后在送、配电线路带电作业中得到广泛的应用。

绝缘斗臂车的绝缘臂采用玻璃纤维增强型环氧树脂材料制成，绕制成圆柱形或矩形截面结构，具有重量轻、机械强度高、电气绝缘性能好、憎水性强等优点，在带电作业时为人体提供相对地之间绝缘防护。绝缘斗臂车见图 5-26。

1. 相关技术定义

绝缘斗臂车是指具有绝缘高架装置与其运载工具和有关设备，用来提运工作人员和使用器材开展带电作业的特种车辆，简称斗臂车。

（1）高架装置（斗臂车上装）：具有绝缘斗臂，用于提运工作人员和使用器材到作业位置进行带电作业的装置，它不包括运载工具。

（2）支腿：高架装置工作中用以支承斗臂车，保持或增加斗臂车稳定性的装置。

（3）绝缘工作斗：高架装置中承载工作人员和使用器材的装置。

（4）吊臂：上部臂段端部的辅助杆件，用以起吊作业用器材。

（5）最大起升高度：绝缘工作斗位于最高位置，其底面与斗臂车支承面之间的垂直距离。

（6）最大作业高度：最大起升高度与作业人员可以进行带电作业所能达到的高度（1.7m）之和。

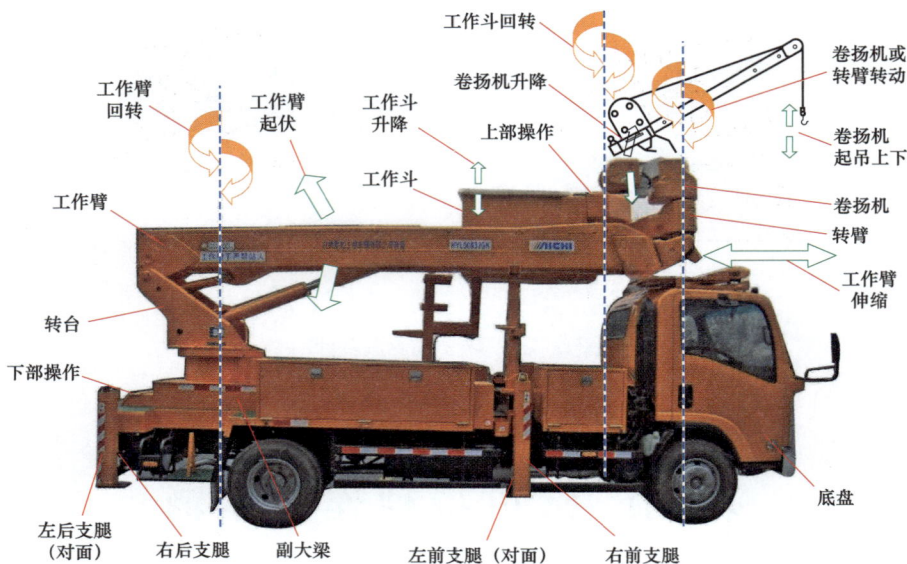

图 5-26 绝缘斗臂车

（7）额定载荷：在作业允许的工况（由倾覆力矩、强度决定），斗臂车所允许的最大载荷，包括绝缘工作斗载荷量和附加载荷量。

（8）绝缘工作斗额定载荷量：在作业允许的工况，绝缘工作斗所允许的最大载荷。

（9）附加额定载荷量：臂架处在规定位置，由吊臂作用在臂架上所允许的最大附加载荷。

（10）最大作业半径：在作业允许的工况，绝缘工作斗外缘至回转支承中心垂线的最大水平距离。

（11）最大作业幅度：最大作业平台幅度与作业人员可以进行安全作业所能达到的最大水平距离（0.6m）之和。

2. 基本功能配置

斗臂车基本功能配置见表 5-2。

表 5-2 斗臂车基本功能配置

序号	配置要求举例
1	最大作业高度双人斗≥15m，单人斗≥10m
2	最大作业高度时作业幅度≥3m
3	绝缘工作斗额定载荷双人斗≥270kg，单人斗≥120kg
4	支腿着地检测装置
5	臂架材质增强型玻璃纤维（FRP）绝缘材料
6	支腿型式 A 型（见图5-27）或 H 型（见图5-28）支腿
7	具备车体接地装置
8	附带小吊臂最大起吊质量≥450kg

图 5-27　A 型支腿绝缘斗臂车

图 5-28　H 型支腿绝缘斗臂车

3. 分类

按伸展结构分类斗臂车按伸展结构的类型可分为 3 种，见表 5-3，示意图见图 5-29。

表 5-3 　　　　　　　　　　　斗 臂 车 的 类 型

型式	伸缩臂式	折叠臂式	混合式
代号	S	Z	H

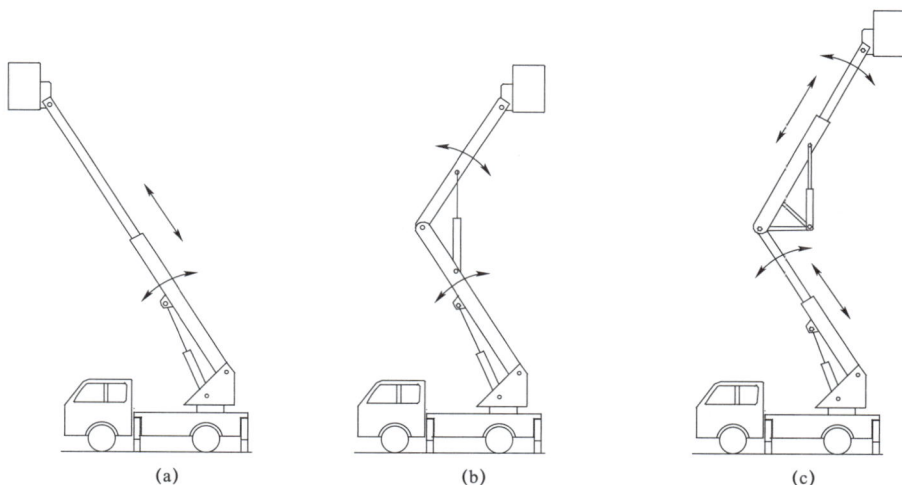

图 5-29　伸展结构类型示意图

（a）伸缩臂式；　（b）折叠臂式；　（c）混合式

4. 功能要求

（1）斗臂车的各机构应保证绝缘工作斗起升、下降时动作平稳、准确，无爬行、振颤、冲击及驱动功率异常增大等现象。

（2）斗臂车最大作业高度时作业幅度应不小于 3m。

（3）带有回转机构的斗臂车，回转时绝缘工作斗外缘的线速度应不大于 0.5m/s，启动、回转、制动应平稳、准确，无抖动、晃动现象；在行驶状态时，回转部分不应产生相对运动。

（4）斗臂车在行驶状态下，支腿收放机构应确保各支腿可靠地固定在斗臂车上，支腿最大位移量应不大于 5mm。

（5）斗臂车的伸展机构及驱动控制系统应安全可靠，绝缘工作斗在额定载荷下起升时应能在任意位置可靠制动，制动后 2h，绝缘工作斗下沉量应不超过该工况绝缘工作斗高度的 0.3%。

（6）斗臂车空载时最大绝缘工作斗高度误差应不大于公称值的 0.4%。

（7）支腿纵、横向跨距误差应不大于公称值的 1%。

（8）斗臂车前、后桥的负荷应符合《汽车、挂车及汽车列车外廓尺寸、轴荷及质量限值》（GB 1589）的要求。

（9）斗臂车的调平机构应保证绝缘工作斗在任一工作位置均处于水平状态，绝缘工作斗底面与水平面的夹角应不大于 3°，调平过程必须平稳、可靠，不得出现振颤、冲击、打滑等现象。

（10）车辆驻车制动应确保不会存在溜坡现象。

斗臂车功能分区示意图见图 5-30。

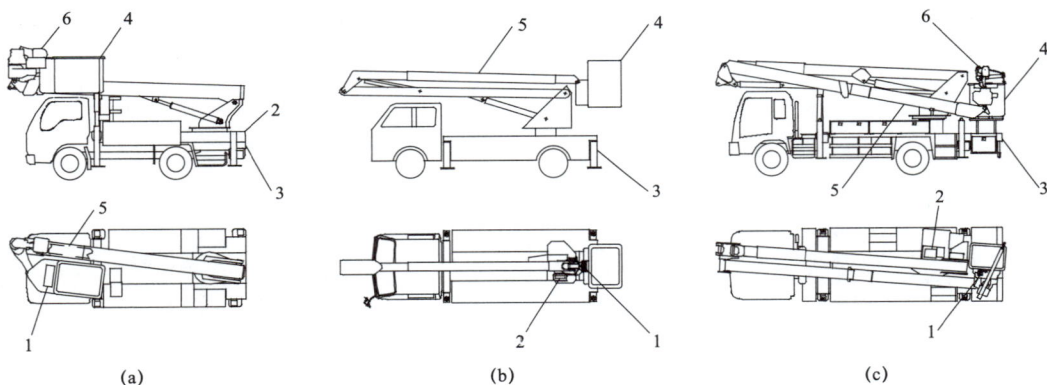

图 5-30　斗臂车功能分区示意图
（a）伸缩臂式；（b）折叠臂式；（c）混合式
1—绝缘斗部操控系统；2—下部操控系统；3—支腿操控系统；4—绝缘斗；5—绝缘臂；6—吊臂装置

5. 操控系统

操控系统包括液压、电气和操作等系统。操控系统的各气、油、电的管线应布置合理、固定可靠，不得有松动、渗漏、脱落等现象，行驶中不能发生磨损。

（1）通用要求。

1）在绝缘工作斗和下部各装备一套或以上的操控系统，下部操控系统具有比绝缘斗部操控系统更高的优先级。

2）操控系统应具有明显的永久性中文操作标识和警示标识。

3）操作动作不应相互干扰和引起误操作，操作应轻便灵活、准确可靠。

4）操控系统的控制手柄松开时应能自动归位，并且操作方向与控制的功能运动方向一致。

5）每个操作部位应配备发动机启动、停止系统。

6）斗臂车应配备应急动力启动、停止系统。

7）每个操作部位应配备紧急停止开关，可以立即可靠的切断所有机构动作。

8）绝缘工作斗部应具有工作臂无级调速功能，能准确实现机构的调速。

（2）操作系统。操作系统包括支腿操作系统、下部操作系统、斗部操作系统。

1）支腿操作系统。支腿操作系统应设置在后侧或右侧，使操作人员观察到支腿运动状态。水平支腿或垂直支腿可同时进行操作，也可独立进行操作。支腿操作部位应具有支腿着地状态的指示装置。

2）下部操作系统。下部操作系统应具有控制工作臂升降、伸缩、回转等机构的功能。

3）斗部操作系统。斗部操作系统应具有控制工作臂升降、伸缩、回转以及工作斗摆动、小吊装置等机构的功能。

6. 配置、使用及保管应注意的内容

（1）绝缘工作斗。

1）绝缘工作斗应由外绝缘工作斗和绝缘工作斗内衬构成。

2）绝缘工作斗的表面应平整、光洁及无凹坑、麻面现象，憎水性强。

3）绝缘工作斗应具备自动调整水平功能。

4）绝缘工作斗应具备积水倾倒功能。

5）绝缘工作斗应固定牢固，防止行驶时振动引起的损坏。

6）绝缘工作斗部应设置安全带或绳索的挂点。

7）绝缘工作斗上应标明斗臂车额定载荷和限乘人数。

8）斗臂车的伸展机构及驱动控制系统应安全可靠，绝缘工作斗在额定载荷下起升时应能在任意位置可靠制动，制动后 2h，绝缘工作斗下沉量应不超过该工况绝缘工作斗高度的 0.3%。

9）斗臂车空载时最大绝缘工作斗高度误差应不大于公称值的 0.4%。

10）斗臂车绝缘工作斗高度应不小于 0.9m，宽度应不小于 0.45m，承载 1 人的工作斗长度应不小于 0.5m，额定载荷应不小于 120kg，工作斗摆动角应不小于 180°（左右 90°）；承载 2 人的工作斗长度应不小于 1m，额定载荷应不小于 250kg，工作斗摆动角应不小于 90°（左右 45°）。

11）具有斗部起吊装置的斗臂车其最大起吊质量应不小于 450kg。

（2）绝缘臂。

1）斗臂车主绝缘臂应安装在最接近绝缘工作斗的臂上，绝缘臂的表面应平整、光洁，无凹坑、麻面现象，憎水性强。

2）绝缘臂应有有效绝缘长度标识。

3）斗臂车绝缘臂应具有 360°连续回转作业能力。

4）伸缩式斗臂车应具有绝缘臂防磨损装置。

5）折叠式斗臂车应设置臂收放托架、臂绑带，防止车辆行驶时震动应起的损坏。

6）绝缘臂外层表面应涂有不影响绝缘性能的防潮漆；绝缘臂内层表面应有憎水性措施。

7）斗臂车绝缘臂最大有效绝缘长度不小于 2.5m。

8）折叠臂式斗臂车应加装基臂绝缘段。

（3）安全系统。

1）斗臂车伸展机构由单独的钢丝绳或链条实现传动时，系统应有断绳安全保护装置。

2）斗臂车采用液压式伸展机构时，应设置防止液压管路发生故障造成回缩的安全保护装置。

3）斗臂车应具有防倾翻系统，装备倾斜角度指示装置，以指明底盘倾斜是否在制造商的许可范围内，如倾斜开关或水平仪。倾斜角度指示装置应受保护，以免损坏和意外的设置更改。对于无支腿可行走作业的斗臂车当达到倾斜极限时，绝缘工作斗上应有声光报警信号。对于用支腿来调平的斗臂车，底盘倾斜角度指示装置在支腿的操控部位应能清楚可见。

4）斗臂车应装有便于操控的急停开关，可在紧急时有效地停止所有动作。

5）斗臂车应具有第二套动力系统确保发动机故障时作业装置能够可靠归位。

6）支腿与其他操控系统应有互锁功能。

7）伸展机构超出安全作业范围时具有限制相应动作的功能。

8）应有支腿可靠着地的检测装置。

9）支腿跨距自动监测装置：扩展型斗臂车具有支腿水平伸出指示装置，并根据水平支腿伸出距离自动控制安全的作业范围。

10）工作臂自动收回装置：扩展型斗臂车上部一键式归位开关应自动完成工作臂的收缩、旋转、下降等动作，使工作臂自动完全归位。

11）工作臂防干涉装置：扩展型斗臂车工作臂靠近驾驶室及工具箱时，应能自动停止工作臂动作。

12）接地装置：斗臂车应配有专用的车体接地装置，接地装置标有规定的符号或图形；接地装置包括长度不小于 10m，截面积不小于 $25mm^2$ 的带透明护套的多股软铜接地线。

（4）保管。

1）斗臂车如长期存放，应停放在防盗、防潮、通风和具有消防设施的专用场地，并将所有门窗、抽屉等活动部件处于稳固关闭状态。

2）斗臂车的停放场地宜提供外接电源。

3）斗臂车的存放环境条件，应满足所有车载设备的储存要求。重要的非集控设备不宜长期存放在斗臂车上。

4）具有辅助支撑的中大型斗臂车如长期存放，应使用随车辅助支撑，减轻车辆轮胎压力。

5）斗臂车应按照机动车辆产品使用说明书进行定期维护与保养。

二、移动箱变车

负荷转移车是装有一台箱式变电站的移动电源，箱变的高低压侧分别安装一组高压负荷开关和低压空气开关。通过负荷转移实现对杆上配电变压器的不停电检修，也可以从高压线路临时取电给低压用户供电。

1. 分类及配置

（1）分类。

1）按汽车产品分类。移动箱变车按照《汽车和挂车类型的术语和定义》（GB/T 3730.1）进行分类，属于专用作业车；按照《专用汽车和专用挂车术语、代号和编制方法》（GB/T 17350）进行分类，属于厢式汽车。

2）按配置设备分类。移动箱变车按车载配置设备，分为基本型和扩展型。基本型开展较简单的配电线路及电缆临时供电作业项目；扩展型开展较复杂的配电线路及电缆临时供电作业项目。

移动箱变车应具备输送、转换电能的不间断供电能力，其主要功能见表 5-4。随着技术的进步和成熟，可增加新的功能。

表 5-4　　　　　　　　　　移动箱变车主要功能

设备名称	序号	功能/项目	基本型	扩展型
旁路柔性电缆卷盘	1	手动卷缆	●	●
	2	机械或液压卷缆	○	○
低压电缆卷盘	1	手动卷缆	○	●
	2	机械或液压卷缆	○	○
相位检测	1	高压侧相位检测	●	●
	2	低压侧相位检测	●	●
	3	自动相位检测	○	○
低压翻相	1	手动翻相	●	●
	2	自动翻相	○	○
高低压侧出线	1	高压侧出线快速接口	○	○
	2	低压侧出线快速接口	○	○
旁路负荷开关及环网柜	1	旁路负荷开关应具备可靠的安全锁定机构	●	●
	2	配备至少一进二出的环网柜	○	○
高低压保护	1	高压保护	○	●
	2	低压保护开关额定值＞变压器额定容量的三分之二	○	●
辅助设备	1	液压垂直伸缩液压支撑	●	●
	2	应急照明	○	○

注　●表示应具备的功能；○表示可具备的功能。

（2）基本组成。移动箱变车主要由车辆平台、车载设备、辅助系统等组成。

1）车辆平台。车辆平台包括车辆底盘、厢体（车厢）结构等，是移动箱变车的运输载体。

2）车载设备。车载设备主要包括变压器、旁路负荷开关、旁路柔性电缆、低压配电屏等。

3）辅助系统。移动箱变车的辅助系统主要包括电气、照明、接地、液压、安全保护等系统。

移动箱变车典型平面设计三视图见图5-31。

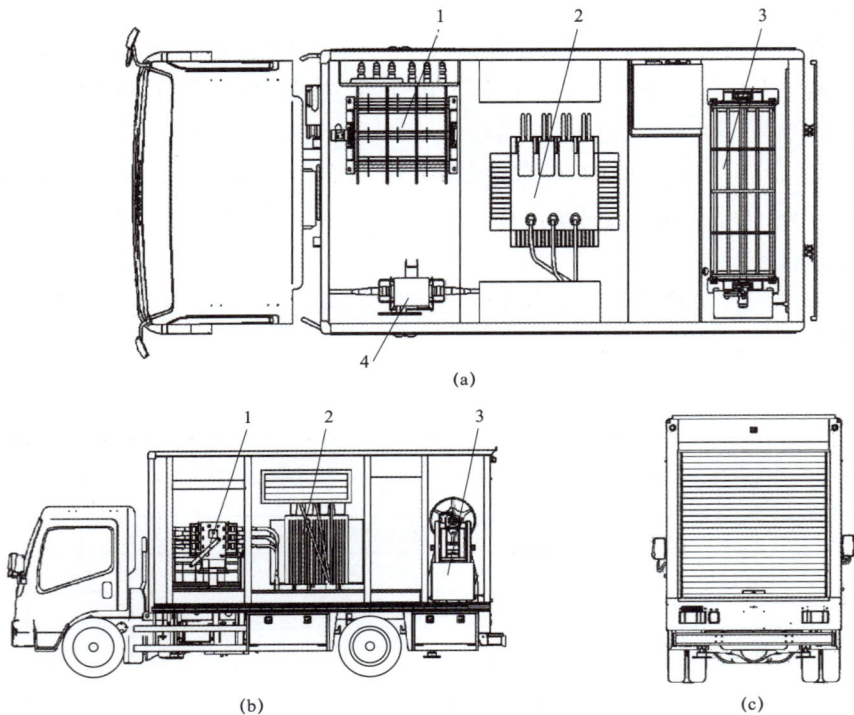

图 5-31　移动箱变车典型平面设计三视图
（a）俯视图；（b）左视图；（c）后视图
1—低压输出装置；2—变压器；3—旁路电缆输放装置；4—旁路负荷开关

2. 主要技术要求

（1）功能要求。

1）整体要求。

a. 运输。移动箱变车应具有良好的机动性、抗震动、抗冲击、防尘等性能，满足可靠运输车载设备要求。

b. 改装。移动箱变车采用已定型汽车整车进行改装。

用于改装的国产原始车辆车型应在国家发展改革委员会和国家质检总局联合发布的

《道路机动车辆企业和产品公告》中进行公告，并必须通过中国强制认证（CCC 认证）；采用进口汽车整车时，应具有合法手续和资质，并通过国家规定的强制检测。

移动箱变车车型应在《道路机动车辆企业和产品公告》中进行公告，并必须通过中国强制认证（CCC 认证）并标识强制认证标志。

移动箱变车的改装不得更改汽车底盘的发动机、传动系、制动系、行驶系和转向系等关键总成。

移动箱变车的改装应符合 GB/T 1332、GB/T 13043、GB/T 13044、QC/T 252 等汽车改装技术标准的要求。

c. 生产。移动箱变车的生产应遵守相关标准及国家颁布的有关法律法规。

2）车载设备。

a. 一般要求。

（a）维护检验。车载设备应按照相关管理规定或其说明书进行定期校准、维护或检验。

（b）性能和参数。车载设备的性能和参数应符合相关技术标准或规程的规定。

（c）接线方式。高压侧接线为一组进线与两组出线，出线一组用于连接变压器，另一组可用于转供负荷；低压侧出线为两组负荷（一主一备）输出。

（d）抗震性。车载设备元件或部件应安装牢固，有良好的抗震性。车载设备的抗震性能应符合 GB 4798.5 的有关规定。

b. 配电变压器。配电变压器应符合 GB 50150 的规定，容量可采用 250～630kVA 等规格的三相油浸直冷线圈无励磁调压配电变压器或干式变压器。

c. 旁路负荷开关。旁路负荷开关应符合 Q/GDW 249 的规定，全绝缘全密封并能与环网柜、分支箱互连，具备良好的操作性能（机械寿命不小于 3000 次循环）和灭弧性，具备可靠的安全锁定机构。

d. 旁路柔性电缆。旁路柔性电缆应符合 Q/GDW 249 的规定，可弯曲能重复使用。

e. 旁路连接器。旁路连接器包括进线接头装置、终端接头、中间接头、T 型接头，应符合 Q/GDW 249 的规定。连接接头要求结构紧凑、对接方便，并有牢固、可靠的可防止自动脱落锁口，在对接状态能方便改变分离状态。

f. 旁路电缆连接附件。旁路电缆连接附件包括可触摸式终端肘型电缆插头、可分离式电缆接头、辅助电缆、引下电缆等，应符合 Q/GDW 249 的规定。型号与柔性电缆、带电作业用消弧开关、箱式变压器、环网柜、分支箱和高低压进线柜匹配。

g. 低压配电屏。低压配电屏应符合 GB 7251.1 的规定，将低压电路所需的开关设备、测量仪表、保护装置和辅助设备等，按一定的接线方式布置安装在金属柜内。主要用于配电的控制、保护、分配和监视等，配电系统应满足供电可靠性和电能质量要求，层次不宜超过二级。

低压配电屏为固定面板安装式，结构紧凑、少维护或免维护，具备高分断能力灭弧熔断器且操作性能安全可靠的分路出线单元，出线负载电缆宜采用快速连接方式。

h. 低压柔性电缆。低压柔性电缆应符合 GB 7594 的规定，可弯曲能重复使用。

i. 环网柜。环网柜应符合 GB 11022 的规定，应分为负荷开关室（断路器）、母线室、电缆室和控制仪表室等金属封闭的独立隔室，其中负荷开关室（断路器）、母线室和电缆室均有独立的泄压通道。

（2）辅助系统。

1）电气系统。

a. 电路及控制。电路系统应设电源总开关并布置在操作人员便于操作使用的位置。

b. 照明系统。移动箱变车的照明包括车辆本体照明、工作照明和应急照明。

（a）本体照明。汽车本体照明应符合 GB 4785 的要求。

（b）工作照明。移动箱变车的工作照明包括车内工作照明、车外场地照明等。

车内工作照明应满足工作位照明要求。照度应不小于 300lx。车内有多个工作位时，应有相应的工作照明。

变电运维车顶的两侧、尾部等可安装场地照明灯，用于变电运维车周围工作场地的照明，场地照明的照度应不小于 150lx。

（c）应急照明。移动箱变车宜配备便携式可充电应急防爆照明灯，用于应急照明。

2）接地系统。移动箱变车应有专用的集中接地点，并具有明显的接地标志。

移动箱变车上各电气设备及整车应具有可靠的保护和工作接地连接网络，整车配置充足可靠的接地线缆和接地钎等设备，并设置方便操作的接地连接点。接地电阻均应不大于 4Ω，保护接地和工作接地要相距 5m 及以上。

接地线应有足够的截面和长度，主接地回路接地线的截面应满足热容量和导线电压降的要求。

3）液压系统。液压系统是为移动箱变车在车库停放时或是在机组工作时保护轮胎及车桥提供支撑，四只液压支腿带有锁定装置，每腿均能独立操作。

4）安全保护、警示、防护。

a. 安全保护。移动箱变车的液压、机械、电动等运动部件，对承重、传动等安全有明显影响时，应有限位闭锁保护装置。闭锁装置应动作灵活、可靠。

可人工移动的可动部件，对运输、固定等有明显安全影响时，应有限位锁紧装置。锁紧装置应方便人工操作，动作灵活，限位可靠。

b. 警示。移动箱变车应有声光报警装置，并可由车上操作人员进行控制。设备区可根据带电检测需要安装烟雾、有毒气体等报警器。

c. 防护。移动箱变车宜配备常用的安全工器具、防护用具。移动箱变车的驾驶室、设备区等不同功能区域应配备消防器材。消防器材应安装牢固、取放方便。

3. 使用应注意的内容

（1）使用前检查。

1）在高低不平场地或支腿支撑处地基较软时，要用大木块垫在支腿撑板下。

2）严禁在支腿未完全收回状态下行驶车辆。

（2）电缆连接检查。

1）电缆进行绝缘电阻测试试验时，应对电缆裸露部分进行有效的绝缘防护。

2）绝缘电阻测试完成后，要对试验设备及电缆进行对地充分放电。

3）必须保证接地线与车体及接地装置连接可靠。

4）连接前，检查插头及插座内是否有异物或氧化、腐蚀现象。

5）连接前，必须采用清洁纸对接头进行清理，并均匀涂抹硅脂。

6）电缆连接后，务必旋转滑套，不能将锁止孔和锁止销对齐。

（3）低压设备检查。

1）操作低压开关前，应先查看电力多功能表显示信息，确认电压、频率等是否正常。

2）直接输出模式和检查相序模式在合闸前，应先断开原低压线路电源；检查同期模式下，合闸时，原低压线路电源不准断开。

3）检查每路低压输出的额定电流，供电时应确保不超载。

4）送电时，应确认操作的分支开关与低压输出分支是否为同一路。

（4）高压设备检查。

1）操作人员应熟知高压柜操作方法和产品性能。

2）合闸前，应查看高压柜气压表，确认高压柜气压表指针在绿色区域内。

3）所有分合操作应采用高压柜自带手柄进行操作。

4）负荷开关与接地开关之间有机械互锁。负荷开关合闸前，必须先断开接地开关。

5）操作高压柜前，变压器舱门需关好。

（5）放电泄流。

1）放电前，不允许操作人员直接接触高压回路裸露点，操作人员必须穿戴绝缘手套，应确认移动箱变车已切断所有电源连接线。

2）高压引线电缆拆下后，闭合高压柜进线柜开关和高压柜变压器柜高压开关，在高压引线电源侧接口处进行对地放电。

3）低压引线电缆拆下后，闭合低压柜总开关及分支开关，在低压输出电缆用户侧接口处进行对地放电。

三、旁路作业车

采用旁路作业设备实施配电网不停电作业的方法在国内外配电线路中得到广泛应用，并在提高供电可靠性方面取得良好效果。

旁路作业车用于装载旁路作业用柔性电缆，分型分相收纳，采用机械或电动卷盘收放，并配有相关旁路作业作业附件设备的空间，以利于旁路作业便捷、高效、迅速地实施。

1. 基本组成

旁路作业车主要由车辆平台、电缆收放装置、部件收纳箱等组成。

（1）车辆平台。车辆平台包括车辆底盘、厢体（车厢）结构等，是旁路作业车的运输载体。

（2）电缆收放装置。电缆收放装置主要由环形轨道、三联电缆卷盘、卷盘驱动机构、起吊装置等组成。

（3）部件收纳箱。部件收纳箱用于定置存放（除旁路柔性电缆之外的）旁路负荷开关、转接电缆、电缆连接器等旁路作业设备部件。

旁路作业车应采用分舱设计，有独立的驾驶室、部件收纳箱、电缆收放装置、工具箱等，典型平面设计三视图见图5-32。

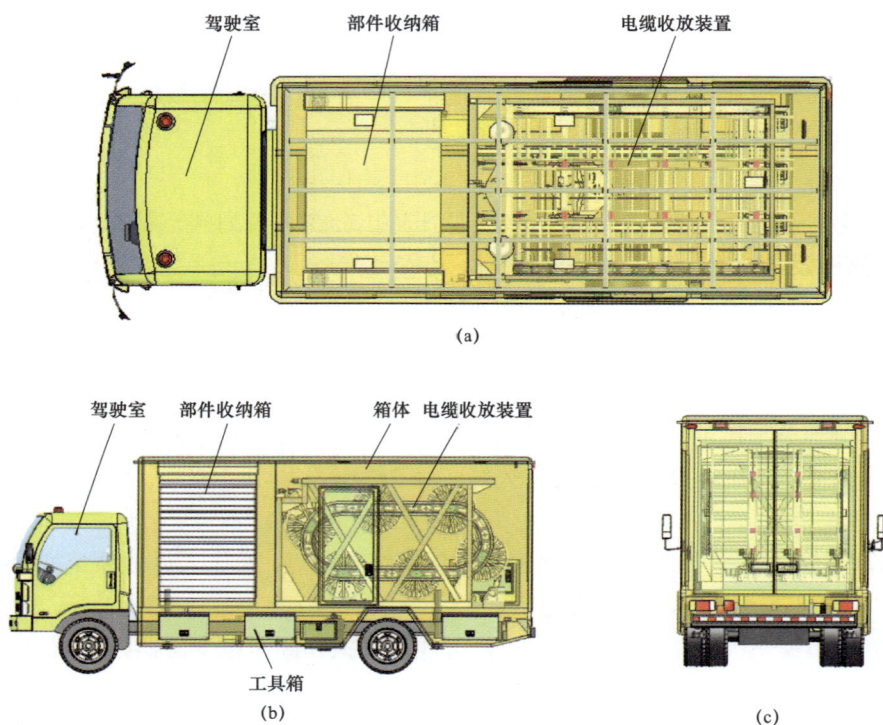

图5-32 旁路作业车典型平面设计三视图

(a) 俯视图；(b) 左视图；(c) 后视图

2. 主要技术要求

（1）功能要求。

1）定置装载旁路柔性电缆。整车为厢式工程车，在车厢内配置电缆收放装置，电缆收放装置主要由环形轨道、三联电缆卷盘、卷盘驱动机构、起吊装置等组成。电缆收放装置应定置装载不少于18盘（截面积不大于50mm²、单条长度不大于50m）旁路柔性电缆。

2）部件收纳箱。部件收纳箱用于定置存放（除旁路柔性电缆之外的）旁路负荷开关、转接电缆、电缆连接器等全部旁路作业设备部件。分类置放各种旁路作业部件并设计专用工装卡具可靠固定，存放小型部件的压型模应有数量标识，实现各部件的定置管理，防止工具在运输中互相磕碰和颠簸。

3）电动或液压机构驱动。具有手动收、放旁路柔性电缆的功能。三联电缆卷盘横向并列安装在环形轨道内，通过电动或液压机构驱动每组卷盘，可按顺序逐个移动到车厢尾部指定收放旁路柔性电缆位置，每组卷盘在行驶状态应自动锁紧防止其窜动。

一组卷盘装置在收放旁路柔性电缆位置应根据工作需要具有分别进行连续、点动、三相同时及单相收放功能。

电缆卷盘应有定位锁紧功能，防止车辆在行驶过程中电缆卷盘移动和自转。

电缆收放操作应通过配置的有线遥控操作装置实现，控制线缆长度不小于 3m。

机构设计时应有足够的检修空间，便于维护。

4）现场快速拆解电缆卷盘的功能。配置的随车起吊装置可将电缆卷盘吊放到车厢外，一组电缆卷盘可快速拆分为三个单体卷盘以便于运送和卷盘的检修，起重臂额定起重量不得小于 500kg。

5）夜间作业现场照明功能。驾驶室外顶部安装车载升降式照明装置，配备全方位转向云台，用于夜间作业现场提供照明。照明电源宜采用车辆底盘蓄电池 DC 24V 电源，照明灯具宜采用 LED 灯等节能灯具，照度满足现场工作要求。

6）车辆存放支撑功能。车厢底部应配置 4 处液压垂直伸缩支腿，支腿伸出后应使轮胎不承载，并能承受整车和货载总质量，液压伸缩支腿的控制系统应安装在便于操作的位置。

7）扩展功能。随着技术的进步和成熟，可增加新的功能。

8）改装。旁路作业车采用已定型汽车整车进行改装。

用于改装的国产原始车辆车型应在中华人民共和国工业和信息化部发布的《车辆生产企业和产品》中进行公告，并必须通过中国强制认证（CCC 认证）；采用进口汽车整车时，应具有合法手续和资质，并通过国家规定的强制检测。

旁路作业车车型应在《车辆生产企业和产品》中进行公告，并必须通过中国强制认证（CCC 认证）并标识强制认证标志。

旁路作业车的改装不得更改汽车底盘的发动机、传动系、制动系、行驶系和转向系等关键总成。

旁路作业车改装应符合 GB/T 1332、GB/T 13043、GB/T 13044、QC/T 252 等汽车改装技术标准的要求。

（2）辅助系统。

1）电路系统。电路系统应设电源总开关并布置在操作人员便于操作使用的位置。

2）照明系统。旁路作业车的照明包括车辆本体照明、工作照明和应急照明。照明设施的性能和参数应满足其相应技术标准的要求。

a. 本体照明。汽车本体照明应符合 GB 4785 的要求。

b. 工作照明。旁路作业车的工作照明包括车内工作照明、车外场地照明等。内工作照明应满足工作位照明要求。照度应不小于 300lx。车内有多个工作位时，应有相应的工作照明。

车顶的两侧、尾部等可安装场地照明灯，用于周围工作场地的照明，场地照明的照度应不小于 150lx。

c. 应急照明。旁路作业车宜配备便携式可充电应急防爆照明灯，用于应急照明。

3. 使用及安全注意事项

（1）旁路作业车的行驶与检查。旁路作业车是装载旁路作业设备的专用运输车辆，旁路作业设备在运输和使用时应严格防止受到挤压和磕碰。因此车辆行驶前除应进行出车前的例行车辆检查外，还应检查确认车内旁路作业设备各零部件可靠固定，车门和工具箱可靠锁定；行驶过程中应保持车辆匀速行驶，尽可能避免急转弯和急刹车。

（2）旁路作业车的操作。

1）旁路作业车一般设有液压辅助支腿、电动或手动的电缆卷盘操作机构、随车起吊机构及操作按钮等，使用前应检查确认各项功能完好。

2）操作旁路作业车应指定专人进行，操作人员应事前根据生产厂家提供的使用说明书进行专项操作培训，熟练掌握各项操作要领。未经培训、许可的人员不得操作旁路作业车。操作旁路作业车的人员操作期间不得参与电缆收放等其他工作。

3）车辆停车保管或使用时，应及时支起液压辅助支腿，以免车轮长期承重导致变形损坏。

（3）旁路电缆及卷盘操作。

1）旁路作业设备中的接续电缆应置于车厢内电缆舱中的电缆卷盘上存放、保管、备用。

2）旁路电缆卷入电缆卷盘前，应使用专用绳索将旁路电缆一端系牢在电缆卷盘指定位置，然后操作卷盘机构，缓慢均匀地将电缆缠绕在电缆卷盘上，最后将电缆末端使用专用绳索系牢在电缆卷盘指定位置。

3）操作电缆卷盘机构时，应缓慢进行，防止将作业人员手部或衣服卷入导致人身伤害。操作电缆卷盘机构卷入或施放旁路电缆时，可三相同时进行也可逐相进行。

4）作业过程中如有异常应立即按下急停按钮，停止操作。

（4）旁路作业设备的存放与使用。

1）旁路作业设备运输或存放时，除接续电缆外的其余部件，均应根据设计要求对各部件进行定置存放管理。

2）存放旁路负荷开关等较大部件时应使用专用绳索可靠固定。存放小型部件的柜门、抽屉，均应使用锁定装置可靠锁定。

3）旁路作业设备使用后，应及时清点各部件，防止丢失，所有部件按照定置管理要求，不得随意乱放。

4）旁路作业车如长期存放，应停放在防盗、防潮、通风和具有消防设施的专用场地，并将所有门窗、抽屉等活动部件处于稳固关闭状态。

5）旁路作业车的存放环境条件，应满足所有车载设备的储存要求。

6）旁路作业车应按照机动车辆产品使用说明书进行定期维护与保养。

7）旁路作业车在进行运输时，应将所有抽屉、门锁关好，所有设备处于牢固的固定或绑扎状态。

8）旁路作业车如采用公路运输、铁路运输、水路运输，应符合 GB/T 16471 的规定。

（5）旁路作业车的日常维护及保养。旁路作业车应设专人负责车辆的驾驶和日常管理。严格按照车辆管理要求，及时进行车辆日常检查和定期审验。

四、移动工具库房车

移动工具库房车是电力系统为解决野外带电作业绝缘工器具存放而设计的一种恒温、恒湿的移动库房，见图 5-33。

工具库房车主要布局：采用前后分舱设计，前舱为驾乘区，后舱为仓储单元，可以乘坐普通班组 3~5 人（包含司机）。

后车厢抢修工器具仓预留有充足的工器具放置空间，配置有专用工器具存放货架，存放常用工器具、安全工器具、仪器仪表、备品备件和急救药箱等。满足日常维护性救险检修任务用工具及设备的存放需求。

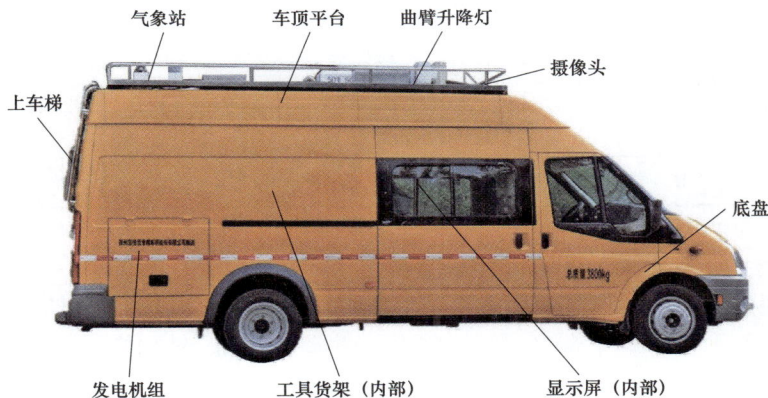

图 5-33　移动工器具库房车

1. 分类

（1）按汽车产品分类。带电作业工具库房车按照 GB/T 3730.1 进行分类，属于专用作业车；按照 GB/T 17350 进行分类，属于厢式汽车中的厢式专用运输汽车。

（2）按功能配置分类。配电带电作业工具库房车依照使用特点和范围，分为基本型和扩展型。基本型主要用于运输、储存配电带电作业工器具；扩展型除具有基本型的所有功能外，还可对带电作业现场提供辅助作业，见图 5-34。

配电带电作业工具库房车车型及主要参数见表 5-5。

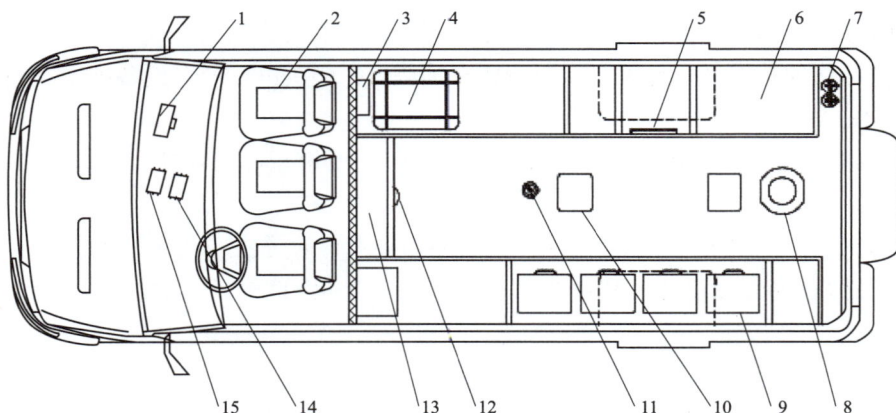

图 5-34　扩展型配电带电作业工具库房车示意图

1—点阵屏幕；2—驾乘区；3—加热设备；4—车载发电系统；5—气象监测系统；6—工具存放架；
7—灭火器；8—排风系统；9—工具存放架；10—照明系统；11—烟雾报警系统；12—监控系统；
13—温湿度控制系统；14—车载对讲台；15—短信报警系统

表 5-5　　　　　　　　　　　　配电带电作业工具库房车车型及主要参数

参数	类型	
	基本型	扩展型
车辆长度 L	$L<5000mm$	$5000mm \leqslant L<7000mm$
高度 H	$H<3500mm$	$H<3500mm$
宽度 W	$W<2200mm$	$W<2500mm$
总质量 M	$M \leqslant 4000kg$	$M \leqslant 5000kg$

2. 组成

配电带电作业工具库房车主要由车辆平台、工具舱、辅助系统等组成。

（1）车辆平台。车辆平台包括车辆底盘、厢体（车厢）结构等，是配电带电作业工具库房车的运输载体。

（2）工具舱。工具舱主要包括车载除湿机、加热器、车载空调、车载发电机等设备。

（3）辅助系统。辅助系统包括供电系统、独立空调、安全保护、警示、防护、照明系统等。

3. 总体要求

（1）工作条件。

1）供电电源。外部供电电源的额定电压、频率及波形应满足以下要求：

a. 额定电压：单相 220V，电压允许偏差为标称电压的 +7%，-10%。

b. 频率：50Hz，允许偏差 ±1%。

c. 电压总谐波畸变率：不大于 5%。

2）接地装置。配电带电作业工具库房车工作现场应配置接地装置。

（2）功能要求。

1）配电带电作业工具库房车功能。配电带电作业工具库房车应具备的主要功能见表 5-6。随着技术的进步和成熟，可增加新的功能。

表 5-6　　　　　　　　　　配电带电作业工具库房车主要功能

序号	功能	基本型	扩展型
1	温湿度调节	●	●
2	车内照明	●	●
3	通风	●	●
4	烟雾报警	●	●
5	发电机	●	●
6	车顶应急照明	○	●
7	工具舱降温装置	○	●
8	电源切换	○	●
9	短信报警	○	●
10	远程监控	○	●
11	气象收集	○	●
12	多方通话	○	●
13	辅助设备	○	●
14	点阵屏	○	●

注　●表示应具备的主要功能；○表示可具备的主要功能。

配电带电作业工具库房车应具有良好的机动性、抗震动、抗冲击、防尘等性能，满足可靠运输配电带电作业工器具的要求。

2）工器具储存功能。带电作业用工器具的储存应符合 DL/T 974 的规定，按类别分区存放，存取方便。

配电带电作业工具库房车工具舱储存温度应控制在 1～28℃之间，湿度不大于 60%。考虑到季节性造成的温差过大，容易引起凝露现象，配电带电作业工具库房车工具舱运输工具时和在工作现场使用时应保证舱内外温差不大于 5℃。

3）改装。配电带电作业工具库房车采用已定型汽车整车进行改装。

用于改装的国产原始车辆车型应在中华人民共和国工业和信息化部发布的《车辆生产企业及产品》中进行公告，并必须通过中国强制认证（CCC 认证）；采用进口汽车整车时，应具有合法手续和资质，并通过国家规定的强制检测。

配电带电作业工具库房车车型应在《车辆生产企业及产品》中进行公告，并必须通过中国强制认证（CCC 认证）并标识强制认证标志。

配电带电作业工具库房车的改装不得更改汽车底盘的发动机、传动系、制动系、行驶系和转向系等关键总成。

配电带电作业工具库房车的改装应符合 GB/T 1332、GB/T 13043、GB/T 13044、QC/T 252 等汽车改装技术标准的要求。

4. 使用保管注意事项

（1）使用。配电带电作业工具库房车在进行运输或自驶时，应将所有抽屉、门锁关好，所有设备处于牢固的固定或绑扎状态。

（2）保管。

1）配电带电作业工具库房车如长期存放，应停放在防盗、防潮、通风和具有消防设施的专用场地，并将所有门窗、抽屉等活动部件处于稳固关闭状态。

2）配电带电作业工具库房车的停放场地宜提供外接电源。

3）配电带电作业工具库房车宜存放在车库内，减少太阳直接暴晒或雨淋，远离高温热源。

4）配电带电作业工具库房车应按照机动车辆产品使用说明书进行定期维护与保养。

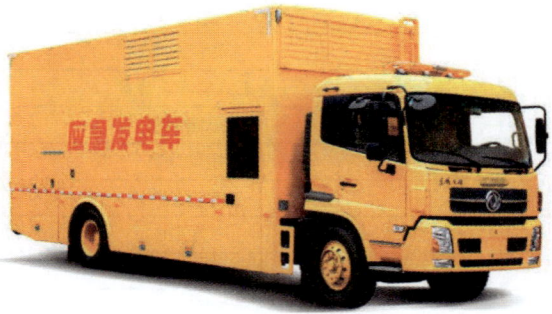

图5-35 应急发电车

五、移动发电车

移动发电车又称应急发电车，是指采用定型汽车底盘或整车改装的，装备有负荷8kW至1250kW、额定输出电压为0.4、6.6、10.5kV的工频三相交流柴油发电机组的专业特种车辆，见图5-35。

1. 分类及配置

移动发电车作为应急替代电源，按照发电设备的不同，可以分为磁悬浮飞轮UPS电源车、在线储能模式（电容、锂电、铅酸）电源车、EPS不间断电源车、应急电源车（柴发）、电源半挂车（柴发）等，见图5-36。以下重点讲解应急电源车中的低压型0.4kV与高压型10.5kV两种类型移动发电车，见图5-37和图5-38。

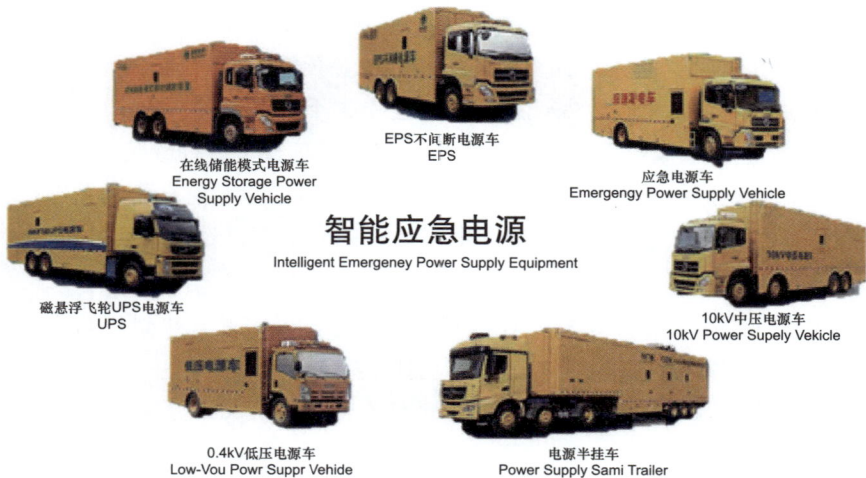

图5-36 移动发电车类型

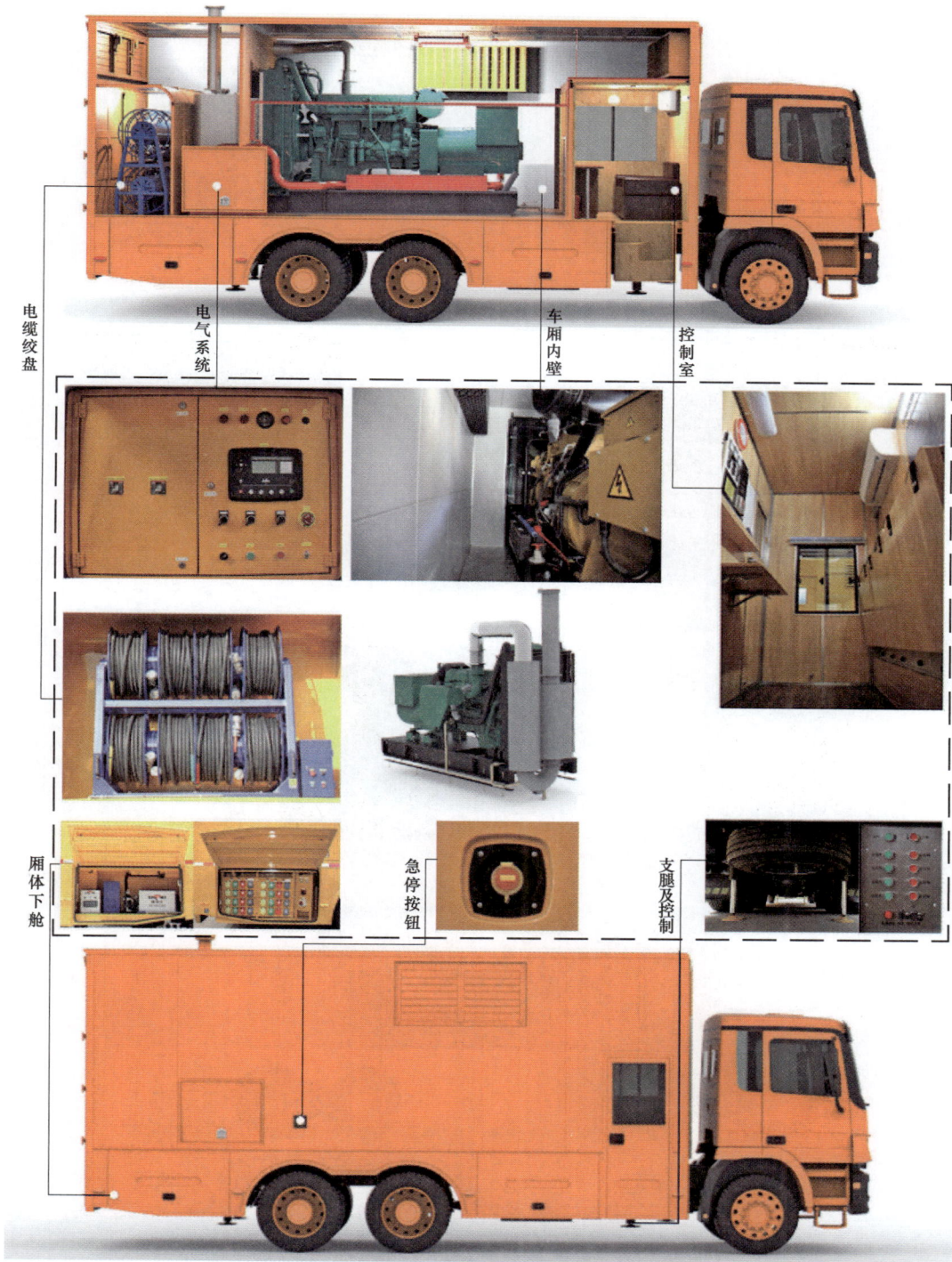

电缆绞盘

电气系统

车厢内壁

控制室

厢体下舱

急停按钮

支腿及控制

图 5-37　0.4kV 移动发电车

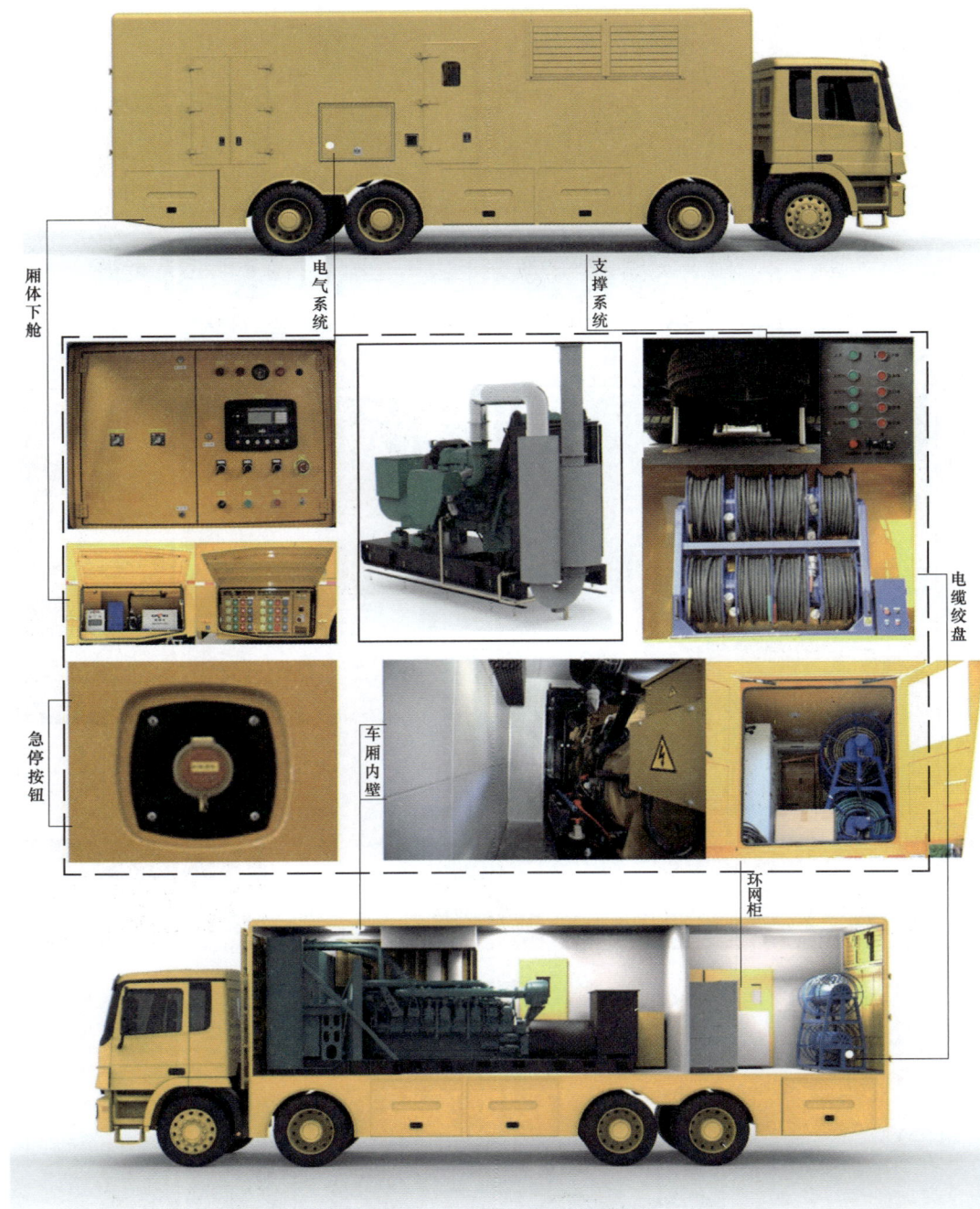

图 5-38　10.5kV 移动发电车

（1）分类。

1）按汽车产品分类。移动发电车按照 GB/T 3730.1 进行分类，属于专用作业车；按照 GB/T 17350 进行分类，属于厢式汽车。

2）按配置设备分类。移动发电车按电压等级，分为低压型和高压型。低压型主要针对小区变压器后端的 0.4kV 配电线路及电缆临时供电作业项目；高压型主要针对变压器前端的 10kV 架空线进行较复杂的配电线路改造及电缆临时供电作业项目。

移动发电车应具备输送电能的供电能力，应具备的主要配置见表 5-7 和表 5-8。随着技术的进步和成熟，可增加新的配置。

表 5-7　　　　　　　　　　　　低压移动发电车主要配置

序号	设备名称		数量	备注
1	发电机组	发动机	1 套	
2		发电机	1 套	
3		额定电压		0.4kV
4		控制系统	1 套	
5		蓄电池	2 件	满足连续 3 次启动要求
6		断路器	1 套	
7		燃油水套加热器	1 套	机组低温辅助启动系统
8	底盘	底盘车	1 辆	符合国六排放标准
9	厢体	HDX 定制	1 套	厢体整体外观平整、美观，结构布置合理，具备良好的防火、防雨、防尘、防锈等功能，同时具有良好的隔音降噪、防震抗震和通风降温等功能
10		降噪系统	1 套	车厢采用降噪技术，整车降噪性能好，车辆整体噪音距车厢外 1m 非风口处不大于 75dB
11		进风系统	1 套	保证厢内空气流通，保证机组有效运行所需进气流量
12		排风系统	1 套	保证厢内空气流通，保证机组有效运行所需排气流量
13		排烟消音器	1 套	柔性减震垫套吊装
14		机组室维修门	1 套	方便工作人员对发电机组进行维护、检修
15		车厢后侧双开门	1 套	操作方便、安全可靠
16		厢体门锁	1 套	全车 3 把钥匙，驾驶室 1 把，箱体锁 1 把通开，电气柜锁 1 把通开
17		内部照明设备	1 套	满足照明需求
18		厢体喷漆	1 套	采用先进喷涂技术和喷涂工艺，漆面均匀、美观
19		厢体美化	1 套	根据需方要求对车厢进行制作
20		控制室	1 套	发电机组的监控在车厢前端的控制室内进行；控制室与发电机组室防音隔开，并设有空调、(折叠座椅、桌子)、观察窗口及工作门，工作门可进出、观察和检修发电机组；墙上悬挂操作规程及保养须知
21	辅助设备	工程警灯	1 套	工程抢险固定式长排警灯
22		升降照明灯	1 套	升起高度 2.5m，一聚一泛，2×250W
23		液压支撑系统	1 套	抗震牢固，支腿承载盘与地接触面积大，单位面积负荷小，稳定性能好
24		动力电缆绞盘	1 套	具备无级调速功能，且具备手动操作功能

续表

序号	设备名称		数量	备注
25	辅助设备	配电控制柜	1套	对整车配电系统进行控制操作
26		输出电缆	成套	满足发电机组满载输出
27		倒车影像	1套	可保证驾驶员行车及倒车安全
28		接地装置	1套	20m 的 1×25mm² 接地线和接地杆，配套自动卷盘
29		电缆快速连接器	成套	方便，快捷，安全可靠
30		智能服务系统	1套	对车辆运行状态进行实时监测与实时的报警服务
31		智能灭火器	1套	对机组室内发生火灾发出报警并进行灭火
32		抽油泵	1套	实现在线式加油
33		灭火器	4件	ABC 干粉灭火器

表 5-8　　　　　　　　　　　高压移动发电车主要配置

序号	设备名称		数量	备注
1	柴油发电机组	发动机	1套	
2		发电机	1套	
3		额定电压		10.5kV
4		控制系统	1套	满足并机并网要求
5		蓄电池	2件	满足连续 3 次启动要求
6		燃油水套加热器	1套	机组低温辅助启动系统
7	底盘	底盘车	1辆	符合国六排放标准
8	厢体	HDX 定制	1套	厢体整体外观平整、美观，结构布置合理，具备良好的防火、防雨、防尘、防锈等功能，同时具有良好的隔音降噪、防震抗震和通风降温等功能
9		降噪系统	1套	车厢采用降噪技术，整车降噪性能好，车辆整体噪声距车厢外 1m 非风口处不大于 90dB
10		进风系统	1套	保证厢内空气流通，保证机组有效运行所需进气流量
11		排风系统	1套	保证厢内空气流通，保证机组有效运行所需排气流量
12		排烟消音器	1套	根据实车进行安装
13		机组室维修门	1套	方便工作人员对发电机组进行维护、检修
14		车厢后侧双开门	1套	操作方便、安全可靠
15		厢体门锁	1套	全车 3 把钥匙，驾驶室 1 把，箱体锁 1 把通开，电气柜锁 1 把通开
16		内部照明设备	1套	满足照明需求
17		厢体喷漆	1套	采用先进喷涂技术和喷涂工艺，漆面均匀、美观
18		厢体美化	1套	根据需方要求对车厢进行制作

序号	设备名称		数量	备注
19	辅助设备	电缆绞盘	1 套	电缆分盘卷绕
20		控制柜	1 套	对柴油发电机组进行控制操作
21		配电柜	1 套	安装出线开关
22		控制照明灯	1 套	
23		中压电缆快速连接器	18 个	可满足快速调整插接相序，额定电流 200A
24		引下电缆	6 根	采用高压电缆，30m/根（1×50mm²），一端配快速连接器，另一端配引流线夹（户外终端）额定电压：8.7/15kV
25		延长电缆	6 根	20m/根（1×50mm²），两端均为快速连接器
26		转换电缆	6 根	10m/根（1×50mm²），一端为快速连接器，另一端为美式接头
27		中间接头	3 个	含接头保护箱，额定电流 200A
28		负荷开关	1 套	额定电压：12kV 额定电流：200A
29		高压开关柜	1 套	额定电压为 10.5kV，采用，SF$_6$ 充气式高压开关柜。机组进线柜、市电进线柜为断路器柜，负载输出柜为符合开关柜。各高压开关柜技术规范符合国家标准，各间隔开关、刀闸（接地刀闸）的分合闸电气指示、机械指示、储能状态指示应明显清晰，便于观察，且均用中文表示。
30		TV 柜	1 套	采用母线及市电两路 TV
31		直流屏	1 套	由控制柜和蓄电池柜组成，直流电源选用 24V
32		升降照明灯	1 套	升起后离地高度不下于 6m
33		日用油箱	1500L	满足机组常用功率 6h 运行
34		智能服务系统	1 套	对车辆运行状态进行实时监测与实时的报警服务
35		倒车影像	1 套	7 寸显示屏
36		机组接地装置	2 套	YC1×50mm²，长度 30m，配接地杆
37		灭火器	4 只	4kg/ABC 干粉灭火器
38		液压电缆绞盘	1 套	电缆分盘卷绕
39		控制柜	1 套	对柴油发电机组进行控制操作
40		配电柜	1 套	安装出线开关
41		控制照明灯	1 套	

（2）基本组成。移动发电车主要由车辆平台、车载设备、辅助系统等组成。

1）车辆平台。车辆平台包括车辆底盘、厢体（车厢）结构等，是移动发电车的运输载体。

2）车载设备。车载设备主要包括柴油发电机组、柔性电缆、配电柜等。

3）辅助系统。移动发电车的辅助系统主要包括电气、照明、接地、液压、安全保护等系统。

移动发电车的典型平面设计效果图见图5-39。

(a)

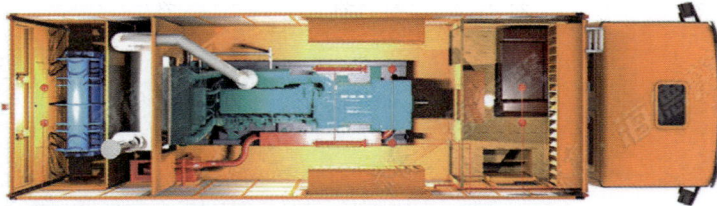

(b)

(c)

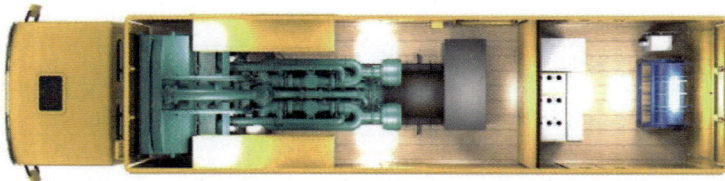

(d)

图5-39　移动发电车典型平面设计效果图

（a）低压电源车侧视图；（b）低压电源车俯视图；（c）高压电源车侧视图；（d）高压电源车俯视图

2. 主要技术要求

（1）功能要求。

1）一般要求。

a. 维护检验。车载设备应按照相关管理规定或其说明书进行定期校准、维护或检验。

b. 性能和参数。车载设备的性能和参数除满足一定要求外，还应符合相关技术标准或规程的规定。

c. 接线方式。低压电源车接线一般为一组出线；高压电源车高压侧接线为一组进线与两组出线，出线两组用于连接架空线。

d. 抗震性。车载设备元件或部件应安装牢固，有良好的抗震性。车载设备的抗震性能应符合 GB 4798.5 的有关规定。

2）柴油发电机组。柴油发电机组应符合《工频柴油发电机组技术条件》（JB/T 10303）的规定，容量可采用 8～1250kW 等功率。

3）高压柔性电缆。高压柔性电缆应符合 Q/GDW 249 的规定，可弯曲能重复使用。

4）电缆连接器。低压电缆连接可以采用铜排或满足发电机组最大功率电流的快速连接器。高压电缆连接器包括进线接头装置高压电缆连接器包括进线接头装置、终端接头、中间接头、T 型接头应符合 Q/GDW 249 的规定。连接接头要求结构紧凑、对接方便，并有牢固、可靠的可防止自动脱落锁口，在对接状态能方便改变分离状态。

5）电缆连接附件。高压电缆连接附件包括可触摸式终端肘型电缆插头、可分离式电缆接头、辅助电缆、引下电缆等，应符合 Q/GDW 249 的规定。型号与柔性电缆、带电作业用消弧开关、箱式变压器、环网柜、分支箱和高、低压进线柜匹配。

6）低压开关柜。低压开关柜应符合 GB 7251.1 的规定，将低压电路所需的开关设备、测量仪表、保护装置和辅助设备等，按一定的接线方式布置安装在金属柜内。主要用于配电的控制、保护、分配和监视等，配电系统应满足供电可靠性和电能质量要求，层次不宜超过二级。

7）低压柔性电缆。低压柔性电缆应符合 GB 7594 的规定，可弯曲能重复使用。

8）高压开关柜。高压开关柜应符合 GB 11022 的规定，应分为负荷开关室（断路器）、母线室、电缆室和控制仪表室等金属封闭的独立隔室，其中负荷开关室（断路器）、母线室和电缆室均有独立的泄压通道。

（2）辅助系统。

1）电气系统。

a. 电路及控制。电路系统应设电源总开关并布置在操作人员便于操作使用的位置。

b. 照明系统。移动发电车的工作照明包括车内工作照明、车外场地照明等。

车内工作照明应满足工作位照明要求。照度应不小于 300lx。车内有多个工作位时，应有相应的工作照明。

移动发电车车顶的两侧、尾部等可安装场地照明灯，用于移动发电车周围工作场地的照明，场地照明的照度应不小于 150lx。

移动发电车宜配备便携式可充电应急防爆照明灯，用于应急照明。

2）接地系统。移动发电车应有专用的集中接地点，并具有明显的接地标志。

移动发电车上各电气设备及整车应具有可靠的保护和工作接地连接网络，整车配置充足可靠的接地线缆和接地钎等设备，并设置方便操作的接地连接点。接地电阻均应不大于 4Ω，保护接地和工作接地要相距 5m 及以上。

接地线应有足够的截面和长度，主接地回路接地线的截面应满足热容量和导线电压降的要求。

3）液压系统。液压系统是为移动发电车在车库停放时或是在机组工作时保护轮胎及车桥提供支撑，四只液压支腿带有锁定装置，每腿均能独立操作。

4）安全保护、警示、防护。

a. 安全保护。移动发电车的液压、机械、电动等运动部件，对承重、传动等安全有明显影响时，应有限位闭锁保护装置。闭锁装置应动作灵活、可靠。

可人工移动的可动部件，对运输、固定等有明显安全影响时，应有限位锁紧装置。锁紧装置应方便人工操作，动作灵活，限位可靠。

b. 警示。移动发电车应有声光报警装置，并可由车上操作人员进行控制。设备区可根据带电检测需要安装烟雾、有毒气体等报警器。

c. 防护。移动发电车宜配备常用的安全工器具、防护用具。移动发电车的驾驶室、设备区等不同功能区域应配备消防器材。消防器材应安装牢固、取放方便。

3. 使用应注意的内容

（1）使用前检查。

1）操作人员必须熟悉控制和显示仪表，按文件资料执行每个操作，知道所执行的每个操作的结果。

2）在操作过程中，必须时刻注意显示和监测装置，监测目前运行状态，超出极限值、警告或警报出错信息。

（2）发电机组操作。

1）发电机组运转时，严禁将手伸入旋转部件及高温部件。清除任何泄漏或溅出的液体及润滑油，或将其吸干。

2）确保通风良好，发动机燃烧放出的气体有毒性。吸入有毒废气对健康有损害，排气管必须无泄漏，从而使废气排放到大气中。

3）发动机运转时，切勿触碰蓄电池电极、发电机电极和电缆。电气零部件保护不当将会导致触电及严重人身伤害。

4）发动机运转时，切勿松开冷却液、机油、燃油、压缩空气或液压管路。

（3）维护和修理。

1）严格遵照维护和修理计划是一项重要的安全措施。切勿当发电机组正在运转时执行维护和修理工作。

2）若无必备经验或专用工具，严禁尝试排除故障或修理。应由经授权的合格专业人员进行维护和修理且使用合适的、经校验过的工具。

3）在操作专用装置前，确保没有人站立在危险区域。

4）注意管路和腔室中热的液体伤害风险，切勿触摸排气系统的受热零部件造成烫伤。

5）当发动机刚刚停机时还存在危险，因为发动机里的液体仍然很烫。在泄放受热液体时需特别注意。

6）在进行高处工作时，始终确保使用适当的梯子或工作平台执行。确保将零部件放置在平稳的平台上。

7）切勿对电源车执行焊接工作。若进行焊接工作可能会造成轴承、滑动表面、齿面及电子元器件等烧损，从而导致轴承卡死或其他材料损坏。

（4）对电气、电子组装件的工作。

1）在执行维护和修理工作前应事先获得相关负责人的许可。在对该相关组装件进行工作前，相应区域的电源必须断开。

2）蓄电池释放出的气体会引起爆炸。因此，严禁烟火，不得使蓄电池酸液接触皮肤或衣服。戴上护目镜，切勿将工具放置在蓄电池上。在连接蓄电池电缆前，检查蓄电池极性。蓄电池极性反接或短路会导致蓄电池酸液的突然飞溅造成人身伤害，或导致蓄电池壳体的爆裂。

3）在拆卸或重新安装线缆时，切勿损坏线缆。确保在操作过程中线缆不会接触尖锐物体或接触受热表面而损坏。

4）备件在更换前应储存于适当的环境。有缺陷的电子零部件或组装件在寄出修理时必须适当包装，特别注意防潮、防震保护，如有必要，应用防静电薄膜包住。

（5）电气设备操作。操作电气设备时，其中某些元件是带电的，违反该设备警告注意事项将会导致严重的人身伤害或财产损失。

第四节　带电作业工器具试验

一、试验分类

1. 按设计到使用阶段分类

（1）型式试验。对于带电作业工具，在下列情况下应进行型式试验：

1）新产品投入生产前的定型鉴定。

2）产品的结构、材料或制造工艺有较大改变，影响到产品的主要性能。

3）原型式试验已超过 5 年。

（2）抽样试验。抽样试验是指在一批产品中，随机抽取一些样品作为试品而进行的试验，主要检验该批产品是否符合技术规范的要求。抽样试验由生产厂家或买方的要求从批量产品中抽取部分产品进行试验，可由双方协商指定有资质的单位进行试验。抽样试验的试验项目可做型式试验的全部试验项目，也可以抽做型式试验的部分试验项目。

（3）验收试验。验收试验是指用于向用户证明产品符合其技术条件中的某些条款而进行的一种合同性试验，为了发现工具在设计、制造、运输过程中可能产生的隐患，根据购买方的要求可进行产品的验收试验。验收试验的试验项目可做型式试验的全部试验项目，也可以抽做部分试验项目。验收试验可在双方指定有资质的单位进行。

（4）预防性试验。预防性试验是指为了发现带电作业工具、装置和设备的隐患，预防发生设备或人身事故而进行的周期性检查、试验或检测。预防性试验是工具使用和管理工作中的一个重要环节和重要手段，对保证带电作业安全具有关键作用，能及时发现和诊断工具的缺陷。进行预防性试验时，一般宜先进行外观检查，再进行机械试验，最后进行电气试验。

经预防性试验合格的带电作业工具、装置和设备应在明显位置贴上试验合格标志，内容应包含检验周期、检验日期等信息。

（5）检查性试验。由于绝缘工具的预防性试验周期为一年，时间间隔相对较长，若绝缘工具使用频度较高，预防性试验周期内其绝缘性能可能受到破坏，通过检查性试验检验其绝缘性能，是对预防性电气试验的一种补充。

检查性试验每年一次，与预防性试验间隔半年。将绝缘工具分成若干段进行工频耐压试验，300mm 耐压 75kV，时间为 1min，以无击穿、闪络及过热为合格。

2. 按试验方法分类

（1）电气试验。电气试验一般分为绝缘特性试验和绝缘强度试验。绝缘特性试验主要有绝缘电阻测量、吸收比测量等。绝缘强度试验一般包括交流工频耐压试验、交流泄漏电流试验、直流耐压试验、操作冲击耐压试验等。

1）交流工频耐压试验。交流工频耐压试验是指对绝缘施加一次规定值的工频试验电压（有效值），以检验其绝缘性能是否良好的试验。交流工频耐压试验分为短时工频耐受试验和长时间工频耐受试验，220kV 及以下电压的绝缘工器具采用短时（1min）工频耐受电压试验。交流工频耐压试验在规定的试验电压和耐受时间下以无击穿、无闪络、无发热为合格。

2）交流泄漏电流试验。泄漏电流试验检查绝缘工具内部缺陷的一种试验，施加的电压可以为交流，通常交流泄漏电流试验与交流工频耐压试验同时进行，泄漏电流用毫安表或微安表测量。

3）直流耐压试验。直流耐压试验是指对绝缘施加一次规定值的直流试验电压，以检验其绝缘性能是否良好的试验。直流带电作业工具、装置和设备，采用 3min 直流耐压试验和操作冲击耐压试验。在进行直流耐压试验时，应采用负极性接线。

4）操作冲击耐压试验。操作冲击耐压试验是指对绝缘施加规定次数和规定值的操作冲击电压的试验。通过施加较多次数的操作冲击电压，以检验在可接受的置信度下实际的统计操作冲击耐压是否不低于额定操作冲击耐受电压。进行操作冲击耐压试验时应对试品施加 15 次波形为 250/2500μs 的正极性冲击电压。对交流 220kV 及以下电压等级的带电作业工具，不进行操作冲击耐压试验。

（2）机械试验。机械性能是指作业工具在外力的作用下，所表现的抵抗变形或破坏的能力。机械试验是指测定作业工具及其材料在一定环境条件下受外力作用时所表现出特性的试验。

带电作业工具的机械试验内容主要有拉伸、压缩、弯曲、扭曲等，带电作业工具的机械试验一般分静负荷试验和动负荷试验两种。对于正常承受静负荷的工具，如绝缘拉杆、吊杆等，仅做静负荷试验；对于操作杆、收紧工具等受冲击荷载的工具，应做静负荷试验和动负荷试验。硬质绝缘工具和软质绝缘工具的安全系数均不应小于 2.5。

1）静负荷试验。静负荷试验是指为了考核带电作业工具、装置和设备承受机械载荷（拉力、扭力、压力、弯曲力）的能力所进行的试验。在型式试验中，静负荷试验应在 2.5 倍额定工作负荷下持续 5min 无变形、无损伤。在预防性试验中，静负荷试验应在 1.2 倍额定工作负荷下持续 1min 无变形、无损伤。

2）动负荷试验。动负荷试验是指在施加负荷的基础上，考虑因运动、操作而产生横向或纵向冲击作用力的机械载荷试验。在型式试验中，动负荷试验应在 1.5 倍额定工作负荷下操作 3 次，要求机构动作灵活、无卡住现象。在预防性试验中，动负荷试验应在 1.0 倍额定工作负荷下操作 3 次，要求机构动作灵活、无卡住现象。

二、常用绝缘工器具试验

1. 绝缘防护用具试验

绝缘防护用具主要有绝缘手套、绝缘袖套、绝缘服（披肩）、绝缘鞋（靴）、绝缘安全帽等。

（1）绝缘防护用具的预防性试验项目有交流耐压试验，应符合表 5-9 的规定。

（2）绝缘防护用具的预防性试验方法和试验接线图参见 DL/T 976—2017。

表 5-9 　　　　　　　　　　　绝缘防护用具的电气试验要求

额定电压（kV）	预防性试验		
	试验电压（kV）	试验时间（min）	试验周期
10	20	1	6 个月
20	30	1	6 个月
35	40	1	6 个月

注　试验中试品应无击穿、无闪络、无过热。

2. 绝缘遮蔽用具试验

绝缘遮蔽用具主要有绝缘毯（垫）、绝缘遮蔽罩、绝缘遮蔽管、绝缘隔板等。

（1）绝缘遮蔽用具的预防性试验项目有交流耐压试验，应符合表 5-10 的规定。

（2）绝缘遮蔽用具的预防性试验方法和试验接线图参见 DL/T 976—2017。

表 5-10　　　　　　　　　　　绝缘遮蔽用具的电气试验要求

额定电压 （kV）	预防性试验		
	试验电压（kV）	试验时间（min）	试验周期
10	20	1	6 个月
20	30	1	6 个月
35	40	1	6 个月

注　试验中试品应无击穿、无闪络、无过热。

3. 绝缘操作及承力工具试验

绝缘操作及承力工具主要有绝缘操作杆、绝缘绳、绝缘支杆、绝缘拉（吊）杆、绝缘滑车、绝缘紧线器等。

（1）绝缘操作及承力工具的电气预防性试验项目有交流耐压试验，应符合表 5-11 的规定。

（2）绝缘操作及承力工具的机械预防性试验项目主要有静负荷试验、动负荷试验、支杆压缩试验、拉（吊）杆拉伸试验、静拉力试验等，试验周期为 12 个月。

（3）绝缘操作及承力工具电气性能、机械性能的预防性试验方法和试验接线图参见 DL/T 976—2017。

表 5-11　　　　　　　　　　绝缘操作及承力工具的电气试验要求

电压等级 （kV）	海拔 H （m）	试验长度 （m）	预防性试验		
			试验电压（kV）	试验时间（min）	试验周期
10	$H \leqslant 3000$	0.4	45	1	12 个月
	$3000 < H \leqslant 4500$	0.6			
20	$H \leqslant 1000$	0.5	80	1	12 个月
35	$H \leqslant 1000$	0.6	95	1	12 个月

注　1. 试验中试品应无击穿、无闪络、无过热；
　　2. 海拔为工器具试验地点的海拔，后文同。

4. 绝缘承载工具试验

（1）绝缘斗臂车试验。

1）绝缘斗臂车的电气预防性试验项目有交流耐压试验、交流泄漏电流试验，应符合表 5-12 和表 5-13 的规定。

2）绝缘斗臂车的机械预防性试验项目有额定荷载全工况试验，试验周期为 12 个月。

3）绝缘斗臂车电气性能、机械性能的预防性试验方法和试验接线图参见 DL/T 976—2017。

表5-12　　　　　　　　　　　　　绝缘斗臂车的交流耐压试验要求

额定电压（kV）	海拔 H（m）	试验项目	试验长度（m）	预防性试验		
				试验电压（kV）	试验时间（min）	试验周期
10	H≤3000	绝缘臂	0.4	45	1	12个月
		整车	1.0	45	1	12个月
		绝缘内斗层向	—	45	1	12个月
		绝缘外斗沿面	0.4	45	1	12个月
	3000<H≤4500	绝缘臂	0.6	45	1	12个月
		整车	1.2	45	1	12个月
		绝缘内斗层向	—	45	1	12个月
		绝缘外斗沿面	0.4	45	1	12个月
20	H≤1000	绝缘臂	0.5	80	1	12个月
		整车	1.2	80	1	12个月
		绝缘内斗层向	—	45	1	12个月
		绝缘外斗沿面	0.4	45	1	12个月
35	H≤1000	绝缘臂	0.6	105	1	12个月
		整车	1.5	105	1	12个月
		绝缘内斗层向	—	45	1	12个月
		绝缘外斗沿面	0.4	45	1	12个月

注　试验中试品应无击穿、无闪络、无过热。

表5-13　　　　　　　　　　　　　绝缘斗臂车的交流泄漏电流试验要求

额定电压（kV）	海拔 H（m）	试验项目	试验长度（m）	预防性试验		试验周期
				试验电压（kV）	泄漏电流（μA）	
10	H≤3000	绝缘臂	0.4	—	—	12个月
		整车	1.0	20	≤500	12个月
		绝缘外斗沿面	0.4	20	≤200	12个月
	3000<H≤4500	绝缘臂	0.6	—	—	12个月
		整车	1.2	20	≤500	12个月
		绝缘外斗沿面	0.4	20	≤200	12个月
20	H≤1000	绝缘臂	0.5	—	—	12个月
		整车	1.2	40	≤500	12个月
		绝缘外斗沿面	0.4	20	≤200	12个月
35	H≤1000	绝缘臂	1.5	—	—	12个月
		整车	1.5	70	≤500	12个月
		绝缘外斗沿面	0.4	20	≤200	12个月

（2）绝缘平台试验。

1）绝缘平台的电气预防性试验项目有交流耐压试验、交流泄漏电流试验，应符合表 5-14 和表 5-15 的规定。

2）绝缘平台的机械预防性试验项目有静负荷试验、动负荷试验，试验周期为 12 个月。

3）绝缘平台电气性能、机械性能的预防性试验方法和试验接线图参见 DL/T 976—2017。

表 5-14　绝缘平台的交流耐压试验要求

额定电压（kV）	海拔 H（m）	试验长度（m）	预防性试验		
			试验电压（kV）	试验时间（min）	试验周期
10	$H \leqslant 3000$	0.4	45	1	12 个月
	$3000 < H \leqslant 4500$	0.6	45	1	12 个月
20	$H \leqslant 1000$	0.5	80	1	12 个月
35	$H \leqslant 1000$	0.6	95	1	12 个月

表 5-15　绝缘平台的交流泄漏电流试验要求

额定电压（kV）	海拔 H（m）	试验长度（m）	预防性试验		
			试验电压（kV）	泄漏电流（μA）	试验周期
10	$H \leqslant 3000$	0.4	20	≤200	12 个月
	$3000 < H \leqslant 4500$	0.6	20	≤200	12 个月
20	$H \leqslant 1000$	0.5	40	≤200	12 个月
35	$H \leqslant 1000$	0.6	70	≤200	12 个月

三、旁路设备试验

1. 绝缘分流线试验

绝缘分流线的预防性试验项目有交流耐压试验，应符合表 5-16 的规定。

表 5-16　绝缘分流线的电气试验要求

额定电压（kV）	预防性试验		
	试验电压（kV）	试验时间（min）	试验周期
10	20	1	6 个月
20	30	1	6 个月
35	40	1	6 个月

注　试验中试品应无电晕发生、无闪络、无击穿、无过热。

2. 10kV 带电作业用消弧开关试验

（1）10kV 带电作业用消弧开关的预防性试验项目有交流耐压试验。

（2）应按照 GB/T 11022 要求，在断开状态下的灭弧室及触头进行干态试验，试验电压加至静触头和动触头之间，其应符合表 5−17 的规定。

表 5−17　　　　　　　　10kV 用消弧开关的电气试验要求

额定电压 （kV）	预防性试验		
	试验电压（kV）	试验时间（min）	试验周期
10	42	1	6 个月

注　试验中试品的灭弧室及触头应无闪络、无击穿。

3. 旁路柔性电缆和旁路电缆连接器试验

（1）旁路柔性电缆和旁路电缆连接器的预防性试验项目有柔性电缆与连接器组合后交流耐压试验、局部放电试验，应符合表 5−18 的规定。

（2）试验周期为 12 个月。

表 5−18　　　　　旁路柔性电缆与旁路连接器组合后的试验项目和方法

序号	试验项目	试验方法	实验结果
1	交流工频耐压试验	将旁路柔性电缆与旁路连接器可靠连接后，两端悬空。然后将一端的绝缘外层接地后，在另一端施加 45kV 工频电压 1min，组合试品不发生击穿	无击穿现象为合格
2	局部放电试验	对组合试品施加 AC 12kV 电压，局部放电量小于 10pc	AC 12kV，＜5pc

4. 旁路负荷开关试验

（1）旁路负荷开关的预防性试验项目有交流耐压试验，应符合表 5−19 的规定。

（2）试验周期为 12 个月。

（3）旁路负荷开关的预防性试验方法和试验接线图按《3.6kV～40.5kV 高压交流负荷开关》（GB 3804—2017）的规定进行。

表 5−19　　　　　　　　旁路负荷开关的电气试验要求

序号	试验项目	交流耐压（kV）	试验时间（min）
1	相地交流耐压试验	42	1
2	相间交流耐压试验	42	1
3	同相断口交流耐压试验	42	1

注　试验中试品应无闪络、无击穿。

第六章

配电带电作业规程和标准

第一节 配电带电作业常用标准

全国带电作业标准化技术委员会成立于 1984 年，是在国家标准化管理委员会及中国电力企业联合会标准化技术中心的领导下，从事全国带电作业标准化的工作组织，负责带电作业专业技术领域标准的制定、修订、审查、宣贯、解释和技术咨询等工作。目前与带电作业相关的标准和导则由三个层次颁发，由中华人民共和国国家质量监督检验检疫总局发布的国家标准（标准代号为 GB），由中华人民共和国国家发展和改革委员会发布的行业标准（标准代号为 DL），由各个公司系统发布的企业标准和管理制度（标准代号为 Q/×××）。标准实施后，制定标准的部门应当根据科学技术的发展和经济建设的需要适时进行复审，以确认现行标准继续有效或者予以修订、废止，标准复审周期一般不超过 5 年，引用或参照相关标准和规范时，一定要注意使用的标准的时效性，确保是现行标准，不得引用已作废或被整合、替代的旧标准。在查阅标准是否为现行版本时，应结合权威的标准信息公共服务平台上进行查阅，确保标准的时效性。现行配电带电作业相关标准共 46 项，其中国家标准（含国家推荐标准）19 项，行业标准 22 项，企业标准 4 项，具体表格见表 6-1～表 6-3。

表 6-1　　　　　　　　　配电带电作业相关国家标准

序号	标准代号	标准名称	标准主要起草单位
1	GB/T 12167—2006	带电作业用铝合金卡线器	国网武汉高压研究院、群峰机械厂
2	GB/T 12168—2006	带电作业用遮蔽罩	国网武汉高压研究院、上海市电力公司等
3	GB/T 19185—2008	交流线路带电作业安全距离计算方法	国网武汉高压研究院、平顶山电业局
4	GB/T 13034—2008	带电作业用绝缘滑车	国网武汉高压研究院、宁波天河电力机具有限责任公司
5	GB/T 13035—2008	带电作业用绝缘绳索	国网武汉高压研究院、宁波天弘电力器具有限公司
6	GB/T 2900.55—2016	电工术语　带电作业	国网武汉高压研究院、山西省电力公司

续表

序号	标准代号	标准名称	标准主要起草单位
7	GB/T 18857—2019	配电线路带电作业技术导则	国网武汉高压研究院、福建省电力公司等
8	GB 13398—2008	带电作业用空心绝缘管、泡沫填充绝缘管和实心绝缘棒	国网武汉高压研究院、华北电力科学研究院有限责任公司
9	GB/T 14286—2021	带电作业工具设备术语	国网武汉高压研究院、哈尔滨电业局
10	GB/T 18037—2008	带电作业工具基本技术要求与设计导则	国网武汉高压研究院、锦州供电公司、葫芦岛供电公司
11	GB/T 18269—2008	交流 1kV、直流 1.5kV 及以下电压等级带电作业用绝缘手工工具	国网武汉高压研究院、珠海电力局
12	GB/T 17620—2008	带电作业用绝缘硬梯	国网武汉高压研究院、北京供电局、西安供电局
13	GB/T 17622—2008	带电作业用绝缘手套	国网武汉高压研究院
14	GB/T 25725—2010	带电作业工具专用车	国网武汉高压研究院、华北电力科学研究院有限责任公司
15	GB/T 34569—2017	带电作业仿真训练系统	中国电力科学研究院、武汉大学
16	GB/T 34577—2017	配电线路旁路作业技术导则	中国电力科学研究院、国网江苏省电力公司
17	GB/T 26859—2011	电力安全工作规程　电力线路部分	国家电网公司，中国南方电网公司
18	GB/T 2314—2008	电力金具通用技术条件	
19	GB T 2317.1—2008	电力金具试验方法　第 1 部分：机械试验	

表 6-2　　　　　　　　配电带电作业相关行业标准

序号	标准代号	标准名称	标准主要起草单位
1	DL/T 971—2017	带电作业用便携式核相仪	国网武汉高压研究院、无锡供电公司等
2	DL/T 972—2005	带电作业工具、装置和设备的质量保证导则	国网武汉高压研究院、两锦供电公司等
3	DL/T 974—2018	带电作业用工具库房	国网武汉高压研究所、黑龙江省电力公司
4	DL/T 975—2005	带电作业用防机械刺穿手套	国网武汉高压研究院、两锦供电公司等
5	DL/T 976—2017	带电作业工具、装置和设备预防性试验规程	国网武汉高压研究院、湖南省电力行业协会等
6	DL/T 853—2015	带电作业用绝缘垫	国网武汉高压研究院、平顶山电业局、宁波天弘电力器具有限公司
7	DL/T 854—2017	带电作业用绝缘斗臂车使用导则	国网武汉高压研究院、重汽集团专用汽车公司
8	DL/T 858—2004	架空配电线路带电安装及作业工具设备	国网武汉高压研究院、两锦电业局
9	DL/T 876—2004	带电作业用绝缘配合导则	国网武汉高压研究院、山东超高压输变电公司
10	DL/T 877—2004	带电作业用工具、装置和设备使用的一般要求	国网武汉高压研究院、山西省电力公司

续表

序号	标准代号	标准名称	标准主要起草单位
11	DL/T 878—2004	带电作业用绝缘工具试验导则	国网武高所、华北电科院、华北电网公司、武汉巨精公司
12	DL/T 879—2004	带电作业用便携式接地和接地短路装置	国网武汉高压研究院、辽宁省电力公司、辽阳电业局、宁波天弘电力器具有限公司
13	DL/T 880—2004	带电作业用导线软质遮蔽罩	国网武汉高压研究院、河南省电力公司、河南省电力试验研究所、武汉巨精公司
14	DL/T 803—2015	带电作业用绝缘毯	国网武汉高压研究院、福建省电力公司等
15	DL 778—2014	带电作业用绝缘袖套	国网武高院、江苏省公司、无锡供电局
16	DL 779—2014	带电作业用绝缘绳索类工具	江苏省电力公司、无锡供电局、武高院
17	DL/T 740—2014	电容型验电器	国网武汉高压研究院、北京供电局、无锡供电局
18	DL/T 676—2012	带电作业用绝缘鞋（靴）通用技术条件	湖北省电力局、国家电力公司劳动保护科学研究所、湖北省鄂南电力劳保鞋厂
19	DL/T 1125—2009	10kV 带电作业用绝缘服装	
20	DL/T 1145—2009	绝缘工具柜	
21	DL/T 1465—2015	10kV 带电作业用绝缘平台	
22	DL/T 1743—2017	带电作业用绝缘导线剥皮器	

表 6-3　　　　　　　　　　配电带电作业相关企业标准

序号	标准代号	标准名称	标准主要起草单位
1	Q/GDW 10520—2016	10kV 配网不停电作业规范	
2	Q/GDW 1811—2013	10kV 带电作业用消弧开关技术条件	
3	Q/GDW 1812—2013	10kV 旁路电缆连接器使用导则	
4	Q/GDW 249—2009	10kV 旁路作业设备技术条件	

第二节　电力安全工作规程解读

本节对《国家电网公司电力安全工作规程（配电部分）（试行）》（简称国网《配电安规》）和《中国南方电网有限公司电力安全工作规程（试行）》（简称南网《电力安规》）两个标准进行对比分析解读。

国网《配电安规》共分 17 章、16 个附录，其中第 9 章为带电作业条款。南网《电力安规》共分五个部分、29 章，其中第 11 章为带电作业条款。对国网《配电安规》中第 9 章相关条款和南网《电力安规》中第 11 章相关条款进行解读。

一、一般要求

（一）带电作业条件

第9.1.1条　本章的规定适用于在海拔1000m及以下交流10kV（20kV）的高压配电线路上，采用绝缘杆作业法和绝缘手套作业法进行的带电作业。其他等级高压配电线路可参照执行。

第11.1.1条　本规定适用于在海拔1000m及以下交流10kV～500kV、直流±500kV～±800kV的高压架空电力线路、厂站电气设备上，采用等电位、中间电位和地电位方式进行的带电作业。

第11.1.2条　在海拔1000m以上的带电作业，应根据作业区不同海拔高度，修正各类空气间隙距离与固体绝缘的有效绝缘长度、绝缘子片数等。

相关解读：

第9.1.1条　首次明确了10kV架空配电线路带电作业的方式是绝缘杆作业法和绝缘手套作业法。

在10kV架空配电线路带电作业中，除采用绝缘杆作业法和绝缘手套作业法外，还包括综合不停电作业法；作业项目包括采用登杆工具、绝缘斗臂车、绝缘梯、绝缘平台等所进行的绝缘杆作业法和绝缘手套作业法项目，以及采用旁路作业设备所进行的综合不停电作业法项目，如旁路作业检修架空线路和不停电更换柱上变压器等。

在海拔1000m以上（750kV为海拔2000m以上）带电作业时，随着海拔高度的增加，气温、气压都将按照一定趋势下降，空气绝缘也随之下降。因此，人体与带电体的安全距离、绝缘工器具的有效长度、绝缘子的片数或有效长度等，应针对不同的海拔根据《交流线路带电作业安全距离计算方法》（GB/T 19185—2008）进行修正。

在海拔1000m以上进行带电作业时，应根据作业区不同海拔高度，修正各类空气与固体绝缘的安全距离和长度等，并编制带电作业现场安全规程，经本单位批准后执行。依据《10kV配网不停电作业规范（试行）》第9.8条规定：在高海拔地区开展不停电作业时，3000m以下地区与平原地区技术参数一致，3000m以上地区相地最小安全距离0.6m，相间0.8m，绝缘承力工具最小有效绝望长度0.6m，绝缘操作工具最小有效绝缘长度0.9m，绝缘遮蔽重叠不应小于20cm。

第9.1.2条　参加带电作业的人员，应经专门培训，考试合格取得资格、单位批准后，方可参加相应的作业。带电作业工作票签发人和工作负责人、专责监护人应由具有带电作业资格和实践经验的人员担任。

第11.1.6条　带电作业人员应经专门培训，并经考试合格取得资格、本单位书面批准后，方可参加相应的作业。带电作业工作票签发人和工作负责人、专责监护人应由具有带电作业实践经验的人员担任。工作负责人、专责监护人应具备带电作业资格。

相关解读：

带电作业中作业人员需直接或间接接触高压带电设备，需要执行的工序复杂、危险因素较多，容易造成人身伤害。因此，作业人员必须经专业带电作业培训，了解电力系统专业知识、带电作业现场工作方法、作业中存在的危险点和防范措施，经考试合格并由指定的带电作业培训机构发放上岗证后方可参加相应工作。

带电作业不同于停电检修作业，参加带电作业的人员必须做到"全员接受培训，全员持证上岗"。带电作业工作票签发人和工作负责人、专责监护人在工作中的安全责任重大，因此应由掌握带电作业专业知识、熟悉带电作业工作方法、有带电作业实践经验、并取得带电作业资格的人员担任，以确保工作中各个环节安全可靠。

参加带电作业人员的书面批准内容应包括工作票签发人、工作负责人、带电作业班组成员等人员的带电作业工作资质；人员可以从事的带电作业工作项目以及在工作中能胜任的角色。从事带电作业的人员因故间断工作三个月及以上者，应重新进行专门培训，并经考试合格后方能恢复带电作业工作。

第 9.1.5 条　带电作业应在良好天气下进行，作业前须进行风速和湿度测量。风力大于 5 级，或湿度大于 80%时，不宜带电作业。若遇雷电、雪、雹、雨、雾等不良天气，禁止带电作业。

第 11.1.4 条　带电作业应在良好天气下进行。如遇雷电、雪、雹、雨、雾等，不应进行带电作业。风力大于 5 级，或湿度大于 80%时，不宜进行带电作业。

相关解读：

雷电过电压（大气过电压）的数值很高时，会对带电作业人员造成危害，雪、雹、雨、雾等会影响绝缘工具的绝缘性能，严重时将引起闪络。因此雷电、雪、雹、雨、雾等不良天气下，均不准进行带电作业。

风力超过 5 级（10.7m/s）会给杆（塔）上作业人员带来一定困难（不易控制作业工具，人员的动作幅度、安全距离难以保证），湿度大于 80%时会降低绝缘工具的绝缘性能，故不宜进行带电作业，如需进行带电作业，必须使用防潮绝缘工具。

为保证带作业前，现场人员能够进行风速和湿度测量，带电作业班组应当配置适量的风速仪、温湿度计，每次作业前要进行测量并记录数值。

带电作业过程中，因天气变化不能满足带电作业天气条件时，应立即停止作业，严禁冒险工作。在恶劣天气需要进行带电抢修时，应组织安全、技术人员充分讨论并编制必要的安全措施，在确保作业安全的前提下，经本单位分管生产领导（总工程师）批准后方可进行。

（二）现场勘察

第 9.1.6 条　带电作业项目，应勘察配电线路是否符合带电作业条件、同杆（塔）架设线路及其方位和电气间距、作业现场条件和环境及其他影响作业的危险点，并根据勘察结果确定带电作业方法、所需工具以及应采取的措施。

南网《电力安规》在**第 6.2.1 条**　公司所属设备运维单位认为有必要进行勘察工作的内部工作负责人，应根据工作要求组织现场勘察；承包商工作负责人应根据 5.6.1 的要求开展现场勘察；现场勘察应填写《现场勘察记录》。

相关解读：

带电作业前进行现场勘察的目的是要确定此项带电作业的必要性和可能性。带电班组在接受工作任务后，必须认真开展现场勘察。带电作业现场勘察的主要内容有带电作业现场周围设备情况、杆塔型式、设备间距、交叉跨越情况、设备缺陷部位及严重情况、建筑物等。根据勘察结果作出能否进行带电作业的判断，并确定带电作业方法、所需工具以及应采取的措施，从源头上把好关。

现场勘察（包括填写现场勘察记录表）属于组织措施中的现场勘察制度。《配电线路带电作业技术导则》（GB/T 18857—2008）第4.3.2条的规定：带电作业工作票签发人和工作负责人对带电作业现场情况不熟悉时，应组织有经验的人员到现场查勘。根据查勘结果做出能否进行带电作业的判断，并确定作业方法和所需工具以及应采取的措施。

（三）停用重合闸

第 9.1.4 条　工作负责人在带电作业开始前，应与值班调控人员或运维人员联系。需要停用重合闸的作业和带电断、接引线工作应由值班调控人员履行许可手续。带电作业结束后，工作负责人应及时向值班调控人员或运维人员汇报。

第 9.2.5 条　带电作业有下列情况之一者，应停用重合闸，并不得强送电：

（1）中性点有效接地的系统中有可能引起单相接地的作业。

（2）中性点非有效接地的系统中有可能引起相间短路的作业。

（3）工作票签发人或工作负责人认为需要停用重合闸的作业。

第 11.1.8 条　带电作业有以下情况之一者，应停用重合闸装置或退出再启动功能，并不应强送电，不应约时停用或恢复重合闸（直流再启动功能）：a）中性点有效接地系统中可能引起单相接地的作业。b）中性点非有效接地系统中可能引起相间短路的作业。c）直流线路中可能引起单极接地或极间短路的作业。d）工作票签发人或工作负责人认为需要停用重合闸装置或退出再启动功能的作业。

相关解读：

履行工作许可手续、停用重合闸工作许可以及工作终结和恢复重合闸制度，是保证作业安全的重要组织、技术措施。带电作业工作负责人在工作开始之前，无论是否应停用重合闸，都要与值班调控人员或运维人员联系。当带电作业发生异常情况时，值班调控人员可以从保护人身安全角度出发，采用更妥善的处理方案，避免线路强送电或试送电。

中性点有效接地的系统中有可能引起单相接地的作业，中性点接地电阻较小短路电流较大，单相接地故障会形成单相接地短路故障，对作业人员构成较大的人身安全风险；中性点非有效接地的系统中有可能引起相间短路的作业，由于相间短路电流很大，对作业人员构成很大的人身安全风险。

停用重合闸的作用：如短路故障发生在作业点处可避免对作业人员的二次伤害，防止事故扩大；可防止重合闸引起的过电压对作业安全造成影响。

由此我们可以看出，需要停用重合闸时，最应该停的是距离作业点最近的、在发生故障时最可能跳闸并具有重合功能的配网开关，在配电自动化覆盖的区域，还应该考虑故障发生后网架重构时可能向作业地点合闸送电的配网开关；若仅仅停用出线开关的重合闸功能，能否起到规程规定的作用是值得认真思考的事情。

（四）突然停电时

第 9.2.2 条 在带电作业过程中，若线路突然停电，作业人员应视线路仍然带电。工作负责人应尽快与调度控制中心或设备运维管理单位联系，值班调控人员或运维人员未与工作负责人取得联系前不得强送电。

第 9.2.3 条 在带电作业过程中，工作负责人发现或获知相关设备发生故障，应立即停止工作，撤离人员，并立即与值班调控人员或运维人员取得联系。值班调控人员或运维人员发现相关设备故障，应立即通知工作负责人。

第 9.2.4 条 带电作业期间，与作业线路有联系的馈线需倒闸操作的，应征得工作负责人的同意，并待带电作业人员撤离带电部位后方可进行。

第 11.1.9 条 在带电作业过程中如设备突然停电，作业人员应视设备仍然带电。设备运维单位或值班调度员未与工作负责人取得联系前，不应强行送电。

相关解读：

带电作业过程中，无论是由于自身作业原因还是其他原因造成线路突然停电，因线路随时有突然来电的可能或存在感应电压，故应视线路仍然带电。此时作业人员应对工器具和自身安全措施进行检查，以防出现意外过电压而受到伤害。为尽快查明原因，工作负责人应立即向当值调度员或运维人员报告线路已停电，明确告知作业现场的情况并询问线路停电原因等。值班调度员或运维人员未与工作负责人取得联系前不得将带电作业的线路实施强送电，以避免由于送电合闸产生的过电压对带电线路上作业人员的人身和设备造成伤害或扩大事故范围。

带电作业过程中设备突然发生故障，由于此时设备存在故障范围扩大或再次发生故障的可能，因此带电作业作负责人在发现或获知相关设备发生故障时，应立即令现场带电作业人员停止作业、撤离现场，以防人身受到意外伤害，并及时报告调控值班人员或运维人员，查明原因。当值调度员或运维人员发现相关设备发生故障时，也应马上通知带电作业现场工作负责人采取停电作业、撤离现场等措施。

线路倒闸操作会产生操作过电压，为了防立作业人受到伤害，在带电作业期间，与作业线路有联系的倒闸操作，应征得工作负责人的同意，并待带电作业人员撤离带电部位后方可进行。

二、一般安全技术措施

（一）安全距离

第 9.2.1 条 高压配电线路不得进行等电位作业。

第 11.3.1 条 等电位作业一般在 66kV、±125kV 及以上电压等级的电气设备上进行。

若须在 35kV 及以下电压等级进行等电位作业时，应采取可靠的绝缘隔离措施。20kV 及以下电压等级的电气设备上不应进行等电位作业。

相关解读：

高压配电线路三相导线之间的空间距离小，而且配电设施密集，作业范围狭窄，在人体活动范内容易触及不同电位的电力设施，因此，在高压配电线路带电作业中禁止采用作业人员身穿屏蔽服直接接触带电体的等电压作业方式，配电高压线路带电作业，采用绝缘手套作业法或绝缘杆作业法。

（二）绝缘防护

第 9.2.6 条　带电作业，应穿戴绝缘防护用具（绝缘服或绝缘披肩、绝缘袖套、绝缘手套、绝缘鞋、绝缘安全帽等）。带电断、接引线作业应戴护目镜，使用的安全带应有良好的绝缘性能。带电作业过程中，禁止摘下绝缘防护用具。

第 11.2.13 条　采用绝缘手套作业法或绝缘操作杆作业法时，应根据作业方法选用人体绝缘防护用具，使用绝缘安全带、绝缘安全帽。必要时还应戴护目镜。作业人员转移相位工作前，应得到监护人的同意。

相关解读：

穿戴合适的个人绝缘防护用具，不仅可以阻断稳态触电电流，而且可以有效防止静电感应暂态电击，是保证带电作业安全的最后屏障。生产中应切实有效地贯彻执行，带电作业过程中禁止摘下绝缘防护用具，并养成好的安全作业习惯。

高压配电线路带电作业，因线路三相导线之间空间距离小且配电设施密集，作业范围狭窄，在人体活动范内容触及不同电位，因此，带电作业全过程作业人员必须穿戴绝缘防护用具。直接接触 20kV 及以下电压线路带电作业，作业人员应佩戴绝缘性良好的安全帽、安全带、绝缘鞋、绝缘服或绝缘披肩和绝缘手套，保证与带电设备的绝缘。

带电断、接引线作业时容易产生电弧，因此，作业人员必须佩戴护目镜，保护眼睛不受电弧伤害。为保证使用安全，绝缘防护用具在使用前应进行外观检查。带电作业过程中，摘下绝缘防护用具，会造成人员触电，因此，作业人员在带电作业全过程，均严禁摘下绝缘防护用具。

第 9.2.7 条　对作业中可能触及的其他带电体及无法满足安全距离的接地体（导线支承件、金属紧固件、横担、拉线等）应采取绝缘遮蔽措施。

第 9.2.8 条　作业区域带电体、绝缘子等应采取相间、相对地的绝缘隔离（遮蔽）措施。禁止同时接触两个非连通的带电体或同时接触带电体与接地体。

第 11.2.8 条　高压配电线路带电作业时，作业区域带电导线、绝缘子等应采取相间、相对地的绝缘遮蔽及隔离措施。绝缘遮蔽、隔离措施的范围应比作业人员活动范围增加 0.4m 以上，绝缘遮蔽用具之间的接合处应重合 15cm 以上。

第 11.2.9 条　高压线路带电作业时，作业人员不应同时接触两个非连通的带电导体或带电导体与接地导体。

相关解读：

带电作业过程中，如果触及其他带电体或接地体，有可能造成带电设闪络、接地、相间短路或人身触电事故，为确保带电作业人员的人身和设备安全，应对作业区域内其他带电体、接地体等不同电位的设备采取相间、相对地的绝缘隔离、绝缘遮蔽措施。

高压配电线路带电作业，因作业区域内带电导线相间、相对地的距离较小，为确保带电作业人员的人身和设备安全，应对作业区域内带电导线、绝缘子等采取相间、相对地的绝缘隔离措施。通常有绝缘遮蔽、其他绝缘隔离措施等绝缘隔离措施，为方便作业，绝缘隔离措施的范围应在作业人员活动范围基础上再增加 0.4m 以上。

若同时接触两个非连通的带电体或同时接触带电体与接地体，人体或被串入电路，形成回路，发生短路触电，造成人身伤害。因此，禁止同时接触。

为了营造一个安全的作业环境，进入作业区域的人员，必须对作业范围内的带电体和接地体设置绝缘遮蔽（隔离）措施。作业中如何设置"安全、可靠、有效"的绝缘遮蔽（隔离）措施、作业人员"穿戴"合适的个人绝缘防护用具，与带电体和接地体保持"足够"的安全距离，是保证带电作业安全的重要技术措施。

（三）带电断、接引线

第 9.3.1 条　禁止带负荷断、接引线。

第 9.3.2 条　禁止用断、接空载线路的方法使两电源解列或并列。

第 9.3.3 条　带电断、接空载线路时，应确认后端所有断路器（开关）、隔离开关（刀闸）确已断开，变压器、电压互感器确已退出运行。

第 11.4.1 条　带电断、接空载线路，应遵守以下规定：

a）带电断、接空载线路时，应确认需断、接线路的另一端断路器和隔离开关确已断开，接入线路侧的变压器、电压互感器确已退出运行后，方可进行。b）禁止带负荷断、接引线。

第 11.4.2 条　不应用断、接空载线路的方法使两电源解列或并列。

相关解读：

带负荷断、接引线相当于带负荷拉、合隔离开关，较大的负荷电流会产生电弧甚至引发短路，并极易造成人身事故，因此规定禁止带负荷断、接引线。

用断空载线路方法将两电源解列，相当于断开负荷电流，断口处会产生电弧，造成人身伤害。如果使用接空载线路方法使两个不同的电源并列，将引起电流分布改变，并列瞬间会有一部分负荷电流从一回路流向另一回路，会在断口处产生电弧，造成人身伤害。因此，禁止用断、接空载线路的方法使两电源解列或并列。

如在线路后端的断路器和隔离开关未全部断开情况下，进行带电断、接空载线路，会造成断、接负荷电流，产生电弧、引发事故。带电断、接空载线路时，后端有未退出运行的变压器、电压互感器等，因其存在充电电流，会产生电弧、引发事故，因此应确认线路后端所有的断路器、隔离开关以及变压器、电压互感器等均确已全部退出运行后，方可进行带电断、接空载线路。

第 9.3.4 条　带电断、接空载线路所接引线长度应适当，与周围接地构件、不同相带电体应有足够安全距离，连接应牢固可靠。断、接时应有防止引线摆动的措施。

第 9.3.5 条　带电接引线时未接通相的导线、带电断引线时已断开相的导线，应在采取防感应电措施后方可触及。

第 9.3.6 条　带电断、接空载线路时，作业人员应戴护目镜，并采取消弧措施。消弧工具的断流能力应与被断、接的空载线路电压等级及电容电流相适应。若使用消弧绳，则其断、接的空载线路的长度应小于 50km（10kV）、30km（20kV），且作业人员与断开点应保持 4m 以上的距离。

第 11.4.4 条　带电断、接空载线路、耦合电容器、避雷器、阻波器等设备引线时，应采取防止引流线摆动的措施。

第 11.4.1 条　带电断、接空载线路，应遵守以下规定：

a）带电断、接空载线路时，作业人员应戴护目镜，并应采取消弧措施。消弧工具的断流能力应与被断、接的空载线路电压等级及电容电流相适应。如使用消弧绳，则其断、接的空载线路的长度不应大于表中的规定，且作业人员与断开点应保持 4m 以上的距离。c）在查明线路确无接地、绝缘良好、线路上无人工作且相位确定无误后，方可进行带电断、接引线。d）带电接引线时未接通相的导线及带电断引线时已断开相的导线，将因感应而带电。为防止电击，应采取措施后方可触及。e）不应同时接触未接通的或已断开的导线两个断头。

相关解读：

为防止带电断、接空载线路所接引线过长（与邻近接地构件、不同相的带电体之间安全距离不足）且因摆动半径过大或未固定牢固，造成接地、相间短路或人身触电，要求带电断、接空载线路的引线应与邻近相间、对地保持足够的安全距离，同时要用绝缘绳或绝缘锁杆将引线固定住。

未接通的或已断开的导线的两个断头之间存在电位差，作业人员若同时接触两个断头，人体就被串入电路，形成回路，电流则会通过人体，造成触电伤害。

空载线路的三相导线之间和导线对地都存在电容，在断、接空载线路瞬间，会有电容电流、产生弧光，因此，带电断、接空载线路过程中应使用与电压等级及电容电流相适应的消弧工具，作业人员还应佩戴护目镜。

若使用消弧绳，因其本身无消弧能力而仅利用作业人员控制断开速度延伸电弧，达到自熄的目的，消弧能力较差，因此，用此种方法断、接的空载线路长度要受到限制（最大长度应不超过规定的数值），以保证在进线断、接操作过程中产生过电压的情况下电弧仍能熄灭，不再重燃。在进行带电断、接的实际操作时，作业人员要距离断开点 4m 以外，以防止弧、飞弧对病人身造成伤害。

第 9.3.7 条　带电断、接架空载线路与空载电缆线路的连接引线应采取消弧措施，不得直接带电断、接。断、接电缆引线前应检查相序并做好标志。10kV 空载电缆长度不宜大于 3km。当空载电缆电容电流大于 0.1A 时，应使用消弧开关进行操作。

第 **9.3.8** 条　带电断开架空线路与空载电缆线路的连接引线之前，应检查电缆所连接的开关设备状态，确认电缆空载。

第 **9.3.9** 条　带电接入架空线路与空载电缆线路的连接引线之前，应确认电缆线路试验合格，对侧电缆终端连接完好，接地已拆除，并与负荷设备断开。

第 **11.4.5** 条　带电断、接空载电缆线路的连接引线应采取消弧措施，不应直接带电断、接。断、接电缆引线前应检查相序并做好标志。10kV 空载电缆长度不宜大于 3km。当空载电缆电容电流大于 0.1A 时，应使用消弧开关进行操作。

第 **11.4.6** 条　高压配电线路带电作业装、拆旁路引流线时，应在检查确认旁路引流线及原引流线通流正常后，方可拆除短接设备或旁路引流线。

相关解读：

空载的架空线路与空载电缆都有电容电流，直接连接时因有电容冲击电流而产生电弧放电，当电容冲击电流足够大时，就会对作业人员或设备造成伤害。因此规定 10kV 空载电缆长度不宜大于 3km；当空载电缆电容电流大于 0.1A 时，应使用消弧开关进行操作。

若线路上接入变压器或其他设备而进行断引线作业，会造成带负荷断引线，产生强烈的电弧，引发事故，因此，带电断开空载线路与空载电缆线路的连接引线之前，必须检查电缆所连接的开关设备状态，确认电缆处于空载。

电缆在施工过程中有损坏的可能，在带电接引线之前，应确认电缆线路已经过试验、合格，接地已拆除，并与负荷设备断开，防止发生故障电缆接入带电线路造成接地或短路，对带电作业人员造成伤害。

作业过程中，电缆长度越长，电缆截面越大，等效对地电容也越大，进行断接操作时，过电压和过电流的振荡周期越长，断接的能量越大。

带电断开架空线路与空载电缆线路连接引线之前，应通过测量引线电流确认电缆处于空载状态，以免产生电弧伤人。

（四）带电短接设备

第 **9.4.1** 条　用绝缘分流线或旁路电缆短接设备时，短接前应核对相位，载流设备应处于正常通流或合闸位置。断路器（开关）应取下跳闸回路熔断器，锁死跳闸机构。

第 **9.4.3** 条　带负荷更换高压隔离开关（刀闸）、跌落式熔断器，安装绝缘分流线时应有防止高压隔离开关（刀闸）、跌落式熔断器意外断开的措施。

第 **9.4.4** 条　绝缘分流线或旁路电缆两端连接完毕且遮蔽完好后，应检测通流情况正常。

第 **11.5.1** 条　用分流线短接断路器、隔离开关等载流设备，应遵守以下规定：a）短接前一定要核对相位。b）组装分流线的导线处应清除氧化层，且线夹接触应牢固可靠。c）35kV 及以下设备使用的绝缘分流线的绝缘水平应符合附录 K 的规定。d）断路器应处于合闸位置，并取下跳闸回路熔断器，锁死跳闸机构后，方可短接。e）分流线应支撑好，以防摆动造成接地或短路。

相关解读：

短接断路器（开关）前，开关应处于合闸位置，否则，如开关分闸状态进行短接，相当于短接带负荷的线路，短接时将产生强烈的电弧而危及人身安全。在短接开关时，如果开关突然分闸，相电压就有可能加在作业点的断开点，也会产生强烈的电弧而危及人身安全，故应取下开关跳闸回路的断器（保险），并锁死开关的跳闸机构。

带负荷更换高压隔离开关（刀闸）、跌落式熔断器，安装绝缘分流线时应有防止高压隔离开关（刀闸）、跌落式熔断器意外断开的措施。

绝缘分流线或旁路电缆两端连接完毕且遮蔽完好后，应使用钳形电流表测量绝缘引流线及通过短接设备的电流，如两部分电流基本相等，则可认为引流线安装到位，以防止因引流失效，在开断全负荷（较大电流）时电弧伤害作业人员或失电。

第9.4.2条　短接开关设备的绝缘分流线截面积和两端线夹的载流容量，应满足最大负荷电流的要求。

第11.5.3条　短接开关设备或阻波器的分流线截面和两端线夹的截流容量，应满足最大负荷电流的要求。

相关解读：

短接开关设备的绝缘分流线内会流过一定的电流，为防止分流线或线夹过热，分流线的截面积和线夹的载流容量应满足线路最大负荷电流的要求。在短接开关设备前，应先用钳形电流表量电流，确认开关设备导通，确认绝缘引流线满足要求（按照带电作业1.2倍安全系数选择对应绝缘引流线，否则必须采取限制系统电流的措施）。

第9.4.5条　短接故障线路、设备前，应确认故障已隔离。

第11.5.4条　高压配电线路带电短接故障线路、设备前，应确认故障已隔离。

相关解读：

线路、设备存在接地、相间短路等故障时，如未隔离故障即冒险进行短接会产生电弧，造成作业人员人身伤害，甚至影响电网安全。

（五）高压电缆旁路作业

第9.5.1条　采用旁路作业方式进行电缆线路不停电作业时，旁路电缆两侧的环网柜等设备均应带断路器（开关），并预留备用间隔。负荷电流应小于旁路系统额定电流。

第9.5.4条　采用旁路作业方式进行电缆线路不停电作业前，应确认两侧备用间隔断路器（开关）及旁路断路器（开关）均在断开状态。

第11.11.1条　采用旁路作业方式进行电缆线路不停电作业前，应确认两侧备用间隔断路器及旁路断路器均在断开状态。

第11.11.2条　采用旁路作业方式进行电缆线路不停电作业时，旁路电缆两侧的环网柜等设备均应带断路器，并预留备用间隔。负荷电流应小于系统额定电流。

相关解读：

采用旁路作业方式进行电缆线路不停电作业，需先通过两侧的环网柜备用间隔安装旁路电缆进行临时供电，然后再进行故障电缆更换。这样，当作业过程中发生故障时，环网柜带有的断路器（开关）能够及时切除故障，以保证作业人员人身安全。

旁路电缆在接入时会存在电容电流，为防止接入作业人员触电，要求在采用旁路作业方式进行电缆线路不停电作业前，先检查确认电缆接入两侧备用间隔的断路器（开关）及旁路断路器（开关）均在断开状态，再将旁路电缆接入。

第9.5.2条　旁路电缆终端与环网柜（分支箱）连接前应进行外观检查，绝缘部件表面应清洁、干燥，无绝缘缺陷，并确认环网柜（分支箱）柜体可靠接地；若选用螺栓式旁路电缆终端，应确认接入间隔的断路器（开关）已断开并接地。

第11.11.3条　旁路电缆终端与环网柜连接前应进行外观检查，绝缘部件表面应清洁、干燥，无绝缘缺陷，并确认环网柜柜体可靠接地；若选用螺栓式旁路电缆终端，应确认接入间隔的断路器已断开并接地。

相关解读：

为防止作业人员发生触电伤害，路电缆端与环网柜（分支箱）连接前应进行外观检查，并确认柜体可靠接地，若选用螺栓式旁路电缆终端，应确认接入间隔的断路器（开关）已断开并接地。

第9.5.3条　电缆旁路作业，旁路电缆屏蔽层应在两终端处引出并可靠接地，接地线的截面积不宜小于 $25mm^2$。

第11.11.4条　电缆旁路作业，旁路电缆屏蔽层应在两终端处引出并可靠接地，接地线的截面积不宜小于 $25mm^2$。

相关解读：

电缆屏蔽层感应电压会在屏蔽金属中产生循环电流，如果采取单端接地、另一端对地绝缘时，则没有电流流过，感应电压与电缆长度成正比，当电缆线路较长时，过高的感应电压可能危及人身安全、导致触电事故。因此，旁路电缆屏蔽层必须在两终端引出并予以可靠的接地，且接地线的截面积小于 $25mm^2$。

第9.5.5条　旁路电缆使用前应进行试验，试验后应充分放电。

第9.5.6条　旁路电缆安装完毕后，应设置安全围栏和"止步、高压危险！"标示牌，防止旁路电缆受损或行人靠近旁路电缆。

第11.11.5条　旁路电缆使用前应进行试验，试验后应充分放电。

相关解读：

电缆试验过程中电缆被加压，通常试验电压要几倍于正常运行电压，试验过程中电缆会储存大量电能，因此试验后应将电缆充分放电，以防止人员触电。

在安装好的旁路电缆周围及时装设围栏及警示标牌，目的是防止车辆碰撞电缆，防止人员接近有电电缆触电。

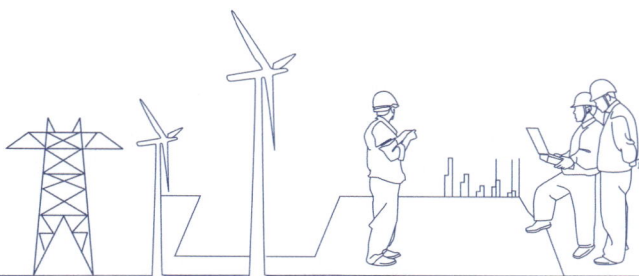

第七章

配电带电作业项目介绍

第一节　带电作业项目通用要求

1. 气象条件要求

（1）带电作业应在良好天气下进行，作业前须进行风速和湿度测量，风力大于 5 级或湿度大于 80%时，不宜带电作业。若遇雷电、雪、雹、雨、雾等不良天气，禁止带电作业。

（2）带电作业过程中若遇天气突然变化，有可能危及人身及设备安全时，应立即停止工作，撤离人员，恢复设备正常状况，或采取临时安全措施。

2. 安全距离及有效绝缘长度要求

（1）作业中，绝缘斗臂车绝缘臂的有效绝缘长度：海拔 3000m 及以下时，不得小于 1.0m；海拔大于 3000m 小于 4500m 时，不得小于 1.2m。绝缘绳套和后备保护的有效绝缘长度：海拔 3000m 及以下时，不得小于 0.4m；海拔大于 3000m 小于 4500m 时，不得小于 0.6m。

（2）作业中，绝缘操作工具的有效绝缘长度：海拔 3000m 及以下时，不得小于 0.7m；海拔大于 3000m 小于 4500m 时，不得小于 0.9m。

（3）作业中，人体应保持对带电体的安全距离：海拔 3000m 及以下时，不得小于 0.4m；海拔大于 3000m 小于 4500m 时，不得小于 0.6m。如不能确保安全距离时，应采用绝缘遮蔽措施，遮蔽用具之间的重合长度：海拔 3000m 及以下时，不得小于 150mm；海拔大于 3000m 小于 4500m 时，不得小于 200mm。

3. 绝缘杆作业法安全要求

（1）如在车辆繁忙地段，应与交通管理部门联系以取得配合。

（2）杆上电工到达作业位置，作业前应得到工作监护人的许可。

（3）作业所使用绝缘工器具、个人防护器具必须保证在试验合格期内，使用工具前，应仔细检查其是否损坏、变形、失灵。

（4）作业过程中，绝缘工具金属部分应与接地体保持足够的安全距离。

（5）杆上电工登杆作业应正确使用安全带。

（6）上、下传递工具和材料均应使用绝缘绳传递，严禁抛掷。

4. 绝缘手套作业法安全要求

（1）如在车辆繁忙地段，应与交通管理部门联系以取得配合。

（2）作业人员在接触带电导线和换相工作前，应得到工作监护人的许可。

（3）作业所使用绝缘工器具、个人防护器具必须保证在试验合格期内，使用工具前，应仔细检查其是否损坏、变形、失灵。

（4）作业时，严禁人体同时接触两个不同的电位体；绝缘斗内双人工作时，禁止两人接触不同的电位体。

（5）斗臂车绝缘斗在有电工作区域转移时，应缓慢移动，动作要平稳；绝缘斗臂车作业时，发动机不能熄火（电能驱动型除外），以保证液压系统处于工作状态。

（6）在操作绝缘斗移动时，应防止与电杆、导线、周围障碍物、邻近绝缘斗臂车碰擦。

（7）上、下传递工具和材料均应使用绝缘传递绳，严禁抛掷。

（8）斗内电工应穿绝缘鞋，戴绝缘手套、袖套、绝缘安全帽等绝缘防护用具。作业过程中禁止摘下绝缘防护用具。

（9）绝缘手套外应套防刺穿手套。

5. 综合不停电作业安全要求

（1）人身触电。

1）作业所使用绝缘工器具、个人防护器具必须保证在试验合格期内，使用工具前，应仔细检查其是否损坏、变形、失灵。

2）作业人员应穿戴绝缘防护用具，与周围物体保持绝缘隔离，绝缘手套和防刺穿手套须同时使用。

3）作业人员严禁同时接触不同电位，严禁同时接触未接通或已断开导线的两个断头，以防人体串入电路。

4）传递工具、材料应使用绝缘绳，绝缘绳的有效绝缘长度不得小于0.4m。

5）安装绝缘措施应遵循由下到上、由近到远的原则；拆除绝缘措施的原则相反。

6）采用绝缘手套作业法时，无论作业人员与接地体和相邻带电体的空气间隙是否满足规定的安全距离，作业前均需对人体可能触及范围内的带电体和接地体进行绝缘遮蔽。遮蔽用具之间的结合处应有大于15cm的重合部分，导线晃动不宜过大。

7）使用绝缘斗臂车时绝缘臂有效长度应保持在1m以上。

8）车载变压器中性点及外壳的接地应接触良好，接地电阻不大于4Ω，连接牢固可靠。

（2）物体打击。

1）工作场所周围装设围栏，并在相应部位装设交通警示牌，所有作业人员进入作业现场必须正确佩戴安全帽。

2）承力工具不得超额定荷载使用。

3）起吊工具材料时必须拴稳拴牢，绑扎长件工具应用尾绳控制。

4）带电作业人员必须使用工具斗，防止工具掉落，在作业点正下方及臂下，不应有人逗留和通过。

（3）高空坠落。

1）高处作业必须使用安全带。

2）使用绝缘平台前确认设备状态良好，使用过程中严禁超载。

3）工作过程中绝缘斗臂车发动机不得熄火。

4）作业人员应根据地形地貌，将绝缘承载工具平稳支撑在最合适的工作位置。

（4）交通意外。

1）根据现场实际路况，在来车方向前 50m 摆放"电力施工，车辆慢行"警示牌，在道路周边或道路上施工穿反光衣，夜间作业悬挂警示灯。

2）防止外界妨碍和干扰作业，在施工地点四周装置安全护栏和作业标志。

（5）高温中暑。

1）应避开炎热高峰时段作业，当作业现场气温达 35℃ 及以上时，不宜开展作业；当作业现场气温达 40℃ 及以上时，应停止室外露天作业。

2）作业现场应配备饮用水和急救药物。

第二节　普通消缺及拆装附件

一、普通消缺及拆装附件（绝缘杆作业法）

1. 项目简介

带电作业人员利用绝缘操作杆接触高压带电体进行的作业。此项目包括 4 个类别：清除异物；修剪树枝；故障指示器、驱鸟器拆装；设备消缺及辅助，共分为 10 个常规小项目。

2. 人员分工

普通消缺及拆装附件（绝缘杆作业法）需 4 人：工作负责人（兼工作监护人）1 人，杆上电工 2 人，地面电工 1 人。

3. 工器具

主要工器具配备见表 7-1。

表 7-1　　　　　　　　　　　主 要 工 器 具 配 备

名称	数量	名称	数量
带防护绝缘手套	2 副	绝缘套管安装工具	1 套
绝缘安全帽	2 顶	绝缘夹钳	2 把
双重保护绝缘安全带	2 副	绝缘套筒操作杆	1 根
绝缘操作杆（视具体工作配置）	若干	绝缘测试仪（2500V 及以上）	1 套
绝缘传递绳	1 根	验电器	1 套

4. 作业步骤

（1）工具储运和检测。

1）领用绝缘工器具、安全用具及辅助器具，应核对工器具的使用电压等级和试验周期，并检查外观完好无损。

2）工器具在运输过程中，应存放在专用工具袋、工具箱或工具车内，以防受潮和损伤。

（2）现场操作前的准备。

1）工作负责人核对线路名称、杆号。

2）工作负责人检查作业装置、现场环境符合作业条件。

3）工作负责人应按配电带电作业工作票内容与值班调控人员联系，履行工作许可手续。

4）根据道路情况设置安全围栏、警告标志或路障。

5）工作负责人召集工作人员交代工作任务，对工作班成员进行危险点告知，交代安全措施和技术措施，确认每一个工作班成员都已知晓，检查工作班成员精神状态是否良好，人员是否合适。

6）整理材料，对安全用具、绝缘工具进行检查，对绝缘工具应使用绝缘检测仪进行分段绝缘检测，绝缘电阻值不应低于 700MΩ。

7）杆上电工检查电杆根部、基础和拉线是否牢固。

8）杆上电工穿戴好绝缘防护用具，携带绝缘传递绳，登杆至适当位置。

9）杆上电工使用验电器对绝缘子、横担进行验电，确认无漏电现象。

10）杆上电工使用绝缘操作杆按照从近到远、从下到上、先带电体后接地体的遮蔽原则，对不能满足安全距离的带电体和接地体进行绝缘遮蔽。

（3）修剪树枝操作步骤。

1）杆上电工判断树枝离带电体的安全距离是否满足要求，无法满足时需采取有效的绝缘遮蔽隔离措施。

2）杆上电工使用修剪刀修剪树枝，树枝高出导线的，应用绝缘绳固定需修剪的树枝，或使之倒向远离线路的方向。

3）地面电工配合将修剪的树枝放至地面。

（4）清除异物操作步骤。

1）杆上电工判断清除异物时的安全距离是否满足要求，无法满足时需采取有效的绝缘遮蔽隔离措施。

2）杆上电工清除异物时，需站在上风侧，并采取措施防止异物落下伤人等。

3）地面电工配合将异物放至地面。

（5）加装故障指示器操作步骤。

1）杆上电工判断安装故障指示器时的安全距离是否满足要求，无法满足时需采取有效的绝缘遮蔽隔离措施。

2）作业人员使用安装好故障指示器的故障指示器安装工具，垂直于导线向上推动安装工具将故障指示器安装到相应的导线上。

3）故障指示器安装完毕后，撤下故障指示器安装工具。

4）其余两相按相同方法进行。

5）检查杆上无遗留物，作业人员返回地面。

（6）拆除故障指示器操作步骤。

1）杆上电工判断拆除故障指示器时的安全距离是否满足要求，无法满足时需采取有效的绝缘遮蔽隔离措施。

2）作业人员使用故障指示器安装工具，垂直于导线向上推动安装工具，将其锁定到故障指示器上，并确认锁定牢固。

3）垂直向下拉动安装工具将故障指示器脱离导线。

4）其余两相按相同方法进行。

5）检查杆上无遗留物，作业人员返回地面。

（7）加装驱鸟器操作步骤。

1）杆上电工判断安装驱鸟器时的安全距离是否满足要求，无法满足时需采取有效的绝缘遮蔽隔离措施。

2）作业人员使用驱鸟器的安装工具，将驱鸟器安装到横担的预定位置上，撤下安装工具。驱鸟器螺栓应预留横担厚度距离。

3）使用绝缘套筒操作杆旋紧驱鸟器两螺栓。

4）按相同方法完成其余驱鸟器的安装。

5）检查杆上无遗留物，作业人员返回地面。

（8）拆除驱鸟器操作步骤。

1）作业人员使用绝缘套筒操作杆旋松驱鸟器上的两个固定螺栓。

2）作业人员使用驱鸟器的安装工具，锁定待拆除的驱鸟器，拆除驱鸟器。

3）按相同方法完成其余驱鸟器的拆除。

4）检查杆上无遗留物，作业人员返回地面。

（9）扶正绝缘子操作步骤。

1）杆上电工判断扶正绝缘子时的安全距离是否满足要求，对不能满足安全距离的带电体及接地体进行绝缘遮蔽。

2）作业人员使用绝缘套筒操作杆紧固绝缘子螺母。

3）作业完成后取下绝缘套筒操作杆。

4）扶正绝缘子可按先易后难的原则进行。

5）检查杆上无遗留物，作业人员返回地面。

（10）拆除退役设备操作步骤。

1）杆上电工判断拆除退役设备离带电体的安全距离是否满足要求，无法满足时需采取有效的绝缘遮蔽隔离措施。

2）杆上电工拆除废旧设备时，需采取措施防止废旧设备落下伤人等。

3）地面电工配合将拆除废旧设备放至地面。

（11）加装接触设备套管操作步骤。

1）杆上电工判断安装绝缘套管时的安全距离是否满足要求，无法满足时需采取有效的绝缘遮蔽隔离措施。

2）使用绝缘操作杆将绝缘套管安装工具安装到内边相导线上。

3）1号电工使用绝缘夹钳将绝缘套管开口向上，拉到绝缘套管安装工具的导入槽上。

4）2号电工使用另一把绝缘夹钳推动绝缘套管到相应导线上，绝缘套管之间应紧密连接，使用绝缘夹钳将绝缘套管开口向下。

5）其余两相按相同方法进行。

6）绝缘套管安装完毕后，拆除绝缘套管安装工具。

7）安装绝缘套管可按先易后难的原则进行。

8）检查杆上无遗留物，作业人员返回地面。

（12）拆除接触设备套管操作步骤。

1）杆上电工判断拆除绝缘套管时的安全距离是否满足要求，无法满足时需采取有效的绝缘遮蔽隔离措施。

2）使用绝缘操作杆将绝缘套管安装工具安装到中相导线上。

3）1号电工使用绝缘夹钳将绝缘套管开口向上，拉到绝缘套管安装工具的导入槽上。

4）2号电工使用另一把绝缘夹钳拽动绝缘套管到绝缘套管安装工具的导入槽上，使绝缘套管顺绝缘套管安装工具的导入槽导出。

5）其余两相按相同方法进行。

6）绝缘套管拆除完毕后，拆除绝缘套管安装工具。

7）拆除绝缘套管可按先难后易的原则进行。

8）检查杆上无遗留物，作业人员返回地面。

以上项目杆上电工按照从远到近、从上到下、先接地体后带电体的原则拆除绝缘遮蔽。

（13）工作终结。

1）工作负责人组织工作人员清点工器具，并清理施工现场。

2）工作负责人对完成的工作进行全面检查，符合验收规范要求后，记录在册并召开现场收工会进行工作点评后，宣布工作结束。

3）汇报值班调控人员工作已经结束，工作班撤离现场。

5. 安全措施及注意事项

（1）作业环境。如在车辆繁忙地段，应与交通管理部门联系以取得配合。

（2）重合闸。本项目一般无需停用线路重合闸。

6. 关键点

（1）在作业时，如需使用绝缘斗臂车配合作业，应落实相关的安全措施和安全注意事项。

（2）作业过程中绝缘工具金属部分应与接地体保持足够的安全距离。在所断线路三相引线未全部拆除前，已拆除的引线应视为有电。

（3）杆上电工登杆作业应正确使用安全带。

（4）作业线路下层有低压线路同杆并架时，如妨碍作业，应对作业范围内的相关低压线路采用绝缘遮蔽措施。

（5）上、下传递工具和材料均应使用绝缘绳传递，严禁抛掷。

二、普通消缺及拆装附件（绝缘手套作业法）

1. 项目简介

带电作业人员利用绝缘操手套接触高压带电体进行的作业。此项目包括4个类别：清除异物；修剪树枝；故障指示器、驱鸟器拆装；设备消缺及辅助，共分为 12 个常规小项目。

2. 人员分工

普通消缺及拆装附件（绝缘杆作业法）需 4 人：工作负责人（兼工作监护人）1 人，斗内电工 2 人，地面电工 1 人。

3. 工器具

主要工器具配备见表 7−2。

表 7−2　　　　　　　　　主 要 工 器 具 配 备

名称	数量	名称	数量
绝缘斗臂车	1 辆	绝缘绳套	2 根
绝缘手套	2 副	绝缘传递绳	1 个
双重保护绝缘安全带	2 副	绝缘紧线器	1 个
绝缘安全帽	2 顶	卡线头	2 个
绝缘服	2 套	后备保护绳	1 条
导线遮蔽罩	若干	绝缘测试仪（2500V 及以上）	1 套
绝缘毯	若干	验电器	1 套
引流线遮蔽罩	3 根		

4. 作业步骤

（1）工具储运和检测。

1）领用绝缘工器具、安全用具及辅助器具，应核对工器具的使用电压等级和试验周期，并检查外观完好无损。

2）工器具在运输过程中，应存放在专用工具袋、工具箱或工具车内，以防受潮和损伤。

（2）现场操作前的准备。

1）工作负责人核对线路名称、杆号。

2）工作负责人检查作业装置、现场环境符合作业条件。

3）工作负责人应按配电带电作业工作票内容与值班调控人员联系，履行工作许可手续。

4）绝缘斗臂车进入合适位置并可靠接地，根据道路情况设置安全围栏、警告标志或路障。

5）工作负责人召集工作人员交代工作任务，对工作班成员进行危险点告知，交代安全措施和技术措施，确认每一个工作班成员都已知晓，检查工作班成员精神状态是否良好，人员是否合适。

6）整理材料，对安全用具、绝缘工具进行检查，对绝缘工具应使用绝缘检测仪进行分段绝缘检测，绝缘电阻值不应低于 700MΩ。查看绝缘臂、绝缘斗良好，调试斗臂车。

7）斗内电工穿戴好绝缘防护用具，进入绝缘斗，挂好安全带保险钩。

8）斗内电工将工作斗调整至带电导线横担下侧适当位置，使用验电器对绝缘子、横担进行验电，确认无漏电现象。

（3）清除异物操作步骤。

1）斗内电工将绝缘斗调整至近边相导线适当位置，按照从近到远、从下到上、先带电体后接地体的遮蔽原则对作业范围内的所有带电体和接地体进行绝缘遮蔽。

2）其余两相绝缘遮蔽按照相同方法进行。

3）斗内电工拆除异物时，需站在上风侧，应采取措施防止异物落下伤人等。

4）地面电工配合将异物放至地面。

5）工作结束后，按照从远到近、从上到下、先接地体后带电体拆除遮蔽的原则拆除绝缘遮蔽隔离措施，绝缘斗退出有电工作区域，作业人员返回地面。

（4）加装故障指示器操作步骤。

1）斗内电工将绝缘斗调整至近边相导线下，按照从近到远、从下到上、先带电体后接地体的遮蔽原则对作业范围内的所有带电体和接地体进行绝缘遮蔽。

2）其余两相绝缘遮蔽按照相同方法进行。

3）斗内电工将绝缘斗调整到中间相导线下侧，将故障指示器安装在导线上，安装完毕后拆除中间相绝缘遮蔽措施。其余两相按相同方法进行。

4）加装故障指示器应按照先中间相、再远边相、最后近边相的顺序，也可视现场实际情况由远到近依次进行。

5）工作结束后，按照从远到近、从上到下、先接地体后带电体拆除遮蔽的原则拆除绝缘遮蔽隔离措施，绝缘斗退出有电工作区域，作业人员返回地面。

（5）拆除故障指示器操作步骤。

1）斗内电工将绝缘斗调整至近边相导线下，按照从近到远、从下到上、先带电体后接地体的遮蔽原则对作业范围内的所有带电体和接地体进行绝缘遮蔽。

2）其余两相绝缘遮蔽按照相同方法进行。

3）斗内电工将绝缘斗调整到中间相导线下侧，将故障指示器拆除，拆除完毕后拆除中间相绝缘遮蔽措施。其余两相按相同方法进行。

4）拆除故障指示器应按照先中间相、再远边相、最后近边相的顺序，也可视现场实际情况由远到近依次进行。

5）工作结束后按照从远到近、从上到下、先接地体后带电体拆除遮蔽的原则拆除绝缘遮蔽隔离措施。绝缘斗退出有电工作区域，作业人员返回地面。

（6）加装驱鸟器操作步骤。

1）斗内电工将绝缘斗调整至近边相导线下，按照从近到远、从下到上、先带电体后接地体的遮蔽原则对作业范围内的所有带电体和接地体进行绝缘遮蔽。

2）其余两相绝缘遮蔽按照相同方法进行。

3）斗内电工将绝缘斗调整到需安装驱鸟器的横担处，将驱鸟器安装到横担上，并紧固螺栓。

4）加装驱鸟器应按照先远后近的顺序，也可视现场实际情况由近到远依次进行。

5）工作结束后按照从远到近、从上到下、先接地体后带电体拆除遮蔽的原则拆除绝缘遮蔽隔离措施。绝缘斗退出有电工作区域，作业人员返回地面。

（7）拆除驱鸟器操作步骤。

1）斗内电工将绝缘斗调整至近边相导线下，按照从近到远、从下到上、先带电体后接地体的遮蔽原则对作业范围内的所有带电体和接地体进行绝缘遮蔽。

2）其余两相绝缘遮蔽按照相同方法进行。

3）斗内电工将绝缘斗调整到需拆除驱鸟器的横担处，将驱鸟器螺栓松开，将驱鸟器取下。

4）拆除驱鸟器应按照先远后近的顺序，也可视现场实际情况由近到远依次进行。

5）工作结束后按照从远到近、从上到下、先接地体后带电体拆除遮蔽的原则拆除绝缘遮蔽隔离措施。绝缘斗退出有电工作区域，作业人员返回地面。

（8）扶正绝缘子操作步骤。

1）斗内电工将绝缘斗调整至近边相导线适当位置，按照从近到远、从下到上、先带电体后接地体的遮蔽原则对作业范围内的所有带电体和接地体进行绝缘遮蔽。

2）斗内电工扶正绝缘子，紧固绝缘子螺栓。

3）如需扶正中间相绝缘子，则两边相和中间相不能满足安全距离，带电体和接地体均需进行绝缘遮蔽。

4）工作结束后，按照从远到近、从上到下、先接地体后带电体拆除遮蔽的原则拆除绝缘遮蔽隔离措施，绝缘斗退出有电工作区域，作业人员返回地面。

（9）拆除退役设备操作步骤。

1）斗内电工将绝缘斗调整至近边相导线适当位置，按照从近到远、从下到上、先带电体后接地体的遮蔽原则对作业范围内的所有带电体和接地体进行绝缘遮蔽，其余两相绝缘遮蔽按照相同方法进行。斗内电工拆除退役设备时，需采取措施防止退役设备落下伤人等。

2）斗内电工拆除废旧设备时，需采取措施防止废旧设备落下伤人等。

3）地面电工配合将退役设备放至地面。

4）工作结束后按照从远到近、从上到下、先接地体后带电体拆除遮蔽的原则拆除绝缘遮蔽隔离措施，绝缘斗退出有电工作区域，作业人员返回地面。

（10）加装接触设备套管操作步骤。

1）斗内电工将绝缘斗调整至近边相导线适当位置，按照从近到远、从下到上、先带电体后接地体的遮蔽原则对作业范围内的所有带电体和接地体进行绝缘遮蔽。

2）斗内电工将绝缘套管安装到相应导线上，绝缘套管之间应紧密连接，绝缘套管开口向下。

3）其余两相按相同方法进行。

4）工作结束后按照从远到近、从上到下、先接地体后带电体拆除遮蔽的原则拆除绝缘遮蔽隔离措施，绝缘斗退出有电工作区域，作业人员返回地面。

（11）拆除接触设备套管操作步骤。

1）斗内电工将绝缘斗调整至近边相导线适当位置，按照从近到远、从下到上、先带电体后接地体的遮蔽原则对作业范围内的所有带电体和接地体进行绝缘遮蔽，其余两相绝缘遮蔽按照相同方法进行。

2）斗内电工将绝缘斗调整至中间相适当位置，将绝缘套管开口向上，拉到绝缘套管安装工具的导入槽上，拆除中间相导线上绝缘套管。

3）其余两相按相同方法进行。拆除绝缘套管可按照先中间相、再远边相、最后近边相的顺序进行。

4）工作结束后，按照从远到近、从上到下、先接地体后带电体拆除遮蔽的原则拆除绝缘遮蔽隔离措施，绝缘斗退出有电工作区域，作业人员返回地面。

（12）修补导线操作步骤。

1）斗内电工将绝缘斗调整至导线修补点附近适当位置，观察导线损伤情况并汇报工作负责人，由工作负责人决定修补方案。

2）斗内电工按照从近到远、从下到上、先带电体后接地体的遮蔽原则对作业范围内的所有带电体和接地体进行绝缘遮蔽。

3）斗内电工按照工作负责人所列方案对损伤导线进行修补。

4）步骤同"清除异物操作步骤5）"。

（13）更换拉线操作步骤。

1）斗内电工穿戴好绝缘防护用具，进入绝缘斗，挂好安全带保险钩。

2）斗内电工将绝缘斗调整至适当位置，对绝缘子、横担等设备进行验电，确认无漏电现象。

3）斗内电工按照从近到远、从下到上、先带电体后接地体的遮蔽原则对作业范围内的所有带电体和接地体进行绝缘遮蔽。

4）斗内电工打开需要更换拉线抱箍位置的绝缘遮蔽。

5）地面电工使用绝缘绳将新的拉线抱箍和拉线分别传递给斗内电工。传递拉线时地面电工用绝缘绳控制拉线方向。

6）斗内电工在旧抱箍下方安装新拉线抱箍和拉线，安装好后立即恢复绝缘遮蔽。

7）斗内电工操作绝缘斗至安全区域。

8）施工配合人员站在绝缘垫上，使用紧线器收紧拉线，并进行新拉线 UT 楔形线夹的制作。

9）施工配合人员检查新拉线受力无问题后拆除新拉线上的紧线器。

10）施工配合人员站在绝缘垫上，使用紧线器收紧旧拉线，缓慢松开旧拉线 UT 线夹螺栓，使拉线不承力。

11）斗内电工操作绝缘斗至旧拉线抱箍处，打开绝缘遮蔽，拆除旧拉线及抱箍，并使用绝缘传递绳将旧拉线和拉线抱箍分别传递至地面。传递拉线时地面电工用绝缘绳控制拉线方向。

12）施工配合人员拆除旧拉线的紧线器。

13）斗内电工检查拉线与带电体安全距离及杆上施工质量满足要求。

（14）加装接地环操作步骤。

1）斗内电工将绝缘斗调整至近边相导线下，按照从近到远、从下到上、先带电体后接地体的遮蔽原则对作业范围内的所有带电体和接地体进行绝缘遮蔽。

2）其余两相绝缘遮蔽按照相同方法进行。

3）斗内电工将绝缘斗调整到中间相导线下侧，安装验电接地环。

4）其余两相验电接地环安装工作按相同方法（先中间相、后远边相、最后近边相顺序，也可视现场实际情况由远到近依次进行）进行。

5）工作结束后，按照从远到近、从上到下、先接地体后带电体拆除绝缘遮蔽的原则拆除杆上绝缘遮蔽隔离措施，绝缘斗退出有电工作区域，作业人员返回地面。

（15）工作终结。

1）工作负责人组织工作人员清点工器具，并清理施工现场。

2）工作负责人对完成的工作进行全面检查，符合验收规范要求后，记录在册并召开现场收工会进行工作点评，宣布工作结束。

3）汇报值班调控人员工作已经结束，工作班撤离现场。

5. 安全措施及注意事项

（1）作业环境。如在车辆繁忙地段应与交通管理部门联系以取得配合。

（2）重合闸。本项目一般无需停用线路重合闸。

6. 关键点

（1）作业人员应认真检查导线损伤情况，工作负责人决定相应的修补方案、遮蔽措施及防断线安全措施。

（2）较长绑线在移动过程中或在一端进行绑扎时，应采取防止绑线接近邻近有电设备的安全措施。

（3）作业前应进行现场勘察。

（4）作业线路下层有低压线路同杆并架时，如妨碍作业，应对作业范围内的相关低压线路采取绝缘遮蔽措施。

（5）在加装中间相故障指示器或中间相验电接地环时，作业人员应位于中间相与遮蔽相导线之间。

（6）根据导线损伤情况，由工作负责人决定是否采取防止作业过程中导线断线的安全措施。

（7）在同杆架设线路上工作，与上层线路小于安全距离规定且无法采取安全措施时，不得进行该项工作。

第三节　拆装装置及设备

一、带电更换避雷器（绝缘手套作业法）

1. 项目简介

带电作业人员利用绝缘手套接触高压带电体进行的作业。适用于 10kV 架空线路带电更换避雷器工作。

2. 人员分工

作业人员共 3 人：工作负责人（安全监护人）1 人；斗内电工 1 人；地面电工 1 人。

3. 工器具

主要工器具配备见表 7-3。

表 7-3　　　　　　　　　主要工器具配备

名称	数量	名称	数量
绝缘斗臂车	1 辆	绝缘子遮蔽罩	视现场情况选用
绝缘手套	1 副	引流线遮蔽罩	视现场情况选用
双重保护绝缘安全带	1 副	横担遮蔽罩	视现场情况选用
绝缘安全帽	1 顶	绝缘传递绳	1 根
绝缘服	1 套	后备保护绳	1 条
导线遮蔽罩	若干	绝缘测试仪（2500V 及以上）	1 套
绝缘毯	若干	验电器	1 套
绝缘隔板	2 块		

4. 作业步骤

（1）工具储运和检测。

1）带电作业工器具在运输途中，应存放在专用工具袋、工具箱或专用工具车内，以防受潮和损伤，避免与金属材料、工具混放。不得与酸、碱、油类和化学药品接触。

2）绝缘工器具在使用中受潮或表面损伤、脏污时，应及时处理并经试验合格后方可使用。使用操作绝缘工具进行设置、拆除绝缘遮蔽用具时应戴清洁、干燥的绝缘手套，并应防止在使用中脏污和受潮。

3）领用绝缘工器具、安全用具及辅助器具，应核对工器具的使用电压等级和试验周期，并检查外观完好无损。

（2）现场操作前的准备。

1）工作负责人核对线路名称、杆号。

2）工作负责人检查作业装置、现场环境符合作业条件。

3）工作负责人应按配电带电作业工作票内容与值班调控人员联系，履行工作许可手续。

4）绝缘斗臂车进入合适位置，并可靠接地，根据道路情况设置安全围栏、警告标志或路障。

5）工作负责人召集工作人员交代工作任务，对工作班成员进行危险点告知，交代安全措施和技术措施，确认每一个工作班成员都已知晓，检查工作班成员精神状态是否良好，人员是否合适。

6）整理材料，对安全用具、绝缘工具进行检查，对绝缘工具应使用绝缘检测仪进行分段绝缘检测，绝缘电阻值不应低于 $700M\Omega$。查看绝缘臂、绝缘斗良好，调试斗臂车。

7）斗内电工穿戴好绝缘防护用具，进入绝缘斗，挂好安全带保险钩。

8）斗内电工将工作斗调整至带电作业区域横担下侧适当位置，使用验电器对避雷器、横担进行验电，确认无漏电现象。

（3）操作步骤。

1）斗内电工依次在近相与中相避雷器间、中相避雷器与电杆间、电杆与远相避雷器间安装绝缘隔板。

2）斗内电工将绝缘斗调整至近边相导线适当位置，按照从近到远、从下到上、先带电体后接地体的遮蔽原则对作业范围内的所有带电体和接地体进行绝缘遮蔽。

3）其余两相绝缘遮蔽按照相同方法进行。

4）斗内电工打开近边相绝缘遮蔽，拆除避雷器上桩头引线，近边相避雷器退出运行，分别恢复避雷器引线绝缘遮蔽。

5）斗内电工使用同样方法拆除其余两相避雷器上桩头引线，其余两相避雷器退出运行。三相避雷器上桩头引流线拆除按照先近后远或根据现场情况先两边相、后中间相的顺序进行。

6）斗内电工依次拆除待更换避雷器，换上新避雷器并连接好避雷器下桩头接地线。

7）斗内电工按照先中间、再远边相、后近边相的顺序依次连接新避雷器上桩头引线。

8）作业结束后，斗内电工按照从远到近、从上到下、先接地体后带电体的原则依次拆除绝缘遮蔽。

9）斗内电工检查导线、避雷器和横担上无任何遗留物后，操作绝缘斗退出有电工作区域，作业人员返回地面。

（4）工作终结。

1）工作负责人组织工作人员清点工器具，并清理施工现场。

2）工作负责人对完成的工作进行全面检查，符合验收规范要求后，记录在册并召开现场收工会进行工作点评，宣布工作结束。

3）汇报值班调控人员工作已经结束，工作班撤离现场。

5. 安全措施及注意事项

（1）作业环境。如在车辆繁忙地段应与交通管理部门联系以取得配合。

（2）重合闸。本项目需要停用线路重合闸。

6. 关键点

（1）一相作业完成后，应迅速对其恢复和保持绝缘遮蔽，然后再对另一相开展作业。

（2）对不规则带电部件和接地构件可采用绝缘毯进行遮蔽，但要注意夹紧固定。

二、带电更换耐张绝缘子串（绝缘手套作业法）

1. 项目简介

带电作业人员利用绝缘手套接触高压带电体进行的作业，适用于 10kV 架空线路带电更换耐张绝缘子串工作。

2. 人员分工

作业人员共 4 人：工作负责人（安全监护人）1 人；斗内电工 2 人；地面电工 1 人。

3. 工器具

主要工器具配备见表 7-4。

表 7-4　　　　　　　　　主 要 工 器 具 配 备

名称	数量	名称	数量
绝缘斗臂车	1 辆	绝缘毯	若干
绝缘手套	2 副	绝缘传递绳	1 根
绝缘安全帽	2 顶	绝缘绳套	1 根
绝缘服	2 套	绝缘紧线器	1 套
绝缘安全带	2 副	卡线器	2 把
导线遮蔽罩（1.5m）	6 根	绝缘检测仪	1 套
导线遮蔽罩（1.0m）	3 根	验电器	1 套

4. 作业步骤

（1）工具储运和检测。

1）带电作业工器具在运输途中，应存放在专用工具袋、工具箱或专用工具车内，以防受潮和损伤，避免与金属材料、工具混放。不得与酸、碱、油类和化学药品接触。

2）绝缘工器具在使用中受潮或表面损伤、脏污时，应及时处理并经试验合格后方可使用。使用操作绝缘工具进行设置、拆除绝缘遮蔽用具时应戴清洁、干燥的绝缘手套，并应防止在使用中脏污和受潮。

3）领用绝缘工器具、安全用具及辅助器具，应核对工器具的使用电压等级和试验周期，并检查外观完好无损。

（2）现场操作前的准备。

1）工作负责人核对线路名称、杆号。

2）工作负责人检查确认电杆根部、基础牢固、导线固定是否牢固；检查作业装置和现场环境符合带电作业条件。

3）按配电带电作业工作票内容与值班调控人员联系，履行工作许可手续。

4）绝缘斗臂车进入合适位置，并可靠接地；根据道路情况设置安全围栏、警告标志或路障。

5）工作负责人召集工作人员交代工作任务，对工作班成员进行危险点告知，交代安全措施和技术措施，确认每一个工作班成员都已知晓，检查工作班成员精神状态是否良好，人员是否合适。

6）根据分工情况整理材料，对安全用具、绝缘工具进行检查，对绝缘工具应使用绝缘检测仪进行分段绝缘检测，绝缘电阻值不应低于 700MΩ。查看绝缘臂、绝缘斗良好，调试斗臂车。

7）检查新绝缘子的机电性能良好。

（3）操作步骤。

1）斗内电工穿戴好绝缘防护用具，进入绝缘斗，挂好安全带保险钩。

2）斗内电工将工作斗调整至带电导线横担下侧适当位置，使用验电器按照导线—绝缘子—横担—电杆的顺序进行验电，确认无漏电现象。

3）斗内电工将绝缘斗调整到近边相导线外侧适当位置，按照从近到远、从下到上、先带电体后接地体的遮蔽原则对作业范围内的所有带电体和接地体进行绝缘遮蔽，其余两相绝缘遮蔽按照相同方法进行。

4）斗内电工将绝缘斗调整到近边相导线外侧适当位置，将绝缘绳套安装在耐张横担上，安装绝缘紧线器，在紧线器外侧加装作为后备保护绳。后备保护绳套应安装在电杆上。

5）斗内电工收紧导线至耐张绝缘子松弛，并拉紧后备保护绝缘绳套，且应固定牢固。

6）斗内电工将耐张线夹与耐张绝缘子连接螺栓拔除，使两者脱离。恢复耐张线夹处的绝缘遮蔽措施。

7）斗内电工拆除旧耐张绝缘子，安装新耐张绝缘子，并进行绝缘遮蔽。

8）斗内电工将耐张线夹与耐张绝缘子连接螺栓安装好，恢复绝缘遮蔽。

9）斗内电工松开后备保护绝缘绳套并放松紧线器，使绝缘子受力后，拆下紧线器、后备保护绳套及绝缘绳套。

10）其余两相耐张绝缘子更换按相同方法进行。三相耐张绝缘子的更换，可按由简单到复杂、先易后难的原则进行。

11）工作结束后，按照从远到近、从上到下、先接地体后带电体的原则拆除绝缘遮蔽。绝缘斗退出有电工作区域，作业人员返回地面。

（4）工作终结。

1）工作负责人组织工作人员清点工器具，并清理施工现场。

2）工作负责人对完成的工作进行全面检查，符合验收规范要求后，记录在册并召开现场收工会进行工作点评，宣布工作结束。

3）汇报当值调度工作已经结束，恢复线路重合闸，工作班撤离现场。

5. 安全措施及注意事项

（1）作业环境。如在车辆繁忙地段应与交通管理部门联系以取得配合。

（2）重合闸。本项目无需停用线路重合闸。

6. 关键点

（1）验电时若发现横担有电，应禁止继续实施本项作业。

（2）用绝缘紧线器收紧导线后，后备保护绳套应收紧固定。

（3）拔除、安装耐张线夹与耐张绝缘子连接螺栓时，横担侧绝缘子及横担应有严密的绝缘遮蔽措施；在横担上拆除、挂接绝缘子串时，包括耐张线夹等导线侧带电导体应有严密的绝缘遮蔽措施。

三、带电更换直线杆绝缘子及横担（绝缘手套作业法）

1. 项目简介

带电作业人员利用绝缘手套接触高压带电体进行的作业，适用于 10kV 架空线路带电更换直线杆绝缘子及横担工作。

2. 人员分工

作业人员共 4 人：工作负责人（安全监护人）1 人；斗内电工 2 人；地面电工 1 人。

3. 工器具

主要工器具配备见表 7-5。

表 7-5　　　　　　　　　　主 要 工 器 具 配 备

名称	数量	名称	数量
绝缘斗臂车	1 辆	横担遮蔽罩	2 个
绝缘手套	2 副	绝缘子遮蔽罩	1 个
绝缘安全帽	2 顶	绝缘传递绳	1 根

续表

名称	数量	名称	数量
绝缘服	2 套	绝缘横担	1 副
绝缘安全带	2 副	绝缘检测仪	1 套
导线遮蔽罩	6 根	验电器	1 套
绝缘毯	8 块		

4. 作业步骤

（1）工具储运和检测。

1）带电作业工器具在运输途中，应存放在专用工具袋、工具箱或专用工具车内，以防受潮和损伤，避免与金属材料、工具混放。不得与酸、碱、油类和化学药品接触。

2）绝缘工器具在使用中受潮或表面损伤、脏污时，应及时处理并经试验合格后方可使用。使用操作绝缘工具进行设置、拆除绝缘遮蔽用具时应戴清洁、干燥的绝缘手套，并应防止在使用中脏污和受潮。

3）领用绝缘工器具、安全用具及辅助器具，应核对工器具的使用电压等级和试验周期，并检查外观完好无损。

（2）现场操作前的准备。

1）工作负责人核对线路名称、杆号。

2）工作负责人检查确认电杆根部、基础牢固、导线固定是否牢固；检查作业装置和现场环境符合带电作业条件。

3）按配电带电作业工作票内容与值班调控人员联系，履行工作许可手续。

4）绝缘斗臂车进入合适位置，并可靠接地；根据道路情况设置安全围栏、警告标志或路障。

5）工作负责人召集工作人员交代工作任务，对工作班成员进行危险点告知，交代安全措施和技术措施，确认每一个工作班成员都已知晓，检查工作班成员精神状态是否良好，人员是否合适。

6）根据分工情况整理材料，对安全用具、绝缘工具进行检查，对绝缘工具应使用绝缘检测仪进行分段绝缘检测，绝缘电阻值不应低于 $700M\Omega$。查看绝缘臂、绝缘斗良好，调试斗臂车。

7）检查新绝缘子的机电性能良好。

（3）操作步骤。

1）待更换横担上方安装绝缘横担法：

a. 斗内电工穿戴好全套绝缘防护用具，进入绝缘斗内，挂好安全带保险钩。

b. 斗内电工将工作斗调整至带电导线横担下侧适当位置，使用验电器按照导线—绝缘子—横担—电杆的顺序进行验电，确认无漏电现象。

c. 斗内电工将绝缘斗调整到近边相导线外侧适当位置，按照从近到远、从下到上、先带电体后接地体的遮蔽原则对作业范围内的所有带电体和接地体进行绝缘遮蔽。其余两相遮蔽按相同方法进行，绝缘遮蔽次序按照先近边相、后远边相、最后中间相。

d. 斗内电工互相配合，在电杆高出横担约 0.4m 的位置安装绝缘横担。

e. 斗内电工将绝缘斗调整到近边相外侧适当位置，使用绝缘斗小吊绳固定导线，收紧小吊绳，使其受力。

f. 斗内电工拆除绝缘子绑扎线，调整吊臂提升导线使近边相导线置于临时支撑横担上的固定槽内，然后扣好保险环。

g. 远边相按照相同方法进行。

h. 斗内电工互相配合拆除旧绝缘子及横担，安装新绝缘子及横担，并对新安装绝缘子及横担设置绝缘遮蔽。

i. 斗内电工调整绝缘斗到远边相外侧适当位置，使用小吊绳将远边相导线缓缓放入已更换新绝缘子顶槽内，使用帮绑扎线固定，恢复绝缘遮蔽。

j. 近边相按照相同方法进行。

k. 斗内电工互相配合拆除杆上临时支撑横担。

2）绝缘斗臂车配有绝缘横担组合时，且导线采用水平排列时，可采用以下方法实施本项目：

a. 斗内电工穿戴好全套绝缘防护用具，进入绝缘斗内，挂好安全带保险钩。

b. 斗内电工将工作斗调整至带电导线横担下侧适当位置，使用验电器按照导线—绝缘子—横担—电杆的顺序进行验电，确认无漏电现象。

c. 绝缘遮蔽措施完成后，将绝缘斗返回地面，斗内电工在地面电工协助下在吊臂上组装绝缘横担后返回导线下准备支撑导线。

d. 斗内电工调整吊臂使三相导线分别置于绝缘横担上的滑轮内，然后扣好保险环。

e. 斗内电工操作将绝缘横担缓缓上升，使绝缘横担受力。拆除导线绑扎线，缓缓支撑起三相导线，提升高度应不少于 0.4m。

f. 斗内电工在地面电工配合下更换直线横担，并安装绝缘子。恢复绝缘遮蔽措施。

g. 斗内电工操作将绝缘横担缓缓下降，使中相导线下降至中相绝缘子线槽，用绑扎线固定。打开中相滑轮保险后，继续下降绝缘横担，并按相同方法分别固定两边相导线。

3）工作结束后，按照从远到近、从上到下、先接地体后带电体的原则拆除绝缘遮蔽，绝缘斗退出有电工作区域，作业人员返回地面。

（4）工作终结。

1）工作负责人组织工作人员清点工器具，并清理施工现场。

2）工作负责人对完成的工作进行全面检查，符合验收规范要求后，记录在册并召开现场收工会进行工作点评，宣布工作结束。

3）汇报当值调度工作已经结束，工作班撤离现场。

5. 安全措施及注意事项

（1）作业环境。如在车辆繁忙地段应与交通管理部门联系以取得配合。

（2）重合闸。本项目无需停用线路重合闸。

6. 关键点

（1）如对横担验电时发现有电，应禁止继续实施本项目。

（2）提升导线前及提升过程中，应检查两侧电杆上的导线绑扎线是否牢靠，如有松动、脱线现象，必须重新绑扎加固后方可进行作业。

（3）提升和下降导线时，要缓缓进行，以防止导线晃动，避免造成相间短路；地面的绝缘绳索固定应可靠牢固，避免松动。

四、导线及电杆处理作业——带电断接引流线（绝缘杆作业法、绝缘手套作业法）

1. 项目简介

带电作业人员利用绝缘杆间接、绝缘手套直接接触高压带电体进行的作业，适用于 10kV 架空线路带电带电断接引流线工作。本节按绝缘杆作业法带电断引线、绝缘杆作业法带电接引线、绝缘手套作业法带电断引线、绝缘手套作业法带电接引线等 4 个项目介绍。

2. 人员分工

作业人员共 4 人：工作负责人（安全监护人）1 人；杆上（斗内）电工 2 人；地面电工 1 人。

3. 工器具

主要工器具配备见表 7-6。

表 7-6　　　　　　　　　主要工器具配备

名称	数量	名称	数量
绝缘斗臂车	1 辆	线夹安装工具	1 副
绝缘手套	2 副	绝缘操作杆	1 副
绝缘安全帽	2 顶	绝缘杆断线剪	1 把
绝缘服	2 套	遮蔽罩操作杆	1 根
绝缘安全带	2 副	绝缘线径测量仪	1 根
导线遮蔽罩	若干	绝缘测量杆	1 副
绝缘毯	若干	绝缘导线剥皮器	1 套
横担遮蔽罩	2 个	绝缘护罩安装工具	1 套
熔断器遮蔽罩	3 个	登高工具	2 副
绝缘传递绳	1 根	绝缘检测仪	1 套
绝缘锁杆	1 副	电流检测仪	1 套
绝缘杆式导线清扫刷	1 副	验电器	1 套
绝缘杆套筒扳手	1 副	护目镜	2 副

4. 作业步骤

（1）工具储运和检测。

1）带电作业工器具在运输途中，应存放在专用工具袋、工具箱或专用工具车内，以防受潮和损伤，避免与金属材料、工具混放。不得与酸、碱、油类和化学药品接触。

2）绝缘工器具在使用中受潮或表面损伤、脏污时，应及时处理并经试验合格后方可使用。使用操作绝缘工具进行设置、拆除绝缘遮蔽用具时应戴清洁、干燥的绝缘手套，并应防止在使用中脏污和受潮。

3）领用绝缘工器具、安全用具及辅助器具，应核对工器具的使用电压等级和试验周期，并检查外观完好无损。

（2）现场操作前的准备。

1）工作负责人核对线路名称、杆号。

2）工作负责人检查作业装置和现场环境符合带电作业条件。

3）工作负责人按配电带电作业工作票内容与值班调控人员联系，履行工作许可手续。

4）根据道路情况设置安全围栏、警告标志或路障接地；绝缘斗臂车进入合适位置，并可靠。

5）工作负责人召集工作人员交代工作任务，对工作班成员进行危险点告知，交代安全措施和技术措施，确认每一个工作班成员都已知晓，检查工作班成员精神状态是否良好，人员是否合适。

6）根据分工情况整理材料，对安全用具、绝缘工具进行检查，对绝缘工具应使用绝缘检测仪进行分段绝缘检测，绝缘电阻值不应低于700MΩ。查看绝缘臂、绝缘斗状态，调试斗臂车。

7）杆上电工检查确认电杆根部、基础和拉线是否牢固。

（3）操作步骤。

1）绝缘杆作业法带电断引线：

a. 杆上电工穿戴好绝缘防护用具，携带绝缘传递绳，登杆至待断引流线耐张横担下方适当位置，系好安全带，挂好传递绳。

b. 杆上电工使用验电器按照导线—绝缘子—横担的顺序进行验电，确认无漏电现象。

c. 杆上电工在地面电工配合下，将绝缘操作工具逐件吊上。按照从近到远、从下到上、先带电体后接地体的遮蔽原则对作业范围内不能满足安全距离的带电体和接地体进行绝缘遮蔽。

d. 杆上电工使用绝缘锁杆将待断线路引线固定。

e. 杆上电工使用绝缘杆断线剪将耐张线路电源侧引线剪断。

f. 杆上电工使用绝缘锁杆将耐张处引线向下平稳地移离带电导线。

g. 杆上电工使用绝缘杆断线剪将耐张线夹处引线剪断并取下。

h. 其余两相引线拆除按相同的方法进行。

i. 三相引线的拆除可按先易后难的原则进行。

2）绝缘杆作业法带电接引线：

a. 杆上电工穿戴好绝缘防护用具，携带绝缘传递绳，登杆至合适工作位置。

b. 杆上电工使用验电器按照导线—绝缘子—横担的顺序进行验电，确认无漏电现象。

c. 杆上电工在地面电工配合下，将绝缘操作杆和绝缘遮蔽用具分别传至杆上，杆上电工利用绝缘操作杆按照从近到远、从下到上、先带电体后接地体装设遮蔽的原则对不能满足安全距离的近边相带电体和接地体进行绝缘遮蔽。其余两相绝缘遮蔽按相同方法进行。

d. 杆上电工使用绝缘测量杆测量三相上引线长度。如待接引流线为绝缘线，应在引流线端头部分剥除三相待接引流线的绝缘外皮。

e. 杆上电工调整位置至耐张横担下方，并与带电线路保持 0.4m 以上安全距离，以最小范围打开中相绝缘遮蔽，用导线清扫刷清除连接处导线上的氧化层。如导线为绝缘线，应先剥除绝缘外皮再进行清除连接处导线上的氧化层。

f. 杆上电工安装接续线夹，连接牢固后，迅速恢复绝缘遮蔽。如为绝缘线应恢复接续线夹处的绝缘及密封。

g. 其余两相引线连接按相同方法进行。三相引线连接，可按由复杂到简单、先难后易的原则进行，先中间相、后远边相，最后近边相，也可视现场实际情况从远到近依次进行。

h. 工作结束后，杆上电工按照从远到近、从上到下、先接地体后带电体的原则拆除绝缘遮蔽。作业人员返回地面。

3）绝缘手套作业法带电断引线：

a. 斗内电工穿戴好绝缘防护用具，进入绝缘斗，挂好安全带保险钩。

b. 斗内电工将工作斗调整至带电导线横担下侧适当位置，使用验电器按照导线—绝缘子—横担—电杆的顺序进行验电，确认无漏电现象，检测 T 接线路引线确已空载，符合拆除条件。

c. 斗内电工将绝缘斗调整到近边相外侧适当位置，按照从近到远、从下到上、先带电体后接地体的遮蔽原则对作业范围内的所有带电体和接地体进行绝缘遮蔽。其余两相绝缘遮蔽按照相同方法进行。

d. 斗内电工将绝缘斗调整到近边相导线外侧适当位置，使用绝缘锁杆将分支线路引线线头与主导线临时固定后，拆除接续线夹。

e. 斗内电工转移绝缘斗位置，用绝缘锁杆将已断开的分支线路引线线头脱离主导线，临时固定在同相位支线导线上。如断开支线引线不需恢复，可在支线耐张线夹处剪断。

f. 其余两相引线拆除工作按相同方法进行。拆除引线次序可按照先近边相、后远边相、最后中间相，也可视现场情况由近到远依次进行。

g. 如导线为绝缘线，引流线拆除后应恢复导线的绝缘及密封。

h. 断分支线路引线工作结束后，按照从远到近、从上到下、先接地体后带电体的原则拆除绝缘遮蔽，绝缘斗退出有电工作区域，返回地面。

4）绝缘手套作业法带电接引线：

a. 斗内电工穿戴好绝缘防护用具，进入绝缘斗，挂好安全带保险钩。

b. 斗内电工将工作斗调整至带电导线横担下侧适当位置，使用验电器按照导线—绝缘子—横担—电杆的顺序进行验电，确认无漏电现象。

c. 斗内电工将绝缘斗调整至近边相导线外侧适当位置，按照从近到远、从下到上、先带电体后接地体的遮蔽原则对作业范围内的所有带电体和接地体进行绝缘遮蔽。其余两相绝缘遮蔽按相同方法进行。

d. 斗内电工将绝缘斗调整至分支线路横担下方，测量三相待接引线长度，根据长度做好连接的准备工作。如待接引流线为绝缘线，应在引流线端头部分剥除三相待接引流线的绝缘外皮。

e. 斗内电工将绝缘斗调整到中间相导线下侧适当位置，以最小范围打开中相绝缘遮蔽，用导线清扫刷清除连接处导线上的氧化层。如导线为绝缘线，应先剥除绝缘外皮再进行清除连接处导线上的氧化层。

f. 斗内电工安装接续线夹，连接牢固后，恢复接续线夹处的绝缘及密封，并迅速恢复绝缘遮蔽。

g. 其余两相引线连接按相同方法进行。三相引线连接，可按由复杂到简单、先难后易的原则进行，先中间相、后远边相，最后近边相，也可视现场实际情况从远到近依次进行。

h. 工作结束后，按照从远到近、从上到下、先接地体后带电体的原则拆除绝缘遮蔽，绝缘斗退出有电工作区域，作业人员返回地面。

（4）工作终结。

1）工作负责人组织工作人员清点工器具，并清理施工现场。

2）工作负责人对完成的工作进行全面检查，符合验收规范要求后，记录在册并召开现场收工会进行工作点评，宣布工作结束。

3）汇报当值调度工作已经结束，工作班撤离现场。

5. 安全措施及注意事项

（1）作业环境。如在车辆繁忙地段应与交通管理部门联系以取得配合。

（2）重合闸。本项目一般无需停用线路重合闸。

6. 关键点

（1）在作业时，要注意带电上引线与横担及邻相导线的安全距离。

（2）安装绝缘遮蔽时应按照由近及远、由低到高的顺序依次进行，拆除时与此相反。

（3）工作前应检查待断、接线路确已空载，并符合拆除条件。

（4）断、接引线应按先易后难的原则。

（5）在所断、接线路三相引线未全部拆除前，已拆除的引线应视为有电。

（6）绝缘手套作业法带电断、接引线时，当三相导线三角排列时且横担较短，宜在近边相外侧拆除中间相引线；当三相导线水平排列时，作业人员宜位于中间相与遮蔽相导线之间。

（7）待接引流线如为绝缘线，剥皮长度应比接续线夹长 2cm，且端头应有防止松散的措施。

五、导线及电杆处理作业——带电更换直线电杆（绝缘手套作业法）

1. 项目简介

带电作业人员利用绝缘手套接触高压带电体进行的作业，适用于 10kV 架空线路带电更换直线电杆工作。

2. 人员分工

作业人员共 8 人：工作负责人（安全监护人）1 人；吊车指挥 1 人；斗内电工 2 人；杆上电工 1 人；吊车操作员 1 人；地面电工 2 人。

3. 工器具

主要工器具配备见表 7-7。

表 7-7　　　　　　　　　　主 要 工 器 具 配 备

名称	数量	名称	数量
绝缘斗臂车	2 辆	绝缘操作杆	1 根
吊车	1 辆	绝缘测量杆	1 根
绝缘手套	5 副	绝缘传递绳	2 根
绝缘安全帽	3 顶	绝缘绳	2 根
绝缘服	2 套	绝缘绳套	3 根
绝缘靴	3 双	绝缘横担	1 套
绝缘安全带	3 副	马槽配套工具	1 套
导线遮蔽罩	若干	短铲	2 把
绝缘毯	若干	绝缘测试仪	1 套
绝缘子遮蔽罩	3 个	验电器	1 套

4. 作业步骤

（1）工具储运和检测。

1）带电作业工器具在运输途中，应存放在专用工具袋、工具箱或专用工具车内，以防受潮和损伤，避免与金属材料、工具混放。不得与酸、碱、油类和化学药品接触。

2）绝缘工器具在使用中受潮或表面损伤、脏污时，应及时处理并经试验合格后方可使用。使用操作绝缘工具进行设置、拆除绝缘遮蔽用具时应戴清洁、干燥的绝缘手套，并应防止在使用中脏污和受潮。

3）领用绝缘工器具、安全用具及辅助器具，应核对工器具的使用电压等级和试验周期，并检查外观完好无损。

（2）现场操作前的准备。

1）工作负责人核对线路名称、杆号。

2）工作前，工作负责人检查确认作业点两侧的电杆根部、基础是否牢固，导线固定是否牢固；检查电杆质量、坑洞、马槽（长度为 1.5m、成 45°坡度，宽度为 50cm）符合要求，检查作业装置和现场环境符合带电作业条件。

3）工作负责人按配电带电作业工作票内容与值班调控人员联系，履行工作许可手续。

4）绝缘斗臂车、吊车进入合适位置，并可靠接地；根据道路情况设置安全围栏、警告标志或路障。

5）工作负责人召集工作人员交代工作任务，对工作班成员进行危险点告知，交代安全措施和技术措施，确认每一个工作班成员都已知晓，检查工作班成员精神状态是否良好，人员是否合适。

6）整理材料，对安全用具、绝缘工具进行检查，对绝缘工具应使用绝缘测试仪进行分段绝缘检测，绝缘电阻值不应低于 700MΩ。检查绝缘臂、绝缘斗良好，调试斗臂车。

（3）操作步骤。

1）斗内电工穿戴好绝缘防护用具，进入各自绝缘斗臂车斗，挂好安全带保险钩。

2）斗内电工将工作斗调整至带电导线横担下侧适当位置，使用验电器对绝缘子、横担、电杆进行验电，确认无漏电现象。

3）1号电工将绝缘斗调整到合适位置，按照从近到远、从下到上、先带电体后接地体的遮蔽原则对作业范围内的所有带电体和接地体进行绝缘遮蔽。

4）2号电工在地面电工协助下在吊臂上组装绝缘横担。

5）2号电工调整吊臂至合适位置，使三相导线分别置于绝缘横担上的滑轮内，扣好绝缘横担保险环。

6）2号电工将绝缘横担缓缓上升，支撑起三相导线，1号电工拆除三相导线绑扎线，拆除绝缘子、横担及立铁。

7）2号电工调整小吊臂，缓缓将三相导线提升至超出杆顶 1m 以上的位置（保证电杆起吊后距离导线不小于 0.4m）。

8）1号电工和杆上电工配合拆除绝缘子、横担及立铁，并使用电杆遮蔽罩对杆顶以下 1m 进行绝缘遮蔽。系好电杆起吊钢丝绳（吊点在电杆地上部分 1/2 处）（注：同杆架设线路吊钩穿越低压线时应做好吊车的接地工作；低压导线应加装导线遮蔽罩并用绝缘绳向两侧拉开，增加电杆下降的通道宽度；并在电杆低压导线下方位置增加两道晃绳）。

9）吊车缓缓起吊电杆，在钢丝绳完全受力时暂停起吊，进行下列工作：① 检查吊车支腿及其他受力部位的情况正常；② 地面电工在杆根处系好绝缘绳以控制杆根方向。

10）吊车指挥人员指挥吊车起吊电杆并将电杆平稳下放至地面（注：同杆架设线路应顺线路方向下降电杆），拆除杆尖上的绝缘遮蔽。

11）地面电工用绝缘测量杆测量从带电导线到杆洞平面的净空距离应满足安全距离，同时派人观察相邻两侧电杆横担导线绑扎线应无松动现象。

12）地面电工将马槽配套工具放置在坑洞内。地面电工系好起吊钢丝绳（吊点在电杆重心上方 1.5m 处）。起吊电杆，在距地面 1.0m 时暂停起吊，进行下列工作：① 检查吊车支腿及其他受力部位的情况正常；② 设置电杆杆梢的绝缘遮蔽措施，一般长度不少于 1.0m；③ 在杆根 3m 线以上设置电杆的接地保护措施；④ 4 号电工、5 号电工在吊点以下 20cm 处系好两侧晃绳以控制电杆两侧方向。

13）吊车缓缓起吊，在起吊过程中应随时注意电杆根部是否顶住滑板向下滑动；特别是在电杆起立到 60° 左右时（吊臂最上方距带电线路应不少于 3.0m），杆根一定要进到洞内，工作负责人应密切注意杆梢与带电线路的净空距离（最小不少于 0.4m），如有疑问时，应立即停止起吊，用绝缘测量杆测量距离，待确认无问题后，才能继续起吊电杆；在电杆起立过程中，吊车指挥应站在杆洞边电杆上风侧，配合工作负责人注意控制电杆两侧方向的平衡情况和杆根的入洞情况。

14）电杆起立，校正后回土夯实，拆除杆根接地保护措施。

15）杆上电工配合 1 号电工拆除起吊钢丝绳和两侧晃绳，安装横担、绝缘子。杆上电工返回地面，吊车撤离工作区域。

16）1 号电工对横担、绝缘子等装设绝缘遮蔽。

17）2 号电工将绝缘撑杆缓缓下降，将中相导线下降到中相绝缘子后停止，由 1 号电工将中相导线用绑扎线固定在绝缘子上，继续下降绝缘撑杆，并按相同方法分别固定两边相导线；三相导线的固定，可按先中间、后两边的顺序用绑扎线分别固定在绝缘子上。

18）将绝缘横担上的滑轮保险打开，2 号电工操作绝缘撑杆使绝缘横担缓缓脱离导线。

19）三相导线的安装工作结束后，斗内电工按照从远到近、从上到下、先接地体后带电体的原则拆除绝缘遮蔽，绝缘斗退出有电工作区域，作业人员返回地面。

（4）工作终结。

1）工作负责人组织工作人员清点工器具，并清理施工现场。

2）工作负责人对完成的工作进行全面检查，符合验收规范要求后，记录在册并召开现场收工会进行工作点评，宣布工作结束。

3）汇报当值调度工作已经结束，工作班撤离现场。

5. 安全措施及注意事项

（1）作业环境。如在车辆繁忙地段应与交通管理部门联系以取得配合。

（2）重合闸。本项目无需停用线路重合闸。

6. 关键点

（1）立杆时，吊车吊臂与有电线路保持 3.0m 以上的安全距离；电杆起立超过 60° 后，杆根不应离地。

（2）杆上电工在登杆作业时，应对有电线路保持不少于 0.7m 的安全距离。

（3）吊车操作人员应服从指挥。电杆撤除过程中，工作人员应密切注意电杆与带电线路保持 0.7m 以上的安全距离。

（4）支撑和下降导线时，要缓缓进行，以防止导线晃动，避免造成相间短路；地面的绝缘绳索固定应可靠牢固，避免松动。

（5）作业时，杆根作业人员应穿绝缘靴、戴绝缘手套，起重设备操作人员应穿绝缘靴。起重设备操作人员在作业过程中不得离开操作位置。

六、导线及电杆处理作业——带负荷直线杆改耐张杆（绝缘手套作业法）

1. 项目简介

带电作业人员利用绝缘手套接触高压带电体进行的作业，适用于 10kV 架空线路带负荷直线杆改耐张杆工作。

2. 人员分工

作业人员共 5 人：工作负责人（安全监护人）1 人；斗内电工 2 人；地面电工 2 人。

3. 工器具

主要工器具配备见表 7−8。

表 7−8　　　　　　　　主要工器具配备

名称	数量	名称	数量
绝缘斗臂车	2 辆	绝缘引流线	1 根
绝缘手套	2 副	绝缘紧线器	2 套
绝缘安全帽	2 顶	绝缘后备保护绳	1 套
绝缘服	2 套	绝缘绳套	2 根
绝缘安全带	2 副	绝缘引流线绝缘支架	1 副
导线遮蔽罩	6 根	卡线器	4 个
绝缘毯	若干	电流检测仪	1 套
横担遮蔽罩	2 组	绝缘测试仪	1 套
耐张绝缘子遮蔽罩	6 个	验电器	1 套
绝缘传递绳	2 根	耐张线夹	6 个

4. 作业步骤

（1）工具储运和检测。

1）带电作业工器具在运输途中，应存放在专用工具袋、工具箱或专用工具车内，以防受潮和损伤，避免与金属材料、工具混放。不得与酸、碱、油类和化学药品接触。

2）绝缘工器具在使用中受潮或表面损伤、脏污时，应及时处理并经试验合格后方可使用。使用操作绝缘工具进行设置、拆除绝缘遮蔽用具时应戴清洁、干燥的绝缘手套，并应防止在使用中脏污和受潮。

3）领用绝缘工器具、安全用具及辅助器具，应核对工器具的使用电压等级和试验周期，并检查外观完好无损。

（2）现场操作前的准备。

1）工作负责人核对线路名称、杆号。

2）工作负责人检查作业点和两侧的电杆根部、基础是否牢固、导线绑扎是否牢固。检查作业装置和现场环境符合带电作业条件。

3）工作负责人按配电带电作业工作票内容与值班调控人员联系，申请停用线路重合闸。

4）绝缘斗臂车进入合适位置，并可靠接地，根据道路情况设置安全围栏、警告标志或路障。

5）工作负责人召集工作人员交代工作任务，对工作班成员进行危险点告知，交代安全措施和技术措施，确认每一个工作班成员都已知晓，检查工作班成员精神状态是否良好，人员是否合适。

6）整理材料，对安全工具、绝缘工具进行检查，对绝缘工具应使用绝缘测试仪进行分段绝缘检测，绝缘电阻值不应低于 700MΩ。检查绝缘臂、绝缘斗良好，调试斗臂车。

（3）操作步骤。

1）斗内电工分别穿戴好绝缘防护用具，进入绝缘斗，挂好安全带保险钩。

2）斗内电工将工作斗调整至带电导线横担下侧适当位置，使用验电器对绝缘子、横担、电杆进行验电，确认无漏电现象。

3）2 号电工按照从近到远、从下到上、先带电体后接地体的遮蔽原则对作业范围内的所有带电体和接地体进行绝缘遮蔽。

4）1 号电工、地面电工配合在绝缘斗臂车上组装提升导线的绝缘横担组合。

5）1 号电工将绝缘斗移至被提升导线的下方，将两边相导线分别置于绝缘横担固定器内，由 2 号电工拆除两边相绝缘子绑扎线。

6）1 号电工将绝缘横担继续缓慢抬高，提升两边相导线，将中相导线置于绝缘横担固定器内，由 2 号电工拆除中相绝缘子绑扎线。

7）1 号电工将绝缘横担缓慢抬高，提升三相导线，提升高度不小于 0.4m，1 号电工、2 号电工相互配合拆除绝缘子和横担，安装耐张横担，并装好耐张绝缘子和耐张线夹。

8）1 号电工、2 号电工配合在耐张横担上装好耐张横担遮蔽罩，在耐张横担下合适处安装固定绝缘引流线支架，并对耐张绝缘子和耐张线夹设置绝缘遮蔽。

9）由 1 号电工在 2 号电工配合下将导线缓缓下降，逐一放置到耐张横担遮蔽罩上，并固定。

10）1 号电工、2 号电工配合开始进行近边相导线的开断工作：

a. 1 号电工、2 号电工分别拆除近边相导线遮蔽罩。

b. 1 号电工、2 号电工分别在近边相导线两侧安装好绝缘紧线器及后备保护绳，将导线收紧，同时收紧后备保护绳。

　　c. 1 号电工、2 号电工用电流检测仪测量架空线路负荷电流，确认电流不超过绝缘引流线额定电流。在近边相导线安装绝缘引流线，用电流检测仪检测电流，确认通流正常，绝缘引流线与导线连接应牢固可靠，绝缘引流线应在绝缘引流线支架上。绝缘引流线每一相分流的负荷电流应不小于原线路负荷电流的 1/3。

　　d. 1 号电工、2 号电工配合，剪断近边相导线，分别将近边相两侧导线固定在耐张线夹内。

　　e. 1 号电工、2 号电工分别拆除绝缘紧线器及后备保护绳。

　　11）1 号电工、2 号电工配合进行近边相导线引线的接续工作：

　　a. 1 号电工、2 号电工配合做好横担及绝缘子的绝缘遮蔽措施，安装连接引线。

　　b. 安装接续线夹，并恢复绝缘遮蔽。

　　c. 用电流检测仪检测电流，确认通流正常。

　　12）拆除绝缘引流线，恢复绝缘遮蔽。

　　13）1 号电工、2 号电工配合，按同样的方法开断远边相和中间相导线，并接续远边相和中间相导线引线。

　　14）1 号电工、2 号电工配合拆除耐张横担遮蔽罩。

　　15）三相引线接续工作结束后，拆除绝缘引流线支架。

　　16）斗内电工按照从远到近、从上到下、先接地体后带电体的原则拆除绝缘遮蔽，绝缘斗退出有电工作区域，作业人员返回地面。

　　（4）工作终结。

　　1）工作负责人组织工作人员清点工器具，并清理施工现场。

　　2）工作负责人对完成的工作进行全面检查，符合验收规范要求后，记录在册并召开现场收工会进行工作点评，宣布工作结束。

　　3）汇报当值调度工作已经结束，工作班撤离现场。

5. 安全措施及注意事项

　　（1）作业环境。如在车辆繁忙地段应与交通管理部门联系以取得配合。

　　（2）重合闸。本项目无需停用线路重合闸。

6. 关键点

　　（1）提升或下降导线时，应平稳进行。

　　（2）在导线收紧后开断导线前，必须加设防导线脱落的后备保护安全措施。

　　（3）在进行三相导线开断前，必须检查绝缘引流线连接可靠，并应得到工作监护人的许可。

　　（4）三相导线的连接工作未完成前，绝缘引流线不得拆除。

　　（5）组装、拆除绝缘引流线以及紧线、开断导线应同相同步进行。

七、开关类设备作业——带电更换柱上开关或隔离开关（绝缘手套作业法）

1. 项目简介

　　带电作业人员利用绝缘手套接触高压带电体进行的作业，适用于 10kV 架空线路带电更换柱上开关或隔离开关工作。

2. 人员分工

作业人员共 4 人：工作负责人（安全监护人）1 人；斗内电工 2 人；地面电工 1 人。

3. 工器具

主要工器具配备见表 7-9。

表 7-9　　　　　　　　　　　主 要 工 器 具 配 备

名称	数量	名称	数量
绝缘斗臂车	2 辆	绝缘毯	20 块
绝缘手套	2 副	绝缘传递绳	2 根
绝缘安全帽	2 顶	绝缘绳套	1 套
绝缘服	2 套	绝缘锁杆	1 副
绝缘安全带	2 副	绝缘操作杆	1 副
导线遮蔽罩	12 个	绝缘隔板	3 个
跳线遮蔽罩	6 个	绝缘检测仪	1 套
绝缘挡板	3 套	验电器	1 套
绝缘隔离挡板	3 套	护目镜	2 副

4. 作业步骤

（1）工具储运和检测。

1）带电作业工器具在运输途中，应存放在专用工具袋、工具箱或专用工具车内，以防受潮和损伤，避免与金属材料、工具混放。不得与酸、碱、油类和化学药品接触。

2）绝缘工器具在使用中受潮或表面损伤、脏污时，应及时处理并经试验合格后方可使用。使用操作绝缘工具进行设置、拆除绝缘遮蔽用具时应戴清洁、干燥的绝缘手套，并应防止在使用中脏污和受潮。

3）领用绝缘工器具、安全用具及辅助器具，应核对工器具的使用电压等级和试验周期，并检查外观完好无损。

（2）现场操作前的准备。

1）工作负责人核对线路名称、杆号。

2）工作前工作负责人检查柱上负荷开关或隔离开关应在拉开位置，具有配网自动化功能的柱上负荷开关，其电压互感器应退出运行。检查作业装置和现场环境符合带电作业条件。

3）工作负责人按配电带电作业工作票内容与值班调控人员联系，履行工作许可手续。

4）绝缘斗臂车进入合适位置，并可靠接地，根据道路情况设置安全围栏、警告标志或路障。

5）工作负责人召集工作人员交代工作任务，对工作班成员进行危险点告知，交代安全措施和技术措施，确认每一个工作班成员都已知晓，检查工作班成员精神状态是否良好，人员是否合适。

6）根据分工情况整理材料，对安全用具、绝缘工具进行检查，对绝缘工具应使用绝缘检测仪进行分段绝缘检测，绝缘电阻值不应低于700MΩ。查看绝缘臂、绝缘斗良好，调试斗臂车。

7）检查测试新柱上负荷开关或隔离开关设备机电性能良好，符合作业要求。

（3）操作步骤。

1）斗内电工穿戴好绝缘防护用具，进入绝缘斗内，挂好安全带保险钩。

2）斗内电工将工作斗调整至带电导线横担下侧适当位置，使用验电器按照导线—绝缘子—横担—柱上开关支架—隔离开关支架—电杆的顺序进行验电，确认无漏电现象。

3）斗内电工按照从近到远、从下到上、先带电体后接地体的遮蔽原则对作业范围内的所有带电体和接地体进行绝缘遮蔽。

a. 对导线、引线、耐张线夹、隔离开关等带电设备进行绝缘遮蔽。

b. 将两辆绝缘斗分别调整到柱上隔离开关桩头侧，在隔离开关支柱瓷瓶处横向加装绝缘隔板。

c. 对绝缘子、横担等设备进行绝缘遮蔽。

4）其他两相绝缘遮蔽按照相同方法进行。

5）带电更换柱上隔离开关（联动式）：

a. 斗内电工调整绝缘斗至近边相合适位置处，将柱上隔离开关引线从主导线上拆开，并妥善固定。恢复主导线处绝缘遮蔽措施（带有避雷器的隔离开关引线，应用绝缘锁杆临时固定引线和主导线，待拆除接续线夹后，调整绝缘斗位置后将引线脱离主导线。如隔离开关引线从耐张线夹引出，可从隔离开关接线柱拆开引线，将引线固定在同相主导线上，加装绝缘遮蔽措施）。

b. 其余两相隔离开关按照相同的方法拆除引线。

c. 一辆绝缘斗臂车斗内电工将绝缘吊臂调整至柱上隔离开关上方合适位置。

d. 斗内电工相互配合更换柱上隔离开关，并进行分、合试操作调试，然后将柱上隔离开关置于断开位置。

e. 斗内电工调整绝缘斗在柱上隔离开关相间、两侧各自桩头上加装绝缘挡板。

f. 斗内电工相互配合恢复中间相柱上隔离开关引线（带有避雷器的隔离开关引线，应用绝缘锁杆临时将引线固定在主导线后再搭接）。恢复新安装柱上隔离开关的绝缘遮蔽措施。

g. 其余两相柱上隔离开关更换按照相同方法进行。

6）带电更换柱上隔离开关（分相安装）：

a. 斗内电工调整绝缘斗至中间相合适位置处，将柱上隔离开关引线从接线端子上拆开，并妥善固定。恢复主导线处绝缘遮蔽措施。

b. 其余两相隔离开关按照相同的方法拆除引线。

c. 斗内电工使用绝缘传递绳或循环绳在地面电工的配合下将中间相隔离开关传至地面。

d. 安装新的隔离开关，并进行分、合试操作调试，确认无误后，将中间相引线接至隔离开关的接线端子上。恢复新安装柱上隔离开关的绝缘遮蔽措施。

e. 其余两相柱上隔离开关更换按照相同方法进行。

7）带电更换柱上开关：

a. 斗内电工调整绝缘斗至中间相合适位置处，将柱上负荷开关两侧引线从主导线上拆开，并妥善固定。恢复主导线处绝缘遮蔽措施。

b. 其余两相隔离开关按照相同的方法拆除引线。

c. 1号斗臂车内的斗内电工在负荷开关上安装绝缘绳套，使用绝缘吊臂在上方吊起柱上负荷开关。

d. 2号斗臂车内的斗内电工拆除负荷开关固定螺栓，使负荷开关脱离固定支架。

e. 1号斗臂车内的斗内电工操作绝缘吊臂缓慢将柱上负荷开关放至地面。

f. 安装新的柱上负荷开关，确认无误后，将中间相两侧引线接至中间相主导线上。恢复新安装柱上负荷开关的绝缘遮蔽。

g. 其余两相柱上负荷开关引线按照相同方法搭接。

8）按照从远到近、从上到下、先接地体后带电体的原则拆除绝缘遮蔽隔离措施。拆除杆上绝缘遮蔽时应按照先中间相、再远边相、最后近边相顺序依次进行。

9）工作结束后，将绝缘斗退出有电工作区域，作业人员返回地面。

（4）工作终结。

1）工作负责人组织工作人员清点工器具，并清理施工现场。

2）工作负责人对完成的工作进行全面检查，符合验收规范要求后，记录在册并召开现场收工会进行工作点评，宣布工作结束。

3）汇报当值调度工作已经结束，工作班撤离现场。

5. 安全措施及注意事项

（1）作业环境。如在车辆繁忙地段应与交通管理部门联系以取得配合。

（2）重合闸。本项目无需停用线路重合闸。

6. 关键点

（1）本项目柱上隔离开关桩头对地距离不满足要求，须进行绝缘遮蔽或加装绝缘隔离挡板。

（2）吊装、放下柱上隔离开关、柱上负荷开关应平稳。

八、开关类设备作业——带负荷更换熔断器（绝缘手套作业法）

1. 项目简介

带电作业人员利用绝缘手套接触高压带电体进行的作业，适用于10kV架空线路带负荷更换熔断器工作。

2. 人员分工

作业人员共 4 人：工作负责人（安全监护人）1 人；斗内电工 2 人；地面电工 1 人。

3. 工器具

主要工器具配备见表 7–10。

表 7–10　　　　　　　　　　　　　主 要 工 器 具 配 备

名称	数量	名称	数量
绝缘斗臂车	1 辆	绝缘操作杆	1 副
绝缘手套	2 副	绝缘引流线	3 根
绝缘安全帽	2 顶	绝缘操作杆	1 根
绝缘服	2 套	绝缘锁杆	1 副
绝缘安全带	2 副	电流检测仪	1 套
导线遮蔽罩	6 根	绝缘测试仪	1 套
绝缘毯	若干	验电器	1 套
绝缘传递绳	1 根	护目镜	2 副
绝缘引流线支架	1 副		

4. 作业步骤

（1）工具储运和检测。

1）带电作业工器具在运输途中，应存放在专用工具袋、工具箱或专用工具车内，以防受潮和损伤，避免与金属材料、工具混放。不得与酸、碱、油类和化学药品接触。

2）绝缘工器具在使用中受潮或表面损伤、脏污时，应及时处理并经试验合格后方可使用。使用操作绝缘工具进行设置、拆除绝缘遮蔽用具时应戴清洁、干燥的绝缘手套，并应防止在使用中脏污和受潮。

3）领用绝缘工器具、安全用具及辅助器具，应核对工器具的使用电压等级和试验周期，并检查外观完好无损。

（2）现场操作前的准备。

1）工作负责人核对线路名称、杆号。

2）工作前工作负责人检查柱上负荷开关或隔离开关应在拉开位置，具有配网自动化功能的柱上负荷开关，其电压互感器应退出运行。检查作业装置和现场环境符合带电作业条件。

3）工作负责人按配电带电作业工作票内容与值班调控人员联系，履行工作许可手续。

4）绝缘斗臂车进入合适位置，并可靠接地，根据道路情况设置安全围栏、警告标志或路障。

5）工作负责人召集工作人员交代工作任务，对工作班成员进行危险点告知，交代安全措施和技术措施，确认每一个工作班成员都已知晓，检查工作班成员精神状态是否良好，人员是否合适。

6）根据分工情况整理材料，对安全用具、绝缘工具进行检查，对绝缘工具应使用绝缘检测仪进行分段绝缘检测，绝缘电阻值不应低于 700MΩ。查看绝缘臂、绝缘斗良好，调试斗臂车。

7）检查测试新熔断器机电性能良好，符合作业要求。

（3）操作步骤。

1）斗内电工穿戴好绝缘防护用具，进入绝缘斗臂车斗内，挂好安全带保险钩。

2）斗内电工将工作斗调整至三相熔断器外侧适当位置，使用验电器对熔断器、绝缘子、横担、电杆进行验电，确认无漏电现象。检查熔断器无异常情况。

3）斗内电工按照从近到远、从下到上、先带电体后接地体的遮蔽原则依次对主导线、熔断器、上下引线等带电体和绝缘子、横担等设置绝缘遮蔽措施。

4）互相配合在熔断器横担下 0.6m 处安装绝缘引流线支架。

5）斗内电工使用电流检测仪逐相检测三相熔断器负荷电流正常。用绝缘引流线逐相短接熔断器。短接每一相时，应注意绝缘引流线另一端头不得放在工作斗内，防止触电。三相熔断器可先按中间相、再两边相，或根据现场情况按由远及近的顺序依次短接。

6）确认三相绝缘引流线连接牢固、通流正常后，斗内电工用绝缘操作杆拉开熔丝管并取下。

7）斗内电工将绝缘斗调整至近边相导线外适当位置，首先拆开近边相熔断器的下引线，恢复绝缘遮蔽并妥善固定；再拆开近边相熔断器的上引线，恢复绝缘遮蔽，并妥善固定。

8）按相同的方法拆除其余两相引线。拆除三相引线可按先两侧、后中间或由近到远的顺序进行。

9）斗内电工更换三相熔断器，并对三相熔断器进行试操作，检查分合情况，最后将三相熔丝管取下。

10）斗内电工将绝缘斗调整到熔断器上引线侧的导线远边相，互相配合依次恢复熔断器上、下引线。恢复绝缘遮蔽隔离措施。

11）其余两相熔断器引线搭接按相同的方法进行。搭接三相引线，可按先中间、后两侧或由远到近的顺序进行。

12）搭接工作结束后，斗内电工挂上熔丝管，用绝缘操作杆分别合上三相熔丝管，确认通流正常。恢复熔断器的绝缘遮蔽隔离措施。

13）斗内电工逐相拆除绝缘引流线。拆除每一相绝缘引流线时，应注意拆下的绝缘引流线端头不得放在工作斗内，防止触电。拆除的程序可按从近到远或先两边相、再中间相的顺序进行。

14）斗内电工拆除绝缘引流线支架。斗内电工按照与设置绝缘遮蔽措施相反的顺序依次拆除绝缘遮蔽隔离措施。

15）绝缘斗退出带电工作区域，作业人员返回地面。

（4）工作终结。

1）工作负责人组织工作人员清点工器具，并清理施工现场。

2）工作负责人对完成的工作进行全面检查，符合验收规范要求后，记录在册并召开现场收工会进行工作点评，宣布工作结束。

3）汇报值班调控人员工作已经结束，恢复线路重合闸，工作班撤离现场。

5. 安全措施及注意事项

（1）作业环境。如在车辆繁忙地段应与交通管理部门联系以取得配合。

（2）重合闸。本项目需要停用线路重合闸。

6. 关键点

（1）当熔断器上口正常时，直接用绝缘引流线短接。当熔断器发热时，禁止使用绝缘引流线进行短接，需要使用单相开关短接。

（2）作业人员在接触带电导线，进行换相工作转移或分、合熔断器前，应得到监护人的许可。

（3）绝缘引流线应查看额定电流值，所带负荷电流不得超过绝缘引流线的额定电流。

（4）安装绝缘引流线时应有防止熔断器意外断开的措施。绝缘引流线两端连接后或拆除前，应检测相关设备通流情况正常，绝缘引流线每一相分流的负荷电流应不小于原线路负荷电流的 1/3。

（5）作业时，严禁人体同时接触两个不同的电位体；绝缘斗内双人工作时禁止两人接触不同的电位体。

（6）边相下引线进行拆、搭工作时，应注意对中相引线及电杆做好绝缘遮蔽隔离措施。作业中应及时恢复和补充绝缘遮蔽隔离措施。

（7）绝缘引流线搭接时应注意相位，确保搭接点接触可靠。

（8）三相绝缘引流线搭接未完成前严禁拉开熔丝管，三相熔丝管未合上前严禁拆除绝缘引流线。

第四节　转供及电源替代

一、线路旁路作业——旁路作业检修架空线路

1. 项目简介

带电作业时，作业人员使用绝缘承载工具（绝缘斗臂车、绝缘平台等），利用绝缘工具将旁路设备接入架空线路，使线路中的负荷转移至旁路系统，实现待检修设备停电的作业。此项目包括旁路作业检修架空断路器、隔离开关、耐张绝缘子等。

2. 人员分工

本项目需要 8 人，具体分工：① 工作负责人（兼工作监护人）1 人，负责组织、协调、指挥和监护作业；② 专责监护人 1 人，负责指挥和监护作业；③ 带电作业人员 2 人，负责与作业人员配合，对工器具、材料进行检查、检测，负责绝缘承载工具上的作业；④ 作业人员 4 人，负责检查、检测作业所需工器具、材料，装、拆旁路设备，其他地面作业配合。

备注：不同项目可能需要的人数不一样。

3. 工器具

主要工器具配备见表 7−11。

表 7−11　　　　　　　　　　　　主 要 工 器 具 配 备

名称	数量	名称	数量	名称	数量
安全带	2 副	绝缘手套	2 副	核相仪	1 台
绝缘安全帽	8 顶	绝缘鞋（靴）	2 双	验电器	1 套
绝缘服	2 件	绝缘锁线杆	1 根	手动工具	1 套
护目镜（防护面罩等）	2 副	绝缘绳	2 根	急救箱	1 个
绝缘操作杆	1 根	绝缘套管	若干	棉手套	8 副
绝缘工具斗	1 个	绝缘梯	2 把	警示牌	1 套
绝缘毯	若干	工具袋	1 个	酒精清洁纸	若干
绝缘横担	若干	防潮垫布	1 块	线夹	若干
风速检测仪	1 台	防刺穿手套	2 副	对讲机	1 套
检流器	1 台	安全围栏	1 套	硅脂	若干
红外测温仪	1 台	绝缘电阻测试仪（2500V 及 500V 各 1 套）	2 套	扎线	若干
绝缘承载工具（绝缘斗臂车、绝缘平台等）	1 套	温湿度检测仪	1 台		

注　不同项目需要的工器具数量不同。

4. 作业步骤

（1）工具储运和检测。

1）领用绝缘工器具、安全用具及辅助器具，应核对工器具的使用电压等级和试验周期，并检查外观完好无损。

2）工器具在运输过程中，应存放在专用工具袋、工具箱或工具车内，以防受潮和损伤。

（2）现场操作前的准备。

1）工作负责人核对线路名称和杆塔编号。

2）工作负责人组织工作班成员核实线路工况、气象条件及环境符合带电作业要求。

3）工作负责人与工作许可人联系告知工作内容，申请退出作业线路重合闸，得到许可后方可开展工作。

4）工作负责人向工作班成员宣读工作票，明确工作内容及分工，交代现场风险及安全预控措施，检查工作班成员精神状态是否良好，并履行确认手续。

5）工作负责人组织工作班成员设置工作现场的安全围栏、安全警示标志。

6）工作班成员将绝缘工器具分类放置在防潮垫布上，对绝缘工器具进行外观检查和绝缘电阻检测，绝缘电阻值不应低于 700MΩ。

7）检查绝缘承载工具（绝缘斗臂车、绝缘平台等）外观是否良好，对绝缘部分进行清洁，装设绝缘承载工具接地。

8）检查旁路设备外观是否良好，对旁路设备进行清洁、组装、检测，装设旁路设备接地。

（3）操作步骤。

1）带电作业人员穿戴绝缘防护用具通过绝缘斗进入带电作业工位。

2）根据由下至上、由近至远的原则对线路进行逐相验电，测量待转供段线路负荷电流，确认负荷电流不大于旁路系统的最大额定电流。

3）对不满足安全距离的带电体进行绝缘遮蔽，按照由下至上、由近至远的原则进行绝缘遮蔽。

4）确认移动箱变车高压负荷开关在分闸位置，接地刀闸在分闸位置，打磨高压线路接入点，逐相接入旁路高压绝缘引流线夹，确认旁路高压绝缘引流线夹接头与导线连接可靠、牢固，并恢复绝缘遮蔽。

5）确认移动箱变车低压负荷开关在分闸位置，打磨低压线路接入点，逐相接入旁路低压绝缘引流线夹，确认旁路低压绝缘引流线夹与低压带电部位连接可靠、牢固，并恢复绝缘遮蔽。

6）合上移动箱变车高压负荷开关，确认移动箱变车高压负荷开关在合闸位置。

7）检查确认车载变压器运行正常。

8）在移动箱变车低压负荷开关处核相，确认车载变压器低压柜出线与待检修变压器低压出线相序一致。

9）合上移动箱变车低压负荷开关，确认移动箱变车低压负荷开关在合闸位置。

10）确认两台变压器并列运行正常，测量并确认低压旁路电流和原电路低压电流通流正常。

11）待检修柱上变压器退出运行，负荷转移为移动箱变车系统供电。

12）旁路设备运行期间，派专人看守、巡视，防止行人碰触，对移动箱变车车载设备、旁路电缆接头进行测温。

13）完成柱上变压器检修后，柱上变压器高压侧恢复送电。

14）在柱上变压器低压开关处核相，确认柱上变压器低压开关出线与车载变压器低压柜出线相序一致。

15）合上柱上变压器低压开关，确认柱上变压器低压开关在合闸位置。

16）确认两台变压器并列运行正常，测量并确认低压旁路电流和原电路低压电流通流正常。

17）断开移动箱变车低压负荷开关，确认移动箱变车低压负荷开关在分闸位置。

18）断开移动箱变车高压负荷开关，确认移动箱变车高压负荷开关在分闸位置。

19）旁路系统退出运行，负荷转移为柱上变压器供电。

20）拆除低压线路的旁路低压绝缘引流线夹，恢复绝缘遮蔽。

21）拆除高压线路的旁路高压绝缘引流线夹，恢复绝缘遮蔽。

22）按照由上至下、由远至近的原则拆除绝缘遮蔽，确认杆塔上无遗留物，撤离带电作业工位。

23）对已完全脱离带电设备的旁路系统进行充分放电。

（4）工作终结。

1）工作负责人检查确认作业工艺符合要求，组织工作班成员清理现场。

2）工作负责人组织工作班成员召开现场收工会，进行工作点评和总结。

3）工作负责人与工作许可人联系，办理工作终结手续。

5. 安全措施及注意事项

（1）作业环境。如在车辆繁忙地段应与交通管理部门联系以取得配合。

（2）重合闸。本项目需要停用线路重合闸。

（3）注意事项。

1）确认移动箱变车车载设备符合送电要求。

2）敷设旁路电缆时，须由多名作业人员配合使旁路电缆离开地面整体敷设，防止旁路电缆与地面摩擦。

3）确认旁路高、低压电缆及接头、负荷开关符合送电要求。

4）确认高、低压电缆连接牢固可靠且相位正确。

5）倒闸操作应按操作票执行。

6. 关键点

（1）旁路系统接入前，需检测确认待转供段线路负荷电流不大于旁路系统的最大额定电流。

（2）旁路系统接入高低压线路前，需检查旁路作业车高、低压负荷开关在分闸位置，旁路系统无接地，绝缘性能良好。

（3）车载变压器和柱上变压器并列运行之前，均需确认车载变压器低压柜出线与待检修变压器低压出线相序一致。

（4）车载变压器和柱上变压器并列运行后，均需测量并确认低压旁路电流和原电路低压电流通流正常。

（5）装、拆旁路高低压电缆接头时，要注意电缆接头与接地体及相邻带电体的安全距离，必要时加装绝缘挡板。

二、配电设备转供——旁路作业检修架空线路

1. 项目简介

所谓旁路带电作业法，即首先在待维护线路或设备两侧通过采用一种柔性高压电缆、快速连头和旁路开关等设备临时组建一组并联供电系统，然后通过开关操作将待维护线路和设备进行停电隔离，由临时组建的并联系统对客户进行供电。隔离后的待维护线路和设备采用停电方式进行维护，待维护后重新投入运行。该项作业方法所需工具数据多且技术含量高，可以真正实现对客户的不间断供电。

2. 人员分工

本项目需要 10 人，具体分工：① 工作负责人（兼工作监护人）1 人，负责组织、协调、指挥和监护作业；② 专责监护人 1 人，负责指挥和监护作业；③ 带电作业人员 4 人，负责与作业人员配合对工器具、材料进行检查、检测，负责绝缘承载工具上的作业；④ 作业人员 4 人，负责检查、检测作业所需工器具、材料，装、拆旁路设备，其他地面作业配合。

备注：不同项目可能需要的人数不一样。

3. 工器具

主要工器具配备见表 7-12。

表 7-12　　　　　　　　主要工器具配备

名称	数量	名称	数量	名称	数量
绝缘斗臂车	1 辆	绝缘软管	2 根	围栏架	20 个
应急综合旁路车	1 辆	绝缘手套检测仪	2 个	垫板	8 块
绝缘操作平台	1 辆	验电器	1 套	方向指示牌	2 块
辅助车辆	1 辆	绝缘锁杆	1 把	警示牌	2 块
安全带	若干	检流计	1 个	地极	若干
绝缘手套	4 副	钳形电流表	1 个	接电线 25mm²	若干
绝缘披肩	4 件	绝缘电阻表	1 个	手锤	1 个
绝缘安全帽	4 顶	风速仪	1 个	电缆保护盖板	182 块
绝缘鞋	4 对	温湿度计	1 个	电缆支撑架	3 个
绝缘毯	40 张	电工工具	2 套	电缆悬吊支撑带	3 个
绝缘毯夹	80 个	对讲机	6 只	核相器 10kV	1 套
导线遮蔽罩	18 根	围栏带 50m	4 卷	核相器 0.4kV	1 套
电缆悬吊夹	9 个	电缆过路保护盖板	10 块	油布	13 张
电缆接头清洁用品	1 套	防护面罩	2 个		

注　不同项目需要的工器具数量不同。

4. 作业步骤

（1）工具储运和检测。

1）领用绝缘工器具、安全用具及辅助器具，应核对工器具的使用电压等级和试验周期，并检查外观完好无损。

2）工器具在运输过程中，应存放在专用工具袋、工具箱或工具车内，以防受潮和损伤。

（2）现场操作前的准备。

1）工作负责人工作前认真核对线路的名称、编号、位置正确无误。

2）工作前工作负责人作业前检查进行旁路的杆塔现场环境、停车位置、线路或设备、构件是否满足施工条件。

3）根据现场实际交通要求，在工作现场来车方向前 50m 范围内设置"电力施工，车辆慢行"警示牌，在现场四周装设围栏。

4）根据分工情况整理材料，对安全用具、绝缘工具进行检查，绝缘工具应使用兆欧表或绝缘测试仪进行分段绝缘检测，绝缘电阻值不得低于 700MΩ（若在出库前已测试过的可以省去相关现场测试步骤，但必须保留相关测试记录）。车内破损或其他不符合作业要求的工器具应与其他合格设备分开摆放，在明显位置用油性笔写上"禁止使用"。

5）检查应急综合旁路车上的高压柜、变压器试验合格，具备送电条件。

6）检查应急综合旁路车上高压柜、低压柜操作正常。

7）作业车辆本体、应急综合旁路车本体应接地牢固，临时接地棒埋深大于等于 0.6m，接地线截面积不少于 25mm²。

8）检查绝缘臂、绝缘斗状况，对带电作业车上桩部分的不同部位的功能试操作一次。使用无纺毛巾对作业车固定绝缘部分进行清洁。

9）使用绝缘平台进行作业时，各种配件安装前，应逐一进行擦拭和清洁。

10）对现场的作业环境进行检测，并记录数据。

11）工作负责人指挥现场作业人员在旁路作业点之间摆放油布，过路位置放置防护设施后进行电缆敷设，需要注意的是，电缆不要直接接触地面。

12）悬空高低压电缆连接头，使用 2500V 绝缘电阻表和万用表对电缆绝缘和导通性能进行检测，确认电缆导通正常、电缆绝缘电阻值不低于 1000MΩ。

13）工作负责人指派接受过旁路设备安装培训的作业人员对旁路电缆和负荷转移车预留的高压输入连接口进行对接，并确认进线柜负荷开关、接地刀闸和出线柜负荷开关和接地刀闸处于断开位置。

14）核对柱上变压器与旁路变压器的接线组别一致；变比差异不超过 5%；旁路变压器容量大于柱上变压器容量，满足柱上变压器与旁路变压器并列运行条件。当柱上变压器与旁路变压器变比差异为 5%时，柱上变压器荷载率应不大于 50%，以防止变压器并联环流引起过负荷。

15）对电缆连接头进行绝缘遮蔽。

16）工作负责人向全体工作人员进行安全技术交底，宣读工作票，确保每个班组成员都明确工作时间、工作地点、工作内容、线路运行状态，交代现场安全措施、注意事项、作业风险、风险的预控措施；详细分工、解释应急负荷转移车更换变压器作业的操作要求。班组成员在开始工作前，工作负责人应向其详细交代以上各项内容和安全措施。交底完毕，工作负责人应询问现场班组人员是否已对工作任务以及现场安全措施及注意事项完全清晰并签名确认。

17）现场设专人监护，带电作业人员必须穿戴绝缘衣、绝缘手套、绝缘鞋和绝缘安全帽。

18）作业人员进入工作斗之前，必须穿戴并扣好安全带，挂好安全带保险扣（上斗前不能先挂保险扣的，在进入工作斗后应立即挂好）。绝缘平台作业时，必须使用双保险安全带，上下平台或转移工作位置时，不得失去安全带的保护。

（3）操作步骤。

1）调整作业位置对杆塔上带电线路进行验电，按照从下到上、从近到远的原则依次对带电线路、引线和横担等进行遮蔽。

2）使用专用的检流设备对工作线路或设备进行电流检测。

3）调整工作位置选择合适位置安装绝缘电缆支撑杆。

4）地面辅助人员将旁路电缆的接线头传递给斗上或平台上作业人员，作业人员慢慢调整工作位置至第一相线路旁，在得到工作负责人同意后，佩戴防护面罩作业人员相互配合拆开该线路及旁路电缆接线头的绝缘遮蔽，将应急综合旁路车输入端口高压电缆与线路带电无负荷接引并恢复该处的遮蔽。

5）调整工作位置至绝缘电缆支撑杆旁，将电缆固定于固定夹并检查电缆的受力情况，必要时安装电缆悬吊支撑带。然后采用同样方法，对另外两相线路进行旁路电缆搭接，并恢复绝缘遮蔽。

6）确认进线柜三相指示灯正常闪亮，地面作业人员验明台架变压器低压配电箱开关负荷侧母排带电后，相互配合安装绝缘隔离措施，将应急综合旁路车输出端口低压电缆与变台二次负控箱负荷开关负荷侧带电连接。

7）合上进线柜负荷开关和出线柜断路器开关，检查合闸位置，并悬挂"禁止合闸，线路有人工作"警示牌。

8）检查变压器正常运行后，合上应急综合旁路车低压柜断路器开关，并根据应急综合旁路车断路器开关自动及手动核相表，检查确认开关两侧相序正确无误，同相间电压差小于 10V。

9）合上应急综合旁路车低压柜断路器开关，观察设备并列运行 3min 后，记录负荷车运行电流、电压、温度，检查送电正常后，在该断路器开关操作把上悬挂"禁止合闸，线路有人工作"警示牌。

10）拉开变台二次负控箱内开关，做好低压侧开关绝缘隔离遮蔽措施，检查后段配电设备是否正常运行。

11）拉开台架变压器高压侧跌落式熔断器开关，取下熔丝管，解下台架变压器带电三角环带电线夹。

12）作业人员调整工作位置遮蔽带电三角环及断开变台高压引线后退出带电区域，根据实际安全距离返回地面。

13）更换台架变压器工作完成后，作业人员检查台架变压器安装负荷是否规范和具备送电条件。

14）安装台架变压器高压侧跌落式熔断器熔丝管。

15）安装台架带电线夹。

16）合上台架变压器高压侧跌落熔断器。

17）使用专用核相设备在低压配电箱低压隔离开关两侧核对相位正确无误，同相间电压差小于10V，合上低压侧隔离开关。

18）合上变台二次负控箱内开关。

19）观察设备并列运行3min，记录应急综合旁路车电压、电流、温度。

20）断开低压柜断路器开关，断开出线柜断路器开关和高压进线柜负荷开关。依次拆除三相旁路电缆连接头及绝缘遮蔽措施，并对旁路电缆进行放电处理。

21）确认线路电流正常运行后，作业人员调整工作位置，带电断开应急综合旁路车输出端口低压电缆与变台二次负控箱负荷开关负荷侧连接。

22）应急综合旁路车输入端口高压电缆与线路带电无负荷断引。

23）带负荷更换变压器工作完成后，由运行单位及安装单位验收合格后，拆除导线遮蔽罩等，并对线路再次验电确认线路运行状态，作业人员退出带电部位返回地面。

24）工作负责人对已经完成工作进行全面的检查，在符合验收规范要求后，列队向全体工作人员进行班后会，对工作过程进行点评，清点并收拾工器具，收车、拆除布置的所有现场围栏和警示牌、清理现场施工废料，宣布工作结束。

25）工作完毕后撤离现场，汇报运行单位许可人结束工作票。

（4）工作终结。

1）工作负责人检查确认作业工艺符合要求，组织工作班成员清理现场。

2）工作负责人组织工作班成员召开现场收工会，进行工作点评和总结。

3）工作负责人与工作许可人联系，办理工作终结手续。

5. 安全措施及注意事项

（1）作业环境。如在车辆繁忙地段应与交通管理部门联系以取得配合。

（2）重合闸。本项目需要停用线路重合闸。

（3）注意事项。

1）确认移动箱变车车载设备符合送电要求。

2）敷设旁路电缆时，须由多名作业人员配合使旁路电缆离开地面整体敷设，防止旁路电缆与地面摩擦。

3）确认旁路高、低压电缆及接头、负荷开关符合送电要求。

4）确认高、低压电缆连接牢固可靠且相位正确。

5）倒闸操作应按操作票执行。

6. 关键点

参照配电设备转供——旁路作业检修架空线路关键点。

三、配电设备转供——旁路作业检修环网柜

1. 项目简介

不停电作业时，利用环网柜原来的进、出线电缆，通过电缆转接装置，将负荷转移到一个临时环网柜中，用这台临时环网柜代替待检修或更换环网柜运行，实现长时间检修过程中用户不停电目的，有效减少停电时间，检修改造更加灵活。

2. 人员分工

本项目需要 6 人，具体分工：① 工作负责人（兼工作监护人）1 人，负责组织、协调、指挥和监护作业；② 专责监护人 1 人，负责指挥和监护作业；③ 不停电作业人员 4 人，负责敷设及回收旁路设备、电缆连接、核相、电缆检修等。

备注：不同项目可能需要的人数不一样。

3. 工器具

主要工器具配备见表 7-13。

表 7-13　　　　　　　　　　主 要 工 器 具 配 备

名称	数量	名称	数量	名称	数量
绝缘安全帽	4 顶	安全帽	6 顶	温湿度检测仪	1 台
绝缘服	4 件	绝缘手套	4 副	核相仪	1 台
护目镜（防护面罩等）	4 副	绝缘鞋（靴）	4 双	验电器	1 套
风速检测仪	1 台	绝缘绳	2 根	手动工具	1 套
检流器	1 台	工具袋	1 个	急救箱	1 个
红外测温仪	1 台	防潮垫布	1 块	棉手套	8 副
运输设备车	1 台	防刺穿手套	2 副	警示牌	1 套
旁路负荷开关	1 台	安全围栏	1 套	酒精清洁纸	若干
中间连接器	3 组	防护垫布	200m	线夹	若干
电缆接头保护箱	3 个	硅脂	若干	对讲机	1 套
旁路电缆防护盖板	2 个	扎线	若干	移动环网柜车	1 台
旁路作业自动放缆车（带 6 同轴组柔性电缆 50mm²）	1 台	绝缘电阻测试仪（2500V 及 500V 各 1 套）	2 套		

注　不同项目需要的工器具数量不同。

4．作业步骤

（1）工具储运和检测。

1）领用绝缘工器具、安全用具及辅助器具，应核对工器具的使用电压等级和试验周期，并检查外观完好无损。

2）工器具在运输过程中，应存放在专用工具袋、工具箱或工具车内，以防受潮和损伤。

（2）现场操作前的准备。

1）作业人员提前进入现场对作业环境进行勘查，找出作业隐患，提前预防。

2）工作负责人组织工作班成员核实线路工况、气象条件及环境符合带电作业要求。

3）工作负责人与工作许可人联系告知工作内容，申请退出作业线路重合闸，得到许可后方可开展工作。

4）工作负责人向工作班成员宣读工作票，明确工作内容及分工，交代现场风险及安全预控措施，检查工作班成员精神状态是否良好，并履行确认手续。

5）工作负责人组织工作班成员设置工作现场的安全围栏、安全警示标志。

6）工作班成员将绝缘工器具分类放置在防潮垫布上，对绝缘工器具进行外观检查和绝缘电阻检测，绝缘电阻值不应低于 700MΩ。

7）检查旁路设备外观是否良好，对旁路设备进行清洁、组装、检测，装设旁路设备接地。

（3）操作步骤。

1）将旁路环网柜车、旁路作业车安置到指定位置。

2）按规划好的旁路电缆敷设路径将所需旁路作业电缆敷设到位。

3）将待检修或更换环网柜进行转电或停电操作（送电侧电源停电）。

4）将原环网柜内进出线电缆抽出与电缆转接装置连接。

5）将旁路电缆与电缆转接装置和环网柜车进行连接。

6）核对相位。

7）送电侧电源送电。

8）环网柜车内环网柜逐步送电，并监测运行。

9）按照常规作业流程对原环网柜进行检修或更换。

10）将旁路线路电源切除，将转接装置解除。

11）恢复原环网柜电缆连接，进行试验。

12）恢复原线路供电状态。

（4）工作终结。

1）工作负责人检查确认作业工艺符合要求，组织工作班成员清理现场。

2）工作负责人组织工作班成员召开现场收工会，进行工作点评和总结。

3）工作负责人与工作许可人联系办理工作终结手续。

5. 安全措施及注意事项

（1）作业环境。如在车辆繁忙地段应与交通管理部门联系以取得配合。

（2）重合闸。本项目需要停用线路重合闸。

（3）注意事项。

1）正确敷设旁路柔性电缆。

2）做好施工作业中设备的验电放电工作，避免漏相。

3）做好旁路系统投运和原线路恢复供电时的正确核相。

4）确认旁路高、低压电缆及接头、负荷开关符合送电要求。

5）确认高、低压电缆连接牢固可靠且相位正确。

6）倒闸操作应按操作票执行。

6. 关键点

（1）旁路系统接入前，需检测确认待转供段线路负荷电流不大于旁路系统的最大额定电流。

（2）旁路系统接入高低压线路前，需检查旁路作业设备高、低压负荷开关在分闸位置，旁路系统无接地，绝缘性能良好。

（3）装、拆旁路高低压电缆接头时，要注意电缆接头与接地体及相邻带电体的安全距离，必要时加装绝缘挡板。

四、配电设备转供——旁路作业从环网柜临时取电给环网柜

1. 项目简介

不停电作业时，利用环网柜原来的进、出线电缆，通过电缆转接装置，将负荷转移到一个临时环网柜中，给环网柜供电作业，主要是从运行线路取电给故障或计划停电的线路供电；给移动箱变供电主要是为对低压用户供电，实现长时间检修过程中用户不停电目的，有效减少停电时间，检修改造更加灵活。

2. 人员分工

本项目需要 6 人，具体分工：① 工作负责人（兼工作监护人）1 人，负责组织、协调、指挥和监护作业；② 专责监护人 1 人，负责指挥和监护作业；③ 不停电作业人员 4 人，负责敷设及回收旁路设备、电缆连接、核相、电缆检修等。

备注：不同项目可能需要的人数不一样。

3. 工器具

主要工器具配备见表 7-14。

表 7-14　　　　　　　　　主 要 工 器 具 配 备

名称	数量	名称	数量	名称	数量
旁路放线车	1 辆	旁路电缆连接器	若干	绝缘电阻检测仪	1 台
移动箱变车	1 辆	旁路电缆接线保护盒	若干	验电器	2 套

续表

名称	数量	名称	数量	名称	数量
旁路作业设备运输车	1辆	旁路电缆终端	2套	对讲机	3套
绝缘手套	4副	旁路电缆防护盖板、防护垫布等	若干	核相器	1套
绝缘操作杆	1根	钳子	2把	围栏、安全警示牌	若干
绝缘放电杆及接地线	1根	活络扳手	2把	绑扎绳	若干
旁路电缆	1套	螺丝刀	2把		

注　不同项目需要的工器具数量不同。

4. 作业步骤

（1）工具储运和检测。

1）领用绝缘工器具、安全用具及辅助器具，应核对工器具的使用电压等级和试验周期，并检查外观完好无损。

2）工器具在运输过程中，应存放在专用工具袋、工具箱或工具车内，以防受潮和损伤。

（2）现场操作前的准备。

1）作业人员提前进入现场对作业环境进行勘察，找出作业隐患，提前预防。

2）工作负责人组织工作班成员核实线路工况、气象条件及环境符合带电作业要求。

3）工作负责人与工作许可人联系告知工作内容，申请退出作业线路重合闸，得到许可后方可开展工作。

4）工作负责人向工作班成员宣读工作票，明确工作内容及分工，交代现场风险及安全预控措施，检查工作班成员精神状态是否良好，并履行确认手续。

5）工作负责人组织工作班成员设置工作现场的安全围栏、安全警示标志。

6）工作班成员将绝缘工器具分类放置在防潮垫布上，对绝缘工器具进行外观检查和绝缘电阻检测，绝缘电阻值不应低于700MΩ。

7）检查旁路设备外观是否良好，对旁路设备进行清洁、组装、检测，装设旁路设备接地。

（3）操作步骤。

1）从环网柜临时取电给环网柜（综合不停电作业法）。

a. 敷设旁路作业设备防护垫布。

b. 敷设旁路防护盖板。

c. 敷设旁路电缆。

d. 连接旁路电缆并进行分段绑扎固定。

e. 使用绝缘电阻检测仪对组装好的旁路作业设备进行绝缘电阻检测。

f. 绝缘电阻检测完毕，将旁路电缆分相可靠接地充分放电。

g. 确认待取电的环网柜进线间隔开关与原电源断开。

h. 验电后，将旁路电缆终端按照原系统相位安装到待取电环网柜进线间隔上，并将旁路电缆的屏蔽层接地。

i. 确认供电环网柜备用间隔处于断开位置。

j. 验电后，将旁路电缆按原相序与供电环网柜备用间隔连接。

k. 依次合上供电环网柜备用间隔开关，待取电环网柜进线间隔开关，完成取电工作。

l. 临时取电给环网柜工作完成后，断开受电环网柜主进电源间隔开关。

m. 断开供电环网柜备用间隔开关。

n. 电缆作业人员确认旁路作业设备退出运行，对旁路电缆可靠接地充分放电后，拆除旁路电缆终端。

o. 作业人员将旁路作业设备地面防护装置收好装车。

2）从环网柜临时取电给移动箱变供电（综合不停电作业法）。

a. 敷设旁路作业设备防护垫布。

b. 敷设旁路防护盖板。

c. 敷设旁路电缆。

d. 连接旁路电缆并进行分段绑扎固定。

e. 使用绝缘电阻检测仪对组装好的旁路作业设备进行绝缘电阻检测，绝缘性能检测完毕后，将旁路电缆分相可靠接地充分放电。确认待取电的用户与原电源的连接断开。

f. 验电后，将旁路电缆终端安装到移动箱变上；将低压侧按原相序接至用户。

g. 确认供电环网柜备用间隔处于断开位置。

h. 验电后，将旁路电缆按原相序与供电环网柜备用间隔连接。

i. 依次合上供电环网柜备用间隔开关，移动箱变高压侧、低压侧开关，完成取电工作。

j. 临时取电给移动箱变工作完成后，断开移动箱变低压侧开关。

k. 断开移动箱变高压侧开关。

l. 断开供电环网柜备用间隔开关。

m. 电缆作业人员确认旁路作业设备退出运行，对旁路电缆可靠接地充分放电后，拆除旁路电缆终端。

n. 作业人员将旁路作业设备地面防护装置收好装车。

（4）工作终结。

1）工作负责人检查确认作业工艺符合要求，组织工作班成员清理现场。

2）工作负责人组织工作班成员召开现场收工会，进行工作点评和总结。

3）工作负责人与工作许可人联系办理工作终结手续。

5. 安全措施及注意事项

（1）作业环境。如在车辆繁忙地段应与交通管理部门联系以取得配合。

（2）重合闸。本项目需要停用线路重合闸。

（3）注意事项。

1）正确敷设旁路柔性电缆。

2）做好施工作业中设备的验电放电工作，避免漏相。

3）做好旁路系统投运和原线路恢复供电时的正确核相。

4）确认旁路高、低压电缆及接头、负荷开关符合送电要求。

5）确认高、低压电缆连接牢固可靠且相位正确。

6）倒闸操作应按操作票执行。

6. 关键点

（1）旁路系统接入前，需检测确认待转供段线路负荷电流不大于旁路系统的最大额定电流。

（2）旁路系统接入高低压线路前，需检查旁路作业设备高、低压负荷开关在分闸位置，旁路系统无接地，绝缘性能良好。

（3）装、拆旁路高低压电缆接头时，要注意电缆接头与接地体及相邻带电体的安全距离，必要时加装绝缘挡板。

五、临时电源替代供电——0.4kV 应急电源车替代供电检修架空线路

1. 项目简介

旁路作业时，作业人员使用绝缘承载工具（绝缘斗臂车、绝缘平台等），利用绝缘工具将旁路设备接入架空线路，使线路中的负荷转移至旁路系统，实现待检修设备停电的作业。此项目包括旁路作业检修架空断路器、隔离开关、耐张绝缘子等。

2. 人员分工

本项目需要 8 人，具体分工：① 工作负责人（兼工作监护人）1 人，负责组织、协调、指挥和监护作业；② 专责监护人 1 人，负责指挥和监护作业；③ 带电作业人员 2 人，负责与作业人员配合对工器具、材料进行检查、检测，负责绝缘承载工具上的作业；④ 作业人员 4 人，负责检查、检测作业所需工器具、材料，装、拆旁路设备，其他地面作业配合。

备注：不同项目可能需要的人数不一样。

3. 工器具

主要工器具配备见表 7-15。

表 7-15　　　　　　　　主要工器具配备

名称	数量	名称	数量	名称	数量
安全带	2 副	安全帽	8 顶	温湿度检测仪	1 台
绝缘安全帽	2 顶	绝缘手套	2 副	核相仪	1 台
绝缘服	2 件	绝缘鞋（靴）	2 双	验电器	1 套
护目镜（防护面罩等）	2 副	绝缘锁线杆	1 根	手动工具	1 套
绝缘操作杆	1 根	绝缘绳	2 根	急救箱	1 个

续表

名称	数量	名称	数量	名称	数量
绝缘工具斗	1 个	绝缘套管	若干	棉手套	8 副
绝缘毯	若干	绝缘梯	2 把	警示牌	1 套
绝缘横担	若干	工具袋	1 个	酒精清洁纸	若干
风速检测仪	1 台	防潮垫布	1 块	线夹	若干
检流器	1 台	防刺穿手套	2 副	对讲机	1 套
红外测温仪	1 台	安全围栏	1 套	硅脂	若干
绝缘承载工具（绝缘斗臂车、绝缘平台等）	1 套	绝缘电阻测试仪（2500V 及 500V 各 1 套）	2 套	扎线	若干

注　不同项目需要的工器具数量不同。

4. 作业步骤

（1）工具储运和检测。

1）领用绝缘工器具、安全用具及辅助器具，应核对工器具的使用电压等级和试验周期，并检查外观完好无损。

2）工器具在运输过程中，应存放在专用工具袋、工具箱或工具车内，以防受潮和损伤。

（2）现场操作前的准备。

1）工作负责人核对线路名称和杆塔编号。

2）工作负责人组织工作班成员核实线路工况、气象条件及环境符合带电作业要求。

3）工作负责人与工作许可人联系告知工作内容，申请退出作业线路重合闸，得到许可后方可开展工作。

4）工作负责人向工作班成员宣读工作票，明确工作内容及分工，交代现场风险及安全预控措施，检查工作班成员精神状态是否良好，并履行确认手续。

5）工作负责人组织工作班成员设置工作现场的安全围栏、安全警示标志。

6）工作班成员将绝缘工器具分类放置在防潮垫布上，对绝缘工器具进行外观检查和绝缘电阻检测，绝缘电阻值不应低于 $700M\Omega$。

7）检查绝缘承载工具（绝缘斗臂车、绝缘平台等）外观是否良好，对绝缘部分进行清洁，装设绝缘承载工具接地。

8）检查旁路设备外观是否良好，对旁路设备进行清洁、组装、检测，装设旁路设备接地。

（3）操作步骤。

1）低压发电车停放到最佳工作位置，保证两侧有不小于 1.5m 的空间，发电车四周进行围蔽，如在交通主干道周围应预留合适的硬围蔽空间，移动高压负荷转供系统可靠接地，检查确认中压发电车开关处于断开位置。

2）根据预先设置的旁路电缆敷设路径，敷设旁路电缆，保证电缆排布有序，设置电缆围栏，必要时铺设电缆保护线槽。

3）确认低压发电车出线电缆绝缘良好，阻值不小于 500MΩ。测量绝缘电阻前后，应将被测设备对地放电。

4）发电车作业负责人与现场运行人员办理发电车接入许可手续。

5）合上 0.4kV 应急电源车负荷开关，确认 0.4kV 应急电源车负荷开关在合闸位置。

6）检查确认车载发电机运行正常。

7）在 0.4kV 应急电源车负荷开关处核相，确认 0.4kV 应急电源车低压柜出线与待检修变压器低压出线相序一致。

8）确认原变压器与 0.4kV 应急电源车并列运行正常，测量并确认 0.4kV 应急电源车低压旁路电流和原电路低压电流通流正常。

9）待检修柱上变压器退出运行，负荷转移为 0.4kV 应急电源车系统供电。

10）旁路设备运行期间，派专人看守、巡视，防止行人碰触，对 0.4kV 应急电源车车载设备、旁路电缆接头进行测温。

11）完成柱上变压器检修后，柱上变压器低压侧恢复送电。

12）在柱上变压器低压开关处核相，确认柱上变压器低压开关出线与 0.4kV 应急电源车低压柜出线相序一致。

13）合上柱上变压器低压开关，确认柱上变压器低压开关在合闸位置。

14）确认原变压器并列运行正常，测量并确认低压旁路电流和原电路低压电流通流正常。

15）断开 0.4kV 应急电源车低压负荷开关，确认 0.4kV 应急电源车低压负荷开关在分闸位置。

16）旁路系统退出运行，负荷转移为柱上变压器供电。

17）拆除低压线路的旁路低压绝缘引流线夹，恢复绝缘遮蔽。

18）按照由上至下、由远至近的原则拆除绝缘遮蔽，确认杆塔上无遗留物，撤离带电作业工位。

19）对已完全脱离带电设备的旁路系统进行充分放电。

（4）工作终结。

1）工作负责人检查确认作业工艺符合要求，组织工作班成员清理现场。

2）工作负责人组织工作班成员召开现场收工会，进行工作点评和总结。

3）工作负责人与工作许可人联系，办理工作终结手续。

5. 安全措施及注意事项

（1）作业环境。如在车辆繁忙地段应与交通管理部门联系以取得配合。

（2）重合闸。本项目需要停用线路重合闸。

（3）注意事项。

1）确认移动箱变车车载设备符合送电要求。

2）敷设旁路电缆时，须由多名作业人员配合使旁路电缆离开地面整体敷设，防止旁路电缆与地面摩擦。

3）确认旁路高、低压电缆及接头、负荷开关符合送电要求。

4）确认高、低压电缆连接牢固可靠且相位正确。

5）倒闸操作应按操作票执行。

6. 关键点

（1）启动前确保接入线路的相位正确，黄绿红三相为正相序。

（2）启动前确认相关保护装置（如开关保护、线路保护等）工作正常、回路完善，开关传动正常。

（3）启动前确认相关操作步骤正常、回跳正常、机组正常，厂家技术人员在现场作技术支持。

（4）相关操作人员应熟悉设备及现场情况，掌握启动操作顺序，严格按照调度指令执行操作。

（5）保护装置存在异常故障时，应停止操作，现场处理。确认保护装置正常后方可申请继续启动。

（6）设备突发缺陷、运行方式等引起变化时，应停止操作，现场处理。确认设备消缺或将有缺陷设备隔离后方可申请继续启动。

六、临时电源替代供电——10kV 应急电源车替代供电检修架空线路

1. 项目简介

旁路作业时，作业人员使用绝缘承载工具（绝缘斗臂车、绝缘平台等），利用绝缘工具将旁路设备接入架空线路，使线路中的负荷转移至旁路系统，实现待检修设备停电的作业。此项目包括旁路作业检修架空断路器、隔离开关、耐张绝缘子等。

2. 人员分工

本项目需要 6 人，具体分工：① 工作负责人（兼工作监护人）1 人，负责组织、协调、指挥和监护作业；② 专责监护人 1 人，负责指挥和监护作业；③ 带电作业人员 2 人，负责与作业人员配合对工器具、材料进行检查、检测，负责绝缘承载工具上的作业；④ 作业人员 4 人，负责检查、检测作业所需工器具、材料，装、拆旁路设备，其他地面作业配合。

备注：不同项目可能需要的人数不一样。

3. 工器具

主要工器具配备见表 7-16。

表 7-16　　　　　　　　主 要 工 器 具 配 备

名称	数量	名称	数量	名称	数量
安全带	2 副	安全帽	8 顶	温湿度检测仪	1 台
绝缘安全帽	2 顶	绝缘手套	2 副	核相仪	1 台

名称	数量	名称	数量	名称	数量
绝缘服	2 件	绝缘鞋（靴）	2 双	验电器	1 套
护目镜（防护面罩等）	2 副	绝缘锁线杆	1 根	手动工具	1 套
绝缘操作杆	1 根	绝缘绳	2 根	急救箱	1 个
绝缘工具斗	1 个	绝缘套管	若干	棉手套	8 副
绝缘毯	若干	绝缘梯	2 把	警示牌	1 套
绝缘横担	若干	工具袋	1 个	酒精清洁纸	若干
风速检测仪	1 台	防潮垫布	1 块	线夹	若干
检流器	1 台	防刺穿手套	2 副	对讲机	1 套
红外测温仪	1 台	安全围栏	1 套	硅脂	若干
绝缘承载工具（绝缘斗臂车、绝缘平台等）	1 套	绝缘电阻测试仪（2500V 及 500V 各 1 套）	2 套	扎线	若干

注 不同项目需要的工器具数量不同。

4. 作业步骤

（1）工具储运和检测。

1）领用绝缘工器具、安全用具及辅助器具，应核对工器具的使用电压等级和试验周期，并检查外观完好无损。

2）工器具在运输过程中，应存放在专用工具袋、工具箱或工具车内，以防受潮和损伤。

（2）现场操作前的准备。

1）工作负责人核对线路名称和杆塔编号。

2）工作负责人组织工作班成员核实线路工况、气象条件及环境符合带电作业要求。

3）工作负责人与工作许可人联系告知工作内容，申请退出作业线路重合闸，得到许可后方可开展工作。

4）工作负责人向工作班成员宣读工作票，明确工作内容及分工，交代现场风险及安全预控措施，检查工作班成员精神状态是否良好，并履行确认手续。

5）工作负责人组织工作班成员设置工作现场的安全围栏、安全警示标志。

6）工作班成员将绝缘工器具分类放置在防潮垫布上，对绝缘工器具进行外观检查和绝缘电阻检测，绝缘电阻值不应低于 700MΩ。

7）检查绝缘承载工具（绝缘斗臂车、绝缘平台等）外观是否良好，对绝缘部分进行清洁，装设绝缘承载工具接地。

8）检查旁路设备外观是否良好，对旁路设备进行清洁、组装、检测，装设旁路设备接地。

（3）操作步骤。

1）高压发电车停放到最佳工作位置，保证两侧有不小于 1.5m 的空间，发电车四周进行围蔽，如在交通主干道周围应预留合适的硬围蔽空间，移动高压负荷转供系统可靠接地，检查确认高压发电车开关处于断开位置。

2）根据预先设置的旁路电缆敷设路径，敷设旁路电缆，保证电缆排布有序，设置电缆围栏，必要时铺设电缆保护线槽。

3）确认高压发电车出线电缆绝缘良好，阻值不小于 700MΩ。测量绝缘电阻前后，应将被测设备对地放电。

4）发电车作业负责人与现场运行人员办理发电车接入许可手续。

5）合上 10kV 应急电源车负荷开关，确认 10kV 应急电源车负荷开关在合闸位置。

6）检查确认车载发电机运行正常。

7）在 10kV 应急电源车负荷开关处核相，确认 10kV 应急电源车高压柜出线与待检修变压器高压出线相序一致。

8）确认原变压器与 10kV 应急电源车并列运行正常，测量并确认 10kV 应急电源车高压旁路电流和原电路高压电流通流正常。

9）待检修柱上变压器退出运行，负荷转移为 10kV 应急电源车系统供电。

10）旁路设备运行期间，派专人看守、巡视，防止行人碰触，对 10kV 应急电源车车载设备、旁路电缆接头进行测温。

11）完成柱上变压器检修后，柱上变压器高压侧恢复送电。

12）在柱上变压器高压开关处核相，确认柱上变压器高压开关出线与 10kV 应急电源车高压柜出线相序一致。

13）合上柱上变压器高压开关，确认柱上变压器高压开关在合闸位置。

14）确认原变压器并列运行正常，测量并确认高压旁路电流和原电路高压电流通流正常。

15）断开 10kV 应急电源车高压负荷开关，确认 10kV 应急电源车高压负荷开关在分闸位置。

16）旁路系统退出运行，负荷转移为柱上变压器供电。

17）拆除高压线路的旁路高压绝缘引流线夹，恢复绝缘遮蔽。

18）按照由上至下、由远至近的原则拆除绝缘遮蔽，确认杆塔上无遗留物，撤离带电作业工位。

19）对已完全脱离带电设备的旁路系统进行充分放电。

（4）工作终结。

1）工作负责人检查确认作业工艺符合要求，组织工作班成员清理现场。

2）工作负责人组织工作班成员召开现场收工会，进行工作点评和总结。

3）工作负责人与工作许可人联系办理工作终结手续。

5. 安全措施及注意事项

（1）作业环境。如在车辆繁忙地段应与交通管理部门联系以取得配合。

（2）重合闸。本项目需要停用线路重合闸。

（3）注意事项。

1）确认移动箱变车车载设备符合送电要求。

2）敷设旁路电缆时，须由多名作业人员配合使旁路电缆离开地面整体敷设，防止旁路电缆与地面摩擦。

3）确认旁路高、高压电缆及接头、负荷开关符合送电要求。

4）确认高、高压电缆连接牢固可靠且相位正确。

5）倒闸操作应按操作票执行。

6. 关键点

（1）启动前确保接入线路的相位正确，黄绿红三相为正相序。

（2）启动前确认相关保护装置（如开关保护、线路保护等）工作正常、回路完善，开关传动正常。

（3）启动前确认相关操作步骤正常、回路正常、机组正常，厂家技术人员在现场作技术支持。

（4）相关操作人员应熟悉设备及现场情况，掌握启动操作顺序，严格按照调度指令执行操作。

（5）保护装置存在异常故障时，应停止操作，现场处理。确认保护装置正常后方可申请继续启动。

（6）设备突发缺陷、运行方式等引起变化时，应停止操作，现场处理。确认设备消缺或将有缺陷设备隔离后方可申请继续启动。

第八章

班组管理和作业管理

第一节 班 组 管 理

一、资料管理

带电作业班组应备有以下技术资料和记录：

（1）国家、行业带电作业相关标准、导则、规程及制度。

（2）带电作业现场操作规程、规章制度、标准化作业指导书（卡）。

（3）工作票签发人、工作负责人名单和带电作业人员资质证书。

（4）经本单位（地市公司）批准的带电作业项目一览表，见表8-1。新项目必须有技术鉴定书和本单位批准应用的文件。

表8-1 经批准的带电作业项目表

＿＿＿＿＿＿＿＿＿＿＿供电公司　　　　　　　　　　　　　　　　　　　　　　　　＿＿＿＿＿＿＿＿＿＿带电作业公司、中心、班

序号	项目名称	作业类别	作业方式	批准日期	备注

（5）带电作业工器具台账、出厂资料及试验报告。带电作业工器具台账见表8-2。新工具（指自制工具）应有型式试验合格证明，并有完整的设计资料和使用说明等。

表8-2 带电作业工器具台账

序号	工具名称	编号	型号规格	生产单位	出厂日期	备注

（6）带电作业车辆台账及定期检查、试验和维修的记录。

（7）带电作业登记表。记录每次作业时间、减少停电时间、减少停电时户数、多供电量、工时数等，便于统计带电作业创造的经济和社会效益。见表 8-3。

表 8-3　　　　　　　　　　　带 电 作 业 登 记 表

工作内容		现场标准化作业卡编号		作业日期	
作业方式		工作负责人姓名		作业人数	
带电作业时间（h）		减少停电时间（h）		减少停电时户数	
多供电量（kWh）		工时数			

备注：

填表人：＿＿＿＿＿＿＿＿

（8）带电作业工作有关记录。

（9）带电作业技术培训和考核记录簿。应对每个带电作业班组成员的日常培训进行记录，日常培训包括技术问答、作业指导书编写和学习、技能训练、事故分析等，每月培训时间一般不少于 8h。对带电作业技术的取证和复证培训应记录，按要求进行周期性的复证。

（10）线路和变电站一次结线图、有关电气设备参数一览表。作为现场勘察的有效补充，带电作业工作票签发人和工作负责人应了解设备型号、载流能力或额定容量等技术参数以及设备负荷等，以有利于制定完善的现场标准化作业指导书或作业方案等。

（11）带电作业事故及重要事项记录。记录带电作业不安全情况、事故、障碍情况等，便于进行工作总结、分析和改进。对带电作业的重要事项进行记录。

（12）其他资料。

二、经济和社会效益管理

1. 作业登记表

每次作业后，均应登记带电作业的有关信息，有利于统计带电作业带来的经济效益和社会效益，带电作业登记表见表 8-3。

在表 8-3 中，各参数定义如下：

（1）带电作业时间。现场工作许可后至现场工作终结之间的时间，不包括许可和终结的时间。一般针对不同的带电作业项目会有统一的估算时间。

（2）减少停电时间。采取停电作业方式进行该项检修、安装、消缺等工作所需的时间，包括设备（线路）的停、复役时间。由于停电作业所需要的时间影响因素较多，无法精确记录，因而只能估算，方法如下

$$T_{tj} = n \times T_1 + T_2 \qquad (8-1)$$

式中：T_{tj} 为减少停电时间，h；n 为在作业点采取停电作业方式进行该项检修、安装、消缺等工作所需要操作的开关装置的数量；T_1 为采取停电作业方式时，运行班组操作每台开关、落实技术措施和安全措施的时间（包括停、复役），h，取 1.5h；T_2 为采取停电作业方式进行该项检修、安装、消缺等工作时需要的时间，h。

（3）减少停电时户数。减少停电时户数计算如下

$$N = T \times N_0 \qquad (8-2)$$

式中：N 为减少停电时户数；T 为减少停电时间，h；N_0 为 10kV 用户数（采用停电作业时最小停电范围内的 10kV 用户数）。

（4）多供电量。多供电量计算如下

$$P = \sqrt{3}\, UI\cos\varphi \times T \qquad (8-3)$$

式中：P 为多供电量，kWh；U 为设备运行电压，kV；I 为作业时实际电流值，A；$\cos\varphi$ 为功率因数，取 0.9；T 为减少停电时间，h。

（5）工时数。工时数计算如下

$$A = M \times T_0 \qquad (8-4)$$

式中：A 为工时数；M 为作业人数；T_0 为不停电作业时间，h。

2. 其他常用作业统计数据

（1）作业次数。按照常用不停电作业项目统计，同一工作日同一杆、同一档架空线路或同一座环网箱、同一条电缆的作业项目按一次统计，不分相次。

（2）提高供电可靠率。提高供电可靠率计算如下

$$\beta = \frac{N_1}{N \times T} \qquad (8-5)$$

式中：β 为提高供电可靠率；N_1 为减少停电时户数；N 为总户数；T 为统计周期小时数，h。

（3）不停电作业化率。不停电作业化率计算如下

$$\eta = \frac{W}{W_1 + W_2} \qquad (8-6)$$

式中：η 为不停电作业化率；W 为统计周期内不停电作业减少停电时户数；W_1 为计划停

电时户数；W_2 为不停电作业减少停电时户数。

三、绝缘工器具管理

1. 库房管理

（1）库房一般要求。

1）环境要求。库房宜修建在周边环境清洁、干燥、通风良好、工具运输及进出方便的地方。

2）空间要求。库房面积可参考表 8-4 的要求进行设计。

表8-4　　　　　　　　　　配电带电作业库房面积设计表

存放工具的电压等级（kV）	库房面积（m²）
10～66	20～60

一般工具存放空间与活动空间的比例为 2:1 左右。库房的内空高度宜大于 3.0m，若建筑高度难以满足时，一般应不低于 2.7m。

3）门、窗要求。库房的门窗应封闭良好。库房门可采用防火门，配备防火锁。观察窗距地面 1.0～1.2m 为宜，窗玻璃应采用双层玻璃，每层玻璃厚度一般不小于 8mm，以确保库房具有隔湿及防火功能。

4）地面防潮要求。处于一楼的库房，地面应做好防水及防潮处理。

5）消防要求。库房内应配备足够的消防器材。消防器材应分散安置在工具存放区附近。

6）照明要求。库房内应配备足够的照明灯具。照明灯具可采用嵌入式格栅灯等，以防止工具搬动时撞击损坏。

7）装修材料要求。库房的装修材料中，宜采用不起尘、阻燃、隔热、防潮、无毒的材料。地面应采用隔湿、防潮材料。工器具存放架一般应采用不锈钢等防锈蚀材料制作。

8）绝缘斗臂车库。绝缘斗臂车库的存放体积一般应为车体的 1.5～2.0 倍。顶部应有 0.5～1.0m 的空间，车库门可采用具有保湿、防火的专用车库门，车库门可实行电动遥控，也可实行手动。

9）设施要求。库房内应装设除湿设备、烘干加热设备、通风设施等，主要应以能否满足温度、湿度要求，以及调控要求来确定。

（2）库房管理要求。

1）湿度要求。库房内空气相对湿度应不大于 60%。为了保证湿度测量的可靠性，要求在库房的每个房间内安装两个湿度传感器。

2）温度要求。带电作业工具及防护用具应根据工具类型分区存放，各存放区可有不同的温度要求。硬质绝缘工具、软质绝缘工具、检测工具的存放区温度宜控制为 5～

40℃；绝缘遮蔽用具、绝缘防护用具的存放区的温度，宜控制为 10～21℃；金属工具的存放不做温度要求。

另外，考虑到北方地区冬天室内外温差大，工具入库时易出现凝露问题，库房温度应根据环境温度的变化在一定范围内调控。若库房整体温度难以调整，工具在入库前也可先在可调温度的预备间暂存，在不会出现凝露时再入库存放。

为保证温度测量的可靠性，要求在库房的每个房间内安装两个温度传感器；为比较室内外温差，整套库房控制系统在室外安装一个传感器。

3）其他要求。带电作业工器具应设专人管理，并做好登记、保管工作。不停电作业工器具应有唯一的永久编号。应建立工器具台账，包括名称、编号、购置日期、有效期限、适用电压等级、试验记录等内容。台账应与试验报告、试验合格证一致。

不同电压等级、不同类别的工器具应分区放置。库房不得存放酸、碱、油类和化学药品等。橡胶绝缘用具应放在避光的柜内，并撒上滑石粉。

绝缘工器具出、入库时，应进行外观检查。检查其绝缘部分有无脏污、裂纹、老化、绝缘层脱落、严重伤痕；检查器固定连接部分有无松动、锈蚀、断裂；检查操作头是否损坏、变形、失灵。有缺陷的带电作业工器具应及时修复，不合格的应予报废，做好报废标识，如"×"，严禁存放在工具房内，继续使用。试验不合格时，应查找原因，处理后允许进行第二次试验，试验仍不合格的，则应报废。报废工器具应及时清理出库，不得与合格品存放在一起。

绝缘斗臂车不宜用于停电作业。绝缘斗臂车应存放在干燥通风的专用车库内，长时间停放时应将支腿支出。绝缘斗臂车应定期维护、保养、试验。

2. 运输及现场使用

带电作业工器具在运输途中，应存放在专用工具袋、工具箱或专用工具车内，以防受潮和损伤，避免与金属材料、工具混放。不得与酸、碱、油类和化学药品接触。

在带电作业工作现场，工器具应放置在防潮的帆布或绝缘垫上，保持工器具的干燥、清洁，并要防止阳光直射或雨淋。考虑工器具在运输过程中，由于存放条件的影响以及其他因素，使性能下降。在现场使用工器具前，应进行外观检查。用清洁干燥的毛巾（布）擦拭后，使用 2500V 或以上额定电压的绝缘电阻表或绝缘检测仪分段检测绝缘工器具的表面绝缘电阻，阻值应不低于 700MΩ，达不到要求的不能使用。

绝缘工器具在使用中受潮或表面损伤、脏污时，应及时处理并经试验合格后方可使用。

四、作业组织流程

为确保带电作业工作的安全性，不但在作业的环节中要求细致严谨，而且在整个组织流程上也是严密的，并且在管理上形成闭环结构。带电作业组织流程图参见图 8-1。

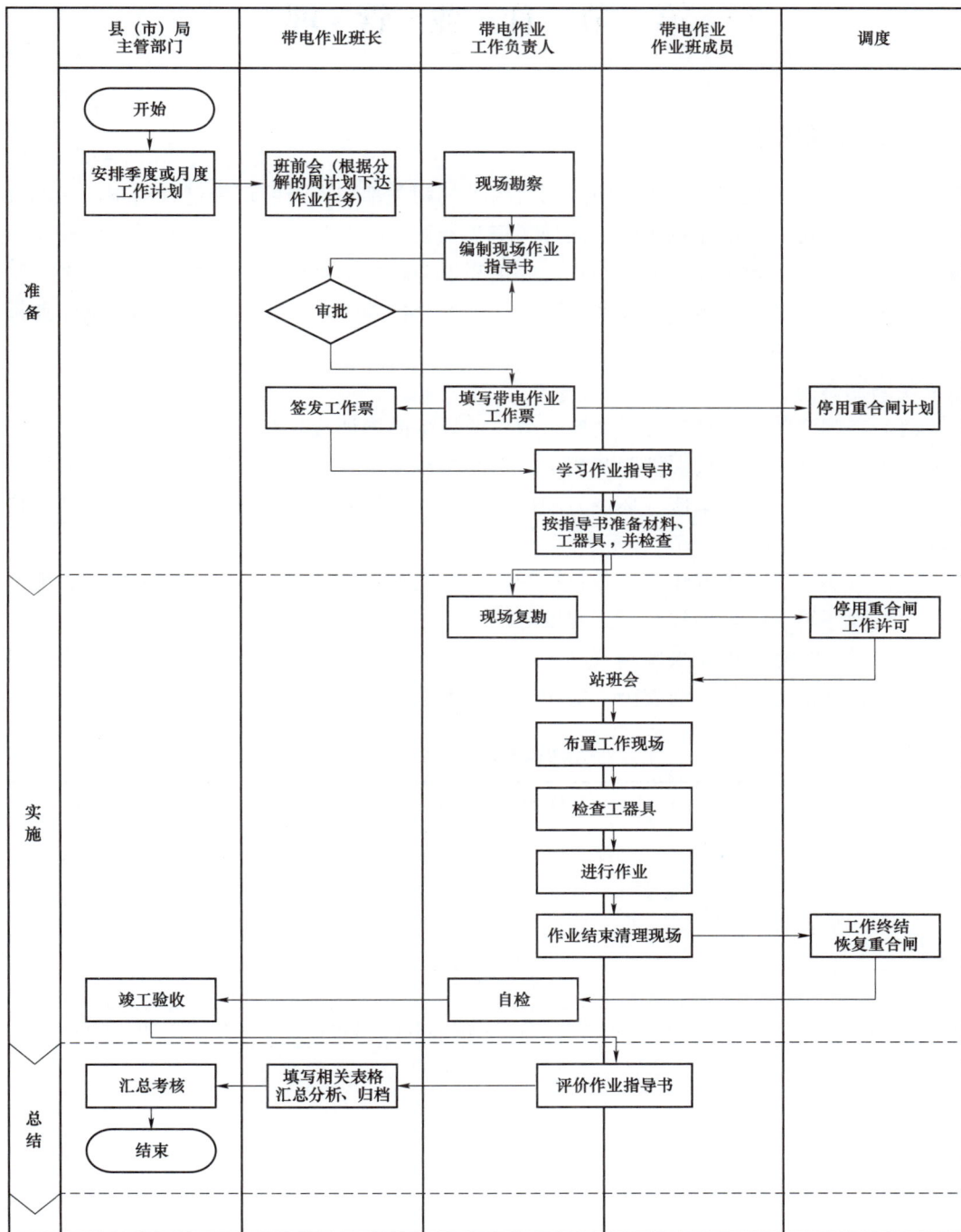

图 8-1　带电作业组织流程图

第二节　作业管理

一、现场勘察

工作票签发人或工作负责人应组织有经验的相关部门人员到现场进行勘察，应勘察配电线路是否符合带电作业条件、同杆（塔）架设线路及其方位和电气间距、作业现场条件和环境及其他影响作业的危险点，并填写现场勘察记录单，参见表 8-5。根据勘察结果确定作业方法、所需工具以及采取相应的安全措施等，编制切实可用的现场作业指导书，准备合适的工器具。

现场勘察内容包括：

（1）查阅资料。通过查阅资料应了解作业设备的导地线规格、型号、设计所取的安全系数及载荷；杆塔结构、档距和相位；系统接线及运行方式等。必要时还应验算导线应力、导线电流（空载电流、环流）和电位差、计算作业时的弧垂并校核对地或被跨物的安全距离。

（2）查勘现场。了解作业设备各种间距、交叉跨越、杆塔结构、档距和相位、地形状况、周围环境、缺陷部位及严重程度等。

处理紧急缺陷虽可免去现场查勘一环，但工作负责人应考虑几套施工方案，携带多种工具，以保证抢修作业的安全。如所带工具不适应设备需要时，也不得蛮干。

表 8-5　　　　　　　　　　　现场勘察记录单格式

现场勘察记录单

编号：＿＿＿＿＿＿＿＿＿＿＿＿＿＿

1. 勘察单位（部门、班组）：＿＿＿＿＿＿＿＿＿＿＿＿＿＿＿＿＿＿＿＿＿＿＿＿＿＿＿＿＿＿＿＿

2. 作业区段（注明线路双重命名及杆号）：＿＿＿＿＿＿＿＿＿＿＿＿＿＿＿＿＿＿＿＿＿＿＿＿

＿＿＿

3. 工作任务：＿＿

4. 作业现场简图（应注明邻近、交跨线路和交跨物情况（如河流、道路、高低压线路及通信线、建筑物等，可附照片）：

5. 交叉、邻近电力线路情况：

线路双重命名	处于施工线路的方位	交叉、邻近距离（m）

6. 交叉、邻近其他线路、道路、河流等情况：

线路、道路、河流名称	处于施工线路的方位	交叉、邻近距离（m）

7. 杆塔、拉线基础检查情况：

_____

_____

_____

_____

8. 其他影响作业安全的情况（结合工作任务填写）：

_____

_____

_____

_____

9. 装置、设备参数（结合工作任务填写）：

_____

_____

_____

勘察负责人（签名）：　　　　　　　　　　　　　勘察时间：　　年　月　日

参与勘察人员（签名）：

二、作业危险点分析

根据现场勘察结果，应召开班前会对作业中的技术难点、重点，以及对作业中的危险点进行充分的预想、分析和预控。

1. 作业基本类主要危险点分析

（1）气象条件。带电作业应在良好天气下进行，风力大于 5 级或湿度大于 80%时，不宜带电作业。若遇雷电、雪、雹、雨、雾等不良天气，禁止带电作业。带电作业过程中若遇天气突然变化，有可能危及人身及设备安全时，应立即停止工作，撤离人员，恢复设备正常状况或采取临时安全措施。

（2）作业环境。如作业现场在交通繁忙地段，应与交通管理部门联系以取得工作配合。城区、人口密集区或交通道口和通行道路上施工时，工作场所周围应装设遮栏（围栏），并在相应部位装设警告标示牌。必要时，派人看管。

安全围栏的范围应同时考虑道路通行、高架绝缘斗臂车专用接地线设置、工作中绝缘臂（起重臂）的旋转范围和工作斗挑出的范围、防潮毯（垫）和工器具现场摆放等，高架绝缘斗臂车下部操作控制台应在围栏范围内。

（3）线路重合闸。对中性点有效接地的系统中有可能引起单相接地的作业，或中性点非有效接地的系统中有可能引起相间短路的作业，即作业中可能引起线路断路器跳闸的情况应停用线路重合闸；另外，对工作票签发人或工作负责人认为需要停用重合闸的作业也应停用线路重合闸。

（4）作业中的危险点。

1）在接近带电体的过程中，应从下方依次验电，对人体可能触及范围内的低压线件、金属紧固件、横担、金属支承件、带电导体也应验电，确认无漏电现象，如有漏电情况不得进行带电作业。

2）作业人员应在地面上穿戴妥当绝缘防护用具，带电作业过程中禁止摘下绝缘防护用具。

3）在作业中应保证相应的安全距离，对作业中无法满足安全距离的其他带电体及接地体应采取绝缘遮蔽措施。在作业范围窄小，电气设备布置密集处，为保证作业人员对相邻带电体或接地体的有效隔离，在适当位置应装设绝缘隔板等限制作业人员的活动范围。

4）遮蔽用具之间的接合处应大于相应的重合长度。

5）作业中使用的各类绝缘工具，应保证其最小的有效绝缘长度。

6）带电作业中，不得失去工作监护，工作监护人应始终在工作现场对作业人员的安全认真监护，及时纠正违反安全的动作。

7）绝缘斗上双人带电作业，禁止同时在不同相或不同电位作业。

8）作业中要避免人为短接绝缘子带来的安全问题。

9）在带电作业过程中如设备突然停电，作业人员应视设备仍然带电。工作负责人应尽快与调度联系，调度未与工作负责人取得联系前不得强送电。

10）在带电作业过程中，工作负责人发现或获知相关设备发生故障，应立即停止工作，撤离人员，并立即与值班调控人员或运维人员取得联系。值班调控人员或运维人员发现相关设备故障，应立即通知工作负责人。

11）带电作业期间，与作业线路有联系的馈线需倒闸操作的，应征得工作负责人的同意，并待带电作业人员撤离带电部位后方可进行。

2. 装置及设备拆装类主要危险点分析

（1）更换绝缘子及金具。

1）更换直线杆组件。作业前要对绝缘子缺陷、导线缺陷、金具缺陷等进行充分的分析和判断。

绝缘子缺陷主要有电气性能下降和机械性能降低。绝缘子电气性能降低导致运行时导线对地（横担）之间的泄漏电流增大，横担对地可能呈现一定的电位，在导线脱离绝缘子时可能有较明显的电弧。绝缘子机械性能降低一般有表面闪络、内部击穿两种形式，表面闪络对绝缘自机械强度的破坏计较小，但内部贯穿性的击穿会导致绝缘子整体碎裂，要充分考虑拆除绑扎线时绝缘子突然碎裂的情况。

导线缺陷主要有断股和受损情况。当钢芯铝绞线同一截面处铝股损伤超过导线部分（铝）总截面积的7%而在25%以内，铝绞线同一截面处损伤超过总截面积的7%而在17%以内时可采取带电抢修的方式，将直线杆带电开分段。而导线受损程度较大时，应采取停电抢修的方式将该直线杆开分段，避免工作中导线突然断线引起事故。

金具缺陷主要有锈蚀、螺母松动或脱落、开口销等部件掉落等。应充分考虑金具缺陷对带电作业安全带来的影响。

2）更换耐张杆组件。10kV带电更换耐张绝缘子应用在单片绝缘子有损伤的情况下，严禁更换整体受损的绝缘子串。为避免在作业过程中短接良好绝缘子，应采取整串更换的方式，严禁采取更换单片绝缘子的作业方式。

作业前要准确判断受损绝缘子。在绝缘子损伤的情况下，大部分电压由良好绝缘子来承担，作业中应避免短接良好绝缘子。假设横担侧的绝缘子受损，在更换时应先脱离绝缘子串与横担联板的连接，并对横担裸露部分补充绝缘遮蔽措施；导线侧的绝缘子受损，在更换时应先脱离绝缘子串与导线侧碗头的连接，并对碗头和裸露的带电导体补充绝缘遮蔽措施。更换绝缘子时应安装紧线工具和后备保护措施，脱开受损绝缘子与导线的连接后，及时对碗头和裸露的导体做好绝缘遮蔽；安新组装好的装绝缘子串，先连接横担侧并对连接部位做好绝缘遮蔽，再连接导线侧。

耐张金具有损伤的情况下，其紧固、牵引的能力有所下降。作业人员在更换时，应注意动作幅度，避免在紧线工具和后备保护设置之前导线逃脱。

更换耐张横担，两辆绝缘斗臂车中的作业人员在外边相横担和导线上组装紧线工具和后备保护；两辆绝缘斗臂车中的作业人员同时缓慢收紧导线和松开紧线工具和后备保护，使横担两侧均匀受力。更换耐张装置中，要充分考虑电杆两侧的导线张力作用，避免发生横担倾斜、电杆倾斜，甚至倒杆事故。

（2）导线及电杆处置作业。

1）断、接引流线。应保证空载断、接引流线。带电断、接空载线路时，应确认后端所有断路器（开关）、隔离开关（刀闸）确已断开，变压器、电压互感器确已退出运行。应保证"三无一良"后方可进行带电断、接引流线，即线路无接地、线路上无人工作、相位确认无误、绝缘良好。作业时应避免同时接触未接通的或已断开的导线两个断头，以防人体串入电路。

断、接引流线时具有空载电容电流，如空载电流较大，在接通或断开导线时会产生较为强烈的电弧，给作业带来安全隐患。线路的电容电流取决于线路长度、线间距离、导线类型与截面、线路电压等级等因素，作业前要对线路的空载电容电流进行充分的估算。当空载电缆电容电流大于 0.1A 时，应使用消弧开关进行操作。

2）组立或拆除直线电杆。撤除电杆前，如有外力破坏情况，应充分评估带电作业的安全性。作业点两侧电杆、导线及其他带电设备应固定牢靠，防止跑线。作业时，地面作业人员应防止引起接触电压触电和跨步电压触电。起重工器具、电杆与带电设备应始终保持有效的绝缘遮蔽或隔离措施，防止起重工器具、电杆等的绝缘防护及遮蔽器具绝缘损坏或脱落引起接地等故障。作业时应防止电杆接触和压迫带电导线而引起故障。

（3）带负荷更换开关类设备。

1）带负荷更换开关设备时，应使用相应电压等级和通流能力的绝缘分流线或旁路专用设备，并要考虑负荷电流的波动及过负荷等情况。

2）使用绝缘分流线或旁路电缆短接设备时，短接前应核对相位，载流设备应处于正常通流或合闸位置，以防短接过程中发生相间短路并发生严重拉弧。断路器（开关）应取下跳闸回路熔断器，锁死跳闸机构。

3）采用绝缘分流线带负荷更换开关类设备时，应有防止开关类设备意外断开的措施。

4）分流设备或旧开关设备退出运行之前，应检测负荷电流，确认分流正常。

5）短接故障线路、设备前，应确认故障已隔离。

3. 转供及电源替代类主要危险点分析

（1）线路旁路作业。

1）线路的负荷电流应小于旁路系统的额定电流，避免旁路系统过载运行。

2）敷设并连接旁路设备后，应检测整套旁路设备的绝缘电阻，不应低于 500MΩ。

3）旁路电缆连接好后，应将连接器闭锁。

4）旁路电缆在绝缘试验后和退出运行后应充分逐相放电。

5）旁路电缆终端与环网柜（分支箱）连接，其屏蔽层应在两终端处引出并可靠接地；旁路负荷开关外壳应可靠接地。

6）应检查旁路负荷开关的气压表，确保 SF_6 气压处于正常状态。

7）旁路设备或待检修的线路退出运行之前，应检测负荷电流，确认分流正常。

8）旁路设备或检修后的线路投入运行之前，应核对相位，确认相位正确。

（2）配电设备转供作业。

1）旁路电缆连接好后，应将连接器闭锁。

2）应将移动箱变车可靠接地。

3）旁路变压器与柱上变压器应满足短时并联运行条件：

a. 旁路变压器与柱上变压器接线组别应一致。

b. 旁路变压器与柱上变压器变比应符合下列要求：当柱上变压器负载率大于 50% 时，旁路变压器与柱上变压器变比应一致；当柱上变压器负载率不大于 50% 时，旁路变压器与柱上变压器变比差异不应超过 5%，即低压输出电压差不得大于 10V。

c. 旁路变压器与柱上变压器容量应符合下列要求：当旁路变压器与柱上变压器变比一致时，旁路变压器的容量不小于用户最大负荷即可；当旁路变压器与柱上变压器变比存在 5% 极以内的差异时，旁路变压器的容量应不小于柱上变压器额定负荷容量。

对旁路变压器与柱上变压器短路阻抗的差异不要求。

4）旁路变压器或待更换变压器退出运行前，应检测负荷电流，确认分流正常。

5）旁路变压器或更换后的变压器投入运行之前，应核对相位，确认相位正确。

6）敷设并连接旁路设备后，应检测整套旁路设备的绝缘电阻，不应低于 500MΩ。

7）旁路电缆终端与环网柜（分支箱）连接，其屏蔽层应在两终端处引出并可靠接地；旁路负荷开关外壳应可靠接地。

8）旁路设备或待检修的线路退出运行之前，应检测负荷电流，确认分流正常。

9）旁路设备或检修后的线路投入运行之前，应核对相位，确认相位正确。

10）临时取电作业，在旁路设备投入运行之前，应核对相序，确认相序与原相序一致。

（3）临时电源替代供电。

1）应急电源车作业（短时停电）。电源车应可靠接地，并设置单独的接地点。电源车旁路电缆带电接入时，应注意各相相色，电源车输出的相序与电网的相序应确认相同。电源车送电操作，应先拉开电网侧开关，再合上电源车的输出开关。电源车停电操作，应先拉开电源车的输出开关，再合上电网侧开关。

2）应急电源车作业（并网）。电源车应可靠接地，并设置单独的接地点。电源车旁路电缆带电接入时，应注意各相相色，电源车输出与电网的相位应确认相同。并网前，应将电源车的两组旁路电缆同时带电接入电网，避免连接后一组时对前一组运行电缆的影响。第一次并网前应确认电源车输出开关二次回路的切换开关到"1"位置，第二次并网前应确认电源车输出总开关二次回路的切换开关到"2"位置。电源车第一次并网后，根据实际的用户负荷情况调整电源车的基数负载应相匹配。

三、工作票办理

带电作业或与带电设备距离小于表 8-6 规定的安全距离但按带电作业方式开展的不停电工作，填用电力线路带电作业工作票。

表 8-6　　　　在带电线路杆塔上工作与带电导线最小安全距离

电压等级（kV）	最小安全距离（m）
10 及以下	0.7
20、35	1.0

使用电力线路带电作业工作票的工作不仅仅局限于带电作业，还包括邻近带电设备距离小于在带电线路杆塔上工作与带电导线最小安全距离（最小安全作业距离）的作业。事故紧急抢修工作使用紧急抢修单或工作票，履行许可手续。非连续进行的事故修复工作应使用工作票。

电力线路带电作业工作票应使用统一的票面格式，参见表 8-7。

电力线路带电作业工作票一般由工作票签发人或工作负责人填写，经工作票签发人审核后签发。电力线路带电作业工作票由设备运行维护管理单位签发或经设备运行维护单位审核合格并经批准的其他单位签发，一般应提前签发。同一电压等级、同类型采取相同安全措施的数条线路上依次进行的带电作业，可填用一张电力线路带电作业工作票。工作票一份交工作负责人，另一分交工作票签发人或工作许可人。

工作负责人不应同时执行两张及以上工作票。电力线路带电作业工作票的有效时间，以批准检修计划工作时间为限，延期应办理手续。更换工作班成员或工作负责人时，应履行变更手续。

表 8-7　　　　　　　　　　　电力线路带电作业工作票格式

电力线路带电作业工作票

单位 ＿＿＿＿＿＿＿＿＿＿＿　　　　　　　　　　编号 ＿＿＿＿＿＿＿＿

1. 工作负责人（监护人）＿＿＿＿＿＿＿＿　　班组 ＿＿＿＿＿＿＿＿＿

2. 工作班人员（不包括工作负责人）

＿＿＿＿＿＿＿＿＿＿＿＿＿＿＿＿＿＿＿＿　共 ＿＿＿＿ 人。

3. 工作任务

线路或设备名称	工作地点、范围	工 作 内 容

4. 计划工作时间：　自 ＿＿＿ 年 ＿＿＿ 月 ＿＿＿ 日 ＿＿＿ 时 ＿＿＿ 分

　　　　　　　　　至 ＿＿＿ 年 ＿＿＿ 月 ＿＿＿ 日 ＿＿＿ 时 ＿＿＿ 分

5. 停用重合闸线路（应写双重命名）

＿＿＿＿＿＿＿＿＿＿＿＿＿＿＿＿＿＿＿＿＿＿＿＿＿＿＿＿＿＿＿＿＿＿＿＿

6. 工作条件（等电位、中间电位或地电位作业，或邻近带电设备名称）

＿＿＿＿＿＿＿＿＿＿＿＿＿＿＿＿＿＿＿＿＿＿＿＿＿＿＿＿＿＿＿＿＿＿＿＿

＿＿＿＿＿＿＿＿＿＿＿＿＿＿＿＿＿＿＿＿＿＿＿＿＿＿＿＿＿＿＿＿＿＿＿＿

＿＿＿＿＿＿＿＿＿＿＿＿＿＿＿＿＿＿＿＿＿＿＿＿＿＿＿＿＿＿＿＿＿＿＿＿

＿＿＿＿＿＿＿＿＿＿＿＿＿＿＿＿＿＿＿＿＿＿＿＿＿＿＿＿＿＿＿＿＿＿＿＿

续表

7. 注意事项（安全措施）

_____

_____

工作票签发人签名：_____

签发日期：_____　　　　　_____年____月____日____时____分

8. 确认本工作票 1～7 项　　　　　　　　　　工作负责人签名：

　　　　　　　　　　　　　　　　　　　　　_____

9. 指定_____为专责监护人

　　　　　　　　　　　　　　　　　专责监护人签名：

　　　　　　　　　　　　　　　　　_____

10. 补充安全措施

_____

_____

11. 工作许可

调度许可人（联系人）_____

工作负责人签名：_____　　　　　_____年____月____日____时____分

12. 确认工作负责人布置的任务和本施工项目安全措施，工作班人员签名：

_____

_____

13. 工作终结汇报调度许可人（联系人）

调度许可人（联系人）_____

工作负责人签名：_____　　　　　_____年____月____日____时____分

14. 备注：

_____

_____

四、作业指导书编制

　　现场标准化作业以企业现场安全生产、技术活动的全过程及其要素为主要内容，按照企业安全生产的客观规律与要求，制定作业程序标准和贯彻标准的一种有组织活动。针对现场作业过程中每一项具体的操作，按照电力安全生产有关法律法规、技术标准、规程规定的要求，对电力现场作业活动的全过程进行细化、量化、标准化，保证作业过程处于"可控、在控"状态，不出现偏差和错误，以获得最佳秩序与效果。现场作业指导书对每一项作业按照全过程控制的要求，对作业计划、准备、实施、总结等各个环节，明确具体操作的方法、步骤、措施、标准和人员责任，依据工作流程组合成的执行文件。

1. 现场作业指导书的编制和使用要求

　　（1）编制。基层班组每次带电作业工作任务下达后应进行现场勘察，工作负责人根据勘察结果在作业前，参照规程和典型标准化作业指导书结合现场实际，一次作业任务具体编制一份现场标准化作业卡。现场标准化作业卡注重策划和设计，量化、细化、标准化每项作业内容。做到作业有程序、安全有措施、质量有标准、考核有依据。

现场标准化作业卡应结合现场实际，体现对现场作业的设备及人员行为的全过程管理和控制，进行危险点分析，制定相应的防范措施，在工作每个环节中落实。在编制时应依据生产计划和现场装置实际状况，实行刚性管理，变更应严格履行审批手续。在作业分工时应体现分工明确，责任到人。

现场标准化作业卡宜由工作负责人编写，概念清楚、表达准确、文字简练、格式统一。由班组长（或班组技术员和安全员）审核，对编写的正确性负责。最后由本项工作任务带电作业工作票的签发人批准，带电作业工作票的签发人也是现场标准化作业指导书执行的许可人。

（2）使用要求。凡列入生产计划的工作应使用现场标准化作业卡，临时性检修宜采用现场标准化作业卡。现场标准化作业卡是现场记录的唯一形式。一次作业任务具体编制一份现场标准化作业卡。

作业前应组织作业人员对现场标准化作业卡进行专题学习，使作业人员熟练掌握工作程序和要求。

现场作业应严格执行现场标准化作业卡，由工作负责人逐项打勾，并做好记录，不得漏项。工作负责人对现场标准化作业卡按作业程序的正确执行全面负责。现场标准化作业卡在执行过程中，如发现不切合实际、与相关图纸及有关规定不符等情况，应立即停止工作。工作负责人根据现场实际情况及时修改作业卡，征得现场标准化作业卡批准人的同意并做好记录后，按修改后的作业卡继续工作。

对于综合性施工作业，如大型旁路作业，应尽量分成多个工作面，各工作面由一作业小组负责，各小组分别使用与本工作面实际相符的现场标准化作业卡，总工作负责人使用总的现场标准化作业卡统一指挥、组织工作过程，协调好不同作业面之间的关系。

使用过的现场标准化作业卡，经专业技术人员审核后存档。作业有工作票的，应和工作票一同存档。存档时间为一年。

2. 现场作业指导书的结构与内容

现场作业指导书由封面、使用范围、引用文件、前期准备、流程图、作业程序和工艺标准（包括危险点和控制措施）、验收记录、作业卡执行情况评估、附录等 9 个部分组成。以下对其组成部分的内容及格式作简要叙述。

（1）封面。现场标准化作业指导书的封面有标题、编号、编写人及时间、审核人及时间、批准人及时间、作业负责人、作业时间、编写单位 8 项内容。

1）现场标准化作业指导书标题一般采用"主标题+副标题"的形式。主标题为作业项目名称，如"高架绝缘斗臂车绝缘手套作业法断、接引"，应指明作业采用的登高（承载）工具和作业方法，并对常见的工作内容归纳后进行项目分类。副标题为作业内容，包含线路电压等级、线路名称、杆塔编号及工作内容，如"××变电所10kV××线×号杆搭接空载跌落式熔断器上引线"。

2）每份现场标准化作业指导书都应有唯一的编号。该编号应具有可追溯性，便于查找。位于封面的右上角。每个单位都有自己一套编号的方法，如"DDZY/34040807001"，其中"DDZY"表示"带电作业"代号；"34"为某供电局在用户供电可靠性管理系统中的代码；"04"为部门或班组在用户供电可靠性管理系统中的代码；"08"表示现场标准化作业指导书项目代码（可参见项目举例表）；"07001"表示该部门（班组）2007 年 08项目的第一份标准化作业指导书。

3）编写人及时间一栏由编写人签名，并注明编写时间；审核人及时间一栏由审核人签名，并注明审核时间；批准人及时间一栏由批准人签名，并注明批准时间。

4）现场标准化作业指导书应有作业负责人和作业时间两栏。作业负责人组织执行作业指导书，对作业的安全、质量负责，在作业负责人一栏内签名。作业时间为现场作业具体工作时间。此项内容也说明了现场标准化作业指导书是针对每一次工作任务的，是有时效性的。

（2）使用范围。"使用范围"对现场标准化作业卡的适用性做出具体的规定，指明该作业作业人员的承载工具，如"高架绝缘斗臂车、绝缘平台、绝缘梯"等，还指明了该作业的装置的双重名称（包括变电所名称、线路电压等级、线路命名和电杆、设备称号）、工作内容、作业方式。如"本现场标准化作业指导书针对××变电所 10kV××线××杆使用高架绝缘斗臂车绝缘手套作业法更换支持绝缘子工作编写而成，仅适用于该项工作"。

（3）引用文件。明确编写作业指导书所引用的法规、规程、标准、设备说明书及企业管理规定和文件，按标准格式列出，如"DL 409—1991《电业安全工作规程（电力线路部分）》"。一般情况下，标准号写在标准名的前面，而出版单位或标准、规程的发布单位以及发布时间等列在标准、规程的名称后面。

（4）前期准备。每项工作的前期准备工作包括作业人员的准备和工器具的准备。

1）根据作业配备足够的人员数量，根据作业人员应具备的技能、安全水平来选择合适的人员，便于现场工作时合理对作业人员进行分工和安全地开展作业。对于一些涉及几个工作点的较复杂的作业项目，如综合性旁路作业，作业人员较多时，为有条理地组织工作，宜采用"人员岗位分布图"指明各工作成员的位置及各位置所需工器具等。

2）为防止将不合格工器具带出引起工作安全隐患及防止漏带，出工前领用时应对工器具和材料进行逐项清点数量并作外观检查。内容包括个人绝缘防护用具、一般工器具、绝缘遮蔽工具、绝缘工具、材料等。备注栏也可作为现场检测工器具时记录用。

综合性作业（如综合性旁路作业）由多个工作环节组成或几个工作面或涉及多个班组的，为明晰现场作业的检修顺序、安全措施，有条理地组织工作，宜使用流程图。

（5）作业程序和工艺标准。内容包括作业步骤、工艺、质量标准等。为了使危险点控制措施落到实处，在每个步骤中必须进行危险点分析，并写明控制措施。作业程序有开工准备、杆上作业、收工验收等环节组成。

1）开工准备包括现场再次勘查、安全措施的落实、工作许可、站班会、现场布置、工器具检查等。

2）杆上作业为登杆直至下杆之间的带电检修或维护、测量工作的具体实施过程。在编写作业指导书的该部分内容时应符合精益化的要求。步骤不宜太细，太细则不利于现场指挥和监护；太粗略则不能体现本次作业中的特殊要求，不利于现场作业危险点控制。应着重体现本次作业的重点、难点。如作为配电线路带电作业的技术措施之一的绝缘遮蔽隔离措施，其实施和拆除必须作为单独的步骤来写，前后要有呼应，如"斗内 1 号作业人员在××部位使用××设置绝缘遮蔽隔离措施"，则应有相对应的后续步骤"斗内 1 号作业人员在××部位使用××撤除绝缘遮蔽隔离措施"。每个步骤的描述应使用完整的句式，主、谓、宾齐全，以明确每个作业人员的职责。

3）工作结束，如清理工作现场、清点工具、回收材料、办理工作票等。

（6）验收记录。对现场标准化作业卡执行情况评估，记录检修结果，对检修质量作出整体评价；记录存在的问题及处理意见。

3. 现场标准化作业指导书格式

现场标准化作业指导书格式参见表 8-8。

表 8-8　　　　　　　　　　现场标准化作业指导书格式

编号：DDZY/×××

主标题

副标题

编写：＿＿＿＿＿＿＿＿＿＿　　　年＿＿＿＿月＿＿＿＿日

审核：＿＿＿＿＿＿＿＿＿＿　　　年＿＿＿＿月＿＿＿＿日

批准：＿＿＿＿＿＿＿＿＿＿　　　年＿＿＿＿月＿＿＿＿日

作业负责人：＿＿＿＿＿＿＿＿＿

作业时间：＿＿＿年＿＿＿月＿＿＿日＿＿＿时至＿＿＿年＿＿＿月＿＿＿日＿＿＿时

××供电公司×××

1. 范围

对现场标准化作业卡的应用范围做出具体的规定，应指明装置名称、工作内容、作业方式。如本现场标准化作业卡针对 10kV××线××杆使用高架绝缘斗臂车绝缘手套作业法更换支持绝缘子工作编写而成，仅适用于该项工作。

2. 引用文件

明确编写作业卡所引用的法规、规程、标准、设备说明书及企业管理规定和文件，按标准格式列出。如 DL 409—1991《电业安全工作规程（电力线路部分）》。

续表

3. 前期准备

3.1　作业人员

规定本次作业中作业人员数量及相关要求。

3.1.1　作业人员要求

√	序号	责任人	资质	人数

3.1.2　作业人员分工

√	序号	责任人	分工	责任人签名

3.1.3　作业中人员岗位分布图

3.2　工器具

3.2.1　作业装备

√	序号	名称	规格/编号	单位	数量	备注

3.2.2　绝缘防护用具

√	序号	名称	规格/编号	单位	数量	备注

3.2.3　绝缘遮蔽用具

√	序号	名称	规格/编号	单位	数量	备注

3.2.4　绝缘工具

√	序号	名称	规格/编号	单位	数量	备注

3.2.5　普通工器具

√	序号	名称	规格/编号	单位	数量	备注

3.3　材料

√	序号	名称	规格/编号	单位	数量	备注

4. 流程图

5. 作业程序和标准

5.1　开工准备

√	序号	作业内容	步骤及要求	危险点及控制措施、或注意事项

5.2　作业过程

√	序号	作业内容	步骤及要求	危险点控制措施、注意事项

5.3　工作结束

√	序号	作业内容	步骤及要求	危险点控制措施、注意事项

6. 验收记录

记录检修中发现的问题	
存在问题及处理意见	

7. 现场标准化作业卡执行情况评估

评估内容	符合性	优		可操作项	
		良		不可操作项	
	可操作性	优		修改项	
		良		遗漏项	
存在问题					
改进意见					

8. 附录

五、施工方案编制

对大型综合不停电作业项目或工程应编制现场施工方案。综合不停电作业现场施工方案应对施工的项目进行详细分析，对作业步骤进行科学的分解，使作业人员能够明白要做什么、要怎么做，使设备管理单位知道要做什么、需要如何配合，使各方面人员的作业意识达到统一，保证作业安全质量及效率。

1. 施工方案编制前的准备

在综合不停电作业施工方案编制前，应查阅线路和变电站一次结线图、有关电气设备参数情况，了解线路的运行方式、负荷情况、设备型号或额定容量等技术参数等，充分考虑用户负荷转供、临时电源替代供电、作业装备情况等不停电措施。应组织相关部门的人员对作业现场进行勘察，详细了解作业范围、作业内容、需要的准备工作、现场安全措施等。

2. 施工方案的编制

现场施工方案编制的内容主要包括施工项目概述、作业步骤及流程控制、作业人员组织、作业前准备工作、安全措施及注意事项、突发状况应急处置、作业现场示意图等。

（1）施工项目概述。主要包括项目编制依据、项目概况、项目内容、项目作业时间等。

1）项目编制依据是指综合不停电作业施工方案编制中主要参考的各类标准、规程、规范等。

2）项目概况一般包括项目名称、工程概况、工程内容、带电作业的项目、项目组织单位、项目实施部门等。

3）项目内容一般包括综合不停电作业现场总体情况（根据现场勘察情况，重点附图说明）、各作业点作业前及作业后的情况说明等，包括一次主接线图、线路实际走向、线路连接情况、设备型号及容量等参数、周边道路情况等示意图。

4）项目作业时间是指现场作业的起止时间段。

（2）作业步骤及流程控制。

1）作业步骤主要对综合不停电作业内容按作业进展的顺序进行科学地详细分解，并对每一项作业步骤明确承担的责任部门或班组，便于作业过程中正确、规范的逐步开展。

2）作业流程控制主要对综合不停电作业中的关键作业环节、多班组间的作业衔接及配合等内容进行重点明确，并附上现场作业流程控制图，也可附上作业时间流程控制图。

（3）作业人员组织。应明确现场作业的现场总指挥（或总负责人），也可增设现场总监护人和现场管理人员。现场总指挥（或总负责人）一般有实际经验的生产部门负责人或专工担任，这样可以较顺畅地进行多班组间的工作协调和落实。对综合不停电作业的内容按作业内容、作业性质、作业界面进行详细人员分组，确定各个作业小组，明确各作业小组的负责人及联系方式、工作班成员、主要作业内容、大致的作业时间等。

（4）作业前准备工作。

1）作业现场的准备工作。包括交管部门配合联系工作、道路清理（软土道路处理、障碍清理等）、线路装置消缺及加固（如影响现场作业的树枝修剪）等。

2）准备综合不停电作业所需的作业装备、工器具、材料、车辆等。

3）综合不停电作业现场工作票面、现场作业指导书等。工作票面应明确各项作业使用工作票种类和操作票，对每张工作票面的作业内容、作业执行小组等进行明确，可按综合不停电作业各项作业的顺序采用列表的方式进行编制。

（5）安全措施及注意事项。一般包括以下部分内容：① 气象条件；② 作业装置与作业环境；③ 安全注意事项；④ 线路重合闸情况；⑤ 作业中的关键点；⑥ 作业主要危险点及控制措施。

（6）突发状况应急处置。主要包括作业人员异常处置、装置设备异常处置、作业装备异常处置、天气环境异常处置等。

（7）作业现场示意图。在综合不停电作业施工方案最后附上作业现场的示意图，使阅读方案的人员对作业现场有直观的了解，方便在非现场对相关人员进行解说施工方案。

六、作业现场组织

1. 多班组现场指挥和组织

为做好跨部门多班组协调作业的现场安全管控，综合不停电作业可采用"1+X"现场管控模式。

（1）现场总指挥（或总负责人）管控各作业小组负责人，不直接协调调配个各小组的作业人员。

（2）各小组负责人指挥对应小组的作业人员，不能指挥其他小组的作业人员。

（3）作业人员只有得到小组负责人同意后才能作业，各小组作业应得到总指挥（或总负责人）许可后才能办理开工手续，小组作业工作终结后应即时向总指挥（或总负责人）汇报。

（4）严禁不按作业进度控制流程进行作业。

2. 多班组现场工作协调

（1）带电作业组。

1）可采取"调度+总指挥（或总负责人）"的双许可模式，即带电作业小组负责人得到总指挥（或总负责人）许可开始工作后，向调度申请工作许可，作业结束后，先向调度申请工作终结，再向总指挥（或总负责人）汇报工作完成情况。

2）总指挥（或总负责人）许可采用当面许可的方式，调度许可采用电话许可或当面许可的方式。

（2）运行操作组。

1）如需调度许可的操作，可采取"调度+总指挥（或总负责人）"的双许可模式。

2）无需调度许可的操作，只需向总指挥（或总负责人）进行工作许可。

（3）施工作业组。

1）如电缆敷设等不涉及运行线路杆塔的，可由总指挥（或总负责人）当面许可，工作完成后向总指挥（或总负责人）汇报工作结束。

2）上杆塔的施工作业可采取"运行操作组+总指挥（或总负责人）"的双许可模式，即先向运行操作组许可，再向总指挥（或总负责人）许可同意后开始工作，施工作业完成后向运行操作组和总指挥（或总负责人）汇报工作终结。

（4）其他作业组（如试验组、现场调度组、现场安全管理组等）。可按作业性质和要求参考以上许可方式进行。

参 考 文 献

［1］史兴华. 配电线路带电作业技术与管理. 北京：中国电力出版社，2010.

［2］国家电网公司运检维修部. 10kV 配网不停电作业规范. 北京：中国电力出版社，2016.

［3］刘夏清. 配电电缆线路不停电作业理论与实操. 北京：中国电力出版社，2014.

［4］雷冬云. 带电作业人员资质认证培训专用教材：配电线路. 北京：中国电力出版社，2012.

［5］国家电网公司人力资源部. 带电作业基础知识. 北京：中国电力出版社，2010.

［6］国网安徽省电力有限公司. 《国家电网公司电力安全工作规程（配电部分）（试行）》释义. 北京：中国电力出版社，2021.

［7］中国电力企业联合会. 回顾与发展——中国带电作业六十年. 北京：中国水利水电出版社，2014.

电力行业职业能力培训教材

《带电作业人员培训考核规范》
（T/CEC 529-2021）辅导教材

输电分册

中国电力企业联合会人才评价与教育培训中心
中电联人才测评中心有限公司 组编

黄修乾　彭　波　主编

中国电力出版社
CHINA ELECTRIC POWER PRESS

内 容 提 要

为了加强带电作业运维人才队伍建设，全面提升技术技能水平，中国电力企业联合会组织编写了《带电作业人员培训考核规范》（T/CEC 529—2021），旨在明确带电作业运维岗位人员需要达到的技术技能要求。本书为标准的配套教材，分为《输电分册》《变电分册》《配电分册》。

本分册为《输电分册》，内容涵盖输电线路概述，输电带电作业原理、方法及安全技术，输电带电作业工器具使用、规程、规范及标准，输电带电作业项目等。本书可供从事输电带电作业相关技能专业人员、管理人员和高校相关专业师生使用。

图书在版编目（CIP）数据

《带电作业人员培训考核规范》（T/CEC 529—2021）辅导教材.1，输电分册 / 黄修乾，彭波主编；中国电力企业联合会人才评价与教育培训中心，中电联人才测评中心有限公司组编. —北京：中国电力出版社，2022.3

ISBN 978-7-5198-6076-9

Ⅰ.①带… Ⅱ.①黄…②彭…③中…④中… Ⅲ.①输电线路–带电作业–技术培训–教材 Ⅳ.①TM72

中国版本图书馆 CIP 数据核字（2021）第 207498 号

出版发行：中国电力出版社
地　　址：北京市东城区北京站西街 19 号（邮政编码 100005）
网　　址：http://www.cepp.sgcc.com.cn
责任编辑：罗　艳（010-63412315）　高　芬（010-63412717）
责任校对：黄　蓓　马　宁
装帧设计：张俊霞
责任印制：石　雷

印　　刷：三河市万龙印装有限公司
版　　次：2022 年 3 月第一版
印　　次：2022 年 3 月北京第一次印刷
开　　本：787 毫米×1092 毫米　16 开本
印　　张：31.25
字　　数：654 千字
印　　数：0001—3000 册
定　　价：198.00 元（全 3 册）

《电力行业职业能力培训教材》
编审委员会

本书编写组

本书编写人员名单

主　　编　黄修乾　彭　波

副主编　邓　华　方玉群　薛　彬　王洪武

编写人员　吕万辉　陈国信　李淑东　谭永殿　朱　凯　王　康
　　　　　王　辉　余志森　蒋　鑫　陶留海　郑孝干　陈　晨
　　　　　董彦武　龚明义　尹维超　刘　成　王德海　武晓红
　　　　　任慧君

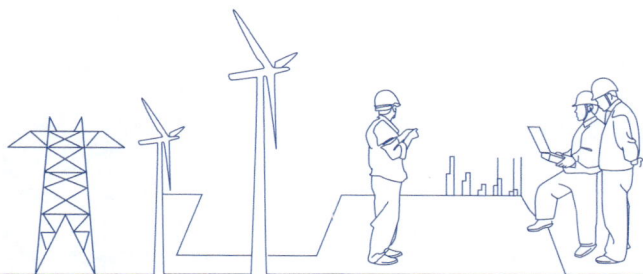

为进一步推动电力行业职业技能等级评价体系建设，促进电力从业人员职业能力的提升，中国电力企业联合会技能鉴定与教育培训中心、中电联人才测评中心有限公司在发布专业技术技能人员职业等级评价规范的基础上，组织行业专家编写《电力行业职业能力培训教材》（简称《教材》），满足电力教育培训的实际需求。

《教材》的出版是一项系统工程，涵盖电力行业多个专业，对开展技术技能培训和评价工作起着重要的指导作用。《教材》以各专业职业技能等级评价规范规定的内容为依据，以实际操作技能为主线，按照能力等级要求，汇集了运维、管理人员实际工作中具有代表性和典型性的理论知识与实操技能，构成了各专业的培训与评价的知识点，《教材》的深度、广度力求涵盖技能等级评价所要求的内容。

本套培训教材是规范电力行业职业培训、完善技能等级评价方面的探索和尝试，凝聚了全行业专家的经验和智慧，具有实用性、针对性、可操作性等特点，旨在开启技能等级评价规范配套教材的新篇章，实现全行业教育培训资源的共建共享。

当前社会，科学技术飞速发展，本套培训教材虽然经过认真编写、校订和审核，仍然难免有疏漏和不足之处，需要不断地补充、修订和完善。欢迎使用本套培训教材的读者提出宝贵意见和建议。

中国电力企业联合会技能鉴定与教育培训中心

2020 年 1 月

近年来，我国输电网建设与发展取得了举世瞩目的巨大成就：超高压建设不断完善，特高压建设日趋成熟。但随着社会用电需求的不断增加，尤其是大工业用户对连续供电的要求日益严格，对输电带电作业技术提出了更高要求。从近期我国输电带电作业开展情况的统计数据来看，带电作业相关从业人员技能水平参差不齐，部分地区从业人员的带电作业能力明显不足，因此，迫切需要对输电带电作业从业人员开展技能培训和考核评价，达到规范和提高输电带电作业从业人员技能水平的目的。在此背景下，中国电力企业联合会组织编写了《带电作业人员培训考核规范》（T/CEC 529—2021）。为更好地配合标准开展培训和行业技能等级评价工作，按照"规范—教材—课件—题库"计划，中电联人才评价与教育培训中心组织编写了本书作为标准的配套教材。

本书在介绍输电线路、输电带电作业原理及方法等基本知识的基础上，对输电带电作业工器具使用、规程、规范及标准等技能点做了全面讲解，内容基本覆盖了输电带电作业培训和考核的全部知识点。本书图文并茂、通俗易懂、用语标准统一，采用了大量的输电带电作业相关结构图和实物图，尽可能减少复杂的理论阐述，注重从业人员技能水平快速提升和行业标准化发展。

本书共分八章，第一章～第三章介绍了输电带电作业的基本知识、原理及方法，分别是输电带电作业概述、输电线路概述和输电带电作业原理及方法；第四章～第六章为输电带电作业技能规范讲解，分别是输电带电作业安全技术，工器具、规程、规范及标准等；第七章、第八章为输电带电作业项目介绍及带电作业管理等规范性内容。

本书的编写得到了国家电网有限公司、中国南方电网有限责任公司、内蒙古电力（集团）有限责任公司及相关企业领导和专家的大力支持。同时，也参考了一些业内专家的著述和相关厂家提供的实图与数据，在此一并致谢。

由于编写时间紧迫，且输电带电作业技术发展迅速，书中难免有疏漏或不妥之处，恳请广大读者及同行专家赐教指正。

编　者

2021 年 12 月

目　录

第一章

输电带电作业概述

20 世纪 50 年代初，随着我国国民经济的逐步发展，对电力需求日益加大，尤其是大工业用户对连续供电的要求也日益严格，常规的停电检修越来越不能满足用户需求和社会发展需要。为解决线路要检修而用户又不能停电的矛盾，输电带电作业技术应运而生。经过 60 多年的发展，我国输电带电作业经历了起步、推广、规范发展、技术创新四个阶段，带电作业逐渐在全国输电检修中得到了广泛应用，带电作业管理逐步规范，带电作业技术层出不穷，取得了举世瞩目的成就，为我国电网安全运行和电力可靠供应发挥了重要作用。

一、输电带电作业起步阶段

1954 年 5 月 12 日，鞍山电业局以"生字 0358 号"号召职工开展带电作业技术研究，这一天作为中国带电作业发展的"开端"，载入中国带电作业史册。中国带电作业开始了不断探索、勇攀高峰、全新发展的辉煌历程。1955 年，电力工业部委派沈阳电业局刘庆丰、天津电业局何树声、上海供电局成木金、长春送变电公司宋桓嘉等六位同志赴苏联学习带电作业。1956 年 6 月 14 日，鞍山电业局成立由张仁杰任组长的中国第一个带电作业专业组，制定了《不停电检修工作规程》，培训带电作业队伍并成立了不停电检修组，鞍山电业局开始把不停电检修技术列入设备的正常检修方法中。从 1956 年 12 月起，不停电检修组在 66kV 营（口）华（铜矿）线大修工程中，应用不停电检修方法更换了木杆 32 根，减少停电时间 72h，多供电量 10 万 kWh。根据带电作业快速发展的需要，鞍山电业局将原有 8 个人的不停电检修组扩大到 18 人，组成不停电检修班。

1958 年 4 月 29 日，水利电力部向全国发出了《关于推广不停电检修电力线路的通知》。通知发出后，全国带电作业班组像雨后春笋般地成长起来。带电作业新项目、新工具的研究发展蓬勃兴起，使中国带电作业的步伐快速向前迈进。

1958 年 8 月 12 日，毛主席视察天津时参观了电业工人自己制作的带电作业工具，并留下了珍贵的历史镜头。1959 年 10 月 1 日，吉林电业局带电作业班被评为局、市、省先进小组，该带电班的代表出席中华人民共和国建国十周年国庆观礼活动。党和国家领导人对带电作业新技术的关怀和赞赏极大地鼓舞并推动全国带电作业工作向纵深发展。

二、输电带电作业全国推广阶段

20 世纪 60～80 年代初期是中国带电作业的蓬勃发展时期，在这段时期，输电线路带电作业在全国各地得到了推广，获得了快速而全面的发展。

1966 年 5 月 4～13 日，水利电力部生产司在鞍山召开全国带电作业现场观摩表演会议，这是全国第一次有广泛地区参与表演检阅的现场会。全国各省市 118 个供电单位、科研所、中试所等 795 人参加了会议。39 个代表性的供电单位为大会表演了 74 个送、变、配带电作业项目。

1970 年 6 月，广州供电局在全国率先成立"三八"带电作业班。这是全国第一个女子带电作业班，开创了女子从事带电作业的先河，在全国电力系统引起较大反响。1971 年 10 月～1978 年 10 月，根据"广交会"的安排，广州供电局"三八"带电作业班每年一次向来自世界各国的来宾进行现场带电作业演示。随后，全国各地纷纷效仿，郑州、天津、湘中、南昌、南宁、河池、上海、武汉、北京、鞍山、抚顺、沈阳、海口、九江等供电局（电业局）也相继成立了"三八"带电作业班。

1973 年 8 月 10 日，水利电力部生产司召开全国带电作业现场表演会。大会组织了由全国 19 个省市 30 个单位参加的 49 个项目带电作业表演，经过大会技术组的讨论，选择了 19 个常用项目和通用检修工具在全国推广。会议期间还举办了带电作业工具、服装和各种图片展览，参展单位有 26 个，展出实物和图片 130 余件。

1978 年 8 月 1 日，水利电力部科技委下达《带电作业三年、八年科技规划（草案）》。列入规划的带电作业科研项目共有 19 项，包括带电爆压导地线技术、带电作业保护间隙、带电水冲洗、绝缘操作杆、绝缘绳索、绝缘滑车、均压服、新的屏蔽方式、500kV 带电作业、10～35kV 分相检修、绝缘斗臂车、液压技术应用、防锈漆及涂漆装置、安全监视装置、断接引极限长度、绝缘子测零、带电测温、强电场作用及放电对生态影响等。

1984 年 10 月 10～14 日，武汉高压研究所主办的全国带电作业工具交流观摩会在西安召开，参加这次观摩会的有全国 186 个供电、施工单位的代表 230 人，参展的厂家有 46 个，代表有 115 人，展出各厂家生产的带电作业工器具 375 件。

三、输电带电作业规范发展阶段

20 世纪 70 年代末期～90 年代初期，我国带电作业步入标准化发展时期，在这段时期，输电线路带电作业在标准化、系列化方面获得了快速发展。

1978 年 1 月，水电部武汉高压研究所主持的国际电工委员会第 78 技术委员会国内第一次会议在南宁召开。会议决定组织制定适合我国情况的技术标准，包括绝缘操作杆标准，水冲洗装置及规程标准、雨天作业工具标准、均压服标准、带电爆压标准、绝缘绳标准、液压车绝缘臂标准等 8 个标准。

1984 年 4 月 16 日，全国带电作业标准化技术委员会（简称"带电作业标委会"）在成都成立。带电作业标委会是国家技术监督局委托水电部科技司组织管理的专业标准化机构，与 IEC/TC-78 对应开展技术业务工作，其秘书处设在武汉高压研究所。

1986 年，中华人民共和国国家标准局发布《带电作业用屏蔽服》（GB 6568.1—1986）、《带电作业用屏蔽服试验方法》（GB 6568.2—1986）技术标准。适用于在交流电压 500kV 及以下的高压设备上进行带电作业时，防护人体免受高压电场及电磁波的影响所穿戴的屏蔽服装的要求。

1987 年 9 月 22～25 日，水电部生产司在辽宁省兴城召开全国带电作业工作会议。会议由水电部生产司主持，水电部张风祥副部长作了题为"进一步发挥带电作业在电力生产中的作用"的重要讲话。在这次全国带电作业工作会上，水电部生产司下发了新的《电业安全工作规程（带电作业部分）》及《带电作业技术管理制度》（水电生字第 107 号）两本规程制度。

1989 年 12 月，中国带电作业技术中心于沈阳 500kV 带电作业培训线段举办了第一期 500kV 带电作业培训班，参加培训的有来自抚顺、本溪两个电业局的带电作业人员共 40 余人。

1991 年 3 月 18 日，能源部颁发由水利电力出版社出版的《电业安全工作规程（电力线路部分）》（DL 409—1991）和《电业安全工作规程（发电厂和变电所电气部分）》（DL 408—1991）。两规程于同年 9 月 1 日起实施，作为电力行业标准，都列入了带电作业章节内容。

四、输电带电作业技术创新阶段

进入 21 世纪以来，220kV 同塔多回、500kV 同塔多回、±500kV 同塔双回、750kV 同塔双回、1000kV 同塔双回、紧凑型输电线路及特高压输电线路得到了应用，这时期输电线路带电作业着重对新出现的复杂线路、特种塔型带电作业的安全性、可行性以及相应的工器具进行研究，带电作业新技术、新工器具层出不穷，直升机、无人机在带电作业中得到应用，输电线路带电作业步入技术创新阶段。

1999 年，华北电力科学研究院在北京沙河超高压试验站进行了针对 500kV 紧凑型输电线路直线塔带电作业方式的试验研究，计算了典型位置危险率，提出了进入高电位的安全通道及安全作业范围，首次对 500kV 紧凑型输电线路带电作业进行了系统研究。

2002 年 8 月 8 日，河南超高压输变电运检公司进行了首次 500kV 同塔双回线路直线塔带电更换直线绝缘子作业，成功更换了嵩获线 115 号塔上相自爆的 4 片绝缘子和中相自爆的 3 片绝缘子。

2003 年 10 月～2004 年 1 月，中国南方电网超高压输电公司与香港中华电力合作研究直升机带电作业水冲洗技术，并于 2004 年 1 月在 500kV 梧罗 Ⅱ 线和 ±500kV 天广直流线开展直升机带电水冲洗试验。

2007 年 7 月，原华北电网有限公司、首都通用航空有限公司在 500kV 带电线路上开展直升机平台法带电修补避雷线、平台法带电更换导线间隔棒、平台法带电修补导线及吊索法带电安装导线防振锤等 6 项直升机带电检修作业。

2008 年 4 月，湖北超高压输变电公司在 1000kV 特高压交流试验基地单回路 12 号试验塔上成功完成我国首次 1000kV 特高压人体由地电位进入等电位带电作业，表明我国 1000kV 带电作业由理论阶段进入实践操作阶段，开创了全球 1000kV 特高压电网带电作业先河。

2009 年 6 月，湖北超高压输变电公司带电作业班组在特高压直流试验基地进行了世界上首次±800kV 特高压直流输电线路带电作业。

2009 年 8 月，我国在 750kV 线路示范工程官兰一回线路上首次开展了 750kV 线路带电作业，工作范围覆盖了 750kV 单回、双回线路的各塔型。

2009 年 9 月 29 日，中国南方电网超高压输电公司曲靖局开展±800kV 特高压直流输电线路带电作业，使特高压直流线路带电作业从理论研究和试验基地作业阶段进入了现场实际应用阶段。

2011 年 10 月 17 日，山东电力集团公司超高压公司王进顺利完成±660kV 银东直流输电线路 2012 号塔上的全部作业任务，标志着世界首次±660kV 线路带电作业圆满完成。

2014 年 6 月 20 日，甘肃省电力公司利用"多旋翼无人机投注绝缘牵引绳"牵引绝缘软梯进入 750kV 强电场，对 750kV 官东二线 82 号塔导线缺陷进行带电消缺获得了成功，开创了国内带电作业领域首次引入无人机的先河。

2019 年 11 月 21 日，国网河南检修公司输电检修中心在世界上电压等级最高、输送容量最大、输送距离最远、技术水平最先进的特高压输电线路±1100kV 吉泉线 4574 号塔上完成了带电消缺工作。

2020 年 11 月 16 日，国网安徽电力公司和国网通航公司检修人员在世界最高电压等级±1100kV 国网吉泉线上自主实施了世界首次直升机吊篮法带电作业。

经过 60 多年的发展，我国输电线路带电作业实现了从无到有，从局部到全面，从粗放到精细，从标准化到精益化，从典型到特殊的跨越，带电作业的技术理论研究、工器具的研究开发、标准制定和安全管理方面得到了不断发展，取得了举世瞩目的成就，为我国输电网安全可靠运行提供了有力的技术支撑和坚强保障。

第二章

输 电 线 路 概 述

第一节　交直流输电线路简介

一、电力系统简介

由发电厂的电气设备、不同电压的电力线路和电力用户的用电设备所组成的一个发电、变电、输电、配电和用电的整体，称为电力系统，见图2-1。电力线路是电力系统的重要组成部分，它担负着电能输送和电能分配的任务。由发电厂向电力负荷中心输送电能的线路以及电力系统之间的联络线路称为输电线路；由电力负荷中心向电力用户分配电能的线路称为配电线路。输配电线路统称为电力线路。

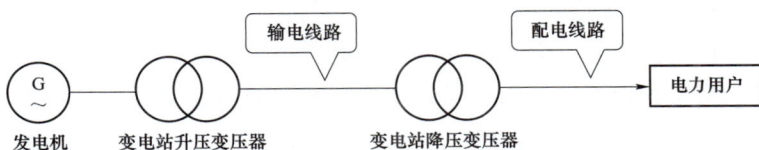

图 2-1　电力系统示意图

二、输电线路简介

输电线路是电力系统中实现电能远距离传输的一个重要环节，按照结构形式分为架空输电线路和电缆线路，按照输送电流的性质分为交流输电线路和直流输电线路。

1. 电压等级

为减少电能在输送过程中的损耗，根据输送距离和输送容量的大小，输电线路采用不同的电压等级。一般地说，输送电能容量越大线路采用的电压等级就越高。目前，我国主要采用的电压等级有：交流 380/220V、10、35、66、110、220、330、500、750、1000kV；直流±400、±500、±660、±800、±1100kV。通常把 1kV 以下称为低压配电线路，10、20kV 称为中压配电线路，35、66、110、220kV 称为高压输电线路，330、

500（交、直流）、±660（直流）、750kV 的线路称为超高压输电线路，±800（直流）、1000kV 及以上称为特高压输电线路。采用超高压、特高压输电，可有效减少线损，降低线路单位造价，少占耕地，使线路走廊得到充分利用。

2. 交流输电线路

在三相交流电力系统中，作为供电电源的发电机和变压器的中性点有三种运行方式：电源中性点不接地、中性点经阻抗接地、中性点直接接地。前两种合称小电流接地系统，也称为中性点非直接接地系统或中性点非有效接地系统；后一种称为大接地短路电流系统，也称为中性点直接接地系统。我国 3～66kV 系统，特别是 3～35kV 系统，一般采用中性点不接地的运行方式，如单相接地电流大于一定数值时（3～10kV 系统中接地电流大于 30A、20kV 及以上系统中接地电流大于 10A 时），应采用中性点经消弧线圈接地的运行方式。我国 110kV 及以上的系统以及 220/380V 低压配电系统都采用中性点直接接地的运行方式。

3. 直流输电线路

在现代电力系统中，电能的输送除采用传统的交流输电外，还采用直流输电。在直流输电系统中，只有输电环节是直流电，发电系统和用电系统仍然是交流电。

图 2-2 所示为一个最简单的直流输电系统原理图，其中包括直流输电线路和两个换流站。从交流系统Ⅰ向交流系统Ⅱ输电时，换流站Ⅰ把交流系统Ⅰ（送电端）的三相交流电流转换成直流电流，通过直流输电线路送到换流站Ⅱ，换流站Ⅱ再把直流电流转换成三相交流电流送入交流系统Ⅱ，由交流电转换成直流和由直流转换成交流电的过程分别称为整流和逆变。也就是说，在送端需将交流电转换成直流电（称为整流），而在受端又必须将直流电转换为交流电（称为逆变），然后才能送到受端交流系统中去，送端进行整流的场所称为整流站，受端进行逆变的场所称为逆变站，整流站和逆变站可统称为换流站。实现整流和逆变转换的装置分别称为整流器和逆变器，它们统称为换流器。

图 2-2 直流输电系统原理图

第二节 输电主要设备概述

架空输电线路主要由基础、杆塔、导线、地线（OPGW 光缆）、金具、绝缘子、接地装置及附属设施（避雷器、防鸟装置、在线监测装置等）组成，其主要作用如下：

（1）基础。架空输电线路的基础主要分为电杆基础、铁塔基础两种。电杆基础分为承受电杆本体下压的电杆本体基础（底盘）和起到稳定电杆作用的拉线基础（拉盘或重力式拉线基础）及卡盘等；铁塔基础根据铁塔类型、地形地质、承受的外负荷及施工条件的不同，一般分为现浇混凝土铁塔基础、装配式铁塔基础、桩式铁塔基础、锚杆基础等。

（2）杆塔。杆塔的主要作用是支持导线、地线（OPGW 光缆），使导线保持对地面以及其他设施有足够的安全距离，它承受着导线、地线（OPGW 光缆）、其他部件和本身的重力以及冰雪、侧面风的压力等。

（3）导线。导线是输电线路用来传输电流，要求导线具有良好的导电性能。

（4）地线（OPGW 光缆）。地线是保护送电线路避免遭雷击的设施之一，它是架设在送电线路杆塔顶部，利用铁塔的塔身及混凝土电杆内的钢筋或电杆专用爬梯、接地引下线等引下与接地装置（地网）连接。

（5）金具。输电线路金具用于连接绝缘子、导线、地线（OPGW 光缆）的接续和防振、保护，用于拉线杆塔的拉线紧固、调整等。

（6）绝缘子。绝缘子的作用是悬挂或支持导线使之与杆塔本体（大地）绝缘，它不但要承受工作电压和大气过电压的作用，同时要承受导线的垂直荷重、水平荷重和导线张力。

一、杆塔

杆塔按受力特点可分为直线杆塔、耐张杆塔、终端杆塔、特殊杆塔（分支杆塔、换位塔、大跨越杆塔）；按材料类别分为钢筋混凝土电杆、铁塔、钢管塔；按回路数分为单回路、双回路、多回路杆塔；按照架设方式，分为常规铁塔和紧凑型铁塔。

1. 直线杆塔

直线杆塔（见图 2-3）是输电线路中使用最多的一种杆塔，一般占全线杆塔总数的80%以上。正常情况下只承受导线风压和重量，结构比较简单。

2. 耐张杆塔

耐张杆塔（见图 2-4）用于锚固导线、限制线路故障范围、便利施工与检修。除承受导线风压和重力外，还承受导线张力，大多数兼有转角，因此，还有角度力。故杆塔强度要求较高，结构也较复杂，钢材消耗量和造价都比较高。

3. 终端杆塔

终端杆塔是指输电线路进出变电所或发电厂的最后或最初一基杆塔。其特点是一侧（线路侧）承受很大导线张力，而另一侧（变电所侧）承受很小的松弛张力。这是因为变电所门型架的设计只能承受很小的导线、地线（OPGW 光缆）张力。终端杆一般也兼转角。由于杆塔两侧导线、地线（OPGW 光缆）的不平衡张力很大，所以材料消耗量大、造价高，塔型与耐张塔相似。

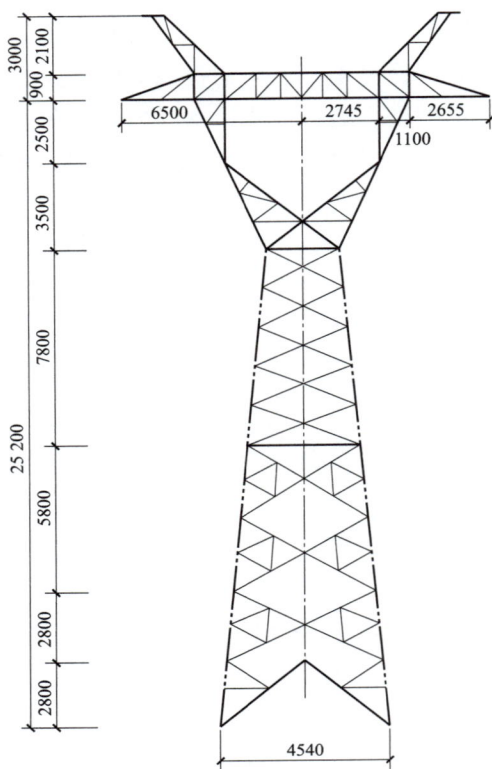

图 2-3　直线杆塔典型塔图　　　　图 2-4　耐张杆塔典型塔图

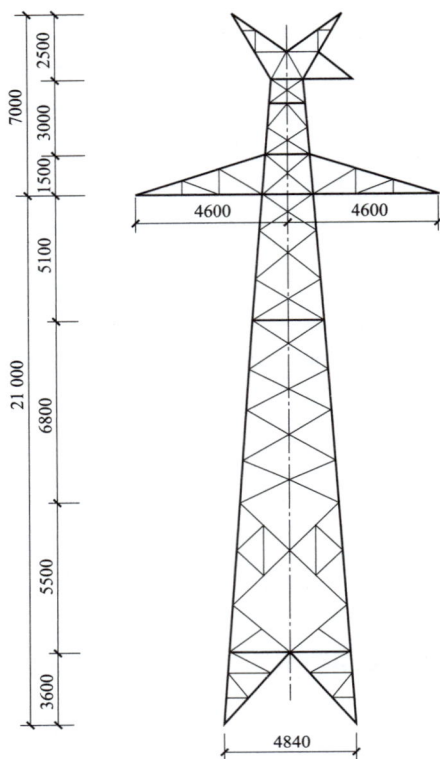

4. 双回路铁塔、紧凑型铁塔

随着社会的进步和国家对土地资源的管控，人民群众对电力需求质量的不断增加，电力企业需要在不断建设和发展中研发出既能多供电，又能减少占用土地的杆塔来实现跨区域电能输送。近年来，同塔双回线路（见图 2-5）和紧凑型线路（见图 2-6）陆陆续续建成，相比于常规型线路，它的优点非常显著：① 减少线路走廊，减少建设投资，减少占地，② 提高输送容量。

二、金具

架空输电线路的金具按照作用及结构特点，可分为悬垂线夹、耐张线夹、防护金具、连接金具和接续金具等五大类。

1. 悬垂线夹

悬垂线夹是用于将导线（跳线）悬挂在绝缘子串上或将地线悬垂在地线支架上。按结构型式不同分为固定型 U 型螺栓式悬垂线夹（CGU 型）、带 U 型挂板类悬垂线夹（中心回旋式）（CGU-B 型）、带碗头挂板类悬垂线夹（中心回旋式）（CGU-A 型）、加强型悬垂线夹（CGJ-型）、防晕型悬垂线夹（CGF 型）、垂直排列双悬垂线夹（CCS 型）、预绞丝式悬垂线夹（CYJ 型）；按旋转点的位置不同分为中心回转式悬垂线夹、上杠式悬垂线夹（CGF-K 型）、下垂式悬垂线夹、提包式悬垂线夹（CGH 型）；按制造材料分为铝合金悬垂线夹、钢板冲压悬垂线夹、可锻铸铁（马铁）悬垂线夹。其中上扛式型、下垂式型是最常用的悬垂线夹，典型悬垂线夹示意图如图 2-7 所示。

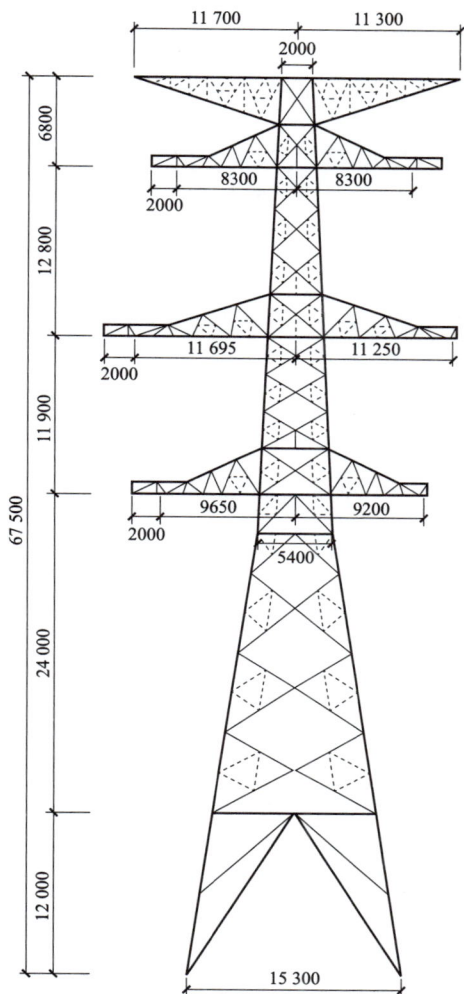

图 2-5　同塔双回线路典型塔图

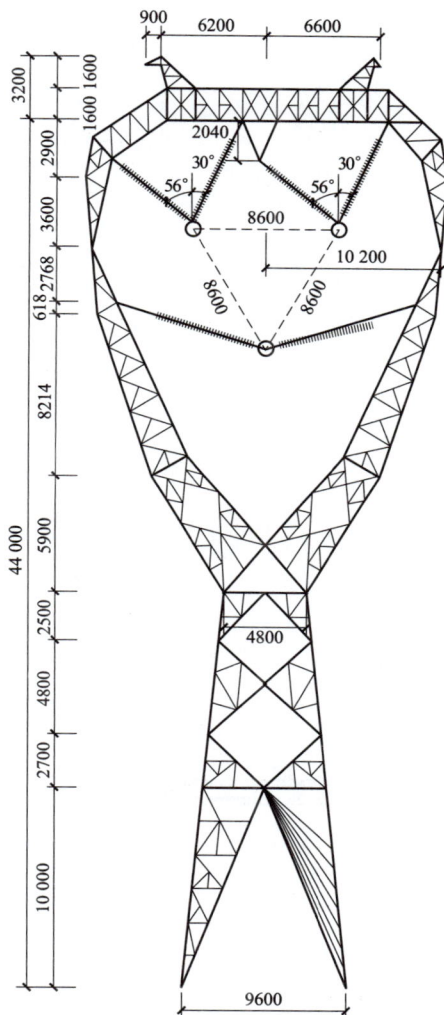

图 2-6　紧凑型典型塔图

2. 耐张线夹

耐张线夹是指在一个线路耐张段的两端固定架空线的金具，主要用在耐张、转角、终端杆塔的绝缘子串上。在输电线路上常用的耐张线夹类型主要有螺栓型、楔形、液压型、液压钢锚锻制型、爆压型、钢绞线用耐张线夹（液压型）、铝包钢绞线用耐张线夹（液压型）、钢芯铝合金绞线用耐张线夹（液压型）、耐热铝合金绞线用耐张线夹（液压型）。其中在架空输电线路上最为常用的为液压型，典型耐张线夹示意图如图 2-8 和图 2-9 所示。

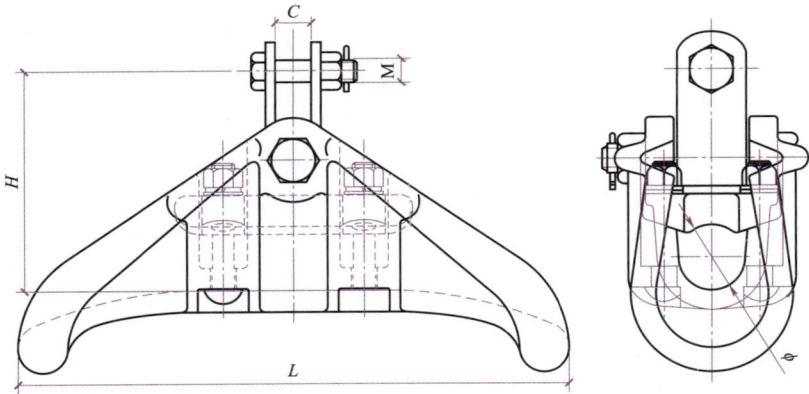

图 2-7　典型悬垂线夹示意图

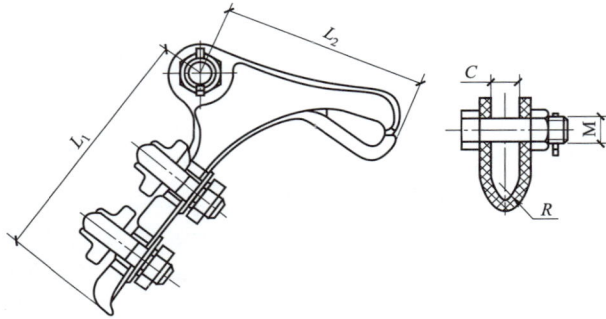

图 2-8　螺栓型耐张线夹示意图

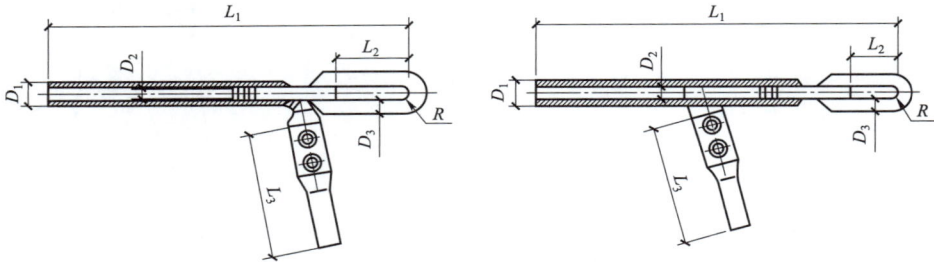

图 2-9　液压型耐张线夹示意图

3. 防护金具

防护金具用于保护导线、绝缘子及其他金具免受机械振动、电腐蚀等损伤。架空输电线路中常用的防护金具主要有防振锤（FF 型、FRD 释放型、FR 型、FDYJ 型预绞式、FDZ 型、FDN 型、FJQ 型、FJZ 双导线用、FFJQ 型）、间隔棒（刚性式、阻尼型、方框型阻尼式、距型阻尼式、十字型阻尼式、预绞式阻尼式）、预绞丝护线条、铝包带、重锤片、均压屏蔽环等，其中最为常见的则为防振锤（FRD 释放型、FR 型）、间隔棒（方框型阻尼式）、预绞丝护线条、均压屏蔽环，典型防护金具示意图如图 2-10～图 2-14所示。

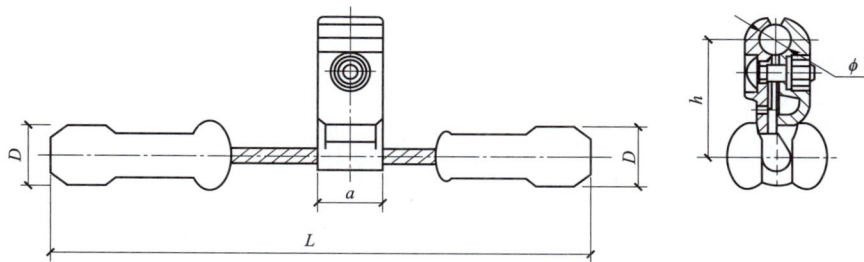

图 2-10　FDZ 型防振锤示意图

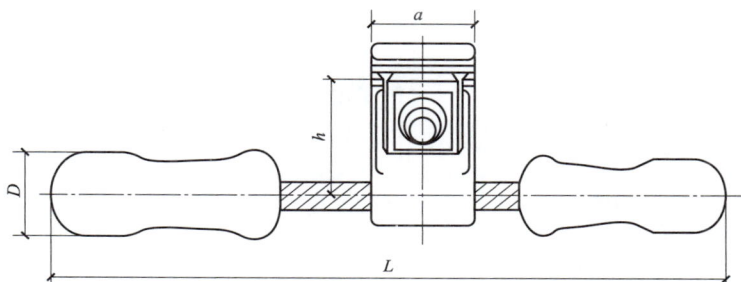

图 2-11　FR 型防振锤示意图

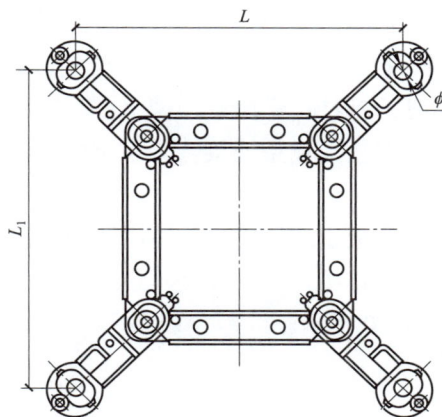

图 2-12　方框型阻尼式间隔棒示意图

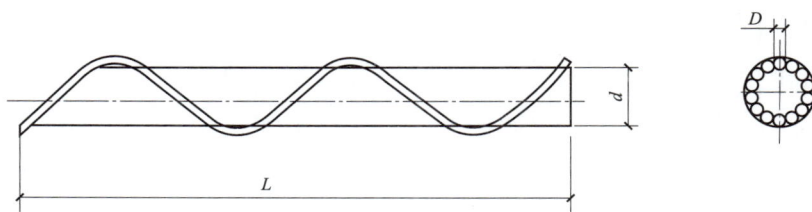

图 2-13　预绞丝护线条示意图

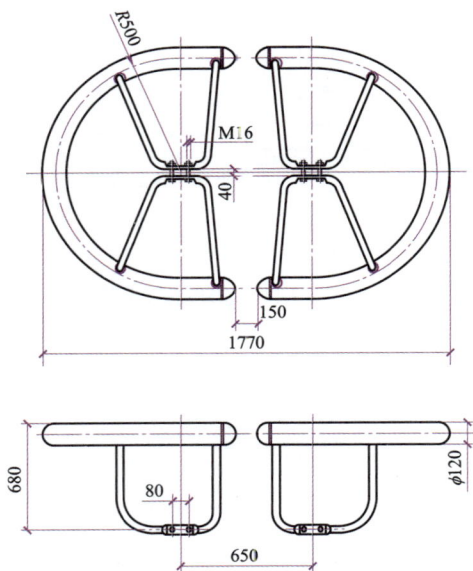

图 2-14　均压屏蔽环示意图

4. 连接金具

连接金具是指用于绝缘子串与杆塔、绝缘子串与其他金具、绝缘子串之间的连接，承受机械荷载的金具。在架空输电线路中常用的联结金具主要有球头挂环（Q、QP 型、QH 型、环孔平行型、环孔垂直型）、球头挂板、U 型球头、Y 型球头、碗头挂板、U 型挂环、延长环、直角挂板、延长拉杆、牵引板、调整板、联板等，最容易混淆的则为 U 型挂环和直角挂板、牵引板和联板。典型连接金具示意图如图 2-15～图 2-18 所示。

5. 接续金具

接续金具用于导线的接续及架空地线的接续，耐张杆塔跳线的接续。架空输电线路常见接续金具主要有接续管、补修管、CH 线夹、跳线线夹、预绞丝补修条，典型接续金具示意图如图 2-19 和图 2-20 所示。

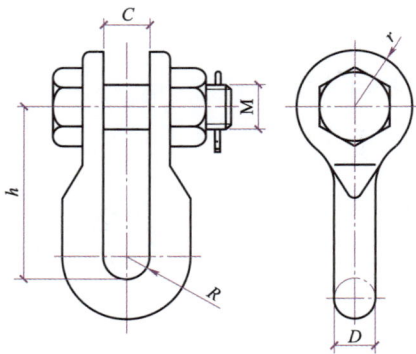

图 2-15　U 型挂环示意图

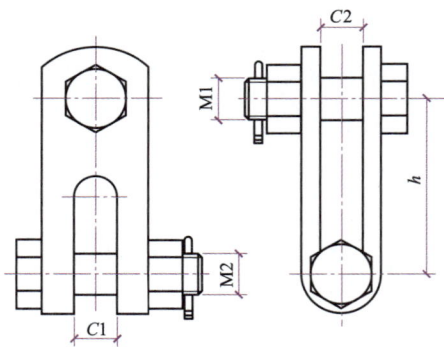

图 2-16　直角挂板示意图

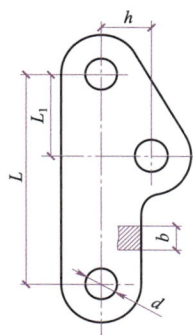

图 2-17　牵引板示意图

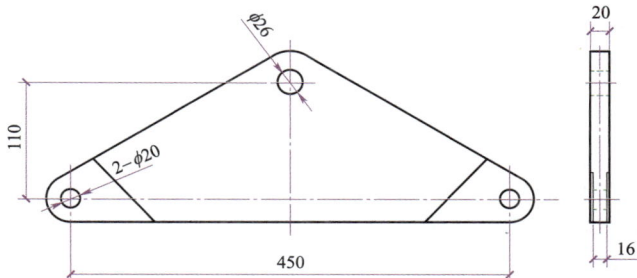

图 2-18　联板示意图

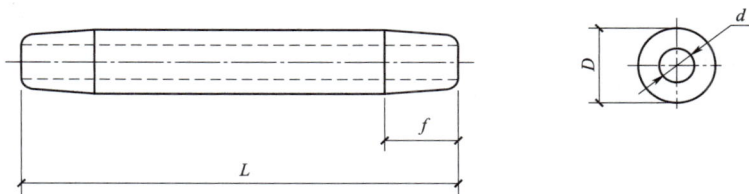

图 2-19　接续管

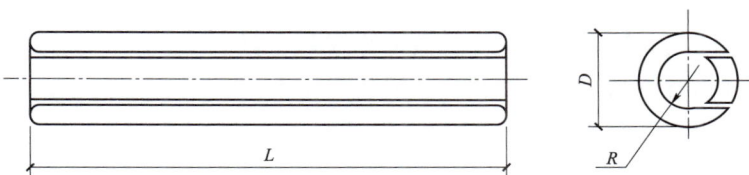

图 2-20　补修管

三、绝缘子

按照绝缘材料不同，架空输电线路绝缘子主要有玻璃绝缘子、瓷绝缘子、复合绝缘子（也称合成绝缘子）三大类，见图 2-21～图 2-23。

图 2-21　玻璃绝缘子示意图

图 2-22　瓷绝缘子示意图

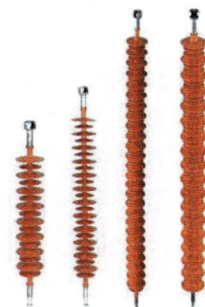

图 2-23　复合绝缘子示意图

1. 玻璃绝缘子

玻璃绝缘子的绝缘件由经过钢化处理的玻璃制成，其表面处于压缩预应力状态，如发生裂纹和电击穿，玻璃绝缘子将自行破裂成小碎块，俗称"自爆"，这一特性使得玻璃绝缘子在运行中无须进行"零值"检测。

2. 瓷绝缘子

瓷绝缘子的绝缘件由电工陶瓷制成。电工陶瓷由石英、长石和黏土做原料烘焙而成。瓷绝缘子的瓷件表面通常以瓷釉覆盖，以提高其机械强度、防水浸润，增加表面光滑度，其特点是具有良好的化学稳定性和热稳定性，但瓷绝缘子内在的缺陷在运行中不易察觉，需要进行检测，故而逐渐被玻璃绝缘子、复合绝缘子所取代。

3. 复合绝缘子

复合绝缘子也称合成绝缘子，主要有棒形悬式绝缘子、绝缘横担、支柱绝缘子和空心绝缘子（即复合套管）四大类。复合绝缘子由玻璃纤维树脂芯棒（或芯管）、有机材料的护套及伞裙组成，其特点是尺寸小、重量轻，抗拉强度高，抗污秽闪络性能优良，但抗老化能力不如瓷绝缘子和玻璃绝缘子。

四、导线

导线是指悬挂在杆塔上，用于传导电流、输送电能的设备。按载流部分的标称截面积区分，导线截面主要有 16、25、35、50、70、95、120、150、185、210、240、300、400、630、720、900mm² 等。按子导线数量分为单分裂、双分裂、四分裂、六分裂、八分裂。按材料分为硬铝线、钢芯铝绞线、铝合金绞线、铝包钢绞线、硬铜绞线等，架空输电线路上常用的导线为钢芯铝绞线、铝合金线。

五、地线（OPGW 光缆）

架空地线又称避雷线，简称地线，是高压输电线路结构的重要组成部分。输电线路跨越广阔的地域，在雷雨季节容易遭受雷击而引起送电中断，成为电力系统中发生停电事故的主要原因之一。安装架空地线可以减少雷害事故，提高线路运行的安全性。架空地线架设在被保护的导线上方，在线路上方出现雷云对地面放电时，雷闪通道容易首先击中架空地线，使架空地线上的雷电流经杆塔接地装置进入大地，以保护导线正常送电。同时，架空地线还有电磁屏蔽作用，当线路附近雷云对地面放电时，可以降低在导线上引起的雷电感应过电压。架空地线通过杆塔上的金属部分与杆塔接地装置牢固相连，以保证遭受雷击后能将雷电流可靠地导入大地，并且避免雷击点电位突然升高而造成反击。近年来，国内外超高压线路有采用良导线架空地线的趋势，即用铝合金或铝包钢导线制成的架空地线，它具有强度较高、不生锈、又有适当的导电率的优点，可以改善线路输电性能，减轻对邻近通信线的干扰。

OPGW 光缆一般在 110kV 及以上电压等级的输电线路上使用，目前国内外普遍采用铝包钢或铝合金绞线绞制而成。它具有普通地线和通信光缆的双重作用，既能实现防雷的作用，又有传输通信功能。

六、典型绝缘子串组装图

典型绝缘子串组装图见图 2-24～图 2-33。

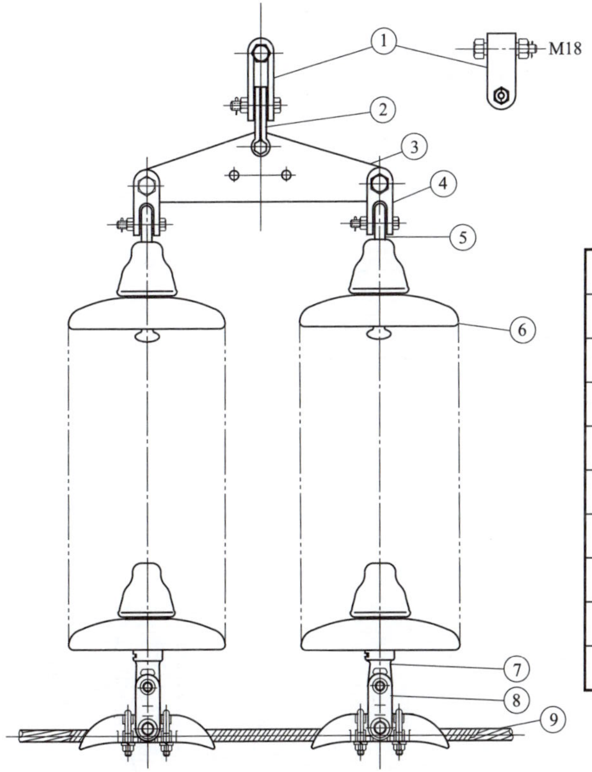

编号	名称	型号	数量	单位
1	挂板	UB-12T	1	副
2	U形挂环	U-10	1	副
3	联板	L-1040	1	块
4	挂板	Z-7	2	副
5	球头挂环	QP-7	2	副
6	玻璃绝缘子	U70B		片
7	碗头挂板	W-7A	2	副
8	悬垂线夹		2	副
9	预绞丝护线条	根据导线型号选择		

图 2-24 110kV 直线塔典型绝缘子串组装图

15

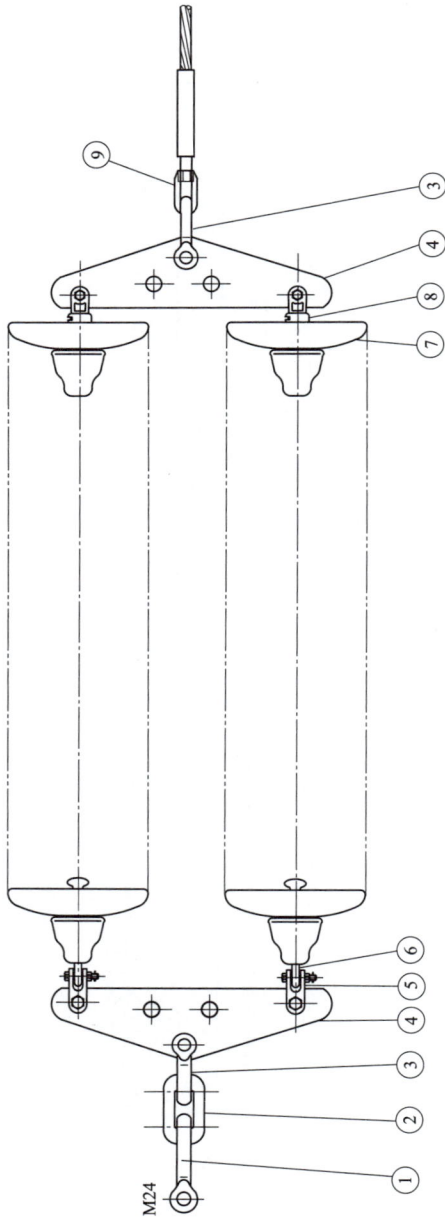

图 2-25　110kV 耐张塔典型绝缘子串组装图

编号	名称	型号	数量	单位
1	U 型挂环	UL-12	1	副
2	延长环	PH-10	1	副
3	U 型挂环	U-10	2	副
4	联板	L-1040	2	块
5	挂板	Z-7	2	副
6	球头挂环	QP-7	2	副
7	玻璃绝缘子	U70B	—	片
8	碗头挂板	WS-7	2	副
9	耐张线夹		1	副

编号	名称	型号	数量	单位
1	耳轴挂板	GD－32	1	副
2	挂板	Z－21	1	副
3	联板	L－2140	1	块
4	挂板	Z－10	2	副
5	球头挂环	QP－10	2	副
6	玻璃绝缘子	U100B		片
7	碗头挂板	W1－10	2	副
8	UB挂板	UB－10	2	副
9	悬垂线夹组合	XCS－10/**	2	副
10	预绞丝护线条	FYH－****/**	2	副

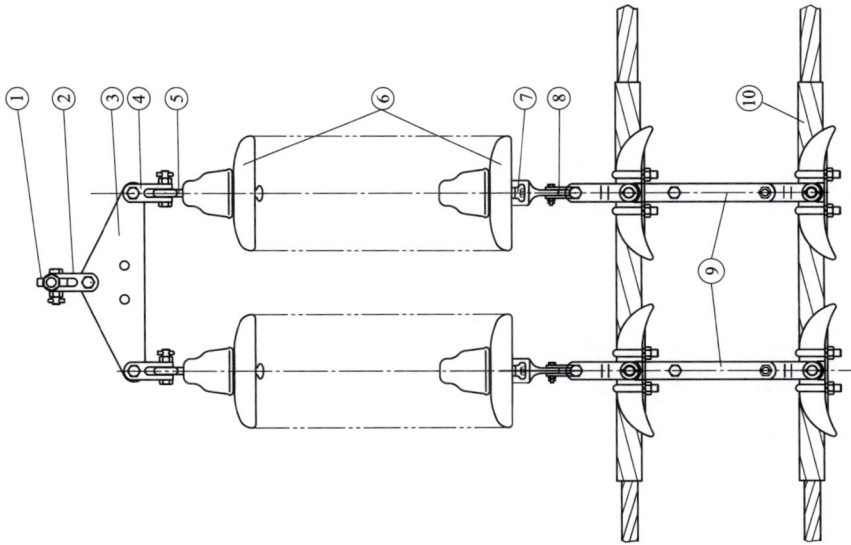

图2－26　220kV直线塔典型绝缘子串组装图

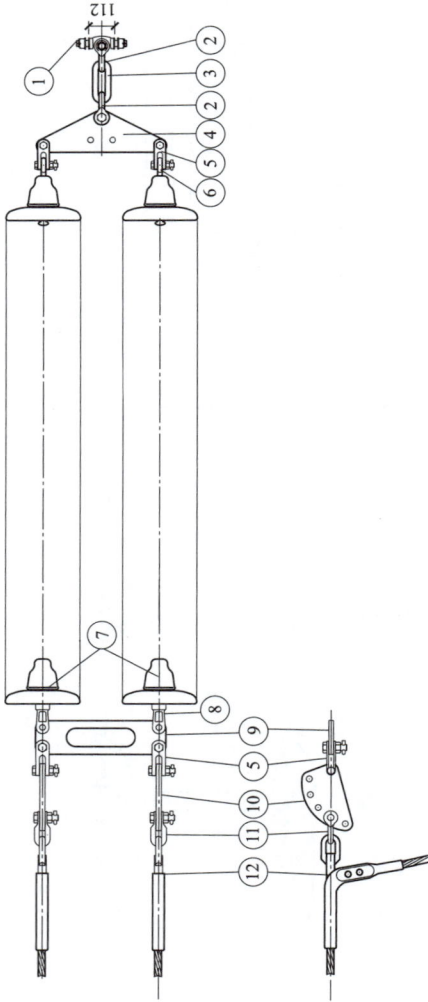

编号	名称	型号	单位	数量
1	挂点金具	GD-32	副	1
2	U型挂环	U-25	副	2
3	挂环	PH-25	副	1
4	联板	L-2540	副	1
5	挂板	Z-12	副	4
6	球头挂环	QP-12	副	2
7	绝缘子	U120B	片	2
8	碗头挂板	WS-12	副	2
9	联板	LF-2540	副	1
10	蝶形板	DB-12	副	2
11	U型挂环	U-12	副	2
12	耐张线夹	NY-***/**	副	2

图 2-27　220kV 耐张塔典型绝缘子串组装图

编号	名称	型号	数量
1	挂板	ZBS－32	2
2	调整板	PT－30	2
3	球头挂环	QP－30	2
4	悬式绝缘子	U300B	2×26
5	碗头挂板	WS－30	2
6	悬垂联板	LXV－3245	1
7	悬垂线夹	XGC－12/23	4
8	均压环	LJ2－500XV/50	1
9	预绞丝护线条	FYH－500/45	4

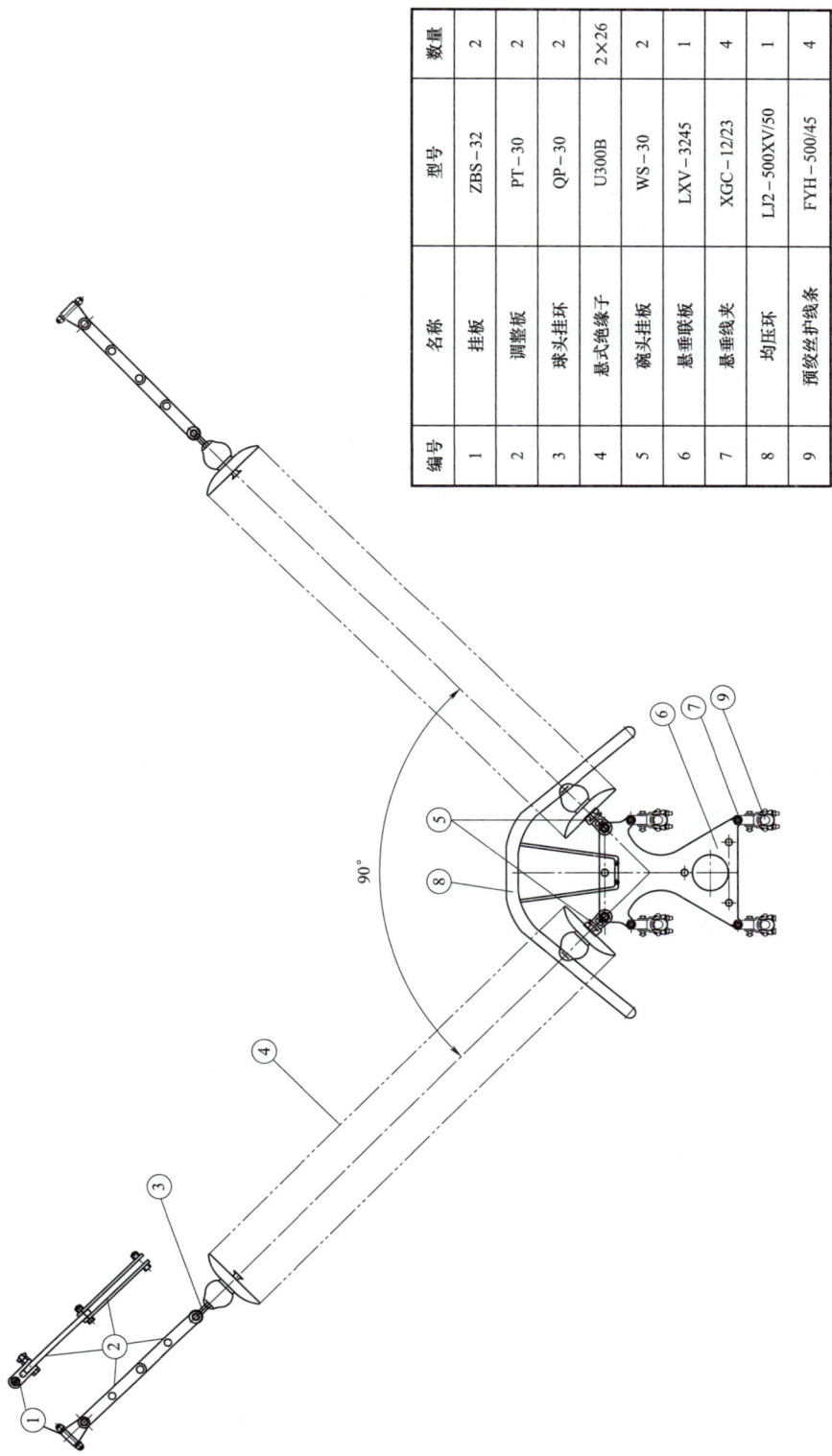

图2－28　500kV直线塔典型V型串组装图

编号	名称	型号	数量
1	挂点金具	EB－64	1
2	挂板	ZBD－64S	1
3	Z型挂板	Z－64S	1
4	二联板	L－6055	1
5	直角挂板	Z－32S	2
6	球头挂环	QP－32S	2
7	悬式绝缘子	U300B	2×26
8	均压环	LJ2－500XSG/GH	1
9	碗头挂板	WS－32S	2
10	悬垂联板	LX－6045	1
11	悬垂线夹	XGC－15/23	4
12	预绞丝护线条	FYH－500/45	4

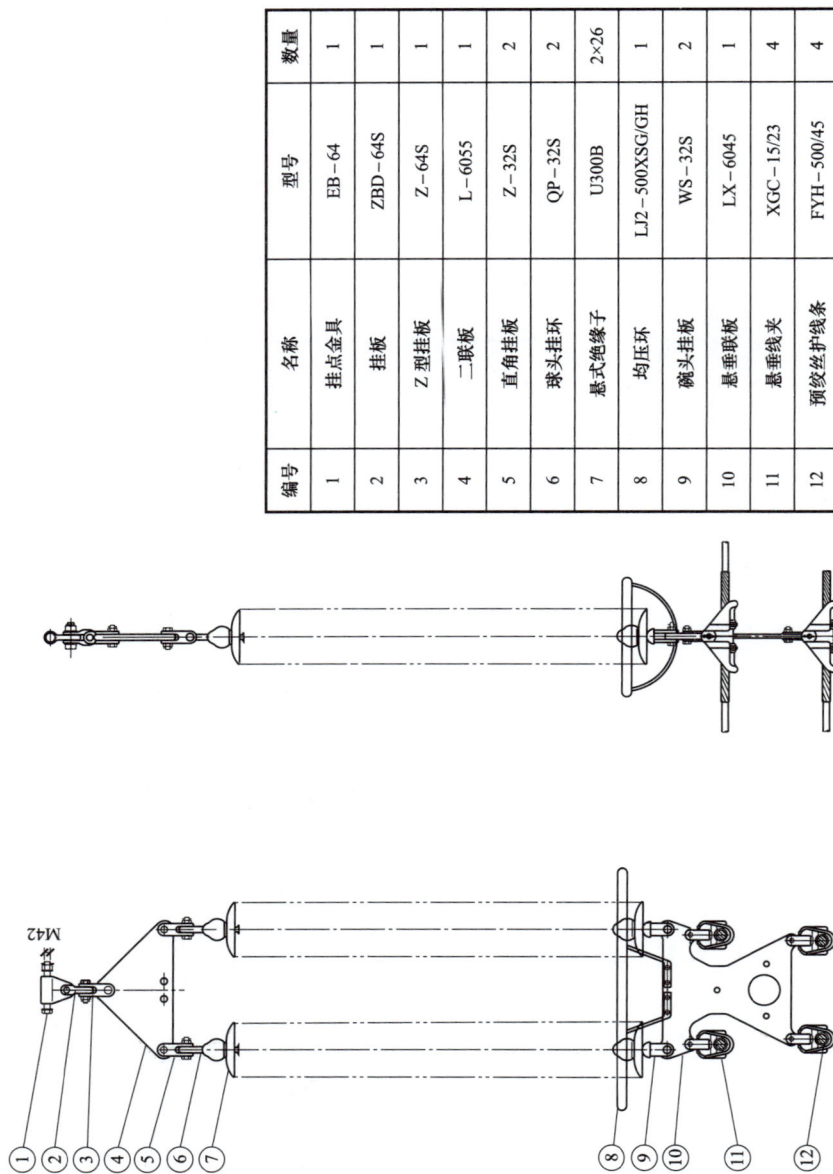

图2－29　500kV直线塔典型Ⅰ型串组装图

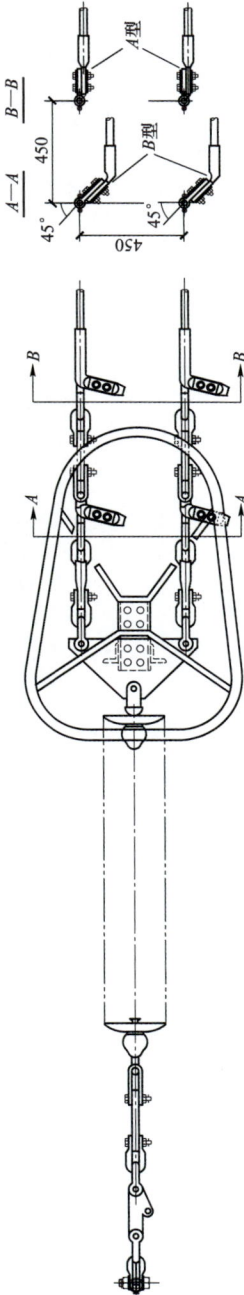

编号	名称	型号	数量
1	U 型挂环	U－30	4
2	牵引板	QY－30	1
3	二联板	L－3045	1
4	直角挂板	Z－16	2
5	球头挂环	QP－16	2
6	悬式绝缘子	U160BL	2×35
7	碗头挂板	WS－16	2
8	二联板	L－1645G	2
9	U 型挂环	U－12	12
10	调整板	DB－12	4
11	延长拉杆	YL－1243	2
12	直角挂板	Z－12	2
13	均压屏蔽环	LJP2－500N/GH	2
14	支撑架	ZCJ－45	1
15	耐张线夹	NY－***/***	4
16	挂点金具	GD－32	1

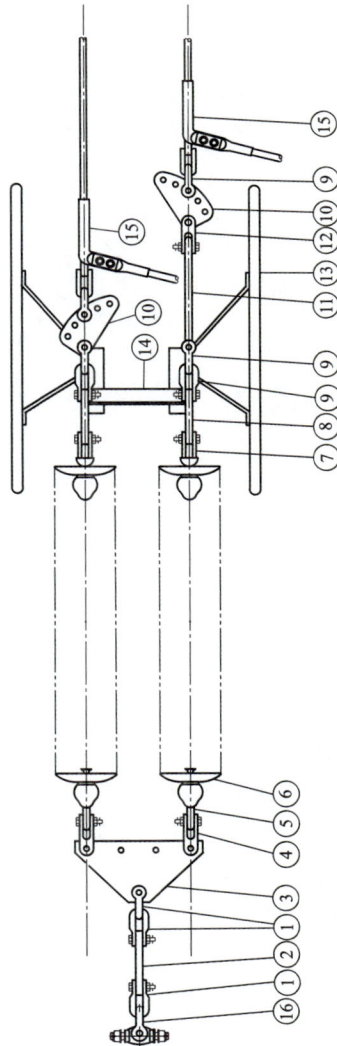

图 2－30　500kV 耐张塔典型绝缘子串组装图

编号	名称	型号	数量
1	挂点金具	GD-42/21S	2
2	U 型挂环	U-21S	4
3	DB 型调整板	DB-21204S	2
4	ZS 型挂板	ZS-21S	2
5	U 型挂环	UL-2115S	4
6	合成绝缘子	FXBZ-±800/210	2
7	铝均压环	FJ-800VD-210	2
8	联板	LXV-2190/6	1
9	悬垂线夹	CGF-10054TG/24	6
10	重锤片	ZC-30	
11	护线条	FYH-630/45	6
12	调整板		2

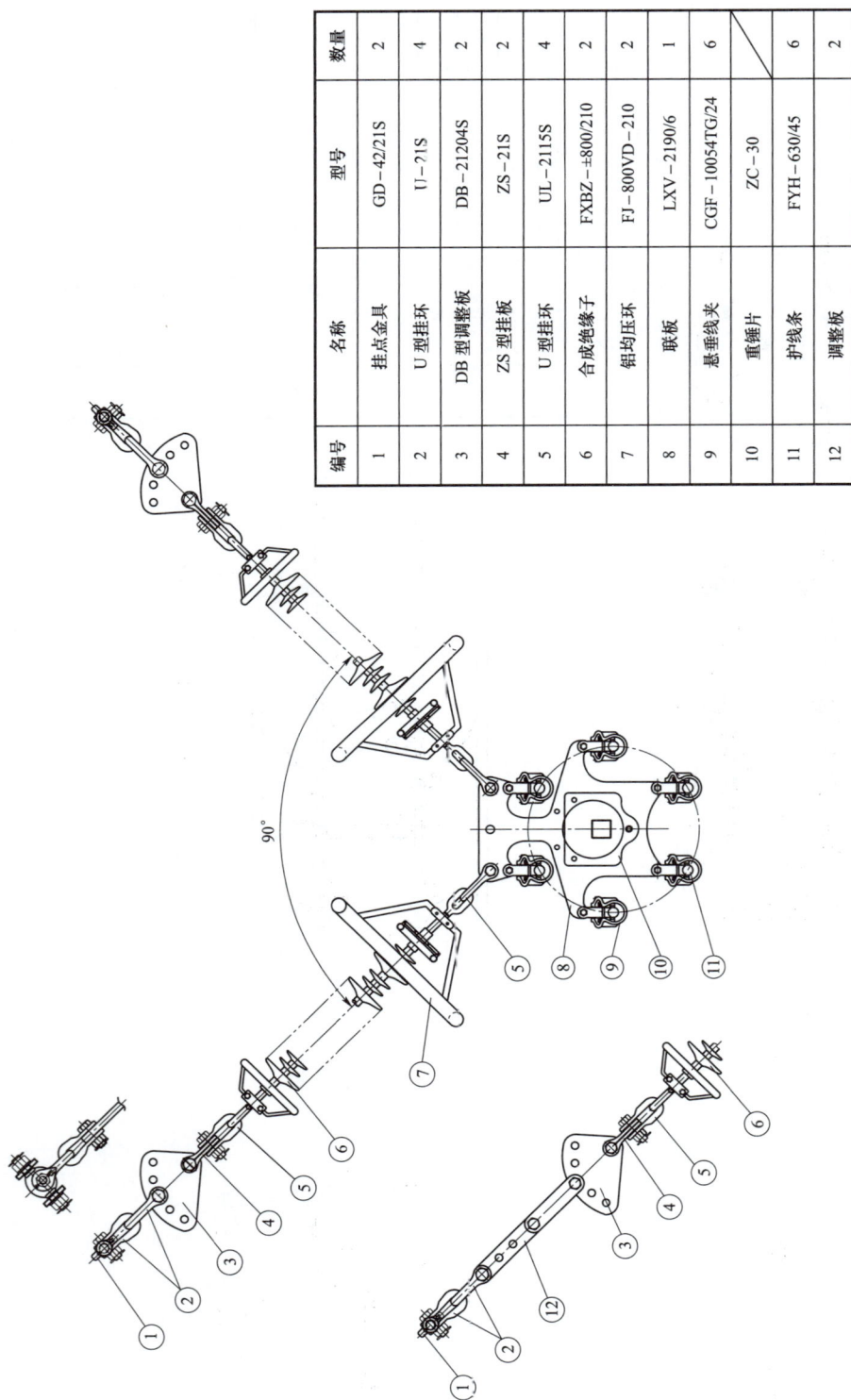

图 2-31 ±800kV 直线塔典型单联 V 型绝缘子串组装图

编号	名称	型号	数量
1	挂点金具	GD-42/21S	4
2	U型挂环	U-21S	8
3	DB型调整板	DB-21S1	4
4	U型挂环	UL-21I0S	8
5	合成绝缘子	FXBZ±800/210	4只
6	铝均压环	FJ-800XS-650	2套
7	联板	L-4265S	2
8	直角挂板	Z-42S	2
9	联板	LXV-4290/6A	1
10	悬垂线夹	CGF-15054TG/36	6
11	重锤片	ZC-30	
12	护线条	FYH-630/45	6
13	调整板		4

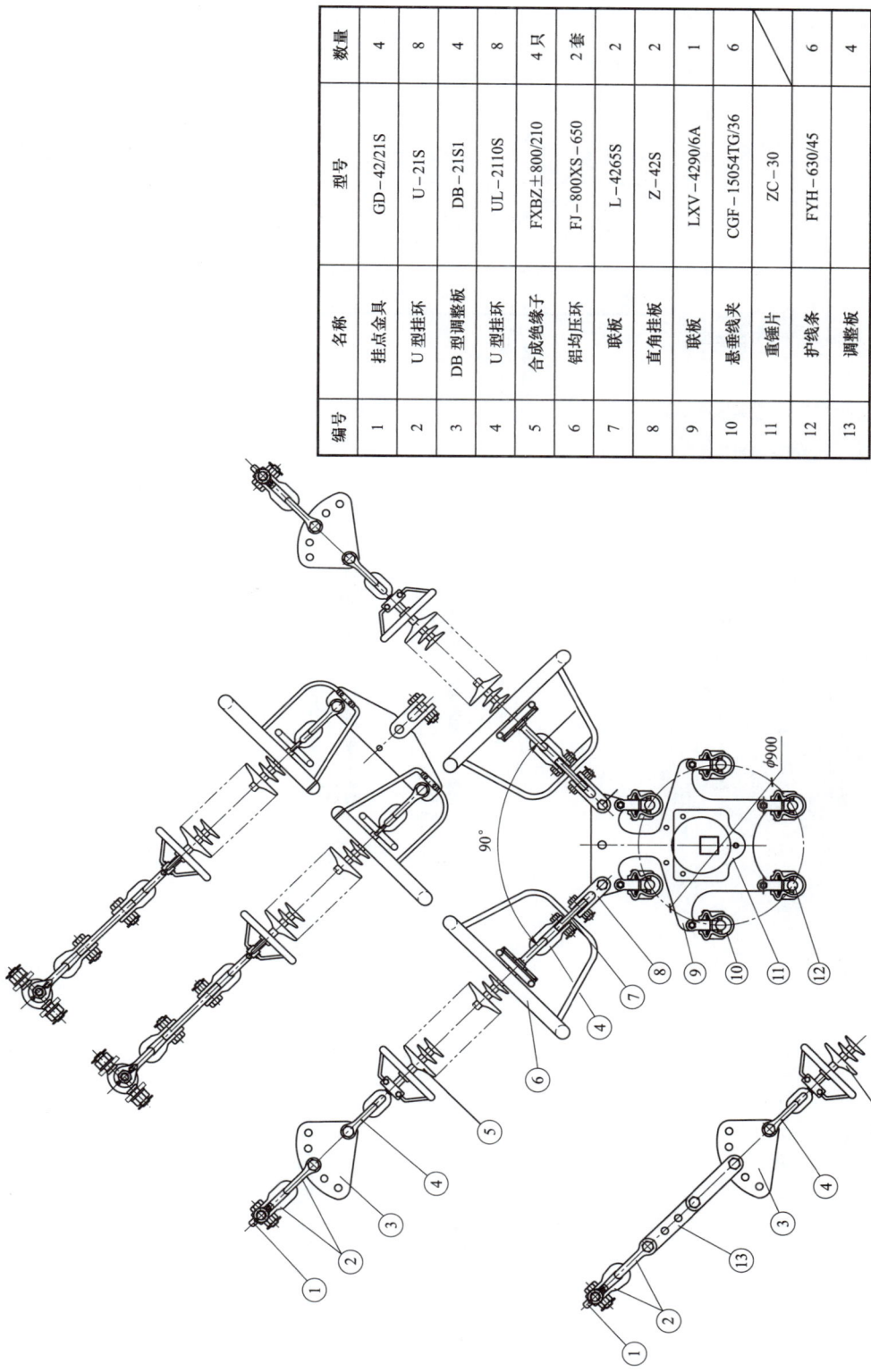

图 2-32 ±800kV 直线塔典型双联双联 V 型绝缘子串组装图

编号	名称	型号	数量
1	U型挂环	U-6418S	4
2	调整板	DB-6418SS1	2
3	平行挂板	P-64150S	6
4	牵引板	QY-64S	2
5	球头挂环	QP-55S	2
6	挂点金具	GD-64SL	2
7	均压环	FJ-800N2-650	1
8	碗头挂板	WS-55S	2
9	联板	LJ-12865605	1
10	屏蔽环	FP-800N2-650	2
11	二变六联板	L6-12860-90S	1
12	直角挂板	Z-21S	8
13	二变六联板	Z-21ST Z-21S	2
14	调整板	DB-21S1	6
15	U型挂环	U-21S	6
16	延长拉杆	YL-21390S	2
17	延长拉杆	YL-21690S	2
18	跳线间隔棒	TJ2-12630/25	2
19	挂板	ZS-21S	4
20	耐张线夹	NY-630/45	2×56
21	绝缘子	550kN	2×56
22	球头挂板	QS-55150S	2

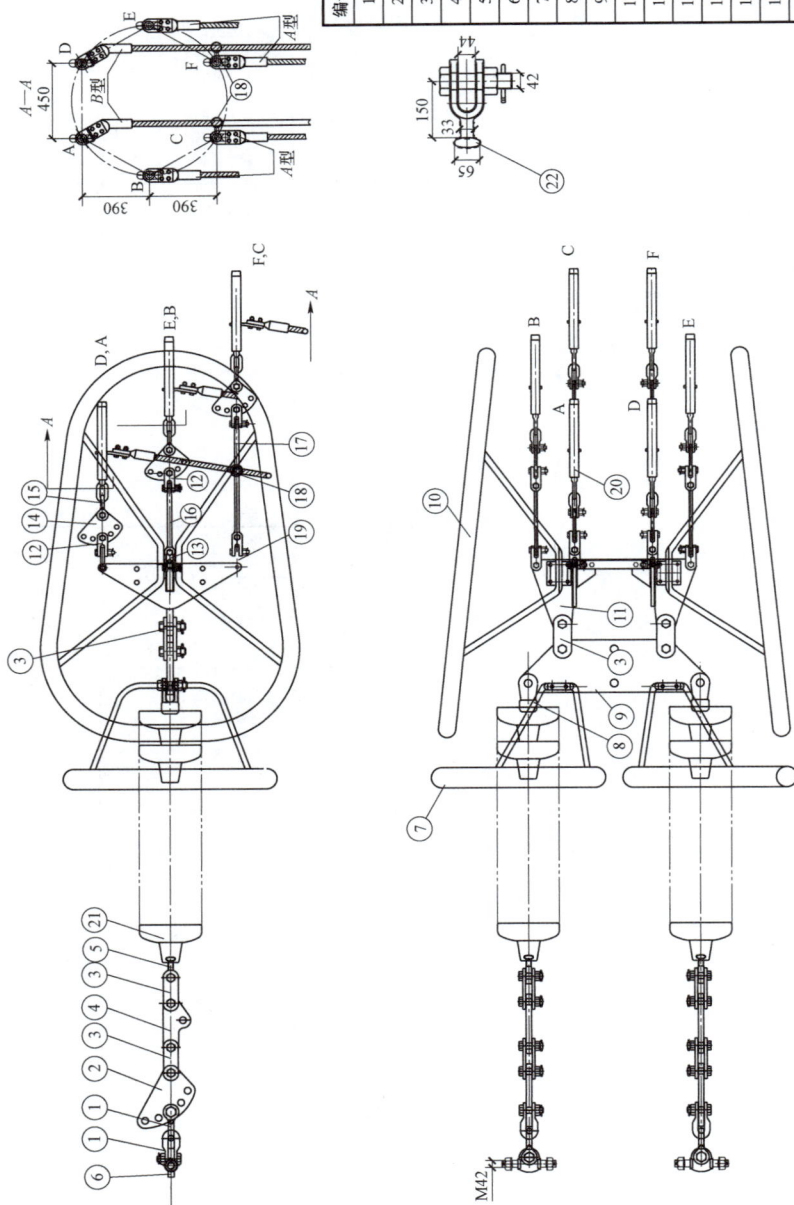

图2-33　±800kV耐张塔典型绝缘子串组装图

七、常见缺陷类型

架空输电线路长期暴露在野外运行，受外部环境、自然灾害、负荷变化等因素影响会发生设备缺陷。在架空输电线路中，电气部分最为常见的缺陷类型主要有耐张线夹发热、金具锈蚀、玻璃绝缘子自爆、复合绝缘子芯棒发热、导地线断股、螺栓销钉缺失、导地线有异物、引流断落、放电间隙不满足要求等，见图2-34～图2-42。根据运行要求，结合不同的缺陷等级和不同的缺陷种类，采取不同的作业方法。为了保证输电线路安全稳定运行，应优先采取带电作业方式进行处理。

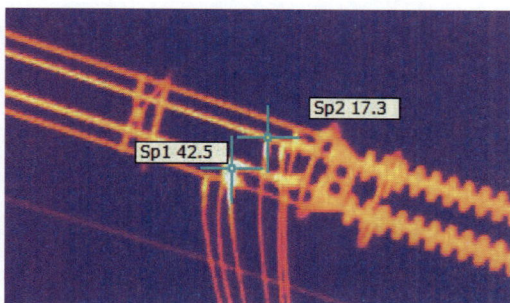

图2-34 耐张线夹发热缺陷

图2-35 直角挂板锈蚀缺陷

图2-36 玻璃绝缘子自爆缺陷

图2-37 瓷绝缘子破损缺陷

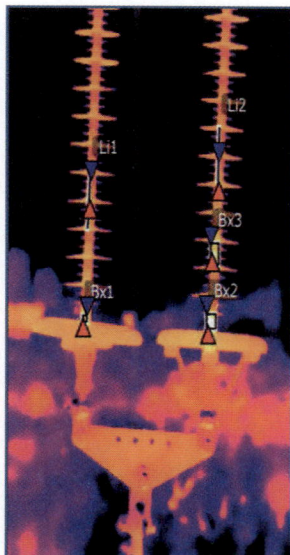

图2-38 复合绝缘子发热缺陷

图 2-39　导线断股缺陷

图 2-40　销钉缺失缺陷

图 2-41　鸟类在杆塔上筑巢

图 2-42　导线上有异物

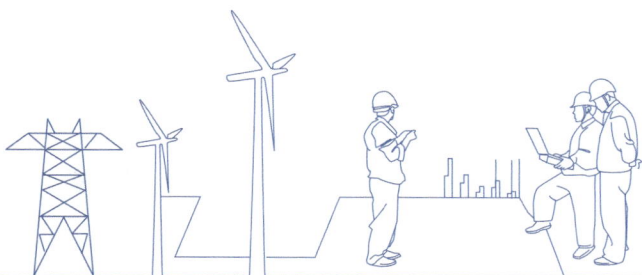

第三章

输电带电作业原理及方法

第一节　输电带电作业简介

带电作业是指在高压电气设备上不停电进行检修、测试的一种作业方法。电气设备在长期运行中需要开展测试、检查和维修工作，带电作业是避免检修停电，保证正常供电的有效措施。带电作业的内容可分为带电测试、带电检查和带电维修等几方面。带电作业的对象包括发电厂和变电所电气设备、架空输电线路、配电线路和配电设备。

输电带电作业项目主要有导地线异物清除、导地线修补、导地线弧垂调整、导线更换、空载线路断接引线、接续金具发热处理、金具销钉补齐、金具更换、绝缘子检测、绝缘子锁紧销补齐、绝缘子更换、防雷装置安装（维护）、防鸟装置安装（维护）、在线监测装置安装（维护）等。

第二节　输电带电作业基本方法

一、带电作业分类

带电作业方式根据作业人员与带电体的位置分为间接作业与直接作业两种方式。

（1）间接作业。间接作业是指作业人员不直接接触带电体，保持一定的安全距离，利用绝缘工具操作高压带电部件的作业。从操作方法来看，地电位作业、中间电位作业、带电水冲洗等都属于间接作业。

（2）直接作业。直接作业是指作业人员直接接触带电体进行的作业，在输电线路带电作业中，直接作业也称为等电位作业，在国外也称为徒手作业或自由作业。作业人员穿戴全套屏蔽防护用具，借助绝缘工具进入带电体，人体与带电设备处于同一电位的作业，它对防护用具的要求是越导电越好。输电线路等电位作业、配电线路全绝缘作业等均属于直接作业。

二、带电作业基本方式

按作业人员的自身电位来划分，带电作业可分为地电位作业、中间电位作业、等电位作业三种方式，如图 3-1 所示。

1. 地电位作业

地电位作业是指人体处于地（零）电位状态下，使用绝缘工具间接接触带电设备，来达到检修目的的方法。其特点是：人体处于地电位时，不占据带电设备对地的空间尺寸。地电位作业位置示意图如图 3-2 所示。

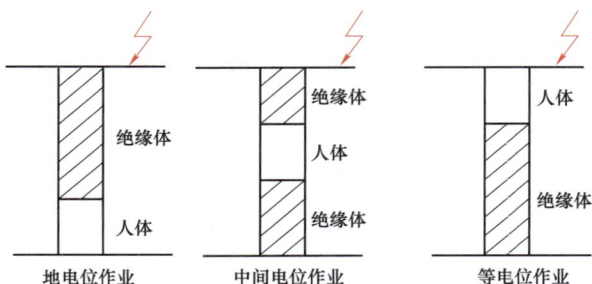

图 3-1　三种作业方式的区别及特点

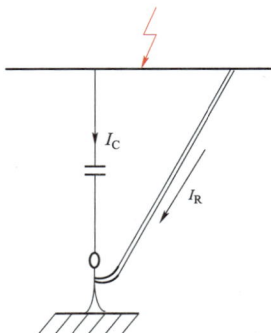

图 3-2　地电位作业位置示意图

作业人员位于地面或杆塔上，人体电位与大地（杆塔）保持同一电位。此时通过人体的电流有两条通道：① 带电体→绝缘操作杆（或其他工具）→人体→大地，构成电阻通道；② 带电体→空气间隙→人体→大地，构成电容电流回路。这两个回路电流都经过人体流入大地（杆塔）。严格地说，不仅在工作相导线与人体之间存在电容电流，另两相导线与人体之间也存在电容电流。电容电流与空气间隙的大小有关，距离越远，电容电流越小，所以在分析中可以忽略另两相导线的作用，或者把电容电流作为一个等效的参数来考虑。

2. 中间电位作业

中间电位作业法是指人体处于接地体和带电体之间的电位状态，使用绝缘工具间接接触带电设备，来达到检修目的的方法。其特点是：人体处于中间电位，占据了带电体与接地体之间一定空间距离，既要对接地体保持一定的安全距离，又要对带电体保持一定的安全距离。这时，人体与带电体的关系是：接地体→绝缘体→人体→绝缘工具→带电体。中间电位作业的位置示意图如图 3-3 所示。

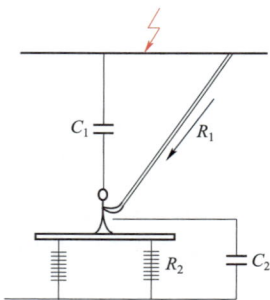

图 3-3　中间电位作业位置示意图

当作业人员站在绝缘梯或绝缘平台上，用绝缘杆进行的作业即属于中间电位作业，此时人体电位是低于导电体电位、高于地电位的某一悬浮的中间电位。采用中间电位法作业时，人体与导线之间构成一个电容 C_1，人体与地（杆塔）之间构成另一个电容 C_2，绝缘杆的电阻为 R_1，绝缘平台的绝缘电阻为 R_2。作业人员通过绝缘平台和绝缘杆两部分绝缘体分别与接地体和带电体隔开，这两部分绝缘体共同起着限制流经人体电流的作用，同时人体还要通过组合间隙来防止带电体通过对人体和接地体发生放电。组合间隙由两段空气间隙组成。

需要指出的是，在采用中间电位法作业时，带电体对地电压由组合间隙共同承受，人体电位是一悬浮电位，与带电体和接地体是有电位差的，在作业过程中要求：

（1）地面作业人员不允许直接用手向中间电位作业人员传递物品。若直接接触或传递金属工具，由于二者之间的电位差，将可能出现静电电击现象；若地面作业人员直接接触中间电位人员，相当于短接了绝缘平台，不仅可能使泄漏电流急剧增大，而且因组合间隙变为单间隙，有可能发生空气间隙击穿，导致作业人员电击伤亡。

（2）当系统电压较高时，空间场强较高，中间电位作业人员应穿屏蔽服，避免因场强过大引起人体的不适感。

（3）绝缘平台和绝缘杆应定期检验，保持良好的绝缘性能，其有效绝缘长度应满足相应电压等级规定的要求，其组合间隙一般应比相应电压等级的单间隙大 20% 左右。

3. 等电位作业

等电位作业是指作业人员保持与带电体（导线）同一电位的作业，此时，人体与带电体的关系是：带电体（人体）→绝缘体→大地（杆塔）。等电位作业工作原理是：根据欧姆定律，当人体不同时接触有电位差的物体时，人体中就基本没有电流通过，所以等电位作业是安全的。当人体与带电体等电位后，假如两手（或两足）同时接触带电导线，且两手间的距离为 1.0m，那么作用在人体上的电位差即该段导线上的电压降。如 LGJ—150 的导线，该段电阻为 0.000 21Ω，当负荷电流为 200A 时，那么该电位差为 0.042V。设人体电阻为 1000Ω，那么通过人体的电流为 42μA，远小于人的感知电流 1000μA，人体无任何不适感。如果作业人员是穿屏蔽服作业，屏蔽服有旁路电流的作用，那么，流过人体的电流将更小。

从作业原理的分析来看，等电位作业是安全的，但在等电位的过程中，应注意以下几点：

（1）作业人员借助某一绝缘工具（硬梯、软梯、吊篮等）进入高电位时，该绝缘工具性能应良好且保持与相应电压等级相适应的有效绝缘长度，使通过人体的泄漏电流控制在微安级的水平。

（2）组合间隙的长度必须满足相关规程及标准的规定，使放电概率控制在 10^{-5} 以下。

（3）在进入或脱离等电位时，要防止暂态冲击电流对人体的影响。因此，在等电位作业中，作业人员必须穿戴全套屏蔽服，实施安全防护。

第四章

输电带电作业安全技术

第一节　输电带电作业中的过电压

一、过电压分类

电力系统由于外部或内部的原因，会出现对绝缘有危害的、持续时间较短的电压升高，这种电压升高（或电位差升高）称为过电压。由雷电活动引起的过电压称为外部过电压（简称外过电压），包括直击雷过电压和感应雷过电压；由电力系统内部正常操作或故障跳闸引起的过电压称为内部过电压（简称内过电压），包括操作过电压和暂时过电压。过电压不仅对电力系统的正常运行造成威胁，而且对带电作业的安全也很重要。因此，在设备绝缘配合、带电作业安全距离选择、绝缘工具最短有效长度以及绝缘工具电气试验标准中都必须考虑这一重要因素。

二、内部过电压

当电力系统内进行断路器操作或者发生事故使系统内部参数发生变化时，电力系统将由一种稳定状态过渡到另一种稳定状态，在这个过程中，系统由于内部参数变化而引发电磁能量的振荡、传递和积累，并导致在某些设备上或系统中出现很高的过电压，称为内部过电压。

内部过电压的大小与电网结构、系统容量及参数、中性点接地方式、故障性质、断路器性能、母线出线回路数以及操作方式等因素有关。内部过电压具有明显的统计性，研究各种内部过电压出现的概率及其幅值的分布不仅对于确定电力系统的绝缘水平具有非常重要的意义，而且是决定带电作业绝缘配合的主要依据。

1. 暂时过电压

暂时过电压包括工频电压升高和谐振过电压。

（1）工频电压升高的主要原因有空载长线路的电容效应、不对称短路引起的工频电压升高、甩负荷引起的工频电压升高等。

（2）谐振过电压的产生是由于电力系统中有许多电感、电容元件，其组合可以构成一系列不同自振频率的振荡回路。因此，在开关操作或故障时，只要某部分电路的自振频率与电源基波或某一谐波频率相等或接近，这部分电路就会出现谐振现象。串联谐振通常会在系统内某一部分造成过电压。而且谐振过电压持续时间比较长，往往造成严重后果，因此在设计时必须进行计算，防止产生谐振或降低谐波幅值、缩短其存在时间。

2. 操作过电压

操作过电压发生在断路器操作而引起的过渡过程中。由于断路器操作使电力系统的运行状态发生突然变化，导致系统内电感元件和电容元件之间的电磁能量互相转换，这个过程具有高幅值、高频振荡、强阻尼和持续时间短等特点，与暂时过电压的特性不同。操作过电压可分为以下四种：

（1）空载线路或电容性负载的分闸过电压。

（2）电感性负载的分闸过电压。

（3）中性点不接地系统的电弧接地（弧光间歇接地）过电压。

（4）空载线路合闸和重合闸时的过电压。

一般操作过电压可达到电力系统最高相地运行电压峰值的 2～4 倍。对于 220kV 及以下系统，电气设备绝缘主要根据外部过电压确定，通常可以承受操作过电压的作用，而对于 330kV 及以上的超高压系统，如过电压倍数仍按 $K=3～4$ 进行绝缘配合设计，必然使设备的绝缘费用迅速增加，而且设备体积大，影响造价和工程投资。因此在超高压系统必须综合采取有效技术措施，以限制过电压倍数，如采用电抗器、带有并联电阻的断路器及磁吹阀型或氧化锌避雷器。

三、外部过电压

外部过电压又称大气过电压，通常是指大气中的雷电活动引起的异常电压。其中，因直击雷而产生的过电压的幅值与雷电流的幅值、陡度和被击杆塔的波阻抗有关；因感应雷出现的过电压幅值则取决于雷云放电电流值、感应雷电压、线路的对地高度和它距落雷点的距离。雷电行波的陡度很高，在导线上传播时会有明显的衰减，因而沿线各点的过电压幅值是有差异的。一般来说，落雷点附近的起始雷电压很高。

我国过电压保护规程对各种电压等级电网的操作过电压倍数 K 做如下规定：

（1）35～66kV 及以下系统（中性点经消弧线圈接地或不接地），$K=4$。

（2）110～154kV 系统（中性点经消弧线圈接地），$K=3.5$。

（3）110～220kV 系统（中性点直接接地），$K=3.0$。

（4）330kV（中性点直接接地），$K=2.5$。

（5）500kV（中性点直接接地），$K=2.18$。

随着电网电压等级的提高，对雷电过电压的防护措施及避雷器保护性能的不断提高，操作过电压已成为超高压电网绝缘设计的主要依据，对带电作业的安全距离及绝缘工具的绝缘水平起着决定性的作用。

第二节　输电带电作业安全距离

一、安全距离的确定方法

（一）带电作业安全距离

防止过电压伤害的根本手段就是在不同电位的物体（包括人体）之间保持必要的距离，称为安全距离。安全距离是指为了保证人身安全，作业人员与带电体之间所保持各种最小空气间隙距离的总称。具体地说，安全距离包括下列五种间隙距离：最小安全距离、最小对地安全距离、最小相间安全距离、最小安全作业距离和最小组合间隙。在规定的安全间距下，带电作业中即使产生了最高过电压，该间隙可能发生击穿的概率总是低于预先规定的可接受值。应根据系统所能出现的最大内过电压幅值和最大外过电压幅值求出其相应的危险距离，取其中最大的数再增加20%的安全裕度作为带电作业安全距离。

（二）带电作业安全距离的确定

带电作业安全距离的确定属于绝缘配合的计算方法。绝缘配合就是按设备所在系统可能出现的各种过电压和设备的耐压强度来选择设备的绝缘水平，以便把作用于设备上引起损坏或影响连续运行的可能性，降低到经济上和运行上能接受的水平。常用的绝缘配合方法有惯用法和统计法两种。惯用法是早期绝缘配合的习惯用法，主要适用于220kV及以下电压等级中，在超高压系统（330、500kV及以上系统中），如果利用惯用法来确定绝缘间隙的最小安全距离，会将绝缘间隙的尺寸取得过大，从技术、经济上都是行不通的。在超高压系统中对自恢复绝缘应用统计法来确定绝缘配合、安全距离。

1. 惯用法

惯用法以作用于绝缘上的最大过电压和绝缘本身的最低耐受强度为依据，使二者之间满足预期的裕度，这个裕度的确定要考虑估计最大过电压和最低耐受强度时产生的偏差。

按惯用法做绝缘配合时，若裕度考虑过大，绝缘经济性差，且不仅操作距离远，手持绝缘工具过长，人为增加了作业难度，还会因设备条件的限制，影响带电作业的开展；若裕度考虑过小，则人身安全得不到保证。

应用惯用法时，最大过电压应考虑到操作过电压和远方传来的雷电压。绝缘最低耐受强度则按有关手册的空气间隙和绝缘子串的放电特性来求得。在以前，一般用典型间隙（如棒—棒间隙）放电曲线来确定带电作业间隙的耐压水平。近些年来，人们开始采用典型间隙的操作波放电试验来确定带电作业间隙的耐压强度。在空气间隙中，在波头接近250μs的操作冲击试验中，耐压强度最低，因而在确定带电作业间隙耐压强度的试验中，操作波一般采用标准操作波（250/2500μs）。

应用惯用法确定带电作业安全距离的步骤如下：

（1）确定系统最大过电压 $U_{0\max}$

$$U_{0\max} = K_0 K_r \cdot \frac{\sqrt{2}}{\sqrt{3}} \cdot U_H (\text{kV}) \tag{4-1}$$

式中：U_H 为系统额定电压（有效值）；K_0 为最大过电压倍数；K_r 为电压升高系数。

（2）确定所需安全裕度系数 A，自 20 世纪 50 年代开始，安全裕度的预期值为 1.2。

（3）确定绝缘最低耐受强度 U_w

$$U_w = A \cdot U_{0\max} \tag{4-2}$$

（4）确定安全距离。考虑到绝缘间隙的放电电压的偏差，一般取 $\delta = 6\%$，则间隙的 50% 放电电压应满足

$$U_{50\%} \geqslant \frac{U_w}{1 - 3\sigma} \tag{4-3}$$

再查曲线或与真型试验数据比较来确定最小安全距离。

2. 统计法

在超高压（330、500kV 以上）系统中，对于自恢复绝缘，应用统计法来进行绝缘配合，也同样应用统计法来确定带电作业的安全距离。

统计法的基本原理是，承认系统中的过电压和绝缘的耐压强度都是随机变量，不同的绝缘、不同尺寸的空气间隙在发生过电压时都有发生放电的可能性，只不过它们发生的概率随绝缘尺寸、绝缘种类等不同。在带电作业时，如果发生了过电压，并由此发生放电的概率，称为危险率。定量地确定某种具体的绝缘下的危险率，只要其值在某个合适的范围之内，就可认为是安全的。统计法以正态分布的随机变量的模型来对危险率进行定量计算。按统计法确定的带电作业安全距离，不仅不会造成"绝对安全"的错觉，还能避免不必要的（过大的）裕度，这是其优点所在。但统计法只能应用于自恢复绝缘。

统计法计算危险率的数学原理是，电力系统过电压的幅值、波形、绝缘间隙的放电电压都是随机变量，它们基本遵循正态分布的统计规律。在确定了其分布的均值和偏差这两个基本参数之后，就可以据此计算危险率。

正态分布的随机变量，其概率密度函数为

$$f(x) = \frac{1}{\sigma \sqrt{2\pi}} e^{-\frac{1}{2} \left(\frac{x - \mu}{\sigma} \right)^2} \tag{4-4}$$

式中：μ 为随机变量 x 的均值；σ 为标准偏差（σ / μ 为相对标准偏差）。

该函数图在水平 X 轴上的位置由 μ 来确定，其形状"胖瘦"由 σ 来确定，见图 4-1。对式（4-4）进行积分，可以得到正态概率分布函数

$$F(Z) = \int_0^Z f(x) \mathrm{d}x = \int_0^Z \frac{1}{\sigma \sqrt{2\pi}} e^{-\frac{1}{2} \left(\frac{x - \mu}{\sigma} \right)^2} \mathrm{d}x \tag{4-5}$$

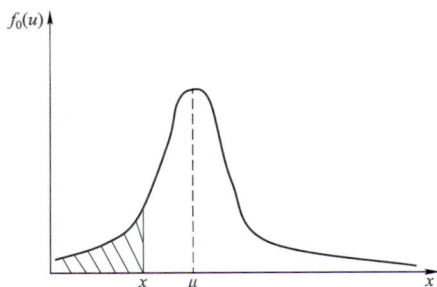

图 4-1　正态分布概率密度函数

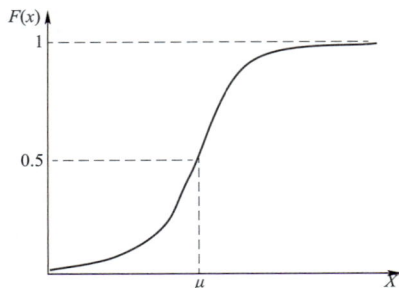

图 4-2　正态概率分布函数

由式（4-5）可见，$F(X)$ 的含义是随机变量 x 出现在 $x \leq X$ 的区间的概率，即图 4-1 中阴影部分的面积。正态概率分布函数见图 4-2。

空气间隙的放电电压符合正态分布，因而其概率密度函数为

$$f_d(U) = \frac{1}{\sigma_d \sqrt{2\pi}} \cdot e^{-\frac{1}{2}\left(\frac{u - U_{50\%}}{\sigma_d}\right)^2} \qquad （4-6）$$

式中：$U_{50\%}$ 为绝缘 50% 放电电压；σ_d 为标准偏差。

其概率分布函数为

$$F_d(u) = \int_0^u f_d(u)\mathrm{d}u \qquad （4-7）$$

系统过电压幅值出现的概率也基本符合正态分布，其概率密度函数为

$$f_0(u) = \frac{1}{\sigma_0 \sqrt{2\pi}} \cdot e^{-\frac{1}{2}\left(\frac{u - U_n}{\sigma_0}\right)^2} \qquad （4-8）$$

式中：U_n 为系统过电压幅值的均值（数学期望）；σ_0 为其标准偏差。

危险率 R 为

$$R = \int_0^\infty f_0(u) F_d(u) \mathrm{d}u \qquad （4-9）$$

其几何意义如图 4-3 所示，U_m 与 $U_{50\%}$ 的相对位置决定了绝缘配合的裕度，阴影部分的面积就是危险率。此外，$F_d(u)$ 与 $f_0(u)$ 决定了两个曲线的形状，也对危险率的值有影响。

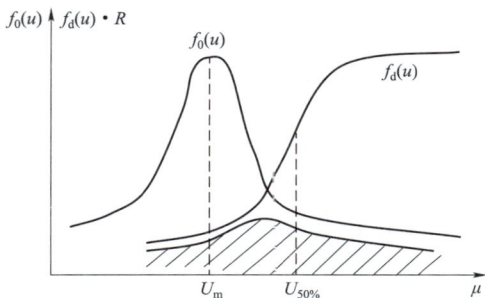

图 4-3　危险率的几何意义

计算式（4−9）需编制计算机程序迅速得到答案，或按 SD 119—84 的附件中的绝缘配合的方法来计算。在计算中，一般认为空气间隙放电电压的相对标准偏差小于 0.06，即 σ_d 取 $0.06U_{50\%}$。而将系统过电压的相对标准偏差取为 0.12，即 $\sigma_0=0.12U_m$。

$U_{50\%}$ 由绝缘的种类、尺寸、形状决定，对于空气间隙，可查经验曲线，有条件的话也可以做模拟试验进行确认。近些年来，一般都采用带电作业的典型试验来确定 $U_{50\%}$。系统过电压均值 U_m 则由系统设计决定，一般来说，对于确定的线路，U_m 的取值是一定的，U_m 与系统的统计过电压有如下关系

$$U_m = \frac{u_{2\%}}{1+2.05(\sigma_0/U_m)} = \frac{U_{0.13\%}}{1+3(\sigma_0/U_m)} \qquad （4−10）$$

而统计过电压 $U_{2\%}$ 通常用过电压倍数 K 乘以系统最高运行相电压来得到

$$U_{2\%} = K \cdot K_r \cdot \frac{\sqrt{2}}{\sqrt{3}} \cdot U_H(kV) \qquad （4−11）$$

式（4−11）与式（4−1）的区别在于式（4−11）中的 K 为统计过电压倍数，式（4−1）中的 K_0 为最大过电压倍数，这二者之间满足

$$K_0 = K\frac{1+3\dfrac{\sigma_0}{U_m}}{1+2.05\dfrac{\sigma_0}{U_m}} \qquad （4−12）$$

以往的经验证明，当危险率小于 10^{-5} 时，是非常安全的。即带电作业时，遇上系统中操作过电压十万次，其中发生了放电的概率小于一次。一般的设计考虑都将带电作业危险率考虑为 10^{-5}，这显然是非常安全的。

上述计算中还存在各种潜在的安全裕度，假设带电作业时遇到了过电压，而实际上带电作业时很可能不会遇上过电压；确定绝缘的放电电压时，采用严格的正极性操作冲击时的 50%放电电压，而实际上系统中出现正、负极性操作波的概率是相同的；而且 $U_{50\%}$ 的确定一般采用 250/2500μs 的操作波下的值，这也是与实际操作波形出现的概率下相符合的。考虑到这些因素，可将危险率的安全范围适当放宽，取 $(1\sim5)\times10^{-5}$ 也是合适的，这由各系统的具体情况决定。

二、各电压等级安全距离

《送电线路带电作业技术导则》（DL/T 966）中对带电作业的安全距离做出了规定，其确定的原则就是惯用法或统计法，以及各种条件下的试验数据。常用电压等级带电作业的各种安全距离见表 4−1。

表 4－1 　　　　　　　　　　常用电压等级带电作业的安全距离

电压等级（kV）		63（66）	110	220	330	500
人体对带电体最小安全距离（m）		0.7	1.0	1.8	2.6	3.2*
等电位作业时人体对地安全距离（m）		0.7	1.0	1.8	2.6	3.2*
最小相间安全距离（m）		0.9	1.4	2.5	3.5	5.0
最小组合间隙（m）		0.8	1.2	2.1	3.1	4.0
最短绝缘有效长度（m）	操作杆	1.0	1.3	2.1	3.1	4.0
	承力杆、绝缘绳	0.7	1.0	1.8	2.8	3.7

＊　海拔为 500m 以下时，取 3.2m；海拔为 500～1000m 时，取 3.4m。

第三节　输电带电作业技术条件及安全防护

一、带电作业技术条件

在带电作业中，电对人体的作用有两和：① 人体的不同部位同时接触了有电位差（如相与相之间或相与地之间）的带电体时而产生的电流危害；② 人在带电体附近工作时，尽管人体没有接触带电体，但人体仍然会由于空间电场的静电感应而产生的风吹、针刺等不舒适感。经测试证明，为了保证带电作业人员不致受到触电伤害的危险，并且在作业中没有任何不舒适感的安全地进行带电作业，就必须具备三个技术条件：

（1）流经人体的电流不超过人体的感知水平 1mA（1000μA）。

（2）人体体表局部场强不超过人体的感知水平 240kV/m（2.4kV/cm）。

（3）人体与带电体（或接地体）保持规定的安全距离。

二、输电带电作业安全防护

（一）电流对人体的影响及防护

1. 人体对电流的生理反应

人体如被串入闭合的电路中，就会有电流通过。人体电阻 R_r 一般按 1000Ω 计算。人体对工频稳态电流的生理反应可分为感知、震惊、摆脱、呼吸痉挛和心室纤维性颤动。其相应的电流阈值如表 4－2 所示。

表 4－2 　　　　　人体对工频稳态电流产生生理反应的电流阈值　　　　　（mA）

生理效应	感知	震惊	摆脱	呼吸痉挛	心室纤维性颤动
男性	1.1	3.2	16.0	23.0	100
女性	0.8	2.2	10.5	15.0	100

心室纤维性颤动被认为是电击引起死亡的主要原因，但超过摆脱阈值的电流，也可能致命，因为此时人手已不能松开，使电流继续流过人体，引起呼吸痉挛甚至窒息死亡。上述各阈值并非一成不变，与接触面积、接触条件（湿度、压力、温度）和每个人的生理特性有关，心室纤颤电流阈值与电流的持续时间有密切关系。

此外，人体对直流电流的感知阈值为 5mA（男 5.2mA，女 3.5mA）；人体对高频电流的感知水平为 0.24A。电流对人体的伤害主要有电击和电伤两种。

（1）电击是指电流对人体内组织的伤害。

（2）电伤主要是指灼伤、电烙伤、皮肤金属化等。

所以必须采取各种措施限制通过人体的电流，使其小于引起人体伤害电流的最小值，确保人身安全。

由于绝缘工具的电阻远远大于人体电阻，将绝缘工具串联在回路中，利用绝缘工具阻断通过人体的电流。绝缘工具的绝缘好坏、通过的电流大小直接影响人体的安全。

2. 绝缘工具的泄漏电流

带电作业中，由各种绝缘杆、绳或者水柱等组成了带电体和接地体之间的各种通道。绝缘材料在内、外因素影响下，也会使通道流过一定的电流，习惯上把这种电流称之为泄漏电流。泄漏电流也是一种对人体伤害比较严重的电流，尤其是经绝缘体表面通过的沿面电流。可以通过对绝缘工具表面进行擦拭，使其表面光滑、干燥、洁净，达到尽可能地减少沿面电流的目的。

有泄漏电流时的地电位作业位置示意图及等值电路如图 4−4 所示。

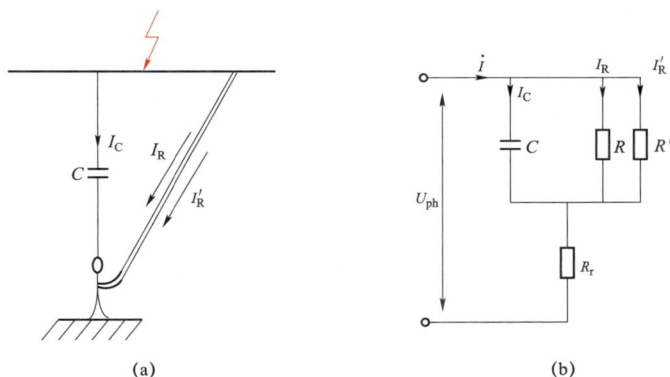

图 4−4　有泄漏电流时的地电位作业
（a）地电位作业位置示意图；（b）等值电路图
C、I_C—人体与带电体间的电容及电容电流；U_{ph}—相电压；R、I_R—绝缘工具的电阻及流过它的绝缘泄漏电流；
R_r—人体电阻；R'、I_R'—绝缘工具的表面电阻及流过表面泄漏电流

由于 R 与 R' 并联，使绝缘电阻减小，而带电体电压不变，所以通过人体的电流增大为 I_R+I_R'，可能使人体受到伤害。

绝缘工具上的泄漏电流主要指沿绝缘材料表面流过的电流，它是由外来杂质（水分、酸及其他物质）的离子式绝缘介质本身的离子移动所引起的。

在间接作业中，作业人员使用绝缘杆操作或安装某种绝缘工具时，人体与绝缘工具一般呈串联状态，因此从绝缘工具流过来的泄漏电流将全部通过人体入地。

绝缘工具的电阻远远大于人体电阻，因而流过人体的电流由绝缘工具的电阻决定。

作业使用的环氧树脂类材料的电阻率都很高，体积电阻率一般都在 $10^{13}\Omega \cdot cm$ 以上，表面电阻系数也高达 $10^{13}\Omega$。因此，绝缘工具在满足《电力安全工作规程 电力线路部分》（GB 26859—2011）要求的长度下，泄漏电流只有几个微安，远远低于人体对工频交流电流的感知水平。

若绝缘工具受潮，其体积电阻率及表面电阻率将可能下降两个数量级，则泄漏电流将上升两个数量级，达到毫安级水平，会危及人身安全。因此，保持工具不受潮是非常重要的。

采用泄漏报警器可防止泄漏电流，泄漏报警器并联在绝缘工具的尾部，并与大地相连。当泄漏电流达到整定值即发出警报。

普通绝缘工具在湿度超过 80%以上的环境中禁止使用，如需带电作业，则必须使用防潮型绝缘工具（防潮绝缘杆、防潮绳、防潮绝缘毯、防潮绝缘服等）。防潮工具内部、表面经过特殊处理，具有在潮湿气候下仍能保持很小的泄漏电流的特性。

普通绝缘工具在雨天是禁止使用的。特殊的雨天操作杆，由于加装了一定数量的防雨罩，使绝缘杆有效长度内的泄漏路径大大延伸，并保持少数区段的绝缘不被雨淋湿，所以，整个工具的泄漏电流得到有效控制，一般工作状态下的泄漏电流不会超过几百微安。

3. 绝缘子串的泄漏电流

干燥洁净的绝缘子串电阻很高，单片绝缘子的绝缘电阻在 500MΩ 以上，其电容很小，单片绝缘子约为 50pF，故其阻抗值也很高，绝缘子串的泄漏电流不会超过几十微安。但当绝缘子受到一定程度的污秽，且空气相对湿度较大时，泄漏电流可能达到毫安级。当塔上电工在横担一侧摘除绝缘子挂点时，人体就串入泄漏回路中，泄漏电流将流过人体。

防护的措施是先拆开绝缘子串导线侧连接，并将泄漏电流短接入地，再摘挂点。穿屏蔽服，并带屏蔽手套去摘挂点，也可分流泄漏电流，有效地保护人身安全。

4. 在载流设备上工作的旁路电流

在导线上等电位作业时，导线电阻虽然非常小，但导线上负荷电流是很大的，在某两点（如人体左、右手接触的两点）之间就会有电位差，此电位差较小，如果人穿屏蔽服接触两点，流过屏蔽服的电流很小，一般不需要加以防护。通常称此电流为旁路电流。

如在下列情况下，则应加以防范：

（1）在高阻抗载流体（例如阻波器）附近工作。

（2）使用引流线短接空载电容电流。

（3）使用短路线短接带负载线路等。

防护的主要措施是使用截面合格、热容量大的导流设备事先将电流短接，使工作区内的阻抗降低，无明显的电位差存在，此时工作就不会发生问题。对断接有较高电位差的电容电流，要避开电弧区，或使用密封的消弧设备，免受飞弧的伤害。

（二）电场对人体的影响及防护

带电作业中所遇到的电场几乎都是不对称分布的极不均匀电场。作业人员在攀登杆塔或变电所构架，由地电位进入强电场的过程中，构成了各种各样的电场。

运行中的导线表面及周围空间存在着电场，且属于不均匀电场，表面的电场强度高于周围空间的电场强度。影响导线表面及周围空间电场强度的因素是多方面的，主要包括输电线路运行电压、相间距离与分布、导线对地高度、分裂导线数目、分裂距与子导线的直径、导线表面状况、当地气象条件等。根据理论计算，500kV系统中若采用LGJ—300型导线、四分裂、分裂距45×45cm，则导线表面最高场强为1590/2250kV/m（有效值/峰值）。

在带电作业的全过程中人体处于空间电场的不同位置，对空间电场的影响是不一样的，人体各部位体表的场强也是不一样的。将人体看成导体，当人体处于地面时，整个人体处于地电位，相对周围环境人体形成突出，由于静电感应，一般来说头部体表场强最高；当人体离开地面处于悬浮电位（相当于中间电位作业）时，沿着电场的纵方向的人体突出部位（头、脚）体表场强最高；当人体与导线电位相等后，人体的突出部分的体表场强最高；在操作人员进行电位转移的瞬间，手接触导线时手与导线之间的气隙处的场强非常大，会导致手指与导线之间发生放电，直到手指握住导线后，放电才会停止。

经实际检测，在500kV线路上，未等电位前头顶场强（屏蔽服外）达400kV/m，在等电位后，脚尖部分场强可达700kV/m。而在电位转移过程中，手指—导线电极间场强很高，手指体表场强可达1800～2100kV/m（有效值），因为只有达到这个场强值，空气才会击穿导致火花放电。这里需要强调的是，不论在哪个电压等级上，在转移电位前手指尖的体表场强都会达到这个值，否则间隙不会被击穿。因而，等电位作业时，不论电压等级高低，都必须采取防护措施。但是，在各电压等级中，电位转移时的放电间隙是不相同的。经实际检测，在500kV线路上，电位转移时的火花放电间隙为300mm。

为了防止火花放电发生在等电位作业人员的裸露部分与导线之间，等电位人员在进行电位转移前，应得到工作负责人的许可，并系好安全带，还限定了转移电位时人体裸露部分与带电体的距离，在500kV系统中，规定人体裸露部分与带电体的距离不应小于0.4m。

1. 强电场对人体的生态效应

工频强电场对人体的影响可以分为短时效应和长期效应。

工频强电场对人体的长期效应的严重性，是带电作业人员非常关心的问题，国际上也曾经争论多年。1972年，苏联在国际大电网会议上提出，经常暴露在高电场的工作人员出现了神经上及心血管功能性病症。这一报告引起了国际上的极大不安，随后一些国家（包括中国）都对高电场对人身生理影响进行了广泛的研究，1980 年国际大电网会议上，发表了对人身没有影响的结论。

1982 年，世界健康组织发表了关于输电系统产生的电磁场对人体健康影响的声明：

（1）试验研究表明，场强至 20kV/m 不会有害于健康。

（2）对高压变电站及输电线路工作人员的长期观察未发现对健康不利影响。

武高所、武汉同济医科大学、湖北超高压局研究结论是：

（1）在试验装置场强为 40kV/m 时（相当于现有输变电站下工作人员所受到的场强值）未发现对动物的生理学带来影响。

（2）如果场强提高到 100kV/m，会出现场强对动物生理学带来影响。

（3）从超高压电场作业人员健康状况的动态观察和 500kV 输电线路走廊内卫生学调查结果，也未发现有条件下的生态影响。

2. 人体在强电场中的感觉

（1）电风感觉。人体在强电场中有风吹的感觉，是因为强电场中的人体会带上感应电荷，而电荷会堆积在表面的尖端部位（如指尖、鼻尖等）使这些尖端部分周围的局部场强得到加强，从而使这里的空气产生游离，出现离子移动所引起的风，这种电风拂过皮肤时人体就会有一种特有的"风吹感"。

人体风吹感的大小与电场的强弱有关。经测试证明，人体在良好的绝缘装置上，裸露的皮肤上开始感觉到有微风拂过时的电场强度大约为 240kV/m。电场强度低于 240kV/m 时，人体不会感到电场的存在。现在已普遍把 240kV/m 作为人体对电场的感知水平。

（2）异声感。在交流电场中，当电场强度达到某一数值后，许多人的耳中就会产生"嗡嗡"声。初步分析认为，这是由于交流电场周期变化，对耳膜产生某种机械振动所引起的。

（3）蛛网感。在强电场中，如果人的面部不加屏蔽，也会产生一种特有的"蛛网感"，其感觉是好像面部沾上了蜘蛛网一样的难受。究其原因是尖端效应，使面部的电荷集中到汗毛上，汗毛上的同性电荷所产生的斥力使一根根的汗毛竖起，在交流电场中，汗毛的反复竖立，牵动了皮肤从而产生了一种特有的异样感。

（4）针刺感。当人穿着塑料凉鞋在强电场下的草地上行走时，只要脚下的裸露部分碰到附近的草尖，就会产生明显的刺痛感。这是由于人体与大地绝缘，与草尖有电位差，造成草尖与人体放电。

3. 工频电场中的电击

工频电场中的电击可分为暂态电击与稳态电击两种。

（1）暂态电击。暂态电击是指在人体接触电场中对地绝缘的导体的瞬间，聚集在导体上的电荷以火花放电的形式通过人体对地突然放电。流过人体的电流是一种频率很高的电流，当电流超过某一值时，即对人体造成电击。这种放电电流成分复杂，通常以火花放电的能量来衡量其对人体危害性的程度。人体对暂态电击产生生理反应时的能量阈值见表 4–3。

表4-3　　　　　　　　　人体对暂态电击产生生理反应时的能量阈值　　　　　　　　（mJ）

生理效应	感知	烦恼	损伤或死亡
能量阈值	0.1	0.5～1.5	25 000

（2）稳态电击。在等电位作业和间接带电作业中，由于人体对地有电容，人体也会受到稳态电容电流等的电击，电击对人体造成损伤的主要因素是流经人体电流的数值大小。

4. 强电场保护的要求

高压电场中的防护，其目的在于抑制强电场对人体产生的不适感觉，减小工频电场对人体的长、短期生态效应。

（1）控制流经人体的电流。制订 IEC 标准时，曾提出人体电流应控制在 100μA 之内，苏联在制订屏蔽服标准时，认为人体电流允许值为 60μA，美国提出控制人体的最大电流在 40μA 之内，加拿大提出控制在 50μA 内，我国的规定认为，屏蔽服内流经人体的电流不得大于 50μA。

（2）控制人体表的电场强度。如前所述，人体皮肤对表面局部场强的电场感知水平为 240kV/m。据研究，人员在地面时，若地面场强为 10kV/m，则头顶最高场强为 135kV/m，小于电场感知水平，是足够安全的。带电作业时，在中间电位、等电位或电位转移时，体表场强会远远超过这个值，则需采取防护措施。《带电作业用屏蔽服》（GB/T 6568—2008）标准中规定，人体面部等裸露处的局部场强允许值为 240kV/m。

5. 屏蔽服的原理

根据法拉第笼原理：在封闭导体内部，电场强度为零。屏蔽服是法拉第原理的具体应用，但是屏蔽服实际为一金属网状结构，不可能是全封闭导体，会有部分电场穿透到屏蔽内部，因此，存在着屏蔽效率的问题。屏蔽服具有如下主要作用：

（1）屏蔽电场。屏蔽服对电场的减弱作用可用屏蔽效率来表示。屏蔽效率定义为屏蔽服外部场强 E_1 和内部场强 E_2 比值的分贝值表示

$$屏蔽效率 S \cdot E = 20\log\frac{E_1}{E_2}(\text{dB}) \qquad (4-13)$$

《带电作业用屏蔽服装》（GB/T 6568—2008）规定，屏蔽服屏蔽效率不得小于 40dB。

（2）均压作用。如果作业人员不穿屏蔽服，由于人体有电阻，人体接触导体点与未接触点电位就会不一样，有电位差使作业人员产生电击感。穿上屏蔽服后，人体各个部分的电位视为相同，起到均压作用。因此，衣、裤、帽、鞋等在作业时必须可靠的连成一体。

（3）分流作用。人体接触和脱离不同电位物体的瞬间会有暂态的充放电过程；等电位作业时，电位转移过程中放电过程产生高频暂态电流；等电位以后，人体对地有电容，会有稳态的充电电流。这些电流都以屏蔽服为旁路来分流，使真正流过人体的电流很小，消除了不良感觉和伤害。因而，还可取代电位转移线，简化了作业程序。

6. 屏蔽服的技术要求

成套屏蔽服装包括上衣、裤子、帽子、手套、短袜、鞋子及其相应的连接线和连接头。

一般说来，屏蔽服应有较好的屏蔽性能、较低的电阻、适当的载流容量、一定的阻燃性及较好的服用性能，整套屏蔽服间应有可靠的电气连接。屏蔽服还应具有耐磨、耐汗蚀、耐洗涤、耐电火花等性能。另外，帽子的保护盖舌和外伸边沿必须确保人体外露部位不产生不舒适感，并应确保在最高使用电压的情况下，人体外露部分的表面场强不大于 240kV/m。

《带电作业用屏蔽服装》（GB/T 6568—2008）规定屏蔽服分两种类型，其特点是：Ⅰ型屏蔽效率高，载流容量小；Ⅱ型有适当的屏蔽效率，载流容量大。屏蔽服的穿着情况对屏蔽效果影响是很大的，使用时必须按规定穿戴。

带电作业用屏蔽服各项具体性能要求及其试验标准依据《带电作业用屏蔽服装》（GB/T 6568—2008）等标准执行。

（三）静电感应对人体的影响及防护

在带电导线周围的空间中存在着电场，一般来说，距带电导线的距离越近，空间场强越高。当把一个导电体置于电场之中时，在靠近高压带电体的一面将感应出与带电体极性相反的电荷。当作业人员沿绝缘体进入等电位时，由于绝缘体本身的绝缘电阻足够大，通过人体的泄漏电流将很小。但随着人与带电体的逐步靠近，静电感应作用越来越强烈，人体与导线之间的局部电场越来越高。

当人体与带电体之间距离减小到场强足以使空气发生游离时，带电体与人体之间将发生放电。当人手接近带电导线时，就会看见电弧发生并产生啪啪的放电声，这是正负电荷中和过程中电能转化成声、光、热能的缘故。当人体完全接触带电体后，中和过程完成，人体与带电体达到同一电位。

对于 110kV 或更高电压等级的输电线路,冲击电流初始值一般约为十几安至数十安。由此可见，冲击电流的初始值较大，因此作业人员必须身穿全套屏蔽服，通过导电手套或等电位转移线（棒）去接触导线。如果直接徒手接触导线，则会对人体产生强烈的刺激，有可能引发二次事故或导致电气烧伤。当然，由于冲击电流是一种脉冲放电电流，持续时间短，衰减快，通过屏蔽服可起到良好的旁路效果，使直接流入人体的冲击电流非常小，而且屏蔽服的持续通流容量较大，暂态冲击电流也不会对屏蔽服造成任何损坏。一般来说，采用导电手套接触带电导线，由于身穿屏蔽服的人体相对距带电导线较近，相当于电容器的两个极板较近，感应电荷增多，因此其冲击电流也较大。如果作业人员用电位转移线（棒）搭接，人体可以对导线保持较大的距离，使感应电荷减小，冲击电流也减小，从而避免等电位瞬间冲击电流对人体的影响。

在作业人员脱离高电位时，即人与带电体分开并有空气间隙时，相当于出现了电容器的两个极板，静电感应现象同时出现，电容器复被充电。当这一间隙小到使场强高到足以使空气发生游离击穿时，带电体与人体之间又将发生放电，就会出现电弧并发出"啪啪"的放电声。所以每次移动作业位置时，若人体没有与带电体保持等电位，都会出现充电和放电的过程。当等电位作业人员靠近导线时，如果动作迟缓并与导线保持在空气间隙易被击穿的临界距离，那么空气绝缘时而击穿，时而恢复，就会发生电容与系统之间的能量反复交换。这些能量部分转化为热能，有可能使导电手套的部分金属丝烧断，因此，进入等电位和脱离等电位都应动作迅速。等电位过渡的时间是非常短的，当人手与导线握紧之后，大约经过零点几微秒，冲击电流就衰减到最大值的 1%以下，等电位进入稳态阶段。当人体与带电体等电位后，就好像鸟儿停落在单根导线上一样，即使人体有两点与该带电导线接触，由于两点之间的电压降很小，流过人体的电流是微安级的水平，人体无任何不适感。

感应电压防护方面：

（1）在 330、±400kV 及以上电压等级的线路杆塔上及变电所构架上作业，应采取防静电感应措施，如穿着静电感应防护服、导电鞋等（220kV 线路杆塔上作业时宜穿导电鞋）。

（2）绝缘架空地线应视为带电体。在绝缘架空地线附近作业时，作业人员与绝缘架空地线之间的距离不应小于 0.4m。如需在绝缘架空地线上作业，应用接地线将其可靠接地或采用等电位方式进行。

（3）用绝缘绳索传递大件金属物品（包括工具、材料等）时，杆塔或地面上作业人员应将金属物品接地后再接触，以防电击。

第四节　输电带电作业基础力学应用

输电线路力学计算主要是采用悬链线方程、抛物线方程以及状态方程等方法，计算在不同的施工、检修、运行作业条件下，线路不同构件的荷载以及导线的线长与弧垂。输电线路带电作业涉及的力学计算问题，主要是通过状态方程计算在带电作业过程中，不同构件荷载变化情况。

一、输电线路状态方程式

当输电线路上作用的荷载或气象条件发生变化时，将引起线路构件的应力，以及导线弧垂、线长的变化，不同的运行状态之间，输电线路的各参数之间存在着一定的关系。为了保证输电线路施工、检修与运行过程中的安全性，必须弄清不同的运行状态之间的变化关系，这就需要建立正确的状态变化间的关系方程，简称为状态方程式。

（一）基本状态方程式

固定于两个悬挂点间的架空导线，若已计算出两种不同状态下的导线线长，并将其换算到同一状态时，则两者线长应相等，这是建立基本状态方程式的根本原则。为使问题简化起见，假设：

（1）架空导线为完全弹性体，不考虑长期运行产生的塑性变形，并认为弹性系数保持不变。

（2）架空导线为理想柔性，不考虑其刚度的影响。

（3）架空导线上的荷载均匀分布。

若某档的架空导线在无应力、制造温度为 t_0 的原始状态下，具有原始的长度 l_0。将它悬挂于档距 l，高差为 h 的两悬点 A、B 上，此时架空导线具有气温 t，比载 γ，轴向应力 σ_x，档内架空导线的平均应力 σ_{cp}，导线的线长 L。

由于温度的变化，架空导线产生热胀冷缩；由于施加轴向应力，架空导线产生弹性伸长。若把温度和应力的变化视为 n 个阶段逐渐加上去的，则每一阶段温度升高 $(t-t_0)/n$，应力变化 σ_x/n。设架空导线的线性温度膨胀系数为 α，弹性系统为 E，那么对原始长度的身微元 $\mathrm{d}L_0$，在新的状态下变化 $\mathrm{d}L$，即

$$\mathrm{d}L = \mathrm{d}L_0 \left(1 + \frac{\sigma_x}{nE}\right)^n \left(1 + \alpha \frac{t-t_0}{n}\right)^n \tag{4-14}$$

整理化简后得

$$L_0 = L\left[1 - \frac{\int_0^l \sigma_x \mathrm{d}L}{EL} - \alpha(t-t_0)\right] = L\left[1 - \frac{\sigma_{cp}}{E} - \alpha(t-t_0)\right] \tag{4-15}$$

由式（4-15）可知，从架空导线的悬挂长度 L 中减去弹性伸长量和温度伸长量，即可得到档内架空导线的制造长度和原始线长。

若某种气象条件（第一状态）下架空导线所在平面内的各参数为 l_1、h_1、t_1、γ_1、σ_1、σ_{cp1}、L_1，另一种气象条件（第二种状态）下各参数为 l_2、h_2、t_2、γ_2、σ_2、σ_{cp2}、L_2，则两种状态下的架空导线悬挂长度折算到同一原始状态下的原始线长相等，即

$$L_1\left[1 - \frac{\sigma_{cp1}}{E} - \alpha(t_1-t_0)\right] = L_2\left[1 - \frac{\sigma_{cp2}}{E} - \alpha(t_2-t_0)\right] \tag{4-16}$$

式（4-16）即为架空导线的基本状态方程式，它表示在档内原始线长保持不变的情况下，不同状态下的架空导线悬挂曲线长度之间的关系。

（二）斜抛物线状态方程式

在实际工程中，架空导线的线长与两悬点间的距离（斜档距）非常接近（前者比后者约长千分之几），因而假定架空导线的比载沿斜档距均匀分布自然不会产生太大的误差。由此可以按照斜抛物线方程推导出架空导线的线长为

$$L = \frac{1}{\cos\beta} + \frac{g^2 l^3 \cos\beta}{24\sigma_0^2} \tag{4-17}$$

将斜抛物线线长代入到式（4-16），便得到架空导线的斜抛物线状态方程式为

$$\sigma_2 - \frac{Eg_2^2 l^2 \cos^3\beta}{24\sigma_2^2} = \sigma_1 - \frac{Eg_1^2 l^2 \cos^3\beta}{24\sigma_1^2} - \alpha E \cos\beta(t_2-t_1) \tag{4-18}$$

式中：σ_1、σ_2 分别为两种状态下架空导线弧垂最低点的应力；g_1、g_2 分别为两种状态

下架空导线的比载；t_1、t_2 分别为两种状态下架空导线的温度；l 为档距；β 为高差角；α 为架空导线的膨胀系数；E 为架空导线的弹性系数。

二、输电线路力学计算应用举例

（一）导线悬挂软梯（飞车）力学计算

在输电线路带电作业中，经常使用悬挂软梯的方法进入强电场开展带电作业。《电力安全工作规程　电力线路部分》（GB 26859）中规定，挂绝缘软梯的等电位作业，所挂的导线如果是钢芯铝绞线，标称截面不应小于 120mm²；如果是钢绞线，标称截面不应小于 50mm²。实际上悬重后的应力不仅与导线型号有关，还与悬重前应力和档距大小、相对位置和温度等有关，特别对于孤立档和档距高差较大的耐张段，即使标称截面大于 120mm² 的导线，悬重后也可能超过应力值的容许范围，因此，在开展通过悬挂软梯的方式进电场开展带电作业时，应提前验算导线能否承受荷载的变化。

在导、地线上挂梯作业有几个特点：① 与悬挂点的位置有关，当集中荷载处于档距中点时，导、地线的应力增加最多；② 对于受集中载荷作用的耐张段，档距数量越少，导、地线应力增加越多，孤立档受集中载荷作用时，导、地线应力增加最严重，当集中载荷作用于耐张段中最大档距时，导、地线应力增加最多；③ 一般情况只计算耐张段中档距最大的一档和孤立档的导、地线在增加集中荷载后，导、地线应力是否超过设计的许用应力。

一个连续档的导线，兼受均布和集中载荷作用时，导线的应力可用式（4−19）计算，此时把集中载荷作用前的情况作为已知条件，把集中载荷作用后的情况作为待求条件，以求载荷作用后的导线应力。

悬挂软梯的导线状态方程为

$$\sigma_2 - \frac{EL_d^2 g^2}{24\sigma_2^2} - \frac{E L_x G(G + L_x gS)}{8S^2 \sigma_2^2 \cos\beta \sum \dfrac{L_i}{\cos\beta_i}} = \sigma_1 - \frac{EL_d^2 g^2}{24\sigma_1^2} - \alpha E(t_2 - t_1)\cos\beta_x \qquad （4−19）$$

式中：σ_1、σ_2 分别为两种状态下架空导线弧垂最低点的应力；t_1、t_2 分别为两种状态下架空导线的温度；g 为导线的比载（$g = q/S$，q 为导线单位长度的重量）；E 为架空导线的弹性系数；α 为架空导线的膨胀系数；β_i 为各档高差角；β_x 为作业档高差角；G 为载荷重量的冲击系数；L_d 为代表档距；L_i 为各档档距；L_x 为作业档档距；S 为导线的截面积。

导线强度应满足式（4−20）的架空导线的强度条件下方可挂绝缘软梯

$$\frac{\sigma_p}{\sigma_2} \geqslant K \qquad （4−20）$$

式中：K 为导线的安全系数；σ_p 为导线瞬时破坏应力。

【示例】已知型号为 LGJ−95 的导线悬重为 1078N，气温为 0℃，线路通过地区为平地，耐张段内 4 个档距为 $L_1 = 300m$，$L_2 = 300m$，$L_3 = 500m$，$L_4 = 300m$。试验算上述

条件下，能否利用悬挂软梯方式进行带电作业？

解： 查表得 $\alpha = 19 \times 10^{-6} \text{C}^{-1}$，$S = 113 \text{mm}^2$，$E = 0.078 \times 10^6 \text{N/mm}^2$，$q = 3958.2 \text{N/km}$，$\sigma_p = 274.4 \text{N/mm}^2$

首先计算代表档距 L_d

$$L_d = \sqrt{\frac{\left(\sum L_i\right)^3}{\sum L_i}} = 384 \text{m}$$

对应于 $L_d = 384 \text{m}$，气温为 0℃，无冰、无风的气象条件，查弧垂应力曲线表得，$\sigma_1 = 44.1 \text{N/mm}^2$

对于该耐张段受力最大的 500m 档距，根据式（4-19）整理得

$$\sigma_2^2(\sigma_2 + 258.9) = 1\,889\,932.36$$

解得

$$\sigma_2 = 75.11 \text{N/mm}^2$$

校核安全系数 K 为

$$K = \frac{\sigma_p}{\sigma_2} = 3.65 > 2.5$$

结论： 在该耐张段内均可挂绝缘软梯进行带电作业。

（二）耐张绝缘子更换力学计算

架空输电线路带电作业中，带电更换耐张单片绝缘子或者整串绝缘子是带电作业中比较常规的作业项目，开展此类工作，需要作业人员校核绝缘子更换时由于收紧丝杠等引起的过牵引力是否在导线的许用拉力范围内。

该问题力学计算基本思路是：首先根据状态方程计算过牵引的力大小，然后判断过牵引力是否在导线的许可范围之内，具体计算步骤如下：

1. 通过状态方程计算导线应力

由前文论述可知，斜抛物线的状态方程为

$$\sigma_2 - \frac{Eg_2^2 L_d^2 \cos^3 \beta}{24\sigma_2^2} = \sigma_2 - \frac{Eg_1^2 L_d^2 \cos^3 \beta}{24\sigma_1^2} - \alpha E \cos \beta(t_2 - t_1) \qquad (4-21)$$

令

$$A = \sigma_1 - \frac{Eg_1^2 L_d^2 \cos^3 \beta}{24\sigma_1^2} - \alpha E \cos \beta(t_2 - t_1)$$

$$B = \frac{Eg_2^2 L_d^2 \cos^3 \beta}{24}$$

则式（4-21）可简化为

$$\sigma_2 - \frac{B}{\sigma_2^2} = A \qquad (4-22)$$

2. 导线过牵引计算

$$A = \sigma_1 - \frac{E g_1^2 L_d^2 \cos^3 \beta}{24 \sigma_1^2} - \frac{L}{E L_d} \qquad (4-23)$$

式中：L 为过牵引长度。

通过 $\sigma_2 - \dfrac{B}{\sigma_2} = A$ 计算得出 σ_2，判断 $\sigma_2 \times S \leqslant \dfrac{T_{max}}{K_N}$ 是否成立，若成立即满足带电作业条件。

【示例】已知导线 LGJ-500/35，截面积 531.37mm^2，计算拉断力 119.5kN，安全系数 $K_N = 2.5$，线路通过地区为平地，导线密度 1642kg/km，温度为 -5℃，风速为 10m/s，该耐张段为 5 个档距为 $L_1 = 455m$，$L_2 = 623m$，$L_3 = 691m$，$L_4 = 525m$，$L_5 = 371m$。试算上述条件下，如果带电作业更换耐张单片绝缘子时需要过牵引 500mm，是否可以开展此项带电作业。

解： 计算导线比载 g_1

$$g_1 = \frac{1642 \times 9.8}{531.37} \times 10^{-3} = 30.283 \times 10^{-3} \, \text{N/m} \cdot \text{mm}^2$$

计算代表档距 L_d

$$L_d = \sqrt{\frac{\left(\sum L_i\right)^3}{\sum L_i}} = 572m$$

查表得 $\alpha = 20.8 \times 10^{-6} \, \text{C}^{-1}$，$E = 0.063 \times 10^6 \, \text{N/mm}^2$，通过导线安装曲线中查得温度为 -5℃、风速 10m/s 时的应力为 $\sigma_1 = 58.1 \, \text{N/mm}^2$

首先通过状态方程计算导线应力 σ_2

$$\sigma_2 - \frac{B}{\sigma_2^2} = A$$

其中

$$A = \sigma_1 - \frac{E g_1^2 L_d^2 \cos^3 \beta}{24 \sigma_1^2} - \frac{L}{E L_d} = 24.6$$

$$B = \frac{E g_2^2 L_d^2 \cos^3 \beta}{24} = 81181$$

根据 $\sigma_2 - \dfrac{B}{\sigma_2^2} = A$ 进而求得 $\sigma_2 = 59.8$（N/mm^2）

校核安全系数 K 为

$$K = \frac{T_{max}}{\sigma_2 \times S} = \frac{119.5}{59.8 \times 531.37} = 3.7 > 2.5$$

结论： 在过牵引 500mm 情况下，可以开展带电更换耐张塔单片绝缘子。

第五节　输电带电作业重合闸投退

一、自动重合装置（再启动装置）的作用

自动重合闸装置是指将因故跳开后的断路器按需要自动投入的一种自动装置。《继电保护和安全自动装置技术规程》（GB/T 14285—2006）规定，1kV 以上的架空线路或电缆与架空混合线路，当具有断路器时，应装设自动重合闸装置；旁路断路器和兼作旁路的母线断路器或分段断路器，宜装设自动重合闸装置；低压侧不带电源的降压变压器，应装设自动重合闸装置；必要时，母线可采用母线自动重合闸装置。电力系统运行经验表明，架空输电线路绝大多数的故障都是瞬时性的，永久性故障一般不到 10%，因此，在继电保护动作切除短路故障之后，电弧将自动熄灭，绝大多数情况下短路处的绝缘可以自动恢复。

1. 提高输电线路供电可靠性

输电线路故障绝大部分是由雷电引起的绝缘子表面闪络、大风引起的短路碰线、通过鸟类身体的放电等原因造成的瞬时故障。这类故障继电保护动作断开电源后，故障点的电弧自行熄灭，绝缘强度重新恢复，故障自行消除。此时，若重新合上线路断路器，就能恢复正常供电。而针对倒塔、断线、绝缘子击穿或损坏等永久性故障，在故障线路电源被断开后，故障点的绝缘强度不能恢复，故障仍然存在，即使重新合上线路断路器，又要被继电保护装置断开。

2. 加快事故处理后电力系统电压恢复速度

自动重合闸过程中断供电时间很短，因为从输电线路发生事故后断路器跳闸到重合闸重合成功，整个循环过程只需要几秒，电动机还没有完成制动，电压就已恢复，此时电动机自起动时的自起动电流要比直接启动时电流要小得多，有利于系统电压的恢复。

3. 弥补输电线路耐雷水平降低的影响

在输电线路设计阶段，为降低杆塔建造成本，对输电线路杆塔结构进行优化时，一般会适当增加地线保护角，因此，会降低输电线路耐雷水平。为了减少架空输电线路因雷电过电压造成的停电次数，一般会在输电线路上安装自动重合闸装置。

4. 提高电力系统并列运行稳定性

多个电力系统并列运行时，在系统之间的联络线上发生事故跳闸后，各系统均可能出现功率不平衡，对功率不足的系统，则系统频率和电压将严重下降；对功率过剩的系统，频率和电压将剧烈上升。若采用自动重合闸装置，在转子位置角还未拉得很大时将线路重合成功，则整个系统将迅速恢复同步，保持稳定运行。

5. 对断路器的误跳闸能起纠正作用

由于断路器操作机构不良、继电保护误动等原因引起断路器跳闸，自动重合装置使

断路器迅速重新投入，对这种误动作引起的跳闸能起纠正作用。

综上所述，自动将断路器重合，不仅提高了供电的安全性，减少了停电损失，而且还提高了电力系统的暂态稳定水平，增大了高压线路的送电容量。所以架空输电线路要采用自动重合闸装置。

采用自动重合闸装置后，对系统也带来了不利影响，当重合于永久性故障时，系统再次受到短路电流的冲击，相当于发生两次连续性故障，可能会引起系统振荡。同时，断路器在短时间内连续两次切断短路电流使断路器触头烧损，增加了断路器的检修机率。因此，自动重合闸装置的使用有时要受到系统和设备条件的制约。

二、自动重合装置的类型

按照自动重合闸装置作用于断路器的方式可分为以下三种类型：

1. 三相重合闸

三相重合闸是指不论线路上发生的是单相短路还是相间短路，继电保护装置动作后均使断路器三相同时断开，然后重合闸再将断路器三相同时投入的方式。一般只允许重合闸动作一次，故称为三相一次自动重合闸装置。

2. 单相重合闸

在 220kV 及以上电力系统中，由于架空输电线路的线间距离大，相间故障的机会较小，绝大多数是单相接地故障。因此在发生单相接地故障时，只把故障相断开，然后再进行单相重合，而未发生故障的两相仍然继续运行，这样就能够大大提高供电的靠性和系统并列运行的稳定性，这种重合闸方式称为单相重合闸。如果是永久性故障，单相重合不成功，且系统又不允许非全相长期运行，则重合后，保护动作使三相断路器跳闸不再进行重合。

3. 综合重合闸

综合重合闸是将单相重合闸和三相重合闸综合到一起，当发生单相接地故障时，采用单相重合闸方式工作；当发生相间短路时，采用三相重合闸方式工作。综合考虑这两种重合闸方式的装置称为综合重合闸装置。

三、自动重合装置（再启动装置）的使用

按照《电力安全工作规程　电力线路部分》（GB 26859—2011）规定，带电作业有下列情况之一者，交流线路应停用自动重合装置，直流线路应停用再启动装置，并不准强送电，禁止约时停用或恢复重合闸及直流线路再启动装置：

（1）中性点有效接地的系统中有可能引起单相接地的作业。中性点有效接地的系统，发生单相接地时，自动重合闸装置会迅速动作，若重合闸不退出，在带电作业中发生单相接地故障，可能会造成作业人员和设备的二次过电压伤害。

（2）中性点非有效接地的系统中有可能引起相间短路的作业。中性点非有效接地系统，发生相间短路时，自动重合闸装置动作，若重合闸不退出，在带电作业中发生相间

短路故障，会造成作业人员和设备的二次过电压伤害。

（3）直流线路中有可能引起单极接地或极间短路的作业。在直流线路中，发生单极接地或极间短路时，会启动直流线路再启动装置。若直流线路再启动功能不退出，在带电作业中发生单极接地或极间短路故障，会造成作业人员和设备的二次过电压伤害。

（4）工作票签发人或工作负责人认为需要停用重合闸或直流线路再启动装置的作业。为确保作业人员在带电作业中的人身安全，停用重合闸或直流线路再启动装置应综合考虑现场实际情况、作业方法、工器具的性能等因素。当工作票签发人或工作负责人有一方认为有必要时，应申请停用重合闸或直流线路再启动装置。

第五章

输电带电作业工器具

第一节　输电带电作业常用绝缘材料

绝缘材料在带电作业中是用来制作各类绝缘工具的，其在带电作业中的主要作用可以概括为：① 使带电体（包括带电的人体）与接地体（包括站在接地体上的人体）相互绝缘，如各类绝缘梯和绝缘台等；② 用来代替电气设备上承担很高机械荷载的绝缘部件，如绝缘吊杆等；③ 传递一定的机械动力，如绝缘操作杆等；④ 用来改善高压电场中的电位梯度，如绝缘遮蔽用具。针对某一具体工器具来说，可能起到以上某一种作用，也可能同时兼顾几种作用。

带电作业用绝缘工器具是保障带电作业正常进行的必要保证，某机械性能、电气性能的好坏，直接关系到带电作业人员的人身安全和设备安全。所以深入了解和研究输电带电作业绝缘材料性能特点，对于提高带电作业可靠性有十分重要的意义。

一、绝缘材料种类

根据绝缘工器具的不同功能，制作各类工器具所用的材料分为绝缘板材、绝缘管材、绝缘棒材、绝缘绳索及塑料等。

国际电工委员会按照电气设备正常运行所允许的最高工作温度，将绝缘材料分为Y、A、E、B、F、H、C等7个耐热等级，其允许工作温度分别为90、105、120、130、155、180℃及180℃以上。常用的固态材料有绝缘套管、绝缘纸、层压板、橡皮、塑料、油漆、玻璃、陶瓷、云母等。由于带电作业的特殊要求，其采用的绝缘材料除有选择地使用上述5大类的部分品种外，还使用了工程塑料和绝缘绳索。目前我国带电作业使用的绝缘材料大致有下列几种：① 绝缘板，包括硬板和软板，其材质有层压制品类，如3240环氧酚醛玻璃布板和工程塑料中的聚氯乙烯板、聚乙烯板等；② 绝缘管，包括硬管和软管，其材质有层压制品类，如 3640 环氧酚醛玻璃布管和工程塑料中的聚氯乙烯、聚苯乙烯、聚碳酸酯管等；③ 薄膜，如聚丙烯、聚乙烯、聚氯乙烯、聚酯等塑料薄膜；④ 绳索，如尼龙绳、蚕丝绳（分生蚕丝绳和熟蚕丝绳两种）；⑤ 绝缘油和绝缘漆。

1. 绝缘层压制品

绝缘层压制品包括各种板、管、棒及有关异形层压件。这类材料具有良好的电气、机械及理化性能，特别是 3240 型环氧酚醛玻璃布板、3640 型环氧酚醛玻璃布管和 3840 型环氧酚醛玻璃布棒，在带电作业中应用较为广泛。

层压制品是由浸渍过各种树脂的片状填料，经热压黏合和固化而成。一般有纸板、棉布板、玻璃丝布板、桦木板、石棉纤维板及合成纤维布板等。

层压板复合型的绝缘板材（环氧蜂窝板）是由两薄层面板（环氧玻璃布层压板）中间夹一层六角形蜂房格子（玻璃布格子），三者用环氧树脂黏结而成。这是一种轻型绝缘材料，密度仅 0.15～0.2g/cm³，弯曲强度在蜂壁数 300 时为 270～420kg/cm²，而在蜂壁数 674 时可达 350～410kg/cm²，适合制作带电作业的云梯、扒杆、平梯及人字梯。

3240 型环氧酚醛玻璃布板密度为 1.7～1.9g/cm³，马丁氏耐热性可达 200℃，抗弯和抗张强度均可达到 25 000～40 000N/cm²，表面电阻和体积电阻可达 10^{13} 数量级，介质损耗仅为 0.05，所以常将它称为"玻璃钢"。

随着我国带电作业的发展，还出现了一些专门为带电作业生产的新型绝缘材料，其中黄岩系列管材是用含碱量不大于 0.5%的无碱玻璃布带浸渍环氧树脂，经绕制烘干成型，表面经细砂轮打磨并浸渍环氧树脂漆，美观而光滑，并具有很好的机电性能。

2. 塑料

塑料在带电作业中常用的品种有聚氯乙烯、聚乙烯、聚丙烯、聚碳酸酯、聚四氟乙烯、有机玻璃和尼龙 1010 等。

（1）聚氯乙烯。聚氯乙烯由单体氯乙烯聚合而成。硬质聚氯乙烯的密度为 1.38～1.43g/cm³，约为钢的 1/5。它的机械强度较高、电气性能优良。缺点是软化点低，使用温度范围为−15～55℃。软质聚氯乙烯拉伸强度、弯曲强度、冲击韧性等均较硬质低，而拉断时伸长率大。由于聚氯乙烯耐热性较差，韧性、抗冲击强度比较低，影响了其使用范围。

（2）聚烯烃。聚乙烯、聚丙烯都是聚烯烃塑料，在带电作业中应用较多。聚乙烯有良好的化学稳定性、机械强度、耐寒性、电气绝缘和辐射稳定性，具有很低的透气性和吸水性，密度小，无毒性，易于加工成型；聚丙烯主要原料是丙烯，它比水还轻，密度在 0.9g/cm³ 左右，它的机械性能（拉伸、屈服、压缩强度、硬度）均优于低压聚乙烯，熔点为 164～170℃，在没有外力作用下 159℃ 也不变形，几乎不吸水（在水中 24h 的吸水率小于 0.01%）。带电作业用的绝缘隔离装置和绝缘服就是用聚丙烯薄膜制成的。

（3）聚碳酸酯。聚碳酸酯是透明、呈微淡黄色的塑料，具有高度的尺寸稳定性，冲击强度在热塑性树脂中是最好的。在 120℃ 下具有良好的耐热性，热变形温度达 130～140℃，熔点为 220～230℃，同时又具有良好的耐寒性，脆化温度为−100℃。由于聚碳酸酯在很宽温度范围下仍具有良好的电气性能，耐磨、耐老化，带电作业中常用于制作水冲洗的操作杆。

（4）有机玻璃（聚甲基丙烯酸甲酯）。有机玻璃具有高度透明性、质量小、不易破碎、易加工等优点。有机玻璃绝缘性能好、且吸水性小，在电弧作用下能分解大量气体，可作为灭弧材料。在带电作业中，可用于制作带电断接引用的消弧器。

（5）聚酰胺塑料（尼龙）。尼龙也是使用较广泛的工程塑料，品种很多，应用较广泛的是尼龙 6、（9）66、610、1010。尼龙 1010 的吸水性较低，可用于制作带电水冲洗工具的防水罩，尼龙 6、尼龙 66 可用于制作滑车组的滑轮。

3. 绝缘材料的黏接和涂接

加工带电作业工具时，往往由于结构上的要求，需要将若干部件粘在一起。绝缘材料的锯口，做过打磨的绝缘管内、外壁都需要涂一层涂料来防潮。

（1）环氧树脂。环氧树脂黏合力强、收缩性小、稳定性好，能溶于多种溶剂。它加入硬化剂后成为热固性树脂，耐化学稳定性高，电气绝缘性能较好，机械强度也较高。环氧树脂黏合剂配方较多，可查阅有关资料选用。乙二胺等硬化剂有毒，操作者应注意防护。

用环氧树脂 618 100g 和聚酰胺 65 130g 搅拌均匀，在 24～36h 内固化，加热至 60～80℃短时间内可固化，固化后电气性能、耐磨性、耐热性及韧性都比较理想，此配方目前已广为应用。

（2）1032 三聚氰胺醇酸漆。1032 三聚氰胺醇酸漆为黄褐色，有较好干透性、耐热性、耐电弧性和附着力，漆膜平滑有光泽。一般用于浸泽电机、电器线圈，在制造带电作业工具时，用此漆进行绝缘处理，效果较好。

4. 绝缘绳索

绝缘绳索在我国带电作业中应用特别广泛，如传递绳、软梯、锚绳、绝缘绳套、后备保护绳和消弧绳等。

（1）种类。绝缘绳索主要有蚕丝绳（又分生蚕丝绳和熟蚕丝绳）、尼龙绳（又分尼龙丝绳和尼龙线绳）和锦纶绳的。从绳索结构可分为绞制圆绳、编织圆绳、编织扁带、环形绳等。目前采用手工编制工艺的工厂较多，采购绳索时，除了要做有关机电试验外，还要解剖绳子验收，以防以次充好。

（2）电气性能。1m 长的各种绝缘绳索，不论其直径大小或新旧如何，其干闪电压相差无几，而且放电电压随长度增加基本上成正比例增加。单位长度的干闪电压与空气放电电压相近，达 340kV/m。但 1m 以上绝缘绳的干闪电压与绳长的关系是饱和趋势。

绝缘绳受潮后闪络电压不但显著降低，而且泄漏电流显著增加，导致绳索发热，甚至产生明火。尼龙绳在这种情况下常常会熔断。

（3）机械强度。一般尼龙绳（锦纶）要比蚕丝绳强度高一些，蚕丝绳又略比尼龙棕丝绳强度高一些。

上述各种类型绝缘的机电性能，只要保持绳索干燥洁净，都是安全可靠的，都可以在带电作业中使用。为防止尼龙意外受潮造成熔断的恶果，承担机械荷重大的主绝缘工具，其绝缘绳最好使用蚕丝绳。由于绝缘绳的伸缩性较大，使用中的安全系数应取得比一般绝缘材料高一些（$n > 2.5$）。

二、绝缘材料性能

绝缘材料又称电介质，它与导电材料相反，在恒定电压的作用下，除有极微弱的泄漏电流通过外，实际是不导电的。带电作业用的绝缘工具，与一般绝缘用具相比，结构长度受限制、承受荷重大、操作功能多。绝缘材料的好坏，直接关系到带电作业的安全，因此，制作带电作业工具的绝缘材料必须具有电气性能优良、机械强度高、质量轻、吸水性低、耐老化、易加工的特点。

1. 电气性能

绝缘材料的电气性能主要指绝缘电阻、介质损耗和绝缘强度。

（1）绝缘电阻。绝缘材料在恒定电压作用下应没有任何电流通过，但实际上总会有一些泄漏电流通过。为使泄漏电流最小，绝缘材料应具有很大的绝缘电阻。绝缘电阻由体积电阻和表面电阻两部分构成，体积电阻是对通过绝缘体内部的泄漏电流而言的电阻，表面电阻是对沿绝缘体表面流过的泄漏电流而言的电阻。潮湿会使绝缘材料的绝缘电阻降低，因此在使用保管时应特别注意不使其受潮。

（2）介质损耗。在交流电压作用下的绝缘体，要消耗一些电能，这些能量转换成热能，单位时间内绝缘体所消耗的电能称为介质损耗。介质损耗的大小通常用 $\tan\delta$ 表示。在其他条件相同的情况下，$\tan\delta$ 越大，则介质内功率损耗也越大，即介质的质量较差。此外 $\tan\delta$ 的大小还与温度和受潮情况有关。在大多数情况下，温度升高，$\tan\delta$ 随之增大；绝缘体受潮，$\tan\delta$ 也要增大。

带电作业绝缘工具的耐压试验，规定以不发热为检验合格。这个试验可粗略的检验 $\tan\delta$ 值的大小。

（3）绝缘强度。任何绝缘体不可能承受无限大的电压。当逐渐增大作用于绝缘体的电压至某一值时，绝缘体就会被击穿，绝缘电阻立即降到很小的数值，造成短路。使绝缘体发生击穿的电压称为绝缘击穿电压，它是绝缘体特别是带电作业所用绝缘材料的重要参数之一。

固体介质被击穿后，由于电弧的高温作用，使绝缘体炭化和烧坏。如果击穿以后重新对绝缘体施加电压，则原击穿处很容易重新发生击穿，且这时的击穿电压比第一次击穿时小得多。因此固体绝缘的击穿造成了永久性的损坏，这类绝缘材料也称非自恢复绝缘材料，故带电作业使用的绝缘工具，在耐压试验时如被击穿则不能再使用。

绝缘材料耐击穿电压的性能叫绝缘强度，也称击穿强度，单位为 kV/mm。在预防性试验中，规定对带电作业绝缘工具应做工频耐压试验（220kV 及以下电压等级 1min，330kV 及以上电压等级 3min），该试验用于检验绝缘工具能否在规定时间内耐受一定的工频电压，以判断其绝缘性能。

2. 机械性能

固体绝缘材料在承受机械荷载作用时所表现出来的抵抗能力，总称机械性能。带电作业使用的各种绝缘工具工作时会受到各种力的作用，如拉、压、弯曲、扭转、剪切等，各种外力都能使绝缘工具发生变形、磨损、断裂。因此用于带电作业工具的各种绝缘材料，必须具有足够的抗拉、抗压、抗弯、抗剪、抗冲击强度和一定的硬度和塑性，特别是抗拉和抗弯，在带电作业工具中要求很高。

3. 密度和吸水性

（1）密度。带电作业工具使用的绝缘材料，应该具有较高的密度才能保证其优良的电气性能，但为了尽可能地减轻工具的质量，做到安全、可靠、灵活轻巧、便于携带，带电作业工具所使用的材料，还使用泡沫填充绝缘管，其中填充的泡沫具有质轻但密封性能好的特点。

（2）吸水性。材料放在温度为（20 ± 5）℃的蒸馏水中，经若干时间（一般为24h）后材料质量增加的百分数称为吸水性。材料在吸收水分后绝缘电阻降低、介质损耗增大、绝缘强度降低，因此带电作业使用的绝缘材料，吸水性能越低越好。

4. 工艺性能

绝缘材料的工艺性能主要指机械加工性能，如锯割、钻孔、车丝、刨光等。带电作业使用的固体绝缘材料应具有良好的加工性能，以制作出符合要求的各种绝缘工具。

三、带电作业绝缘工器具绝缘材料种类

输电带电作业绝缘工器具从绝缘材料上划分，可分为硬质绝缘工器具和软质绝缘工器具。硬质绝缘工器具是指由玻璃纤维增强环氧树脂等绝缘复合材料为主材制成的工器具，包括绝缘拉杆（棒）、绝缘滑车等；软质绝缘工器具是指由蚕丝、锦纶等天然或合成纤维为主材制成的工器具，包括绝缘绳、绝缘绳套、后备保护绳等。

1. 硬质绝缘材料

输电带电作业用硬质绝缘材料主要是用于制作操作杆、绝缘吊杆等带电作业工具，它的主要材料是环氧树脂玻璃纤维复合材料，采用引拔、缠绕一体化热固成型的新工艺，管内填充聚氨酯泡沫。

环氧树脂玻璃纤维复合材料以合成树脂为黏合剂，玻璃纤维及其制品作为增强材料而制成的复合材料，因其强度高，可与钢铁相比，故习惯称为玻璃钢。

合成树脂是人工合成高分子化合物，一方面将玻璃纤维黏合成整体，起着传递和平衡荷载的作用；另一方面由于树脂本身的优良特性，又赋予绝缘材料各种优良的综合性能，如电气性能、耐腐蚀性能和很高的机械性能。

玻璃纤维及其制品是主要承力材料，在绝缘材料中起着骨架增强作用。但带电作业用的绝缘材料要求具有很好的电气性能，所以选择的玻璃纤维必须是含碳量不大于 1% 的 E 类无碱玻璃纤维。

为使树脂和玻璃纤维有很好地结合力，在树脂中或在玻璃纤维的处理时可添加耦联剂。不同的树脂添加不同比例、不同品种的耦联剂，同时还可根据产品的不同要求添加消泡剂、促进剂、固化剂、防老化剂等功能性材料。按照树脂和纤维的特定要求，组成特定的配方，最大限度地提高绝缘材料的电气性能、机械强度以及抗蠕变、抗老化能力。

对于硬质绝缘工具的表面和内壁还应该精心加工和化学处理，使其具有很好的光洁度和很高的憎水性。

2. 软质绝缘材料

输电带电作业软质绝缘工具主要是指绝缘绳、带、软梯。在带电作业中用作运载工具、吊拉绳、保险绳等。

输电带电作业用绝缘绳索的原材料为天然蚕丝，其主要成分是丝素和丝胶。丝素是一种纤维蛋白质（丝纤维）不溶于水，丝胶是球蛋白质溶于水，内含蜡质和碳水化合物。丝胶在蚕丝中含量约为 20%～30%，含丝胶的蚕丝称为生丝，不能用于制造绝缘绳，必须把丝胶去除后才能用作绝缘绳的原料。

蚕丝的纤维细而柔软，由纤维分子定向排列，因此有较高的机械强度，在干燥条件下有良好的电气绝缘性能，电阻率为（1.5～5）×$10^{11}\Omega \cdot cm$。同时，蚕丝纤维具有多孔性，所以吸潮性很大，而受潮后其电气性能会急剧下降。

蚕丝的耐热性较好，110℃时仅排水分而对丝纤维并无损伤，140℃时会变黄，170℃时会分解。若加热到 180℃时即燃烧碳化，但燃烧速度较慢，且离火自熄。

第二节　输电带电作业工具分类及使用

带电作业工具质量的好坏直接关系到作业人员和设备的安全，因此带电作业工器具应安全可靠、结构合理、有足够的强度、工艺先进、轻便灵活。输电带电作业工具主要包括绝缘工具、金属工具、防护工具、检测工具等。

一、绝缘工具

绝缘工具主要由绝缘部件组成，连接部分有的采用金属结构，但金属结构的长度尺寸应严格控制，使纯绝缘部分尺寸满足规程规定。绝缘工器具主要作用是绝缘，通常使用在电位差较高的场合，同时也要保证有足够的机械强度。

（一）绝缘滑车

1. 规格种类

常用绝缘滑车见表 5-1。

表 5-1　　　　　　　　　常用绝缘滑车

型号	名称	额定负荷（kN）	滑轮个数
JH5-1B	单轮闭口型绝缘滑车	5	1
JH5-1K	单轮开口型绝缘滑车	5	1
JH5-1DY	单轮多用钩型绝缘滑车	5	1
JH5-2D	双轮短钩型绝缘滑车	5	2

续表

型号	名称	额定负荷（kN）	滑轮个数
JH5－2X	双轮导线钩型绝缘滑车	5	2
JH5－2J	双轮绝缘钩型绝缘滑车	5	2
JH5－3D	三轮短钩型绝缘滑车	5	3
JH5－3X	三轮导线钩型绝缘滑车	5	3
JH10－2D	双轮短钩型绝缘滑车	10	2
JH10－2C	双轮长钩型绝缘滑车	10	2
JH10－3D	三轮短钩型绝缘滑车	10	3
JH10－3C	三轮长钩型绝缘滑车	10	3
JH15－4D	四轮短钩型绝缘滑车	15	4
JH15－4C	四轮长钩型绝缘滑车	15	4
JH20－4D	四轮短钩型绝缘滑车	20	4
JH20－4C	四轮长钩型绝缘滑车	20	4

2. 技术要求

（1）主要构件特性。

1）吊钩、吊环。

材料：应采用 $40C_r$ 钢或机械性能不低于 $40C_r$ 钢的其他合金结构钢制造。

工艺要求：必须用锻造件，机加工前正火处理；不得出现裂纹、重皮、过烧、过热、毛刺等缺陷，更不允许将缺陷补焊回用；调质后表面硬度不高于 266HB；螺纹精度不低于 6g；表面应进行镀铬、镀锌等防腐处理。

2）中轴、吊轴、联结轴。

材料：应采用 45 号钢或机械性能不低于 45 号钢的其他结构钢制造。

工艺要求：不应出现裂纹及影响质量的缺陷；调质后表面硬度为 217HB～255HB；中轴表面粗糙度不低于 Ra3.2μm，直径公差 g6；吊轴、联结轴表面粗糙度不低于 Ra12.5μm，直径公差 h11；螺纹精度不低于 6g；表面应进行防腐处理。

3）吊梁、尾绳环。

材料：应采用 45 号钢或机械性能不低于 45 号钢的其他结构钢制造。

工艺要求：采用的铸钢不得有砂眼、裂纹、气孔、缩孔、疏松等缺陷；吊梁孔的位置公差不大于 $\phi0.1$；吊梁孔对吊钩螺母接触面的垂直公差不低于 9 级；吊梁轴对吊钩螺母接触面的平行度公差不低于 10 级；表面应进行镀铬、镀锌等防腐处理。

4）护板、隔板、拉板、加强板。

材料：应采用环氧玻璃布层压板制造，其机械性能及电气性能应符合《电气用热固性树脂工业硬质层压板　第 1 部分：定义、分类和一般要求》（GB/T 1303.1）的规定。

工艺要求：各孔的位置公差不大于 $\phi0.1$；加工完毕后，表面应涂刷 1～2 次环氧绝缘清漆，端面涂刷不少于 2 次，每次须干燥后方可涂刷下一次。

5）滑轮。

材料：应采用聚酰胺 1010 树脂等绝缘材料制造，其机械性能应符合《聚酰胺 1010 树脂》（HG 2349）及相关标准的规定。

工艺要求：滑轮孔表面粗糙度不低于 Ra6.3μm，公差为 N7；孔的径向全跳动公差不低于 10 级；加工完毕后，表面应涂刷 1～2 次环氧绝缘清漆，端面涂刷不少于 2 次，每次须干燥后方可涂刷下一次。

（2）性能要求。

1）整体技术性能。零件及组合件按图纸验收合格后才能装配；装配后滑轮在中轴上应转动灵活，无卡阻和碰擦轮缘现象；吊钩、吊环在吊梁上应转动灵活；各开口销不得向外弯，并切除多余部分；侧面螺栓高出螺母部分不大于 2mm；侧板开口在 90°范围内无卡阻现象。

2）电气性能。各种型号的绝缘滑车电气性能指标均应能通过交流工频 30kV（有效值）1min 耐压试验。其中，绝缘钩型滑车应能通过交流工频 44kV（有效值）1min 耐压试验，试验以不发热、不击穿为合格。

3）机械性能。各种型号的绝缘滑车应分别满足 5、10、15、20kN 的系列额定负荷的要求（这里额定负荷指吊钩的承载负荷）；各种型号的绝缘滑车机械性能指标均应能通过 2.0 倍额定负荷，持续时间 5min 的机械拉力试验，试验以无永久变形或裂纹为合格；各种型号的绝缘滑车的破坏拉力不得小于 3.0 倍额定负荷。

（二）绝缘管材

1. 规格种类

根据其制作材料及外形的不同，绝缘管、棒材可分为 3 类，见表 5-2。

表 5-2　　　　　　　　　　　绝缘管、棒材分类

类　别	名　称	标准外径系列（mm）
Ⅰ	实心棒	10，16，24，30
Ⅱ	空心管	18，20，22，24，26，28，30，32，36，40，44，50，60，70
Ⅲ	泡沫填充管	18，20，22，24，26，28，30，32，36，40，44，50，60，70

注　填充绝缘管其标称外径与空心管系列相同。

2. 技术要求

（1）材料特性。绝缘管、棒材应由合成材料制成，合成材料可用无机或人造纤维加强，其外观颜色可由用户确定，其密度不应小于 1.75g/cm³，吸水率不大于 0.15%，50Hz 介质损耗角正切不大于 0.01。

（2）电气特性。

1）受潮前和受潮后的电气特性。用以制造绝缘工具的绝缘管、棒材应进行 300mm

长试品的 1min 工频耐压试验，包括干试验和受潮后的试验。

2）湿态绝缘性能。用以制造绝缘工具的绝缘管、棒材应进行 1200mm 长试品的 1h 淋雨试验。试品在 100kV 工频电压下应满足无滑闪、无火花或无击穿，表面无可见漏电腐蚀痕迹，无可察觉的温升等要求。

3）绝缘耐受性能。用以制造绝缘工具的绝缘管、棒材应能耐受相隔 300mm 的两极间 1min 工频电压试验。试品在 100kV 工频电压下无闪络、无火花或无击穿，表面无可见漏电腐蚀痕迹，无可察觉的温升等要求。

（3）机械性能。用以制造绝缘工具的绝缘管、棒材应具有一定的机械抗弯、抗扭特性，以及耐径向挤压、轴向挤压和耐机械老化性能。

1）抗弯特性。各种绝缘管、棒材试品应满足相关标准要求。

2）机械老化特性。各种绝缘管、棒材试品在经过 4000 次弯曲循环后，不借助放大装置而用目测检查时，试品应无任何损伤的痕迹，也不应有任何永久变形。在经过 4000 次弯曲循环试验后，试品还应能通过受潮前及受潮后的绝缘试验。

（三）绝缘绳索

1. 规格型号

（1）材料。根据生产材料不同，绝缘绳索可以分为天然纤维绝缘绳索和合成纤维绝缘绳索。其中，天然纤维绝缘绳索（蚕丝绳）应采用脱胶不少于 25%、洁白、无杂质、长纤维的蚕丝为原材料；合成纤维绝缘绳索应采用聚己内酰胺（锦纶 6）或其他满足电气、机械性能及防老化要求的合成纤维为原材料。

（2）分类。根据在潮湿状态下的电气性能，绝缘绳索分为常规型绝缘绳索和防潮型绝缘绳索；根据机械强度，绝缘绳索分为常规强度绝缘绳索和高强度绝缘绳索；根据纺织工艺，绝缘绳索分为编织绝缘绳索、绞制绝缘绳索和套织绝缘绳索。

（3）型号规格标志。

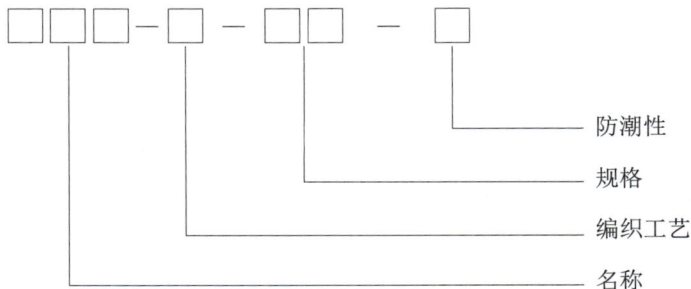

符号含义：

T ——天然纤维

J ——绝缘、绞制

S ——绳索

H ——合成

G——高强度

F——防潮型

B——编织型

T——套织型

举例：

TJS－B－12	天然纤维绝缘绳索	编织型	ϕ12mm
HJS－J－10	合成纤维绝缘绳索	绞制型	ϕ10mm
HJS－B－16－F	合成纤维绝缘绳索	编织型	ϕ16mm　防潮型
HJS－B－16－F	合成纤维绝缘绳索	编织型	ϕ16mm　防潮型
GJS－T－18	高强度绝缘绳索	套织型	ϕ18mm
GJS－B－18－F	高强度绝缘绳索	编织型	ϕ18mm　防潮型

2. 技术要求

（1）电气性能要求。常规型绝缘绳索的电气性能应符合表 5-3 的规定。防潮型绝缘绳索的电气性能应符合表 5-4 的规定。

表 5-3　　　　　　　　　常规型绝缘绳索的电气性能

序号	试验项目	试品有效长度/m	电气性能要求
1	施加工频电压 100kV 时高湿度下交流泄漏电流（相对湿度 90%，温度 20℃，时长 24h，试品长度 0.5m）	0.5	不大于 300μA
2	工频干闪电压	0.5	不小于 170kV

表 5-4　　　　　　　　　防潮型绝缘绳索的电气性能

序号	试验项目	试品有效长度（m）	电气性能要求
1	持续高湿度下工频泄漏电流（相对湿度 90%，温度 20℃，时长 168h，施加工频电压 100kV）	0.5	不大于 100μA
2	浸水后工频泄漏电流（水电阻率 100Ω·m，浸泡 15min，抖落表面附着水珠，加压 100kV）	0.5	不大于 500μA
3	工频干闪电压	0.5	不小于 170kV
4	淋雨工频闪络电压（雨量 1～1.5mm/min，水电阻率 100Ω·m）	0.5	不小于 60kV
5	50%断裂负荷拉伸后，高湿度下工频泄漏电流（相对湿度 90%，温度 20℃，时长 168h，加压 100kV）	0.5	不大于 100μA
6	经漂洗后，高湿度下工频泄漏电流（相对湿度 90%，温度 20℃，时长 168h，加压 100kV）	0.5	不大于 100μA
7	经磨损后，高湿度下工频泄漏电流（相对湿度 90%，温度 20℃，时长 168h，加压 100kV）	0.5	不大于 100μA

（2）机械性能要求。常规强度绝缘绳索（包括常规机械强度的防潮型绝缘绳索）的机械性能如表 5-5 和表 5-6 所示。

表 5-5　　　　　　　　　　天然纤维绝缘绳索机械性能

规格	直径（mm）	伸长率（不大于）（%）	断裂强度（不小于）（kN）
TJS-4	4±0.2	20	2.0
TJS-6	6±0.3	20	4.0
TJS-8	8±0.3	20	6.2
TJS-10	10±0.3	35	8.3
TJS-12	12±0.4	35	11.2
TJS-14	14±0.4	35	14.4
TJS-16	16±0.4	35	18.0
TJS-18	18±0.5	44	22.5
TJS-20	20±0.5	44	27.0
TJS-22	22±0.5	44	32.4
TJS-24	24±0.5	44	37.3

注　不论编织工艺及防潮性的区别，同规格的绝缘绳的机械性能要求相同。

表 5-6　　　　　　　　　　合成纤维绝缘绳索机械性能

规格	直径（mm）	伸长率（不大于）（%）	断裂强度（不小于）（kN）
HJS-4	4±0.2	40	3.1
HJS-6	6±0.3	40	5.4
HJS-8	8±0.3	40	8.0
HJS-10	10±0.3	48	11.0
HJS-12	12±0.4	48	15.0
HJS-14	14±0.4	48	20.0
HJS-16	16±0.4	48	26.0
HJS-18	18±0.5	58	32.0
HJS-20	20±0.5	58	38.0
HJS-22	22±0.5	58	44.0
HJS-24	24±0.5	58	50.0

注　不论编织工艺及防潮性的区别，同规格的绝缘绳的机械性能要求相同。

高强度绝缘绳索（包括高强度防潮型绝缘绳索）的机械性能要求如表 5-7 所示。

表 5-7　　　　　　　　　　高机械强度绝缘绳索机械性能

规格	直径（mm）	伸长率（不大于）（%）	断裂强度（不小于）（kN）
GJS-4	4±0.2	20	6.2
GJS-6	6±0.3	20	10.8
GJS-8	8±0.3	20	16.0

续表

规格	直径（mm）	伸长率（不大于）（%）	断裂强度（不小于）（kN）
GJS－10	10±0.3	20	22.0
GJS－12	12±0.4	20	30.0
GJS－14	14±0.4	20	40.0
GJS－16	16±0.4	20	52.0
GJS－18	18±0.5	20	64.0
GJS－20	20±0.5	20	75.0
GJS－22	22±0.5	20	88.0
GJS－24	24±0.5	20	100.0

注　不论编织工艺及防潮性的区别，同规格的绝缘绳的机械性能要求相同。

（3）工艺要求。

1）绝缘绳索应在通风良好、有防尘设备的室内生产，不得沾染油污及其他污染，不得受潮。

2）每股绝缘绳索及每股线均应紧密绞合，不得有松散、分股的现象。

3）绳索各股中丝线均不应有叠痕、凸起、压伤、背股、抽筋等缺陷。

4）接头应单根丝线连接，不允许有股接头。单丝接头应封闭在绳股内部，不得露在外面。

5）股绳和股线的捻距及纬线在其全长上应该均匀。

6）彩色绝缘绳索应色彩均匀一致。

7）经防潮处理后的绝缘绳索表面应无油渍、污迹、脱皮等现象。

二、金属工具

（一）绝缘子卡具

1. 卡具型号、规格

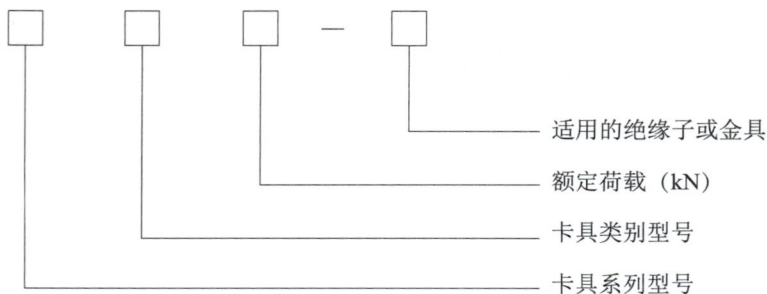

（1）卡具系列型号。卡具按功能分为以下系列：耐张串卡具、直线串卡具、单片绝缘子卡具。代号分别表示如下：

N——耐张串卡具；

Z——直线串卡具；

D——单片绝缘子卡具。

（2）卡具类别型号。卡具按结构形式分为以下类别：翼形卡、弯板卡、大刀卡、翻板卡等种类，代号分别用卡具名称汉语拼音的第一个字母加"K"标示。如翼形卡用"YK"表示，大刀卡用"DK"表示。

（3）额定荷载。卡具额定荷载宜按式（5-1）取值

$$P = P_0 \times 25\% + 5 \qquad (5-1)$$

式中：P 为卡具额定荷载，kN；P_0 为适用的绝缘子或金具类别，kN。

（4）卡具级别。根据适用的绝缘子或金具级别，采用下列表示方式：

100——100kN 级及以下绝缘子或金具；

120——120kN 级绝缘子或金具；

160——160kN 级绝缘子或金具；

210——210kN 级绝缘子或金具；

300——300kN 级绝缘子或金具；

400——400kN 级绝缘子或金具；

420——420kN 级绝缘子或金具；

530——530kN 级绝缘子或金具；

550——550kN 级绝缘子或金具；

760——760kN 级绝缘子或金具；

840——840kN 级绝缘子或金具。

2. 技术要求

（1）外观要求。

1）卡具各组成部分零件表面应光滑、平整，无毛刺、尖棱、裂纹等缺陷。

2）卡具与挂点（即卡具定位用的金具）的接触面应配合紧密可靠，非接触面应留有 1~2mm 间隙，以便于卡具安装或拆卸。

3）卡具各零件尺寸公差、形状公差、总体尺寸应符合设计图纸要求。

（2）材料要求。

1）卡具主体及其他主要受力零件所用的原材料，使用前需对其化学成分、力学性能进行复验，对铝合金材料还应按《铝合金锻件》（GBn 223）的相关条款进行低倍组织复验。

2）卡具主体宜采用 LC4 铝合金材料，材料应符合《铝及铝合金挤压棒材》（GB/T 3191）的有关规定。

3）丝杠与其他主要受力零件，宜采用 40Cr 材料或性能更好的合金钢材料，材料应符合《合金结构钢》（GB/T 3077）的有关规定。

（3）工艺要求。

1）卡具主体应采用模锻或自由锻件毛坯加工成型。毛坯锻打时应保证锻件低倍组织及流线。产品试制时应对采用的毛坯低倍组织及流线按《铝合金锻件》（GBn 223）的有关要求检验，合格后将工艺定型，方可批量生产。毛坯热处理后的硬度 HB≥125。

2）卡具主体加工成型后，首先进行荧光或超声波探伤，确保卡具主体无裂纹后，再对表面进行阳极氧化处理，氧化膜的质量 GB/T 8753.1、GB/T 8753.2 和 GB/T 14952.3 的有关规定进行检验。

3）所有的钢制零件表面应进行镀锌或发蓝处理，镀锌层的质量按《锌镀层质量检验》（HB 5035）的有关规定进行检验，发蓝质量按《钢铁零件化学氧化（发蓝）膜层质量检验》（HB 5062）的有关规定进行检验。对于 40Cr、$45Mn_2$ 等易氢脆材料，镀锌处理后应除氢。

（4）规格及技术参数。

更换耐张绝缘子串或金具的卡具，典型规格及技术参数应符合表 5-8 的规定。

表 5-8　　　　　　　　耐张串系列卡具典型规格及技术参数　　　　　　　（kN）

名称	型号	额定荷载	动荷载试验	静荷载试验	破坏试验	适用绝缘子类别
翼型卡	NYK30-100	30	45.0	75.0	90.0	≤100
	NYK35-120	35	52.5	87.5	105.0	120
	NYK45-160	45	67.5	112.5	135.0	160
	NYK60-210	60	90.0	150.0	180.0	210
	NYK80-300	80	120.0	200.0	240.0	300
	NYK105-400	105	157.5	262.5	315.0	400
	NYK110-420	110	165.0	275.0	330.0	420
	NYK140-530	140	210.0	350.0	420.0	530
	NYK145-550	145	217.5	362.5	435.0	550
	NYK195-760	195	292.5	487.5	585.0	760
	NYK215-840	215	322.5	537.5	645.0	840
大刀卡	NDK30-100	30	45.0	75.0	90.0	≤100
	NDK35-120	35	52.5	87.5	105.0	120
	NDK45-160	45	67.5	112.5	135.0	160
	NDK60-210	60	90.0	150.0	180.0	210
	NDK80-300	80	120.0	200.0	240.0	300
	NDK105-400	105	157.5	262.5	315.0	400
	NDK110-420	110	165.0	275.0	330.0	420
	NDK145-550	145	217.5	362.5	435.0	550

续表

名称	型号	额定荷载	动荷载试验	静荷载试验	破坏试验	适用绝缘子类别
翻板卡	NFK30－100	30	45.0	75.0	90.0	≤100
	NFK35－120	35	52.5	87.5	105.0	120
	NFK45－160	45	67.5	112.5	135.0	160
	NFK60－210	60	90.0	150.0	180.0	210
	NFK80－300	80	120.0	200.0	240.0	300
	NFK105－400	105	157.5	262.5	315.0	400
	NFK110－420	110	165.0	275.0	330.0	420
	NFK140－530	140	210.0	350.0	420.0	530
	NFK145－550	145	217.5	362.5	435.0	550
	NFK195－760	195	292.5	487.5	585.0	760
	NFK215－840	215	322.5	537.5	645.0	840
弯板卡	NWK30－100	30	45.0	75.0	90.0	≤100
	NWK35－120	35	52.5	87.5	105.0	120
	NWK45－160	45	67.5	112.5	135.0	160
	NWK60－210	60	90.0	150.0	180.0	210
	NWK80－300	80	120.0	200.0	240.0	300
	NWK105－400	105	157.5	262.5	315.0	400
	NWK110－420	110	165.0	275.0	330.0	420

更换直线绝缘子串的卡具，典型规格及技术参数应符合表5-9的规定。

表5-9　　　　　　直线串系列卡具典型规格及技术参数　　　　　（kN）

名称	型号	额定荷载	动荷载试验	静荷载试验	破坏试验	适用绝缘子类别
直线吊钩卡	ZDK30－100	30	45.0	75.0	90.0	≤100
	ZDK35－120	35	52.5	87.5	105.0	120
	ZDK60－210	60	90.0	150.0	1S0.0	210、160
	ZDK80－300	80	120.0	200.0	240.0	300
	ZDK110－420	110	165.0	275.0	330.0	420、400
V型串卡	ZVK45－160	45	67.5	112.5	135.0	160
	ZVK60－210	60	90.0	150.0	180.0	210
	ZVK80－300	80	120.0	200.0	240.0	300
	ZVK110－420	110	165.0	275.0	330.0	420、400
	ZVK145－550	145	217.5	362.5	435.0	550
托板卡	ZTK35－120	35	52.5	87.5	105.0	≤120
	ZTK45－160	45	67.5	112.5	135.0	160
	ZTK60－210	60	90.0	150.0	180.0	210

续表

名称	型号	额定荷载	动荷载试验	静荷载试验	破坏试验	适用绝缘子类别
钩板卡	ZGK35－120	35	52.5	87.5	105.0	120
	ZGK45－160	45	67.5	112.5	135.0	160
	ZGK60－210	60	90.0	150.0	180.0	210
花型卡	ZHK30－100	30	45.0	75.0	90.0	≤100
	ZHK35－120	35	52.5	87.5	105.0	120
	ZHK45－160	45	67.5	112.5	135.0	160
	ZHK60－210	60	90.0	150.0	180.0	210
	ZHK80－300	80	120.0	200.0	240.0	300
	ZHK110－420	110	165.0	275.0	330.0	420
斜卡	ZXK35－120	35	52.5	87.5	105.0	≤120
	ZXK45－160	45	67.5	112.5	135.0	160
	ZXK60－210	60	90.0	150.0	180.0	210
	ZXK80－300	80	120.0	200.0	240.0	300
	ZXK110－420	110	165.0	275.0	330.0	420

更换单片低值或零值绝缘子的卡具，典型规格及技术参数应符合表 5－10 的规定。

表 5－10　　　　　单片绝缘子系列卡具典型规格及技术参数　　　　　（kN）

名称	型号	额定荷载	动荷载试验	静荷载试验	破坏试验	适用绝缘子类别
端部卡	DDK30－100	30	45.0	75.0	90.0	≤100
	DDK35－120	35	52.5	87.5	105.0	120
	DDK45－160	45	67.5	112.5	135.0	160
	DDK60－210	60	90.0	150.0	180.0	210
	DDK80－300	80	120.0	200.0	240.0	300
	DDK105－400	105	157.5	262.5	315，0	400
	DDK110－420	110	165.0	275.0	330.0	420
	DDK140－530	140	210.0	350.0	420.0	530
	DDK145－550	145	217.5	362.5	435.0	550
	DDK195－760	195	292.5	487.5	585.0	760
	DDK215－840	215	322.5	537.5	645.0	840
闭式卡	DBK30－100	30	45.0	75.0	90.0	≤100
	DBK35－120	35	52.5	87.5	105.0	120
	DBK45－160	45	67.5	112.5	135.0	160
	DBK60－210	60	90.0	150.0	180.0	210
	DBK80－300	80	120.0	200.0	240.0	300
	DBK105－400	105	157.5	262.5	315.0	400

续表

名称	型号	额定荷载	动荷载试验	静荷载试验	破坏试验	适用绝缘子类别
闭式卡	DBK110－420	110	165.0	275.0	330.0	420
	DBK140－530	140	210.0	350.0	420.0	530
	DBK145－550	145	217.5	362.5	435.0	550
	DBK195－760	195	292.5	487.5	585.0	760
	DBK215－840	215	322.5	537.5	645.0	840

（二）提线器

1. 种类

提线器根据导线排列类型可分为单导线提线器、水平双分裂导线提线器、垂直双分裂导线提线器、四分裂导线提线器、六分裂导线提线器以及八分裂导线提线器。

根据其绝缘部件绝缘材料的种类分为四类，分别选择绝缘管、绝缘棒、绝缘板材以及绝缘绳索这四类材料，其与端部金属挂具相应的连接亦采用与绝缘材料外形相适应的方式。

2. 技术要求

（1）材料要求。

1）用于制造带电作业用提线工具的原材料应预先检验。

2）提线工具端部的金属附件应选用 Q235 钢材或超过其性能的材料，如果选用 LC4 铝合金材料，则应符合 GB/T 3191 的规定。

3）提线工具中绝缘部件，板类制件要符合 GB/T 18037 的规定；管、棒类制作要符合 GB 13398 的规定，宜选用泡沫填充圆形绝缘管。

4）收紧装置应采用优质合金结构钢制成的模锻件，锻件材料应符合 GB/T 3077 的要求，模锻件应符合 GB/T 12361 的要求。收紧装置与绝缘件的连接应具有防扭结构。

5）提线工具两端的金属附件，应作镀铬等表面防腐处理（铝合金材料制件应做表面阳极化处理）。绝缘层压类材料制作成件后，加工应进行绝缘处理，即各接口内孔接缝处、应采用高强度绝缘粘接胶填实，表面再涂以绝缘漆。

6）提线工具的部件加工成形后，各加工表面应规则平整，各部位外形应倒圆弧，不得有尖锐棱角。金属部件表面粗糙度应小于 6.3∇，绝缘部件应达到 GB/T 18037 中的外观要求。

（2）电气性能指标。电气性能指标应按 DL/T 876、DL/T 878 的要求，符合表 5-11 和表 5-12 的规定。

表 5-11　　　　　　　110～220kV 电压等级提线工具的电气性能

额定电压（kV）	试验长度（mm）	工频耐受电压	
		电压值（kV）	时间（min）
110	1000	250	1
220	1800	450	1

表 5-12　　　　　　　330～750kV 电压等级提线工具的电气性能

额定电压（kV）	试验长度（mm）	5min 工频耐受电压值（kV）	5min 直流耐受电压值（kV）	操作冲击耐受电压值（kV）
330	2800	420	—	950
500	3700	640	—	1175
750	4700	860	—	1425
±500	3200	—	622	1050

（3）机械性能。提线工具的机械性能应按 GB/T 18037 的要求，符合表 5-13 的规定。

表 5-13　　　　　　　　　　提线工具的机械性能

提线工具的规格（级别）	额定抗拉负荷（kN）	静抗拉负荷（kN）	动抗拉负荷（kN）	破坏负荷不小于（kN）
5.0kN	5.0	12.5	7.5	15.0
10.0kN	10.0	25.0	15.0	30.0
15.0kN	15.0	37.5	22.5	45.0
20.0kN	20.0	50.0	30.0	60.0
25.0kN	25.0	62.5	37.5	75.0
30.0kN	30.0	75.0	45.0	90.0
35.0kN	35.0	87.5	52.5	105.0
40.0kN	40.0	100.0	60.0	120.0
45.0kN	45.0	112.5	67.5	135.0
50.0kN	50.0	125.0	75.0	150.0

注　线路档距超过 600m，应核算导线垂直荷载，以选择合适级别的提线工具或特殊设计。

提线工具与导线接触面的部位应镶有橡胶材质的衬垫，适用各规格导线的提线工具与导线接触面结构要求应符合表 5-14 的规定，其形状如图 5-1 所示。

表 5-14　　　　　　　　提线工具与导线接触面的结构要求

导线规格（mm²）		150	185～240	300～400	500～720
结构要求	R（mm）	140	200	280	360
	r（mm）	14	18	22	26
	s（mm）	45	50	50	50
	h（mm）	3	4	5	6

（三）导线软梯头

1. 种类

在输电线路带电作业中需要通过软梯进入电场时，导线软梯头用于与软梯连接，挂置于导线上并可靠固定。根据导线的排列方式主要包括单导线软梯头、水平双分裂导线软梯头和垂直双分裂软梯头。

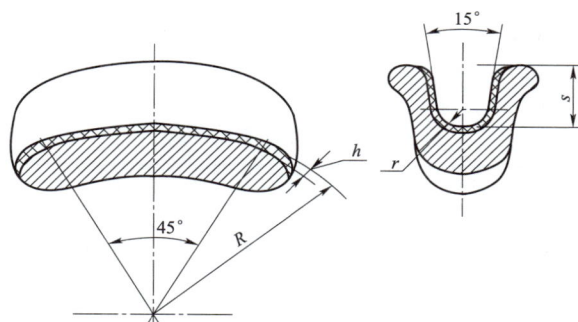

图 5-1 工具与导线接触表面的结构示意图

R—槽底纵剖面半径；r—槽底横剖面半径；s—槽深；h—橡胶垫厚度

2. 技术要求

（1）载人工具的承力金属部件应采用高强度铝合金作为原材料，不允许使用其他脆性金属材料（如铸铁）。

（2）载人工具的额定设计荷重根据 $Q_{rs} = K_c \cdot Q_r$ 计算，取整数，Q_r 为载人工具的荷重，K_c 为载人工具的冲击系数，垂直攀登时取 1.6～2.0，水平迁移时取 1.5，骑飞车取 1.8，机动提升取 2.5。

（3）软梯头的预防性试验整体挂重性能应符合要求，静负荷试验应在加载 2.4kN 下持续 5min 无变形、无损伤；动负荷试验应加载 2.0kN 下操作 3 次，加载后要求能在导、地线上自由灵活移动、无卡阻现象。

三、防护工具

1. 规格种类

由于不同电压等级对屏蔽服装的要求有所区别，屏蔽服装分为两种类型，用于交流 110（66）～500kV、直流±500kV 及以下电压等级的屏蔽服装为 I 型，用于交流 750kV 电压等级的屏蔽服装为 II 型。II 型屏蔽服装必须配置面罩，整套服装为连体衣裤帽。

2. 技术要求

屏蔽服装应有较好的屏蔽性能、较低的电阻、适当的通流容量、一定的阻燃性及较好的服用性能。屏蔽服装各部件应经过两个可卸的连接头进行可靠的电气连接，应保证连接头在工作过程中不得脱开。

（1）衣料要求。

1）屏蔽效率。制作屏蔽服的衣料屏蔽率不得小于 40dB（II 型 60dB）。

2）电阻。制作屏蔽服的衣料电阻不得大于 800 mΩ。

3）熔断电流。用于制作屏蔽服装的衣料，其熔断电流不得小于 5A。

4）耐电火花。衣料应具有一定的耐电火花的能力，在充电电容产生的高频火花放电时而不烧损，仅炭化而无明火蔓延。

5）耐燃。衣料与明火接触时，必须能够阻明火的蔓延。

6）耐洗涤。要确保在多次洗涤后，衣料的电气和耐燃性能无明显降低。衣料应经受 10 次"水洗—烘干"过程。在衣料做过洗涤试验后，其技术性能应满足表 5−15 要求。

表 5−15　　　　　　　　　　　　衣料耐洗涤技术性能

屏蔽效率（dB）	熔断电流（A）	电阻（Ω）	燃烧炭化面积（cm²）
≥40	≥5	≤1	≤100

7）耐磨损。衣料必须耐磨损，使衣服具有一定的耐用价值。经过 500 次摩擦试验后，衣料电阻不得大于 1Ω，衣料屏蔽效率不得小于 40dB（Ⅱ型 60dB）。

8）断裂强度和断裂伸长率。对导电纤维类衣料，衣料的径向断裂强度不得小于 343N，纬向断裂强度不得小于 294N，经、纬向断裂伸长率不得小于 10%；对导电涂层类衣料，衣料的径向断裂强度不得小于 245N，纬向断裂强度不得小于 245N，径、纬向断裂伸长率均不得小于 10%。

（2）电气性能。

1）上衣、裤子、手套、袜子电阻均不大于 15Ω，鞋子电阻不得大于 500Ω，整套屏蔽服各最远端电阻均不大于 20Ω。测量屏蔽服内流经人体的电流不得大于 50μA。

2）屏蔽帽必须和上衣之间电气连接良好，帽子必须通过屏蔽效率试验，帽子的屏蔽效率与整套衣服的屏蔽性能一起进行试验。对于Ⅰ型屏蔽服装，帽子的保护盖舌和外伸边沿必须确保人体外露部位（如面部）不产生不舒适感，并应确保在最高使用电压下，人体外露部位的表面场强不得大于 240kV/m，帽内头顶部位体表场强不大于 15kV/m。

3）屏蔽服面罩采用金属屏蔽网、导电材料和阻燃纤维编织制作，必须耐磨损，使遮蔽面具有一定的耐用价值。视觉应良好，屏蔽服面罩屏蔽效率不小于 20dB；与整套屏蔽服的屏蔽效率不小于 30dB。

4）导电鞋不应同时穿绝缘的毛料厚袜或用加垫绝缘的鞋垫。使用导电鞋的场所应是接地体或等电位带电体。穿用工作中，一般不超过 200h 应进行电阻测试 1 次。应存放在干燥通风处，避免与油、酸、碱或其他腐蚀性物品接触。

四、检测工具

（一）绝缘检测工具

1. 绝缘电阻检测仪

绝缘电阻检测仪用于测量各种绝缘工具及绝缘材料的绝缘电阻。

（1）测试电压：DC 250V/500V/1000V/2000V/2500V/5000V/10 000V。

（2）测量范围：1～19 999（MΩ）±5%；1～1000（GΩ）±10%。

（3）端电压及其稳定性：检测仪的开路电压与额定电压之差不大于额定电压的±10%。检测仪的测量线路端子与接地端子间连接阻值为测量范围上限值的 5%的电阻时，其输出工作电压与额定电压之差不大于额定电压的±10%。在 1min 内，检测仪开路电压的最大值和最小值的差不大于额定电压的±5%。

2. 零值绝缘子检测仪

零值绝缘子检测仪用于对运行绝缘子零值缺陷进行地面在线测量。

（1）测量电压范围：35～1000kV，测量误差不大于±1%，分辨率 0.01kV，采样速率 10 次/s，手持机工作电流不大于 120mA，探测器工作电流不大于 40mA。

（2）工作温度−35～60℃，储存温度−40～65℃，相对湿度不大于 90%，不结露。

（3）测量范围：电流 0～1999μA，精度 2 级。

（4）辅助测量：温度 0～60℃，精度 1 级；相对湿度小于 95%，精度 1 级。

（5）使用条件：户外，在线测量，环境温度 0～60℃。

（二）作业环境检测工具

1. 风速检测仪

风速检测仪用于输电线路带电作业环境中风速、温度的测量。技术性能如下：

（1）测量对象：常温、常压下的空气流。

（2）测量范围：风速 0.01～20.0m/s，风温−20～70℃。

（3）测量精度：风速读数的 5%m/s，风温±1℃。

2. 温湿度检测仪

温湿度检测仪用于输电线路带电作业环境中湿度、温度的测量。技术性能如下：

（1）测量范围：温度−10～55℃，湿度 0～100%RH。

（2）测量精度：测量稳定误差不超过±2℃，相对湿度误差不超过±2%RH。

第三节　输电线路带电作业工器具管理

做好输电线路带电作业工器具管理是保证带电作业安全的前提，目前带电作业工器具管理主要依据《带电作业用工具库房》（DL/T 974）、《带电作业工具、装置和设备预防性试验规程》（DL/T 976）、《1000kV 交流输电线路带电作业技术导则》（DL/T 392）、《±800kV 直流线路带电作业技术规范》（DL/T 1242）等规程规范。带电作业工具的试验是检验工具是否合格的唯一可靠手段，即使是经过周密设计的工具，也必须通过试验才能得出合格与否的结论。这是因为工具在制作、运输和保管储存等各个环节中，都可能引起或留下意想不到的缺陷，这些缺陷大多数只能通过试验才会暴露出来。所以，必须做好输电线路带电作业工器具管理工作。

一、带电作业工器具的试验

1. 试验周期

（1）带电作业工器具的设计应符合 GB/T 18037 的要求，屏蔽服装、绝缘绳索、绝缘杆、绝缘子卡具等应按照 GB/T 6568、GB/T 13035、GB 13398、DL/T 463、DL/T 878 等标准要求，通过型式试验及出厂试验。

（2）带电作业工器具型式试验报告有效期不超过 5 年。

（3）带电作业工器具应定期进行电气试验及机械试验，其试验周期为：

1）电气试验。绝缘工器具预防性试验每年一次，检查性试验每年一次，两次试验间隔半年。

2）机械试验。金属承力工器具预防性试验每两年一次，绝缘承力工器具预防性试验每年一次。

2. 绝缘工具的试验项目及标准

（1）对交流绝缘工具应进行工频耐压、操作冲击耐压试验，试验要求应满足表 5-16 的规定，对防潮型硬质绝缘工具，在型式试验中还应进行淋雨状态下的交流泄漏电流试验。

（2）对直流绝缘工具应进行直流耐压试验、操作冲击耐压试验，试验要求应满足表 5-16 的规定，对防潮型硬质绝缘工具，在型式试验中还应进行淋雨状态下的直流泄漏电流试验。

（3）试验结论判断依据如下：

1）在规定的工频（直流）耐受试验电压和耐受时间下，以无闪络、无击穿、无过热为合格。

2）操作冲击耐压试验应采用 +250μs/2500μs 标准操作波，在规定的试验电压和试验次数下，以无一次击穿、闪络为合格。

3）淋雨状态下的泄漏电流试验条件应满足 GB 16927.1 中的规定。在规定的试验电压和时间下，通过整件交流绝缘工具的泄漏电流不大于 0.5mA 为合格，通过整件直流绝缘工具的泄漏电流不大于 1mA 为合格。

表 5-16　　　　　　绝缘工具的试验项目及标准

额定电压（kV）	试验长度（m）	工频耐压试验				操作冲击耐压试验				泄漏电流试验		
		型式试验		预防性试验（出厂试验）		型式试验		预防性试验		型式试验		
		试验电压（kV）	耐压时间（min）	试验电压（kV）	耐压时间（min）	试验电压（kV）	冲击次数（次）	试验电压（kV）	冲击次数（次）	试验电压（kV）	加压时间（min）	泄漏电流（mA）
10	0.4	100	1	45	1	—	—	—	—	8	15	<0.5
20	0.5	120	1	80	1	—	—	—	—	15	15	<0.5
35	0.6	150	1	95	1	—	—	—	—	26	15	<0.5
66	0.7	175	1	175	1	—	—	—	—	46	15	<0.5
110	1.0	250	1	220	1	—	—	—	—	78	15	<0.5
220	1.8	450	1	440	1	—	—	—	—	153	15	<0.5

续表

额定电压（kV）	试验长度（m）	工频耐压试验				操作冲击耐压试验				泄漏电流试验		
		型式试验		预防性试验（出厂试验）		型式试验		预防性试验		型式试验		
		试验电压（kV）	耐压时间（min）	试验电压（kV）	耐压时间（min）	试验电压（kV）	冲击次数（次）	试验电压（kV）	冲击次数（次）	试验电压（kV）	加压时间（min）	泄漏电流（mA）
330	2.8	420	5	380	3	900	15	800	15	230	15	<0.5
500	3.7	640	5	580	3	1175	15	1050	15	350	15	<0.5
750	4.7	860	5	780	3	1400	15	1300	15	510	15	<0.5
1000	6.3	1270	5	1150	3	1865	15	1695	15	690	15	<0.5
±500	3.2	622	5	565	3	1060	15	970	15	565	15	<1
±660	4.8	820	5	745	3	1480	15	1345	15	745	15	<1
±800	6.6	985	5	895	3	1685	15	1530	15	895	15	<1

注　表中试验电压是指在标准状态下的情况。

（4）高压电极应使用直径不小于 30mm 的金属管，被试品应垂直悬挂，接地极的对地距离为 1.0～1.2m。接地极及接高压的电极（无金具时）处，以 50mm 宽金属铂缠绕。试品间距不小于 500mm，单导线两侧均压球直径不小于 200mm，均压球距试品不小于 1.5m。

（5）试品应整根进行试验，不准分段。

（6）绝缘工具的检查性试验条件是：将绝缘工具分成若干段进行工频耐压试验，每 75kV，时间为 1min，以无击穿、闪络及过热为合格。整套屏蔽服装各最远端点之间的电阻值均不得大于 20Ω。

3. 绝缘工具的机械预防性试验标准

（1）静负荷试验：1.2 倍额定工作负荷下持续 1min，工具无变形及损伤者为合格。

（2）动负荷试验：1.0 倍额定工作负荷下操作 3 次，工具灵活、轻便、无卡住现象为合格。

二、带电作业工器具的使用、运输与保管

1. 带电作业工器具的使用

（1）等电位作业人员与杆塔构架上作业人员之间传递物品应采用绝缘工具，绝缘工具的有效长度应满足《电力安全工作规程　电力线路部分》（GB 26859—2011）的规定。

（2）屏蔽服装应无破损和孔洞，各部分应连接良好、可靠。发现破损和毛刺时应送有资质的试验单位进行屏蔽服装电阻和屏蔽效率测量，测量结果满足相关要求方可使用。

（3）带电作业工具使用前，仔细检查确认没有损坏、受潮、变形、失灵，否则禁止使用。使用 2500V 及以上绝缘电阻表或绝缘检测仪进行分段绝缘检测（电极宽 2cm，极间宽 2cm），阻值应不低于 700MΩ。操作绝缘工具时应戴清洁、干燥的手套。

（4）使用绝缘工具时，应避免绝缘工具受潮和表面损伤、脏污，未处于使用状态的绝缘工具应放置在清洁、干燥的垫子上。

（5）发现绝缘工具受潮或表面损伤、脏污时，应及时处理并经试验合格后方可使用，不合格的带电作业工器具不得继续使用，应及时检修或报废。

（6）带电作业工具应绝缘良好、连接牢固、转动灵活，并按厂家使用说明书、现场操作规程正确使用。带电作业工具使用前应根据工作负荷校核机械强度，并满足规定的安全系数。带电作业使用的金属丝杆、卡具及连接工具在作业前应经试组装确认各部件操作灵活、性能可靠，并按现场操作规程或作业指导书正确使用。操作不灵活的工具应及时检修或报废，不得继续使用。

（7）绝缘操作杆的中间接头在承受冲击、推拉和扭转等各种荷重时，不得脱离和松动，不允许将绝缘操作杆当承力工具使用。

（8）绝缘支拉吊杆使用中，必须使用专门的固定器固定在杆塔上，严禁以人体为依托使用支拉杆移动导线。

（9）在杆塔上暂停作业时，绝缘操作杆应垂直吊挂或平放在水平塔材上，不得在塔材上拖动，以免损坏操作杆。

（10）直线塔上使用绝缘操作杆时，可在前段杆身适当位置用绝缘绳索悬吊，以防杆身过分弯曲，并减轻操作者劳动强度。

（11）导线卡具的夹嘴直径应与导线外径相适应，严禁代用，防止压伤导线或出现导线滑移。绝缘子闭式卡具两半圆的弧度与绝缘子钢帽外形应基本吻合，以免在受力过程中出现较大的应力集中。所有双翼式卡具应与相应的联结金具规格一致，且应配有后备保护装置（如封闭螺栓或插销）以防脱落。横担卡具与塔材规格必须相适应，且组装应牢固，紧线器应根据荷载大小和紧线方式正确使用其规格。

（12）在更换直线绝缘子串或移动导线的作业中，当采用单吊线装置时，应有防止导线脱落的后备保护措施。

（13）承力工具应固定可靠，并应有后备保护用具。

（14）上下循环交换传递较重的工器具时，均应系好控制绳，防止被传递物品相互碰撞及误碰处于工作状态的承力工器具。

（15）绝缘绳索应保持清洁干燥，严防与塔材摩擦。受潮的绝缘绳索严禁在带电作业中使用。

2. 带电作业工器具的运输

（1）在运输过程中，绝缘工器具应装在专用工具袋、工具箱或专用工具车内，以防受潮和损伤。

（2）铝合金工具、表面硬度较低的卡具和夹具、不宜磕碰的金属机具（如丝杆）运输时应有专用的木质和皮革工具箱，每箱容量以一套工具为限，零散的部件在箱内应予固定。

（3）绝缘工器具运输和保养中应防止受潮、淋雨、暴晒等，内包装运输袋可采用塑料袋，外包装运输袋可采用帆布袋或专用皮（帆布）箱。

3. 带电作业工器具的保管

（1）带电作业工具应存放于通风良好，清洁干燥的专用工具房内。带电作业工具库房应满足《带电作业用工具库房》（DL/T 974）中的规定。工具房门窗应密闭严实，地面、墙面及顶面应采用不起尘、阻燃材料制作。带电作业工具库房温度宜为 5～40℃，湿度不应大于 60%。

（2）带电作业工具房进行室内通风时，应在干燥的天气进行，并且室外的相对湿度不应高于 75%。通风结束后，应立即检查室内的相对湿度，并加以调控。

（3）带电作业工具房应配备湿度计，温度计，抽湿机（数量以满足要求为准），辐射均匀的加热器，足够的工具摆放架、吊架和灭火器等。带电作业工具库房应按照 DL/T 974 的规定配有通风、干燥、除湿设施。库房最高气温不超过 40℃。烘烤装置与绝缘工具表面距离应大于 50cm 距离。

（4）带电作业工具应统一编号、专人保管、登记造册，并建立试验、检修、使用记录。

（5）绝缘杆件的存放设施应设计成垂直吊放的排列架，每个杆件相距 10～15cm，每排相距宜为 30～50cm，绝缘硬梯、托瓶架的存放设施应设计成能水平摆放的多层式构架，每层间隔 30cm 以上。最低层离开地面不小于 20cm。绝缘绳索及其滑车组的存放设施应设计成垂直吊挂的构架，每个挂钩放一组滑车组，挂钩间距为 20～25cm，绳索下端距地面不宜小于 20cm。

（6）有缺陷的带电作业工具应及时修复，不合格的应予报废，禁止继续使用。

第六章

输电带电作业规程、规范及标准

第一节　输电带电作业常用标准

目前与带电作业相关的标准和导则由四个层次颁发：中华人民共和国国家质量监督检验检疫总局发布国家标准（标准代号为 GB）、中华人民共和国国家发展和改革委员会发布行业标准（标准代号为 DL）、社会团体发布团体标准（标准代号为 T/CEC）、电力企业发布内部的企业标准和管理制度（标准代号为 Q）。引用或参照相关标准和规范时，一定要注意使用的标准的时效性，确保是现行标准，不得引用已作废或被整合、替代的旧标准。在查阅标准是否为现行版本时，应结合权威的标准信息公共服务平台上进行查阅，确保标准的时效性。现行输电带电作业相关国家标准、行业标准共 53 项，其中国家标准（含国家推荐标准）19 项，行业标准 34 项，详见表 6-1。

表 6-1　　　　　　　　　　　现行输电带电作业相关标准列表

序号	标准编号	标准名称
1	GB 13398—2008	带电作业用空心绝缘管、泡沫填充绝缘管和实心绝缘棒
2	GB/T 2900.55—2016	电工术语　带电作业
3	GB/T 12167—2006	带电作业用铝合金紧线卡线器
4	GB/T 6568—2008	带电作业用屏蔽服装
5	GB/T 13034—2008	带电作业用绝缘滑车
6	GB/T 13035—2008	带电作业用绝缘绳索
7	GB/T 13395—2008	电力设备带电水冲洗导则
8	GB/T 14286—2021	带电作业工具设备术语
9	GB/T 14545—2008	带电作业用小水量冲洗工具（长水柱短水枪型）
10	GB/T 15632—2008	带电作业用提线工具通用技术条件
11	GB/T 17620—2008	带电作业用绝缘硬梯
12	GB/T 18037—2008	带电作业工具基本技术要求与设计导则

续表

序号	标准编号	标准名称
13	GB/T 18136—2008	交流高压静电防护服装及试验方法
14	GB/T 19185—2008	交流线路带电作业安全距离计算方法
15	GB/T 25097—2010	绝缘体带电清洗剂
16	GB/T 25098—2010	绝缘体带电清洗剂使用导则
17	GB/T 25725—2010	带电作业工具专用车
18	GB/T 25726—2010	1000kV交流带电作业用屏蔽服装
19	GB/T 34569—2017	带电作业仿真训练系统
20	DL/T 779—2001	带电作业用绝缘绳索类工具
21	DL/T 876—2004	带电作业绝缘配合导则
22	DL/T 877—2004	带电作业用工具、装置和设备使用的一般要求
23	DL/T 878—2021	带电作业用绝缘工具试验导则
24	DL/T 879—2004	带电作业用便携式接地和接地短路装置
25	DL/T 966—2005	送电线路带电作业技术导则
26	DL/T 972—2005	带电作业工具、装置和设备的质量保证导则
27	DL/T 1007—2006	架空输电线路带电安装导则及作业工具设备
28	DL/T 699—2007	带电作业用绝缘托瓶架通用技术条件
29	DL/T 1060—2007	750kV交流输电线路带电作业技术导则
30	DL/T 415—2009	带电作业用火花间隙检测装置
31	DL/T 1341—2014	±660kV直流输电线路带电作业技术导则
32	DL/T 392—2015	1000kV交流输电线路带电作业技术导则
33	DL/T 803—2015	带电作业用绝缘毯
34	DL/T 853—2015	带电作业用绝缘垫
35	DL/T 1466—2015	750kV交流同塔双回输电线路带电作业技术
36	DL/T 1467—2015	500kV交流输变电设备带电水冲洗作业技术规范
37	DL/T 1468—2015	电力用车载式带电水冲洗装置
38	DL/T 1634—2016	高海拔地区输电线路带电作业技术导则
39	DL/T 1635—2016	耐热导线输电线路带电作业技术导则
40	DL/T 636—2017	带电作业用导线飞车
41	DL/T 854—2017	带电作业用绝缘斗臂车使用导则
42	DL/T 971—2017	带电作业用便携式核相仪
43	DL/T 976—2017	带电作业工具、装置和设备预防性试验规程
44	DL/T 1126—2017	同塔多回线路带电作业技术导则
45	DL/T 1720—2017	架空输电线路直升机带电作业技术导则

续表

序号	标准编号	标准名称
46	DL/T 974—2018	带电作业用工具库房
47	DL/T 400—2019	500kV 交流紧凑型输电线路带电作业技术导则
48	DL/T 881—2019	±500kV 直流输电线路带电作业技术导则
49	DL/T 1995—2019	变电站换流站带电作业用绝缘平台
50	DL/T 463—2020	带电作业用绝缘子卡具
51	DL/T 2153—2020	输电线路用带电作业机器人
52	DL/T 2157—2020	带电作业工器具试验系统
53	DL/T 2158—2020	接地极线路带电作业技术导则

第二节　电力安全工作规程解读

本小节是对《电力安全工作规程　电力线路部分》（GB 26859—2011）中的带电作业部分进行解读。

一、一般要求

（一）带电作业条件

1. 规程要求

11.1.2　带电作业应在良好天气下进行。如遇雷电（听见雷声、看见闪电）、雪、雹、雨、雾等，不应进行带电作业。风力大于 5 级，或湿度大于 80%时，不宜进行带电作业。

2. 相关解读

（1）带电作业本身存在一定的作业风险，受天气因素影响较大，易出现放电、触电等危险情况。因此，带电作业应在良好天气下进行。

（2）在恶劣天气下作业时，因雷电引起的过电压会使设备和带电作业工具受到破坏，威胁人身安全；雪、雹、雨、雾等天气易引起绝缘工具表面受潮，影响绝缘性能，作业风险较大。

（3）依据《高处作业分级》（GB/T 3608—2008），在阵风 5 级时应停止露天高处作业。大风使高处作业人员的平衡性大大降低，容易造成高处坠落；当湿度大于 80%时，绝缘绳索的绝缘强度下降较为明显，放电电压降低，泄漏电流增大，易引起发热甚至造成设备闪络跳闸，危及作业人员人身安全。

（4）在特殊情况下，如必须在恶劣天气进行带电抢修时，应在保证人身和设备安全的前提下进行。应组织有关人员充分讨论并编制必要的安全措施，经本单位批准后方可进行。

（二）现场勘察

1. 规程要求

11.1.4　线路运行维护单位或工作负责人认为有必要时，应组织到现场勘察，根据勘查结果判断能否进行带电作业，并确定作业方法、所需工具，以及应采取的措施。

2. 相关解读

（1）线路运行维护单位、工作票签发人或工作负责人任何一方认为有必要时，应组织有经验的安全、技术人员进行现场勘察，以确认作业现场是否能满足带电作业的需要。勘查内容包括作业环境、作业场地等，周围邻近或交叉跨越的带电线路、其他弱电线路、缺陷部位、严重程度等，杆塔型号、导地线型号、绝缘子片数、金具连接等实际情况是否与图纸相符，各类间隙和距离等。

（2）根据勘察结果做出能否进行带电作业的判断，编制相应的作业方案，并确定作业方法、所需工具以及应采取的安全措施。

（三）停用重合闸或直流再启动保护

1. 规程要求

11.1.5　带电作业有下列情况之一者，应停用重合闸或直流再启动装置，并不应强送电：

a）中性点有效接地的系统中可能引起单相接地的作业；

b）中性点非有效接地的系统中可能引起相间短路的作业；

c）直流线路中可能引起单极接地或极间短路的作业；

d）不应约时停用或恢复重合闸及直流再启动装置。

2. 相关解读

（1）重合闸和直流线路再启动功能是继电保护的一种，它是防止系统故障点扩大、消除瞬时故障、减少事故停电的一种后备措施。退出重合闸装置和直流线路再启动功能的目的如下：

1）减少内过电压出现的概率。作业中遇到系统故障，断路器跳闸后不再重合、启动，减少了过电压的机会。

2）带电作业时发生事故，退出重合闸装置和直流线路再启动功能，可以保证事故不再扩大，保护作业人员免遭第二次电压的伤害。

3）退出重合闸装置和直流线路再启动功能，可以避免因过电压而引起对地放电的严重后果。

（2）为确保作业人员的人身安全，在带电作业中若有本条规定的四类情况之一者，应严格执行停用重合闸或直流线路再启动功能的规定，同时在带电作业时因系统原因或作业过程引起线路跳闸后，不得强行对线路送电。

（3）带电作业实际作业时间与计划时间可能会有出入，约时停用或恢复极易造成触电伤害或使电网安全受到影响。因此，禁止约时停用或恢复重合闸或直流线路再启动功能。

（四）突然停电时

1. 规程要求

11.1.6　在带电作业过程中如设备突然停电，应视设备仍然带电，工作负责人应及时与线路运行维护单位或调度联系，线路运行维护单位或值班调度员未与工作负责人取得联系前不应强送电。

2. 相关解读

（1）在带电作业过程中如设备突然停电，设备存在随时来电的可能，故作业人员应视设备仍然带电。作业人员仍应按照带电作业方法和流程，保持安全距离，采取安全措施。工作负责人应尽快与线路运行维护单位或值班调控人员联系，说明现场情况。

（2）电力系统故障跳闸时，一般重合闸都能够自动恢复开关至合闸状态，如果故障没有消除则开关又会再次跳闸。在此基础上，如果调控人员重新命令变电值班员进行手动合闸送电，则这种送电行为被称作强送电。

（3）值班调控人员未与工作负责人取得联系对现场作业的线路和人员情况并不了解，强送电易造成人员触电或设备损坏。

二、安全技术措施

（一）安全距离

1. 规程要求

11.2.5　下列距离应满足相关安全规定：

a）地电位作业人体与带电体的距离；

b）等电位作业人体与接地体的距离；

c）工作人员进出强电场与接地体和带电体两部分所组成的组合间隙；

d）工作人员与相邻导线的距离。

2. 相关解读

不管是地电位还是在进入强电场的过程中，工作人员都应与带电体保持一定的安全距离，作业前进行安全距离校核，不满足条件的，不应进行带电作业。

（二）导线悬挂工器具进入强电场作业时

1. 规程要求

11.2.7　沿导（地）线上悬挂的软、硬梯或导线飞车进入强电场的作业，应遵守下列规定：

a）在连续档距的导（地）线上挂梯（或导线飞车）时，钢芯铝绞线和铝合金绞线导（地）线的截面应不小于 $120mm^2$；钢绞线导（地）线的截面应不小于 $50mm^2$。

b）在孤立档的导（地）线上的作业，在有断股的导（地）线和锈蚀的地线上的作业，在 11.2.7a）规定外的其他型号导（地）线上的作业，两人以上在同档同一根导（地）线上的作业时，应经验算合格并经批准后方能进行。

c）在导（地）线上悬挂梯子、飞车进行等电位作业前，应检查本档两端杆塔处导

（地）线的紧固情况。

d）挂梯载荷后，应保持地线及人体对下方带电导线的安全距离比规定的安全距离数值增大 0.5m；带电导线及人体对被跨越的线路、通信线路和其他建筑物的安全距离应比规定的安全距离数值增大 1m。

e）在瓷横担线路上不应挂梯作业，在转动横担的线路上挂梯前应将横担固定。

2. 相关解读

（1）在连续档距的 OPGW 光缆上挂梯（或飞车）时，OPGW 光缆的强度应与 LGJ-70/40 及以上导线配套设计的光缆强度相同。但部分将已投入运行线路的地线改造成的光缆，由于设计时考虑原塔头的受力等因素，其强度可能达不到标称截面为 50mm^2 及以上钢绞线的强度。在光缆上进行挂梯（或飞车）作业时，应对光缆强度进行验算，符合要求后方可进行。

（2）在孤立档的导线、地线上作业，具体验算方法可参考《输电线路基础》（中国电力出版社，2009）。在有断股的导、地线和锈蚀的地线上的作业。作业前一定要全面掌握导地线的断股情况和锈蚀情况，再进行严格的验算，并应留有一定的裕度。因导、地线的断股情况和锈蚀情况很难确定，一般情况下作业人员不要直接在断股或锈蚀的导、地线上挂梯、飞车作业。

在 11.2.7 a）规定外的其他型号导、地线上的作业，如耐张段中各档均需上人作业时，可取档距最大的一档验算，此档安全则其他各档也安全。若需在某一档上人作业，则可取档距中点验算，如验算符合要求则档中其他各点也符合要求。

两人以上在同档同一根导、地线上的作业，因导、地线上存在至少两个受力点，导、地线应力增大，作业过程中两人的动作很难保持一致，会使导、地线应力不平衡，扩大作业安全风险。如确需两人以上在同档同一根导、地线上作业，应进行集中荷载作用时导、地应力、最大允许应力和导线弧垂等验算，验算合格且经本单位批准后才能进行。

（3）在导、地线上悬挂梯子、飞车进行等电位作业前，应检查挂梯档两端杆塔处导、地线的横担、金具紧固和绝缘子串的连接情况，防止导、地线脱落，确认无异常后方可进行挂梯作业。

（4）瓷横担机械强度较低，如在瓷横担线路上挂梯作业可能会起横担断裂，造成人员高坠或设备受损。在转动横担的线路上挂梯前，应先将横担固定好，避免挂梯作业时横担转动造成安全距离不够，引发意外事故。

（三）带电断、接引线

1. 规程要求

11.2.8 带电断、接空载线路，工作人员应戴护目眼镜，并采取消弧措施，不应带负荷断、接引线。不应同时接触未接通的或已断开的导线两个断头。短接设备时，应核对相位，闭锁跳闸机构，短接线应满足短接设备最大负荷电流的要求，防止人体短接设备。

2. 相关解读

（1）带电断、接空载线路时，在断、接过程中因存在电容电流而将产生电弧。因此，作业人员应戴护目镜，并采取消弧措施。断、接空载线路应根据线路电压等级、线路长短及其电容电流选择断接工具。

（2）在线路带负荷电流情况下断、接引线，相当于带负荷拉合闸，无法切断负荷较大的电流。因此，禁止带负荷断、接引线。

（3）未接通的或已断开的导线两个断头有电位差，作业人员同时接触这两个断头，易引发人体串入电路，对人体造成电流伤害。

（四）良好绝缘子片数

1. 规程要求

11.2.10　绝缘子串上带电作业前，应检测绝缘子串的良好绝缘子片数，满足相关规定要求。

2. 相关解读

（1）带电更换绝缘子或在绝缘子串上作业时，绝缘子串闪络电压应满足系统最大操作过电压的要求。在整串绝缘子良好的情况下，其放电电压有一定的裕度；若失效的绝缘子片数过多，在操作过电压下可能产生放电。因此，良好绝缘子串的片数不得少于相关规定的数量。

（2）作业人员在开始作业前，应先对绝缘子串进行逐片检测，确认良好绝缘子片数满足上述要求后，方可开始工作。作业人员在沿耐张绝缘子串进入等电位或在绝缘串上作业时，短接后剩余的良好绝缘子片数仍应满足相关规定的最少片数要求。

三、安全组织措施

开展输电带电作业项目，要有严格保证安全的组织措施。主要有：① 现场勘察制度；② 工作票制度；③ 工作许可制度；④ 工作监护制度；⑤ 工作间断制度；⑥ 工作终结和恢复送电制度。

（一）工作票制度

（1）对同一电压等级、同类型、相同安全措施且依次进行的带电作业，不需要停用重合闸的工作，可在数条线路上共用一张工作票；需要停用重合闸的工作只能一条线路使用一张工作票。

（2）为了便于掌控进度，检查、监督安全措施的落实，在工作期间，工作票应始终保留在工作负责人手中。

（3）带电作业工作票不准延期。如在计划时间内未完成工作，应重新填写一份带电作业工作票。

（4）带电作业工作票在填写过程中，应注意以下几点：

1）"线路或设备名称""工作地点、范围"填写时需写清线路的双重称号。

2）"注意事项（安全措施）"一项中，应充分考虑带电作业可能存在的危险因素，并做出防范措施。尤其是与带电体保持的安全距离，必须确保在安全有效范围内，以保障人身安全。

3）工作票签发时间应早于工作许可时间和计划工作时间。工作许可时间和工作终结时间两者均应在计划工作时间内。

4）若工作负责人必须长时间离开工作现场时，应由原工作票签发人变更工作负责人，履行变更手续，填写变更人员信息和时间。同样，工作人员有变动，应及时填写相关信息。

2．工作监护制度

（1）工作许可手续完成后，工作负责人、专责监护人应向工作班成员交代工作内容、人员分工、带电部位和现场安全措施，进行危险点告知，并履行确认手续。

（2）带电作业应设专责监护人。复杂作业时，应增设监护人。

（3）专责监护人不准兼做其他工作。

3．工作间断制度

（1）带电作业应在良好天气下进行。遇雷电（听见雷声、看见闪电）、雨、雾等，不准进行带电作业。风力大于5级，或湿度大于80%时，一般不宜进行带电作业。在工作中遇恶劣气象条件或其他威胁到工作人员安全的情况时，工作负责人或专责监护人可下令临时停止工作。

（2）工作班成员在未经工作负责人或专责监护人同意，不得擅自恢复工作。

4．工作终结制度

（1）带电作业完工后，工作负责人（包括塔上专责监护人）应确认在杆塔上、导线上、绝缘子串上及其他辅助设备上没有遗留的工具、材料等，查明全部工作人员由杆塔上撤下。

（2）工作终结后，工作负责人应及时报告工作许可人，可采用当面和电话报告的方式。

（3）工作终结的报告应简明扼要，包括下列内容：工作负责人姓名，某线路上某处（说明起止杆塔号、分支线名称等）带电作业工作已经完工。

第七章

输电带电作业项目介绍

第一节 导地线类带电作业项目

输电线路在导、地线上开展带电作业的常规项目主要有在导地线上挂梯或飞车作业，通过梯子或飞车进行修补损伤的导、地线及安装金具、处理缠绕物、带电断接空载线路等。在导地线上开展作业，主要注意几个问题：① 带电作业过程作业人员与带电体、接地体的安全距离；② 在导、地线上挂梯或飞车后导、地线受力情况。带电作业时人身与带电体的安全距离、等电位作业人员与相邻导线的最小距离、等电位作业中的最小组合间隙应满足《送电线路带电作业技术导则》（DL/T 966—2005）的要求。挂梯载荷后，应保持地线及人体对下方带电导线的安全距离比导则中规定的数值增大 0.5m；带电导线及人体对被跨越的电力线路、通信线路和其他建筑物的安全距离应比导则中规定的数值增大 1m。根据《电力安全工作规程　电力线路部分》（GB 26859—2011）要求，在连续档距的导地线上挂梯或飞车时，其导地线的截面不准小于：钢芯铝绞线和铝合金绞线 120mm²；钢绞线 50mm²（等同 OPGW 光缆和配套的 LGJ-70/40 导线）。如果有下列情况之一者，应经验算合格，并经本单位批准后才能进行：① 在孤立档的导地线上的作业；② 在有断股的导地线和锈蚀的地线上的作业；③ 其他型号的导地线上的作业；④ 两人以上在同档同一根导地线上的作业。

在导、地线上挂梯或飞车作业，除了工具外，还有作业人员的重量，这种情况下，导、地线上就会增加一个集中荷载，从而引起弧垂和应力的增加，影响导、地线的强度和对地面及被跨越物的距离，影响作业人员及线路运行的安全，所以明确要求"应经验算合格"，以确定是否允许挂梯作业和人员活动范围。

一、采用预绞丝补修条带电补修导线（软梯作业法）

1. 项目简介

输电线路在运行过程中，因周围开山炸石，飞石炸伤导线、工地施工机械碰触导线发生放电而使导线受损，导线损伤后，应及时进行检修，否则将会给线路的安全运行带来危害。根据导线损伤程度可采取绑线缠绕、预绞丝补修、补修管补修等方式，严重者需切断重接。

带电修补导线一般采用等电位法。进入电场等电位作业的方法很多，在导线损伤经验算允许挂软梯作业的条件下，可采用软梯进入电场等电位作业法；在导线对地距离不高的情况下，可以采用绝缘立梯进入电场等电位作业法；在导线损伤比较严重的情况下，导线上不允许挂软梯，除使用绝缘立梯外，还可以利用上方导地线挂梯的等电位作业法。本节介绍采用软梯作业法带电修补导线。

绝缘软梯是等电位电工进入电场等电位作业工具之一。在导线或地线允许挂软梯时，一般采用软梯进行导线修补作业，以导地线为悬挂点，可以在导地线上任意移动。绝缘软梯由金属挂梯和梯身两部分组成。金属挂梯上端有两个反向安装的铝合金挂钩，以便于悬挂在导地线上，挂钩上各安装一个铝制滑轮，既可以使梯子在导线上滑行，又能保证不磨损导线，还具有与导线有良好的电气接触，使金属梯始终处于等电位状态。梯身采用绝缘绳索编制而成，可根据导线对地距离进行连接或调节长度，而且重量轻，便于携带和运输。

预绞丝补修条是用具有弹性的高强度铝合金按规定根数为一组制成螺旋状，紧缠在导线外层，不会产生滑移。

2. 作业方式

等电位作业法。

3. 人员分工

工作负责人1名，负责作业过程组织指挥、现场安全监护；地电位电工1名，负责安装跟斗滑车工作；等电位电工1名，负责修补损伤导线工作；地面电工2名，负责地面配合工作。

4. 主要工器具材料

主要工器具材料见表7-1。

表7-1　　　　　　　主 要 工 器 具 材 料

序号	名称		规格型号	数量	用途	备注
1	绝缘工具	绝缘传递绳	φ10mm	1根	地电位电工传递工具	长度根据现场高度确定
2		绝缘滑车	1t	1只	传递工具材料	
3		绝缘绳套	φ12mm	1根	配合固定绝缘滑车	
4		跟斗滑车绝缘传递绳	φ12mm	1根	用于提升绝缘软梯头	长度根据现场高度确定
5		绝缘保安绳	φ12mm	1根	安装在金属梯架上,用于等电位电工攀爬过程的防坠保护	长度根据现场高度确定
6		绝缘软梯		1副		长度根据现场高度确定

续表

序号		名称	规格型号	数量	用途	备注
7	防护用具	屏蔽服	I 型	1 套	等电位电工穿用	
8		导电鞋		2 双		
9		绝缘安全带		5 套		
10		安全帽		5 顶		
11		防坠器		1 套		
12	辅助安全用具	兆欧表	2500V	1 只		电极宽 2cm，极间距 2cm
13		万用表		1 只		检测屏蔽服用
14		防潮帆布		2 块		
15		防潮工具袋		4 只		
16		空气湿度仪		1 只		
17		风速仪		1 只		
18	其他	金属软梯头		1 架		
19	材料	预绞丝补修条	根据导线型号确定	1 副	补修导线	

5. 作业步骤

（1）工作负责人组织召开班前会，交代工作任务、安全措施和技术措施，查看作业人员精神状况、着装情况和工器具是否完好齐全。确认天气情况、危险点和预防措施，明确工作分工以及安全注意事项。

（2）地电位电工登塔至工作位置，系好安全带，将穿有绝缘绳的绝缘挂车悬挂在塔上适当位置。地面电工利用绝缘传递绳将绝缘操作杆、带有跟斗滑车的绝缘绳传递给塔上地电位电工。

（3）地电位电工利用绝缘操作杆将带有绝缘绳的跟斗滑车悬挂在需要修补的导线上。地面电工互相配合，利用挂在导线上的绝缘绳将绝缘软梯提升至导线处并安装在导线上。地面电工对绝缘软梯进行适当垂直荷载冲击，检查绝缘软梯是否可靠。

（4）等电位电工检查绝缘软梯及保安绳、防坠器无异常后，在工作负责人同意下登梯。在登梯作业过程中，地面电工应协助控制好绝缘软梯不出现大幅度晃动而影响等电位电工的登梯作业，见图 7-1。

（5）等电位电工登梯至距离金属梯架大约 30cm 处，在工作负责人的同意下迅速用手抓住金属梯架进行电位转移。

（6）等电位电工进入梯架后将安全带绕过导线系好，利用跟斗滑车绝缘绳将装有预绞丝的工具袋提升至金属梯架处并挂好。

图 7-1　等电位电工攀登软梯作业

（7）等电位电工在地面电工配合下，滑至作业点，理好断股线股，去掉表面氧化膜，将预绞丝补修条按照补修要求安装在损伤的导线处，见图 7-2。

图 7-2　补修导线

（8）补修工作结束后，等电位电工退出电场；地面电工拆除绝缘软梯；地电位电工取下跟斗滑车，将滑车和绝缘操作杆放至地面，检查塔上无遗留物后携带传递绳回至地面。

（9）工作负责人召开班后会，总结作业的完成情况、存在不足及提出改进措施，清点作业工器具，收好全部工器具，清理工作现场，向调度汇报更换作业已完成，塔上线上无遗留物，人员已全部安全下塔，具备重合闸恢复条件，此项作业完成。

6. 安全注意事项

（1）作业前，应认真检查断股及锈蚀情况，必要时应经验算其机械强度受力情况，符合《电力安全工作规程　电力线路部分》（GB 26859—2011）要求方可出线作业。

（2）软梯在使用前应检查是否牢固可靠，挂好后，应由两人做垂直荷重试验，无异常后等电位电工方可登梯作业。

（3）导线垂直排列或导线档内有交叉跨越时，工作前应经验算符合要求方可允许工作。

（4）等电位电工必须穿整套合格屏蔽服，且各部分连接可靠。在移位时，必须注意对杆塔拉线、交叉跨越物等安全距离。

7. 关键点

（1）资料查阅。了解作业设备情况，导线规格、荷载；杆塔结构、档距；系统接线、相位和运行方式；设备状况（指导线补强、接头等）及作业环境状况。必要时验算导线应力、悬重后的弧垂，并校核导线对地或被跨越物的安全距离。

（2）现场勘察。现场了解作业设备各种间距、交叉跨越、缺陷部位及其严重程度、地形状况、周围环境，确定需用器材及工器具等。根据勘察结果，做出能否进行带电作业、采用何种作业方法及必要的安全措施等决定。

（3）天气情况。去现场作业前，应事先了解当天气象预报。到达现场后，应对现场的气象情况做出能否带电作业的判断。

二、带电断、接空载线路

1. 项目简介

带电断接空载线路引线采用带电作业的方法，使电力线路的连接线断开脱离电位或接通带上电压（空载状态），能有限地代替开关和刀闸的分合作用，能断开一定长度的空载线路，是改变电网运行方式的一种灵活简易方法。带电断接引工作只能在空载线路上进行。如果线路带有负荷电流，断接引工作就相当于带负荷拉合闸，这是不允许的。空载线路有电容电流，在断接过程中必须采取消弧措施，消弧工具的消弧能力必须与线路电容电流相适应。

常用的消弧工具为消弧绳，消弧绳的消弧能力比较差，因为它本身没有消弧能力而只靠人为断开速度延伸电弧达到自熄的目的。采用消弧绳断接空载线路的长度要受到限制，空载线路的长度不应大于表 7−2 规定，且作业人员与断开点应保持 4m 以上安全距离。

表 7−2　　　　　　　　　　　采用消弧绳断接空载线路的长度

电压等级（kV）	10	35	66	110	220
长度（km）	≤50	≤30	≤20	≤10	≤3

空载线路三相导线之间和导线对地都存在电容电流，在断接空载线路瞬间会有电容电流，其值可按式（7−1）进行计算

$$I_C = KUL \qquad\qquad （7−1）$$

式中：I_C 为空载线路电容电流，A；K 为系数，10kV 线路取 0.0018，35kV 线路取 0.0017，110～220kV 线路取 0.0016；U 为线路额定电压，kV；L 为线路长度，km。

带电断接空载线路时，必须确认线路的另一端断路器（开关）和隔离开关（刀闸）确已断开，接入线路侧的变压器、电压互感器确已退出运行后，方可进行。禁止带负荷断接引线。同时，应做到"三无一良"，即查明线路确无接地、绝缘良好、线路上无人工作，且相位确定无误后，方可进行带电断接引线作业。

下文以带电断开 110kV 输电线路的空载线路作业为例进行介绍。

2. 作业方式

等电位作业法。

3. 人员分工

工作负责人 1 名，负责作业过程组织指挥、现场安全监护；塔上专责监护人 1 名；地电位电工 2 名，负责安装绝缘硬梯、引线断开后接地工作；等电位电工 1 名，负责安装消弧绳、拆除引流板螺栓工作；地面电工 3 名，负责地面断开引流线消弧及其他配合工作。

4. 主要工器具材料

主要工器具材料见表 7-3。

表 7-3　　　　　　　　　　　　主 要 工 器 具 材 料

序号	名称		规格型号	数量	用途	备注
1	绝缘工具	消弧绳	ϕ12mm	1 根	用于断开线路消弧	长度根据现场高度确定
2		绝缘控制绳	ϕ12mm	1 根	配合断开线路消弧控制绳	长度根据现场高度确定
3		绝缘传递绳	ϕ12mm	1 根	用于传递工具	长度根据现场高度确定
4		绝缘硬梯		1 架	用于等电位电工进出导线	
5		绝缘操作杆		1 根		
6		绝缘保安绳	ϕ12mm	1 根		
7		绝缘绳套		1 根		
8		绝缘滑车	1t	1 只		
9	金属工具	消弧滑车	0.5t	1 只		
10		消弧线夹		1 只		
11	防护用具	屏蔽服	Ⅰ型	4 套	等电位电工、塔上电工穿用	
12		导电鞋		8 双		
13		绝缘安全带		8 套		
14		安全帽		8 顶		
15		接地线		1 副		

续表

序号	名称		规格型号	数量	用途	备注
16		兆欧表	2500V	1 只		电极宽 2cm，极间距 2cm
17		万用表		1 只		检测屏蔽服用
18	辅助安全用具	防潮帆布		2 块		
19		防潮工具袋		4 只		
20		空气湿度仪		1 只		
21		风速仪		1 只		

5. 作业步骤

（1）工作负责人组织召开班前会，交代工作任务、安全措施和技术措施，查看作业人员精神状况、着装情况和工器具是否完好齐全。确认天气情况、危险点和预防措施，明确工作分工以及安全注意事项。

（2）2 名地电位电工携带绝缘绳（带绝缘滑车）相继登塔至适当位置，系好安全带，挂好滑车后，地面电工吊上绝缘硬梯、绝缘棒等工具；等电位电工登塔。

（3）地电位电工把绝缘硬梯的一端挂在导线侧，另一端固定在铁塔角钢上。

（4）地电位电工将消弧绳穿过消弧滑车后将铜丝绳安装在消弧线夹上；将绝缘控制绳绑在消弧线夹的拉环上，见图 7-3。

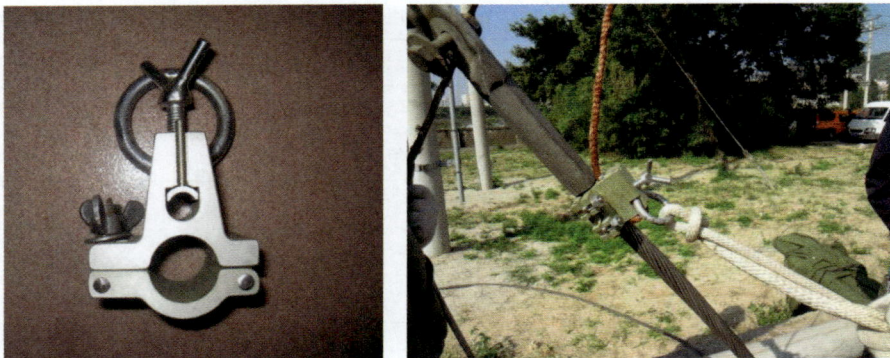

图 7-3　消弧线夹及消弧线夹安装图片

（5）在检查绝缘硬梯稳固后，经工作负责人许可，等电位电工携带控制绳、消弧绳、消弧滑车沿绝缘硬梯进入电场，在工作负责人的同意后转移电位接触导线，人体保持与带电体同电位。

（6）等电位电工在耐张线夹出口处挂好消弧滑车，打开消弧线夹安装在引线上，调整好铜丝绳的长度，检查无异常后，由 2 名地面电工分别控制好。带电断接引线消弧工具安装现场图片见图 7-4。

图 7-4　带电断接引线消弧工具安装现场图片

（7）等电位电工检查控制绳、消弧绳、消弧滑车等连接可靠后，地面电工拉紧消弧绳，经工作负责人同意后，等电位电工拆除跳线线夹螺栓，沿绝缘硬梯退出电场。

（8）地面电工配合操作，快速断开引线，控制好控制绳、消弧绳。

（9）地电位电工将断开的跳线接地后，拆除另一端耐张线夹引流板螺栓，拆除跳线。

（10）拆除作业工具，本相工作结束，其他相引线断开按照上述步骤操作。

（11）工作负责人召开班后会，总结作业的完成情况、存在不足及提出改进措施，清点作业工器具，收好全部工器具，清理工作现场，向调度汇报更换作业已完成，塔上线上无遗留物，人员已全部安全下塔，具备重合闸恢复条件，此项作业完成。

6. 安全措施及注意事项

（1）遵守 GB 26859 的有关断、接引线的规定。

（2）断开引线时，线头引线控制绳一定要牢固可靠，稳定控制；断开的引线应固定好，防止短路。

（3）接引空载线路前，应查明线路无接地，绝缘良好，线路无人工作，相位正确无误等情况。

（4）断开引过程中，严禁作业人员串入电路。

（5）根据导线排列断、接顺序为：断开顺序下—中—上，接入顺序相反。

7. 关键点

（1）资料查阅。了解作业设备情况，导线规格、荷载；杆塔结构、档距；系统接线、相位和运行方式；设备状况及作业环境状况。必要时校核导线对地或被跨越物的安全距离。

（2）现场勘察。现场了解作业设备各种间距、交叉跨越、地形状况、周围环境，确定需用器材及工器具等。根据勘察结果，做出能否进行带电作业、采用何种作业方法及必要的安全措施等决定。

（3）天气情况。去现场作业前，应事先了解当天气象预报。到达现场后，应对现场的气象情况做出能否带电作业的判断。

（4）空载线路电容电流的计算。空载线路三相导线之间和导线对地都存在电容，在断接空载线路瞬间会有电容电流。在断接过程中必须采取消弧措施，消弧工具的消弧能力必须与线路电容电流相适应。常规的消弧工具为消弧绳，作业前，应进行电容电流计算，当电容电流不超过 3A 时，才允许采用消弧绳进行断接引。

（5）塔上电工应穿全套屏蔽服。防止电弧灼伤和感应电电击。

（6）带电断接引线作业应停用重合闸，且不准强送电，禁止约时停用或恢复重合闸。

（7）带电断接引线作业前，应与值班调控人员联系。需要停用重合闸应由值班调控人员履行许可手续。带电作业结束后应及时向值班调控人员汇报。

（8）在带电断接引线过程中如设备突然停电，作业人员应视设备仍然带电。工作负责人应尽快与调控人员联系，汇报现场带电作业情况及采取的措施。

第二节　金具类带电作业项目

输电线路上常用的金具主要包括悬垂线夹、耐张线夹、连接金具、接续金具、防护金具等五类金具。输电线路带电作业中有很大比例的作业是进行金具的维护与更换工作。本节主要介绍有关防护金具、连接金具、悬垂线夹的带电作业项目。

一、带电更换输电线路导线防振锤

1. 项目简介

安装防振锤是架空输电线路有效的防振措施，常见的缺陷是防振锤损坏或跑位。输电线路导线防振锤损坏或跑位，可采用带电作业进行更换，一般采用绝缘软梯等电位进入电场进行更换防振锤。以带电更换 110～220kV 输电线路导线防振锤为例进行介绍。

2. 作业方式

等电位作业法。

3. 人员分工

工作负责人 1 名，负责作业过程组织指挥、现场安全监护；等电位电工 1 名，负责装、拆防振锤操作；塔上监护人 1 名，传递工作负责人的指令和监护等电位电工执行劳动纪律和安全技术措施；塔上电工 1 名，负责装拆绝缘软梯；地面电工 2 人，负责工具检查检测、传递工具和材料。

4. 主要工器具材料

主要工器具材料见表 7-4。

表7-4   主 要 工 器 具 材 料

序号	名称	规格型号	单位	数量	用途
1	屏蔽服	Ⅰ型	套	1	等电位电工的防护服装
2	安全带	全身式	副	3	防止作业人员高空坠落
3	安全帽		顶	6	保护作业人员头部
4	兆欧表	3122A	只	1	检测绝缘绳索、工具
5	万用表	UT51-55	台	1	检测屏蔽服装
6	温、湿度仪	DE-22	台	1	检测现场温度、湿度
7	风速仪	AVM-05	台	1	检测现场风速
8	防潮帆布	4m×4m	张	1	放置绝缘绳索、工具使用
9	绝缘软梯		副	1	进出强电场使用
10	跟斗滑车	0.2t	只	1	悬挂传递绳
11	软梯头架		幅	1	固定绝缘软梯
12	绝缘传递绳	$\phi14×100m$	条	2	传递工具材料
13	绝缘滑车	0.5t	只	1	传递工具材料
14	绝缘操作杆	220kV	根	1	悬挂跟斗滑车
15	扳手		把	1	装拆防振锤
16	防振锤	根据所更换设备而定	个	1	降低导线振动对杆塔、金具等的影响

5. 作业步骤

（1）工作负责人组织召开班前会，交代工作任务、安全措施和技术措施，查看作业人员精神状况、着装情况和工器具是否完好齐全。确认天气情况、危险点和预防措施，明确工作分工以及安全注意事项。

（2）各项准备工作完成，汇报工作负责人得到同意后，塔上电工携带绝缘传递绳及绝缘传递滑车登塔。

（3）塔上电工携带绝缘传递绳攀登杆塔至工作位置，系好安全带，在适当位置挂好滑车。

（4）地面电工将绝缘操作杆、穿好跟斗滑车的绝缘绳索传递至塔上电工所在位置。

（5）塔上电工利用绝缘操作杆将跟斗滑车悬挂在要更换的防振锤附近的导线上。

（6）地面电工将带有保安绳的绝缘软梯架安装在导线上，并进行适当荷载冲击。

（7）等电位电工穿戴好全套屏蔽服，且各部分连接可靠，检查软梯、保安绳无异常后，在工作负责人的同意下登梯。

（8）等电位电工在距离带电体30cm处，经工作负责人同意，进行电位转移并系好安全带。

（9）等电位电工拆除损坏的防振锤，装上完好的防振锤。

（10）等电位电工解开安全带、脱离等电位后沿梯下至地面。

（11）塔上电工拆除跟斗滑车，将工具传至地面，检查塔上无遗留物后汇报工作负责人，得到同意后下塔。

（12）工作负责人召开班后会，总结作业的完成情况、存在不足及提出改进措施，清点作业工器具，收好全部工器具，清理工作现场，向调度汇报更换作业已完成，塔上线上无遗留物，人员已全部安全下塔，具备重合闸恢复条件，此项作业完成。

6. 安全措施及注意事项

（1）工作前认真核对线路名称及杆塔编号，工作负责人与工作许可人联系，申请退出重合闸，告知工作内容，得到工作许可人许可后方可开始工作。

（2）带电作业应在良好天气下进行，如遇雷电、雪、雹、雨、雾等，不应进行带电作业，风力大于 5 级、湿度大于 80%时，不宜进行带电作业。

（3）工作前，认真检查、检测工器具确保满足作业要求，绝缘工器具在使用前应进行仔细外观检查，是否有完好的检测标志和合格证，确认完好，并使用 2500V 及以上兆欧表进行分段检测（电极宽 2cm，极间宽 2cm）绝缘电阻值不得低于 700MΩ。

（4）作业人员需对安全带、安全帽进行外观检查，确认合格；登塔前应对安全带、防坠器进行冲击试验，确认合格，上、下杆塔及作业转位时不得失去安全带的保护。

（5）等电位作业人员应穿全套合格的屏蔽服，且各点连接良好，衣裤最远点端电阻不得大于 20Ω，

（6）作业人员与带电体的安全距离、绝缘工具的有效长度等应符合 GB 26859 中有关带电作业的相关要求。

（7）地面人员严禁在作业点垂直正下方逗留，塔上人员应防止落物伤人，使用的工具、材料应用绝缘绳索传递，严禁抛掷。

（8）绝缘软梯挂好后，应经 2 人做垂直荷重试验，无异常后等电位电工方可登梯。

（9）等电位电工进出电场时应有后备保护绳的保护，绝缘软梯应有防滑脱的插销。

7. 关键点

（1）防振锤的安装工艺要符合相关规定要求。

（2）等电位电工转移电位时，人体裸露部分与带电体的最小距离不得小于 0.3m，电位转移前，应得到工作负责人的许可。

（3）软梯安装位置要便于开展作业，各部件连接要牢固、可靠。

（4）等电位作业人员攀登软梯时，地面电工一定要做好后备保护，防止在攀登过程中，等电位人员松脱坠落。

二、带电装、拆输电线路导线间隔棒

1. 项目简介

220kV 线路垂直双分裂导线在运行中会出现导线粘连，500kV 间隔棒在运行中会出

现夹头破损、衬垫缺失等缺陷。这类缺陷如果没有得到及时有效处理，会给导线造成磨损甚至断线。以带电安装 220kV 线路垂直双分裂导线间隔棒为例进行介绍。

2. 作业方式

等电位作业法。

3. 人员分工

工作负责人 1 名，专责监护人 1 名，塔上电工 1 名，等电位电工 1 名，地面电工 2 名，共 6 名。

4. 主要工器具材料

主要工器具材料见表 7−5。

表 7−5　　　　　　　　　　　主 要 工 器 具 材 料

序号	名称		规格型号	数量	用途	备注
1	个人防护用具	屏蔽服		1 套		
2		导电鞋		2 双		
3		安全带		3 副		
4		安全帽		6 顶		
5	辅助安全用具	兆欧表	5000V	1 只		电极宽 2cm 极间距 2cm
6		万用表		1 只		检测屏蔽服用
7		湿度仪		1 只		
8		风速仪		1 只		
9		防潮帆布		1 块		
10	绝缘工具	绝缘操作杆	220kV	1 根	悬挂跟斗滑车	
11		绝缘绳索	ϕ10mm	3 条	传递工具材料	
12		绝缘滑车		1 个	传递工具材料	
13		绝缘软梯		1 副	进出强电场使用	长度视工作位置高度而定
14	金属工具	跟斗滑车		1 只		
15		金属梯架		1 架		
16		扳手		1 个	安装间隔棒	
17	其他	对讲机		2 只		
18		照相机		若干		
19		摄像机		若干		
20	材料	间隔棒	根据所更换设备而定	若干		

5. 作业步骤

（1）工作负责人组织召开班前会，交代工作任务、安全措施和技术措施，查看作业人员精神状况、着装情况和工器具是否完好齐全。确认天气情况、危险点和预防措施，明确工作分工以及安全注意事项。

（2）地面电工采用兆欧表检测绝缘工具的绝缘电阻，检查工器具是否完好灵活，屏蔽服不得有破损、洞孔和毛刺状等缺陷。

（3）等电位电工穿着全套屏蔽服（包括帽、衣裤、手套、袜和导电鞋），必要时，屏蔽服内穿阻燃内衣，专人负责用万用表检查各连接点的连接导通是否良好。

（4）塔上电工携带传递绳（滑车）登塔至工作位置，系好安全带，挂好传递绳。

（5）地面电工将绝缘操作杆、跟斗滑车、提升绝缘软梯的绳索传递给塔上电工，塔上电工利用绝缘杆将跟斗滑车、绝缘绳安装在工作相导线上。

（6）地面电工互相配合将绝缘软梯安装在导线上并进行适当荷载冲击。

（7）等电位电工检查绝缘软梯无异常后沿绝缘软梯攀爬进入电场，系好安全带。

（8）地面电工将间隔棒安装装置传递给等电位电工，等电位电工将间隔棒安装装置装在双分裂子导线上。

（9）等电位电工沿着导线移动软梯和间隔棒安装装置，在一定距离内将间隔棒安装在双分裂导线上，安装好后前进继续安装导线间隔棒，直到安装完为止。

（10）等电位电工拆除间隔棒安装装置传至地面后沿绝缘软梯退出电场下至地面，地面电工将绝缘软梯拆除。

（11）塔上电工拆除跟斗滑车，将工具传至地面，检查塔上无遗留物后汇报工作负责人，得到同意后下塔。

（12）工作负责人召开班后会，总结作业的完成情况、存在不足及提出改进措施，清点作业工器具，收好全部工器具，清理工作现场，向调度汇报更换作业已完成，塔上线上无遗留物，人员已全部安全下塔，具备重合闸恢复条件，此项作业完成。

6. 安全措施及注意事项

（1）工作负责人在作业开始前向调度联系，申请停用线路重合闸，若遇线路跳闸，不经联系不得强送，工作结束后应及时向调度（工作许可人）汇报。

（2）带电作业应在天气良好的情况下进行，如遇雷电（听见雷声、看见闪电）、雪雹、雨雾及风力大于 5 级（10m/s），或相对空气湿度大于 80% 时，不准进行带电作业。

（3）登塔前必须仔细核对线路双重名称、杆塔号，确认无误后方可上塔。

（4）绝缘工具应放置在绝缘帆布上，作业人员应戴清洁干燥手套，用干净毛巾进行表面清理擦拭。

（5）绝缘工器具在使用前应进行仔细外观检查，是否有完好的检测标志和合格证，确认完好，并使用 2500V 及以上兆欧表进行分段检测（电极宽 2cm，极间宽 2cm）绝缘电阻值不得低于 700MΩ。

（6）等电位电工应穿着全套屏蔽服（包括帽、衣裤、手套、袜和导电鞋），且各部分连接良好。

（7）作业人员与带电体的安全距离、绝缘工具的有效长度等应符合 GB 26859 中有关带电作业的相关要求。

（8）地面人员严禁在作业点垂直正下方逗留，塔上人员应防止落物伤人，使用的工具、材料应用绝缘绳索传递，严禁抛掷。

（9）绝缘软梯挂好后，应经 2 人做垂直荷重试验，无异常后等电位电工方可登梯。

（10）等电位电工进出电场时应有后备保护绳的保护，绝缘软梯应有防滑脱的插销。

7. 关键点

（1）间隔棒安装是沿着档距内导线移动安装，因此塔上电工和地面电工应转移至档距内的对侧的铁塔，按照安全措施做好接应工作。

（2）间隔棒的安装工艺要符合相关规定要求。

（3）软梯安装位置要便于开展作业，各部件连接要牢固、可靠。

（4）等电位作业人员攀登软梯时，地面电工一定要做好后备保护，防止等电位人员在攀登过程中松脱坠落。

三、带电更换 500kV 线路耐张塔一字间隔棒

1. 项目简介

一字间隔棒主要安装于输电线路耐张塔引流线与其他金具有可能发生碰撞、磨损的地方，受到自然环境和气象条件，以及设计、施工及外来破坏等因素的影响，一字间隔棒经常出现断裂、掉爪等缺陷。这类缺陷一般可以采取带电作业进行更换。

2. 作业方式

等电位作业法。

3. 人员分工

工作负责人 1 名，负责作业过程组织指挥、现场安全监护；等电位电工 1 名，负责更换一字间隔棒操作；塔上监护人 1 名，传递工作负责人的指令和监护等电位电工执行劳动纪律和安全技术措施；塔上电工 1 名，负责配合等电位电工进出电场；地面电工 2 名，负责工具检查检测、传递工具和材料。

4. 主要工器具材料

主要工器具材料见表 7-6。

表 7-6　　　　　　　　　　主 要 工 器 具 材 料

序号	名称	规格型号	单位	数量	用途
1	屏蔽服	Ⅰ型	套	1	导电位电工的防护服装
2	安全带	全身式	副	3	防止作业人员高空坠落
3	安全帽		顶	6	保护作业人员头部

序号	名称	规格型号	单位	数量	用途
4	兆欧表	3122A	只	1	检测绝缘绳索、工具
5	万用表	UT51-55	台	1	检测屏蔽服装
6	温、湿度仪	DE-22	台	1	检测现场温度、湿度
7	风速仪	AVM-05	台	1	检测现场风速
8	防潮帆布	4m×4m	张	1	放置绝缘绳索、工具使用
9	绝缘出线绳	7m	根	1	等电位电工进电场后备保护
10	扳手		把	1	装拆一字间隔棒
11	一字间隔棒	根据所更换设备而定	个	1	

5. 作业步骤

（1）工作负责人组织召开班前会，交代工作任务、安全措施和技术措施，查看作业人员精神状况、着装情况和工器具是否完好齐全。确认天气情况、危险点和预防措施，明确工作分工以及安全注意事项。

（2）各项准备工作完成，汇报工作负责人得到同意后，塔上电工、等电位电工携带检修工器具依次登塔。

（3）等电位电工将绝缘出线绳一端固定于铁塔牢固构件上，另一端固定于腰间，用"跨二短三"方法沿绝缘子串进入电场。

（4）等电位电工更换坏损的一字间隔棒，确保新安装的一字间隔棒安装紧固到位。

（5）等电位电工处理缺陷后，用"跨二短三"方法沿绝缘子串返回到横担。

（6）塔上电工、等电位电工下塔前应确认塔上无遗留物，并得到工作负责人的许可后方可下塔。

（7）工作负责人召开班后会，总结作业的完成情况、存在不足及提出改进措施，清点作业工器具，收好全部工器具，清理工作现场，向调度汇报更换作业已完成，塔上线上无遗留物，人员已全部安全下塔，具备重合闸恢复条件，此项作业完成。

6. 安全措施及注意事项

（1）工作前认真核对线路名称及杆塔编号，工作负责人与工作许可人联系，申请退出再启动功能，告知工作内容，得到工作许可人许可后方可开始工作。

（2）带电作业应在良好天气下进行，如遇雷电、雪、雹、雨、雾等，不应进行带电作业，风力大于5级、湿度大于80%时，不宜进行带电作业。

（3）工作前，认真检查、检测工器具确保满足作业要求，绝缘工器具在使用前应进行仔细外观检查，是否有完好的检测标志和合格证，确认完好，并使用2500V及以上兆欧表进行分段检测（电极宽 2cm，极间宽 2cm）绝缘电阻值不得低于 700MΩ。

（4）作业人员需对安全带、安全帽进行外观检查，确认合格；登塔前应对安全带、防坠器进行冲击试验，确认合格，上、下杆塔及作业转位时不得失去安全带的保护。

（5）等电位作业人员应穿全套合格的屏蔽服，且各点连接良好，衣裤最远点端电阻不得大于 20Ω。

（6）作业人员与带电体的安全距离、绝缘工具的有效长度等应符合 GB 26859 中有关带电作业的相关要求。

（7）地面人员严禁在作业点垂直正下方逗留，塔上人员应防止落物伤人，使用的工具、材料应用绝缘绳索传递，严禁抛掷。

7. 关键点

（1）一字间隔棒应安装在能够避免引流线与其他金具相互碰撞、摩擦的地方，并且安装应尽量牢固，以免再次发生一字间隔棒坏损的情况。

（2）等电位电工转移电位时，人体裸露部分与带电体的最小距离不得小于 0.4m，电位转移前，应得到工作负责人的许可。

（3）等电位电工严格按照"跨二短三"的作业方法进出强电场。绝缘安全带系在手扶的绝缘子串上，与人员同步移动。动作幅度不应过大，保持最小组合间隙满足规程要求。

四、带电补齐输电线路金具销钉

1. 项目简介

输电线路在野外运行，长期受自然环境和气象条件，以及设计、施工及外来破坏等因素的影响，在"三跨"等重要区段线路绝缘子串挂点、联板螺栓等部位会出现开口销锈蚀、缺失等现象，需要进行带电处理。常规带电处理的方法有等电位作业法、地电位作业法对开口销进行带电补装。以 500kV 线路采用等电位作业法安装联板螺栓开口销为例进行介绍。

2. 作业方式

等电位作业法。

3. 人员分工

工作负责人 1 名，负责作业过程组织指挥、现场安全监护；等电位电工 1 名，负责等电位补装开口销工作；塔上专职监护人 1 名，负责塔上专职监护；地面电工 2 名，负责工具检查检测、传递工具和材料。

4. 工器具材料

主要工器具材料见表 7-7。

表7-7　　　　　　　　　　　主 要 工 器 具 材 料

序号	名称		规格型号	数量	用途	备注
1	个人防护用具	屏蔽服	Ⅰ型	2套		塔上及等电位电工用
2		导电鞋		2双		塔上及等电位电工用
3		绝缘安全带		2副		塔上及等电位电工用
4		绝缘长腰绳		1根		等电位电工用
5		安全帽		若干		
6	辅助安全用具	兆欧表	2500V	1只		电极宽2cm，极间距2cm
7		万用表		1只		检测屏蔽服用
8		防潮帆布		1块		
9		防潮工具袋		3只		
10		湿度仪		1只		
11		风速仪		1只		
12	金属工具	钳子		1把	安装开口销	
13	其他	对讲机		2只		
14		照相机		若干		
15		摄像机		若干		
16	材料	开口销	根据所更换设备而定	若干		

5. 作业步骤

（1）工作负责人组织召开班前会，交代工作任务、安全措施和技术措施，查看作业人员精神状况、着装情况和工器具是否完好齐全。确认天气情况、危险点和预防措施，明确工作分工以及安全注意事项。

（2）各工作班成员开始工器具外观检查、绝缘工具电阻检测。等电位电工、塔上专职监护人互相检查全套屏蔽服外观、各部分之间连接情况。

（3）等电位电工、塔上专职监护人进行绝缘安全带外观及冲击试验检查，杆塔外观及周围环境检查，核对线路双重名称、杆塔号。

（4）塔上电工登塔前应获得工作负责人的许可，登塔时攀爬熟练，不打滑，双手不得持带任何工器具登塔。登塔过程中人员间距应大于1.6m。

（5）专责监护人先行登塔至适当位置进行监护，等电位电工登塔至导线横担处。

（6）等电位电工沿绝缘子串进入到导线端，严格按"跨二短三"方法进行。绝缘安全带系在手扶的绝缘子串上，与人员同步移动。动作幅度不应过大，保持最小组合间隙满足规程要求，转移电位前应得到工作负责人许可。

（7）等电位电工到达导线侧处理缺陷，补装所缺开口销，并用老虎钳将其开口，防止其脱出。作业和转位不得失去安全带的保护。

（8）等电位电工缺陷处理后，按"跨二短三"方法沿绝缘子串返回到横担。

（9）等电位电工、塔上专职监护人下塔前应确认塔上无遗留物，并得到工作负责人的许可后方可下塔。

（10）地面电工同步收拾工器具，与下至地面的塔上电工配合，一起将工器具整理收拾完毕。

（11）工作负责人召开班后会，总结作业的完成情况、存在不足及提出改进措施，清点作业工器具，收好全部工器具，清理工作现场，向调度汇报更换作业已完成，塔上线上无遗留物，人员已全部安全下塔，具备重合闸恢复条件，此项作业完成。

6. 安全措施及注意事项

（1）工作负责人在作业开始前向调度联系，申请停用线路重合闸，若遇线路跳闸，不经联系不得强送，工作结束后应及时向调度（工作许可人）汇报。

（2）带电作业应在天气良好的情况下进行，如遇雷电（听见雷声、看见闪电）、雪雹、雨雾及风力大于 5 级（10m/s），或相对空气湿度大于 80%时，不准进行带电作业。

（3）登塔前必须仔细核对线路双重名称、杆塔号，确认无误后方可上塔。

（4）绝缘工具应放置在绝缘帆布上，作业人员应戴清洁干燥手套，用干净毛巾进行表面清理擦拭。

（5）绝缘工器具在使用前应进行仔细外观检查，是否有完好的检测标志和合格证，确认完好，并使用 2500V 及以上兆欧表进行分段检测（电极宽 2cm，极间宽 2cm）绝缘电阻值不得低于 700MΩ。

（6）等电位电工应穿着全套屏蔽服（包括帽、衣裤、手套、袜和导电鞋），且各部分连接良好。

（7）作业人员与带电体的安全距离、绝缘工具的有效长度等应符合 GB 26859 中有关带电作业的相关要求。

（8）地面人员严禁在作业点垂直正下方逗留，塔上人员应防止落物伤人，使用的工具、材料应用绝缘绳索传递，严禁抛掷。

7. 关键点

（1）开口销的安装工艺要符合相关规定要求。

（2）等电位电工转移电位时，人体裸露部分与带电体的最小距离不得小于 0.4m，电位转移前，应得到工作负责人的许可。

（3）等电位电工严格按照"跨二短三"的作业方法进出强电场。

（4）开口销应多备用一些，防止在等电位作业过程中手滑而高空脱落。此外，还应确保每一个开口销均开口，避免脱出。

五、带电更换输电线路导线悬垂线夹

1. 项目简介

输电线路导线悬垂线夹可能由于设计、施工、产品质量以及自然条件等因素影响，出现线夹船体断裂等必须进行线夹更换的缺陷。以带电更换 500kV 线路导线悬垂线夹为例进行介绍。

2. 作业方式

采用等电位作业法。

3. 人员分工

工作负责人 1 名，负责作业过程组织指挥、现场安全监护；等电位电工 1 名，负责装、拆悬垂线夹及安装导线后备保护操作；塔上监护人 1 名，负责传递工作负责人的指令和监护等电位电工执行劳动纪律和安全技术措施；塔上电工 2 名，负责安装导线后备保护，配合等电位电工装、拆悬垂线夹；地面电工 2 名，负责工具检查检测、传递工具和材料。

4. 主要工器具材料

主要工器具材料见表 7−8。

表 7−8　　　　　　　　　　　主要工器具材料

序号	名称	规格型号	单位	数量	用途
1	屏蔽服	Ⅰ型	套	1	等电位电工的防护服装
2	安全带	全身式	副	4	保护作业人员头部
3	安全帽		顶	7	防止作业人员高空坠落
4	兆欧表	3122A	只	1	检测绝缘绳索、工具
5	万用表	UT51−55	台	1	检测屏蔽服装
6	温、湿度仪	DE−22	台	1	检测现场温度、湿度
7	风速仪	AVM−05	台	1	检测现场风速
8	防潮帆布	4m×4m	张	1	放置绝缘绳索、工具使用
9	绝缘软梯		副	1	进出强电场使用
10	跟斗滑车	0.2t	只	1	悬挂传递绳
11	软梯头架		幅	1	固定绝缘软梯
12	绝缘传递绳	⌀14×100m	条	2	传递绝缘子、工具材料
13	绝缘滑车	0.5t	只	1	传递工具材料
14	绝缘操作杆	500kV	根	1	悬挂跟斗滑车
15	扳手		个	1	装拆悬垂线夹

续表

序号	名称	规格型号	单位	数量	用途
16	拔销钳		个	1	装、拆销紧锁
17	绝缘吊杆	500kV	套	2	承力工具
18	卸扣	1t	个	2	挂绝缘软梯
19	卸扣	3t	个	4	固定承力工具
20	导线提线器	3t	个	2	规格型号需根据受力计算结果确定
21	紧线丝杠	3t	个	2	规格型号需根据受力计算结果确定
22	悬垂线夹	根据所更换设备而定	个	1	

5. 作业步骤

（1）工作负责人组织召开班前会，交代工作任务、安全措施和技术措施，查看作业人员精神状况、着装情况和工器具是否完好齐全。确认天气情况、危险点和预防措施，明确工作分工以及安全注意事项。

（2）各项准备工作完成，汇报工作负责人得到同意后，塔上电工携带绝缘传递绳及绝缘传递滑车登塔。

（3）塔上电工携带绝缘传递绳攀登杆塔至工作位置，系好安全带，在适当位置挂好滑车。

（4）地面电工将绝缘操作杆、穿好跟斗滑车的绝缘绳索传递至塔上电工所在位置。

（5）塔上电工利用绝缘操作杆将跟斗滑车悬挂在导线适当位置。

（6）地面电工将软梯头、绝缘软梯组装好后起吊，地电位电工通过绝缘绳将绝缘软梯挂在导线上。

（7）等电位电工沿绝缘软梯进入等电位。

（8）地面电工将组装好的2套绝缘吊杆、导线提线器、紧线丝杠传递至杆塔上，由塔上电工和等电位电工配合安装牢靠。

（9）塔上电工收紧紧线丝杠并使之受力至合适位置，塔上电工、等电位电工检查各承力工具连接是否靠牢。

（10）地面电工通过传递绳将良好的悬垂线夹以及检修工器具传递给等电位电工。

（11）等电位电工打开坏损悬垂线夹，并安装良好的悬垂线夹。

（12）等电位向工作负责人汇报作业完成情况及检查屏蔽服连无异常后，做好退出等电位的准备，经工作负责人许可后，沿绝缘软梯迅速退出等电位。

（13）塔上电工与地面电工相互配合，通过绝缘绳将软梯、绝缘吊杆、导线提线器、紧线丝杠等工器具放落至地面。

（14）塔上电工汇报更换作业已完成，塔上无遗留与工作相关的物件后携带绝缘绳及滑车，从杆塔上回到地面。

（15）工作负责人召开班后会，总结作业的完成情况、存在不足及提出改进措施，清点作业工器具，收好全部工器具，清理工作现场，向调度汇报更换作业已完成，塔上线上无遗留物，人员已全部安全下塔，具备重合闸恢复条件，此项作业完成。

6. 安全措施及注意事项

（1）工作前认真核对线路名称及杆塔编号，工作负责人与工作许可人联系，申请退出再启动功能，告知工作内容，得到工作许可人许可后方可开始工作。

（2）带电作业应在良好天气下进行，如遇雷电、雪、雹、雨、雾等，不应进行带电作业，风力大于 5 级、湿度大于 80% 时，不宜进行带电作业。

（3）工作前，认真检查、检测工器具确保满足作业要求，绝缘工器具在使用前应进行仔细外观检查，是否有完好的检测标志和合格证，确认完好，并使用 2500V 及以上兆欧表进行分段检测（电极宽 2cm，极间宽 2cm）绝缘电阻值不得低于 700MΩ。

（4）作业人员需对安全带、安全帽进行外观检查，确认合格；登塔前应对安全带、防坠器进行冲击试验，确认合格，上、下杆塔及作业转位时不得失去安全带的保护。

（5）等电位作业人员应穿全套合格的屏蔽服，且各点连接良好，衣裤最远点端电阻不得大于 20Ω，

（6）作业人员与带电体的安全距离、绝缘工具的有效长度等应符合 GB 26859 中有关带电作业的相关要求。

（7）地面人员严禁在作业点垂直正下方逗留，塔上人员应防止落物伤人，使用的工具、材料应用绝缘绳索传递，严禁抛掷。

（8）绝缘软梯挂好后，应经 2 人做垂直荷重试验，无异常后等电位电工方可登梯。

（9）等电位电工进出电场时应有后备保护绳的保护，绝缘软梯应有防滑脱的插销。

（10）采用单吊杆时，需采取防止导线坠落的后备保护措施。

7. 关键点

（1）悬垂线夹的安装工艺要符合相关规定要求。

（2）等电位电工转移电位时，人体裸露部分与带电体的最小距离不得小于 0.4m，电位转移前，应得到工作负责人的许可。

（3）软梯安装位置要便于开展作业，各部件连接要牢固、可靠。

（4）等电位作业人员攀登软梯时，地面电工一定要做好后备保护，防止在攀登过程中，等电位人员松脱坠落。

（5）等电位电工、塔上电工要共同配合完成丝杠收紧操作，确保丝杠受力均衡。

（6）打开悬垂线夹前，确保所有荷载已经转移到吊杆上。

第三节　绝缘子类带电作业项目

一、带电检测线路绝缘子串（火花间隙法）

1. 项目简介

电力系统中运行的绝缘子数量多，分布广，在成千上万的运行绝缘子串中，只要某一串有一片绝缘子发生炸裂脱落，或劣化绝缘子片数超过规定的允许数而发生闪络，都会导致事故。在输电线路运行维护中，对劣化绝缘子的检测是一项重要的工作。目前常用的带电检测劣化绝缘子的工具是火花间隙检测器。

2. 作业方式

地电位作业法。

3. 人员分工

工作负责人 1 名，专责监护人 1 名，塔上电工 1 名，共 3 人。

4. 主要工器具材料

主要工器具材料见表 7-9。

表 7-9　　　　　　　　　　　　主 要 工 器 具 材 料

序号	名称		规格型号	数量	备注
1	绝缘工具	火花间隙检测器		1 根	
2	个人防护用具	安全带		1 副	
3		安全帽		3 顶	
4	辅助安全用具	兆欧表	5000V	1 只	
5		防潮帆布		1 块	

5. 作业步骤

（1）工作负责人组织召开班前会，交代工作任务、安全措施和技术措施，查看作业人员精神状况、着装情况和工器具是否完好齐全。确认天气情况、危险点和预防措施，明确工作分工以及安全注意事项。

（2）全体工作人员列队，工作负责人现场宣读工作票，交代工作任务、安全措施和技术措施；查（问）看工作人员精神状况、着装情况和工器具是否完好齐全。确认危险点和预防措施，明确作业分工以及安全措施及注意事项。

（3）地面电工采用兆欧表检测绝缘工具的绝缘电阻，检查工器具是否完好灵活。

（4）经监护人许可后，杆上电工登杆至工作位置。系好安全带，检查绝缘子外观有否异常情况。吊上装有火花间隙的绝缘操作杆，调好间隙。

（5）测量时，由导线侧向横担侧逐片检测，如发现无放电声时，应进行复测。必要时，调整间隙再行复测，确认该片零值后，报给工作负责人做好记录。

（6）检测作业逐相依次进行。

（7）工作负责人召开班后会，总结作业的完成情况、存在不足及提出改进措施，清点作业工器具，收好全部工器具，清理工作现场，向调度汇报更换作业已完成，塔上线上无遗留物，人员已全部安全下塔，具备重合闸恢复条件，此项作业完成。

6. 安全措施及注意事项

（1）在检测过程中，对不同电压等级的绝缘子串，零值绝缘子片数应不大于表7—10规定；当发现零值绝缘子达到下表数值时，应立即停止检测。

表7—10　　　　　　　　　　一串中允许零值绝缘子片数

电压等级（kV）	110	220	500
绝缘子串片数	7	13	28
零值片数	3	5	6

注　如绝缘子串的片数超过表中规定时，零值绝缘子允许片数可相应增加。

（2）双回路垂直排列的线路，杆上电工应与上层导线保持相应电压等级的安全距离。

（3）500kV线路带电检测线路零（低）值绝缘子时，杆塔上电工应穿全套合格的静电防护服或屏蔽服，各部位必须连接良好。

（4）本次作业应经现场勘察并编制带电检测绝缘子的现场作业指导书。

（5）作业应在良好天气下进行。

（6）本次作业前应向调度明确：若线路跳闸，不经联系不得强送电。

（7）杆塔上电工人身与带电体的安全距离不准小于：110kV为1.0m、220kV为1.8m、500kV为3.4m。

（8）绝缘操作杆的有效绝缘长度不准小于：110kV为1.3m、220kV为2.1m、500kV为4m。

（9）地面绝缘工具应放置在绝缘帆布上，作业人员应戴清洁干燥手套，摇测绝缘电阻值不准小于700MΩ（电极宽2cm，极间宽2cm）。

（10）作业过程中如遇设备停电，作业人员应视设备仍然带电。

7. 关键点

（1）检测前，应对检测器进行检测，保证操作灵活，测量准确。

（2）针式绝缘子及少于3片的悬式绝缘子不准使用火花间隙检测器进行检测。

（3）检测工作应在干燥天气下进行。

（4）当发现有零值绝缘子时应进行复测，以免误判。

二、悬垂单片绝缘子更换

1. 项目简介

输电线路发生绝缘子自爆时，需要进行带电处理。常规带电处理的方法有等电位作业法、地电位作业法、中间电位作业法对绝缘子进行带电更换。以 500kV 线路采用等电位作业法更换直线塔单片绝缘子为例进行介绍。

2. 作业方法

采用等电位作业法。

3. 人员分工

工作负责人 1 名，负责作业过程组织指挥、现场安全监护；等电位电工 3 名（其中 2 名为等电位配合人员），负责组装工器具、等电位更换绝缘子、导线侧工作；塔上专职监护人 1 名，负责塔上专职监护；塔上电工 1 名，负责地电位配合；地面电工 5 名，负责工具检查检测、传递工具和材料。

4. 主要工器具材料

主要工器具材料见表 7-11。

表 7-11　　　　　　　　　　主 要 工 器 具 材 料

序号	工具名称		规格、型号	数量	用途	备注
1	绝缘工具	绝缘传递绳	ϕ12mm	1 根	传递工具材料	
2		滑车组绝缘绳	ϕ12mm	1 根	传递工具材料	
3		绝缘软梯		1 副	进出等电位作业用	
4		绝缘滑车	1t	1 只	传递工具材料	
5		绝缘拉杆	5t	2 副		绝缘拉杆型号根据受力计算结果确定
6		2-2 绝缘滑车组	1t	1 组		
7		绝缘绳套		若干		
8		绝缘托瓶架	4.03m	1 副		
9		绝缘操作杆	500kV	1 根		
10	金属工具	导线提线器	5t	2 个		若为六分裂导线，需采用六分裂吊钩
11		紧线丝杠	5t	2 副		丝杠型号根据受力计算结果确定
12		绝缘子专用金属吊钩		1 个		
13		金属吊钩		2 个	绝缘传递绳上传递吊件用	
14		绝缘子拔销器		1 把		

续表

序号	工具名称		规格、型号	数量	用途	备注
15	个人防护用具	高强绝缘防坠保护绳(防潮型)	ϕ14mm	1 根		等电位工用
16		屏蔽服	Ⅰ型	5 套		塔上电位工用
17		阻燃内衣		1 套		等电位工用
18		导电鞋		3 双		塔上电工用
19		绝缘安全带		6 套		塔上电工用
20		护目镜		3 副		
21		安全帽		11 顶		
22	辅助安全用具	兆欧表	2500V 及以上	1 只		配测量电极(电极宽 2cm,极间距 2cm)
23		万用表		1 只		检测屏蔽服连接良好用
24		防潮帆布		若干		
25		气象测试仪		1 套	风速、湿度检测	
26		对讲机		2 只		备用

5. 作业步骤

(1)工作负责人组织召开班前会,交代工作任务、安全措施和技术措施,查看作业人员精神状况、着装情况和工器具是否完好齐全。确认天气情况、危险点和预防措施,明确工作分工以及安全注意事项。

(2)各工作班成员进行工器具外观检查、绝缘工具电阻检测。塔上电工互相检查全套屏蔽服外观、各部分之间连接情况。登塔电工进行绝缘安全带外观及冲击试验检查,杆塔外观、周围环境检查,核对线路双重名称、杆塔号。

(3)地面电工将绝缘软梯、绝缘“2-2”滑车组传递至横担工作位置。吊件与绝缘传递绳绑扎可靠,传递时,绝缘传递绳应避免和塔材摩擦,控制有效,平稳顺畅,不磕碰。

(4)塔上电工配合安装好工具,取放合理,绝缘软梯、绝缘“2-2”滑车组与横担挂点连接牢固可靠。

(5)塔上电工配合等电位电工进入等电位。塔上电工配合将绝缘软梯下端拉至横但下方塔身安全距离处,等电位电工进入绝缘软梯前要对做绝缘软梯冲击受力检查,确认完好,并向工作负责人汇报,获得许可后进入绝缘软梯。

(6)塔上配合电工缓慢松出软梯,直至绝缘软梯垂直后,等电位电工向上攀爬软梯,直至等电位。电位转移过程中,等电位工与带电体的组合间隙满足要求,进入等电位时裸露部分与带电体的距离满足要求,并应得到工作负责人的许可,转移过程中不得失去后备保护。

（7）地面电工传递提线工具，塔上电工安装承力工具。地面电工将绝缘拉杆、紧线丝杠传递至工作位置。塔上电工配合将整套提线工具与导线连接好，检查确认承力工具安装连接牢固可靠，塔上电工预收紧紧线丝杠前应检查并确认承力工具连接可靠，得到工作负责人的许可。继续收紧紧线丝杠，至绝缘子串松弛，收紧丝杆时，用力要均匀。

（8）地面电工传递绝缘托瓶架。吊件与绝缘传递绳绑扎连接可靠，传递时，绝缘传递绳应避免和塔材摩擦，尾绳控制有效，传递平稳顺畅。

（9）塔上电工将绝缘托瓶架的上端与横担连接好，等电位工将绝缘托瓶架的下端与绝缘滑车组连接好，工具连接牢固可靠。等电位电工应戴护目镜，经负责人同意后试冲击检查承力工具，导线荷载转移可靠后摘开绝缘子与导线的连接。

（10）地面电工传递新绝缘子至横担。新绝缘子绑扎连接应可靠，传递时平稳顺畅，不与塔材相碰，地面电工提升托瓶架。地面电工提升托瓶架动作应平稳，滑车组绝缘绳不与塔材严重摩擦，塔上电工指挥和配合及时。

（11）塔上电工更换旧绝缘子。戴护目镜，更换绝缘子操作熟练，新绝缘子连接可靠，R 销安装后要检查，确认到位，将恢复情况报告给工作负责人。

（12）等电位电工检查导线侧设备恢复状况完好，经工作负责人同意后，退出电场。

（13）塔上电工分别拆除滑车组绝缘绳、紧线丝杆及补强塔材。拆除工具前，要得到工作负责人的许可。拆除顺序正确，传递时绝缘传递绳应避免和塔材摩擦，吊件与绝缘传递绳连接可靠，控制有效，平稳顺畅。地面电工同步收拾工器具，与下至地面的塔上电工配合，一起将工器具整理收拾完毕。

（14）工作负责人召开班后会，总结作业的完成情况、存在不足及提出改进措施，清点作业工器具，收好全部工器具，清理工作现场，向调度汇报更换作业已完成，塔上线上无遗留物，人员已全部安全下塔，具备重合闸恢复条件，此项作业完成。

6. 安全措施及注意事项

（1）工作负责人在作业开始前向调度联系，申请停用线路重合闸，若遇线路跳闸，不经联系不得强送，工作结束后应及时向调度（工作许可人）汇报。

（2）带电作业应在天气良好的情况下进行，如遇雷电（听见雷声、看见闪电）、雪雹、雨雾及风力大于 5 级（10m/s），或相对空气湿度大于 80%时，不准进行带电作业。

（3）绝缘工器具在使用前应进行仔细外观检查，是否有完好的检测标志和合格证，确认完好，并使用 2500V 及以上兆欧表进行分段检测（电极宽 2cm，极间宽 2cm）绝缘电阻值不得低于 700MΩ，在运输及使用过程中不脏污、不受潮，不损坏。

（4）等电位作业人员应穿全套合格的屏蔽服，且各点连接良好，衣裤最远点间电阻不得大于 20Ω。

（5）登塔前必须仔细核对线路双重名称、杆塔号，确认无误后方可上塔。

（6）等电位电工作业时头部不得超过导线侧第一片绝缘子，地电位电工操作时身体各部位及金属工具材料不得超过横担侧第一片绝缘子。

（7）在带电作业过程中，如遇设备突然停电，作业人员应视设备仍然带电。

（8）塔上人员应避免落物，地面人员不得在作业点正下方逗留，全体作业人员必须正确佩戴安全帽。

（9）等电位电工及塔上绝缘子更换操作人员应戴护目镜，防止绝缘子自爆伤人。

（10）地面人员严禁在作业点垂直正下方逗留，塔上人员应防止落物伤人，使用的工具、材料应用绝缘绳索传递，严禁抛掷。

7. 关键点

（1）作业前应事先了解天气情况，在作业现场工作负责人应时刻注意天气变化，特别是夏季的雷雨。作业过程中发生天气突变，在保证人员安全的前提下尽快撤离工具。

（2）采用绝缘软梯进出强电场过程中。要特别注意在等电位电工进入强电场的过程中，动作幅度不应过大，软梯控制绳应有专人负责控制，组合间隙应满足规程要求。

（3）等电位电工转移电位时，人体裸露部分与带电体的最小距离不得小于 0.4m，电位转移前，应得到工作负责人的许可。

（4）在提升导线前，应仔细检查承力工器具连接是否可靠、安全，在提升导线后，应作适当的冲击检查各部分连接情况，确认无误后，方可进行下一步作业。

（5）等电位与地电位作业人员之间传递工器具，必须使用绝缘绳索进行，绝缘绳索长度应满足要求。

三、耐张单片绝缘子更换（带电更换 500kV 及以上交直流线路耐张单片绝缘子）

1. 项目简介

以 500kV 线路采用等电位作业法更换耐张单片绝缘子为例进行介绍。

2. 作业方法

采用等电位作业法。

3. 人员分工

工作负责人 1 名，负责作业过程组织指挥、现场安全监护；等电位电工 1 名，负责组装工器具、等电位更换绝缘子、导线侧工作；塔上专职监护人 1 名，负责塔上专职监护；塔上电工 1 名，负责地电位配合；地面电工 3 名，负责工具检查检测、传递工具和材料。

4. 主要工器具材料

主要工器具材料见表 7-12。

表7-12　　　　　　　　　　　　　　　主要工器具材料

序号	名称		规格型号	数量	用途	备注
1	绝缘工具	绝缘传递绳	ϕ12mm	4根	传递工具材料	长度不小于200m
2		绝缘滑车	0.5t	5只	传递工具材料	
3		绝缘绳套	ϕ12mm	6只	配合固定绝缘滑车	
4		绝缘短绳	ϕ12mm	3根		
5		高强度绝缘绳	ϕ22mm，8m	2根		一根备用
6		绝缘操作杆		1根		500kV专用，备用
7	防护用具	屏蔽服	Ⅰ型	3套	等电位的防护服装	塔上电工用
8		导电鞋		3双		塔上电工用
9		等电位电工后备保险绳	ϕ12mm	2根		
10		绝缘安全带		7套		塔上电工用
11		安全帽		7顶		
12	辅助安全用具	兆欧表	2500V	1只		电极宽2cm，极间距2cm
13		万用表		1只		检测屏蔽服用
14		防潮帆布		2块		
15		防潮工具袋		4块		
16		风速、温湿度检测仪		1只		
17	承力工器具	卡具	LXY3-300	2副	转移绝缘子串荷载	1副备用

注　各相应工器具的机械及电气强度均应满足安规要求，周期预防性及检查性试验合格。

5. 作业步骤

（1）工作负责人组织召开班前会，交代工作任务、安全措施和技术措施，查看作业人员精神状况、着装情况和工器具是否完好齐全。确认天气情况、危险点和预防措施，明确工作分工以及安全注意事项。

（2）各工作班成员进行工器具外观检查、绝缘工具电阻检测。塔上电工互相检查全套屏蔽服外观、各部分之间连接情况，登塔电工进行绝缘安全带外观及冲击试验检查，杆塔外观、周围环境检查，核对线路双重名称、杆塔号。

（3）工作开始后，专责监护人先行登塔至适当位置进行监护，地电位电工背绝缘传递绳登塔至下相横担大号侧适宜处挂好绝缘绳。其他地电位电工和等电位电工依次登塔。

（4）1号、2号等电位电工登至横担上，1号电工在横担上挂好保险绳，将腰带宽松地系在手抓串绝缘子，携带另一根绝缘传递绳，沿绝缘子串进入到导线处，挂好绝缘传递绳。

（5）地面电工通过绝缘绳将专用卡具起吊至自爆绝缘子处，等电位电工在适当位置安装好并打紧，使自爆绝缘子松弛。

（6）经工作负责人同意后，等电位电工取出自爆绝缘子，通过传递绳传给地面电工，地面电工同时将良好绝缘子传给等电位电工。

（7）等电位电工安装好良好绝缘子，检查销子、连接等无误后，经工作负责人同意后，将卡具松开，并将卡具传给地面电工。

（8）自爆绝缘子更换完毕后，1 号等电位电工沿绝缘子串退回至横担处，并携带绝缘无极绳下塔。

（9）地电位电工拆除绝缘工具，地面电工配合将绝缘工具吊至地面，地电位电工拆除绝缘传递绳并背好，塔上专责人检查塔上无遗留物汇报工作结束后，塔上电工依次下塔至地面，地面电工同步收拾工器具，与下至地面的塔上电工配合，一起将工器具整理收拾完毕。

（10）工作负责人召开班后会，总结作业的完成情况、存在不足及提出改进措施，清点作业工器具，收好全部工器具，清理工作现场，向调度汇报更换作业已完成，塔上线上无遗留物，人员已全部安全下塔，具备重合闸恢复条件，此项作业完成。

6. 安全措施及注意事项

（1）工作前认真核实线路名称及杆塔号，工作负责人与工作许可人联系，告知工作内容，得到工作许可人许可后方可开始工作。

（2）带电作业应在天气良好的情况下进行，如遇雷电（听见雷声、看见闪电）、雪雹、雨雾时不得进行带电作业。风力大于 5 级（10m/s）时，不宜进行作业。若需在相对空气湿度大于 80% 的天气下进行带电作业时，应采用具有防潮性能的绝缘工具。

（3）等电位作业人员应穿全套合格的屏蔽服，且各点连接良好，衣裤最远点间电阻不得大于 20Ω。

（4）登塔前必须仔细核对线路双重名称、杆塔号，确认无误后方可上塔。

（5）登塔时应手抓牢固构件，不得抓脚钉。上、下塔及杆塔上转位过程中，双手不得持带任何工具物品等，工作过程中应正确使用绝缘安全带。塔上作业或等电位人员沿绝缘子串进入时，不得失去安全带的保护。

（6）塔上地电位人员与带电体、等电位人员与接地体之间要保持 3.4m 及以上的安全距离，等电位人员沿绝缘子串进入强电场过程中，严格按"跨二短三"的方法进行，组合间隙要保持 4.0m 及以上的安全距离。绝缘操作杆有效绝缘长度不得小于 4.0m，绝缘绳索最小有效绝缘长度不得小于 3.7m。接近绝缘架空地线工作时，应将绝缘架空地线可靠接地（若接地应使用专用接地线）或与其保持 0.4m 及以上安全距离。塔上人员必须穿戴全套合格的屏蔽服和导电鞋。屏蔽服袜裤、裤衣、袖和手套的连接应良好。

（7）塔上人员应避免落物，地面人员不得在作业点正下方逗留，全体作业人员必须正确佩戴安全帽。

（8）更换绝缘子应使用配套的专用卡具，卡具安装完毕后，应仔细检查其是否正确地卡在铁帽上，严禁安装的卡具使绝缘子的玻璃件受力，卡具使用过程应严格按说明书使用。高强度绝缘绳严禁横向切割受力。

（9）作业人员上下传递工具、材料应使用绝缘绳，严禁抛掷。

（10）工作中加强监护，工作结束，清理工作现场，工作负责人及时与工作许可人联系，办理工作终结手续。

7. 关键点

（1）由于卡具较重，起吊卡具用的绝缘绳索应挂上作业人员的上方，如在下相（中相）作业时，可挂在中相（上相）上方的适当位置，在上相作业时，可挂上架空地线上适当位置。

（2）更换单片绝缘子时，作业人员坐在另一串绝缘子上，其人体、工具短接的绝缘子不得超过 3 片。

（3）更换靠近横担第一片自爆绝缘子时，作业人员应穿着整套屏蔽服（戴屏蔽手套）后方可直接脱开球头与钢帽。

（4）等电位与地电位作业人员之间传递工器具，必须使用绝缘绳索进行，绝缘绳索长度应满足要求。

四、悬垂整串绝缘子更换

（一）带电更换 110～220kV 输电线路直线整串绝缘子

1. 项目简介

绳索法带电更换 110～220kV 输电线路直线绝缘子主要工具是绝缘绳索和滑车组组成，通过提升导线，达到更换绝缘子的目的。

2. 作业方式

地电位作业法。

3. 人员分工

工作负责人 1 名，专责监护人 1 名，塔上电工 2 名，地面电工 4～6 名。

4. 主要工器具材料

主要工器具材料见表 7–13。

表 7–13　　　　　　　　　　　主 要 工 器 具 材 料

序号	类别	名称	规格型号	数量	备注
1	绝缘工具	火花间隙检测器		1 根	
2		绝缘滑车组		1 副	根据实际荷载选定
3		绝缘吊绳		2 条	根据实际荷载选定
4		绝缘滑车	2t	2 只	
5		绝缘操作杆	220kV	2 根	

续表

序号	类别	名称	规格型号	数量	备注
6	金属工具	取销钳		1 把	
7		碗头扶正器		1 把	
8	个人防护用具	屏蔽服		2 套	
9		安全带		2 副	
10		安全帽		10 顶	
11	辅助安全用具	兆欧表	5000V	1 只	
12		防潮帆布		1 块	

5. 作业步骤

（1）工作负责人组织召开班前会，交代工作任务、安全措施和技术措施，查看作业人员精神状况、着装情况和工器具是否完好齐全。确认天气情况、危险点和预防措施，明确工作分工以及安全注意事项。

（2）地面电工采用兆欧表检测绝缘工具的绝缘电阻，检查工器具是否完好灵活。

（3）1 号电工登杆（塔）至横担适当位置，系好安全带，绑好吊绳，吊上绝缘滑车组并挂好滑车组，吊上保险绳及工具。

（4）2 号电工登杆（塔）至横担下部适当位置，系好安全带，吊上绝缘操作杆，检测零值并配合 1 号电工将紧线钩、保险钩钩住导线；1 号电工固定好保险绳。

（5）2 号电工使用绝缘操作杆取出导线侧碗头弹簧销后，由地面电工配合收紧滑车组，起吊导线，使绝缘子串松弛。1 号电工应先冲击承力工具检查滑车组挂点及各连接部位是否可靠，确认完好后，2 号电工使用绝缘操作杆脱离绝缘子串与碗头连接点，地面电工固定吊线绳索。

（6）1 号电工取出横担侧第一片绝缘子的弹簧销。

（7）1 号电工与地面电工配合，落下原绝缘子串，吊上新绝缘子串。

（8）按上述相反程序装上新绝缘子串（如更换横担侧第 1 或第 2 片绝缘子，不需将整串绝缘子吊下，在横担上由 1 号电工更换），恢复两端弹簧销子。

（9）塔上电工拆除工具，将工具传至地面，检查塔上无遗留物后汇报工作负责人，得到同意后下塔。

（10）工作负责人召开班后会，总结作业的完成情况、存在不足及提出改进措施，清点作业工器具，收好全部工器具，清理工作现场，向调度汇报更换作业已完成，塔上线上无遗留物，人员已全部安全下塔，具备重合闸恢复条件，此项作业完成。

6. 安全措施及注意事项

（1）本次作业应经现场勘察并编制带电更换绝缘子的现场作业指导书。

（2）作业应在良好天气下进行。如遇雷电（听见雷声、看见闪电）、雪雹、雨雾时不得进行带电作业。风力大于五级（10m/s）时，不宜进行带电作业。相对空气湿度大于80%时不得进行带电作业。

（3）本次作业前应向调度明确：若线路跳闸，不经联系不得强送电。

（4）杆塔上电工人身与带电体的安全距离不准小于：110kV 为 1.0m、220kV 为 1.8m。

（5）绝缘操作杆的有效绝缘长度不准小于：110kV 为 1.3m、220kV 为 2.1m。

（6）地面绝缘工具应放置在绝缘帆布上，作业人员应戴清洁干燥手套，测量绝缘电阻值不准小于 700MΩ（电极宽 2cm，极间宽 2cm）。

（7）绝缘工具使用前应用干净毛巾进行表面清理擦拭。

（8）作业过程中如遇设备停电，作业人员应视设备仍然带电。

（9）只能在吊线滑车组，保险绳挂好导线后，方可取销。吊线绳索、滑车组，经检查牢固可靠后，方可脱离碗头与绝缘子连接点。

（10）作业前，查清作业点的台账资料进行垂直荷载计算，超过绳索额定承力的，严禁采用绳索法作业。

7. 关键点

采用绳索法带电更换 110～220kV 输电线路直线绝缘子是一种常用且适用面较广的作业方法，但在荷载的确定、绝缘绳索和滑车的承载力等要经过严格的计算确定。

（二）带电更换 500kV 及以上交直流线路直线整串绝缘子

1. 项目简介

适用于 500kV 及以上交直流线路直线整串绝缘子，以 1000kV 线路带电更换直线 I 型、双 I 型整串复合绝缘子为例进行介绍。

2. 作业方式

等电位作业法。

3. 人员分工

本作业项目工作人员不少于 11 名。其中工作负责人 1 名，全面负责作业现场的各项工作；专责监护人 1 名，专业负责现场监护工作；等电位电工 2 名（1 号电工、2 号电工），配合地电位电工安装提线系统（机械丝杆、专用接头、绝缘吊杆、液压紧线器），操作液压紧线器转移导线荷载，拆装绝缘子串等；塔上地电位电工 2 名（3 号电工、4 号电工），负责安装吊篮、提线系统（机械丝杆、专用接头、绝缘吊杆、八分裂提线器、液压紧线器）、绝缘磨绳及配合等电位电工进出电位，拆装合成绝缘子串等；地面电工 5 名（5～9 号电工）负责传递工器具及合成绝缘子串等。

4. 主要工器具材料

主要工器具材料见表 7–14。

表 7-14　　　　　　　　　　　主 要 工 器 具 材 料

序号	名称	规格型号	单位	数量	用途
1	绝缘绳	φ14mm φ16mm	根	3 1	一根用于传递、一根用于 2-2 滑车组控制、一根用于绝缘子尾绳； 吊篮固定绳横担至导线垂直距离＋操作长度
2	2-2 绝缘滑车		根	2	
3	绝缘滑车		只	6	
4	绝缘吊杆	φ44mm	只	2	
5	绝缘绳套 钢丝绳套	1t	根	3 4	
6	电位转移棒		根	1	
7	吊篮		根	1	进入等电位用
8	八分裂提线器		套	2	
9	液压紧线器		只	2	
10	机械丝杆		只	2	
11	专用接头		只	4	
12	机动绞磨	3t	个	1	
13	全套屏蔽服	屏蔽效率≥ 60dB	套	3	带屏蔽面罩（屏蔽效率≥20dB），备用 1 套
14	静电防护服装		套	3	备用 1 套
15	导电鞋		双	2	
16	安全帽		顶	11	
17	安全带 （含绝缘保护绳）		根	4	
18	防坠器		只	4	与杆塔防坠落装置型号对应
19	兆欧表	5000V	块	1	电极宽 2cm，极间宽 2cm
20	温湿度表		块	1	
21	风速风向仪		块	1	
22	对讲机		若干		
23	万用表		块	1	测量屏蔽服装连接导通用
24	防潮帆布		块	4	
25	复合绝缘子	FXBZ-1000	支	1	

注　本表为作业的主要工器具，其他检修工器具、防护用具根据具体情况确定。

5. 作业步骤

（1）工作负责人组织召开班前会，交代工作任务、安全措施和技术措施，查看作业人员精神状况、着装情况和工器具是否完好齐全。确认天气情况、危险点和预防措施，明确工作分工以及安全注意事项。

（2）地面电工正确合理布置工作现场，组装工器具。用兆欧表检测绝缘工具的绝缘电阻，检查液压紧线器、八分裂提线器（六分裂提线器）等工具是否完好灵活。

（3）3号、4号电工应穿着全套静电防护服装。1号、2号电工应穿着全套屏蔽服装（屏蔽服装内还应穿阻燃内衣）、导电鞋，并戴好屏蔽面罩。地面电工检查塔上电工屏蔽服装和静电防护服装各部件的连接情况，测试连接导通情况。在杆塔上进出等电位前，等电位电工要检查确认屏蔽服装各部位连接可靠后方能进行下一步操作。

（4）1号～4号电工携带绝缘传递绳登塔至横担作业点，选择合适位置系好安全带，将绝缘滑车和绝缘传递绳安装在横担合适位置。

（5）地面电工利用绝缘传递绳将吊篮、绝缘吊篮绳、绝缘保护绳及2-2绝缘滑车组传至横担，3号、4号电工将2-2绝缘滑车组及吊篮可靠安装在横担上平面合适位置，将绝缘吊篮绳安装在横担（导线正上方）合适位置。

（6）1号电工系好绝缘保护绳进入吊篮，地面电工缓慢松出2-2绝缘滑车组控制绳，待吊篮距带电导线约1m处放缓速度。

（7）在得到工作负责人的同意后，1号电工利用电位转移棒进行电位转移，然后地面电工再放松2-2滑车组控制绳配合1号电工登上导线进入电场。

（8）地面电工收紧2-2绝缘滑车组控制绳，将吊篮向上传至横担部位。2号电工系好绝缘保护绳进入吊篮，用同样的方法进入电场。1号、2号电工进入等电位后，不得将安全带系在子导线上，应在绝缘保护绳的保护下进行作业。

（9）3号、4号电工将绝缘传递绳转移至导线正上方，地面电工将绝缘吊杆、八分裂提线器（六分裂提线器）、液压紧线器等传递至工作位置，由3号、4号电工和1号、2号电工配合将复合绝缘子更换工具进行正确安装（导线上方垂直安装、液压紧线器安装在导线侧）。检查承力工具各部件安装可靠得到工作负责人同意后，1号、2号电工先收紧丝杆，待丝杆适当受力后，再收紧液压紧线器，使绝缘子串松弛。

（10）地面电工将复合绝缘子串控制绳传递给1号电工，1号电工将其安装在复合绝缘子串尾部。地面电工收紧复合绝缘子串控制绳。检查承力工具受力正常得到工作负责人同意后，1号电工拆开导线侧碗头挂板螺栓。然后地面电工缓慢放松复合绝缘子串控制绳，使之自然垂直。

（11）3号电工将绝缘传递绳系在复合绝缘子上端，然后取出复合绝缘子串与球头挂环连接的锁紧销。地面电工启动机动绞磨，与3号电工配合脱开复合绝缘子串与球头挂环的连接。

（12）地面电工将绝缘传递绳和复合绝缘子串控制绳分别转移到新复合绝缘子上。然后启动机动绞磨，将新复合绝缘子串传递至塔上工作位置。3号电工恢复新复合绝缘子串与球头挂环的连接，并复位锁紧销。地面电工缓慢松出机动绞磨使复合绝缘子串自然垂直，然后收紧复合绝缘子串控制绳将绝缘子串尾部送至导线侧 1 号电工位置。1 号电工恢复碗头挂板与金属联板的连接，并装好开口销。

（13）经检查复合绝缘子串连接可靠、受力正常得到工作负责人同意后，1 号、2 号电工松出液压紧线器，1 号、2 号电工与 3 号、4 号电工配合拆除绝缘吊杆、八分裂提线器（六分裂提线器）、液压紧线器等，并传至地面，1 号电工将绝缘传递绳在吊篮上系牢，然后进入吊篮。在得到工作负责人的同意后，1 号电工迅速脱开电位转移棒与子导线的连接，并将电位转移棒收回放在吊篮中。

（14）地面电工同时迅速收紧 2−2 绝缘滑车组控制绳，将吊篮向上拉至横担部位停住，然后 1 号电工登上横担，并系好安全带，地面电工利用绝缘传递绳将吊篮传至 2 号电工处，2 号电工检查导线上无遗留物后进入吊篮，用同样的方法退出电位并下塔。

（15）工作负责人召开班后会，总结作业的完成情况、存在不足及提出改进措施，清点作业工器具，收好全部工器具，清理工作现场，向调度汇报更换作业已完成，塔上线上无遗留物，人员已全部安全下塔，具备重合闸恢复条件，此项作业完成。

6. 安全措施及注意事项

（1）在特高压交流架空输电线路上进行带电作业使用电位转移棒的绝缘手柄应使用符合 GB 13398 要求的空心绝缘管制成，直径宜大于 30mm，连接线应由有透明护套的多股软铜线组成，其截面不得小于 16mm²。

（2）特高压交流架空输电线路直线塔，不允许作业人员从横担或绝缘子串垂直进出等电位，可采用吊篮法、软梯法等方式进出等电位。

（3）吊篮法进电场时，吊篮应用绝缘吊篮绳稳固悬吊，由塔上作业人员检查确认其安全性。绝缘吊篮绳的长度，应准确计算或实际丈量，使等电位作业人员头部不超过导线侧均压环。吊篮的移动速度应用绝缘滑车组严格控制，做到均匀、慢速。

（4）绝缘子串更换前，必须详细检查专用接头、绝缘吊杆、专用连接器等受力部件是否正常良好，经检查可靠后方可更换绝缘子串。

（5）利用机动绞磨起吊绝缘子串时，绞磨应放置平稳。磨绳在磨盘上应绕有足够的圈数，绞磨尾绳必须由有带电作业经验的电工控制，随时拉紧，不可疏忽放松。

（6）利用机动绞磨起吊复合绝缘子串时，必须检查绞磨及转向滑车的受力情况，无误后方可进行作业；复合绝缘子串应利用尾绳可靠控制，不得碰撞，防止损坏复合绝缘子串。

（7）整串复合绝缘子连接或安装后应详细检查球头、碗头、锁紧销处于正常位置。

7. 关键点

（1）等电位电工在进入电位前不认真检查 2−2 滑车组及吊篮的安装情况，可能造成的高空坠落。

（2）复合绝缘子串更换前未详细检查机械丝杆、绝缘吊杆、液压紧线器、八分裂提线器等的安装情况，可能导致受力部件不能正常工作，使绝缘子串在退出后，机械丝杆、绝缘吊杆、液压紧线器、八分提线器等不能承载导线荷载，可能造成的导线脱落事故。

（3）复合绝缘子安装后，未详细检查球头、碗头、锁紧销的安装情况可能造成的导线脱落事故。

（三）带电更换 220kV 及以上紧凑型线路直线整串绝缘子

1. 项目简介

输电线路发生绝缘子老化、劣化、棒芯严重受损、伞裙护套严重烧伤、憎水性出现不可恢复地下降等电气性能不良的情况时，影响设备的正常运行，需要进行带电处理。常规带电处理的方法有等电位作业法与地电位作业法相配合进行带电更换。以 500kV 紧凑型线路采用等电位作业法更换直线整串绝缘子串为例进行介绍。

2. 作业方式

等电位作业法。

3. 人员分工

工作负责人 1 名，负责作业过程组织指挥、现场安全监护；等电位电工 1 名，负责组装工器具、摘挂导线侧绝缘子操作；塔上电工 2 名，负责组装工器具、摘挂塔头侧绝缘子操作；地面电工 4 名，负责工具检查检测、传递工具和材料。

4. 主要工器具材料

主要工器具材料见表 7-15。

表 7-15　　　　　　　　　　　主 要 工 器 具 材 料

序号	名称	规格型号	单位	数量	用途
1	绝缘吊杆	500kV	套	2	配合卡具转移荷载
2	绝缘滑车	3t	个	2	挂总牵引
3	绝缘滑车	0.5t	个	2	传递工具材料
4	绝缘无极绳	$\phi12\times1m$	条	6	配合固定绝缘滑车
5	绝缘无极绳	$\phi18\times1m$	条	6	主牵引后备保护
6	绝缘传递绳	$\phi14\times120m$	条	2	传递工具材料
7	绝缘总牵引绳	$\phi20\times120m$	条	2	传递绝缘子
8	绝缘长腰绳	$\phi18\times9m$	根	2	1 根用于人身保护，1 根用于装、拆软梯
9	导线后备保护绳	$\phi14\times9m$	根	1	导线后备保护
10	导轨滑车	2t	个	1	绝缘子导线端使用
11	转向滑车	3t	个	2	主牵引转向
12	绝缘软梯	9m	副	1	进出等电位作业用
13	软梯头		个	1	固定绝缘软梯
14	卸扣	1t	个	2	挂绝缘软梯

续表

序号	名称	规格型号	单位	数量	用途
15	卸扣	3t	个	4	绝缘子牵引及后备保护
16	卸扣	5t	个	4	绝缘子牵引及后备保护
17	导线钩		副	2	配合绝缘吊杆转移荷载
18	紧线丝杆	根据实际荷载选择	副	2	转移荷载
19	横担卡具	根据实际荷载选择	副	2	转移荷载
20	屏蔽服	Ⅰ型	套	3	塔上电工的防护服装
21	传递钩		个	2	传递工器具及材料
22	温、湿度仪	DE－22	台	1	检测现场温度、湿度
23	风速仪	AVM－05	台	1	检测现场风速
24	万用表	UT51－55	台	1	检测屏蔽服装
25	兆欧表	3122A	台	1	检测绝缘绳索、工具
26	防潮帆布	4m×4m	张	6	放置绝缘绳索、工具使用
27	拔销器		个	1	锁紧销的安装与取出
28	机动绞磨		台	1	牵引主牵引绳受力
29	个人工具		副	3	工作时使用
30	绝缘子	根据所更换设备而定	串	1	
31	销子	与绝缘子规格相适应	个	2	备用
32	直角挂板	与设备规格相适应	个	2	备用
33	螺杆螺帽	与设备规格相适应	个	2	备用

5. 作业步骤

（1）工作负责人组织召开班前会，交代工作任务、安全措施和技术措施，查看作业人员精神状况、着装情况和工器具是否完好齐全。确认天气情况、危险点和预防措施，明确工作分工以及安全注意事项。工器具检测见图7-5。

（2）1号、2号塔上电工登塔至作业点位置，系好安全带，挂好滑车及传递绳。地面电工将软梯头、绝缘软梯组装好后起吊，地电位电工通过绝缘绳将绝缘软梯挂在导线上。

（3）等电位电工登塔至瓶口合适位置，打好后备保护，经得许可后沿绝缘软梯进入等电位。

（4）地面电工将组装好的绝缘吊杆、横担卡具、紧线丝杆传递至杆塔上，由塔上电工和等电位电工配合安装牢靠。

图 7-5　工器具检测

（5）塔上电工收紧紧线丝杆并使之受力至合适位置，等电位电工将导轨滑车安装到2 号传递绳上，塔上电工、等电位电工检查各承力工具连接是否靠牢后，等电位电工取出绝缘子导线侧大螺杆，并将导线端的绝缘子抬离导线外侧，地面电工缓慢松弛导线端绝缘绳索，使绝缘子串呈悬垂状态，见图 7-6。

（6）各作业点检查无异常后，地面电工启动机动绞磨，将塔头端的主牵引绳收紧至合适位置取出塔头端绝缘子，地面电工将机动绞磨档位打到倒挡的位置与绞磨尾绳配合好缓慢将绝缘子放落至地面，见图 7-7。

图 7-6　作业现场

图 7-7　绝缘子更换

（7）地面电工将良好的绝缘子组装好，通过机动绞磨的上升档将绝缘子送至塔头端，由塔头电工安装好后，地面电工收紧 2 号传递绳，将绝缘子送到导线端，由等电位电工将绝缘子安装好。

（8）塔上电工、等电位电工检查新更换绝缘子串与横担侧和导线侧连接是否正常。无问题后，塔上电工松紧线丝杆，将力转移到绝缘子串上，绝缘子受力后再次对新安装的绝缘子串进行检查冲击，无异常后拆除工器具，与地面电工配合传送至地面。

（9）等电位向工作负责人汇报作业完成情况及检查屏蔽服连无异常后，退出远离绝缘子一定距离的合适位置打好后备保护，做好退出等电位的准备，经工作负责人许可后，迅速退出等电位，沿绝缘软梯下至杆塔瓶口位置。塔上电工通过绝缘绳拆除软梯，与地面电工配合将软梯放至地面，塔上电工与地面电工配合将绝缘工器具放落至地面。

（10）塔上电工汇报更换作业已完成，塔上无遗留与工作相关的物件后携带绝缘绳及滑车，从杆塔上回到地面。

（11）工作负责人召开班后会，总结作业的完成情况、存在不足及提出改进措施，清点作业工器具，收好全部工器具，清理工作现场，向调度汇报更换作业已完成，塔上线上无遗留物，人员已全部安全下塔，具备重合闸恢复条件，此项作业完成。

6. 安全措施及注意事项

（1）工作前认真核对线路名称及杆塔编号，工作负责人与工作许可人联系，申请退出重合闸装置，告知工作内容，得到工作许可人许可后方可开始工作。

（2）带电作业应在良好天气下进行，如遇雷电、雪、雹、雨、雾等，不应进行带电作业，风力大于 5 级、湿度大于 80%时，不宜进行带电作业。

（3）工作前，认真检查、检测工器具确保满足作业要求。作业人员需对安全带、安全帽进行外观检查，确认合格；登塔前应对安全带、防坠器进行冲击试验，确认合格，上、下杆塔及作业转位时不得失去安全带的保护。

（4）等电位作业人员应穿全套合格的屏蔽服，且各点连接良好，衣裤最远点端电阻不得大于 20Ω，导电鞋电阻不得大于 500Ω。

（5）等电位电工沿绝缘软梯进出等电位其裸露部分与带电体安全距离应不小于 0.4m，上下软梯不得失去人身后背保护绳的保护，转移电位时必须经工作负责人同意。

（6）绝缘子串脱离导线前认真检查承力工具是否可靠。作业人员上下传递工具、材料应使用绝缘绳，严禁抛掷。作业点正下方严禁有人逗留，防止高空坠物伤人，起吊重物必须栓稳拴牢。

（7）等电位电工在作业过程中或电位转移时要注意控制好与接地体的距离，动作不宜过大，避免因安全距离不足而放电。

7. 关键点

（1）500kV 交流紧凑型线路带电作业需执行《500kV 交流紧凑型输电线路带电作业技术导则》（DL/T 400—2019），根据作业时的最大过电压倍数，确定带电作业的最小安全距离、组合间隙和绝缘工具最小有效长度。最大过电压倍数可根据系统参数计算得出，若不掌握确切的过电压倍数，则应按 500kV 系统可能出现的最大过电压倍数（2.18p.u.）来选择合适的作业间隙。作业过程中，塔上地电位作业人员与带电体间的最小安全距离、绝缘工器具最小有效绝缘长度、进出等电位最小组合间隙、等电位作业人员与相邻带电体之间的最小安全距离需满足导则要求。

（2）当线路相地过电压大于 1.80p.u.时，等电位作业人员从直线塔塔窗进出等电位时，必须采用加装保护间隙作业方式。

（3）承力工具均应经过定期机械试验合格，使用前应进行外观检查；应根据绝缘子串的垂直荷载和风压荷载选择相应的绝缘吊杆、紧线丝杆、横担卡具、卸扣、绳索，在脱开绝缘子串的连接前应先检查各承力工具的受力情况；安装绝缘吊杆时地电位电工与等电位电工相互配合，两端不得同时操作，一端作业前，必须通知另一端许经得许可后方可进行，且各自的活动范围不宜过大，不得超过 2 片绝缘子的距离。

（4）对于新绝缘子应检查伞裙、护套、棒芯、均压装置有无裂纹、破损，金属部件有无弯曲、裂纹、变形等现象。

（5）登杆塔前双人核对线路名称及杆塔编号，核对现场的气象条件，检查塔上有无影响作业的安全隐患，关注作业人员的精神状态是否胜任作业位置。攀登杆塔时，注意爬梯或脚钉是否牢固、可靠，杆塔上转移作业位置时，不得失去安全带保护；安全带应系在牢固的构件上，检查扣环是否扣牢，安全带、后背保护绳应分别系挂在不同的牢固构件上。

（6）作业过程中工作负责人时刻关注天气变化情况，特别是夏季的雷雨季节。当作业过程中发生天气突变，工作负责人应果断做出反应，在保证人员安全的前提下尽快撤下工具。在带电作业过程中，如遇线路突然停电，作业人员应视线路仍然带电，工作负责人应尽快与调度联系，调度未与工作负责人取得联系前，不得强送电。

五、耐张整串绝缘子更换

（一）带电更换 110kV 线路多回同塔耐张绝缘子（支撑扩距作业法）

1. 项目简介

110kV 线路多回同塔耐张绝缘子带电更换受安全距离限制，需要采用绝缘杆进行支撑扩距满足带电作业安全距离要求。以带电更换 110kV 线路多回同塔中相耐张绝缘子为例进行介绍。

2. 作业方式

地电位作业法。

3. 人员分工

工作负责人 1 名，专责监护人 1 名，塔上电工 2 名，地面电工 3 名，共 7 人。

4. 主要工器具材料

主要工器具材料见表 7−16。

表 7−16　　　　　　　　　　主 要 工 器 具 材 料

序号	名称	规格型号	数量	备注
1	绝缘限距操作杆		2 根	若需更换的绝缘子在下相则绝缘限距操作杆 4 根；绝缘支撑杆 4 根
2	绝缘支撑杆		2 根	
3	绝缘绳索	$\phi12mm$	2 条	
4	零值检测器			

续表

序号	名称	规格型号	数量	备注
5	绝缘滑车	1t	1 只	
6	绝缘操作杆	220kV	1 根	
7	托瓶架		1 架	
8	绳套、绑绳		若干	
9	更换绝缘子卡具	110kV	1 副	整套
10	安全带		3 副	
11	安全帽		7 顶	
12	兆欧表	5000V	1 只	
13	万用表		1 只	
14	防潮帆布		1 块	

5. 作业步骤

（1）工作负责人组织召开班前会，交代工作任务、安全措施和技术措施，查看作业人员精神状况、着装情况和工器具是否完好齐全。确认天气情况、危险点和预防措施，明确工作分工以及安全注意事项。

（2）地面电工采用兆欧表检测绝缘工具的绝缘电阻，检查工器具是否完好灵活。

（3）塔上电工携带滑车、绝缘传递绳登塔至上相横担，系好安全带，挂好传递绳。

（4）地面电工吊上零值检测器，塔上电工对欲更换的绝缘子进行零值检测，确认良好绝缘子数量符合要求。

（5）地面电工利用传递绳吊上两根绝缘限距杆。

（6）塔上电工分别将绝缘限距杆的一端固定在上相引流线上，另一端固定在上相横担上。

（7）塔上电工下到中相横担，地面电工利用传递绳吊上两根绝缘支撑杆。

（8）塔上电工分别将支撑杆的一端固定在引流线上并与限距杆靠近，然后，同时将引流线往外向上撑开到一定距离后（见图 7-8），将支撑杆固定中相横担上（若需更换的绝缘子在下相，应按以上步骤采用绝缘限距杆、绝缘支撑杆对下相引流线进行支撑固定）。

（9）地面电工吊上绝缘操作杆，更换绝缘子卡具、托瓶架。

（10）塔上电工安装更换绝缘子卡具、托瓶架，收紧丝杆至受力状态，检查工具各连接处无异常后将牵引绳绑在绝缘子串上并由地面电工控制。

（11）塔上电工利用操作杆取销钳取出导线侧碗头内的弹簧销，继续收紧丝杆至绝缘子串松弛，用操作杆拨碗器脱开导线与绝缘子的连接，再脱开绝缘子与横担侧的连接，见图 7-9。

图 7-8　110kV 线路多回同塔耐张绝缘子支撑
扩大跳线与下方横担的距离

图 7-9　支撑扩距作业法地电位带电更换
110kV 线路多回同塔耐张绝缘子

（12）塔上、塔下电工互相配合将绝缘子串下放至地面，吊上新的绝缘子串。

（13）塔上电工将绝缘子串安装完毕并恢复至运行状态。

（14）塔上电工拆除工具，将工具传至地面，检查塔上无遗留物后汇报工作负责人，得到同意后下塔。

（15）工作负责人召开班后会，总结作业的完成情况、存在不足及提出改进措施，清点作业工器具，收好全部工器具，清理工作现场，向调度汇报更换作业已完成，塔上线上无遗留物，人员已全部安全下塔，具备重合闸恢复条件，此项作业完成。

6. 安全措施及注意事项

（1）本次作业前应向调度明确：若线路跳闸，不经联系不得强送电。

（2）杆塔上电工人身与带电体的安全距离不准小于 1.0m。

（3）绝缘操作杆的有效绝缘长度不准小于 1.3m。

（4）地面绝缘工具应放置在绝缘帆布上，作业人员应戴清洁干燥手套，摇测绝缘电阻值不准小于 700MΩ（电极宽 2cm，极间宽 2cm）。

（5）绝缘工具使用前应用干净毛巾进行表面清理擦拭。

（6）作业过程中如遇设备停电，作业人员应视设备仍然带电。

（7）引线支撑固定顺序为上相、中相、下相；拆除时顺序则相反。

（8）引线在往上向外撑开时，应防止撑开幅度过大导致引线与横担距离不能满足安全距离要求。

（9）更换绝缘子过程中，作业人员操作幅度应尽量缩小。

（10）脱开绝缘子串与导线连接前应先检查卡具各连接部分是否牢靠。

7. 关键点

本项目作业关键点在于做好 110kV 多回同塔耐张引线的扩距支撑，既要做好限距措施，也要做好距离扩大最大化，才能满足多回同塔耐张绝缘子的带电更换。

（二）带电更换 220kV 及以上交直流线路耐张整串绝缘子

1. 项目简介

输电线路发生绝缘子自爆、裂化、零值或低值等电气性能不良的情况时，影响设备的正常运行，需要进行带电处理。当良好绝缘子片数无法满足沿耐张绝缘子串进入导线等电位时，采用远方等电位法进入等电位，通过等电位作业法与地电位作业法相配合进行带电更换。以 500kV 输电线路带电更换耐张塔绝缘子串为例进行介绍。

2. 作业方式

等电位作业法。

3. 人员分工

工作负责人 1 名，负责作业过程组织指挥、现场安全监护；等电位电工 1 名，负责组装工器具、摘挂导线侧绝缘子操作；塔上电工 2 名，负责组装工器具、摘挂塔头侧绝缘子操作；地面电工 4 名，负责工具检查检测、传递工具和材料。

4. 主要工器具材料

主要工器具材料见表 7-17。

表 7-17　　　　　　　　　　主 要 工 器 具 材 料

序号	名称	规格型号	单位	数量	用途
1	绝缘拉杆	500kV	套	2	配合丝杠转移荷载
2	绝缘滑车	3t	个	4	挂总牵引
3	绝缘滑车	0.5t	个	2	传递工具材料
4	绝缘无极绳	$\phi 12 \times 1m$	条	4	配合固定绝缘滑车
5	绝缘无极绳	$\phi 20 \times 1m$	条	6	主牵引后备保护
6	绝缘传递绳	$\phi 14 \times 150m$	条	2	传递工具材料
7	绝缘总牵引绳	$\phi 20 \times 150m$	条	2	传递绝缘子
8	转向滑车	3t	个	2	主牵引转向
9	卸扣	3t	个	6	绝缘子牵引及后备保护
10	卸扣	5t	个	6	绝缘子牵引及后备保护
11	塔头端专用联板卡	21t	副	2	塔头端收紧导线
12	导线端部卡	21t	副	2	导线端专用工具
13	防扭丝杆	21t	副	2	转移荷载
14	屏蔽服	I 型	套	3	塔上电工的防护服装
15	传递钩		个	2	传递工器具及材料
16	温、湿度仪	DE-22	台	1	检测现场温度、湿度
17	风速仪	AVM-05	台	1	检测现场风速

续表

序号	名称	规格型号	单位	数量	用途
18	万用表	UT51-55	台	1	检测屏蔽服装
19	兆欧表	3122A	台	1	检测绝缘子、绝缘绳索
20	防水帆布	4m×4m	张	6	放置绝缘绳索、工具使用
21	拔销器		个	1	锁紧销的安装与取出
22	机动绞磨		台	1	牵引主牵引绳受力
23	个人工具		副	3	工作时使用
24	绝缘子	根据所更换设备而定	片	若干	
25	销子	与绝缘子规格相适应	个	4	后备
26	直角挂板	与设备规格相适应	个	2	后备
27	螺杆螺帽	与设备规格相适应	个	2	后备

5. 作业步骤

（1）工作负责人组织召开班前会，交代工作任务、安全措施和技术措施，查看作业人员精神状况、着装情况和工器具是否完好齐全。确认天气情况、危险点和预防措施，明确工作分工以及安全注意事项。工器具摆放及检测见图 7-10。

图 7-10　工器具摆放及检测

（2）1 号塔上电工登塔至作业点位置，系好安全带，挂好滑车及传递绳。

（3）地面电工上传绝缘操作杆及火花间隙至塔上指定位置，塔上电工用绝缘操作杆检测零值绝缘子，检测完毕后，将火花间隙和操作杆传至地面。

（4）当良好绝缘子片数不满足沿耐张绝缘子串进入导线等电位时，采用下列方法进入等电位（见图 7-11）。

1）2 号塔上电工带着一条 12m 长的短绝缘绳至塔顶架空地线挂点 1m 处，地面人员利用传递绳将第一条总牵引绳及转向滑车传至离架空地线挂点 1m 处，塔头人员将转向滑车挂好。地面电工将第一条总牵引绳移至均压环内侧的均压环与挂板连接处，地面电工将一闭口滑车和第二条总牵引绳组装好，并通过第一条总牵引绳传至均压环与挂板连接处。

2）等电位人员进入吊篮，携带另一绝缘传递绳，打好后备保护，工作负责人检查连接情况无异常后绞磨启动，利用第二根总牵引绳将人员从地面送入等电位并挂好绝缘传递绳。等电位电工进入等电位后，拆除吊篮并将吊篮传至地面。2 号塔头电工将第一条总牵引绳传至导线横担处后到塔头端协助 1 号塔头电工。

图 7-11　等电位电工进入强电场

（5）当良好绝缘子片数满足沿耐张绝缘子串进入导线等电位时，采用"跨二短三"的方法进入等电位。

（6）地面电工将塔头端的专用联板卡、导线端部卡、支撑滑车、绝缘拉杆、防扭丝杠、卸扣、无极绳等工具器依次传递到塔头端和导线端。1 号塔头电工与 2 号塔头电工配合在绝缘子串三角联板上安装专用联板卡，在塔头横担上安装好牵引绳、牵引滑车；等电位电工在导线端安装导线端端部卡、支撑滑车、牵引绳。

（7）地电位电工与等电位电工互相配合组装好绝缘拉杆和防扭丝杠，塔头端总牵引绳的一端系在绝缘子串的第三和第四片之间，导线端总牵引绳的一端系在绝缘子串倒数第三和第四片之间，地面人员在适当位置安装好机动绞磨，并组装好导线端总牵引绳，打好总牵引后备保护。

（8）在检查各受力点确无问题后，1 号塔头电工收紧防扭丝杠，将力转移到绝缘工具上，使绝缘子串处于松弛状态。地面电工启动机动绞磨，并收紧导线端总牵引绳，等电位电工将绝缘子串与导线端脱离，放松导线端总牵引绳，使绝缘子串放至悬垂位置；绞磨操作员更换总牵引绳，收紧塔头端总牵引绳，地电位电工拆除绝缘子串横担端的球头挂环取出绝缘子，放松塔头端总牵引绳，将绝缘子串放至地面，见图 7-12。

图 7-12　绝缘子更换

（9）地面电工将绝缘子组装好后按操作步骤将塔头端绝缘子上传至合适位置，地电位电工将绝缘子安装好后，绞磨操作员更换总牵引绳，收紧导线端总牵引绳，等电位电工将绝缘子安装到位后，地电位电工和等电位电工各自检查两端安装到位情况无异常后，地电位电工松防扭丝杠，将力转移到绝缘子串上，绝缘子串受力后等电位电工拆除导线端卡具，检查冲击无异常后与地电位电工相互配合拆除工具并传至地面。

（10）等电位电工检查作业各部位正常、完好，确认线上无遗留物后检查屏蔽服连接无异常，得到工作负责人许可后退出等电位。

（11）塔上人员确认塔上无遗留物后携带传递绳下塔，下塔时，应踩稳抓牢脚钉，防止坠落。

（12）工作负责人召开班后会，总结作业的完成情况、存在不足及提出改进措施，清点作业工器具，收好全部工器具，清理工作现场，向调度汇报更换作业已完成，塔上线上无遗留物，人员已全部安全下塔，具备重合闸恢复条件，此项作业完成。

6. 安全措施及注意事项

（1）工作前认真核对线路名称及杆塔编号，工作负责人与工作许可人联系，申请退出重合闸装置，告知工作内容，得到工作许可人许可后方可开始工作。

（2）带电作业应在良好天气下进行，如遇雷电、雪、雹、雨、雾等，不应进行带电作业，风力大于 5 级、湿度大于 80% 时，不宜进行带电作业。

（3）作业人员需对安全带、安全帽进行外观检查，确认合格；登塔前应对安全带、防坠器进行冲击试验，确认合格，上、下杆塔及作业转位时不得失去安全带的保护。

（4）等电位作业人员应穿全套合格的屏蔽服，且各点连接良好，衣裤最远点端电阻不得大于 20Ω，导电鞋电阻不得大于 500Ω。

（5）地电位电工与带电体、等电位电工与接地体应保持 3.4m 以上安全距离，绝缘绳索及承力工具有效绝缘长度不得小于 3.7m，绝缘操作杆有效绝缘长度不得小于 4.0m。

（6）等电位电工乘坐吊篮进出等电位其裸露部分与带电体安全距离应不小于 0.4m，进出强电场过程中不得失去人身后背保护绳的保护，转移电位时必须经工作负责人同意。

（7）作业人员上下传递工具、材料应使用绝缘绳，严禁抛掷。作业点正下方严禁有人逗留，防止高空坠物伤人，起吊重物必须栓稳拴牢。

（8）等电位电工在作业过程中或电位转移时要注意控制好与接地体的距离，动作不宜过大，避免因安全距离不足而放电。

7. 关键点

（1）承力工具均应经过定期机械试验合格，使用前应进行外观检查；应根据绝缘子串的水平荷载和风压荷载选择相应的绝缘拉杆、丝杆、卡具、卸扣、绳索，在脱开绝缘子串的连接前应先检查各承力工具的受力情况；安装绝缘拉杆时地电位电工与等电位电工相互配合，两端不得同时操作，一端作业前，必须通知另一端许经得许可后方可进行，且各自的活动范围不宜过大，不得超过 2 片绝缘子的距离。

（2）进行更换作业前应先检查绝缘子串的完好情况，检查其是否有自爆过多、破损严重、钢脚和钢帽锈蚀严重或雷击融化，零值或低值后剩余的良好绝缘子片数不满足带电作业要求；对于新绝缘子应检查钢脚、钢帽是否有松动、弯曲、裂纹，绝缘子是否有破损、低值现象。

（3）攀登杆塔时，注意爬梯或脚钉是否牢固、可靠，杆塔上转移作业位置时，不得失去安全带保护；安全带应系在牢固的构件上，检查扣环是否扣牢，安全带、后背保护绳应分别系挂在不同的牢固构件上。

（4）作业过程中工作负责人时刻关注天气变化情况，特别是夏季的雷雨季节。当作业过程中发生天气突变，工作负责人应果断做出反应，在保证人员安全的前提下尽快撤下工具。在带电作业过程中，如遇线路突然停电，作业人员应视线路仍然带电，工作负责人应尽快与调度联系，调度未与工作负责人取得联系前，不得强送电。

六、带电更换 220kV 及以上交直流线路 L 串（V 串）整串绝缘子

1. 项目简介
本项目为 220kV 及以上交直流线路带电更换 L 串（V 串）整串绝缘子。

2. 作业方式
等电位作业法。

3. 人员分工
本作业项目工作人员不少于 11 名。其中工作负责人 1 名，全面负责作业现场的各项工作；专责监护人 1 名，负责作业现场的安全把控；等电位电工 2 名（1 号、2 号电工），配合地电位电工安装导线后备保护、绝缘软拉棒、翼型卡、液压紧线器及操作液压紧线

器转移导线荷载，拆装绝缘子串；塔上地电位电工2名（3号、4号电工）负责安装张力转移器、绝缘传递绳、磨绳等，将提线系统、导线后备保护与杆塔施工孔相连，配合等电位电工进出电位，拆装绝缘子串；地面电工5名（5号～9号电工）负责传递工器具。

4. 主要工器具材料

主要工器具材料见表7-18。

表7-18　　　　　　　　　主要工器具材料

序号	名称	规格型号	单位	数量	用途
1	绝缘绳	φ14mm φ16mm	根	3 1	一根用于传递、一根用于2-2滑车组控制、一根用于绝缘子尾绳
2	2-2绝缘滑车 单绝缘滑车		根	2	
3	绝缘吊杆	φ44mm	只	2	
4	电位转移棒		根	1	
5	吊篮		套	1	进入等电位用
6	八分裂提线器		只	2	
7	液压紧线器		只	2	
8	机械丝杆		只	2	
9	机动绞磨	3t	根	1	
10	钢丝绳套		根	4	
11	全套屏蔽服	屏蔽效率≥60dB	套	3	带屏蔽面罩（屏蔽效率≥20dB），备用1套
12	静电防护服装		套	3	备用1套
13	导电鞋		双	2	
14	安全带（含绝缘保护绳）		根	4	
15	防坠器		只	4	与杆塔防坠落装置型号对应
16	兆欧表	5000V	块	1	电极宽2cm，极间宽2cm
17	温湿度表		块	1	
18	风速风向仪		块	1	
19	对讲机		若干		
20	万用表		块	1	测量屏蔽服导通用
21	复合绝缘子	FXBZ-1000	支	1	

5. 作业步骤

（1）工作负责人组织召开班前会，交代工作任务、安全措施和技术措施，查看作业人员精神状况、着装情况和工器具是否完好齐全。确认天气情况、危险点和预防措施，明确工作分工以及安全注意事项。

（2）地面电工正确合理布置工作现场，组装工器具。用兆欧表检测绝缘工具的绝缘电阻，检查液压紧线器、八分裂提线器（六分裂提线器）等工具是否完好灵活。

（3）3号、4号电工应穿着全套静电防护服装。1号、2号电工应穿着全套屏蔽服装（屏蔽服装内还应穿阻燃内衣）、导电鞋，戴好屏蔽面罩，并测试连接导通情况。

（4）核对线路双重名称无误后，塔上电工检查安全带、防坠器的安全性。1号～4号电工携带绝缘传递绳登塔至横担作业点，选择合适位置系好安全带，将绝缘滑车和绝缘传递绳安装在横担合适位置。

（5）地面电工利用绝缘传递绳将吊篮、绝缘吊篮绳、绝缘保护绳及2-2绝缘滑车组传至横担，3号、4号电工将2-2绝缘滑车组及吊篮可靠安装在横担上平面合适位置，将绝缘吊篮绳安装在横担（导线正上方）合适位置。

（6）1号电工系好绝缘保护绳进入吊篮，地面电工缓慢松出2-2绝缘滑车组控制绳，待吊篮距带电导线约1m处放缓速度。

（7）在得到工作负责人的同意后，1号电工利用电位转移棒进行电位转移，然后地面电工再放松2-2滑车组控制绳配合1号电工登上导线进入电场。

（8）地面电工收紧2-2绝缘滑车组控制绳，将吊篮向上传至横担部位。3号、4号电工将绝缘传递绳转移至导线正上方，地面电工将绝缘吊杆、八分裂提线器、液压紧线器等传递至工作位置，由3号、4号电工和1号、2号电工配合将复合绝缘子更换工具进行正确安装（导线上方垂直安装、液压紧线器安装在导线侧）。

（9）检查承力工具各部件安装可靠得到工作负责人同意后，1号、2号电工先收紧机械丝杆，待机械丝杆适当受力后，再收紧液压紧线器，使绝缘子串松弛。

（10）地面电工将复合绝缘子串控制绳传递给1号电工，1号电工将其安装在复合绝缘子串尾部。地面电工收紧复合绝缘子串控制绳；检查承力工具受力正常得到工作负责人同意后，1号电工拆开导线侧碗头挂板螺栓。然后地面电工缓慢放松复合绝缘子串控制绳，使之自然垂直。

（11）3号电工将绝缘传递绳系在复合绝缘子上端，然后取出复合绝缘子串与球头挂环连接的锁紧销。地面电工启动机动绞磨，与3号电工配合脱开复合绝缘子串与球头挂环的连接。

（12）地面电工控制好复合绝缘子串控制绳，利用机动绞磨缓慢将复合绝缘子串放至地面。地面电工将绝缘传递绳和复合绝缘子串控制绳分别转移到新复合绝缘子上。然后启动机动绞磨，将新复合绝缘子串传递至塔上工作位置。3号电工恢复新复合绝缘子串与球头挂环的连接，并复位锁紧销。

（13）地面电工缓慢松出机动绞磨使复合绝缘子串自然垂直，然后收紧复合绝缘子串控制绳将绝缘子串尾部送至导线侧 1 号电工位置。1 号电工恢复碗头挂板与金属联板的连接，并装好开口销。

（14）经检查复合绝缘子串连接可靠得到工作负责人同意后，1 号、2 号电工松出液压紧线器；拆除绝缘吊杆、八分裂提线器（六分裂提线器）、液压紧线器等，并传至地面。1 号、2 号电工检查导线上无遗留物后进入吊篮，退出电位；塔上电工配合拆除绝缘吊篮绳、绝缘保护绳、2—2 绝缘滑车组及吊篮，并传至地面。

（15）工作负责人召开班后会，总结作业的完成情况、存在不足及提出改进措施，清点作业工器具，收好全部工器具，清理工作现场，向调度汇报更换作业已完成，塔上线上无遗留物，人员已全部安全下塔，具备重合闸恢复条件，此项作业完成。

6. 安全注意事项

（1）在带电杆、塔上工作，必须使用安全带和戴安全帽。在杆塔上作业转位时，不得失去安全保护。登塔时手应抓牢。脚应踏实，安全带系在牢固部件上并且位置合理，便于作业。

（2）严格执行工作票制度，向调度申请停用直流再启动保护。若在带电作业过程中如设备突然停电，作业电工应视设备仍然带电。

（3）登塔前作业人员应核对线路双重名称，并对安全防护用品和防坠器进行试冲击检查，对安全带进行外观检查。

（4）在特高压交流架空输电线路上进行带电作业使用电位转移棒的绝缘手柄应使用符合 GB 13398 要求的空心绝缘管制成，直径宜大于 30mm，连接线应由有透明护套的多股软铜线组成，其截面不得小于 16mm²。

（5）特高压交流架空输电线路直线塔，不允许作业人员从横担或绝缘子串垂直进出等电位，可采用吊篮法、软梯法等方式进出等电位。

（6）吊篮法进电场时，吊篮应用绝缘吊篮绳稳固悬吊，由塔上作业人员检查确认其安全性。绝缘吊篮绳的长度，应准确计算或实际丈量，使等电位作业人员头部不超过导线侧均压环。

（7）在收紧液压紧线器时应时刻注意工具的连接情况，更换绝缘子时应绑扎牢固，绝缘子安装完毕在确保连接可靠、销子恢复后再拆除承力工具。

（8）绝缘子串更换前，必须详细检查专用接头、绝缘吊杆、专用连接器等受力部件是否正常良好，经检查可靠后方可更换绝缘子串。

（9）利用机动绞磨起吊复合绝缘子串时，复合绝缘子串应利用尾绳可靠控制，不得碰撞，防止损坏复合绝缘子串。

（10）整串复合绝缘子连接或安装后应详细检查球头、碗头、锁紧销处于正常位置。

7. 关键点

（1）等电位电工在进入电位前应认真检查 2—2 滑车组及吊篮的安装情况，以免造成的高空坠落。

（2）若地电位电工与带电体及等电位电工与接地体安全距离不够，可能造成的触电伤害。

（3）复合绝缘子串更换前应详细检查机械丝杆、绝缘吊杆、液压紧线器、八分裂提线器等的安装情况，否则可能导致受力部件不能正常工作，使绝缘子串在退出后，机械丝杆、绝缘吊杆、液压紧线器、八分提线器等不能承载导线荷载，可能造成的导线脱落事故。

（4）复合绝缘子安装后，未详细检查球头、碗头、锁紧销的安装情况可能造成的导线脱落事故。

第四节　附属设施类带电作业项目

架空输电主要分为主体部分和附属设施部分，其中附属设施部分是指除了线路本体之外的设备及设施，带电作业涉及的附属设施主要包括防雷装置、防鸟装置、各种标志标识牌以及各种监测装置等。

一、防雷装置安装

1. 项目简介

线路型避雷器的采用是近年来常用的一项防雷措施。线路型避雷器的研制欧美与日本较早，美国 1980 年开始研制用于线路防雷的线路型避雷器，日本自 1986 年开始研制输电线路限制雷电过电压的线路型避雷器。苏联从 20 世纪 80 年代中期开始，进行了一系列的线路型避雷器的研究。国内从 1993 年开始进行线路避雷器的研制，并也在众多的工程实践中加以应用。实际运行情况表明，加装线路金属氧化物避雷器后线路防雷水平大幅提高，雷击跳闸率也大大降低。线路金属氧化避雷器用于输电线路防雷，目前已经较为成熟，并在实际应用中取得了非常好的效果。

线路避雷器主要由氧化锌避雷器、支撑绝缘子、均压环、避雷器动作计数器、安装附件等组成。其主要功能在于限制线路雷电过电压，以保护线路绝缘子和塔头间隙免受雷电引起的绝缘闪络（不限制线路操作过电压）。当输电线路遭受雷击时，雷电流的分流将发生变化，一部分雷电流从避雷线传入相邻杆塔，一部分经塔体入地，当雷电流超过一定值后，避雷器动作加入分流，大部分的雷电流从避雷器流入大地。雷电流在流经避雷线和导线时，由于导线间的电磁感应作用，将分别在导线和避雷线上产生耦合分量。因为避雷器的分流远远大于从避雷线中分流的雷电流，这种分流的耦合作用将使导线电位提高，使导线和塔顶之间的电位差小于绝缘子串的闪络电压，绝缘子不会发生闪络，因此，线路避雷器具有很好的钳电位作用，这也是线路避雷器进行防雷的明显特点。

2. 作业方式

采取等电位与地电位相配合的作业方法。

3. 人员分工

工作负责人 1 名，负责作业过程组织指挥、现场安全监护；地面电工 2 名，负责配合安装及拆卸工器具；等电位电工 2 名，负责拆除及更换避雷器；地电位电工 1 名，负责拆除及更换避雷器。

4. 主要工器具材料

主要工器具材料见表 7-19。

表 7-19　　　　　　　　　　　　　主 要 工 器 具 材 料

序号	名称	规格型号	数量	用途	备注
1	绝缘绳	$\phi 14mm$	2 根	用于传递工器具	
2	绝缘滑车	0.5t	2 个	用于悬挂传递绳	
3	绝缘绳	$\phi 16mm$	2 根	作人身后备保护用	
4	绝缘无极绳	$\phi 12 \times 0.6m$	5 条	用于固定滑车	
5	绝缘无极绳	$\phi 18 \times 0.8m$	3 条	用于固定滑车	
6	全套屏蔽服	屏蔽效率≥60dB	3 套		带屏蔽面罩（屏蔽效率≥20dB）
7	兆欧表	5000V	1 台	用于检测绝缘绳索	电极宽 2cm，极间宽 2cm
8	万用表		1 台	测量屏蔽服装连接导通用	
9	温湿度仪		1 个	测量现场温湿度	
10	风速风向仪		1 个	测量现场风速	
11	防潮帆布		2 块	保护绝缘工器具	
12	避雷器	与原规格相一致	1 个		
13	机动绞磨	2t	1 台	用于提升导线及上下传递避雷器	
14	卸扣	5t	5 个	用于连接工器具，做承力工具	
15	卸扣	1t	2 个	用于固定软梯	
16	软梯		1 付	用于等电位电工进出等电位	
17	总牵引滑车	3t	1 个	用于固定传递绳	
18	总牵引绳	$\phi 18 \times 100m$	1 条	用于上下传递避雷器	
19	总牵引后背保护	$\phi 18 \times 0.8m$	1 根	做总牵引后备保护	
20	个人工具（包括相机、手持终端机）		4 套		

5. 作业步骤

（1）工作负责人组织召开班前会，交代工作任务、安全措施和技术措施，查看作业人员精神状况、着装情况和工器具是否完好齐全。确认天气情况、危险点和预防措施，明确工作分工以及安全注意事项。

（2）塔上电工相关检查检测屏蔽服，正确穿戴劳动防护用品，准备好自身所需的工器具。

（3）地电位电工携带传递绳到达合适位置，挂好传递滑车，地面电工配合上传软梯。

（4）地电位电工挂好软梯后，等电位电工在地面电工及地电位电工的配合下沿着软梯攀爬进入等电位。

（5）地电位电工按要求挂好总牵引，地面电工启动绞磨，等电位电工与地电位电工相互配合拆除避雷器，在地面电工的配合下降避雷器缓缓放置到地面。

（6）地面电工将新的避雷器上传到作业点，地电位电工与等电位电工相互配合完成更换工作。避雷器安装示意图见图7-13。

图 7-13　避雷器安装示意图

（7）等电位电工在地面电工与地电位电工的配合下退出等电位。

（8）塔上 3 名电工拆除工器具下塔。

（9）工作负责人召开班后会，总结作业的完成情况、存在不足及提出改进措施，清点作业工器具，收好全部工器具，清理工作现场，向调度汇报更换作业已完成，塔上线上无遗留物，人员已全部安全下塔，具备重合闸恢复条件，此项作业完成。

6. 安全注意事项

（1）软梯在使用前应检查是否牢固可靠，挂好后，应由两人做垂直荷重试验后，无异常后等电位电工方可登梯作业。

（2）导线垂直排列或导线档内有交叉跨越时，工作前应经验算符合要求方可允许工作。

（3）等电位电工必须穿整套合格屏蔽服，且各部分连接可靠。在移位时，必须注意对杆塔拉线、交叉跨越物等安全距离。

7. 关键点

（1）资料查阅。了解作业设备情况、避雷器型号、杆塔结构。

（2）现场勘察。现场了解作业设备各种间距、交叉跨越、缺陷部位及其严重程度、地形状况、周围环境，确定需用器材及工器具等。根据勘察结果，做出能否进行带电作业、采用何种作业方法及必要的安全措施等决定。

（3）天气情况。去现场作业前，应事先了解当天气象预报。到达现场后，应对现场的气象情况做出能否带电作业的判断。

二、防鸟装置安装

1. 项目简介

在输电线路经过的地方会时有鸟类在输电线路的绝缘子上方比较宽的塔材上或在架空地线支架下方或在主材交叉处建窝，而如在绝缘子挂点上方建窝，其建窝的干草、树枝就有可能短接绝缘子，有些鸟类相对较大，窝建得也较为宽大，有些干草、树枝垂下来短接绝缘子就会很大，大大减少了绝缘子的有效绝缘长度，各式各样的防鸟装置的作用在于不让鸟类在杆塔上或绝缘子挂点上方筑窝，以保证架空输电线路的安全稳定运行。

2. 作业方式

地电位作业法。

3. 人员分工

工作负责人1名，负责作业过程组织指挥、现场安全监护；地面电工1名，负责配合安装及拆卸工器具；塔上电工1名，负责拆装防鸟装置。

4. 主要工器具材料

主要工器具材料见表7-20。

表7-20　　　　　主要工器具材料

序号	名称	规格型号	数量	用途	备注
1	绝缘绳	ϕ14mm	1根	用于传递工器具	
2	绝缘滑车	0.5T	1个	用于悬挂传递绳	
3	绝缘无极绳	ϕ12×0.6m	2条	用于固定滑车	
4	全套静电防护服	屏蔽效率≥40dB	1套		
5	兆欧表	5000V	1台	检测绝缘绳索	电极宽2cm，极间宽2cm

续表

序号	名称	规格型号	数量	用途	备注
6	温湿度仪		1个	测量现场温湿度	
7	风速风向仪		1个	测量现场风速	
8	防潮帆布		2块	保护绝缘工器具	
9	防鸟装置		若干		
10	个人工具（包括相机、手持终端机）		3套		

5. 作业步骤

（1）工作负责人组织召开班前会，交代工作任务、安全措施和技术措施，查看作业人员精神状况、着装情况和工器具是否完好齐全。确认天气情况、危险点和预防措施，明确工作分工以及安全注意事项。

（2）工作负责人认真检查塔上电工静电防护服的穿着情况，塔上电工正确穿戴劳动防护用品，准备好自身所需的工器具。

（3）塔上电工携带传递绳到达合适位置，挂好传递滑车，地面电工配合上传防鸟装置，见图7-14。

（4）塔上电工按操作要求安装或拆除装置。

图7-14　防鸟刺现场安装图

（5）作业结束后，塔上电工携带传递绳下塔。

（6）工作负责人召开班后会，总结作业的完成情况、存在不足及提出改进措施，清点作业工器具，收好全部工器具，清理工作现场，向调度汇报更换作业已完成，塔上线上无遗留物，人员已全部安全下塔，具备重合闸恢复条件，此项作业完成。

6. 安全注意事项

（1）登塔前要核对线路名称及杆塔编号无误后方可登塔作业，避免误登其他带电杆塔。

（2）在绝缘子挂点上方开展作业时，所使用的工器具尽量收短放好，以免短接绝缘子。

7. 关键点

（1）使用合格的绝缘工器具。

（2）传递时注意与带电体保持足够的安全距离。

三、在线监测装置安装

1. 项目简介

输电线路在线监测系统由两部分组成，分别是安装在输电线路上的在线监测装置和后端分析处理系统组成。在线监测装置是数据采集前端，一般包括太阳能供电模块、数据采集模块、通信模块等，数据采集模块通过预先设定的程序定时对周围的各种数据，如温度、湿度、风向等进行分析收集，视频探头可以不间断对周围环境进行实时监测，通过无线公网（GSM/GPRS/CDMA）或 VPN 专网等传输方式及时将监测数据传输至后端分析处理系统。后端分析处理系统可以对所收集的相关数据进行分析，根据分析结果有针对性地对相关杆塔采取防范措施，降低线路事故的发生。

输电线路在线监测装置主要有输电线路图像视频在线监测装置，输电线路微气象在线监测装置，输电线路杆塔倾斜在线监测装置，输电线路覆冰在线监测装置，输电线路绝缘子泄漏电流在线监测装置，输电线路导线（金具）温度在线监测装置，输电线路风偏、舞动、弧垂在线监测装置，输电线路分布式故障定位装置，输电线路地质灾害监测装置等类型。

2. 作业方式

等电位作业法/地电位作业法。

3. 人员分工

工作负责人 1 名，负责作业过程组织指挥、现场安全监护；地面电工 2 名，负责配合安装、拆卸及上下传递工器具；塔上电工/等电位电工 2 名，负责拆装在线监测装置。

4. 主要工器具材料

主要工器具材料见表 7-21。

表 7-21　　　　　　　　　主 要 工 器 具 材 料

序号	名称	规格型号	数量	用途	备注
1	绝缘绳	ϕ14mm	1 根	用于传递工器具	
2	绝缘滑车	0.5t	1 个	用于悬挂传递绳	

续表

序号	名称	规格型号	数量	用途	备注
3	绝缘无极绳	$\phi12 \times 0.6m$	2条	用于固定滑车	
4	全套屏蔽服	屏蔽效率≥40dB	2套		
5	万用表		1台	检测屏蔽服	
6	兆欧表	5000V	1台	检测绝缘绳索	电极宽 2cm，极间宽 2cm
7	温湿度仪		1个	测量现场温湿度	
8	风速风向仪		1个	测量现场风速	
9	防潮帆布		2块	保护绝缘工器具	
10	铝包带		15m		
11	固定螺栓		若干		
12	在线监测装置				
13	个人工具		3套		

5. 作业步骤

（1）工作负责人组织召开班前会，交代工作任务、安全措施和技术措施，查看作业人员精神状况、着装情况和工器具是否完好齐全。确认天气情况、危险点和预防措施，明确工作分工以及安全注意事项。

（2）塔上电工相互检查和测量屏蔽服并正确穿戴，工作负责人认真检查塔上电工屏蔽服的穿着情况，塔上电工正确穿戴劳动防护用品，准备好自身所需的工器具。

（3）安装分布式故障定位装置。等电位电工带传递绳沿软梯或沿绝缘子串进入强电场，到达合适位置后挂好传递滑车，地面电工配合上传分布式故障定位装置，等电位电工配合安装好分布式故障定位装置，见图 7-15。

（4）安装视频在线监测装置。塔上电工携带传递绳到达合适位置，挂好传递滑车，地面电工配合上传在线监测终端，塔上电工将太阳能板、主机箱与摄像机间可靠连接，见图 7-16。

图 7-15　分布式故障定位装置安装图

图 7-16　视频在线监测装置安装图

（5）作业结束后，检查所做的临时措施全部拆除，塔上电工携带传递绳下塔。

（6）工作负责人召开班后会，总结塔上作业的完成情况、存在不足及提出改进措施，清点作业工器具，收好全部工器具，清理工作现场，向调度汇报更换作业已完成，塔上线上无遗留物，人员已全部安全下塔，具备重合闸恢复条件，此项作业完成。

6. 安全注意事项

（1）登塔前要核对线路名称及杆塔编号无误后方可登塔作业，避免误登其他带电杆塔。

（2）带电作业开始前，工作负责人应组织相关人员认真查看检修工作现场，熟悉现场工作环境，并查阅与设备有关的技术资料。

（3）工作负责人应掌握作业人员的精神状态和技术状况，做到分工明确、措施到位。

7. 关键点

（1）使用合格的绝缘工器具，所使用工具的机械强度，绝缘工具的电气性能必须满足现场实际使用要求，严禁使用不合格的工具。

（2）传递时注意与带电体保持足够的安全距离。

第五节　特高压带电作业

一、带电更换 800kV 及以上交直流线路直线杆塔 I 型、双 I 型绝缘子

1. 项目简介

适用于 ±800kV 或 1000kV 线路带电更换直线 I 型、双 I 型整串复合绝缘子。以带电更换 1000kV 线路直线杆塔 I 型、双 I 型复合绝缘子更换为例进行介绍。

2. 作业方式

等电位作业法。

3. 人员分工

本作业项目工作人员不少于 11 名。其中工作负责人 1 名，全面负责作业现场的各项工作；专责监护人 1 名，专业负责现场监护工作；等电位电工 2 名（1 号、2 号电工），配合地电位电工安装提线系统（机械丝杆、专用接头、绝缘吊杆、液压紧线器），操作液压紧线器转移导线荷载，拆装绝缘子串等；塔上地电位电工 2 名（3 号、4 号电工），负责安装吊篮、提线系统（机械丝杆、专用接头、绝缘吊杆、八分裂提线器、液压紧线器）、绝缘磨绳及配合等电位电工进出电位，拆装合成绝缘子串等；地面电工 5 名（5 号～9 号电工）负责传递工器具及合成绝缘子串等。

4. 主要工器具材料

主要工器具材料见表 7-22 和表 7-23。

表7–22　　1000kV 直线杆塔Ⅰ型、双Ⅰ型复合绝缘子更换工器具配备表

序号	名称		规格型号	数量	备注
1	绝缘工具	绝缘绳	φ14mm	3 根	一根用于传递、一根用于 2–2 滑车组控制、一根用于绝缘子尾绳
2		绝缘绳	φ16mm	1 根	吊篮固定绳横担至导线垂直距离＋操作长度
3		2–2 绝缘滑车		2 只	
4		绝缘滑车		6 只	
5		绝缘吊杆	φ53mm	2 根	
6		绝缘绳套	1t	3 根	
7		电位转移棒		1 根	
8	金属工具	八分裂提线器		2 只	
9		液压紧线器		2 只	
10		机械丝杆		2 只	
11		专用接头		4 个	
12		机动绞磨	3t	1 台	磨辊材质聚四氟乙烯
13		钢丝绳套		4 根	
14	等电位专用工具	吊篮		1 套	
15	个人防护用具	绝缘绳	φ16mm	2 根	人身后备保护
16		全套屏蔽服	屏蔽效率≥60dB	2 套	带屏蔽面罩（屏蔽效率≥20dB）
17		静电防护服装		2 套	
18		阻燃内衣		2 套	
19		导电鞋		2 双	
20		安全帽		11 顶	
21		安全带（含绝缘保护绳）		4 根	
22		防坠器		4 只	与杆塔防坠落装置型号对应
23	辅助安全用具	兆欧表	5000V	1 块	电极宽 2cm，极间宽 2cm
24		温湿度表		1 块	
25		风速风向仪		1 块	
26		对讲机		若干	
27		万用表		1 块	测量屏蔽服装连接导通用
28		防潮帆布		4 块	
29		工具袋（箱）		4 只	装绝缘工具用

表 7-23　　　±800kV 直线杆塔 I 型、双 I 型复合绝缘子更换工器具配备表

序号	名称		规格型号	数量	备注
1	绝缘工具	绝缘绳	ϕ14mm	3 根	一根用于传递、一根用于 2-2 滑车组控制、一根用于绝缘子尾绳
2		绝缘绳	ϕ16mm	1 根	吊篮固定绳横担至导线垂直距离＋操作长度
3		2-2 绝缘滑车		2 只	
4		绝缘滑车		6 只	
5		绝缘吊杆	ϕ53mm	2 根	
6		绝缘绳套	1t	3 根	
7		电位转移棒		1 根	
8	金属工具	六分裂提线器		2 只	
9		液压紧线器		2 只	
10		机械丝杆		2 只	
11		专用接头		4 个	
12		机动绞磨	3t	1 台	磨辊材质聚四氟乙烯
13		钢丝绳套		4 根	
14	等电位专用工具	吊篮		1 套	
15	个人防护用具	绝缘绳	ϕ16mm	2 根	人身后备保护
16		全套屏蔽服	屏蔽效率≥60dB	2 套	带屏蔽面罩（屏蔽效率≥20dB）
17		静电防护服装		2 套	
18		阻燃内衣		2 套	
19		导电鞋		2 双	
20		安全帽		11 顶	
21		安全带（含绝缘保护绳）		4 根	
22		防坠器		4 只	与杆塔防坠落装置型号对应
23	辅助安全用具	兆欧表	5000V	1 块	电极宽 2cm，极间宽 2cm
24		温湿度表		1 块	
25		风速风向仪		1 块	
26		对讲机		若干	
27		万用表		1 块	测量屏蔽服装连接导通用
28		防潮帆布		4 块	
29		工具袋（箱）		4 只	装绝缘工具用
30	复合绝缘子	FXBZ-1000		1 支	

5. 作业步骤

（1）工作负责人组织召开班前会，交代工作任务、安全措施和技术措施，查看作业人员精神状况、着装情况和工器具是否完好齐全。确认天气情况、危险点和预防措施，明确工作分工以及安全注意事项。

（2）工作负责人向调度部门申请开工，内容为"本人为工作负责人×××，×年×月×日×时至×时在×××kV××线路上更换绝缘子作业，需停用线路自动重合闸装置，若遇线路跳闸，未经联系，不得强送"。得到调度许可，核对线路双重名称和杆塔号。

（3）地面电工正确合理布置工作现场，组装工器具。用兆欧表检测绝缘工具的绝缘电阻，检查液压紧线器、八分裂提线器（六分裂提线器）等工具是否完好灵活。

（4）3号、4号电工应穿着全套静电防护服装。1号、2号电工应穿着全套屏蔽服装（屏蔽服装内还应穿阻燃内衣）、导电鞋，并戴好屏蔽面罩。地面电工检查塔上电工屏蔽服装和静电防护服装各部件的连接情况，测试连接导通情况。在杆塔上进出等电位前，等电位电工要检查确认屏蔽服装各部位连接可靠后方能进行下一步操作。

（5）核对线路双重名称无误后，塔上电工检查安全带、防坠器的安全性。1号～4号电工携带绝缘传递绳登塔至横担作业点，选择合适位置系好安全带，将绝缘滑车和绝缘传递绳安装在横担合适位置。

（6）地面电工利用绝缘传递绳将吊篮、绝缘吊篮绳、绝缘保护绳及2-2绝缘滑车组传至横担，3号、4号电工将2-2绝缘滑车组及吊篮可靠安装在横担上平面合适位置，将绝缘吊篮绳安装在横担（导线正上方）合适位置。

（7）1号电工系好绝缘保护绳进入吊篮，地面电工缓慢松出2-2绝缘滑车组控制绳，待吊篮距带电导线约1m处放缓速度。

（8）在得到工作负责人的同意后，1号电工利用电位转移棒进行电位转移，然后地面电工再放松2-2滑车组控制绳配合1号电工登上导线进入电场。

（9）地面电工收紧2-2绝缘滑车组控制绳，将吊篮向上传至横担部位。2号电工系好绝缘保护绳进入吊篮，用同样的方法进入电场。1号、2号电工进入等电位后，不得将安全带系在子导线上，应在绝缘保护绳的保护下进行作业。

（10）3号、4号电工将绝缘传递绳转移至导线正上方，地面电工将绝缘吊杆、八分裂提线器（六分裂提线器）、液压紧线器等传递至工作位置，由3号、4号电工和1号、2号电工配合将复合绝缘子更换工具进行正确安装（导线上方垂直安装、液压紧线器安装在导线侧）。

（11）检查承力工具各部件安装可靠得到工作负责人同意后，1号、2号电工先收紧丝杆，待丝杆适当受力后，再收紧液压紧线器，使绝缘子串松弛。

（12）地面电工将复合绝缘子串控制绳传递给1号电工，1号电工将其安装在复合绝缘子串尾部。地面电工收紧复合绝缘子串控制绳。

（13）检查承力工具受力正常得到工作负责人同意后，1号电工拆开导线侧碗头挂板螺栓。然后地面电工缓慢放松复合绝缘子串控制绳，使之自然垂直。

（14）3 号电工将绝缘传递绳系在复合绝缘子上端，然后取出复合绝缘子串与球头挂环连接的锁紧销。地面电工启动机动绞磨，与 3 号电工配合脱开复合绝缘子串与球头挂环的连接。

（15）地面电工控制好复合绝缘子串控制绳，利用机动绞磨缓慢将复合绝缘子串放至地面。注意控制好复合绝缘子串的控制绳，不得碰撞承力工具、导线及杆塔。

（16）地面电工将绝缘传递绳和复合绝缘子串控制绳分别转移到新复合绝缘子上。然后启动机动绞磨，将新复合绝缘子串传递至塔上工作位置。3 号电工恢复新复合绝缘子串与球头挂环的连接，并复位锁紧销。

（17）地面电工缓慢松出机动绞磨使复合绝缘子串自然垂直，然后收紧复合绝缘子串控制绳将绝缘子串尾部送至导线侧 1 号电工位置。1 号电工恢复碗头挂板与金属联板的连接，并装好开口销。

（18）经检查复合绝缘子串连接可靠得到工作负责人同意后，1 号、2 号电工松出液压紧线器。

（19）经检查复合绝缘子串受力正常得到工作负责人同意后，1 号、2 号电工与 3 号、4 号电工配合拆除绝缘吊杆、八分裂提线器（六分裂提线器）、液压紧线器等，并传至地面。

（20）1 号电工将绝缘传递绳在吊篮上系牢，然后进入吊篮。在得到工作负责人的同意后，1 号电工迅速脱开电位转移棒与子导线的连接，并将电位转移棒收回放在吊篮中。

（21）地面电工同时迅速收紧 2-2 绝缘滑车组控制绳，将吊篮向上拉至横担部位停住，然后 1 号电工登上横担，并系好安全带。

（22）地面电工利用绝缘传递绳将吊篮传至 2 号电工处，2 号电工检查导线上无遗留物后进入吊篮，用同样的方法退出电位。

（23）塔上电工配合拆除绝缘吊篮绳、绝缘保护绳、2-2 绝缘滑车组及吊篮，并传至地面。1 号~4 号电工检查塔上无遗留物后，向工作负责人汇报，得到工作负责人同意后携带绝缘传递绳下塔。

（24）工作负责人检查现场、清点工器具。

（25）工作负责人召开班后会，总结作业的完成情况、存在不足及提出改进措施，清点作业工器具，收好全部工器具，清理工作现场，向调度汇报更换作业已完成，塔上线上无遗留物，人员已全部安全下塔，具备重合闸恢复条件，此项作业完成。

第八章

带 电 作 业 管 理

一、现场勘察

1. 现场勘察的释义

（1）现场勘察制度是保证电力线路安全工作的组织措施之一。在带电作业开展之前，带电作业工作票签发人或工作负责人任何一方认为有必要时，应组织有经验的安全、技术人员等进行现场勘察，并根据现场勘察结果做出能否进行带电作业的判断。

（2）有必要进行现场勘察的带电作业是指工作票签发人或者工作负责人对此次带电作业现场情况掌握、了解不够，需要在作业前进行现场勘察的作业。根据现场勘察结果，综合考虑带电作业工作量、作业环境和作业条件等因素的影响，制定出作业方法、所需工器具以及应采取的相关措施。

2. 现场勘察主要内容

输电线路带电作业现场勘察的主要内容有以下几点：

（1）拟带电作业线路作业区段作业环境、作业场地等是否满足带电作业的需要，包括现场交通状况、人员进出通道，设备、机械搬运通道及摆放地点等是否满足带电作业条件。

（2）拟带电作业线路作业区段周围临近或交叉跨越的带电线路、其他弱电线路以及建筑物等是否影响带电作业开展。

（3）拟带电作业线路作业区段杆塔型号、导地线型号、绝缘子片数、金具连接等实际情况是否与图纸相符等。

3. 现场勘察的组织要求

（1）现场勘察应在编制"三措"（或施工方案）及填写工作票前完成，由输电线路带电作业工作票签发人或工作负责人组织。现场勘察结束之后需按照勘查情况填写现场勘察记录，主要包括现场作业的条件、地理环境及其他作业风险等，必要时附图说明。

（2）作业开工前，工作负责人或工作票签发人应重新核对现场勘察情况，发现与原勘查情况有变化时，应及时修正、完善相应的组织措施、技术措施、安全措施以及施工方案等。

现场勘察记录由工作负责人收执，勘查记录应同工作票一起保存一年。

二、作业危险点分析

1. 作业危险点分析的释义

（1）作业危险点分析是指在带电作业开展前，根据现场勘察结果及作业方案等编制情况，结合此次作业的特点和性质，对所存在的危险类别、发生条件、可能产生的情况和后果等进行分析，找出危险点，提出控制手段，控制事故发生。带电作业是线路检修的一种特殊手段，应该执行停电检修的危险点辨识及预控措施。同时，带电作业又具有其特殊性，还应该具有不同于停电检修的危险点辨识及预控措施。对于一些大型的带电作业项目，则必须编制施工的组织、技术、安全措施，在安全措施部分做好施工中的危险点辨识与预控。

（2）现场勘察结束后，编制"三措"、填写"两票"前，应针对作业开展风险评估工作。风险评估一般由工作票签发人或工作负责人组织。风险评估应针对触电伤害、高空坠落、物体打击、机械伤害、特殊环境作业、误操作等方面存在的危险因素，风险评估出的危险点及预控措施应在"两票""三措"等中予以明确。

2. 作业危险点分析的主要内容

（1）带电作业环境分析。进行带电作业危险点分析时，应充分考虑天气因素对作业安全性的影响。雷电过电压会使设备及作业工器具受到破坏，威胁作业人员人身安全；5级以上大风会使高空作业人员平衡性降低，容易造成高空坠落；湿度大于80%时，绝缘工器具绝缘强度大幅降低，泄漏电流增大，易引起发热甚至着火。如若在恶劣天气下进行带电作业时，则必须使用相应的防潮绝缘工具，组织有关人员充分讨论并编制必要的安全措施，经本单位批准后方可进行。

（2）带电方法作业分析。在带电作业过程中，必须使用相应电压等级的、经过试验检测合格的绝缘工器具，否则可能造成工器具击穿，酿成严重后果。应结合电气图纸及现场勘察情况，校核等电位人员对接地体的距离、等电位作业人员对邻相带电体的距离、在进出电位过程中组合间隙的距离、转移电位时等电位作业人员裸露部分与带电体的距离等，检验其是否满足相关规定。要对带电作业全流程进行分析，列出所有影响安全的危险因素，找出危险点，提出控制措施。

（3）带电作业人员分析。带电作业技术要求高、工艺复杂，参加带电作业的人员除必须满足相关技能要求之外，还应对其进行作业能力、作业心态等的评估，保证带电作业安全开展。带电作业过程中，作业人员的心理和精神状态的影响很大程度上会影响带电作业的开展。

三、工作票办理

1. 工作票办理的释义

工作票是允许在电气设备、电力线路上进行工作的书面命令，也是明确安全责任，向工作人员进行安全交底，危险点告知，实施安全措施，履行工作许可与监护、工作间断、转移和终结手续的书面依据。进行带电作业时，应填写带电作业工作票。

对于同一电压等级、同类型、相同安全措施且依次进行的带电作业，可在数条线路上共用一张工作票。因带电作业对天气和安全措施执行要求较高，且带电作业一般需停用重合闸，对线路的可靠性带来一定影响，故带电作业工作票不准延期。

2. 工作票办理的相关要求

（1）办理要求。

1）带电作业工作票应提前交给工作负责人，一份交给工作负责人，一份留存工作票签发人或者工作许可人处。一张工作票中，工作票签发人和工作许可人不得兼任工作负责人。工作票由工作负责人填写，也可由工作票签发人填写。

2）已执行的带电作业工作票应加盖"已执行"章；未执行的应加盖"未执行"章；作废的应加盖"作废"章。带电作业工作票上各类印章应盖在第一页的右上角空白处。未执行或作废票的"两票"均应在备注栏内写明原因。

（2）填写规范。

1）带电作业工作票填写或签发均应使用黑色或蓝色的钢（水）或圆珠笔，不得使用红色笔和铅笔，填写要清晰，设备编号及日期、时间不得涂改，如涂改原票作废。其他内容如有个别错字、漏字等需要修改时，应字迹清晰，一张票内修改不得超过两处。

2）班组填写规范。填写参加本工作票上所列工作的所有班组名称，不必填县公司和专业室等二级机构名称。多班组工作出现班组名称相同时，在外单位班组前加其单位名称。多小组工作小组名称由工作负责人确定。

3）工作班成员填写规范。填写工作负责人以外的全部人员姓名。若有委外人员参加现场作业，应填写全部人员姓名。

4）线路或设备名称。填写带电作业线路的电压等级和名称，如果是支线工作，应填写干线和支线的全称；若系同杆架设多回线路，多回线路中的每回线路都应填写带电作业的双重称号（线路名称和位置称号），同时注明线路色标的颜色

5）停用重合闸线路。填写需要停用重合闸或直流线路再启动功能的线路名称。

6）工作条件。填写带电作业的种类（等电位、中间电位或地电位作业，或邻近带电设备名称）。当带电作业的设备与邻近带电设备的安全距离不够时，还应在此栏内注明该邻近带电设备的名称和具体位置。

7）注意事项。应根据工作任务，针对不同的带电作业项目和工作条件，按照《电力安全工作规程 电力线路部分》（GB 26859—2011）中相应的安全措施填写。

8）工作票签发。工作票签发人和工作负责人对工作票工作任务、工作内容、工作条件等核对无问题后，工作票签发人、工作负责人分别签名，并注明时间。

9）工作许可。调度员直接许可工作开工时，在工作负责人所持工作票上填写该调度员姓名，并填写许可开工时间；由设备运行管理单位联系人许可工作开工时，工作负责人在所持工作票上填写联系人姓名，并填写许可开工时间。

10）专责监护人。由工作负责人填写被指定专责监护人姓名，专责监护人应由具有带电作业资格、带电作业实践经验的人员担任。被指定专责监护人在签名栏中履行签名手续。

11）其他。对同一电压等级、同类型、相同安全措施且一次进行的多条线路或单条线路的多日工作，在使用用一张工作票时，可由工作负责人在"备注"栏内依次注明每日工作许可人、许可及终结时间。

四、作业指导书编制

1. 作业指导书释义

（1）带电作业指导书是针对每一项具体的带电作业，按照全过程管控的要求，对作业计划、作业准备、作业实施、作业总结等各个环节，明确具体操作的方法、步骤、措施、标准和人员责任，依据作业各项步骤顺次开展而编制的指导性执行文件。

（2）各网省公司所属基层单位带电作业工区或班组应根据带电作业相关标准、导则、规程、规定及现场操作规程等，结合作业现场实际，编制现场标准化作业指导书。带电作业现场标准化作业指导书需经基层单位分管生产的领导（总工）批准后，方可在实际生产工作中使用。

（3）首次开展的带电作业项目及研制试用的新工器具、新工艺，应进行严格的科学试验和停电模拟操作，制定完备的安全技术组织措施，编制相应的现场标准化作业指导书，由基层单位生产管理部门审核，分管生产领导（总工）批准后方可采用和进行。

2. 作业指导书编制原则

（1）带电作业指导书应包含带电作业项目名称、适用范围、作业方法、操作步骤、安全措施、所需工具、参考文献等。应对作业计划、准备、试验、总结等各个环节明确相应的操作方法、步骤、措施、标准及人员责任。

（2）作业指导书应体现对带电作业的全过程控制，体现对设备及人员行为的全过程管理，包括适用范围、作业组织、人员组织、人员职责、作业前准备情况、设备及现场情况调查、安全技术交底、工器具配置及检查情况、材料的质量检验和运输组织情况、工作票办理情况、具体作业的技术条件、作业方法和程序、工艺和质量要求安全注意事项、主要危险点、参考文献等。

（3）作业指导书在编制前，应注重策划和设计，细化、量化每一个作业环节，并针对现场实际，进行危险点分析，制定相应防范措施。一种类型的作业编制一份作业指导书，每一份作业指导书应按照相关单位要求进行编号，便于查找。

五、施工方案编制

1. 施工方案释义

带电作业施工方案应针对单次、具体的带电作业合理编制，突出针对性和可执行性，确保方案中组织措施、技术措施以及危险因素及控制措施的合理、完备。

2. 施工方案编制原则

（1）施工方案是针对具体的、单次的带电作业项目，应以保证作业安全与工艺为主线，保证方案可操作性强，贴近现场实际，包含此次作业过程中各项作业的标准作业内容、步骤及工艺、工作危险点分析及安全控制措施等。

（2）作业单位应根据现场勘察结果和风险评估内容编制施工方案。对涉及多单位、多班组的大型复杂作业项目，应由项目主管部门、单位组织相关人员共同编制施工方案。施工方案应包含工程概况及进度安排、组织措施、技术措施、安全措施、应急预案等内容。

（3）带电作业施工方案应依照各公司管理办法进行逐级审批。一般按照作业单位、设备运维单位、设备管理部（生产技术部）、安全监察质量部（安全监管部）、分管副总工程师、分管领导次序逐级依次进行审批，并签字确认。各单位审批后需在审批表上加盖公章。

（4）因故通过审批的施工方案在许可工作时间内未实施的，若现场任何工作条件及作业环境等未发生变化，并经各审查单位签字同意后，方可按原方案执行；若工作条件或作业环境发生变化，必须根据现场实际重新编制作业施工方案，并履行审批流程。

（5）开工前，工作负责人及工作许可人应重新对现场进行勘察，如发现施工方案所列安全措施不正确、不完备时，应及时修正、完善相应的安全措施。

六、作业现场组织

1. 作业现场组织释义

带电作业的开展应有严密的组织措施，明确的现场分工，严格的现场纪律。工作负责人、安全监护人、工作班成员必须按照相应措施及方案的要求，各司其职，在作业现场配合默契，通力合作才能确保作业工艺及施工安全。

2. 作业现场组织要求

（1）作业人员要求。带电作业工作班成员应认真参加班前会、班后会，认真听取工作负责人以及专职监护人交代的工作任务，熟悉工作内容、工作流程，掌握安全措施，明确工作中的危险点，并履行交底签名确认手续。工作班成员应自觉服从工作负责人、专职监护人的指挥，不超越确定的工作范围进行工作，不违章作业，互相关心工作安全，认真检查并正确使用施工机具、安全工器具和劳动安全保护用品。

（2）工作负责人要求。工作负责人是指组织、指挥工作班人员完成本项工作任务的责任人员，负责正确安全地组织现场作业。工作负责人是执行工作任务的组织指挥者和安全负责人，工作负责人还应检查现场安全措施是否正确、完备，是否符合现场实际条件，必要时还应加以补充完善。因此，工作负责人除应具备相关岗位技能要求，还应有相关实际工作经验和熟悉工作班成员的工作能力。

现场作业开始前，工作负责人应向工作班成员交代工作内容、人员分工、带电部位和现场安全、技术措施，告知危险点，在每一个工作班成员都已履行签名确认手续后，方可下令开始工作。

工作负责人应始终在工作现场，监督工作班成员遵守 GB 26859—2011 的相关规定正确使用劳动防护用品和安全工器具以及执行现场安全措施，及时纠正工作班成员的不安全行为。随时关注工作班成员的精神面貌、身体状况是否良好，采取针对性调整措施，确保作业安全。

（3）专责监护人要求。专责监护人是指不参与具体工作，专门负责监督作业人员现场作业行为是否符合安全规定的责任人员。专责监护人主要监督被监护人员遵守 GB 26859—2011 的相关规定和现场安全措施，及时纠正不安全行为，应掌握安全规程熟悉设备和具有相当的工作经验。

专责监护人应确认自己被监护的人员、监护范围，确保被监护人员始终处于监护之中。专责监护人在工作前，应向被监护人员交代安全措施，告知危险点和安全注意事项，并确认每一个工作班成员都已知晓，应全程监督被监护人员遵守 GB 26859—2011 的相关规定和现场安全措施，及时纠正不安全行为，从而保证作业安全。

（4）其他要求。带电作业开始前，为能够让值班调控人员掌握线路上有人工作的情况，工作负责人应与值班调控人员联系，以保证发生意外情况时，值班调控人员可迅速采取相应的对策应对，确保作业人员及电网的安全。

需要停用重合闸或直流线路再启动时功能进行带电作业或带电断、接引线作业时，为避免意外危及作中发生业人员及电网的安全，工作负责人只有得到值班调控人员许可后，方可下令开始工作。带电作业结束后，工作负责人应及时向值班调控人员汇报，以便值班调控人员及时恢复重合闸或直流线路再启动功能。

进行不需停用重合闸或直流线路再启动功能的作业前，也应告知值班调控人员线路上有人工作。当发生异常情况时，值班调控人员可以从保护人身安全角度出发，采取应急处置工作。在带电作业过程中如设备突然停电，因设备随时有来电的可能，故作业人员应视设备仍然带电。工作负责人应指挥现场作业人员仍应按照带电作业方法和流程进行作业，并应尽快与值班调控人员联系，值班调控人员未与工作负责人取得联系前不准强送电。

参 考 文 献

[1] 中华人民共和国国家质量监督检验检疫总局. GB/T 13035—2008. 带电作业用绝缘绳索. 北京：中国标准出版社，2008.

[2] 中华人民共和国国家发展和改革委员会. DL/T 966—2005. 送电线路带电作业技术导则. 北京：中国电力出版社，2005.

[3] 国家能源局. DL/T 976—2017. 带电作业工具、装置和设备预防性试验规程. 北京：中国电力出版社，2018.

[4] 国家能源局. DL/T 400—2019. 500kV 紧凑型交流输电线路带电作业技术导则. 北京：中国电力出版社，2020.

[5] 高天宝，郝旭东. 带电作业工器具手册. 北京：中国水利水电出版社，2016.

[6] 邵天晓. 架空送电线路的电线力学计算（第二版）. 北京：中国电力出版社，2003.

[7] 李光辉，钟国森，黄宵宁. 输电线路基础. 北京：中国电力出版社，2019.

[8] 国家电网公司人力资源部. 带电作业基础知识. 北京：中国电力出版社，2010.

[9] 国网安徽省电力有限公司.《国家电网公司电力安全工作规程　线路部分》. 北京：中国电力出版社，2020.

[10] 林建斌. 架空线路带电作业中的力学问题. 电力建设，1998，（11）：43－44.

[11] 中国电力企业联合会. 回顾与发展——中国带电作业六十年. 北京：中国水利水电出版社，2014.